本成果得到中国人民大学重大规划项目『中国近现代科技转型的历史轨迹与哲学反思』（16XNLG02）支持

中国近现代科技转型的
历史轨迹与哲学反思

第一卷

刘大椿 等 著

西学东渐

Western Learning Spreading to the East

Historical Traces and Philosophical Reflections on the Transition of Science and Technology in Modern China (Volume 1)

中国人民大学出版社
· 北京 ·

目　录

导　言

本书要记叙和分析的，是发生在明末清初并且延续到清朝中叶，伴随着耶稣会士来华传教而展开的西方科学技术传入中国的历史事件。

这个事件本身是一个科技传播事件，但它的影响却大大突破了当时当世特定的时空限制：不仅有士人和一般市民形形色色的回应，还有皇朝统治阶级上上下下的反映，而且对中国科技乃至社会转型至关重要，在大历史的画幅上留下了浓墨重彩的笔触。

这也是一个时而令人兴奋、时而引人扼腕的故事。它给17世纪中国科技发展带来了全新的可能性，却因各种客观的和主观的因素交互作用，在18世纪逐渐走向终结。它为晚清和民国留下了近现代科技转型这个极为艰巨的使命。

中国近现代科技转型与学习、效仿、移植西方科学技术是分不开的，因而常用到“西学东渐”这个专门术语。虽然本书所写的只是中国近现代科技转型的一个序幕，只是整个西学东渐的第一波，但基于这个术语颇具特征和言简意赅，笔者仍然乐意选择“西学东渐”来做本书的书名。

一、西学东渐何谓？此书何为？

1. 西学东渐的旨意

“西学东渐”是本书借用的一个术语，相应的英文短语为 Western Learning Spreading to the East，原指近代西方学术文化向东方传播的历史过程。“东渐”的提法，最初为日本学者所创。清末民初，引入国内。“西学东渐”的流行应归功于容闳那本著名的回忆录。容闳的回忆录是用英文写成并于1909年出版的，题为 *My Life in China & America*，直译为《我在中国和美国的生活》。1915年，恽铁樵和徐凤石把它译成中文，交商务印书馆出版时，取的书名即为《西学东渐》。之后，西学东渐这个词就广为人知了。①

容闳回忆录里所写的主要是19世纪的事情，是容闳这样的第一代留学西方的中国知识分子学习西方科学文化，为使中国实现现代化却屡遭挫折、不绝奋斗的经历。这无疑属于西学东渐的范畴，而且用这个译名从无异议。但“西学东渐”所涵盖的内容却要丰富和广泛得多，通常用来指称明末清初以及晚清民国两个时期，欧美等地学术思想的传入。

容闳之事若从历史发展脉络来看，相较于明末清初发生的科技传播和移植之事，应当算在西学东渐第二波之中。其实，笔者此书并没有写到容闳，读者应该质疑，对于二三百年前的历史，用二三百年后为表述容闳生平而发明的术语来说事，是否有时空错乱之感？

这就得从对“中国近现代科技转型”的基本考量说起。

笔者认为，中国近现代科技转型虽然非常复杂，涉及许多方面，但其本身的脉络还是非常清晰的，可以通俗地称为“西学东渐”过程，大致经历了这样两个历史时期，或者说经历了两波西学东渐。

西学东渐第一波我们简称为“西学东渐”，这个历史时期包括两个阶段：

其一，明末清初的“西学东渐”阶段。笔者查阅中外科技史并经仔细审度后认为，在明代以前中西方科学技术，若客观地评论，乃是各有所长、平行发展，很难下断语中国和西欧哪个更强。到明代之后，西方耶稣会传教士来华传教的同时也带来了西方的科技，由此，中西方科技开始有了交集，尤其是在17世纪明末清初时期，两者的汇通达到非常高的水平。例如，徐光启和利玛窦（Matteo Ricci，1552—1610）等人之间的合作，使得西方相当一部分的科技传到中国并移植到中国。其中西方《几何原本》等代表的数学、红夷大炮等代表的军事技术、钟表等代表的机械技术以及天文、测地等科学技术，都对中国产生了很大的影响。这时，从知识分子到统治阶级多少都有一种接纳西学的倾向。所以“西学东渐”实际上是给中国和西方开辟了向对方传播文化的重要途径和平台，主要是西方科技传入中国，而这个平台对中国的科技发展起了一定作用，并且可能发生极大影响（虽然这种影响终致流产）。从19世纪和20世纪的历史变迁中回看，不难发现：中国传统的科学技术与近现代西方科技相比，确有很多不足之处，中国若能尽早移植西方科技，抓住机会实现自我转型，就不至于在18—19世纪这个节点上在科技方面落后。

---

① 钟叔河．容闳与“西学东渐”//钟叔河．走向世界丛书：西学东渐记·游美洲日记·随使法国记·苏格兰游学指南．长沙：岳麓书社，1985：11．

其二，清代中叶“西学东渐”蜕变为“西学东源”阶段。尽管李约瑟（Joseph Needham，1900—1995）指出11世纪和12世纪中国的科技实力要比西方强，之后才逐步衰落。但笔者并不欣赏12世纪前中国科技比西方强的说法，也不认同13世纪后中国科技完全落后于西方的观点。因为直到16世纪，两者之间并无交集，各属两个独立的科技规范，没有可比性。众所周知，中西方古代工艺技术各以瓷器与玻璃见长，怎能由瓷器与玻璃来判断整个中西科技的高下呢？从西欧的科技演变看，只能说13、14世纪之后，其发展呈现直线上升态势。西方结束了中世纪（古希腊罗马科学文化传统中断阶段）后，经过文艺复兴和近现代科学革命，到17世纪出现了如伽利略（Galileo Galilei，1564—1642）、牛顿（Isaac Newton，1643—1727）等一大批伟大的科学家，由此，西方的科学技术才在原来的基础上获得突破性的大发展。但是，如果单就明代中国的科学体制与传统本身而言，中国科技仍有亮点，并非发生了倒退，只是没有取得突破性进展而已。中西科技不得不进行比较的关键时期是在17、18世纪，即中国的明末清初、清代中叶（即所谓康乾盛世）时期。其间，开始阶段，中国动乱不已，社会动荡异常，农民起义颠覆皇朝；清政权开疆辟土，南下征战，励精图治，入主中原，终于在中国建立起一个新的政权；该政权在康乾时期趋于稳定，基本上回复秦汉以来大一统的皇朝体制。吊诡的是，18世纪的清朝成功地重新回归为一个传统的专制皇朝，却在政治体制、思想观念等方面日渐丧失锐气，完全趋向于保守；经济上延续传统的农业自给自足，抑制商业、手工业等的发展；特别是在科学和文化方面实行自我封闭，自觉和不自觉地排斥西方科学技术。其中，乾嘉学派对中国传统科学技术进行的考证和发挥，竟然得到了出人意料的结果。他们在经学研究的基础上，对中国古代科技典籍进行了充分的挖掘和整理，并且遵循康熙帝圣旨般的论断，对西方传教士传播进来的科学技术，特别是天文、历算、舆地等方面的成果，进行了特殊的阐释，得出西学东源的结论。“西学东渐”逐渐蜕变为“西学东源”，这一转变由“渐”而至“源”的一字之差恰好揭示了这一波西学东渐逐渐衰亡的关键。遗憾的是，乾嘉学派考证并恢复传统的科学体制和规范的努力造成学术上成就卓著，实践上却没有缩短中国与西方科技的差距，反而使学习和移植西方近代科技、实现近代科学转型的可能夭折了。西学东渐在明末清初确实为中国近代科技转型带来了可能性，曾经颇有生气，却在清代中叶最终破灭。康乾盛世不但在文化上排斥西方天主教，而且在科学上贬低和排斥西方学术思想。也正因为如此，在西学东渐第一波，中国失去了通过吸纳西方近代科技来实现科技转型的机遇。

至此，读者应能理解，笔者执意用二三百年后产生的特定词汇来命名这本关于西学东渐第一波的书，乃是这个词对于这段历史而言，实在太贴切的缘故。联系到这段历史是以“西学东源”说的流行而结束的，则更会觉得从“渐”到“源”，事件之始与之末的一字之差，若非鬼斧神工，何能为之？

对于西学东渐第二波，或者更加广泛和准确地说，对于从晚清到民国发生的西学东移和科技转型，即本书的后续研究，笔者则打算用另一个颇具特征的语词来描述其演变，那就是“师夷长技”，下一本书成书时便准备以之为书名。

2. 写作本书的初衷

回到本书要记叙和分析的时代和事件，西学东渐的故事可以简单勾勒如下：

在明万历年间之前，中西方科技之间交集很少，属于平行发展的态势，孰优孰劣，局部之间自然易做比较，但从总体上去衡量，却难以笼统地、简单地下结论。若以历史的眼光对双方从后往前回溯性地考察，则不难发现，此时期的西方科学技术开始突然加速，而中国的科学技术虽然依据传统的路径尚在正常运行，也偶有重要成就出现，却显现出发展乏力的态势，对科技革命的项背更是难以企及，只能勉强说是在原有规范和模式束缚下缓行了。这种状态，随着耶稣会传教士的到来，使士人和一部分社会上层人士受到冲击，进而产生了彻底变化的某种可能。

在明末清初的第一波西学东渐中，传教士扮演了相当重要的角色。西方科技的东传，始作俑者乃是耶稣会传教士。然而，传播西方科技其实并非他们的初衷。耶稣会东来之正宗目的是向东方传播基督教，此属他们西学东渐的本意，但实际的历史进程是，传教以科技移植为手段，科技移植却并不以传教为目的，作为传教的副产品，这一波科技移植反倒成为中国历史的大事件。因此，西学东渐包含两大主题，主题之一是耶稣会东来，主题之二是科学技术的东传，只是我们的着眼点是西方科技的东传。本书所谓西学东渐，虽然不排斥有时亦指传教，而其主旨毫无疑问是指科技的移植。

其实，耶稣会东来传教并不是天主教东传中国的第一次。择其重要者讲，在此之前已有唐朝和元朝两次，只是最后都未能延续下去。① 第一次东传至少可

---

① 对于天主教入华时间的界定，关于唐朝之前的传说多无明证。此外，还有观点将犹太教东来视为天主教入华的特殊前身。详见：徐宗泽．中国天主教传教史概论．北京：商务印书馆，2015：2－41．

以追溯到635年（唐贞观九年），这出自著名的《大秦景教流行中国碑》。所记天主教分支聂斯托利派（中国称为景教）由波斯（时称大秦）传入长安及在中国流传，至该碑所立之781年（唐建中二年）已经历近一个半世纪。景教备受唐太宗等皇帝礼遇，至唐武宗“会昌灭佛”（841—846）方在中原地区走向衰微，至两宋则已绝迹。

到元朝时，征服了大半个亚欧大陆的蒙古人带领色目人（以中亚和西亚各族人为主）将景教再次传入中国，这是天主教的第二次东传。根据马可·波罗（Marco Polo，1254—1324）的记叙，元朝时景教在中国广阔地域内均有分布。[①] 另因蒙古人与罗马教廷互派使节和频繁接触，天主教也开始传入中国。方济各会士（方济各会，Ordo Franciscanorum，元朝时已来华，后于1633年再次来华）约翰·孟高维诺（John of Montecorvino，1247—1328）于1294年起在大都（北京）传教，相继建立北京主教区和泉州主教区。此时，景教徒和天主教徒被统称为“也里可温”，颇有影响。[②] 不过，明朝的兴起（1368年建元洪武）打破了元代的宗教格局，“也里可温”随着蒙古人势力的退缩而销声匿迹了。

数百年后，时至明朝晚期，耶稣会士又踏上中国土地，这已是唐朝和元朝两次天主教东传历程之后的第三次了。其东来之原因既与耶稣会自身的组织设定有关，又得益于葡萄牙与西班牙进行远东殖民贸易的国际背景。此次东来体现了由陆路传教向海路传教的路径转变，更因耶稣会士采取上层传教策略和外部传教策略，在本土化、中国化上一度取得了前所未有的成功，但很快就因为“礼仪问题”与中国产生了愈来愈严重的冲突，终致他们完全被赶出中国。本书把中国历史上天主教的第三次东传分为三个阶段或三个时期：第一阶段，即进入中国并争取立足时期（1583—1601）。1583年是一个节点，经过先驱者以澳门为基地的长期努力，这一年罗明坚（Michel Ruggieri，1543—1607）和利玛窦得到新任两广总督的传见，获得在肇庆正式居留和开堂传教的准许，开始合法进入中国，并与时任肇庆知府王泮等建立起良好关系。此后历经28年，到1601年耶稣会士利玛窦等终于被万历帝允许进入皇城北京，实现了在中国社会的长期立足，使得传教事业合法化并初具规模。第二阶段，即传教事业发展与争议交错时期（1601—1722年），从利玛窦入住北京到康熙帝去世。无论在明朝晚期

---

① 沙海昂. 马可波罗行纪. 冯承钧，译. 北京：商务印书馆，2012：88-313.

② 关于唐时景教首次来华情形与元时“也里可温”之兴衰，详见：林仁川，徐晓望. 明末清初中西文化冲突. 上海：华东师范大学出版社，1999：1-33.

还是在清朝前期，天主教都分别获得较大发展，也多次经历教案的挫折困顿，但总体上发展大于挫折，成效颇丰；该时期容教与禁教反复出现，一直伴随着与传教相关的激烈争议，包括教权之争和礼仪之争。第三阶段，即传教事业衰退和消亡时期（1722—1838）。康熙朝之后，清朝统治趋于稳定和保守，皇朝对天主教持续实行禁教政策，教案频发，传教士们或受驱逐，或转入地下，少数仅能以客卿身份服务于宫廷而不能传教。一百多年后，至1838年，北京不再有合法居留的外国传教士，中国历史上天主教的此波东传彻底结束。①

就此次天主教东传而言，贸易、传教和科技移植三者是交织在一起的。贸易路线是传教路线，也是科技移植路线；贸易对象是传教对象，也是科技移植对象。但是，贸易、传教受到顽强抵制，科技移植相对来说却更为顺利、有更为复杂的结果，虽然最终逃不出式微的命运。科技移植可分为两个层面：理念层面的西学东传和器物层面的西学东传，简而言之就是科学层面与技术层面的传播和移植。后者（技术层面）总的来说比前者（科学层面）更受青睐。至于制度层面的西学东传，在此次移植中仍十分滞后，基本上付诸阙如。和传教的分期相对应，科技移植的历程也可分为三个阶段，但具体起至年份较难十分严格地刻画：第一阶段即是以所谓“奇技淫巧”开路的起步阶段（1583—1600）。在1583年利玛窦等取得突破被允许入华后，耶稣会士辗转各地，以介绍西方科技为主的文化传播方式宣扬教义，不断克服对立官民的排斥，努力融入中国社会。他们卓绝的工作赢得了许多赞叹，也收获了一些皈依者。但是，在利玛窦得到万历帝的允许于1601年在首都北京定居下来之前，西学传播的影响都未及帝国中枢，更未得到皇朝首肯。第二阶段乃是西学在中国风生水起的见效及活跃阶段（1601—1700）。其中，利玛窦后期和徐光启的合作，无论从传教还是从科技移植的角度来看，都是西学东渐中辉煌而具有标杆意义的事件。利玛窦于1610年去世后被赐葬于阜成门外二里沟（墓址在今北京行政学院内），意味着耶稣会的中国传教事业及卓有成效的西学东渐工作实现了立足扎根。更有甚者，崇祯、顺治、康熙三个皇帝对传教士和西学都优渥有加（详情正是本书将要详述的），类似的情况在中国科技发展史上是绝无仅有的。然而，到了康熙晚期，康熙帝昭示“西学东源”，西方科技的传播和移植才开始大打折扣。第三阶段乃

---

① 1838年遣使会士（遣使会，Vincentian Order，1785年来华，亦称味增爵会）毕学源（Gaetano Pires Pereira，1763—1838）去世，他是最后一位合法居留北京的传教士，之后的传教事业处于地下状态或由中国教徒自理。

是自康熙晚期至鸦片战争前的西学东渐式微阶段（1701—1838）。如笔者一再强调的，本书所说西学东渐主要是指西方科技向中国的移植。而从科技移植的角度看，上述三个阶段昭示着，这一波西学东渐也可以更为明晰地分为下述三个时期，即16世纪末的酝酿时期、17世纪的发展时期、18世纪到19世纪初的式微时期，此即所谓西学东渐之三部曲。

在这一波西学东渐中，许多西方传教士做出了重要贡献，其中利玛窦、汤若望（Johann Adam Schall von Bell，1592—1666）、南怀仁（Ferdinand Verbiest，1623—1688）等尤其突出。当时以耶稣会为主的传教士们［较晚亦有方济各会、多明我会（Ordo Dominicanorum，1631年来华）等其他修会的传教士］，在试图传播基督教的教义同时，传入了大量科学技术。西学书籍的翻译和著述，是西学东渐相当重要的媒介。1605年利玛窦辑著的《乾坤体义》被《四库全书》编纂者称为"西学传入中国之始"。一些传教士热心引介西方的科技学术思想，并和中国士人合作翻译了大量西方学术著作。西方的天文、数学、物理、化学、医学、生物学、地理学、政治学、经济学、法学、史学、文学、艺术和应用科技等开始传入中国。然而，这些书籍未能受到当时一般社会的重视，未能打入晚明已十分发达的商业化出版界，因此，虽然西学书籍时有刻印出版，但大部分仍仅流通于少数有兴趣的士大夫阶层，甚至只能深藏皇宫。

不过，明末清初西学的传入，已然使少数中国士大夫开始认识到西方学问有其优于中国之处，但是一般来说，尚未改变中国人对于中西学孰高孰低的基本看法。最开放的士人如徐光启也只是提出"会通以求超胜"。西学中主要受到注意的仍是技术方面如天文历法、地图、测量以及所谓的"西洋奇器"等，西学对于中国学术本身的冲击亦不大。

当时一些中国士大夫，甚至皇帝本人都已接受了西方科技方面的一些知识，但在思想上基本没有转变。由于康熙晚期以降，延及雍正、乾隆朝的彻底禁教，加上罗马教廷关于礼仪的狂妄要求及对来华传教政策的改变，这一波西学东渐遭受双重打击，处境艰难，日渐式微，到嘉庆朝几乎完全中断，只有较小规模的科技传入尚未完全中止。

第一波西学东渐为什么值得研究、值得我们花力气去弄明白，并且潜心写出一本著作来呢？首先，是有一些基本问题应当澄清。首要问题是："西学是什么？"在本书中，西学的定义是与现代科学相关的近代科技，由于它们的传播主体是耶稣会士，是在试图传播天主教过程中夹带进来的，故而西学也包括基督教（广义）的相关文化。

本书着重讨论西学在中国的传播和移植。虽然不能回避基督教相关文化，但重点是在科学技术领域。一本书不能包罗万象、蜻蜓点水，否则什么问题都无法解决。当然，政治、经济背景是不应回避的，历史传统也应被恰当触及。

第一波西学东渐经历两个多世纪，结果归于两个基本事实：一是基督教（主要是天主教中的耶稣会）的扩张在中国被拒斥、打压；二是西方科学技术的引进上演了许多奇特的活剧，但最终也遭到怀疑、抵制，直至被淹没。

笔者及其团队对于历史著述只属客串，在研究和写作过程中颇有点摸着石头过河的味道。好在现在出了许多新鲜的历史著述，而且都有电子版，真是十分方便好用，从中可得许多启发，它们也成为我们团队写作的主要参考样本。坦率地说，团队同人对哲学论文比较熟悉，对历史著作的风格和修辞是比较生疏的。学习并努力效仿下来，确实颇得好处。在目前气候下，历史文体无疑更能出彩。有趣的是，且行且问，竟然发现历史有时是应当重写的。固有的观念一旦打破，材料就会活起来，意义变得和原来完全不一样了。

参看近期出版的相关著作，例如樊树志的《晚明大变局》、艾尔曼的《科学在中国》等书，有一些新观点，值得多加留意。中国在明清之际，科技并非完全没有产生重大变革的可能，甚至发生科技革命也非梦魇。可惜，闪电之后，却没有雷雨。17 世纪中国社会的大动荡和西学东渐的活剧，在 18 世纪竟然归于沉寂。而欧洲，正是在 17—18 世纪发生了科技革命，且一发而不可收，把中国连同中国科技远远抛在了后面。到了 19 世纪，国人就只能吞下苦果，重新再来了。

耶稣会士和此后基督教会在西学东传中扮演主角的历史，不是命定的，也不全是他们的主观愿望。但种种主客观因素，让这些偶然事件变成了中国历史上挥之不去的重要一幕。17 世纪中国科技转型的可能是存在的（尽管不大，而且稍纵即逝），可惜，过去大多数人忽视了这一点，现在应当恢复其本来面目。至于更早之前景教传入中国，那只是宗教事件，不是科学事件。利玛窦之所以了不起，就因为他原本是作为传教士而来，却因缘际会，成了盗火的普罗米修斯，让西方科技传入中国，让原本两个平行发展的科技传统开始交会。这批传教士，当然还有他们的合作者徐光启等，是近代中国科技转型的前驱，功莫大焉。

这就是笔者主持写作此书的初衷。

二、本书的结构和内容

1. 本书的结构设计

第一波西学东渐的故事很精彩，但要讲好这个故事却不容易。第一，需花大力气钩沉史料，去伪存真；第二，需有大智慧谋篇布局，直达主题。笔者才疏学浅，半路出家，难当此任，只是故事诱人，愿倾力为之，为高手做点铺路工作。

笔者将本书设计为三个部分：

第一部分是西学东渐发生的相关背景。耶稣会传教士正式进入中国是在1583年，这一年历史地成为本故事的时间原点，此时中国的科学技术究竟是何状况？欧洲的科学技术又是何状况？在两者之间尚无交集的情况下，以我们今天的眼光看，它们呈现出怎样的特点？科技移植和中国科技转型既然是在一定的背景下发生的，就不能不恰当地把它们展现出来。第一章和第二章即分别概述西学东渐开始时的中西背景。

第二部分是西学东渐的历史进程，共含五章。如前所述，这一波西学东渐可分为三个时期，即16世纪末的酝酿时期、17世纪的发展时期、18世纪到19世纪初的式微时期。但本书没有完全按照这个顺序展开，而是把它作为暗线，采取总叙和分叙结合、特写和铺陈交叉的方式推进。该部分首先用一章（第三章）介绍西方科技东传的缘起和基本历程，接着用三章（第四、五、六章）的篇幅介绍16世纪末酝酿时期和17世纪发展时期的风云变幻。其中，第四章是特写，以利玛窦和徐光启为案例，描画西学东渐如何发生和突破、科技东移如何取得成效、中西科技之间的交集如何形成、会通如何变得可能。第五章主要介绍明末清初西学东渐的显著成效，其间先后有两个皇帝（崇祯和顺治）相当正面地接纳来华的耶稣会士，更有一大批士大夫和传教士通力合作，积极推进西学东渐事业，使明清之际的动乱变成西学东移的可贵机遇。第六章专写康熙帝与西学，他是历史上少有的酷爱科学的皇帝，在他为帝期间，西方科技移植的成果卓著。如果不是他在统治后期让西学东渐转向，变成所谓西学东源，中国近代科技转型有可能提前一个半世纪开始。本部分最后一章（第七章）是写18世纪到19世纪初的西学式微，时间跨度很长，从康熙晚期，经雍正、乾隆、嘉庆三朝，直至鸦片战争发生前。其间，清朝统治相对稳定下来，中国恢复了大一统的皇权士绅社会，天主教传教已经被禁止了，西学的传播虽没有禁绝，但已然被兴起的汉学压倒。

第三部分是对西学东渐走向式微的历史分析。该部分包括第八章和本书的尾声，试图揭示这一波西学东渐终致式微的原因和后果。第八章叙述和分析清代中叶以来，愈趋严酷的对外封闭和文化专制的来龙去脉，以及它们对中国科技发展造成的影响。尾声是又一次对比，将历经18世纪到19世纪初西学式微而形成的中国科技态势，与西方经过近代科技革命而出现的科技态势进行对比，高下立判，故国竟陷挨打之厄运而难自拔。严酷的现实昭示：中国近现代科技转型虽被延缓了，但终究是要进行的。于是，师夷长技成为第二波西学东渐的主动选择。

2. 各章的内容提要

下面扼要说明各章的理念、安排和主要内容。

第一章　1583年的中国科学技术

1583年利玛窦进入中国是一个偶然事件，它的重要性在于：此后，耶稣会传教士开始面对中国的体制，他们带来西方科技和文化构成“西学东渐”的态势，成为中国近代科技史上不可忽视的必然事件。因此，1583年是一个历史的时间节点，讨论中国近现代科技转型，首先要把此时传统中国科技是怎样的弄清楚。

当然，本书不是一般的明清科技史，只能围绕西学东渐来讨论和叙述。这一章和下一章都只能分别交代有针对性的背景，即耶稣会传教士东来前后（包括准备、登陆、立脚阶段）中国科技以及西欧科技发展的状况和态势，重点在16世纪末和17世纪初。

关于“1583年的中国科学技术”，本章安排了三节以做说明。

第一节“晚明社会历史状况”。从政治、经济、意识形态等方面，揭示晚明的社会态势，以呈现科技活动所赖以运行的境遇。其中，科举教育体制对科学的忽略以及沉醉于奢靡的文化生活，在此时日显突出。对科学的忽略是一个长期存在的历史问题，但因为科技时代即将登上世界舞台，它造成的后果可能是致命的。本节设立五个要点来加以叙述：（1）专制帝国的黄昏；（2）不平衡经济的困境；（3）理学和心学的衰落；（4）科举教育体制对科学的忽略；（5）小说与奢靡的文化生活。

第二节“科技大家的中土特点”。虽然在宋元高峰之后，明代科技发展水平有所下降，但在一些领域，特别是在实用技术和工程方面，中国仍然在世界上占有一席之地。从中可见，明代科技仍有许多亮点，像医药方面李时珍的《本草纲目》、工程技术方面宋应星的《天工开物》，都堪当世界级的成就。明代科技还有一大特点，即善于对前人成就进行总结，并将其推进，用以指导实践。明代涌现的科技大家多具这样的品质。当然，传统中国科技的基本特征是重实用、轻理论，在构造性、系统性、可预测性方面常常有所欠缺，明代大家也不例外。本节设立五个要点分别介绍明代五位著名的科技大家，他们是：（1）航海家：郑和；（2）医药学家：李时珍；（3）音律学家：朱载堉；（4）舆地学家：徐霞客；（5）工程技术学家：宋应星。

第三节“晚明科技发展态势”。科技史研究的基本要求是行文力求客观，但在本节之末，笔者提出了一个“科技呈现下行趋势”的判断。为什么？主要是因为在概括晚明科技状况之时，常常将其与宋元时期中国科技发展相比，难免有每下愈况之感。明代虽然不乏科技大家，但少有像宋元时期的那种大科学家，后者在科学理论方面的成就极为辉煌，如沈括、秦九韶、杨辉、郭守敬等。当然，即使在宋元时期，科技发展也未能成为中华文化的核心，实际上，科技在中国古代从未成为文化的核心。本节就晚明科技最有建树的若干学科，从六个方面分别介绍它们所取得的成绩和存在的问题，这也是本节除要点“科技呈现下行趋势”外设立的六个要点：（1）历算和声学；（2）方志和地理；（3）工程和建筑；（4）医学和药学；（5）水利和航运；（6）农学和其他。

第二章　耶稣会士背后的欧洲科学与技术

本章并非讲一般的欧洲科学与技术，而是讲耶稣会及其传教士以之为背景的欧洲科学与技术，它们并不能完全反映欧洲科学的最新进展，如哥白尼（Nicolaus Copernicus，1473—1543）的天文学就几乎没有被涉及。但总体而言，传教士还是可以代表当时欧洲科学的发展水平，某些方面与中土的对比也是触目惊心的。大多数传教士都在耶稣会的神学院中接受过相应的科学教育，以利玛窦为例，到达澳门时他年纪尚轻，却已经通过教会大学（学院）掌握了非常丰富的科学技术知识。而此时中国在科技领域还没有形成公共的、有较大规模的教育体制，存在的只是比较单纯和素朴的师徒传授。近代欧洲科学崛起表现为理论的泉涌和工艺的繁荣。希腊的逻辑和数学、文艺复兴的实验理性，这些正是当时中国欠缺的。自鸣钟、地图等物品一旦传播进来就在中国朝野产生了巨大震动。

关于“耶稣会士背后的欧洲科学与技术”，本章安排了四节以做说明。

第一节“耶稣会建立的社会历史背景”。耶稣会建立于16世纪中叶，壮大于17世纪。其间，宗教改革正在影响整个欧洲；文艺复兴已处于鼎盛时期，自然科学及其精神正在崛起；新航路的不断开辟开阔了欧洲人的视野，为欧洲带来了大量财富；资产阶级迅速壮大并积极参与到社会运动之中；欧洲人的民族意识愈加强烈，现代型的民族国家开始形成。从政治、经济、思想等任何一个角度看，16、17世纪都可算是欧洲文明迈向现代社会的一个重要时期。要理解耶稣会的传教活动在西学东渐过程中的历史地位，就有必要对耶稣会建立之初的社会历史背景做一概要描述，还应特别强调耶稣会教会大学（学院）的人文与科学基础，从中自可认识，他们来华传教的实践和结果不仅是宗教活动，更是文化与科技传播。本节设立三个要点来加以说明：（1）宗教改革与耶稣会的建立；（2）文艺复兴后期耶稣会的教育事业；（3）地理大发现与耶稣会的海外传教。

第二节“中世纪晚期的欧洲学术”。中世纪欧洲学术的核心和权威是基督教神学，尽管它遏制了哲学和自然科学的繁荣，但结合中世纪早期欧洲动荡的政治格局来看，应该说基督教会在外族向欧洲迁徙之时保存了古希腊罗马的理性精神；同时，中世纪经院哲学烦琐细致的论辩术为科学精神的兴起奠定了重要的逻辑基础。本节所叙述的中世纪晚期和文艺复兴时期的学术发展、科技成就，实际上是一个欧洲近代自然科学的前史，但在时间上和耶稣会传教士成功入华之举直接相连接，有助于说明近代欧洲学术是怎样从中世纪脱胎而来的，以及欧洲近代自然科学如何兴起于世。本节设立四个要点来进行叙述：（1）阿拉伯人对欧洲学术的贡献；（2）教会大学和教会学院；（3）经院哲学与托马斯·阿奎那（Thomas Aquinas，1225—1274）；（4）经院哲学的衰落。

第三节“近代自然科学的兴起”。本节内容从时间上看，主要属于17世纪，是耶稣会传教士已经在中国站住脚以后的事情。为简明起见，本节设立了四个要点来进行说明：（1）近代自然科学的开端；（2）走出中世纪的科学精神；（3）从伽利略到牛顿；（4）理性之所向披靡。具体地说，本节前两个要点（“近代自然科学的开端”和“走出中世纪的科学精神”）乃是写一个过渡，是概述从16世纪到17世纪，近代自然科学如何走出中世纪而开始确立自己的独特品格。本节后两个要点（“从伽利略到牛顿”和“理性之所向披靡”）则是写一个标杆，说明近代自然科学如何在欧洲开始兴起，并走上其所向披靡的旅程。想象一下，如果因为西学东渐，西方科技的移植能够真正成功，中国在17世纪能够真正踏上一条中西科学会通的道路，那么，中国科技或许就能在那时开始转型，并适时参与近代科技革命的历程。假如真能如此，中国科技乃至中国社会的命运又将怎样呢？

第四节“欧洲殖民扩张的技术支撑”。耶稣会传教士东来中土之时，既是欧洲殖民日渐扩张时期，也是资本主义加剧原始积累时期。先进的军事技术和生产技术为殖民者提供了武力保障和贸易中的优势地位，技术由此成为殖民扩张的直接而有力的支撑。本节以利玛窦等传教士带到中国的西学和技术制品为线索，试图对欧洲殖民扩张的技术支撑做一个粗线条的描述。为此，设立了六个要点来加以叙述：（1）科学技术在资本主义原始积累时期的作用；（2）造船术及航海学；（3）制图学及地理知识；（4）历法、天文学及数学；（5）机械计时器及精密仪器；（6）16、17世纪的欧洲军事技术。

第三章　西方科技缘何东传

本章总体说明天主教耶稣会向中国传教与传播科技的缘由和宏观过程。耶稣会为何东来？当欧洲兴起宗教改革之时，天主教并非坐以待毙，也非盲目反对，而是积极应对。建立耶稣会并致力于向东方传教，乃是其回应之一种。为扩展影响，耶稣会又挟何而至呢？用科技开路。这一招与海外贸易及殖民扩张有关，也与天主教的文化教育功能有关。于是，耶稣会士在传教过程中，用远西奇器，靠西学东传，吸引了当时的中国士人，并得到统治阶级的允许。可以说，西方科技东传是天主教在中国传教的副产品。

关于“西方科技缘何东传”，本章安排了四节以做说明。

第一节“耶稣会东来缘起”。耶稣会东来中国传教不是纯粹偶然的，第一，得益于在思想宗旨、结构机制、传教策略等方面的精心设定，其人员规模与传教范围都呈现蓬勃扩张态势；第二，天时地利，此时葡萄牙和西班牙正在世界崛起，并竭力在远东拓展殖民贸易，耶稣会的东传正是借了这股东风；第三，耶稣会士中，尝试入华者前赴后继，在方济各·沙勿略（François Xavier，1506—1552）和鄂本笃（Benoît de Goës，1562—1607）分别由海路和陆路尝试进入中国失败后，范礼安（Alessandro Valignano，1539—1606）又锲而不舍地开始了入华探索。由于范礼安并未进入中国内地，因此他在策略上的主要表现是采取所谓“文化适应政策”，由此而开启了适应中国实情并谋求天主教中国化的传华路径。他认为要想在中国进行传教，首先必须学会中国的语言文字，因而非常注重对中国文化的学习和对相应传教人才的培养。在澳门活动期间，他要求派遣优秀传教士来中国，于是才有了后来罗明坚和利玛窦来澳门，最终使耶稣会打开了中国的大门。本节分别以下述四个要点加以论述：（1）耶稣会的宗派和组织；（2）耶稣会东传的酝酿和基础；（3）沙勿略的入华尝试；（4）天主教传华的路径演变。

第二节“天主教士在中国传教诸时期”。这轮传教的主角是耶稣会士，后来耶稣会被罗马教廷取缔，别的修会取而代之。总之，本轮天主教士在华传教历时大约250年，进入中国后，趋势是高开低走，在17世纪的中国曾经生机勃勃，到18世纪却日薄西山，到19世纪前叶则归于寂灭。本节试图回溯它的历史轨迹，按下述三个要点把它分为三个时期：（1）锲而不舍，一朝立足：1583—1601；（2）反复较量，屡有斩获：1601—1722；（3）持续禁教，扫地出门：1722—1838。

第三节“传教的科技副产品”。在西学东渐事件中，传教以科技移植为手段，科技移植是传教的副产品。或者说，传教搭乘了贸易和殖民开拓的便车，科技移植搭乘了传教的便车。科技移植大致可分为两个层面：理念层面的西学东传和器物层面的西学东传，简而言之就是科学层面与技术层面的东传。理念层面的成效得益于此时所营造的宽松包容的思想学术氛围，成就了一大批翻译、编写之类的著书立说活动。器物层面的成效特别得力于有迫切需求的军事战争实际，以火器技术为最突出代表，佐之以农业、水利技术和望远镜等仪器。此轮西学东传的缺陷主要在制度层面，由于社会综合体制的严重抵制，这方面举措的阙如是不难预料的。本节按下述四个要点展开：（1）传教、贸易与科技移植；（2）理念层面的西学东传；（3）器物层面的西学东传；（4）制度层面西学东传的滞后。

第四节“西学东渐三部曲”。与天主教东传的分期相似，作为传教副产品的西学东传也可以分为三个阶段，是为西学东渐三部曲，本节设立三个要点以叙述之，分别为：（1）起步阶段，即16世纪末。科技移植被用作传教的手段，传教士们从尝试到确立、从少量到大量、从地方到全国，贯穿中国实践科技传播过程。（2）互动和见效阶段，即17世纪。典型代表如徐光启和利玛窦，他们通过合作翻译的方式，为中国人引进和吸收了大量的西方科学技术；亦如汤若望、南怀仁等，他们前后任职清朝钦天监以后，耶稣会士曾连续受到顺治帝和康熙帝的礼遇，活跃于许多具体科技领域。（3）逐渐式微阶段，即18世纪到19世纪前叶。由于多方面的原因使然，西学在18世纪以后的中国逐渐走向式微，中国与西方科学发展渐行渐远。需要注意，科技移植的三个阶段与传教的三个时期既密切相关，又不全然相同。究其原因在于，科技移植一方面是传教的副产品，如传教立足时期与科技传播起步阶段均为16世纪末，另一方面二者却各有其自身的发展逻辑和路径，传教和科技传播虽都遭受阻力，但程度是不同的。有禁教令，至少没有禁科技令，而且科技常常被中国人另眼相待。

第四章　利玛窦和徐光启

本章风格有点别样；是对晚明西学东渐缘起和成效的一个特写。西学东渐的起步阶段是在晚明，见效阶段也以晚明和清初时期为主，其间最杰出的人非利玛窦和徐光启莫属，他们一个代表耶稣会士、一个代表中国士人。利玛窦和徐光启具有传奇性的相关生平经历，他们如何交游以及交游之成果为何是西学东渐见效阶段的主题值得研究。利玛窦在中国的经历是极其曲折且极具偶然性的，他来华后27年的挫折和成功，足见推行“文化适应政策”的明智。而以科学著译、科学思想、对外观念等反映的徐光启治学思想的改变，深刻显现耶稣会士与中国士人之间互动的成效。最不应忽略的是，军事技术上引进红夷大炮的故事。徐光启等人如何引进红夷大炮？实战如何验证红夷大炮的威力？以及红夷大炮技术体系如何由明朝转移至清朝一方，并因此改变历史进程？这显示西学东渐可以有威武雄壮的结果。

关于“利玛窦和徐光启”，本章安排了四节以做说明。

第一节“利玛窦来华传奇”。从1552年出生到1610年去世，利玛窦的人生旅程总共有58年。以1583年他抵达肇庆为节点，可以分为来华前31年和来华后27年。简要地说，他的出生年份与耶稣会赴华前驱沙勿略的去世年份相同，出生地点与大画家拉斐尔（Raffaèllo Sanzio，1483—1520）的故乡相近。他出身于贵族家庭，接受了耶稣会教育。行踪则呈现为家乡—罗马—里斯本—果阿—澳门的轨迹，几乎没有任何回头，仿佛飞蛾扑火，使命必达。来华后27年也是如此，肇庆遇挫没有回澳门，而是去了韶州；南京遇挫没有回韶州，而是去了南昌；北京遇挫没有回南昌，而是去了南京。一路向北，终在京城立足，如愿以偿，死后由万历帝破例赐葬。利玛窦的传奇如今已经成为显学，为东西方学人所关注。本节用下述四个要点来刻画这位杰出的科技和文化传播者：（1）利玛窦来华前的历练；（2）华南十二年的实践和开拓；（3）北上十五年的挫折和成功；（4）同时期进入中国的传教士群体。

第二节“徐光启的入教、出仕和治学”。没有徐光启与利玛窦的互动就没有西学东渐在晚明的大放异彩，徐光启的历练说明传统中国士人在一定条件下，完全可以接纳新科技、新文化，成为具有新理念的新知识分子。徐光启出身平凡，家世清白；三代单传，茹苦含辛；早年参加科举，屡试不中；35岁方中举人，42岁方中进士；仕途坎坷，大器晚成。万历朝末期终于崭露头角，却因与阉党保持距离而远避朝堂，到崇祯朝才被重用，可惜此时年事已高。他虽历经起落沉浮但幸得以善终。徐光启也是明朝的一个另类，他很早便接触天主教，坚定奉教长达三十年，是唯一可以确证的信奉天主教的阁老，也是明清时期官职最高的奉教者。他既没有致力于钻营升迁，也没有局限于经学八股，而是追求西学与实学的双重造诣。种种传统与非传统因素的结合，为日后徐光启与利玛窦之交游并取得卓越成就创造了条件。据此，本节以下述四个要点着力刻画之：（1）出身平凡、屡试不中的大龄举人；（2）仕途坎坷、大器晚成的暮年阁老；（3）南京受洗入教的前前后后；（4）西学与实学的双重造诣。

第三节“利玛窦与徐光启的交游”。明末清初，耶稣会士与中国士人的互动曾形成西学东渐的一股潮流，而利玛窦与徐光启的交游堪称这种互动的典范。这种互动改变了徐光启的思想，促使他由实学而兼西学，从而具备相当高水平的科学素养。他们的交游之于西学最直接的作用乃是诸多科学著译在中国传播，并产生了重大影响。科学著译并不仅限于利玛窦与徐光启的互动，而且包括其他耶稣会士与其他中国士人之间的合作。实际上，晚明的科学传播、科技移植造就了一个积极促进西学东渐的中国士人群体，产生了一个试图通过学习西方先进科技以会通超胜的愿景。像徐光启这样去看待耶稣会传教士、看待西学、看待世界，必将动摇传统的华夷观念。本节因之按照下述四个要点来叙述：（1）利、徐之交游及其象征意义；（2）丰硕之著译及其科学思想；（3）移植传播与会通超胜的晚明群星；（4）传统华夷观念的转变。

第四节“引进红夷大炮的故事”。西方科技的移植不仅限于科学思想，也不止于观念更替，还扩及技术实物层面。红夷大炮的引进就是西学东渐中军事技术传播的产物，它一度影响中国历史进程。万历年间，大型红夷大炮开始进入中国人的视野。① 萨尔浒之战后明朝与后金之间的战争需要使得红夷大炮的引进成为可能。基于军事、宗教等目的，徐光启等人于1620年主持引进了四门红夷大炮。1626年，宁远之战的胜利以实战检验了红夷大炮的威力，之后扩大了引进和应用的规模。徐光启的学生孙元化在实践中成长为制造和应用红夷大炮的专家。1629年的己巳之变进一步促进了红夷大炮的引进，徐光启作为朝廷中枢提出了以运用红夷大炮为核心的军事思想。1633年明朝军中的西方火器部队因吴桥兵变而最终投降后金，孙元化等人获罪被处死。明朝的引进热潮方才消退，红夷大炮技术体系反而转移至后金一方，有力地帮助后金最终入主中原。本节按下述四个要点来讲述这个跌宕起伏的故事：（1）萨尔浒之战与红夷大炮的引进；（2）宁远之战与红夷大炮初见成效；（3）己巳之变与红夷大炮更进一步；（4）吴桥兵变与红夷大炮技术转移。

第五章　西学在动乱中的机遇

与上一章相比，本章所处的历史时期为乱世，即明代崇祯至南明时期，清代皇太极至顺治时期。改朝换代期间不仅没有排斥西学，反而西学传播富有成效。中国历法的改变得益于传教士的协助，但也遭遇强大的阻力。明代曾由官方主持编译了一大批著作，包括《崇祯历书》。但是最后明朝灭亡，天文学的成就为清所用。传教士在明清鼎革之际的态度也比较实用多变，先效忠明朝，后顺势效忠清朝。清八旗攻打锦州以及后来入主中原时靠的红夷大炮，也是先由明朝引进，然后落入清朝之手的。

关于“西学在动乱中的机遇”，本章安排了四节以做说明。

第一节“中土大变与西学”。明末清初确曾发生中土大变，除一般意义上的改朝换代外，还有许多大变革。仅1644年一年，中土就发生了两次改朝换代。几十年间，明、清、大顺、南明诸多政权互相缠斗。如此密集且剧烈的政局变动，又蕴藏着中土历法、坤舆、礼仪之大变，更存在着一个历朝历代都不曾有

---

① 明人对红夷大炮的称呼不一，如西洋炮、西洋大铳、红夷大铳等，后来清人改称红夷大炮。对红夷大炮等火器的介绍，可参见：张廷玉，等．明史（2）．卷九十二志第六十八．中华书局编辑部，编．“二十四史”（简体字本）．北京：中华书局，2000：1513－1514；李之藻．制胜务须西铳敬述购募始末疏//徐光启集：卷四．王重民，辑校．北京：中华书局，2014：179；王兆春．世界火器史．北京：军事科学出版社，2007：248－253.

过的“新变”，即在中土伴随着西方天主教传播而掀起的西学东渐第一波。本节的四个要点：（1）1644：一年之中的两次改朝换代；（2）崇祯帝与西学；（3）大顺朝与西学；（4）满洲新贵与西学。

第二节“明末的西学”。明末士大夫对西学的热衷、崇祯帝的支持，以及西方传教士的融入，推动西方科技和文化在中土传播，近代科技转型在中土初现端倪。较之于中土的传统科学，明末的西学已经有了崭新面目。面对西学的传播，明朝士大夫阶层也出现了分化：既有沈漼这样反教的守旧派，也形成了徐光启、李之藻、杨廷筠这样的“圣教三柱石”。本节叙述的要点：（1）南京教案：多重矛盾的较量；（2）李之藻、李天经与《崇祯历书》的编纂；（3）庞迪我（Didace de Pantoja，1571—1618，1599 年入华）、汤若望等继往开来；（4）晚（南）明君臣向传教士求救。

第三节“清初的西学”。较之于以往朝代，清王朝最大的特征便是由迅速崛起并入主中原的少数民族为统治主体。无论对于满洲贵族，抑或中土汉族，面临的都是一个全新的文化环境。与明末的西学相比，清初西学面对的社会文化环境更显复杂：不仅需要调和西学和儒学，还要面对满洲文化。能否走满、汉、西三种文化的融合之路，取决于入主中原的清新皇帝的好恶。清皇帝入主中原后，西学的重要代表人物——传教士汤若望不仅获得了摄政王多尔衮的特别优待，耶稣会得以继续传教，而且使 3 000 余部西文科技和宗教著作，以及翻译好的已刻印书版等贵重物品得以保全。汤若望深谙中国文化，将已撰好的《崇祯历书》删为 103 卷，以《西洋新法历书》之名进贡清朝廷，受到欢迎。受范文程等官员推介，汤若望得以进入清廷修订历法，而且延续利玛窦向皇族高层传教的策略，顺利获得皇太后和顺治帝的信赖。本节设定的四个叙述要点：（1）入主中原的游牧民族；（2）八旗与红夷大炮；（3）汤若望和顺治帝；（4）出掌钦天监的争议与历讼案。

第四节“西方科技的有效传入”。明末清初，通过对西方科技文献的移译，以及历算、舆地、医学人才的引进，出现了如同春秋战国时期百家齐放的局面。概而论之，西方科技文献的移植经历了从“三棱镜”（器物）到“络日咖”（逻辑），再到“本土化”的变化。在明末清初的西学东渐过程中，耶稣会传教士起了重要的桥梁作用，他们通过寻求政治庇护，凭借传播西方科技文化，实现自身的传教使命。本节按照下列四个要点展开：（1）西方科技文献的移译和本土化科学的成长；（2）历算、舆地、医学人才的大量引进；（3）寻求政治庇护的科学；（4）携西学东来的传教士觊觎体制缺口。

第六章　康熙帝与西学

康熙帝在位62年，是一位钟情科学的皇帝。康熙时代在科学上的两大成就足以彪炳史册：其一为历法，此时由传教士引进的历法和钦天监的长期运行，大大提高了中国的历算水平。其二为《皇舆全图》，此是皇朝组织绘制的一组中国地图，其精确程度可以媲美西方同时期绘制的最好地图。但二者的影响力却非常有限，接触者局限于少数人，从未向公众传播，不是公共知识，没有改变公众的观念。同样，康熙时代天文、数学、地理、机械、光学、建筑和火炮等具体领域都从西方有所输入，但也都未向公众传播，不是公共知识。可以说，康熙个人爱好科学，颇为成功也较为自负，其局限就是未向公众传播，未使其有机地成为公共知识体系的一部分。

康熙帝与西学的关系是非常复杂的，前期与晚期也有很大区别。康熙帝有许多允诺，比如曾下令允许天主教在中国传教，但因礼仪问题，第二年就断然撤销了。禁绝天主教也是在他手上开始的。他虽然鼓励西学东移，也善于利用传教士和西学知识，例如，在中俄《尼布楚条约》的签订中，传教士、地理知识都对维护中国权益发挥了很大的作用。不过，他晚期主张西学东源，圣意贯彻下去，西学东渐只得式微了。

关于“康熙帝与西学”，本章安排了四节以做说明。

第一节“康熙时期的西欧科学”。与康熙同时期的西欧科学，已经不再停留在晚明时期由利玛窦等传教士所携来的科学水平上，而是伽利略、牛顿首创的、全新的近现代自然科学了。科学逐渐成为一种新的文化，开始从自然哲学中分离出来。实验归纳与逻辑演绎两种研究方法结合在一起，形成了近现代科学研究的新传统。本节按下述四个要点展开：（1）西欧科学进入“巨人”时代；（2）英国皇家学会建立；（3）天文学发生革命；（4）《自然哲学的数学原理》问世。

第二节“康熙帝与西学的‘蜜月’”。部分得益于汤若望的建议，年幼的玄烨（康熙）得以被立为太子。康熙帝与鳌拜集团的斗争又为南怀仁等耶稣会士东山再起提供了可能，这也意味着西学东渐的再次复兴。康熙帝在“权力斗争”的艰难境遇中，开始了与西学的“蜜月期”，“西学”也得以在“清权力的更迭”中彰显。历讼案之后，钦天监正一职重新由耶稣会士担任。南怀仁、徐日昇

(Thomas Pereira，1645—1708，1672 年入华)、闵明我（Philippe-Marie Grimaldi）等耶稣会士更是成为康熙帝的西学老师，使得康熙帝于格致穷理之学，天文、地理、测算、音律等科，均能通晓大义。在白晋（Joachim Bouvet，1656—1730，1687 年入华）等耶稣会士的帮助下，康熙帝引进法国耶稣会士，成立算学馆，编纂《律历渊源》，绘制《皇舆全览图》。康熙朝在火器制造和军事操练方面也有所突破，中土的火炮技术达到新的水平。本节设立下述四个要点：(1) 康熙帝和南怀仁、徐日昇；(2) 历法、天文和《皇舆全图》的测绘；(3) 算学馆的成立和《数理精蕴》的编译；(4) 火器的制造和操练。

第三节“酷爱科学的皇帝”。历讼案结束后，广州传教士得以开释，通晓历法的闵明我被调往北京辅助南怀仁修治历法。受南怀仁告欧洲耶稣会士书的影响，法国传教士洪若翰（Joannes de Fontaney，1643—1710)、张诚（Jean François Gerbillon，1654—1707，1687 年入华)、白晋、李明（louis le Comte，1655—1728)、刘应（Claude de Visdelou，1656—1737）五人由国王路易十四（Louis XIV）派遣抵华。闵明我、白晋等深得康熙的赏识与信任。后因礼仪之争，更因清皇朝已趋稳定，许多耶稣会士被遣返，康熙帝开始着眼于鼓励本土化学者和科学家，于是，王锡阐、梅文鼎等学者脱颖而出。康熙帝从此倡导西学东源。本节按下述要点展开：(1) 白晋为帝赏识随侍宫中；(2) 闵明我受帝之命出使俄罗斯；(3) 并行的本土科学家王锡阐、梅文鼎；(4) 君临科学，不改传统范式。

第四节“康熙晚期的西学”。康熙帝与罗马教皇之间的“礼仪之争”和耶稣会的没落，终致禁止传教的结果，西学可容性也大打折扣。中国本土士人热衷于把“西学东渐”引向“西学东源”，后果竟是自大代替学习，西学在中土传播受阻，最终与进入“巨人时代”的西方科技发展分道扬镳。中国无奈地错失了一个近现代科学转型的机会。本节设立下述四个要点：(1) 礼仪之争与耶稣会的没落；(2) 路易十四派来的传教士；(3) 可容西学，禁传宗教；(4) 近代科学转型可能的昙花一现。

第七章　西学的式微

18 世纪到 19 世纪初，经历了康熙朝（1662—1722）最后 20 多年，雍正（1723—1735)、乾隆（1736—1795）两朝，以及嘉庆朝（1796—1820)，但对中国科技发展和转型却是个失落时期。因受清皇朝专制加强和禁教政策的制约和影响，西学的传入与研究呈现出相应的衰退景象。汉学兴起，乾嘉学派成为学术主流。当时西学东传的基本背景有二：其一为天主教已经被严禁，但还有一些懂科技的传教士留在中国，并且视皇帝喜怒而发挥或多或少的作用；其二为中国士大夫和知识分子，通过发掘古代典籍，从中寻找西学源头的方式，一面接触西学，一面臧否西学，走的是一种奇怪的发展科技的路径。本土科学回归到与西学平行的态势，两者之间缺乏有机的交流。一些士大夫参照西学把中国古代天算等领域的相应成果考证出来，以作论证西学东源的有力证据，坚持西学为中学之末。中国科技实际上已每况愈下，更谈不上转型了，西学东渐也无奈地走向了末路。

关于“西学的式微”，本章安排了四节以做说明。

第一节“雍乾嘉三朝之渐趋保守”。在这一时期，经历了康熙从“限教”到“禁教”、雍正严厉禁教、乾隆变换花样禁教的过程。罗马教宗的政策——在中国扩张天主教势力，教徒必须专一服从教宗，这又触犯了专制主义中央集权制的中国皇权，从而遭到严厉打击。雍正、乾隆年间，以传教士为中介的中西文化交流活动陷入低谷。嘉庆朝延续这一趋势，直至在中国大地赶走最后一个传教士。随着“礼仪之争”和禁教风浪的起伏，西学少有人关注，中国科技基本回到自己原来的发展轨道。本节通过下述四个要点展开：（1）雍正朝：雷厉风行地禁教；（2）乾隆朝：变换花样地禁教；（3）嘉庆朝：送走最后一个传教士；（4）恢复大一统的皇权士绅社会。

第二节“西洋传教士与东西文化传播”。许多西洋传教士多是带着“西洋奇器”来到中国，向清朝皇帝进献欧洲物品，展现西洋才艺，修造奇巧珍玩，已成为清宫里的“西洋巧匠”。他们原本把介绍西方科技作为在中国传教的手段，但实际上输入的西方科技对中国文化和中国人的影响，远远超过天主教神学。传教士还向西方介绍中国，不仅对“西学东渐”，而且对“东学西渐”，都发挥了重要作用。在18世纪，尽管禁教形势愈演愈烈，然而随着一批身为专业画家的传教士的到来，以绘画活动满足清朝皇帝的欲求，竟使传教能在禁教风浪中得以苟存。马嘎尔尼（George Macartney，1737—1806）来华之遭遇，则标志着中国对西学整体的排斥态度。本节设立的要点：（1）继耶稣会士之后东来的西洋传教士；（2）突出代表：郎世宁（Giuseppe Castiglione，1688—1766）、蒋友仁（Michel Benoist，1715—1774）；（3）主持天文历算编修和边疆地图测绘；（4）传教士的东学西传与马嘎尔尼使华。

第三节“本土士绅的科学活动与西学”。康乾盛世出了一批著名的本土学问家，其中一些人足跨文理两界，在科学领域也颇有成就。本节选取的是几位重要的清代学者-科学家，主要是通过对他们科学活动的介绍，试图对他们与西学的关系提供一个透视。笔者钦佩他们的大家风范，也惊叹于他们在科学上难能可贵的贡献。但是，在西方科学已经传入中国，特别是在18世纪欧洲已经开始科学革命的年代，他们却回复中国传统做科学的路子，把科学做成了经学的一部分，好不令人感慨。本节设立的要点：（1）舆地学家顾祖禹与西学；（2）一代儒宗钱大昕与西学；（3）天算大家戴震与西学；（4）后学中坚焦循、阮元与西学。

第四节“汉学兴起与西学式微”。乾隆、嘉庆时朝，政治上，基本实现了稳定，统一的多民族国家得以确立巩固；经济上，农业、手工业和商业都获得一定发展，呈现出“国富物阜”的繁荣景象；文化上，大力倡导传统学术，书院林立，学人辈出，编书、校书、刻书之风甚盛，终于形成了在学术思想领域居统治地位的乾嘉学派（亦称乾嘉汉学或乾嘉考据学）。但乾嘉时期，文化专制严酷，文字狱盛行，民族自大与自卑并存，也是清朝由强盛到衰弱的转折点。在这个时期，汉学兴起与西学式微同步而行。本节设立下述四个要点展开：（1）清朝全盛期统治的闭锁性；（2）乾嘉学派及其主要传承；（3）汉学与西学的关联和区别；（4）在传统典籍中寻找西学源头。

第八章　对外封闭和文化专制

前面第三~七章是对第一波西学东渐的具体阐述，着眼于科技传播和移植的历史轨迹。本章转而做一个历史与哲学的反思。利玛窦与徐光启等先贤历经艰辛，为中国引进西方科学技术，并未使中国成功实现近代科技转型。反思失败背后的原因，主要是清皇朝的对外封闭和文化专制，两者均阻碍了中西文化交流。其根源是，作为一种持续二千年的悠久社会体制，中国皇权统治兼具封闭和专制的典型特征。皇权统治必然导致封闭和排外，文化专制必然导致科技守拙。耶稣会士和西学自海上而来，明清时期的海洋政策并没有向他们敞开怀抱，到康乾盛世之时海禁反而愈演愈烈。海禁政策造成了灾难性后果，使中国错过地理大发现。专制统治则使西学东渐终致式微。西方科学文化终究难以突破皇权统治的打压，在日益严重的文化抵制和文化专制面前，西方科技只能与宗教文化一道败下阵来。

关于“对外封闭和文化专制”，本章安排了四节以做说明。

第一节“海禁政策、朝贡体制与科技传播”。明清的海禁政策与朝贡体制息息相关。海禁政策和朝贡体制还直接与对外交往相关。“在历代所撰正史及《明实录》《清实录》中，朝贡几乎就是中外官方交往的同义词。”① 总体而言，海洋政策可以分为四个阶段：第一阶段为明初的海禁时期，第二阶段为明末的民间海外贸易时期，第三阶段为清初的海禁时期，第四阶段为清中叶开海贸易时期。无论是片帆不得入海，还是有限度地弛禁，都反映出对外封闭的基本特征。明清时期的海洋政策及其对外封闭的基本特征，在科学技术层面造成严重的不利后果，意味着对科技传播渠道的限制与封闭。本节设定下述四个要点展开叙述：（1）朝贡体制下的明代海禁政策；（2）民间海外贸易与明末弛禁；（3）清代海禁政策的变与不变；（4）大航海时代的海禁。

第二节“皇权统治与西学东渐的是是非非”。耶稣会上层的传教策略，梦想用宗教力量教化中国的最高权力——皇权，然后千方百计寻求使中国自上而下皈依天主教的可能性。但在实际进程中，耶稣会传教士虽然也曾直接接触明清之际的多位皇帝，却只能隐藏自己的目标，而以西方“奇技淫巧”作敲门砖。西学东渐的成败竟全然取决于皇权统治的需要，甚至系于皇帝的一念之差。科技传播和移植的效果与皇权支持与否有莫大的关系。从晚明至清初，经过数代传教士的不懈努力，他们与中国皇帝的距离可以说越来越近，交往也越来越密切，但这对于西学东渐来说，影响并不完全是正面的。无论是对于西学东渐还是对于天主教东传，靠近皇权都是高收益和高风险并存的。本节按照下述四个要点加以说明：（1）从明至清皇权统治的强化；（2）万历的一念之差与西学东渐的成败；（3）耶稣会的政治参与及其影响；（4）与同时期西方君权变化相比较。

第三节“对西方宗教和文化的抵制”。抵制宗教与抵制科技合流，既是皇朝与国人应对中西文化冲突时的某种自然选择，也是实现科技移植与会通超胜的极大障碍。当然，对于抵制的主体而言，抵制科技往往是抵制宗教导致的全面抵制下的附属对象，就好比“西学之输入”为耶稣会士“传教之附带事业”一样。② 由抵制宗教转移至抵制科技，也是此次科技转型失败的原因之一。本节通过下述四个要点来展开论述：（1）保守的社会与封闭的心态；（2）耶稣会士入华后引发的反教风波；（3）抵制宗教与抵制科技合流；（4）抵制背后的中西文

---

① 李云泉. 朝贡制度史论——中国古代对外关系体制研究. 北京：新华出版社，2004：绪论1-2.

② 陈润成，李欣荣. 张荫麟全集. 北京：清华大学出版社，2013：714.

化差异与冲突。

第四节“文化专制与科技守拙”。从明代到清代均存在文化专制现象，负面作用是造成思想文化领域不够活跃、不够自由、不够创新，也就是科技守拙的局面。明末时南方地区尤其是江南地区的经济繁荣，为文化繁荣提供了必要的物质条件，并且出现了对严厉文化专制的反弹。但是，清代强化了文化专制政策，一直保持着高压态势。如果从西学东源的视角来透视清代文化专制，一方面，可以看到专制主体的转变，即以中学来“专制”西学；另一方面，可以看到被官方管控的西学只能遵循钦定的路径，为固守传统而放弃革新，从而与科技发展规律背道而驰。本节设定以下四个要点进行论述：(1) 渐趋宽松的明代文化态势；(2) 文化、地域与西学；(3) 登峰造极的清代文化专制；(4) 西学东源与文化专制。

尾声：1840 年中西科技的悬殊对比

第一波西学东渐的故事到此应该结束了。遗留的问题是它给历史留下了什么？虽然答案是见仁见智，但即将爆发的中英鸦片战争把所有的争议都暂时搁在一边了。落后挨打的局面使人痛定思变，中国的落后首先是技不如人，即科技的落后，于是，师夷长技成了国人的共识。西学东渐的式微，最为难堪的后果就是中西科技的悬殊对比，这也是本书尾声的主题。

关于“尾声：1840 年中西科技的悬殊对比”，本书安排了三节以做说明。

第一节“19 世纪初西方的变革态势”。始于 17 世纪的科学革命经过 18 世纪突飞猛进的发展，到 19 世纪上半叶不仅在已有的科学领域引发了深刻的变化，并迅速扩展至许多新的领域。而且科学从主要是个人的兴趣爱好，逐渐发展成为一种社会职业和集体事业。同样，发轫于 18 世纪下半叶的技术革命此时业已率先在英国完成，为英国继西班牙之后成为“日不落帝国”奠定了强有力的生产力基础。伴随着科学革命和技术革命，思想、政治和经济领域也发生了深刻的变革。本节设定以下四个要点加以叙述：(1) 科学革命和思想革命；(2) 技术革新和工业革命；(3) 殖民扩张和社会转型；(4) 科学教育和科学共同体。

第二节“中西科技的差距”。随着清朝禁教政策的施行和耶稣会在欧洲被罗马教廷取缔，西学东渐之路渐被阻断。中国科技的近代化历程也因此停滞了一个多世纪之久。在 18 世纪，西方已经在自然科学的诸多领域，如天文学、数学、物理学、生物学等全面发展，而此时的中国学界却流行一种以乾嘉汉学（考据学）为代表的复古式的学术路径。考据学固然方法严谨，成果卓著，却以文本和历史为研究对象，且主观设定“西学东源”的目标。由此，在自然科学方面，无奈地与近现代科学发展的路径渐行渐远。在世界科技革命的大背景下，科学技术不进则退。此时中西科技的对比确是不啻天壤。本节设立以下五个要点以作叙述：（1）数学和天文、历法；（2）生物学（博物学）和医学；（3）地理学和地质科学；（4）冶金、煤炭和造船技术；（5）兵器、火炮和军事技术。

第三节“师夷长技是唯一选择”。19世纪之初，中国与西方已形同两个世界，不可同日而语。一个是已经完成资产阶级革命，通过科学革命和工业革命的洗礼，现代科技体系与体制得以确立，正在进行全球经济扩展和殖民扩张的西方世界；一个是历经“康乾盛世”的表面繁荣，奉行闭关锁国政策，仍然沿袭固有体制，抱残守缺，官吏贪污腐化，技术停滞不前，国力日渐衰落的晚清王朝。停滞的中国在西方世界面前，逐渐褪去了原有的文化光环和优越感。反思和梳理自耶稣会传教士东来，一直到1840年鸦片战争之前的中西科技发展态势，不得不承认两者之间的巨大差距。本节设立如下四个要点以作论述：（1）政治社会领域的落差；（2）在中国本土移植西学的复杂机制；（3）抱残守缺的落后心态；（4）痛定思变：“师夷长技以制夷”。

三、西学东渐与转型之殇

历史使人智慧，历史也常令人扼腕。第一波西学东渐发生之时，恰逢17—18世纪科学革命和18—19世纪科技革命势不可当、现代科技即将走上世界舞台之际。在这之前，中国科技一直遵循自己的传统、按照自己的轨道独立运行；中西科技各自发展，难分伯仲。16世纪耶稣会东扩，利玛窦等传教士入华，把西方科学技术传播到中国，此后，经过徐光启等中国士人与之共同努力，终于使平行的中西科技有了交集。17世纪，中国政治、社会发生巨变，江南社会、文化萌生新的多元态势，北方少数民族政权清入主中原，剧烈的变动反而为西学东渐创造了在夹缝中壮大的条件。从利玛窦和徐光启交游的卓越成效来看，从清初皇朝对西学的难得青睐引申，可以推断明清之际的西学东渐是有可能让中国科技吸取西方科技的优长并开始转型的。可惜，这样的机会随着清政权稳固并重回大一统的皇权社会竟然丧失了！闭关锁国和文化专制政策、礼仪之争和文化保守——政治的、宗教的、文化的多重压制，致使西学东渐式微了，西学东源说盛行，成为中国科技远离世界科技发展轨道的标志，成为中国科技衰落的回光返照，中国科技的近代转型在这个时期没能出现。

1. 16世纪末：耶稣会士与西学东渐

(1) 耶稣会东扩的历史机遇

耶稣会东扩缘起

基督教由西向东的传播是古代中国与欧洲思想文化交流的一项重要内容。早在7世纪唐贞观年间，基督教已由聂斯托利派教士传入中国，唐朝人称其为“景教”，后来在唐武宗时期与佛教一起遭禁。13世纪的元代，基督教在中国重新拓展，由罗马公教的方济各会主持，主要在当时的权贵阶层蒙古人和色目人之间传播。朝代更替为明朝之后，基督教与元朝的统治集团一起被逐出了中原。16世纪明清之际，基督教再次传入中国，传教士主要是公教耶稣会士。

16世纪，在宗教改革的背景下，新型的修会开始建立起来，这些修会的成员广泛参与社会活动，深入社会各个阶层，不拘泥于固定的修院制度，也无统一的会服。耶稣会就是新型修会的重要代表。

1534年，西班牙贵族依纳爵（Ignacio de Loyola，约1491—1556）与6名来自不同国家的同伴在巴黎发愿，形成了耶稣会的雏形。1540年，教皇正式批准耶稣会成立。1541年，依纳爵被选为第一任总会长。①

耶稣会不同于以往修会的一大特点是效仿军队制度的、中央集权式的组织架构，这源于依纳爵的军人出身以及他将耶稣会构想为效忠并服务于教皇的工具。传统的修会通常要求其成员发愿“安贫、贞洁、守神”（绝财、绝色、绝意），耶稣会特别要求其核心成员除了“三绝”誓愿外，还要发愿效忠教皇。依纳爵取消了固守于修院的隐修制度，也不要求成员统一着装及苦修，因此耶稣会士可以灵活有效地胜任各种工作，以实现耶稣会所追求的“愈显主荣”（Greater Glory of God）的目标。

耶稣会在宗教改革时期成为公教反击新教的得力组织，并迅速发展壮大，有效地遏制了新教的发展。其中，耶稣会的教育事业起到重要作用，遍布欧洲的耶稣会学校成为罗马公教振兴的重要据点。

依纳爵为耶稣会的组织架构做了诸多设计安排，但一直到47岁时（1538年）

---

① 彼得·克劳斯·哈特曼. 耶稣会简史. 谷裕，译. 北京：宗教文化出版社，2003：1-8.

他才首次主持圣弥撒，此时他已具备丰富的经验和成熟的性格，之后又为耶稣会确立了完备而森严的制度和思想体系。依纳爵既秉承自文艺复兴时期以来对人性的理解，关注人的个性，同时又注重人的原罪性，主张神性与人性之间的互动。

耶稣会兼具高度集权和国际性。高度集权来源于其森严的等级制度和绝对服从教宗。对于教宗的第一位服从和对于上级的第二位服从也在会宪中得到明确规定。其具备新教所不具备的国际性是因为，此时新教的宗教领袖往往由君主或诸侯担任，形成相应的国家或地方宗教势力范围，但耶稣会支持的天主教仍以罗马教皇为最高牧首。

耶稣会在传教策略方面的灵活性较强，主要是外部传教策略和上层传教策略两类。所谓外部传教策略是指会宪中强调传教工作的主要对象是穆斯林和其他非信仰者，连犹太人也在其列，次要对象是天主教异端和分裂者。耶稣会在思想宗旨和理论上并不直接反对宗教改革，但是在结构机制和实践上与罗马教廷站到了一起。所谓上层传教策略，则表现为一种精英路线。耶稣会士并不在修道院中过固定的、清修的生活，而是去各个地方开展工作。他们把传教目标锁定在君主、诸侯和贵族身上，主要活动范围是上层社会。[1] 因为下层民众往往会效仿追随上层社会的宗教信仰，上层社会的选择将发挥决定性的作用。

沙勿略—范礼安—罗明坚

沙勿略是耶稣会的创始人之一。1506 年，他出生于巴斯克地区纳瓦拉王国的一个贵族家庭，9 岁丧父，整个童年时期都伴随着西班牙对纳瓦拉的征服战争及其激起的反抗。1525 年，沙勿略赴巴黎大学的圣巴伯学院（Collège Sainte-Barbe）学习，1530 年获得文学硕士学位并留在巴黎教书。在此期间，他与依纳爵结识，深受其影响并参与创建耶稣会。甫一建会，适逢葡萄牙国王若望三世（John III，1521—1557 年在位）请求教皇派人到东方传教，沙勿略于是受命前往，1542 年抵达果阿，正式开启了充满传奇色彩的耶稣会东传历史。

东方传教事业是危险和机遇并存的，沙勿略的主要活动区域为印度、马六甲及印尼部分岛屿、日本，起初获得的成功是日本传教区的开拓。1549 年，沙勿略从印度来到日本九州的鹿儿岛，通过结交日本大名等地方上层实力派。皈

---

① 许多耶稣会士担任君主和诸侯们的忏悔神父和宗教顾问，发挥巨大的影响力。当然，他们也会通过布道活动，直接与民众联系。参见：G. F. 穆尔. 基督教简史. 郭舜平，等译. 北京：商务印书馆，1996：274.

依天主教的日本人逐年增多。经过约半个世纪的发展，到1593年时，信奉天主教的日本人已经超过20万，耶稣会士也达151名之多。1582年，日本向罗马教廷派遣了使者。1596年，首位负责日本传教事务的主教产生。在相当长的一段时期内，在日本的传教事业在远东一枝独秀。

日本人喜欢说："如果天主教确实是真正的宗教，那么聪明的中国人肯定会知道它并且接受它。"① 在日本的传教经历让沙勿略产生或强化了去中国传教的想法。然而，沙勿略尝试入华传教的经历是曲折而悲剧性的。他曾试图通过日本方面的朝贡途径顺道前往中国，但是未能成功。1551年，他离开日本，返回果阿。1552年4月，他以葡萄牙官方使节名义乘朋友的船，满载礼品货物向中国出发。途经马六甲时，遭到葡萄牙官员的刁难盘剥，8月方抵达上川岛（今属广东省台山市）。然而，中国内地虽已近在咫尺，但中国大门对外国人仍然关闭，他尝试以偷渡、朝贡等多种途径进入中国，都以失败告终。当年12月，沙勿略因病不愈，在上川岛去世。

沙勿略的入华尝试对耶稣会东传入华意义重大。沙勿略对中国的热情了解和献身使命，"不仅成为早期耶稣会士的关于中国的知识的重要来源，而且直接导致了罗明坚、利玛窦等人的入华传教，并对其传教策略的采用起了重要的影响"②。1662年，沙勿略被罗马教廷封圣，以彰显他传教的功绩和精神。

继沙勿略之后，范礼安是耶稣会入华的第二位先驱性人物。1539年他生于那不勒斯王国（今意大利南部）贵族家庭，1566年在罗马加入耶稣会。1573年，范礼安以印度会省视察员（Visitor）的身份从欧洲出发前往远东，领导远东的传教事业。1578年他由果阿到达澳门，下一年前往日本传教。

葡萄牙人在1557年取得澳门居住权，之后逐渐把澳门建设成远东的交通、贸易重要中转站，同时，愈来愈多的耶稣会士来到或途经澳门。由于澳门实为殖民据点，拥有独特的交通优势和时势境遇，被葡萄牙人纳为其全球贸易和殖民的重要节点，也被称为"远东天主教的中心、教士的集散地"③，造就了中西

---

① 利玛窦，金尼阁．利玛窦中国札记．何高济，王遵仲，李申，译．桂林：广西师范大学出版社，2001：89.

② 对沙勿略的生平经历尤其是入华尝试的描述，及对沙勿略如何在去日本之前萌生去中国传教的想法的考证，亦可参见：戚印平．沙勿略与耶稣会在华传教史．世界宗教研究，2001（1）：66－74，169.

③ 孟宪军．从耶稣会士看澳门在中西文化交流中的地位和作用．东南亚研究，1999（6）：95.

文化交流的极佳通道。范礼安到此以后的30余年间，一直往返奔波于印度、澳门和日本等地之间，直至1606年去世。①

由于范礼安并未进入中国内地，因此他在策略上的主要表现是采取外部传教策略，开启了以适应中国实情并谋求天主教中国化的传华路径。他认为要想在中国传教，首先必须学会中国的语言文字，因而他非常注重对中国文化的学习和对相应传教人才的培养，被称为是耶稣会传华所依托的"'文化适应政策'的真正制定者"②，并被称为"中国本土化之父"③。正是在澳门期间，范礼安要求派遣优秀传教士来澳门，于是才有了后来罗明坚和利玛窦来华。

耶稣会士最初的传教工作，基本围绕如何获取定居传教的权利和采取何种传教策略而展开。罗明坚和利玛窦是其中的典型代表。罗明坚先于利玛窦，1579年就来到澳门。当时范礼安已经去往日本，罗明坚在澳门一边践行"文化适应政策"，一边设法进入广东，并且在两方面都获得了突破性的进展。

罗明坚在澳门期间努力学习中国语言和文字，后凭借出色的语言基础翻译了代表中国文化的《三字经》和《大学》④，介绍给欧洲人。同时，为了便于向中国人宣扬教义，他花费四年时间用中文写成《天主圣教实录》（1584），这是西方人最早用中文写成的教义，甚至可能是西方人最早的一部中文著作。⑤ 书中采用的说明方式尽量照顾了中国人的习惯，比如将拉丁文的上帝"Deus"翻译为"天主"。这属于西方人主动会通中西的早期尝试，后来受到徐光启等中国文人士绅的欢迎。

来到澳门之后，1580—1583年间，罗明坚通过结交广东地方官员的方式，

---

① 关于范礼安生平与传教视察之事迹，详见：费赖之. 在华耶稣会士列传及书目. 冯承钧，译. 北京：中华书局，1995：20-22.

② 戚印平. 传教士的新衣：再论利玛窦的易服以及范礼安的"文化适应政策". 基督教文化学刊，2012（1）：55；沈定平也将其称之为适应性传教策略，参见：沈定平. 明清之际中西文化交流史：明代：调适与会通. 北京：商务印书馆，2001：156.

③ 柯毅霖. 本土化：晚明来华耶稣会士的传教方法. 浙江大学学报，1999，29（1）：20.

④ 罗明坚翻译《三字经》一事，可参见其往来书信，详见：裴化行. 天主教十六世纪在华传教志. 萧濬华，译. 上海：商务印书馆，1936：191.

⑤ 关于罗明坚在《天主圣教实录》中对教义的具体阐释，及对阐释之评价，详见：孙彩霞. 罗明坚《天主圣教实录》对创造本原论的阐讲及其启示. 基督教文化学刊，2014（32）：64-82；对《天主圣教实录》的版本内容及流布状况的考证，参见：方豪. 中国天主教史人物传：上. 北京：中华书局，1988：66-71.

送给他们钟表、镜子等礼物以赢得好感，获取居留传教的许可。中间屡次往返于肇庆、广州和澳门，虽然波折不断，却最终于1583年得到新任总督的传见，罗明坚和刚来澳门不久的利玛窦一道前往肇庆并得到正式居留和开堂传教的准许，还与时任肇庆知府王泮等建立起良好关系。

后来，为争取对中国传教事业的经济援助，罗明坚独自回到澳门，留下利玛窦在肇庆传教。1585年，应新任肇庆知府郑一麟的邀请，罗明坚被派遣前往王泮和郑一麟的家乡浙江绍兴，在那里曾给王泮的老父施洗（入教）。之后，罗明坚又曾前往广西桂林，试图面见那里的皇亲而不果，于是经肇庆回到澳门。1588年，范礼安派罗明坚返回欧洲，去请求教皇向中国派出正式使者。这一去便因故不再复返。

耶稣会传教士沙勿略—范礼安—罗明坚构成了耶稣会士克服艰险与失败最终进入中国的曲折历程。不难明白，为何1583年会被认作天主教入华传教的分水岭。罗明坚之后，在利玛窦等传教士的努力下，为传教目的而引入的西方科技开始在中国传播，这成为西学东渐史上十分重要的一页。耶稣会士背后的欧洲科学作为传教士的敲门砖，开始走进中国人的视野。

利玛窦成功入华

以1583年利玛窦获准居留肇庆为节点，他的传奇人生可分为来华前31年和来华后27年。

来华前31年。1552年10月8日，利玛窦出生于意大利中部城市马切拉塔（Macerata），当时属于教皇国领地。利玛窦出生之年与沙勿略去世之年相同，被象征为耶稣会在华传教事业的延续。利玛窦的出生地马切拉塔与文艺复兴时大画家拉斐尔的故乡乌尔比诺（Urbino）毗邻，具有浓郁的人文主义氛围。

利玛窦出身贵族家庭，他的父亲是当地的一名药商，曾当选为市政委员会委员。利玛窦是家中长子，从小开始接受严格的精英教育。9岁那年，利玛窦便被父亲送入当地刚刚创办的耶稣会学校学习，从此与耶稣会结缘。

耶稣会重视教育。“在天主教方面，耶稣会会士以突出的方式关怀高一级的教育事业……教育目标到处都是同一的：虔诚、博学和准确优美的拉丁语表达能力。”① 耶稣会学校不仅吸引新教徒重返天主教，而且更注重为天主教培养人

① 马克斯·布劳巴赫，等．德意志史：第二卷上册．陆世澄，王昭仁，译．高年生，校．北京：商务印书馆，1998：277.

才，以促进天主教的复兴。

利玛窦在最初的七年学习过程中，主要接受了拉丁文和基督教价值观教育。1568 年，16 岁的利玛窦听从父亲的意见前往罗马学习法律，但他没有完全顺从父亲为他设计的人生道路。三年后，他中断法律学业，决心献身宗教，并于 1571 年加入耶稣会。次年，利玛窦转入罗马学院（亦称罗马公学）学习。在这里，他学习了克拉维乌斯（Christopher Clavius，1538—1612）、亚里士多德（Aristotle，前 384—前 322）、托勒密（Claudius Ptolemaeus，约 90—168）、西塞罗（Marcus Tullius Cicero，前 106—前 43）、欧几里得（Euclid，前 330—前 275）等的学问，既有逻辑学、伦理学、形而上学等哲学内容，也有物理学和气象学等科学知识。1577 年，他 25 岁时，接受前往远东传教的征召，由罗马经佛罗伦萨和热那亚，前往葡萄牙的科英布拉学院学习葡萄牙语。1578 年 3 月，利玛窦在觐见葡萄牙国王之后乘船从里斯本出发东行，9 月抵达印度果阿。

从印度果阿到澳门，再从澳门进入中国内地，利玛窦又用了五年（1578—1583），这属于他来华前 31 年的最后阶段。利玛窦到达果阿后继续钻研神学，并涉猎钟表、机械、印刷等技术。1580 年，利玛窦完成神学的研究学习而成功晋铎。1582 年 4 月，他受范礼安之命从果阿出发前往中国，途经马六甲，8 月抵达澳门。在澳门约一年时间里，利玛窦一边耐心等待进入中国内地的机会，一边致力于学习汉字和汉语。他非凡的学习和记忆能力使他较快地具有中文基本能力。

西方人是从南方沿海地区开始逐渐与中国人接触。利玛窦也遵循由南海而来、自南向北的路线，试图通过前往北京觐见皇帝的方式接近权力中心，自上而下地实现传教理想。

来华后 27 年。利玛窦获准在肇庆居留后共经历了 27 年，先后在中国的居留地有：肇庆（1583—1589）、韶州（1589—1595）、南昌（1595—1598）、南京（1599—1600）、北京（1601—1610）。而交通方式，多以坐船为主，辅之以陆路。

肇庆是利玛窦进入中国传教的首站，也是他凭借科学知识崭露头角的地方。在肇庆，利玛窦挂出的世界地图，迥异于中国人的世界观，给中国人极大冲击。为了迎合中国人的传统心态，他机智地将中国画在了地图的中央，使得世界地图易为中国人喜闻乐见，这成为惯例一直被保留至今。利玛窦还趁热打铁给官员们赠送天球仪、地球仪、日晷等科学仪器，以获取好感，笼络人心，科学手段和传教目的自此初步结合起来。

利玛窦为推行“文化适应政策”，做了许多交际和化解工作。1589 年，新任两广总督刘继文将传教士驱逐出肇庆，试图迫使他们返回澳门。但利玛窦在强权压迫之下不卑不亢地与之交涉，成功地博取了总督的欢心，最终结果是由驱逐转为变更传教场所。利玛窦选择了粤北的韶州作为下一站，离北上目标又近了些。

正是在韶州期间，利玛窦请示范礼安，正式得到了改穿儒服的许可，消除了因穿僧服而带来的不利影响。因为在普通民众看来，穿僧服的耶稣会士与佛教和尚并无二致，显然比不上穿儒服的文人和从文人中选拔出来的官员。此后，传教士摆脱了讨厌的和尚称号，他们就被认作是有学识的阶层了。① 过了六年，1595 年，机会降临了，利玛窦结束了华南十二年，开始了愈来愈接近权力中心的北上十五年。

利玛窦得以离开韶州北上南京，这得益于一位兵部侍郎的帮助。但去南京的路途充满凶险与坎坷，其结果也并不如愿，利玛窦最后于 1595 年折返南昌，建立了新的传教基地，在南昌居住了三年左右（1595—1598）。1598 年，利玛窦初次尝试前往北京，没有成功，于是退居南京一年多（1599—1600）；1600 年，利玛窦再度尝试去北京，终于达成目标，在北京生活下来直至去世，共达十年（1601—1610）之久，成绩斐然。相比较而言，他后来曾居住的南昌、南京和北京都胜于韶州、肇庆。北京作为首都，自然无须赘言。南京是明初的首都和之后的留都，地位仅次于北京。南昌虽然是利玛窦的意外选择，却具备两方面的特殊性：一是结识阶层更高，可与明朝宗室贵族良好互动；二是学术影响更广，传教士的社交对象、层次与名望都大有提升。

南昌城内与利玛窦有过来往的是建安王与乐安王。他们是最后就藩南昌的宁王朱权后裔，他们都重礼邀请利玛窦神父进宫做客。建安王临死时还把这份这份友谊传给了他的儿子。② 利玛窦也因建安王而作了《交友论》。这层关系为传教士未来与更多显赫人物交往积累了经验。

利玛窦与南昌的学界领袖、王学大师章潢建立了友谊。王学兴盛与解禁是当时的潮流，为理念层面的西学东传提供了宽松包容的思想氛围。王学门人如

① 利玛窦，金尼阁．利玛窦中国札记．何高济，王遵仲，李申，译．桂林：广西师范大学出版社，2001：195.

② 同①211－212.

章潢等能与利玛窦友好对话甚至予以接纳，也是天主教与西学得以继续拓展的有利条件。

南京和北京之行将利玛窦如何贯彻上层传教策略展现得淋漓尽致。初次尝试进京直接来源于范礼安的指令，得以成行则得益于时任南京礼部尚书王忠铭的带领。由于朝鲜之役战火正酣，局势紧张使利玛窦不得不南返。再度进京也得益于所结交留都官员的建议和帮助，没料想山东临清税监马堂企图将贡品据为己有，此行差点泡汤。但偶然地，万历帝想起并宣召前来进贡的传教士，终于化险为夷，得进北京。利玛窦在南京和北京均有意识地拜访官员、勋戚等各界名流，与之建立良好的关系。对于一直渴望在中国广传福音的利玛窦等人来说，上至皇帝阁老、下至地方小官的权力阶层都是传教最好的护身符和通行证。

利玛窦是耶稣会东扩来华的佼佼者，成就突出。以利玛窦为首的先行者发挥了示范带头作用，激励和鼓舞着更多的耶稣会士不远万里来华传教。利玛窦在华活动的二十七年间，即1583—1610年，来华传教的耶稣会士共计有30名。其中外籍耶稣会士21名，中国籍耶稣会士9名。外籍耶稣会士之中，葡萄牙籍最多，有11名，意大利籍次之，8名，另有西班牙籍和法兰西籍各1名。

（2）西学东渐：从各自运行到产生交集

明代科技发展态势

赵宋以降，无论朝代如何更迭，中国经济基本上还是向前发展的。明太祖建国之初，主要经济思想是休养生息，发展农业，扩大生产。经过几十年稳定发展，明代生产力大为提高。永乐年间，社会经济繁荣，“郑和下西洋”即为最好的佐证。至明代中期，手工业，如纺织、陶瓷、造纸、印刷等，莫不更上台阶。到了晚明，特别在江南，手工业中出现资本主义萌芽，农业中经营性地主明显增多，促进了商品经济的发展，“使明朝后期将近百年间成为我国封建社会后期商业特别繁荣的时期”①。

但是，宋元高峰之后，明朝科技发展水平下降。明代虽然不乏科技大家，但少有像宋元时期的那种大科学家，如沈括、秦九韶、杨辉、郭守敬等，他们在科学理论方面的成就也极为辉煌。当然，仅就彼时科技成就本身而言，明代

---

① 王毓铨．中国经济通史：明：下．北京：经济日报出版社，2007：504．

仍是臻于高点，很多有影响的科技著作，如《本草纲目》《天工开物》《农政全书》等，都出现于晚明。实践方面，如航海、纺织、冶金等，一度领先世界。问题在于，此时大多科技著作都是总结式的，从李时珍的《本草纲目》、宋应星的《天工开物》到徐光启的《农政全书》等巨著，其内容莫不如此。李时珍《本草纲目》的主要内容是对前人药学成就的总结，并对其中错误的记载进行修正；《天工开物》是世界上第一部关于农业和手工业生产的总结式著作，是中国古代一部综合性的工程科技著作；《农政全书》的核心内容是对中国古代农业技术的总结，是一本纯技术的农业著作，其中，理论创造性方面只占较小部分。传统中国科技的基本特征是重实用、轻理论，在构造性、系统性、可预测性方面常常有所欠缺，明代大家也不例外。因此，以总结实际应用成果为核心的明朝科技与以创造为主旨的宋元科技相比，其下行趋势是明显的。

倘若与同时期（16 世纪及以前）的欧洲科技相比，孰为高低，却难断言。因为中国与西欧的科技，此前一直处于各自独立发展的态势当中，少有交集、迹近平行。应当说，两个科技传统各有所长，都具地方性，具有不可比性。从历史的眼光回溯，在科技的总体发展上面，当时中西科技还是在两条不同的跑道上奔跑，各有特点，各显神通。不像 100 多年之后，科技发展已经具有世界性，中西科技都不可能再平行发展、互不相干了。西欧迎来科学革命，中国却日趋保守，甚至试图回复旧传统，只好被欧洲人远远抛在后面，高下立见。

为什么中国科技长期保持自己独立发展的态势呢？试简要分析之。

专制统治的影响。自秦朝于公元前 221 年统一中国以来，古代中国统治者实行的都是高度集权的君主专制制度，这一制度发展至明朝时达到顶峰。中央极权的皇朝统治，“在政治上，设置郡县，由中央直接统辖；在经济上，统一度量衡、货币；在文化上，统一文字。这些措施的最终目的只有一个：那就是国家最高君主能在最大限度上掌握权力”①。当所有权力都掌握在最高君主手里时，国家的一切完全是君主意志的体现。此时，法律、道德规范只能管管老百姓，对君主毫无限制作用。如此背景之下，一切都以结果为导向。实用技术备受推崇。基础理论，多不被关心。这就导致“重实用、轻理论”的科技发展态势。

地理环境的影响。中国的地理位置非常特殊，其东、南临海，西、北被沙漠、荒原、高山包围，有丰腴的平原和高原，使中国易于成为以发展农业为主

① 高磊．中国科学技术发展重实用轻理论的原因新论．内蒙古农业大学学报（社会科学版），2006（1）：144.

的自给自足的国家。中国虽自古就已经开始对外交往，但是，经济交易的规模不大，中国一直处于小农经济状态，这也正是皇朝士绅社会所仰赖的基础。在小农经济支配下，人们以自给自足为主，当生活的需要得到满足之后，在没有外界刺激的情况下，缺乏探索自然本质的动力。此外，由于农业更多的是强调技术的实现，对于理论的探讨一般是被忽略的，这不利于人们对事物进行逻辑推理和原理分析，转而只关注最后的实用结果。

"重实用、轻理论"传统理念的影响。科学是一门探索自然本质、规律的学科，它的目的是理解自然是如何产生、如何运转等，因此，科学既要知其然，也要知其所以然。但是"重实用、轻理论"理念却忽视科学理论体系的重要性，因此，"中国古代有辉煌的科技成就，这辉煌成就的具体内容，除了在技术上作出一系列发明创造外，在科学上更是积累了无数丰富的天文、数学、力学、物理学、化学、农学和医学知识。然而，这些知识绝大多数仅仅是经验事实层次的知识而已，严密理论形态的知识并不多见。即使是对经验事实知识作初步整理概括的唯象理论也很不发达，许多唯象理论其实只是对经验事实的粗陋的定性概括，除个别情形外，中国古代传统科学中的唯象理论鲜有能与西方相匹敌者"①。再则，"重实用、轻理论"理念导致人们忽略对过程的分析。科学将原因、过程、结果放在同等重要的位置，这三者对科学的发现都极为重要。过程的历史性缺位，使得中国古代一直难以建立起系统的可操作的逻辑学理论，这不仅给中国哲学打上深刻烙印，而且对科学发展也影响深远。"中国古代科技所以停留在实用技术阶段，科学理论寓附于具体事物而没被提炼、抽象出来，上升为普遍性原理，并用精确简洁的定理、公式表示出来，究其原因也正由于缺少经验归纳法和理论演绎法。"② 对此，阿尔伯特·爱因斯坦（Albert Einstein，1879—1955）的看法是发人深省的，他认为："西方科学的发展是以两个伟大的成就为基础，那就是：希腊哲学家发明形式逻辑体系（在欧几里得几何学中），以及通过系统的实验发现有可能找出因果关系（在文艺复兴时期）。在我看来，中国的贤哲没有走上这两步。"③

---

① 朱亚宗．论中国近代科技落后的内在原因．求索，1987（4）：38-39.

② 王忠武．关于哲学对科技影响的一项实证研究——刍议中国近代科学技术落后的哲学原因．浙江大学学报（社会科学版），1994（1）：44.

③ 爱因斯坦．爱因斯坦文集：第一卷．许良英，李宝恒，赵中立，等编译．北京：商务印书馆，1977：574.

忽略科学教育的科举体制

若说制度创立，中国的科举制度应属影响至巨者。正面的可列出一长串清单。但对科技发展而言，它的最大问题是对科学教育的忽略。

科举制度乃是朝廷通过考试选拔官吏的制度，自605年（隋朝大业元年）开始实行，一直延续到1905年（清朝光绪三十一年），共经历了1300多年的历史。明太祖朱元璋建国之后在1370年（洪武三年）五月发布开科取士的诏令："朕今统一华夷，方与斯民共享升平之治。所虑官非其人，有殃吾民，愿得贤人君子而用之。自今年八月为始，特设科举，以起怀材抱道之士，务在经明行修，博通古今，文质得中，名实相称。其中选者，朕将亲策于廷，观其学识，第其高下而任之以官。果有才学出众者，待以显耀，使中外文臣，皆由科举而选，非科举者毋得与官。彼游食奔竞之徒，自然易行。於戏！设科取士，期必得于全材；任官惟贤，庶可在于治道。"① 科举考试实行之后，发现所招之人并无真才实学，朱元璋一气之下停止了科举考试。经过改革，十年后才又重开科举考试，实行"科目者，沿唐、宋之旧，而稍变其试士之法，专取四子书及《易》、《书》、《诗》、《春秋》、《礼记》五经命题试士。盖太祖与刘基所定。其文略仿宋经义，然代古人语气为之，体用排偶，谓之八股，通谓之制义"②。

作为一种公开选拔官吏的考试方式，科举以八股作为取士的客观标准，制度无疑有其公平、公正性。但是，科举制度的缺点也是明显的，康有为认为："诸生荒弃群经，惟读《四书》，谢绝学问，惟事八股，于二千年之文学扫地无用，束阁不读矣。"③ 康有为的批评直击要害，一个人一生谢绝学问、唯事八股，除了四书五经其他的书一概不看，更不用提医学、数学、地理学、物理学等自然科学书籍了。

实行忽略科学教育的科举制度，随着科技时代的到来，产生的危害是非常巨大的，概而言之，科举制度对科技发展的负面影响有：

知识类型单一。在科举教育制度下，人们接受的知识都是与科举考试相关

---

① 明太祖实录：卷五一二//龚笃清．明代八股文史探．长沙：湖南人民出版社，2006：137.

② 张廷玉，等．明史（5）：卷七十志第四十六．中华书局编辑部，编．"二十四史"（简体字本）．北京：中华书局，2000：1131.

③ 康有为．请废八股试帖楷法试士改用策论折．转引自：龚笃清·明代清八股文史探．长沙：湖南人民出版社，2006：3.

的内容，学生的知识面极其单一，知之甚少。科举的巨大压力，自然使多数人无暇顾及其他学科的知识，当时的书院和私塾等教育机构又很少提供学习科学知识的可能，一般学生不仅错过打好科学基础的训练，而且难有科学方面的兴趣和创造力。

价值取向单一。科举考试的目的是选官，其价值导向即“学而优则仕”。每一个进入学校学习的人，追求的最高目标都是考中状元。学校和社会根本不重视科学成就和科学素养。这会阻碍科学成果的传播，并导致那些有志于科学探索者所获得的成就被束之高阁，后继无人。

教育方法单一。科举考试以四书五经为材料、以八股文体为标准，这使得教育方法呆板单一，能背诵四书五经、熟练八股文体即可。这种学习方法与科学探索方法背道而驰，科学探索强调认识与对象的一致性，科举考试强调的是与古代经典的一致性，难免习惯性地脱离现实社会和实际生活。

科技研究不被官方所鼓励。宋应星的《天工开物》是中国古代工程技术领域的巨作，他在《〈天工开物〉卷序》末尾，不无悲愤地说：“丐大业文人，弃掷案头！此书于功名进取毫不相关也。时崇祯丁丑孟夏月，奉新宋应星书于‘家食之问堂’”①。至于“家食之问堂”，旨在强调“家食”与食朝廷俸禄、食君王赏赐的根本差异。由此可以联想，明清时期忽略科技的科举制度埋没了多少科技人才，除了顺着科举考试的要求追求金榜题名，钻研“奇技淫巧”根本得不到功名利禄。

梁启超在论证“清代学术变迁和政治的影响”的时候，发出两个疑问：“第一，那时候科学像有新兴的机运，为什么戛然中止？第二，那时候学派潮流很多，为什么后来只偏向考证学一路发展？”他认为：“学术界最大的障碍物，自然是八股。八股和一切学问都不相容，而科学为尤甚。清初袭用明朝的八股取士，不管他是否有意借此愚民，抑或误认为一种良制度，总之当时功名富贵皆出于此途，有谁肯抛弃这种捷径而去学艰辛迂远的科学呢。”② 封建官僚制度之下，科技知识长期以来没有被纳入科举考试的范围之内，没有得到应有的重视。没有为科学人才的社会地位的晋升提供一个平台和途径，导致中国古代大多数的科学家和工匠难以突破“士农工商”的阶层藩篱，未能在朝廷中担任要职和

---

① 宋应星．天工开物．钟广言，注释．香港：中华书局香港分局，1978：4.

② 梁启超．中国近三百年学术史．夏晓虹，陆胤，校．新校本．北京：商务印书馆，2011：22.

手握实权。科举制度严重阻碍了科学在中国的发展。

重视科学教育的耶稣会

培养入华传教士的耶稣会学校、学院与中国完全不同，它们最重要的特点之一就是重视科学教育。

经历地理大发现、文艺复兴和宗教改革这些相互影响的重大历史事件之后，16世纪的欧洲人迎来了精神解放，不再拘泥于神学和教义，眼界不再局限于欧洲而拓宽到全球，对于世界的、社会的、人自身的认识发生了与中世纪不同的根本性变化，逐渐形成了一种时代精神。这种富有生气的变化从文艺复兴运动早期的文学和艺术领域，扩展到宗教、哲学、政治、自然科学等更广泛的思想文化领域，所有这些变化积累起来，反过来又加速了新精神的升华。与古希腊学术鼎盛时期类似，文艺复兴时期学术的蓬勃发展依赖于对自然研究的流行和深入，受到经济发展的有力支持，在丰富社会财富的同时，也增加了人们的闲暇时间。① 新航路和新市场开辟后，金银等贵金属货币以及物产大量流入欧洲，极大地促进了商品贸易的繁荣和资本主义的兴起。技术的进步则加快了文艺复兴的进程，尤其是印刷术的广泛使用，使思想传播的速度和广度大大提升。

耶稣会十分清楚地认识到教育事业是自身持续发展和扩大公教影响力的有力保障，因而不遗余力地建设学校。耶稣会学校的建设和维持日常运转的经费主要来源于捐赠，并且实行义务教育制度，学生得以接受免费的教育。耶稣会学校成为培养耶稣会新成员的摇篮，并为公教培养了大量有学识、素养和宗教责任意识的神职人员和普通教士，从公教内部夯实了人才基础；通过向日后成为世俗政权核心的那些人灌输公教思想，以及为世俗政权提供具备丰富知识的可以信赖的人才，从而影响世俗政权，从外部造就了支持公教的政治联盟。更根本的是耶稣会学校吸引了大量青少年，培养他们接受公教，从而有效遏制了新教扩张。在宗教改革时期，耶稣会通过成功的教育事业给予新教以重击，成为公教复兴的关键力量。

---

① 丹皮尔指出古希腊极盛期、文艺复兴时期和20世纪是历史上三个学术发展最惊人的时期，“这三个时期都是地理上经济发展的时期，因而也是财富增多及过闲暇生活的机会增多的时期”。W. C. 丹皮尔. 科学史及其与哲学和宗教的关系. 李珩，译. 桂林：广西师范大学出版社，2009：111.

1548 年，耶稣会在意大利西西里岛的墨西拿建立了第一所学校，该校的主要特点成为此后耶稣会学校的标准：教师均为耶稣会士，学校的建立和运转依靠捐赠，为学生提供免费教育，教学内容为人文学科、哲学和神学。耶稣会的教育事业发展十分迅速，1599 年学校的数量达到 245 所，1626 年达到 441 所。就学人数也十分可观，小城镇中每所学校的学生数有 500 ~ 800 人，大城市中该数字达 800 ~ 1 500 人。[①] 至 1773 年耶稣会解散时，包括欧洲之外的学校在内，学校数量已有 750 所，就学人数 21 万余。[②] 如此快速发展的原因不仅是得到了教会支持，而且耶稣会学校本身也十分具有竞争力。16、17 世纪欧洲城市快速发展，人们对教育的需求大大增加，耶稣会学校的教育是完全免费的，只有寄宿的学生需要支付少量的膳宿费用，这自然就吸引了大量学生就读。更为关键的是，耶稣会学校的教学效果十分出色，在古典文学深得有学识公众青睐的文艺复兴时期，耶稣会学校的学生能够熟练且得体地使用拉丁文，并具有丰富的学识，这是实实在在的教学成果。因此，耶稣会学校迅速在与包括巴黎大学在内的其他学院和大学的竞争中占据了上风。

完善而强大的教育事业使早期耶稣会在教育史上的重要地位得到普遍认可。而且通过教育事业，耶稣会直接或间接参与到自然科学的建立和发展之中。比如：耶稣会学校的一些数学教授与伽利略有良好的关系；耶稣会的教授撰写了大量数学和与自然科学相关的著作；17—18 世纪耶稣会修建了许多天文台，并进行了大量的天文观测；等等。教育事业成为这些活动的基础。

耶稣会学校的哲学课程范围甚广，讲授亚里士多德的形而上学、伦理学、心理学，以及包括物理学、生物学、天文学等在内的自然哲学，此外还讲授以欧几里得几何学为核心的数学。关于数学在整个知识体系中的地位，耶稣会学校的哲学教授和数学教授曾展开辩论：哲学教授试图捍卫亚里士多德的立场，认为数学并非自然哲学，因为它处理事物的可量化方面，而自然哲学应当研究事物本身；数学教授则坚持数学的重要性。他们的观点或有不同，但共同之处是强调数学和自然哲学之间的重要关联，而这恰好与正在兴起的自然科学精神

---

① 数字引自《教育计划》1970 年英译本 *The Jesuit Ratio Studiorum of 1599* 的序言部分。《教育计划》是耶稣会学校的权威法典，发布于 1599 年，明确规定了耶稣会学校的管理机构、课程设置、教学方法和纪律的具体细节，直到 1832 年都没有重大修改。

② 彼得·克劳斯·哈特曼. 耶稣会简史. 谷裕，译. 北京：宗教文化出版社，2003：75.

不谋而合。

耶稣会的数学教育传统主要是克拉维乌斯开创的，他主持了 1564—1595 年罗马学院的数学院。数学院的教育对象是准备从事数学教学或去其他洲尤其是亚洲传教的学生，每年仅有 10 人左右，他们所接受的数学教育比一般的数学课程更为全面。数学教育的内容以欧几里得几何学为主，此外也包括天文学、地理学、实用算术、历法学、力学、音乐等其他与数学相关的领域。数学院甚至有专门的图书馆陈列数学著作。数学院在克拉维乌斯去世后逐渐没落。克拉维乌斯最著名的学生当属 1575 年至 1577 年在罗马学院学习、后来震动了明王朝和士人的利玛窦。

西学东渐让中西科技产生交集

明清之际的西学东渐缘起于耶稣会东来中国传教。由于耶稣会士对上层传教策略和外部传教策略的贯彻，所以在本土化、中国化上做得非常成功。

传教以科技移植为手段，科技移植以传教为目的，是传教的副产品。科技移植大致可分为两个层面：理念层面的西学东传和器物层面的西学东传，简而言之就是科学层面与技术层面的东传。而其缺陷则为，制度层面西学东传的滞后。这一波科技转型的相关历史事件和人物值得进一步挖掘，背后的原因、经验和教训也应进行分析和总结。

“1500 年以前，人类基本上生活在彼此隔绝的地区中。各国种族集团实际上以完全与世隔绝的方式散居各地。直到 1500 年前后，各种族集团之间才第一次有了直接的交往。从那时起，它们才终于联系在了一起。”① 中国到了明朝才与欧洲国家进行较大规模而频繁的贸易往来。最早与中国做生意的欧洲国家是葡萄牙，开始交易地是澳门，直到 1578 年，广州官员才允许非朝贡国进入广州进行贸易。之后，西班牙、荷兰等国也开始与中国做生意。从 16 世纪中期到 17 世纪中期这段时间的中国国际贸易，让全球白银大量流入中国，有研究认为当时中国占有了世界白银产量的四分之一至三分之一；还有人认为，可能有一半美洲的白银最终流入了中国。② 国际贸易奠定了晚明社会坚实的银本位货币体

① 斯塔夫里阿诺斯．全球通史：1500 年以后的世界．吴象婴，梁赤民，译．上海：上海社会科学院出版社，1999：3.

② 安德烈·贡德·弗兰克．白银资本——重视经济全球化中的东方．刘北成，译．北京：中央编译出版社，2000：202-207.

制，也刺激了东南沿海地区商品经济的蓬勃发展。

但是，在 16 世纪耶稣会东扩期间，传教和科技移植的开端，却是一个充满偶然性的传奇。

在西学东渐起步阶段，瞿汝夔（自号太素，1549—1612）是对耶稣会士影响最深的中国人，也是与利玛窦关系最密切的朋友。缘于独特曲折的人生经历，瞿汝夔乃是传统社会体制的边缘游离者。他出生于苏州府常熟县的官宦之家，却因在丧父守孝期间与长嫂徐氏私通，被逐出家门。自此不能见容于家乡，沦落为一个四处游走的败家子，凭借父亲在各地的故旧关系获取钱财。① 1589 年，瞿汝夔在肇庆和韶州接触利玛窦，对之大为倾慕，并拜其为师。

主流社会不能容他，但他可以并乐意帮助初来乍到的耶稣会士与中国官员和知识分子打交道。在韶州时，出现了冲击教堂的反教行动，他教利玛窦如何依靠地方官员的力量摆平此事，同时成功获得了再邀请一位耶稣会士过来的许可；在南昌时，通过瞿汝夔的前期介绍和引荐，利玛窦成功地和当地的王学大家和学术领袖章潢建立良好关系，有效扩大了耶稣会士的文化影响力；最重要的是，在他的建议下，利玛窦由剃发僧服改为蓄发儒服，以相对高雅的饱学之士的形象开展传教，提高了交际档次和社会地位，赢得了更多士人的尊重和互动。

不仅如此，随着交往的日渐深入，瞿汝夔本人对西方的科学知识产生愈来愈浓厚的兴趣，他由原先把热情用于炼金术转化为"把他的天才用于严肃和高尚的科学研究"。瞿汝夔开始钻研算学、几何学、天文学等多个领域的知识，也学习制造多种科学仪器，诸如天球仪、星盘、象限仪、罗盘、日晷及其他这类器械，制作精巧，装饰美观。他的痴迷和推崇直接增进了耶稣会士的名声，获取了部分官员和知识分子的初步好感。或许可以推论，瞿汝夔就是晚明西方科学来到中国所征服的第一人。

科技移植起步阶段的实例是《山海舆地全图》在中国的传播。利玛窦携带而来的诸物之中，最初引起中国人很大兴趣的就是地图。西方人的制图法将地理大发现之后的世界呈现给中国人，无论是新鲜感，还是冲击力都是极其巨大的。《山海舆地全图》于 1584 年由肇庆知府王泮刊印，后多次重作，摹绘和翻刻者亦众。因此版本较多，流传复杂。类似的也有《舆地山海全图》《山海舆地

① 对瞿汝夔是否真实存在及生平家世的考证，详见：黄一农. 两头蛇——明末清初的第一代天主教徒. 新竹："清华大学"出版社，2005：33-62.

图》《大瀛全图》《两仪玄览图》等①，最有名的还是1602年献给万历帝的《坤舆万国全图》。

《山海舆地全图》的原图已经佚失，目前能找到的较早版本是章潢编纂的图集大全《图书编》中收入的《舆地山海全图》。《图书编》出版于1613年，章潢虽仍囿于传统华夷观念却初具全球视野，和同时代人相比实在难能可贵。②《图书编》不仅反映了利玛窦的世界地图非常可观的传播和扩散情况，而且象征着晚明部分中国知识分子已开始接受西方科技。

在西学东渐之始，正是诸如此类的传奇，让中西科技产生了交集。

2. 17世纪：西学东渐与中国科技转型的可能

（1）政治、社会巨变：为西学东渐创造条件

晚明政治、社会巨变的态势

皇权相对较弱的局面在明初是难以想象的，但明代的皇权统治从前期诸帝到后期诸帝确显变弱趋势。万历帝清算张居正之后，明朝经济政策开始逆向而行，上行下效，压榨工商业，使得社会经济发展受到严重阻碍。彼时，统治阶级对工商业掠夺主要表现为：（1）商税沉重。奉行“重农抑商”政策，以“重本抑末”为名，对商业课以重税，还借机渔利。（2）官吏压榨。晚明朝廷腐败，官吏横行，纵使豢徒肆意欺凌商家。（3）皇帝掠夺。万历帝设立矿监和税使，社会财富几乎全部集中在皇帝、官僚和少数依附于朝廷的大商贾之手，导致经济下行，贫富悬殊，民不聊生，朝堂之上无人可力挽狂澜。末代皇帝崇祯，虽然有志重振乾纲，却未产生正面效应。“帝茫无主宰，而好作聪明，果于诛杀，使正人无一能任其事，惟奸人能阿帝意而日促其一线仅存之命，所谓君非亡国之君者如此。”③只是，晚明皇权不振的局面倒使一些事物得以免受绝对权力的吞噬。

---

① 关于利玛窦世界地图在中国的刊印和流传版本状况，详见：曹婉如，等. 中国现存利玛窦世界地图的研究. 文物，1983（12）：57-70，30，1；汤开建，周孝雷. 明代利玛窦世界地图传播史四题. 自然科学史研究，2015，34（3）：294-315.

② 安介生，穆俊. 略论明代士人的疆域观——以章潢《图书编》为主要依据. 中国边疆史地研究，2011，21（4）：30.

③ 孟森. 明史讲义. 北京：中华书局，2009：273.

1644年，中国历史发生了巨变。4月25日，闯王李自成入京，推翻了存在276年，但已风雨飘摇的大明王朝，崇祯帝自缢于北京煤山（今景山）。5月27日，少数民族政权清八旗精兵入关，李自成被赶出北京。10月30日，顺治帝在多尔衮和济尔哈朗辅佐下迁都北京，正式建立了中国历史上最后一个专制皇朝——大清国。

明代"在王阳明以前，儒家思想囿于朱子之学；在万历文风改变以前，明代的文学与艺术、书法，都是四平八稳的作风"①。文化氛围与政治措施、社会心态一样，都呈现出封闭的特征，压抑了对科技的探究，但在晚明，却产生了思想文化领域的反弹。

随着阳明心学的解禁，明代中后期的意识形态终于突破程朱理学的固有范式，造就有明一代思想文化领域的最大事件。阳明心学所代表的模式，促使晚明文化氛围渐趋宽松。"明代思想，尤其社会思潮，其具有历史意义的部分，不在正统的领域，而是在从正统中反出来的另类思想风气。到了16世纪，寻求个人主体性的思潮，遂在文化与学术领域发为巨大的能量。"② 王阳明之后又出现了李贽、何心隐、方以智等另类的思想家，或耳目一新，或惊世骇俗；文学艺术方面，涌现了公安派等文学流派，《西游记》《金瓶梅》，"三言""二拍"等文学作品陆续问世；绘画、园林艺术也是异彩纷呈，留下了不少传世作品。

总的来说，晚明时文化渐趋宽松是毋庸置疑的。"明代晚期的文化现象，当然也不拘一格，虽不全然会有上述反传统、重个性、重自由这一系列，但这一风气仍弥漫于思想、文学与艺术领域，当是对于传统权威及礼教规范诸种压力的反弹，也是在反弹过程中的反思。"③ 在渐趋宽松的新形势下，远渡重洋而来的利玛窦等恰逢其会。耶稣会士们恰逢晚明思想文化领域相对宽松，一手传播天主教，一手传播西方科技，为晚明的文化科学注入了迥然不同的新鲜血液。

清朝新贵的文化选择

较之于以往朝代，清王朝最大的特点便是这个王朝由入主中原的少数民族为统治主体。无论对于满洲贵族，抑或中土汉族，彼此面临的都是一个全新的文化环境，清统治阶层需要了解汉族文化以便统管中土，中土汉族也需要适应

---

① 许倬云. 万古江河：中国历史文化的转折与开展. 上海：上海文艺出版社，2006：214.

② 同①245.

③ 同①249.

这种外来文化的统治，而这背后则是满汉文化彼此融合的过程。因此，若从整个大环境来看，较之于明末西学，清初西学面对的社会文化环境显得更加复杂：不仅需要调和儒学，还将面对满文化，当然这也意味着西学若置身于满文化中，便暂时脱离了儒学的干扰及礼仪之争。换言之，一切都是全新的开始。入主中原后的清朝是否会排斥汉文化，从满文化（如萨满教、喇嘛教等）① 直接西化，抑或积极的接纳汉文化，走满、汉、西三种文化的融合之路，则完全取决于入主中原的清朝新皇帝。

明清的政权更迭并没有对西学东渐造成巅覆性影响，清入主中原后，作为西学的重要代表人物——汤若望不仅获得了摄政王多尔衮的特殊对待，耶稣会所得以保留，3 000 余部西文科技、宗教著作以及翻译刻就的修历书版等贵重物品得以保全。而且，汤若望深谙中国文化，并未直接将《崇祯历书》进献给顺治帝，而是将《崇祯历书》删为 103 卷，以《西洋新法历书》之名进贡清朝廷。汤若望受到顺治帝的热烈欢迎，后在范文程等士大夫的推介下进入清廷修订历法，使西学得以在清朝继续传播。凭借修改后的《崇祯历书》，汤若望不仅保全了利玛窦以来传教士所取得的传教业绩，而且延续了利玛窦通过皇族高层传教的策略，顺利地获得了皇太后和顺治帝的信赖。入主中原的清朝新贵对喇嘛教颇有好感，1651 年顺治帝曾准备远迎活佛，洪承畴上疏阻止，并未奏效②。随后顺治帝态度发生转变，最后决定不赴亲迎："前者朕降谕欲亲往迎迓，近以盗贼间发，羽檄时闻，国家重务难以轻置，是以不能前往，特遣和硕承泽亲王及内大臣代迎。"③ 顺治帝对待喇嘛教的态度的转变，除了受到汉族士大夫的影响，也受到汤若望等耶稣会士的影响。这样一来，入主中原的民族开始接纳西学和汉学，而对喇嘛教的接纳多出于政治上的权衡，进而寻求一条满、汉、西文化相融合的文化道路。汤若望本人也因此成为中国历史上任官阶衔最高的欧洲人之一，并成为极少数获封赠三代及恩荫殊遇的远臣。

清入主中原之后的当务之急在于建立统治制度，稳定清新政权，因此，在

---

① 皇太极在位时，藏传佛教受到尊崇，并逐渐与满族固有的萨满教相融合。参见：奕赓．佳梦轩丛著．雷大受，校点．北京：北京古籍出版社，1994：120；赵志忠．满族与佛教．世界宗教研究，1997（2）：22.

② 赵尔巽，等．清史稿．北京：中华书局，1977：14532。

③ 世祖实录：卷九十二//清实录．北京：中华书局，1985.

文化政策上，清朝统治阶层当会选择有利于巩固其统治地位的要素加以接纳，儒学如此，西学亦然。

再来看汤若望，“1644 年 9 月 1 日，朝廷令大学士冯铨同汤若望携窥远镜等仪器，率局监官生，齐赴观象台测验，其初亏、食甚、复圆时刻分秒及方位等项，唯西洋新法，一一吻合，大统、回回两法俱差时刻”①。随后，汤若望便平步青云，顺治帝驾崩后，他却被弹劾，卷入历讼案，险被处死。这个案子经历很多曲折才被康熙帝改正。可以说，汤若望的成功主要还在于西洋历法的成功。知识就是力量，这是清初科学文化的主要特征，清朝统治阶层非常看重科学的实用性，反而对西方宗教不那么感兴趣。汤若望曾劝顺治帝入教，得到的答复为：“玛法，假若我劝你弃天主皈依佛门，你会怎么想呢？”②

江南地区小气候

在留居北京之前，利玛窦已经在士人和地方官员的圈子里积累了良好的声誉。肇庆、韶州、南昌、南京等传教点之中，堪称文化中心城市的是江西省府南昌和明朝留都南京。得益于经济重心的南移和海外贸易的刺激，晚明时南方地区的经济发展水平总体上比北方地区更为发达。繁荣的经济为繁荣的文化提供了必要的物质条件，对文化严厉专制的反弹也出现在这里。科学技术的西学东渐同样如此，传教士们的中国社交圈就起源和集中于南方地区，具有相当显著的地域性。文化、地域与西学在此可以发展出丰富而微妙的联系，也为我们呈现出一幅背离文化专制的精彩画卷。

江西和岭南的范围一直较为明确，而有关江南的地理范围，历来却是争议不断的问题。例如苏、松、常、镇、宁、杭、嘉、湖与太仓等八府一州的说法。③倘若从明朝的行政区划来看，利玛窦的传教点分别属于两京十三省之中广东、江西和南直隶。南直隶的南部区域，即今之皖南、苏南与上海，加上浙江大部，均可视为江南之地域。闻名天下的城市（府）如苏州、松江（上海）、应天（南京）、杭州、绍兴等皆属于此，共同构成全国经济和文化最发达的富庶之地。“南方，尤其江南，大小城镇密布，水陆交通路线联系城镇为一个密集的网络……相应的，南方的教育质量

① 世祖实录：卷九十二//清实录．北京：中华书局，1985.

② 魏特．汤若望传：第二册．杨丙辰，译．上海：商务印书馆，1949：274-275.

③ 李伯重．简论“江南地区”的界定．中国社会经济史研究，1991（1）：100-105，107.

及教育普及程度，都超过当时的北方的水平。民间思想的多元与活泼，也是南方显著可见。”① 这种文化繁荣的图景自然与经济生产和商品贸易密切相关。

依托高水平的农业基础，江南地区以纺织业（包括丝织业和棉纺织业）为典型的“工业化”进程已然来临。自16世纪中叶发展至1850年，甚至存在“过度工业化”的现象：“在江南的大部分地区，工业的地位已与农业不相上下，在经济最发达的江南东部，甚至可能已经超过农业。正因如此，所以用西欧的标准来看，此时江南的农村可能已经‘过度工业化’了。”② 巨量的产出除销售于国内市场之外，还可满足海外市场的需求。产量丰富、物美价廉的丝绸、瓷器等中国产品从江南到岭南的沿海港口入海，经葡萄牙人、西班牙人、荷兰人等出口到世界各地。为此，中国长期处于贸易顺差之中，每年都有大量的白银流入中国，中国悄然被纳入全球化的贸易体系，也保证了南方地区的欣欣向荣。

文化领域的欣欣向荣也随之而来，可以通过各领域的事例做一番鸟瞰。思想方面，最早也是最大的转折点可追溯到出生于绍兴余姚（今属宁波）的心学集大成者王守仁。其学说于1584年（万历十二年）正式解禁，利玛窦来华恰逢王学兴盛的潮流；文学方面，“三言”的作者冯梦龙是苏州长洲人，“二拍”的作者凌濛初是湖州乌程人，文坛领袖王世贞是太仓人，钱谦益是苏州常熟人；戏剧方面，人们追求高雅的精神生活，华丽婉转、细腻飘逸的昆曲流行于江南。来自江西临川、长期任职于浙直地区、最后弃官归家的汤显祖于1598年（万历二十六年）写下了传世作品《牡丹亭》；江南的绘画、园林等其他诸多方面也异彩纷呈。不仅如此，搅动晚明局势的东林党、复社等结社营党之举也植根于江南士人群体，深厚的人才资源涌现出许多科举中榜者与高官显爵者。

考察利玛窦的中国社交圈，也会发现其中江南士人所占比例甚高。西学东渐起步阶段对耶稣会士影响最深的浪荡公子——瞿太素（瞿汝夔），就出生于苏州常熟的官宦之家，其子瞿式穀曾前往杭州杨廷筠处邀请传教士至常熟开教，其侄瞿式耜则是另一位著名的中国天主教徒③；与传教士建立良好关系的两任肇庆知府王泮和郑一麟均是浙江绍兴人，郑一麟还曾于1585年邀请罗明坚前往绍

---

① 许倬云. 万古江河：中国历史文化的转折与开展. 上海：上海文艺出版社，2006：242-243.

② 李伯重. 江南的早期工业化（1550—1850）. 北京：社会科学文献出版社，2000：31.

③ 方豪. 中国天主教史人物传：上. 北京：中华书局，1988：274-283.

兴开教；在江西，南昌的学界领袖与王学大师——章潢也与利玛窦友好对话甚至予以接纳，盛行的王学提供了宽松包容的思想学术氛围。在天主教东传的初始时期，如果没有上述中国士人与地方官员的重要帮助，传教工作可能会有受挫中断的风险。反过来说，这些人物的接替或同时出现，恰恰说明这并不绝对是巧合，而是南方文化渐趋宽松的整体氛围所孕育的成果。

再来看圣教三柱石，徐光启是松江府上海县人，杨廷筠和李之藻都是杭州府仁和县人。他们又以天主教和西学为媒介，辐射影响关系较近的亲友、同乡、同年、师生等。由徐光启和李之藻领衔组成的引进、运用与发展红夷大炮技术的“核心—半外围—外围”关系网，核心是徐光启、李之藻、孙元化等人，孙元化就是苏州府嘉定县人。关系网的半外围和外围成员有赖于发动全国教友和朝廷官员，但核心成员仍集中来自江南地区。关于信教人数的统计——“一六六四年全国教务情形”，也支持地域性的说法。1664 年，全国信教人数约为 11.4 万，浙江省与江南省（即明之南直隶）就有约 6 万，所占逾半。① 经过晚明几十年的传教，江南地区与外来异质文化的交融广度和深度冠绝全国。此时江南地区经济发达，加之文化正在与西方文明深入交流，中西至少在科学上已有机会合流了，可以合理推想，17 世纪变局之中科学转型的可能性在一定程度上确是存在的。

（2）徐光启：中国科技转型的先行者

耶稣会士与中国士人互动的典范

西学东渐的起步阶段和见效阶段都以晚明时期为主。而在晚明时期最为杰出的会通代表，耶稣会士与中国士人两方则各自非利玛窦与徐光启莫属。实际上，利玛窦和徐光启是晚明乃至整个 17 世纪西学东渐的标杆式人物，他们不仅个人能力突出，见识超乎常人，而且有开风气之先的勇气和智慧。利玛窦和徐光启做了许多具体的引进和移植西方科技的事情，徐光启提出了“会通以求超胜”的目标，为近代中国第一波科技转型开启了希望之门。

与同时代的中国人相比，徐光启较早接触天主教和西学，他在结识利玛窦之前就已受洗入教，是一个坚定奉教 30 年的教徒，同时，具备西学与实学的双重造诣。利玛窦与徐光启直接交游的时间不长，仅为 1600 年于南京和 1604—

① 徐宗泽．中国天主教传教史概论．北京：商务印书馆，2015：162-164．

1607年于北京两段，全部加起来不会超过五年。最初，徐光启的交往对象是以南京为据点进行活动的耶稣会士郭居静（Lazaro Cattaneo，1560—1640）。利玛窦在华南诸地开拓教务时，徐光启仍是一位为科举而苦恼、为生计而奔波的中年上海秀才。1595年他们在韶州失之交臂，利玛窦离开此地前往南京之后，徐光启才与耶稣会士有所接触；1600年他们在南京有短暂相晤，之后利玛窦便入驻北京；1604年徐光启考中进士入选翰林院，得以留在北京，与利玛窦方可持续交流；1607年徐光启父亲去世，他扶柩回上海，他们又两相分离。三年后，1610年利玛窦去世，徐光启尚在上海老家丁忧，两人再无相见可能。利玛窦与徐光启为时不长的交游，效率极高，收益极大，影响极远。

他们的交游首先改变了徐光启的思想，促使他由实学而兼西学，从而具备相当高水平的科学素养，成为中国科技史上学贯中西的重要人物。“客观的事实表明，徐光启的主要科学贡献皆成就于他与利玛窦等人有思想上的实质性交流之后。”① 从著述来看，1604年（万历三十二年）之前徐光启并无西学作品，仅有一篇传统实学观点的《量算河工及测验地势法》。1605年才有《山海舆地图经解》（《题万国二圜图序》）②，之后便有《几何原本》前六卷译本（1607）、《测量法义》译本（1607，《题测量法义》撰于次年）、《测量异同》（1608）、《勾股义》（1609），以及利玛窦去世之后数年内的《简平仪说》及《简平仪说序》（1611）、《泰西水法》及《泰西水法序》（1612）、《刻同文算指序》（1614）等。这一时期徐光启的西学著作颇多，是一段高产期，也可见利、徐交游成果之丰硕。

与科学贡献密切相关的是徐光启的科学研究方法。其子徐骥在《文定公行实》中曾全面总结其父的治学风格：“于物无所好，惟好学，惟好经济。考古证今，广咨博讯。遇一人辄问，至一地辄问，问则随闻随笔，一事一物，必讲究精研，不穷其极不已。故学问皆有根本，议论皆有实见，卓识沉机，通达大体。如历法、算法、火攻、水法之类，皆探两仪之奥，资兵农之用，为永世利。”③ 他在“历法、算法、火攻、水法”等领域的研究均离不开利玛窦等人向他传授的西学，

---

① 孙尚扬．明末天主教与儒学的互动．北京：宗教文化出版社，2013：137．

② 徐光启．题万国二圜图序//徐光启集：卷二．王重民，辑校．北京：中华书局，2014：63-64；梁家勉．徐光启年谱．上海：上海古籍出版社，1981：79-80．

③ 徐骥．徐文定公行实//徐光启集：附录一．王重民，辑校．北京：中华书局，2014：560．

倘若没有“考古证今”和“讲究精研”的研究态度与方法是难以为继的。

科学研究方法的一个典型案例就是，他多年以来致力于农业实践。农业耕种之事在他给徐骥的家书中占了很大篇幅：“累年在此讲究西北治田，苦无同志，未得实落下手，今近乃得之。”他在天津等地购买田地，进行耕种试验。又举按照西洋方法种植白葡萄酿造酒醋的例子：“今用西洋法种得白葡萄，若结果，便可造酒醋，此大妙也。”还举了西洋用药方法的例子：“庞先生教我西国用药法，俱不用渣滓。采取诸药鲜者，如作蔷薇露法收取露，服之神效。”① 徐光启向家人分享他从耶稣会士那里学得的各类西洋方法，实践之功与兴奋之情跃然纸上。

交游与出仕之间的互动值得注意。徐光启的仕途之路起步较晚、坎坷较多、掌权较短，这于官位晋升而言显然并非好事，但是却为他与传教士的交游提供了充足的交游时间和充分的物质条件，在某种程度上西学也有助于他的仕途。官场之中的徐光启是一种老实迂憨、醉心西学的形象。他曾自白：“做官似亦无甚罪过，但拙且疏，未免有不到处，今亦听之而已。”又总结说：“我辈爬了一生的烂路，甚可笑也。”② 这充满了宦海沉浮多年的郁闷无奈之情。但若不是如此，后世也无法看到一位事必躬亲的大科学家。只有具有功名和官职之后，他才可以在经济方面后顾无忧地结交利玛窦并学习西学，并在北京和上海等他力所能及的地方为传教士提供方便。1600 年结识利玛窦之后，他 1604—1607 年在翰林院任职；利玛窦去世后，1610—1619 年他仍在翰林院任职。因此可以说，从 1600 年到 1619 年的二十年间，徐光启拥有可以交游和学习的充裕时间，为他成为大科学家提供了必要条件。

交游与时局之间的互动同样值得注意。所谓西学传播或科技移植，最初皆由耶稣会士与中国士人交游而来，当时局不利于耶稣会士时，平日交游的士人就能发挥声援补救的作用。1589 年利玛窦遭肇庆官员驱逐，只能冒着风险亲自与对方交涉。在类似的情况中，唯有依赖瞿太素为其出谋划策。但到 1616 年南京教案发生时，之前与利玛窦等传教士交游已久的徐光启等人就挺身而出。徐光启上《辨学章疏》为之争辩，并嘱咐在上海老家的徐骥必要时给予传教士以方便：“南京诸处移文驱迫，一似不肯相容。杭州谅不妨。如南京先生有到上海

---

① 徐光启．家书//徐光启集：卷十一．王重民，辑校．北京：中华书局，2014：487-488.

② 同①485-493.

者，可收拾西堂与住居也。”① “南京先生” 即南京耶稣会士之尊称。杨廷筠和李之藻也参与斗争，尤其是在杭州家中的杨廷筠，保护了郭居静的安全，还容纳了“金尼阁、毕方济、龙华民、艾儒略、史惟贞” 等人。② 诸传教士所获救援力度之大，当年被驱离肇庆的利玛窦是无法想象的，他若地下有知，将倍感欣慰。此外，时局的实际需要也必然会促进交游与西学传播，明清之际的修历之争与徐光启引进红夷大炮均是经典案例。

修历之争还关系到利、徐交游对于后世的象征意义。西方天文学的引进不仅切实改变了传统的中国天文学，而且使后来的学术风气为之一变。“后此清朝一代学者，对于历算学都有兴味，而且最喜欢谈经世致用之学，大概受利、徐诸人影响不小。”③ 言及清朝学术史便不可不提及历算学，言及历算学则不可不提及利玛窦与徐光启。科技移植的发端与科学转型的可能均不能绕过他们俩。

杰出的功业和别开生面的新著

利、徐如何交游与交游之成果是西学东渐见效阶段的主题。第一方面即科学著译、科学思想、对外观念等。徐光启的治学思想由此改变，也象征着以他们为代表的耶稣会士与中国士人之间的互动。诸多科学著译是交游之于西学的最直接成果，它们反映出的科学思想是重点所在。徐光启已经能够相当充分认识和运用国际关系，虚心向外国学习科学技术。第二方面即军事技术上引进红夷大炮的故事。萨尔浒之战后，徐光启等人于 1620 年首次引进红夷大炮。1626 年的宁远之战以实战验证了红夷大炮的威力。1629 年的己巳之变进一步促进了红夷大炮的引进。1633 年吴桥兵变的最终后果使得红夷大炮技术体系被转移至后金一方，大大帮助了清帝国的崛起。当然，晚明的科学传播并不仅仅依赖于利、徐的交游，而应扩大至移植传播与会通超胜的晚明群星。与后来西学东渐的其他阶段不同，晚明科学转型的可能性蕴含于中国士人群体的力量之中。此外，与移植传播、会通超胜相对应的是该群体所持有的对外观念，这也是他们

---

① 徐光启．家书//徐光启集：卷十一．王重民，辑校．北京：中华书局，2014：492.

② 南京教案时避居杭州的耶稣会士之人数与姓名，存在多种说法。此说参见：方豪．中国天主教史人物传：上．北京：中华书局，1988：131-132.

③ 梁启超．中国近三百年学术史．夏晓虹，陆胤，校．新校本．北京：商务印书馆，2011：10.

为何能接受西学的答案之一。徐光启能够从实际需要出发寻求实效，充分认识和运用国际关系，虚心向外国学习科学技术，为第一波科技转型提供了开放的心态。利玛窦与徐光启真正开启、引领和代表了明清之际的西学东渐，显示了科技转型的可能性。

诸多科学著译是交游之于西学的最直接成果，除历算外，许多科学著译当时还谈不上付诸应用，其所蕴含的科学思想才是重点所在。科学著译的合作不仅限于利玛窦与徐光启之间，而且包括利玛窦与他人之间，还包括其他耶稣会士与其他中国士人之间。下面选择若干代表作品予以简要介绍，以求窥得这场翻译和引进西学潮流的大概风貌。倘若这样的移植能够在利玛窦和徐光启之后延续，那么中国的科技发展势必呈现出完全不同的面貌。

《坤舆万国全图》。时间最早的应为《坤舆万国全图》（1602）。其最初版本是 1584 年由肇庆知府王泮刊印的利玛窦所绘《山海舆地全图》，之后摹绘和翻刻者甚多，流传也非常广泛。徐光启得知利玛窦之名就因中国官员翻刻的《山海舆地全图》。在利玛窦的帮助与指导下，李之藻重绘了世界地图，命名为《坤舆万国全图》。“在为这些地图刻板时，刻工不让神父们知道而刻了两种板，这样就同时出版了这部佳作的两个版本。甚至这还不能满足对它的需求。”① 这就是说，刻工既刊印了李之藻所有的“正版”，又私刻了一个“盗版”。但是，《坤舆万国全图》的火爆令人始料未及，“正版”与“盗版”均不能完全满足市场需求。上至皇帝、官员，下至文人、百姓，争相传阅，影响力之大可想而知。

《几何原本》。名声最高的应为《几何原本》（1607）。虽然只有前六卷译本，却是利、徐交游的主要标志，也是明清之际西学东渐的主要标志之一，它东传了西方学术的一个主要传统。该书可以显示克拉维乌斯对利玛窦与耶稣会乃至西学东渐的影响。“克拉维乌斯在罗马学院编纂了一系列数学教材，其首编是欧几里得的《几何原本》（*Elements of Geometry*），其中包括一部多卷的笔记、注解合集。利玛窦后来在明代中国协助将欧几里得著作翻译成文言文时用的就是这个版本。”② 徐光启在序中写道：“利先生从少年时，论道之暇，留意艺学。

---

① 利玛窦，金尼阁．利玛窦中国札记．何高济，王遵仲，李申，译．桂林：广西师范大学出版社，2001：303.

② 艾尔曼．科学在中国：1550—1900．原祖杰，等译．北京：中国人民大学出版社，2016：101.

且此业在彼中所谓师传曹习者，其师丁氏，又绝代名家也，以故极精其说。"①《利玛窦中国札记》中也记载道："利玛窦受过很好的数学训练，他在罗马攻读了几年数学，得到当时的科学博士兼数学大师丁先生的指导。"② 突出克拉维乌斯的贡献并不只是强调个人的作用，而是要强调历史视野的重要性，引进的科学著译是西方思想文化体系的一部分。

徐光启认为，数学在众多学科之中是基础性的，"既卒业而复之，由显入微，从疑得信，盖不用为用，众用所基"③。因此，翻译代表"众用所基"的《几何原本》被他寄予厚望。就实践方面而言，"故造台之人，不止兼取才守，必须精通度数，如寺臣李之藻尽堪办此，故当释去别差，专董其事"④。他非常清楚军事技术人才必须具备一定的数学等科学素养，而且实践与理论之间也是分不开的。通过徐光启的科学作品与科学思想可以看出，利、徐之交游不仅产生了丰硕的科学著译，而且引导了科学思想的转变。

徐光启与利玛窦合译的《几何原本》，使得明末士大夫开始了解系统化的几何知识；与此同时，李之藻帮助傅汎际翻译了中土第一部西方逻辑著作《名理探》，书中曾提到："西云斐禄锁费亚（philosophy），乃穷理诸学之总名"，其中"名理乃人所赖以通贯众学之具"。所谓名理，即"络日咖"（Logic），出自亚里士多德"引人开通明悟，辨是与非，辟诸迷谬，以归一真"。徐光启特别推崇《几何原本》中表现出来的形式逻辑思维方法，将其比喻为"绣鸳鸯的金针"，在《〈几何原本〉杂议》中，徐光启还试图推广"由数达理"的逻辑思维方法，让中土汉人都掌握金针而"真能自绣鸳鸯"。徐光启、李之藻等晚明士大夫所探索的科学文化形态与笛卡尔（René Descartes，1596—1650）在《谈谈方法》中提出的数学演绎方法十分类似。注意到培根（Francis Bacon，1561—1626）在其著作《新工具》中提出与亚里士多德《工具论》不同的实验归纳方法，竺可桢曾将徐光启与其同时代的培根相比，觉得徐光启毫无逊色。明末清初西学共同体所推动的近代科技转型与西方科技在方向和理念上此时已渐趋同步。

---

① 徐光启．刻几何原本序//徐光启集：卷二．王重民，辑校．北京：中华书局，2014：75.

② 利玛窦，金尼阁．利玛窦中国札记．何高济，王遵仲，李申，译．桂林：广西师范大学出版社，2001：125.

③ 同注①.

④ 徐光启．台铳事宜疏//徐光启集：卷四．王重民，辑校．北京：中华书局，2014：188.

基于翻译《几何原本》等数学著作的实践与认识，徐光启得以阐发自己的数学思想。他对于数学未在中国兴起有一番见解："算数之学特废于近世数百年间尔。废之缘有二：其一为名理之儒士苴天下之实事；其一为妖妄之术谬言数有神理，能知来藏往，靡所不效。卒于神者无一效，而实者亡一存，往昔圣人所以制世利用之大法，曾不能得之士大夫间，而术业政事，尽逊于古初远矣。"① 数学不兴就在于实学不兴，这与宋明理学之兴是脱不开关系的，空虚、神秘之风阻遏了中国数学的发展。徐光启翻译数学著作目的有二，一是推动中国数学的进步："不意古学废绝二千年后，顿获补缀唐虞三代之缺典遗义，其裨益当世，定复不小。"二是展现西学风貌以推动科学传播："余乃亟传其小者，趋欲先其易信，使人绎其文，想见其意理，而知先生之学，可信不疑。"② 但前者往往被解读为假托补缀古学而推行西学，只有后者才是利、徐之真实目的。

《崇祯历书》。修历及相关天文学研究和引进红夷大炮等军事实践是徐光启仕途之路中的两大作为，前者之代表著作为《崇祯历书》。天文学思想也是所谓"历算"的应有之义。古人认为天象是一种预兆，将天文与皇权、朝代更替联系起来，故而天文历法在历朝历代皆受到高度重视和严格控制。明初所颁布的历法为《大统历》，"乃国初监正元统所定，其实即元太史郭守敬所造《授时历》也。二百六十年来，历官按法推步，一毫未尝增损，非惟不敢，亦不能，若妄有窜易，则失之益远矣"③。随着时间推移，据此历推算之日食、月食时间已不准，且误差越来越大，《大统历》已不能适应当时需要。自 1629 年（崇祯二年）起，徐光启便负责领导修改历法，作为一个年事已高的老臣，他仍然兢兢业业，经常督促甚至亲自观察。直到生命的最后一段时间，仍然念念不忘修历之事，不可不谓鞠躬尽瘁，死而后已。按照崇祯帝首肯的方针，徐光启对于"修正岁差等事，测验推步，参合诸家，西法自宜兼收，用人精择毋滥"④。在耶稣会士的帮助下，他促使中国天文学吸收了以第谷（Tycho Brahe，1546—1601）体系

① 徐光启．刻同文算指序//徐光启集：卷二．王重民，辑校．北京：中华书局，2014：80.

② 同①75.

③ 徐光启．礼部为日食刻数不对请敕部修改疏//徐光启集：卷七．王重民，辑校．北京：中华书局，2014：319.

④ 徐光启．条议历法修正岁差疏之御批//徐光启集：卷七．王重民，辑校．北京：中华书局，2014：338.

为核心的大量西方天文学知识，收效甚大。

明末科技转型的征象

明朝 17 世纪上半叶的科技移植，是西学东渐富有成效的高峰。

越来越多的中国人像瞿汝夔一样，被天主教和西学所折服。利玛窦神父“是用对中国人来说新奇的欧洲科学知识震惊了整个中国哲学界的，以充分的和逻辑的推理证明了它的新颖的真理”①。这一阶段活跃的徐光启和李之藻均属此类，对天主教和西学的兴趣并行不悖，科学与宗教在其中发生的关系具有高度的和谐。他们俩都积极参与翻译和引进工作。“一五八三至一六〇四年，西士所编著付印的书近五十种；但许多书是经过李公目、手，或改削，或润色，或作序文。”②

17 世纪上半叶的中国，最为引人瞩目的中西合作应该是历法改革。1612 年，礼部征召邢云路和李之藻进京，原有中西历法改革齐头并进之意，但没过几年，南京教案的发生使得形势陡变。到崇祯朝，徐光启逐渐执掌礼部，用西人西法才真正成为可能。1629 年（崇祯二年）九月，新开历局，以徐光启及其继任者李天经为领导，既包括李之藻等中国天文学家，也包括龙华民（Nicolo Longobardi，1559—1654，1597 年入华）、邓玉函（Jean Terrenz，1576—1630，1621 年入华）、汤若望、罗雅谷（Jacques Rho，1593—1638，1624 年入华）等耶稣会士，开始修历工作。1634 年，历时五年的《崇祯历书》修成，标志着第谷体系正式被中国引进和采纳，其中也涉及托勒密体系和哥白尼体系的内容。③但是，1631 年魏文魁派他的儿子进献历书，于是三年后钦天监又别立东局，形成大统、回回、西局、东局四家相抗衡之势。可惜，在钦天监内部争论不休和明末风雨飘摇局面的双重制约下，《崇祯历书》没有得到正式施行。④

明清鼎革之际，汤若望留在北京。经历了 1644 年的动乱之后，他将《崇祯

① 利玛窦，金尼阁. 利玛窦中国札记. 何高济，王遵仲，李申，译. 桂林：广西师范大学出版社，2001：244.

② 徐宗泽. 中国天主教传教史概论. 北京：商务印书馆，2015：224-229.

③ 江晓原.《崇祯历书》的前前后后：上. 中国典籍与文化，1996（4）：55-59；江晓原.《崇祯历书》的前前后后：下. 中国典籍与文化，1997（2）：112-116.

④ 由于历史原因，《崇祯历书》部分散佚，版本各异。今日可见最新全貌者，有赖潘鼐先生汇编而成。参见：徐光启. 崇祯历书（附西洋新法历书增刊十种）全二册. 潘鼐，汇编. 上海：上海古籍出版社，2009.

历书》改头换面成《西洋新法历书》呈现给清朝统治者，并成功地使朝廷下令于次年（1645 年，顺治二年）起采用新历，更名为《时宪历》。明朝修成却不得施行的《崇祯历书》在改朝换代之后反而获得了新生，可谓奇妙。1644 年十一月，汤若望被任命为“掌钦天监事”，推辞而不许，于是开始“率属精修历法，整顿监规”①。这不仅意味着汤若望获得清朝的信赖与重用，而且开创了西洋传教士领导钦天监的历史，还象征着西方天文学在传入中国后终于占据了主流地位。历法改革的进程仿佛科学转型历史的缩影，虽充满曲折和坎坷却富有成效和生机，到 17 世纪中叶时已经撼动了中国的部分传统知识体系。

（3）康熙帝：钟情科技的专制君主

清初中西科技的有力互动

正是在平反汤若望教案的 1669 年（康熙八年），已亲政两年的康熙帝成功地铲除了权臣鳌拜，既真正开始大权独揽，也开启了与西学的“蜜月期”。这时的他是一名 15 岁的青少年，萌发了对自然科学强烈的兴趣。经过学习，他具备了那个时代非常高的科学素养，为中国古代君王之仅见。1692 年（康熙三十一年），康熙帝“又论河道闸口流水，昼夜多寡，可以数计。又出示测日晷表，画示正午日影至处，验之不差。诸臣皆服”②。1711 年（康熙五十年），“上登岸步行二里许，亲置仪器，定方向，钉桩木，以纪丈量之处”③。这些记载反映出康熙帝以帝王之尊对科学的兴趣和实践，胜过当时众多的知识分子和官员，是西学东渐几十年浪潮中的一抹亮色。

在学习西学的同时，康熙帝也重用擅长西学的传教士。因此，这一时期出现了传教士们活跃于多个领域的前所未有的局面。其中最有名的耶稣会士是南怀仁，而南怀仁最擅长的领域是天文学。他在教案后任职钦天监近二十年（1669—1688），至死方休，继承并延续了由汤若望开创的耶稣会士领导中国钦天监的传统。南怀仁组织整修了北京观象台，又成功改造黄道经纬仪、赤道经纬仪、地平经仪、地平纬仪、纪限仪和天体仪六种仪器。1674 年，他进呈为仪器绘图立说而新编的《灵台仪象制》。1678 年（康熙十七年），他进献了长达

① 赵尔巽，等．清史稿：卷二百七十二 列传五十九．北京：中华书局，1977：10020.

② 赵尔巽，等．清史稿：卷七：圣祖本纪二．北京：中华书局，1977：234.

③ 赵尔巽，等．清史稿：卷八：圣祖本纪三．北京：中华书局，1977：279.

2000年的《永年历》。南怀仁还试图编纂出版一套完整的西方思想文库——《穷理学》（*Studies to Fathom Principles*）①，并欲将其纳入科举考试的官方书目，但康熙帝与朝中大员们拒绝了这个提议。

得益于康熙帝对西学的肯定和运用，这一阶段传教士们在具体领域的活跃范围和程度大多超过晚明。从时代背景来说，17世纪下半叶仍处于战火绵延之中，康熙朝在1673—1697年先后平三藩、定台湾、两收雅克萨、三征噶尔丹。西学之最重要者之一便是制造大炮，这说明战争对科技传播的直接和关键影响。军事方面，就是因为平定三藩时帮助清军制造红夷大炮，南怀仁得到了工部右侍郎的加封职衔。康熙帝亲征噶尔丹时，也命张诚等三位耶稣会士随从。地理方面，频繁的战争也产生了对精确地图的需求，但原有的中国或亚洲地图并不能满足需要。1708年起，康熙帝派遣多位传教士前往全国各地测绘，至1717年白晋等绘成鸿篇巨制的《皇舆全览图》。

外交方面，雅克萨之战后，徐日昇、张诚作为清朝代表团使臣，使用拉丁语协助翻译，参与中俄《尼布楚条约》的签订。② 1693—1699年，白晋接受派遣，成功出使法国，得到法王路易十四的积极回应。1686年，闵明我（即顶替多明我会闵明我之耶稣会士 Philippe-Marie Grimold，1639—1712，1669年入华）也受命出使俄国，惜无所成，而于1694年（康熙三十三年）返京；教学方面，白晋和张诚曾"在宫中建筑化学实验室一所，一切必需仪器皆备"③。至今故宫博物院仍保存有"手摇计算机、计算尺、比例规、计算用桌"等④，都是传教士们为教学使用而制作的工具。总之，康熙帝在位期间对西方传教士的任用可以说是大规模的。许多传教士获得职衔，享受俸禄，以"远臣"的身份为朝廷服务，他们甚至表现出异乎寻常的热情和忠心。即使在激烈的礼仪之争过后，康熙帝仍然秉持使用部分人才的政策，创造并延续了西学活跃于宫廷的局面。

---

① 艾尔曼．科学在中国：1550—1900．原祖杰，等译．北京：中国人民大学出版社，2016：177－179.

② 关于耶稣会士参与签订《尼布楚条约》的细节，张诚留有日记并有中译本。参见：张诚．张诚日记（1689年6月13日—1690年5月7日）．陈霞飞，译．陈泽宪，校．北京：商务印书馆，1973：1－48；亦可参见：博西耶尔夫人．耶稣会士张诚——路易十四派往中国的五位数学家之一．辛岩，译．郑州：大象出版社，2009：10－77.

③ 费赖之．在华耶稣会士列传及书目．冯承钧，译．北京：中华书局，1995：435.

④ 刘潞．康熙帝与西方传教士．故宫博物院院刊，1981（3）：29.

钟情科技的康熙帝

《律历渊源》的编撰。1711年，钦天监用西法计算夏至时刻有误，与实测夏至日影不符，为了解决这一问题，康熙帝采取了两个解决办法。第一个办法是就此问题询问新来北京的耶稣会士。康熙帝命皇三子胤祉向新来的传教士学习，自己也开始学习新的历算知识。杨秉义和法国耶稣会士傅圣泽（Jean-Francois Foucquet，1663—1739）向康熙帝介绍了开普勒（Johannes Kepler，1571—1630，又译刻伯尔）、卡西尼（Giovanni Domenico Cassini，1625—1712）等人的学说，并编译了《历法问答》《七政之仪器》等天文著作以及数学著作《阿尔热巴拉新法》。第二个办法就是让李光地、梅文鼎等汉族士大夫解决此问题。康熙帝破格启用李光地的学生王兰生和梅文鼎的孙子梅瑴成，王兰生撰《历律算法策》，从“西学东源”的立场出发，介入康熙时代编修天文历书的工作之中，且称：“愚闻之律历之学，盖莫备于虞夏成周之世者也。其法本创之中国，而流于极西，西洋因立官设科而其法益明。中土因遗经可考，而其理亦备。”① 在后来的《律历渊源》编撰中，王兰生起到重要作用，《律历渊源》中的《律吕正义》和《历象考成》都经其手编撰而成。由于教皇克莱芒十一世与康熙帝之间的“礼仪之争”，康熙帝逐渐偏向于第二个办法，即依赖汉族士大夫。从算学馆的治学理念以及人员构成来看，其主要是由汉族士大夫主导的机构，而钦天监则是由耶稣会士主导的机构。

《皇舆全览图》的测绘。在17世纪的欧洲，法国巴黎已成为制图学的中心，1672年巴黎天文台成立，时任巴黎天文台台长的卡西尼在这里制作了全天星图，并且打算重新绘制世界地图。卡西尼向首相柯尔伯（Jean-Baptiste Colbert，1619—1683）建议，希望派遣耶稣会士到东方去进行观测。从地理科学的发展来看，包括中国在内的东方世界已经被作为世界范围内天文观测、大地测量的重要部分。与此同时，康熙帝时期，中土国土面积迅速扩张，利玛窦以来绘制的地图无论是精确性还是绘测范围都难以满足当时的需求，重新绘制地图开始提上日程。1693年，康熙帝遣法国耶稣会士白晋以“钦差”的身份觐见法国国王路易十四。1698年，白晋及其招募的10名传教士抵达广州，其中便有后来提出测绘《皇舆全览图》计划的巴多明（Dominique Parrenin，1665—1741）。1699年，康熙帝又派洪若翰随“安菲特里特号”商船返回法国，

① 王兰生. 律历算法策//交河集：卷五. 转引自：韩琦.“格物穷理院”与蒙养斋——17、18世纪中法科学交流格物穷理院//法国汉学：四. 北京：中华书局，1999：302-324.

目的是挑选那些属于"科学家与艺术家"的传教士。1700年1月26日，洪若翰离开广州，并带去大量"华丽的丝织品、精美的瓷器及一些茶饼"赠送给路易十四，同年8月，洪若翰到达法国，并招集到8名传教士。1701年，洪若翰等人乘"安菲特里特号"商船抵达广州。①

这批抵华的法国耶稣会士构成了1707—1718年间康熙帝绘制《皇舆全览图》的核心力量。在耶稣会士巴多明等的劝说下，康熙帝决定在全国范围内开展绘制地图的工作。1717年1月1日，在耶稣会士的辅助下，测绘工作得以完成，由白晋汇成全国地图一张，分省地图各一张，1718年进呈康熙帝。这幅地图后来被英国皇家学会会员李约瑟称为"不但是亚洲当时所有的地图中最好的一幅，而且比当时所有的欧洲地图更好、更精确"②。《皇舆全览图》的完成意味着康熙时期的舆地科学已然有很高水平。

算学馆的成立和《数理精蕴》的编译。由于洪若翰、白晋、刘应、张诚等法国耶稣会士所肩负的法国皇家科学院的科学使命，这一行人在华传教的同时也开始了"中国科学院"的构建。1687年洪若翰在一封给皇家科学院的信中写道："向我们传授你们的智慧，为我们详细解释你们所特别需要的，为我们寄送示范，亦即你们对同一课题将会怎样研究。在科学院为我们每一位配备一名通讯员，不仅代表你们指导我们的工作，而且在我们遇到困难和疑问时可为我们提供意见。在这样的条件下，我希望'中国科学院'会渐渐完善，会使你们非常满意。"③ 虽然耶稣会士来华的目的并非是帮助中国成立一个独立的科研机构，但是"中国科学院"就如同法国皇家科学院的附属机构，游离于法国耶稣会之外，并且是以一种"无形学院"的形式开始传播，此为明末清初西学东渐以来的全新现象。

耶稣会士白晋曾给康熙写过一个报告，详细谈及白晋等人来华的目的：因法国"天文格物等诸学宫广集各国道理学问"，故路易十四命在华法国耶稣会士收集中国学问之"精美者"寄给法国"学宫"。白晋所说的"天文格物诸学宫"

---

① 李晟文. 明清时期法国耶稣会士来华初探. 世界宗教研究，1999（2）：51-59，156-157.

② 李约瑟. 中国科学技术史：第5卷第1册. 北京：科学出版社，1976：235.

③ 法国巴黎外方传教会（MEP）档案馆. Vol. 479. p. 33. 转引自：韩琦. "格物穷理院"与蒙养斋——17、18世纪中法科学交流//法国汉学：四. 北京：中华书局，1999：311.

实际上便是指当时在法国巴黎成立的皇家天文台和皇家科学院等科学机构。1697 年 3 月，白晋受命回法国。在他撰写的《康熙帝》一书中，白晋提及康熙帝有在中国建立科学院的打算。按白晋的说法，这位皇帝的意图是让已在中国的耶稣会士和新来的耶稣会士一道，在朝廷组成一个附属于法国皇家科学院的科学院。白晋用满语起草了一本小册子，介绍法国皇家科学院的部分文化职能，让皇上对这些职能有更深刻的认识。他曾建议编纂关于西洋各种科学和艺术的汉文书籍，并在国内流传。康熙帝希望这些著作中的一切论文，能从纯粹科学的最优秀的源泉——法国皇家科学院中汲取，故而想要从法国招聘耶稣会士，在皇宫中建立科学院。1702 年 11 月，白晋在北京跟莱布尼茨（Gottfried wilhelm von Leibniz，1646—1716）通信，要他建议派一些传教士在中国组成科学院，为传播基督教服务，同时为欧洲学者提供所有能够得到的知识。与此同时，法国耶稣会士傅圣泽在《历法问答》中向康熙帝介绍了法国“格物穷理院”“天文学宫”在天文学方面的最新成就。“格物穷理院”实际指的便是皇家科学院，“天文学宫”则是指巴黎天文台。

康熙命在畅春园奏事东门内蒙养斋建立算学馆，此事可看作是明末清初以来西学东渐的一个新进展。但在努力成立“中国科学院”这一个关键时期，一方面，白晋等传教士在中国向法国、英国科学家发回大量科学报告，并且建议派遣更多精通科学和艺术的传教士来华；另一方面，一般的中国士大夫仍然充满着对西学的漠视和不信任。

1672 年（康熙十一年）李光地官至文渊阁大学士，应该说，他对天文、数学等西学都十分重视，且曾与南怀仁讨论过天体结构问题。但他对西洋历法并不精通，学习天文历法或许是为迎合康熙帝之偏好。李光地敏锐地意识到，是否精通西学已经成为康熙帝评价臣僚的重要标准之一。他看好梅文鼎的西学才能将为康熙帝所青睐，随即建议梅文鼎将所学写一本简要之书，“俾人人得其门户”。遵照李光地的建议，1690 年，梅文鼎开始写作《历学疑问》。1693 年，李光地为《历学疑问》作序，又于 1699 年出资刻于河北大名。在李光地的引荐下，1705 年，梅文鼎在德州以南临清州的运河岸迎候康熙帝，随即被召入御舟中，离别时，梅文鼎获赠康熙帝御书“绩学参微”四个字。康熙帝对李光地引荐梅文鼎之举十分满意：“历象算法朕最关心，此学今鲜知者，如文鼎真仅见也，其人亦雅，惜乎老矣”①。

① 杭世骏. 梅文鼎传//道古堂文集：卷三十，三十一. 转引自：刘钝. 清初历算大师梅文鼎. 自然辩证法通讯，1986（1）：52-64，79-80，51.

1709 年，梅文鼎的学生陈厚耀便对康熙帝建议："定步算诸书，以惠天下"，得到康熙帝的认可，随后康熙帝调梅文鼎之孙梅瑴成进京，一起编撰《数理精蕴》。

在《数理精蕴》的基础之上，康熙又将编撰的内容从数学扩展至天文历法、乐律，编辑了《历象考成》(《崇祯历书》基础上编成)、《律吕正义》，此三部分共同构成了《律历渊源》。《数理精蕴》分上下两编，上编 5 卷"立纲明体"，包括《几何原本》与《算法原本》，《几何原本》内容与欧几里得《几何原本》大致相同，但著述体例差别较大，《算法原本》讨论了自然数的性质，包括自然数的相乘积、公约数、公倍数、比例、等差级数、等比级数等性质，是小学算术的理论基础。下编 40 卷"分条致用"，主要包括使用算术、代数学知识，其中"对数比例"是在耶稣会士波兰人穆尼阁传入对数及其用表之后，更详细地介绍了英国数学家耐普尔发明的对数法。此外，还有 8 卷是关于对数表制作的三种方法和 4 种表，即素因数表、对数表、三角函数表、三角函数对数表，以及西洋计算尺。全书共 53 卷。①

火器的制造和操练。在明末降将的协助下，清军取得松锦大捷等一系列胜利，并最终击败明朝。在与南明的战争中，清军则以孔有德、耿忠明、尚可喜、吴三桂等人的队伍为先锋，倚仗投降的晚明先进的火器部队攻城略地。顺治初年，又在北京加紧造炮，每旗都设炮厂、火药厂，并定制前线用炮可由各省督抚奏造。② 实际上，历经明清火炮作战实践，清军作战经验丰富，已拥有当时最精锐的火器部队。

1673 年（康熙十二年），云南、广东、福建三藩叛乱，若从火器技术的传播来看，"三藩之乱"可看作是"吴桥兵变"的否定之否定，即最精锐的火器部队在脱离了晚明的控制之后，再次开始脱离清朝的控制，这次不仅意味着清朝的内乱，也注定了一场全新的火器博弈。由于三藩乃清军中有着火器传统的部队，且历经吴桥兵变等战役的磨炼，战功显赫，实力超强，仅数月战火即遍

---

① 杜石然，等. 中国科学技术史稿. 北京：北京大学出版社，2012：358-360.

② 当时所设炮厂，镶黄、正白、正蓝各 35 间，在镶黄旗校场空地。正黄、正红各 30 间，在德胜门内。镶红、镶蓝各 23 间，在阜成门内。火药厂：镶黄、正黄在安民厂有 12 间，余六旗有 20 间，设于天坛后。炮厂、火药厂皆为八旗官兵看守。参见：张小青. 明清之际西洋火炮的输入及其影响//清史研究集：第四辑. 中国人民大学清史研究所，编. 成都：四川人民出版社，1986：91.

及江南及西南数省。面对此局面，康熙帝随即启用两次辞官但仍在钦天监供职的南怀仁，求助其西洋火器之学。

1674 年（康熙十三年），康熙帝令南怀仁制造出适宜在高山、深水等苛刻环境中使用的新型火炮以应对三藩之乱，南怀仁随即制造了轻巧的木炮进呈。所谓木炮，实际是南怀仁使用木模铸炮。木炮的成功乃是火器技术在中国的又一次革新，在康熙平息叛乱的战役中与红夷大炮相配合，充当了重要的角色。此外，康熙帝还改进了火炮的瞄准法，将西洋炮原来所用的角度测量法改为准星照门瞄准法，南怀仁曾赞美康熙所创的瞄准法“乃千古所无”。在火器技术著述方面，1682 年（康熙二十一年），南怀仁进呈《神威图说》，其中有二十六款理论，四十四幅图解，此书可以看作是汤若望《火攻挈要》之后，又一部系统讲解西洋造炮、用炮方法的著作。

为与入侵中国雅克萨的俄国人战斗，康熙命南怀仁继续研究制炮技术并且改进红夷大炮，1686 年（康熙二十五年），康熙命南怀仁制造能放三十斤弹子的平底冲天炮，1687 年又令其制造能放三斤炮弹的铜炮八十具，每具重量在一千斤以下。直至南怀仁病逝。另外在平定三藩之乱的火器较量中，戴梓曾创新了连珠火铳，他造出来的新式铳：“形如琵琶……火药铅丸自落筒中，第二机随之并动，石激火出而铳发，凡二十八发乃重贮。①”这种铳可以称为机关枪的雏形了，比西方最早的连发快枪早了一个多世纪。② 戴梓还造过子母炮，“母送子出坠而碎裂”，康熙帝赐名为威远将军，并在亲征噶尔丹时使用。在康熙帝时期，中土的火炮技术达到了一个全新的水平。

明清之际西学东渐与中国科技转型的可能性

当利玛窦终于顺利地留在北京时，历史进入动荡的 17 世纪。17 世纪主要历经明万历朝后期（1601—1620）、明天启朝（1621—1627）、明崇祯朝（1628—1644）、以及清顺治朝（1644—1661）、清康熙朝之大部分（1662—1700）。一方面，耶稣会士有利玛窦、汤若望、南怀仁等人，中国士大夫则有徐光启、李之藻、杨廷筠等人，可谓群英荟萃。另一方面，上述时期诸帝对于西洋传教士的态度都不算差。万历帝喜爱利玛窦贡献的方物，后又对他赐居和赐葬；天启帝

---

① 纪昀. 阅微草堂笔记. 杭州：浙江古籍出版社，2015：320.

② 张小青. 明清之际西洋火炮的输入及其影响//清史研究集：第四辑. 中国人民大学清史研究所，编. 成都：四川人民出版社，1986：94-96.

虽受阉党影响，但因宁远之战时红夷大炮的威力而赞成耶稣会士来华；崇祯帝对徐光启很是信任，礼遇提拔颇多，对西方传教士亦不排斥；顺治帝恩宠汤若望，甚至连临终之际的传位大事也参考了他的意见。① 康熙帝以帝王之尊亲身向传教士学习天文、数学、解剖、地理、物理等多方面西学知识，具备同时代非常高的科学素养。在充满机遇的乱世和比较宽松的氛围中，17 世纪的西学东渐以合作引进而获得卓著成效。

明末士大夫阶层对西学已然有所了解，外加崇祯帝的支持，以及西方传教士的融入，一个稳定的西学共同体正推动着西方科学文化在中土的传播，近现代科技转型在中土初现端倪。较之于中土的传统科学，明末西学的面目日新又新，研究且传播西学的明朝士大夫阶层也出现了新的变化，形成了“三柱石”这种全新的人格类型。当然，从传教士的角度来看，会称之为“圣教三柱石”，如果从科学的角度来看，同样可称他们为“科学三柱石”。这批人思考问题、解决问题之手段都已经不同于传统士大夫。如果从社会学的角度来看，这一批人实际上是一种“新人类”，类似于文艺复兴以来西欧出现的那些“巨人”，较之于传统的中国人，他们是非常另类的。之所以另类，来源于他们看到了“洞外”的世界。当他们继往开来，并且处于传统世界与现代世界之间，便有了独特的气质。而这一从传统世界转变为现代世界的奇特现象，被生活在今天的人们称为近现代科技转型。

在此不妨想象，假如西学继续在明末清初延展，几代之后的士大夫或许将会呈现出全新的科学精神，进而发生科技革命，蜕变成“现代知识分子”，逐渐形成中国本土的现代科技专家，催生出全新的现代生活、伦理观和先进的军事技术。那么，19 世纪的中国还会是后来那个样子吗？

然而，清初的西学东渐又有自己的轨迹。历讼案结束后，困顿在广州的传教士得以开释。接着，法国国王路易十四派遣了一批精英传教士抵华传教。闵明我、白晋等深得康熙帝之赏识与信任，西学东渐有了新的进展。不久，风云突变，礼仪之争爆发，多方角逐，势同水火，不可收拾。禁教令发布，耶稣会士被陆续遣返，西方科技也不再吃香。康熙帝钦定了西学东源一说，一方面，开始着眼在中土寻求本土化的科学；另一方面，中西科技传统之间产生的交集竟然归于解体。

---

① 魏特. 汤若望传：第二册. 杨丙辰，译. 上海：商务印书馆，1949：325-326.

3. 18世纪到19世纪初：西学东渐式微与转型之殇

(1) 皇权士绅社会和闭关锁国：西学式微之根源

皇权士绅社会

18世纪到19世纪初，准确地说是从康熙朝（1662—1722）末年，经过雍正（1723—1735）、乾隆（1736—1795）两朝，直至嘉庆朝（1796—1820）。这是中华帝国回光返照之秋，但对中国科技发展和转型来说却是失落的冬季。受清皇朝专制加强和禁教政策的制约和影响，西学的传入与研究呈现出衰退景象。汉学兴起，乾嘉学派成为学术主流。一部分中国士大夫，通过发掘古代典籍，从中寻找西学源头的方式，宣称西学为中学之末。此时，走的是一条奇怪的科技演变路径，西学渐趋式微，本土科学又回归到与西学平行的态势。值得深思的是，导致这种结局的根源是什么？

君主专制。在封建制度的严格意义上来说，与英国推翻封建制度，建立现代的君主立宪制度不同的是：秦始皇统一中国之后，废除了“封建制度”，实行了大一统的君主专制制度。李约瑟曾对中国的封建制度评价道：“无疑，中国早期确实存在封建制度，它可称之为‘青铜时代’原始封建制度。……中国最初的封建制度衰亡后，商业资本主义和工业资本主义并未代之而起，接踵而至的是官僚制度。与此同时，贵族和世袭制在中国社会丧失地位。这些变化可以大致概括为：中层封建领主已不复存在，只剩下一个大封建主，即皇帝。”① 尤其在康熙、雍正、乾隆时期，通过设立南书房、军机处等机构，使得权力更为集中，君主专制走向了顶峰。在这种政治背景之下，中国的科技转型在很大程度上要看皇帝的需要、能力、喜好和脾气。有研究者愤而言之：“明清中国是君主专制，皇帝一句话，远远超过知识分子十本书。皇帝的需要，往往决定受众的需要；统治者的好恶，往往决定西学传播的进程和路向。顺治相信西学，汤若望便得宠，西学传播便顺利。顺治死后，讨厌西学的鳌拜当政，汤若望便被关入大牢，西学传播便受挫折。康熙亲政，扳倒鳌拜，西学又受重视。康熙爱好数学，《数理精蕴》才得以编成。乾隆欣赏西洋建筑，圆明园内才有西洋楼。”②

重农抑商。皇朝官僚制度不利于商人的崛起，更不利于近代科学在民间的发

---

① 李约瑟. 李约瑟文集. 潘吉星，主编. 沈阳：辽宁科学技术出版社，1986：56-57.

② 熊月之. 西学东渐与晚清社会. 上海：上海人民出版社，1994：59.

展。古代中国将社会阶层分为士、农、工、商，士列第一位，然后是农，其次是工匠，最后才是商人。此前虽有吕不韦这样的巨贾摇身变为相国，但在中央集权制度和"重农抑商"的政策之下，大多数商人可能富有，社会地位却极低下，甚至沦为沈万三一般的阶下囚，遭致满门抄斩的厄运。直到18世纪和19世纪初仍然如此。法国政治家和学者阿兰·佩雷菲特（Alain Peyrefitte，1925—1999）在《停滞的帝国：两个世界的撞击》中描述道："满清时的中国对商人十分蔑视，对经商极不信任，对外国的创造发明拒不接受，这些都无不达到登峰造极的地步。"① 虽然近代科学的发展并非与商业和资本主义必然同步，也并非完全具有功利性，但不可否认的是，在古代中国这种政治、社会环境之下，很难具备从主要依赖经验的古代科学（技术）向注重理性、实验和数据的近代科学转变的直接动力。正如李约瑟以物理学在中国的落后为例所分析的，"在西方，商人同物理学却似乎有着不解之缘。这可能是由于商人需要准确计量的缘故。……除货物以外还有运输，凡是与航海和效率有关的一切，从来都使欧洲城邦的商人感兴趣"，故而，"如果情况确实是这样，那么正是由于商人受压、不得志才造成近代科学技术在中国受到抑制"②。在一个"重农抑商"作为一项基本国策的国度，贬低商人，抑制商业发展和对外交流，只能使科学技术的发展直接缺少原动力。

闭关锁国。到清代中叶，中国官僚体制下所形成的意识形态、社会心态和教育制度，生发了一种盲目的民族自我中心主义，视中国为天下的中心，对中国以外的发展漠不关心。在将近两百年的时间里，北京一直住有耶稣会传教士，他们中的一些人如利玛窦、汤若望和南怀仁等，与皇朝统治阶层有密切的联系，却不能引起上层精英对西方科学文化的普遍兴趣。在1792—1793年，英王特使马嘎尔尼率领一个500人的庞大代表团访问中国，要求开放更多的港口进行贸易。他带来了600箱礼物送给乾隆帝。英国人想把他们最新的发明介绍给中国，如蒸汽机、棉纺机、梳理机、织布机，并猜想准会让中国人感到惊奇而高兴。但让英国人大失所望的是，大清帝国对此不感兴趣。在他们看来，这些洋人的东西，不过是些下作的奇技淫巧罢了。乾隆帝有一封著名的对乔治三世的答复信，竟说："天朝物产丰盈，无所不有，原不借外夷货物以通有无。"③ 这种封

---

① 阿兰·佩雷菲特. 停滞的帝国：两个世界的撞击. 王国卿，等译. 北京：生活·读书·新知三联书店，1993：4.

② 李约瑟. 李约瑟文集. 潘吉星. 主编. 沈阳：辽宁科学技术出版社，1986：62.

③ 梁廷枏. 粤海关志：卷二十三. 广州：广东人民出版社，2014：456.

闭的天朝心态阻碍了中国向西方学习，造成致命的失误。

究其深层原因，在于西方科学文化的枝芽难以嫁接入东方以皇权统治为突出特征的体制土壤之中。徐宗泽曾经把天主教东传得以维系的原因归为科学："天主教之传入中国，直至十九世纪之中叶，其根基本来不甚巩固，就是中国之传教，惟以朝廷之好恶为转移。自明末以迄嘉道教士得以驻居中国传教，缕缕不绝者，惟恃学术为工具。"① 此总结不无道理，对于天主教而言，维系传教确实有赖于学术。但对于中国而言，传教与传播科学两者都取决于皇权统治之需要与否，从这个角度来说，所做重大决策必须以巩固皇朝统治为根本目标，任何皇帝都无法改变这个大势，不管皇帝本人是否喜好科学。

海禁政策与对外封闭

耶稣会士和西学均自海上而来，但明清时期的海洋政策并没有对他们敞开怀抱。其间，中国还没有现代意义下的国际关系和外交政策，只有朝贡体制及其下的海禁政策。明清时期的海洋政策分为四个阶段：第一阶段为明初的海禁，第二阶段为明末自发的民间海外贸易，第三阶段为清初的海禁，第四阶段为清中叶的口岸通商。无论是片帆不得入海，还是有限度地弛禁，都反映出海洋政策上对外封闭的基本特征，意味着对科技传播渠道的限制与阻塞。耶稣会士秉持上层传教策略，梦想以宗教降服中国皇权，然后自上而下地实现天主教东传的目标。但是，作为一种持续上千年的社会体制，皇权统治兼具专制和封闭两重特征。通过考究皇权统治与西学东渐之关系发现，依靠皇权是高收益与高风险并存的。西方科学文化在与东方皇权统治的较量中，只有很小的生存空间。

与欧洲主要殖民帝国相互比较之后，再回头看明清时期的海洋政策及其对外封闭的基本特征，可知大航海时代的海禁所带来的危害。首先，它以巩固皇权统治为根本目的，以对外封闭的海洋政策辅助达成该目的；其次，它限制了民间航海力量与海外的交往，使中国人的商船无法到达更多更远的地方；再次，它偏重政治利益而往往忽视经济利益，错失了许多增加税收和改善民生的绝妙机会；最后，它偏重陆权而往往忽视海权，终由海上落败蒙受千百年来从未有过的奇耻大辱。上述几个方面既反映出制定海洋政策的指导思想，也反映出海洋政策带来的负面影响。不仅如此，更严重的是在科学技术层面造成不利后果，

---

① 徐宗泽. 中国天主教传教史概论. 北京：商务印书馆，2015：225.

航海作为当时国家之间最重要的交通方式，在中国却未能发挥传播渠道的效用。

倭患的艰难平定引发了对海禁的反思，弛禁的主张在明世宗驾崩后迎来了转机。最终具有标志性的转折点是1567年（隆庆元年）开放海禁的“隆庆开关”，使民间海外贸易获得了合法地位。1566年（嘉靖四十五年），原先走私贸易的最主要港口之一——漳州月港得以设置海澄县，寓“海疆澄靖”之意。次年，“福建巡抚都御史涂泽民请开海禁，准贩东西二洋……而特严禁贩倭奴者”①，民间海外贸易被纳入官方管理渠道。这就是徐光启所谓“和解消导之法”，也是从“朝贡贸易时期”转变为“私人海外贸易时期”的正式标志，后虽稍有反复，但民间海外贸易还是迅速发展起来。除了货物交换以外，思想文化的交流也处于扩大的势头之中。因此才可以说科学搭乘了传教的便车，而传教则搭乘了贸易的便车。结合贸易、传教和科技移植三者的关系来说，贸易路线是传教路线，也是科技移植路线；贸易对象是传教对象，也是科技移植对象。如果没有民间对外贸易的发展和明末的弛禁，科学技术的东来就无从谈起。

登峰造极的清代文化专制

甲申之变中吴三桂的归顺把东北关外的满族推向了北京紫禁城的宝座，如何以少数民族来统治文化更为发达的广大汉族，采取何种文化政策，成为新朝当政者在千头万绪中必须解决的重大问题。他们继承明朝的各项基本制度，加以调整和巩固，试图通过多种手段克服满汉民族差异与矛盾。同时，在强化皇权统治的宗旨下，又强化了文化专制政策，与前朝相比甚至达到登峰造极的境地。剃发易服等文化改造措施曾激起民族冲突，原先就存在的文字狱等恐怖手段也经常被使用。文化政策的整体趋势并未由严厉渐趋宽松，而是在大部分时段里都保持着高压的态势。登峰造极的清代文化专制使得中西文化交流的社会环境走向恶化，最终断绝了第一波科学转型的可能。

审视清代初叶和中叶的文化专制状况，如果说康熙帝尚不至于全然以文化专制驯服士人，那么雍正与乾隆则真正将文化专制变本加厉，深深束缚了当时的思想领域。归根结底，清代统治者加强文化专制的动机出于两个方面：君主与臣民之间的政治原因和满族与汉族之间的民族原因。

---

① 张燮．东西洋考．北京：中华书局，1981：131-132.

清代文化专制之举当首推剃发易服令。甫一入关，清军所受抵抗并不剧烈，因而得以迅速越过黄河与长江，占领中原大部分地区。但是随着1645年剃发易服令的颁布，迅速激起了汉族人民的反抗。“这一现象为蒙元进入中国时所未有，究其性质，剃发改服，直接触动了文化认同，不仅仅是民族间的冲突了。”①

文字狱现象起源于明代，盛行于清代，造成了极其恶劣的文化影响。清代文字狱案数量之多、规模之大、牵连之广，均称空前。据统计，康熙朝的文字狱有11案，雍正朝的文字狱增至25案，乾隆朝的文字狱高达135案，数量剧增。举例来说，康熙朝的文字狱以庄廷铣《明史》案和戴名世《南山集》案为最；雍正朝的文字狱以年羹尧“夕乾朝惕”案和吕留良、曾静案为最；乾隆朝以徐述夔《一柱楼诗》案和胡中藻案为最。这些文字狱虽然本身目的不一，影响也很复杂，但是其最主要之负面效应在于以恐怖镇压的政治手段达到思想文化领域的绝对禁锢。

与文字狱现象类似，禁毁小说在明代虽有先例可查，但大多属于个案，清朝则全面强化了这一手段。禁毁小说的文化政策在明代并未形成，而清朝定鼎以后，为加强思想文化控制，该政策出现，并且所禁的小说范围由“淫词”扩大到“不经”，并制定律条以科断刑罚。小说是民众日常生活的文学反映，是一面体现社会风俗、人心的镜子。如果说文字狱的对象是中层的士人和官员，那么禁毁小说的对象就是底层的民众和文人，这显示出统治者对底层民众思想动态的管控意图。

从秦始皇的焚书坑儒到清朝的文字狱，都在说明一件事，即文化会影响到政治统治。康乾所处的时代为木版印刷技术的年代，所对应的文化传播类型即印刷文化。“阅读经典”实为清朝上层人士的特权，这就如同中世纪《圣经》的印刷量很小，只有很少一部分特权阶层可以阅读到《圣经》原文一样。此时印刷的科学著作很少，都是“稀罕宝贝”，并且仅仅局限于皇帝御览，偶尔由皇帝赏赐给有功的臣子观看，例如舆图，清初还在我国作为密件收藏于内府，在欧洲各国却已广为流传，直到同治年间（1862—1874），胡林翼依据内府所藏《皇舆全图》绘制《清一统舆图》，才把清初测绘的成果间接传播开来。当时的媒介技术条件也在一定程度上限制了科学文化的传播。

---

① 许倬云. 万古江河：中国历史文化的转折与开展. 上海：上海文艺出版社，2006：272.

（2）礼仪之争和文化冲突：西学遭贬之导火索

礼仪之争始末

礼仪之争也被称为教仪之争，早在耶稣会士入华之初就已显露出问题的端倪。利玛窦逝世后，继任领导者是意大利籍耶稣会士龙华民。他并不赞成利玛窦的本土化策略，分歧集中于两类问题：第一类是拉丁文的上帝“Deus”的翻译，利玛窦曾并用“天主”、“天”与“上帝”三种译名，龙华民表示反对；第二类是祭祖祭孔，利玛窦主张允许中国教徒祭祖，把其只看作传统习俗。龙华民认为这些涉及宗教信仰，应予禁止。1628 年在华耶稣会士召开嘉定会议，讨论上述问题，决议保留“天主”译名，并继续容许祭祖祭孔，最初的争议在耶稣会内部得到暂时解决。龙华民被认为是“引起中国礼仪问题之第一人”①。随后入华的多明我会士不仅反对容许中国礼仪，而且曾诉诸罗马教廷，传信部数次发布禁礼通令，但都被耶稣会设法取消。

到了康熙朝，礼仪之争呈现出愈演愈烈的趋势。杨光先教案时，被遣送至广州的传教士们曾经召开会议讨论，总结自罗明坚、利玛窦以来近百年的传教历史经验，肯定本土化、中国化的“文化适应政策”。但是，其中的多明我会士闵明我（Domingo Fernández Navarrete，1618—1686）选择潜逃，回到欧洲后曾撰有《中华帝国历史、政治、伦理及宗教概述》，对中国的各种习俗毫不避讳，为反耶稣会者提供不少口实。② 1693 年，福建宗座代牧、巴黎外方传教会（Missions Etrangères de Paris，1682 年来华）会士阎当（Charles Maigrot，1652—1730）颁发禁礼教令。教廷于 1704 年发布禁礼通令。1705 年，教皇克雷芒十一世（Clement XI，1700—1721）派特使多罗（Charles-Thomas Maillard De Tournon，1668—1710）来华，试图缓减冲突，但其中国之行不但没有消除争议，反而使局势进一步恶化。经过数次重申，禁礼通令不可避免地引发了中国方面的反应，1717 年，康熙全面禁止了在中国的所有传教活动。1720 年，教廷派嘉乐（Carlo Ambrogio Mezzabarba，1685—1741）率领使团来到中国，一方面希望通过提议通融八项中国礼仪来安抚康熙帝，另一方面又试图让耶稣会士无条件服从于教皇。

---

① 费赖之. 在华耶稣会士列传及书目. 冯承钧，译. 北京：中华书局，1995：65.

② 其书原名为 *Tratadoshistoricos*，*politicos*，*ethicosyreligiosos de la monarchia de China*，目前已有中译本。参见：闵明我. 上帝许给的土地：闵明我行记和礼仪之争. 何高济，吴翊楣，译. 郑州：大象出版社，2009：2.

这更加深了康熙对教廷的不信任，随后，康熙帝下达了完全的禁教令，最终使礼仪之争演变为中国的彻底禁教。

康熙朝晚期，激烈的礼仪之争一直持续，新禁教政策下的传教士或受驱逐、或转入地下传教、或仅服务于宫廷而不能传教。1722 年雍正继位后，新皇帝因为传教士曾介入皇位之争，十分痛恨传教士，将他们与白莲教相提并论，坚决禁教。此后天主教在中国的传教事业进入衰退时期，这也是传教的最后一个阶段，并以 1838 年遣使会会士毕学源去世为结束的标志。他是最后一位合法居留北京的传教士，之后的传教事业处于地下状态或由中国教徒自理，直至鸦片战争后传教活动再度兴起。

西学东渐中，“西学”侧重的是基督教教义传播，科学只是附带品。科学如果仅仅作为一种知识或者假说，教会是可以接受的，但是如果将其认定为真理，那就会触犯教会的权威。这跟康熙朝西学的传播有类似之处，如果仅仅是一种有趣的物件和知识，康熙朝是愿意接受的，但如果要以科学为中心，以真理为准绳，加上科学精神本身蕴含的民主、自由等内涵，就有可能触碰皇帝的利益，皇权便有可能被削弱；再加上西学中还要推广基督教教义，又与传统礼仪相矛盾：信上帝，不让祭祖。这样一来，科学的传播就既失去了皇帝的支持，又失了民心，最终使得科学在中国的传播举步维艰。因此，西学普及的失败不仅是科学传播的失败，也首先是传教的失败。

利玛窦等人是抱着传教的初衷来华的，其带来的科学与宗教密切相关，由于基督教教义与传统文化的矛盾，科学精神与专制制度的矛盾，科学在中国的传播仅仅停留在官方层面，止步于华夷之辨、体用之争，科学本身没有形成一个稳定的文化传统，成为中国文化的组成部分，致使中国错失东方的“文艺复兴”与“启蒙运动”。

抵制宗教与抵制科技呈现合流，这既是应对中西文化冲突时的某种必然选择，也是实现科技移植与超胜会通的极大障碍。回首明末之时，天主教东传的范围颇广，已遍布全国大多数行省，但是在最早开拓的岭南地区却遭遇了失败。“圣教最早传入之肇庆、韶州、南雄，因本地官绅之反对，不能恢复传教，重建圣堂。”① 可以说，即使传教士们成功地打开了某个地区的局面，开始了传教和吸收教徒的过程，但并不意味着当地的天主教发展肯定会蒸蒸日上。抱有反对

① 徐宗泽．中国天主教传教史概论．北京：商务印书馆，2015：146.

和抵制想法的大有人在，随时可能发生反复。

封闭的社会和封闭的心态

从统治阶层的利益视角来看，稳定封闭的社会意味着稳定封闭的统治。陆上的长城与海上的海禁都是封闭的象征。“在心态上，这一条边墙分隔胡汉，汉人世界自我设限，是内敛的，而不是开展的；是封闭的，而不是出击的。……明代中国对于海上，官方的基本心态也是防御与封闭的。”① 他们对外来新鲜事物的需求并不大，甚至欲拒之于千里之外，尤其是可能威胁固有统治秩序的新鲜外来事物。他们对内则竭力维持小农生产模式和儒家价值观，乃至不惜采取愚民式的政策举措。

历算之学密切关涉政治，故不能脱离朝廷的掌控，须避免任何危险因素的产生。对待西学也是这样，完全被官方主导的翻译引进工作可能就背离了知识传播与交流的初衷。“清廷的翻译工作是为了把此项技术研究从外国宗教组织手中转移到本国的文人与宫廷学者手中，而不是要对民间公开。”② 这形成了官方对西方科学知识的垄断，封闭的心态展现得淋漓尽致，与晚明士人自发进行的翻译行为形成了鲜明对比。

普通百姓也往往是相同的封闭心态，并不可避免地受到统治阶层的影响。利玛窦在最先开始传教的广东地区就深切体会到民众对外国人的怀疑和反感，乃至对天主教的直接抵制。“中国人害怕并且不信任一切外国人。他们的猜疑似乎是固有的，他们的反感越来越强，在严禁与外人有任何交往的若干世纪之后，已经成为了一种习惯。所有中国人尤其是普通百姓所共有的这种恶感，在广东省的居民中间来得特别明显。”③ 罗明坚和利玛窦 1583 年刚刚获得肇庆的长期居留许可并准备建造教堂时，就在当地引发了不小的反对风波，百姓们纷纷传言这些外国人会像澳门的葡萄牙人一样赖着不走。这使得工程被迫延期和改变计划，所幸矛盾最终得到妥善解决。民众的封闭和猜疑是与天主教东传史相伴随

① 许倬云．万古江河：中国历史文化的转折与开展．上海：上海文艺出版社，2006：210-212.

② 艾尔曼．科学在中国：1550—1900．原祖杰，等译．北京：中国人民大学出版社，2016：214.

③ 利玛窦，金尼阁．利玛窦中国札记．何高济，王遵仲，李申，译．桂林：广西师范大学出版社，2001：121.

的，此后传教士在广东和其他地方遇到的抵制案例亦不在少数。

利玛窦笔下还有许多对当时中国人封闭心态的描述："中国人不允许外国人在他们国境内自由居住，如果他还打算离开或者与外部世界有联系的话。不管什么情况，他们都不允许外国人深入到这个国家的腹地。我从未听说过有这样的法律，但是似乎十分明显，这种习惯是许多世代以来对外国根深蒂固的恐惧和不信任所形成的"①。再加上自然地理的相对隔绝、朝贡与海禁等相关对外政策、男耕女织与安土重迁的传统，都有助于这种习惯的巩固。

概而言之，西方宗教和文化对于明清中国的统治阶层与普通百姓而言并没有多少吸引力。"为数众多的有文化的官僚统治着无数农民，两个集团都不是深切地关心一种外国宗教的争端和教义。在裁决者的作用因超越认识的原因而由国家首领承担的时代，真主和耶和华是没有多少余地的。"②

对西方宗教和科技的全面抵制

抵制宗教与抵制科技的合流，既是中国文化应对中西文化冲突时的某种自然选择，也是科技移植与超胜会通得以实现的极大障碍。当然，对于抵制主体而言，抵制科技往往是抵制宗教之下的附带对象，就好比把"西学之输入"视为耶稣会士"传教之附带事业"③。接下来把目光由抵制宗教转移至抵制科技。

抵制的对象，以天文学、数学等为最。首当其冲的是历算之学，也包括地理学等其他西方科学技术，体现了对科技的全面抵制。"今西夷所以耸动中国，骄语公卿者，惟是历法。然中国之历法，自有一定之论，不待西夷言之也。"④利玛窦绘制的世界地图和携带的自鸣钟等也遭到批判。魏濬在《利说荒唐惑世》中说："所著舆地全图，及洸洋窅渺，直欺人以其目之所不能见，足之所不能至，无可按验耳。真所谓画工之画鬼魅也。"⑤ 许大受所撰《圣朝佐辟》甚至抛出贻笑大方的谬论："夷又有伪书曰《几可源本》，几何者，盖笑天地间之无几

---

① 利玛窦，金尼阁．利玛窦中国札记．何高济，王遵仲，李申，译．桂林：广西师范大学出版社，2001：44.

② 牟复礼，崔瑞德．剑桥中国明代史．张书生，等译．谢亮生，校．北京：中国社会科学出版社，1992：608.

③ 陈润成，李欣荣．张荫麟全集．北京：清华大学出版社，2013：714.

④ 谢宫花．历法论//夏瑰琦．圣朝破邪集．香港：建道神学院，1996：305.

⑤ 魏濬．利说荒唐惑世//夏瑰琦．圣朝破邪集．香港：建道神学院，1996：183-185.

何耳！"①

抵制的动机，首先是因为天文学等所具有的政治性。意识形态已内化为许多士人或知识分子的普通观念。"何物妖夷，敢以彼国末技之夷风，乱我国天府之禁令！"②"历法的重要性首先并且也是最为要紧地体现在政治上，而其对于农业节气的影响还是次要的。"③ 一旦西方天文学被认定为违背禁令，就有可能被污蔑为威胁社会稳定和统治秩序的危险因素。

这种抵制终于导致首轮科学转型昙花一现。抵制宗教与抵制科技的合流所显示出的全面抵制西方宗教与文化，恰与徐光启学习西方整体思想体系形成鲜明对比。徐光启在《泰西水法序》中认为天主教是西学得以衍生的源泉，其顺序是从"格物穷理"到"象数之学"，再到"有形有质之物"与"有度有数之事"。④ 如果与全面抵制相对应，那么徐光启的态度与做法则是全面学习。

抵制的思潮有助于保守主义的抬头，给"西学东源"说以鼓吹的机会。同时，"耶稣会士对于早期现代欧洲医学、天文学、数学、第谷体系及早期现代代数的有限介绍，坚定了明、清学者恢复古代中国的医学和数学的决心"⑤。传教士初期引进的天文学是有一定缺陷的，抵制者所指责的对象确非完美，可是他们只是抵制而非超越抵制对象。

（3）西学东源说与乾嘉汉学：中国科技衰落之回光返照

西学东源说的由来

康熙帝接触到的传教士携来的学术和器物，比如：欧几里得几何与光学器具，实际上已经蕴含着西方科学思想的核心，即"希腊哲学家发明的形式逻辑体系（在欧几里得几何中）以及通过系统的实验法发现，有可能找出因果关系（在文艺复兴时期）"⑥。按照常理，康熙帝应该能够延续徐光启那条科学研究路

---

① 许大受．圣朝佐辟//夏瑰琦．圣朝破邪集．香港：建道神学院，1996：223-225．几可源本即《几何原本》。——笔者注

② 同①．

③ 艾尔曼．科学在中国：1550—1900．原祖杰，等译．北京：中国人民大学出版社，2016：82．

④ 徐光启．泰西水法序//徐光启集．卷二．王重民，辑校．北京：中华书局，2014：66．

⑤ 同③313．

⑥ 爱因斯坦．爱因斯坦文集：第一卷．许良英，李宝恒，赵中立，等编译．北京：商务印书馆，1977：574．

径，对科学文化展开思维层面的追问，但是康熙帝却走向了“西学东源”这一条道路，开始“闭门造车”。

康熙帝乃“西学东源”说的最大权威。1711 年 3 月，康熙谕直隶总督赵弘燮，称：“夫算法之理，皆出自《易经》。即西洋算法亦善，原系中国算法，彼称为阿尔朱巴尔。阿尔朱巴尔者，传自东方之谓也。”又说：“论者以古法今法之不同，深不知历原出自中国，传及于极西，西人守之不失，测量不已，岁岁增修，所以得其差分之疏密，非有他术也。”① 第二年 11 月，康熙谕大学士李光地：“尔曾以易数与众讲论乎？算法与易数相吻合。”又说：“朕凡阅诸书，必考其实，曾将算法与朱子全书对校过。”② 在《周易折中》凡例中康熙称：“朕讲学之外，于历象、《九章》之奥游心有年，焕然知其不出《易》道。”

在明清之际，面对传教士传来的西方科学，一些具有强烈民族感情的知识分子，以图匡复明室、光复华夏文化，早就钟情“西学东源”说，认为西学都可以在中国古代典籍中找到源头。黄宗羲“尝言勾股之术乃周公、商高之遗而后人失之，使西人得以窃其传”③。陈荩谟引用《周髀算经》卷首周公与商高的答对，把徐光启、利玛窦合译的《测量法义》归于《周髀算经》，后者是勾股之经，前者不过是疏、传罢了，其目的在于“使学者溯矩度之本其来有，自以证泰西立法之可据焉”④。

在康熙期间，努力论证并有效推行西学东源说的是王锡阐和梅文鼎两位学者。虽然王锡阐和梅文鼎的学术思想都间接受到徐光启等明末士大夫的西学成果之影响，但他们的治学风格颇为不同。徐光启、李之藻除了其自身受洗为天主教徒之外，还将儒学当作是引进和推进西学发展的手段和工具。而王锡阐、梅文鼎则是将科学当作推进中国本土文化发展的工具，产出的文化成果则为本土化的科学。王锡阐具有强烈的明朝遗民情结，一生拒绝仕清，是一个布衣科学家。梅文鼎并不拘泥于晚明的殉国情结，而是积极入仕，并通过文渊阁大学士李光地的关系闻达于朝廷，其孙梅瑴成更直接参与到康熙帝蒙养斋的《律历渊源》修订之中。从学识上来看，王锡阐兼通中西，其“生而颖异，多深湛之

---

① 圣祖实录：卷二四五//清实录．北京：中华书局，1985：431.

② 圣祖实录：卷二五一//清实录．北京：中华书局，1985：490.

③ 全祖望．梨洲先生神道碑文//鲒埼亭集：卷十一．《四部丛刊》本．

④ 陈荩谟．度测：卷上．转引自：刘大椿．新学苦旅——科学·社会·文化的大撞击．南昌：江西高校出版社，1995：98.

思，诗文峭劲有奇气，博极群书，尤精历象之学”。“兼通中西之学，自立新法，用以测日月食，不爽秒忽。”① 梅文鼎则“少时侍父及塾师罗王宾仰观星气，辄了然于次舍运旋大意”。“千秋绝诣，自梅而光。”②

王锡阐关于历算所给数据系统的内容基本上和西方天文学的数据系统是相同的，但其学习西学本质上却是为了维护中学、贬斥西学。王锡阐断言：“《天问》曰：‘圜则九重，孰营度之？’则七政异天之说，古必有之。近代既亡其书，西说遂为创论。余审日月之视差，察五星之顺逆，见其实然。益知西说原本中学，非臆撰也。”③ 他采纳一些欧洲天文学的成果和计算方法，却仍保持传统天文学的基本模式，所谓“取西历之材质，归大统之型范”④。

梅文鼎是“西学东源”说的集大成者。他虽然承认西学的优长，却言西学源于中学，只是传到了西方，被西洋人发扬光大，现在又传了回来而已。他的“西学东源”思想在1692年已经完成，后刊刻在1699年出版的《历学疑问》中。他将其整理和疏解的西学赋予了浓厚的中土文化色彩，一方面，便于中国人领会西学；另一方面，为自己可以正大光明地学习西学寻求一个依据。

禁教时期的历算之学，在“西学东源”的钦定观点指引下，变成了“知识考古”，汉学家们热衷于整理古历算之学，热衷于用中国古书的材料证明钦定的“西学东源”说。

从乾隆时辑《永乐大典》到修《四库全书》，随着《算经十书》与宋元以来天算学著作如李冶《测圆海镜》、朱世杰《四元玉鉴》等的发现、整理与刊布，乾嘉学派中以戴震、钱大昕、焦循、汪莱、李锐、李潢等为代表的天算学家，在中国传统天算学著述中找到了与西方学者著述中相同的命题，对这些著作用纯考据的方式进行校勘、注释和演算，取得了相当的成就。但是，就中国天算学界的整体情形来看，显现出与西方数学家分道扬镳、渐行渐远之势。⑤

专制手段的威力体现为意识形态在各领域的全面侵入。年代较早的清朝官

---

① 赵尔巽，等．清史稿：卷五五百六．北京：中华书局，1977：13937．

② 杭世骏．梅文鼎传//道古堂文集：卷三十，三十一．转引自：刘钝．清初历算大师梅文鼎．自然辩证法通讯，1986（1）：52－64，79－80，51．

③ 阮元，罗士琳，华世芳，等．畴人传合编校注．冯立昇，邓亮，张俊峰，校注．郑州：中州古籍出版社，2012：310．

④ 王锡阐．晓菴新法．北京：中华书局，1985：自序．

⑤ 漆永祥．从《汉学师承记》看西学对乾嘉考据学的影响//黄爱平，黄兴涛．西学与清代文化．北京：中华书局，2008：313－314．

修《明史》就已经奉西学东源为历算之定论，《明史·历志》载："瓯罗巴在回回西，其风俗相类，而好奇喜新竞胜之习过之。故其历法与回回同源，而世世增修，遂非回回所及，亦其好胜之俗为之也。羲、和既失其守，古籍之可见者，仅有《周髀》。而西人浑盖通宪之器，寒热五带之说，地圆之理，正方之法，皆不能出《周髀》范围，亦可知其源流之所自矣。夫旁搜采以续千百年之坠绪，亦礼失求野之意也，故备论之。"① 采用西学被说成是"礼失求野"，西学的来源被说成是欧洲（瓯罗巴）—阿拉伯（回回）—中国（《周髀》）的线索，此后西学东源的说法也都使用几乎相同的模式。

浩繁的《四库全书》作为清代最大的文化工程，也贯彻了自康熙帝与梅文鼎以来的西学东源说。《四库全书总目》对《测量法义》、《测量异同》与《勾股义》的评价中有："序引《周髀》者，所以明立法之所自来，而西术之本于此者，亦隐然可见。其言李冶广勾股法为《测圆海镜》，已不知作者之意。又谓欲说其义而未遑，则是未解立天元一法，而谬为是饰说也。古立天元一法，即西借根方法。是时西人之来亦有年矣，而于冶之书犹不得其解，可以断借根方法必出于其后矣。"②

阮元所作《畴人传》也以西学东源为基本宗旨之一。他在凡例中就宣称："西法实窃取于中国，前人论之已详。地圆之说，本乎曾子。九重之论，见于《楚辞》。凡彼所谓至精极妙者，皆如借根方之本为东来法，特譒译算书时不肯质言之耳。近来工算之士，每据今人之密而追咎古人，见西术之精而薄视中法，不亦异乎？是编网罗今古，善善从长，融会中西，归于一是。"③ "窃取于中国"、"追咎古人"与"薄视中法"等说法，将古代中国社会传统的自大和封闭心态暴露无遗。"网罗今古，善善从长，融会中西，归于一是"，不过是可笑的自诩之言。

耶稣会士与中国士人合作引进的西方历算著作虽被列于《四库全书总目》之中，但却成为御定历算著作的陪衬。1714 年（康熙五十三年）编成的《御定

---

① 张廷玉，等. 明史（1）：卷三十一：志第七. 中华书局编辑部，编. "二十四史"（简体字本）. 北京：中华书局，2000：367.

② 永瑢，等. 四库全书总目：卷一〇六子部天文算法类一. 北京：中华书局，1965：896.

③ 阮元，罗士琳，华世芳，等. 畴人传合编校注. 冯立昇，邓亮，张俊峰，校注. 郑州：中州古籍出版社，2012：17.

律历渊源》，包括《历象考成》（42卷）、《数理精蕴》（53卷）和《律吕正义》（5卷）三部，共计100卷。它被称赞为“集中西之大同”的“洵乎大圣人之制作”①。西学不仅源于中学，而且为《御定律历渊源》等中学提供了补充来源。西学理所当然地被中学所“专制”，这应该是康熙帝非常乐意看到的景象。然而他们不会想到，被“专制”的西学已是面目全非的西学，面目全非的西学不会如同它在原生之西方那样自由而迅猛地发展，因此也不能为中国带来西方那样的近代科学革命。

乾嘉汉学与第一波科技转型希望的破灭

乾嘉汉学是传统科学的回光返照。18世纪，清代学术进入以乾嘉汉学为主的丰收时期。乾嘉学派校勘、注释、辨伪、辑佚、整理了大量古籍，以经学为主，而衍及文字、音韵、历史、天文、历算、地理、金石、乐律、典章制度等。如梁启超所言：“其治学根本方法，在‘实事求是’，‘无征不信’。”②

乾嘉学术，由博而精，专家绝学，并时而兴。乾嘉学派中人严谨笃实的为学风尚及其整理总结中国古代学术的卓著业绩，对晚近社会和学术的演进有很大影响，留下了宝贵的历史文化遗产。

乾嘉学派之不足和局限也很明显，特别是在涉及科学和技术的领域。他们搞的不是现代规范的科学，而是传统意义的学问，与其说是搞科学不如说是治经学。他们尊汉也只是尊经，轻视义理，在治学上把经学片面化，以治经的方法代替整个经学的研究，或者把小学等同于经学。乾嘉学派虽然自称汉学，但无论从学术精神还是从学术风格上看，都与汉学不同。钱穆指出：“两汉经学注重政治实绩，清代经学则专注心力于书本纸片上之整理工夫。”③

乾嘉学派多经师而少思想家，多校史者而而少史学家，多校注而少著作，多训诂而少思想，是缺少历史意识的学派。乾嘉学派的学风以训诂名物考证、章句注疏、佚文钩辑、言言有据、字字有考为特征，使学术陷于烦琐破碎、泥古墨守的窠臼，忽视了会通和对微言大义的探求。

---

① 永瑢，等．四库全书总目：卷一〇六子部天文算法类一．北京：中华书局，1965：898.

② 梁启超．清代学术概论．北京：中国人民大学出版社，2004：132.

③ 钱穆．中国学术通义．台北：学生书局，1984：12.

严厉的文化专制政策是乾嘉汉学注重考据学风形成的一大原因。这已经是自清代以来研究学术史者的共识，汉学家们对历史的专注是对现实的逃避。梁启超在梳理清代学术变迁与政治影响时说："凡当主权者喜欢干涉人民思想的时代，学者的聪明才力，只有全部用去注释古典……雍、乾学者专务注释古典，也许是被这种环境所构成。"① 钱穆在《中国近三百年学术史》中也表达了相近的观点："满清最狡险，入室操戈，深知中华学术深浅而自以利害为之择，从我者尊，逆我者贱，治学者皆不敢以天下治乱为心，而相率逃于故纸丛碎中。"② 如此情境中，即使汉学传承部分西学的科学方法和实证精神，又如何能摆脱强权的逼迫，遑论演化出近代的科学？乾嘉汉学实乃传统科学的回光返照。

第一波科技转型希望的破灭。王锡阐和梅文鼎等人所持的西学东源说，表面为中西文化交流与融合的观念，实则为中西文化差异和冲突的观念。以《四库全书总目》中对《二十五言》的评价为例，可清楚反映西学东源说对西学的轻贱："大旨多剽窃释氏，而文词尤拙。盖西方之教，惟有佛书，欧逻巴人取其意而变幻之，犹未能甚离其本。厥后既入中国，习见儒书，则因缘假借，以文其说，乃渐至蔓衍支离，不可究诘，自以为超出三教上矣。附存其目，庶可知彼教之初，所见不过如是也。"③ "剽窃释氏"是说天主教抄袭佛教，只不过"取其意而变幻之"。"因缘假借，以文其说"，则是说天主教又借助儒家思想进行传教。"所见不过如是也"的评价轻蔑地把天主教置于没有原创思想、只能抄袭借鉴佛儒思想的不堪水平。这种评价硬指天主教思想与中国传统思想同源同宗，看似消弭了中西文化差异，实际则是对差异的故意抹去，以达到矮化并抵制天主教思想的目的。

清代的学术主流是做偏的国学，无论是今文还是古文，多是借古浇愁，实际效果差强。虽然清代注重实学，但实学与科学有所不同。18 世纪西学（包括天主教和科学技术）在中国式微，中国的科学技术在欧洲科技发展大潮的背景中重返边缘地位。从历史实践的后果看，似可将西学东源说的论证归为文献、

---

① 梁启超．中国近三百年学术史．夏晓虹，陆胤，校．新校本．北京：商务印书馆，2011：25．

② 钱穆．中国近三百年学术史．北京：商务印书馆，1997：3．

③ 永瑢，等．四库全书总目：卷一二五子部杂家类存目二．北京：中华书局，1965：1080．

科学史方面的成就，却绝不是科学本身的成就。

18 世纪的西学（主要是科技）以乾嘉汉学的一部分表现出来。乾嘉汉学改变了汉学不讲究科学的传统，特别是阮元撰写《畴人传》，为科技人物书写传记，还是别具匠心的。然而，其中的科学观念自大而保守，秉持着中学为本的观点而不动摇。以今天的眼光视之，清代的学术乃是“戴着镣铐跳舞”。就科学发展水平来看，与西方差距则越拉越大。简而言之，科学史的辉煌与科学的落后这样的两面性，意味着科学转型机会的丧失。

作为西学东渐的主要载体，耶稣会士的代际变迁也影响着中土近现代科学转型。如前所述，1552 年最先来到东方传教的耶稣会士沙勿略，由于缺乏对中国语言、礼仪等方面的了解，未能进入中国。受挫的传教士为了实现入华传教的目的，决心转变传教的策略，而儒化和科学无疑是最好的选择。利玛窦于 1583 年入驻肇庆，1596 年改穿儒生服装，自称“西儒”，以科学知识与科学实验仪器为手段，终于在 1601 年敲开了中华帝国的大门。在耶稣会士汉化的尝试下，西学逐渐融入中土文化，出现了以徐光启、李之藻等主张会通的士大夫。①

康熙帝乃是科学天才中一代雄主，应当说，在他治理下，中国科技得到了近代转型的最好机会。回应南怀仁的呼吁，1687 年，法国国王路易十四派洪若翰等六名耶稣会士，以“皇家科学家”的身份抵华，并携带了法国皇家科学院赠送的一些可用来精确测量日、月食及其他行星运动的新仪器。② 此为“第一个法国遣华传教团”，前来的耶稣会士均具备较高科学素养，为中国得以跟西欧最先进的科学文化沟通，进而为中国科技近代转型带来希望。这不仅意味着西学东渐之载体发生了新的变化，也意味着西学东渐进入一个全新的阶段。

可惜的是，随着清朝统治者新的大一统的专制皇朝的建立和巩固，西学东移的脚步便戛然而止了。礼仪之争只是西学遭贬的导火索。与此同时，汉族士大夫则在全盘西化和完全拒斥西学之间，试图寻求一条既尊崇汉学又接纳西学的中间道路，即西学东源。康熙帝晚期更加倚重本土化的汉族士大夫，认定此

---

① 利玛窦借助晚明“实学”这阵东风，以自身所掌握的科学知识，成功地嵌入了东林党内部，成为倡导“实学”的代表人物，并催生出“新实学”。参见：汪春泓. 传教士与明清实学思潮. 学术研究，2006（3）：90；冯天瑜. 从明清之际的早期启蒙文化到近代新学. 历史研究，1985（5）：107－123.

② 耶稣会士安多 1688 年 9 月 8 日在一封信中提到洪若翰等人向康熙赠送天文仪器之经过。此信详细描述了南怀仁葬礼的经过。参见：韩琦. 康熙朝法国耶稣会士在华的科学活动. 故宫博物院院刊，1998（2）：68－75.

时中土皆成王土，而懂得科学的汉族士人，较之于耶稣会士更加方便管理。康熙帝君临科学的态度，礼仪之争导致的禁教和耶稣会士来华的中断，雍正、乾隆更加封闭自大的做派，西学东渐潮流的式微，终于使中国错过了一个近现代科技转型的机会。

参考文献

[1] 钟鸣旦，杨廷筠．明末天主教儒者．北京：社会科学文献出版社，2002.

[2] 魏特．汤若望传．杨丙辰，译．上海：商务印书馆，1949.

[3] 白晋．康熙帝传．清史资料第一辑．北京：中华书局，1980.

[4] 费赖之．入华耶稣会士列传．冯承钧，译．北京：商务印书馆，1938.

[5] 埃德蒙·帕里斯．耶稣会士秘史．张茄萍，勾永东，译．北京：中国社会科学出版社，1990.

[6] 佩雷菲特．停滞的帝国：两个世界的撞击．王国卿，等译．北京：生活·读书·新知三联书店，2013.

[7] 艾尔曼．科学在中国：1550—1900．原祖杰，等译．北京：中国人民大学出版社，2016.

[8] 费正清．剑桥中国晚清史：1800—1911：上卷．中国社会科学院历史研究所编译室，译．北京：中国社会科学出版社，1985.

[9] 罗伊·波特．剑桥科学史：第4卷：18世纪的科学．方在庆，译．郑州：大象出版社，2010.

[10] 牟复礼，崔瑞德．剑桥中国明代史．张书生，等译．谢亮生，校．北京：中国社会科学出版社，1992.

[11] 彭慕兰．大分流：欧洲、中国及现代世界经济的发展．史建云，译．南京：江苏人民出版社，2008.

[12] 斯塔夫里阿诺斯．全球通史：1500年以后的世界．吴象婴，梁赤民，译．上海：上海社会科学院出版社，1999.

[13] 利玛窦，金尼阁．利玛窦中国札记．何高济，王遵仲，李申，译．桂林：广西师范大学出版社，2001.

[14] 利玛窦，授．同文算指前编．李之藻，演．北京：中华书局，1985.

[15] 利玛窦，述．几何原本．徐光启，译．王红霞，点校．上海：上海古籍出版社，2011.

[16] W. C. 丹皮尔．科学史及其与哲学和宗教的关系．李珩，译．桂林：广西师范大学出版社，2009.

[17] 李约瑟．李约瑟文集．潘吉星，主编．沈阳：辽宁科学技术出版社，1986.

[18] 李约瑟．中国科学技术史．北京：科学出版社，1976.

[19] 马嘎尔尼．乾隆英使觐见记．北京：中华书局，1918.

[20] 斯当东．英使谒见乾隆纪实．叶笃义，译．上海：上海书店出版社，1997.

[21] 陈义海．明清之际：异质文化交流的一种范式．南京：江苏教育出版社，2007.

[22] 陈祖武，朱彤窗．乾嘉学派研究．北京：人民出版社，2011.

[23] 陈祖武．清代学术源流．北京：北京师范大学出版社，2012.

[24] 初晓波．从华夷到外国的先声：徐光启对外观念研究．北京：北京大学出版社，2008.

[25] 杜石然，等．中国科学技术史稿．修订版．北京：北京大学出版社，2012.

[26] 樊树志．晚明大变局．北京：中华书局，2015.

[27] 方豪．中国天主教史人物传．北京：中华书局，1988.

[28] 冯作民．清康乾两帝与天主教传教史．台北：光启出版社，1966.

[29] 葛兆光．中国思想史：第2卷：七世纪至十九世纪中国的知识、思想与信仰．上海：复旦大学出版社，2000.

[30] 何晓明．中国皇权史．武汉：武汉大学出版社，2015.

[31] 黄仁宇．万历十五年：增订本．北京：中华书局，2007.

[32] 黄一农．两头蛇：明末清初的第一代天主教徒．上海：上海古籍出版社，2006.

[33] 雷中行．明清的西学中源论争议．台北：兰台出版社，2009.

[34] 李伯重．江南的早期工业化（1550—1850）．北京：社会科学文献出版社，2000.

[35] 李金明．明代海外贸易史．北京：中国社会科学出版社，1990.

[36] 李天纲．中国礼仪之争：历史、文献和意义．上海：上海古籍出版社，1998.

[37] 李云泉．朝贡制度史论——中国古代对外关系体制研究．北京：新华出版社，2004.

[38] 梁启超．清代学术概论．夏晓虹，点校．北京：中国人民大学出版社，2004.

[39] 梁启超．中国近三百年学术史．夏晓虹，陆胤，校．新校本．北京：商务印书馆，2011.

[40] 卢嘉锡，席泽宗．中国科学技术史：科学思想史卷．北京：科学出版社，2001.

[41] 潘吉星．明代科学家宋应星．北京：科学出版社，1981.

[42] 钱穆．中国近三百年学术史．北京：商务印书馆，1997.

[43] 阮元，罗士琳，华世芳，等．畴人传合编校注．冯立昇，邓亮，张俊峰，校注．郑州：中州古籍出版社，2012.

[44] 上海书店出版社．清代文字狱档：增订本．上海：上海书店出版社，2011.

[45] 孙尚扬．利玛窦与徐光启．北京：中国国际广播出版社，2009.

[46] 汪前进．中国明代科技史．北京：人民出版社，1994.

[47] 吴晗. 灯下集. 北京：三联书店，1960.

[48] 徐光启. 徐光启集. 王重民，辑校. 北京：中华书局，1963.

[49] 徐海松. 清初士人与西学. 北京：东方出版社，2000.

[50] 徐宗泽. 中国天主教传教史概论. 北京：商务印书馆，2015.

[51] 许倬云. 万古江河：中国历史文化的转折与开展. 上海：上海文艺出版社，2006.

[52] 永瑢，等. 四库全书总目. 北京：中华书局，1965.

[53] 张廷玉，等. 明史. 中华书局编辑部，编. "二十四史"（简体字本）. 北京：中华书局，2000.

[54] 赵尔巽，等. 清史稿. 北京：中华书局，1977.

[55] 钟叔河. 西学东渐记·游美洲日记·随使法国记·苏格兰游学指南. 长沙：岳麓书社，1985.

[56] 朱静. 洋教士看中国朝廷. 上海：上海人民出版社，1995.

第一章　1583 年的中国科学技术

1583 年即万历十一年，当时平淡无奇，今日看来之于晚明却是至为关键。张居正死后不到一年，就被万历帝清算，辛苦所成之“万历新政”立时崩溃，晚明暮色中最后一抹亮光隐去，皇朝衰亡自此几成定局；在北方，努尔哈赤父、祖均被明军所杀，此后他决然走上复仇灭明的征途；也正是这一年，利玛窦与罗明坚获得官方许可，正式从南方进驻肇庆开始传教。无疑，张居正的离去以及努尔哈赤的崛起危及了晚明之统治，但传教士的进驻亦为晚明带来了西方不一样的科学技术知识，为晚明整顿内政、抵御外敌提供了契机。在这一充满危险与机遇的历史时刻，晚明能否抓住机会？其实，由于朝廷腐败无能、“重农抑商”思想和科举教育制度等因素牵制，科学技术领域并未获得长足进步，整体视之，较之宋元时期还有下行趋势。

一、晚明社会历史状况

经历“万历新政”之短暂繁荣后，晚明逐渐衰败。究其原因，或言其朝廷腐败、官员无能，或言其闭关锁国、阻碍经济，或言其教育落后、文化奢靡，等等，凡此种种，皆可成立。究竟哪个为主，却难辨别。但是，明朝灭亡起于万历，多成共识，难怪赵翼有云：“明之亡，不亡于崇祯，而亡于万历矣。”①

1．专制帝国的黄昏

1583 年（万历十一年）3 月，万历帝决定清算张居正，“追夺官阶，又明年籍其家，子孙惨死”②。至死还权倾天下的张居正，不曾想他辛苦带领王朝走

---

① 赵翼．廿二史劄记校证：下册．王树民，校证．北京：中华书局，1984：797.

② 孟森．明史讲义．上海：上海人民出版社，2014：233.

向繁荣，尸骨未寒就落得身败名裂、人亡政息的下场。中国历史上，死后被清算的大臣比比皆是，万历帝虽考虑再三才做此决定，但并未想到这极大地动摇了晚明的统治根基。

杀一权臣并没有多了不起，但全面废除“万历新政”却是丧失挽救晚明颓势的败招。1572 年，万历帝继位，庙号明神宗。不久，帝师张居正出任首辅，大权独揽，在皇帝、太后的支持下，开始实施酝酿已久的政治改革。亲历嘉靖、隆庆时期的政治混乱，张居正将帝国的病根归结为“皇室骄恣，庶官渎职，吏治因循，边防松弛，财用大匮”①，强力从整肃吏制、改革赋役、加强边防三方面对政府进行改革，稳定政局，发展经济，成效颇巨，被认为是只身带领王朝走到最繁荣的时期的人。但是，由于改革几乎为张居正一己之力所成，鲜有权僚支持，后继无人，加之万历帝不仅清算个人，还清算所有改革方案，于是“万历新政”终成昙花一现。

之后，万历帝亲掌大权，摆出励精图治的姿态，但由于官僚集团多有掣肘，到了 1586 年（万历十四年）就开始厌倦政事。他对官员们的不满，在立储问题上达到顶点。他想立三子朱常洵为太子，但朱常洵非长非嫡，有违礼制，遭到大臣们重重阻拦，此事只好一拖再拖。此事让他心灰意冷，本就无心政事，就此开始怠政生涯，直至去世。张居正已死，无人能劝导皇帝，政事就此荒废。种种史实均表明，此时王朝政治僵化已极，只能按部就班，依礼教而行，个人已经难以撼动。众人以张居正为鉴，身处其中，唯求保全，不思进取，自此王朝覆灭已定，无人能扭转。

万历帝怠于临政，却勤于敛财。② 张居正死后，很快国库开始入不敷出，加之费资平宁夏、东征援朝、平播州，国家财政亏空严重。为了侈靡享受，不顾户部、工部大臣的干涉，1596 年（万历二十四年）开始，皇帝借口增加国家财政，向全国 160 多个州县派出大量矿监和税吏，横征暴敛，中饱私囊，引起了底层人民的不满。矿监和税吏直接向皇帝负责，不仅欺压百姓，还敲诈勒索官员，朝廷内外怨声载道。1599 年（万历二十七年）四月，山东临清抗税，税吏被打死，之后各地纷纷发生反抗矿监、税吏的民变，但矿监、税吏政策一直延续到崇祯帝时期。

有明一朝，党争不断，万历帝掌权之后，愈演愈烈。1601 年（万历二十九

① 张海英. 明史. 上海：上海人民出版社，2015：133.

② 孟森. 明清史讲义. 北京：中华书局，1981：246.

年)，历经15年的争论，长子朱常洛终于被立为太子，这加深了万历帝与大臣的隔阂，“他变得完全和他的官员们疏远了”①，为之后朝廷内部纷争埋下了祸根。1615年（万历四十三年）五月四日，有人冲入太子寝宫行凶，怀疑是皇帝宠幸的郑贵妃（朱常洵之母）所指使，史称“梃击案”，后不了了之。1620年（万历四十八年），太子朱常洛继位，很快一病不起，服用鸿胪寺寺丞李可灼献上的两粒红丸之后不久驾崩，史称“红丸案”，郑贵妃又有嫌疑，后由首铺方从哲担责而结束。派系纷争，真相已不重要，关键是“站队”。之后魏忠贤之祸、东林党争，党派林立，党争迭起，直到明朝灭亡，党争问题都未解决。

晚明军事衰败，武官不受重视，军队管理混乱，战斗力差。当时著名的“抗倭英雄”戚继光受到张居正的牵连，从蓟州总兵被调至广州总兵。蓟州当时是抵抗满人入侵的重要屏障，广州早已海禁而无事可为，所以看似平调，其实是降职。官员党争，文官当权，不重武职，视边防大事若无物，将领任用为利益纷争所左右。后来，熊廷弼被杀，孙承宗被迫辞官，袁崇焕被处死，均反映晚明武备懈怠。戚继光抗倭之时，苦于军队没有战斗力，不得不组织新军。后来，明军在与农民起义军、清军队的战斗中，往往在人数占优的情况下节节败退，乃是其军队战斗力不强之明证。

1583年（万历十一年），辽东大将军李成梁攻打经常侵扰明朝的建州右卫首领阿台，恰巧努尔哈赤的祖父和父亲在阿台寨中，由于被图伦城主尼堪外兰出卖，他们一起被明军所杀。24岁的努尔哈赤发誓报仇，但被实力所绊，表面与明朝通好。不久，他杀死了叛徒尼堪外兰并占领了他的城池。5年之后，他基本统治女真各部，迅速崛起，于1616年（万历四十四年）建立后金。1618年（万历四十六年）四月，努尔哈赤以“七大恨”告天，细数明朝各大罪状，其中之一就是杀父杀祖之仇，从此正式举旗反明。

黄仁宇视“万历十五年”为晚明之重要一年，认为“这一年表面上并无重大的动荡，但是对本朝的历史却有它特别重要之处”②。以此观之，1583年（万历十一年）乃可称为晚明之特殊一年，若张居正死后不被清算，“万历新政”抑或还可继续，群臣不至纷纷内斗，武官或还握有实权，努尔哈赤或并无反明之心。此乃种种，只能假设，明朝走向衰败乃至灭亡已成史实，回头观之，唯有感慨。

---

① 牟复礼，崔瑞德．剑桥中国明代史．张书生，等译．北京：中国社会科学出版社，1992：500.

② 黄仁宇．万历十五年：增订本．北京：中华书局，2007：94.

2. 不平衡经济的困境

1583 年 9 月 10 日，在知府王泮的允准下，利玛窦与罗明坚进入肇庆进行传教。为此，他们努力了几十年。1549 年，沙勿略来到日本传教，“在日本的两年中，他体会到中国对天主教在远东传播的重要性。由于倭寇骚扰沿海，明朝实行严厉的海禁政策，受罗马教皇保罗二世及耶稣会会长依纳爵派遣的沙勿略到了广东沿海的岛屿，无法进入广州，1552 年 12 月死于上川岛”①。沙勿略的去世并未影响传教士们到中国传教的积极性，相反，他身后留下诸多有关中国的资料，激发了更多传教士到中国传教的兴趣。自沙勿略去世到 1583 年利玛窦和罗明坚赴肇庆建立第一个传教点，“共有 32 名耶稣会士、24 名方济各会士、2 名奥古斯丁会士和 1 名多明我会士试图到中国定居”②，但这些人均未成功。耶稣会士到中国传教如此艰难，主要因为晚明施行闭关禁海，而传教士如此执着，主要因为中国有巨大的吸引力，这种吸引力不仅在于有等待耶稣教化的众生，也因为彼时中国是世界上头号经济强国。明朝对外贸易一直很繁荣，而且一直处于收支盈余状态，巨大的贸易逆差让大量白银流入中国，如此国度对耶稣会士无疑有着巨大的吸引力。

如下观点虽然带有明显的“西方中心论”色彩，但如今已经广为流传：“1500 年以前，人类基本上生活在彼此隔绝的地区中。各国种族集团实际上以完全与世隔绝的方式散居各地。直到 1500 年前后，各种族集团之间才第一次有了直接的交往。从那时起，它们才终于联系在了一起。”③ 实际上，中国的国际贸易很早就已开始，比如与近邻日本的贸易，但直到明朝才与欧洲国家进行频繁且规模较大的贸易往来。最早与中国进行贸易往来的欧洲国家是葡萄牙，交易地在澳门。1578 年开始，广州官员才允许非朝贡国进入广州进行贸易，之后，西班牙、荷兰等国也开始与中国进行贸易往来。从 16 世纪中期到 17 世纪中期这段时间，由于中国与世界各国开展国际贸易而使全球白银大量流入中国，弗兰克认为当时中国占有了世界白银产量的四分之一至三分之一，而魏斐德则认

---

① 樊树志. 国史概要. 上海：复旦大学出版社，2010：319－320.

② 荣振华. 在华耶稣会士列传及书目补编. 耿昇，译. 北京：中华书局，1995：794.

③ 斯塔夫里阿诺斯. 全球通史：1500 年以后的世界. 吴象婴，梁赤民，译. 上海：上海社会科学院出版社，1999：3.

为，可能有一半美洲的白银最终流入了中国。[①] 国际贸易奠定了晚明社会坚实的银本位货币体制，也刺激了东南沿海地区商品经济的蓬勃发展。总而言之，“地理大发现后的全球经济带动了晚明的进出口贸易，源源不断流入中国的白银，不仅提供了一般等价物的银通货，为晚期社会的银本位货币体制奠定了坚实的基础，而且由于生丝、丝绸、棉布、瓷器等商品的出口持续地增长，这种‘外向型’经济极大地刺激了东南沿海地区商品经济的高度成长，以及作为商品集散地的市镇的蓬勃发展”[②]。

然而，明朝建国之初，国家不稳，北遭游牧民族侵袭，东受日本海盗骚扰，于是闭关锁国。在北方，修建长城，加强关防，应对游牧民族威胁的同时，也妨碍了中原与草原的交往。当然，相比海禁政策的严苛，陆地关防是比较容易越过的，因而明朝与北方的交往一直持续。明朝的海禁实施得很彻底，闭关锁国的局面大部分时间都很难被打破。虽然关于明朝是否一直严格执行海禁措施，一直有争论，但可以肯定，海禁一直是明朝的国策，只不过在不同时期执行力度不同而已。加上中国本来的地理环境的作用，即西、北高山沙漠，对边境交往形成了天然的屏障，因而陆地关防和海禁差不多就把整个明朝封锁起来。时宽时严的闭关锁国，使得明朝出现的资本主义萌芽并没有获得类似西欧的优良社会环境。

赵宋以降，无论朝代如何更迭，中国经济基本上还是向前发展的。明太祖建国之初，主要经济思想是休养生息，发展农业，扩大生产。经过几十年稳定发展，明朝生产力得到很大提高，到了永乐年间，社会经济极大繁荣，“郑和下西洋”即为最好的佐证。至明朝中期，手工业也得到了很好的发展，如纺织、陶瓷、造纸、印刷等。到了晚明，手工业中出现资本主义萌芽，农业中经营性地主明显增多，促进了商品经济的发展，“使明朝后期将近百年间成为我国封建社会后期商业特别繁荣的时期”[③]。有明一朝，虽然经济得到快速发展以及对外贸易处于顺差状态，大量白银流入中国，但实际上中国的生产力并没有被完全激发出来，而是受到极大的限制，原因有二：其一，中国作为一个农业古国，“重农抑商”的思想深入人心，一时难以改变，从而使很多人并未加入市场经济

① 安德烈·贡德·弗兰克．白银资本：重视经济全球化中的东方．刘北成，译．北京：中央编译出版社，2000：202-207.

② 樊树志．晚明史：上．上海：复旦大学出版社，2003：74.

③ 王毓铨．中国经济通史：明：下．北京：经济日报出版社，2007：504.

中；其二，明朝作为一个极为专制的朝代，朝廷对经济的发展具有重要影响，时至晚明，官员大力插手工商业，直接影响了晚明经济的发展。

“明前期、中期，封建生产关系、阶级关系和国家经济政策出现了一系列新的进步性变化和调整，有力地推动了生产力的提高和社会经济的发展，这是明万历中期以前社会经济特别是商品经济之所以能够保持发展的生产关系和上层建筑方面的原因。”① 然而，万历帝清算张居正之后，明朝经济政策开始逆向而行，上行下效，群臣仿效万历帝，压榨工商业，使得社会经济发展受到严重阻碍。彼时，统治阶级对工商业掠夺主要集中于如下方面：

（1）商税沉重。中国封建统治者一向奉行“重农抑商”，朱明亦不例外。以“重本抑末”为名，对商业课以重税，借机渔利。其一，增加税收额度。如袁摈所言，“今立课税之法，比古之税商大重”，“又有古人之所未及焉者”②。其二，增加税收种类。“自隆庆以来，凡桥梁、道路、关津私擅抽税，罔利病民，虽累诏察革，不能去也。迨两宫三殿灾，营建费不赀，如开矿增税。而天津店租，广州珠榷，两淮余盐，京口供用，浙江市舶，成都盐茶，重庆名木，湖口、长江船税，荆州店税，宝坻鱼苇及门摊商税、油布杂税，中官遍天下，非领税即领矿，驱胁官吏，务朘削焉。”③

（2）官吏压榨。晚明朝廷腐败，官吏横行，纵使莠徒，肆意欺凌商家。据嘉靖《天长县志》记载：“本县游手者众，镇市仅四处，而所谓经济者乃千余人，皆不力稼墙，衣食于市，物价之低昂，惟在其口。而民间之贸易，必与之金，甚至一肩之草，一篮之鱼，必分其值而后售，此天下之所未闻也。”④

（3）皇帝掠夺。前面已经提到，万历帝设立矿监和税吏，对工商业打击甚巨。比如对于矿税危害，谷应泰评价道：“当斯时，瓦解土崩，民流政散，其不亡者幸耳。”⑤ 明朝经济下行，最终让社会财富几乎全部集中在朝廷、皇帝、官员和少数依附于朝廷的大商贾的手上，贫富悬殊，朱门肉臭，民不聊生，朝堂之上又无柱石力挽狂澜，只能坐等亡国消息的传来。

---

① 王毓铨．中国经济通史：明：上．北京：经济日报出版社，2007：17．

② 嘉靖．德州志：卷三：杂著志：散文：袁摈《重建德州税课局记》．转引自：王毓铨．中国经济通史：明：下．北京：经济日报出版社，2007：530．

③ 张廷玉，等．明史（5）．长春：吉林人民出版社，2005：1266．

④ 顾炎武．肇域志：第1册．上海：上海古籍出版社，2004：420-421．

⑤ 谷应泰．明史纪事本末：卷六五．北京：中华书局，1977：1024．

整体来看，整个晚明的经济困境并非难以解决，张居正改革的部分成功说明这一困境还是有解决的可能的。但是，从张居正最后的失败到万历帝的怠政以及党派之间的继续纷争，说明整个大明帝国已经失去了解决这一困境的基础，如此，他们唯有在失衡的经济发展中等待亡国消息的传来。

3. 理学和心学的衰落

朱元璋建明之初，裁撤丞相，极权于皇帝，又文化专制，对文人尤其是儒生采取“胡萝卜加大棒”的两面策略，既禁锢思想又使其为鹰犬。他所用儒士主要有两类：一类曾随其“打天下”，如刘基、宋濂等；另一类经科举或举荐入朝做官，如方孝孺、解缙等。朱元璋时期，思想压制极为严厉，儒生们几无建树，主要承袭宋儒程朱旧说，如宋濂、方孝孺等人，为后来理学复兴打下了基础。

仁、宣以降，开国转为治国，武官政治转为文人政治。朝廷开科取士，重视理学的学术统治地位，理学为科试主要内容。当时主要的理学家有薛萱、吴与弼、曹端等。以薛萱为核心形成的“河东学派”及其弟子创立的“关中之学”，在明代学术史上影响不小。二说均主要是继承“程朱理学”，强调工夫和践履，恢复理学正统，但乏新可陈，很快淡出。吴与弼是与薛萱同时的理学大师，他领导的“崇仁学派”，则推陈出新，创见颇巨。他吸纳朱熹、陆九渊各自思想之长，在强调躬行的同时也强调“静观涵养”，将人心提升至本体位置，形成了新的理论体系，为明代理学向陆王心学的转变奠定了基础。

之后，以朱熹理学为主导的明代学术思想开始向陆九渊的心学思想转化。陈献章是吴与弼的学生，但思想与老师有别，强调心是感知世界万物的枢纽，认为“身居万物中，心在万物上”，“天地我立，万化我出，而宇宙在我矣”①，“为学须从静坐中养出个端倪来”②。胡居仁、娄谅也是吴与弼的弟子，都强调修身养性、向内求心，虽然与陆九渊的心学思想形式上有所区别，但本质上已经很相近。尽管陈献章、胡居仁、娄谅等的思想都是在向心学转化，但彻底的心学，要到王守仁才真正建立。

湛若水和王守仁对心学的发展起到了至关重要的作用，二人皆是亦官亦学，故影响巨大。湛若水也是陈献章的学生，官至南京礼、吏、兵三部尚书，提出

---

① 陈献章. 陈献章集：卷二. 北京：中华书局，1987：217.

② 同①133.

了比老师更加明确的心学定义，即“何谓心学？万事万物莫非心也”①，并认为：“心也、性也、天也，一体而无二者也”②。故而，世间的一切只有被体认后才有意义，因此他肯定了王阳明的“心外无事，心外无物，心外无理”观点。所以，他强调“体认天理”的修养方法，到后期更是强调“随处体认天理”。

王守仁官至南京兵部尚书、都察院左都御史，因军功而被封为新建伯，后又追赠新建侯，死后谥文成。他一开始接受朱熹的思想，但很快发现其局限，认为格物穷理过于繁杂，要成为圣人只能从己心入手。师从娄谅、湛若水之后，他提出了“心即理”的学说，以此来克服朱熹“心理为二”的矛盾。以“心即理”为逻辑起点，王守仁构建了自己的心学体系。他认为，人是万物存在的意义，心是世界最高本体，既有物质性也有精神性。他提出“致良知”，强调“格心致知”——“天下之物本无可格者，其格物之功只在身心上做”③。在“心即理”“致良知”的基础上，他提出了“知行合一”的思想，即“行之明觉精察处便是知，知之真切笃实处便是行。若行而不能精察明觉，便是冥行，便是学而不思则罔，所以必须说个知。知而不能真切笃实，便是妄想，便是思而不学则殆，所以必须说个行”④。王守仁的思想当时就为世所推崇，明中叶后，代替朱熹理学成为明朝学术的核心。

王守仁死后，弟子们对其思想的阐释不同，导致“王学”思想开始走向分化及衰落。其中影响最大的是“泰州学派”，代表人物王艮虽是王守仁的弟子，但其“时时不满其师说”，“往往驾师说上之”⑤。他最大的发展就是将所有的道德实践活动做了本能式的阐释，这使心学向现实生活靠近，也迈出了理欲之防崩溃的第一步。王守仁的另一弟子王畿将王学思想空无化，认为“良知知是知非，其实无是无非，无者万有之基”⑥。之后，罗汝芳用“体仁”的修养方法代替“制欲”的修养方法，体现了浓厚的人道主义情怀，也为个人欲望迸发提供

---

① 湛若水．湛甘泉先生文集：卷二十//四库全书存目丛书：第57册．济南：齐鲁书社，1997：57.

② 同①65.

③ 王守仁．王阳明全集．吴光，等编校．简体版．上海：上海古籍出版社，2011：105.

④ 同③176.

⑤ 张廷玉，等．明史（6）：卷二百八十三：列传第一百七十一．中华书局编辑部，编．“二十四史”（简体字本）．北京：中华书局，2000：4862.

⑥ 黄宗羲．明儒学案：卷十二．沈芝盈，点校．北京：中华书局．1985：255.

了基础。何心隐则提出了与儒家正统相反的“育欲”思想，认为张扬个人本能欲望，追求物欲并无不妥，宋明理学的理欲之防至此完全被冲破。

泰州学派的最大异端当属李贽。他的异端思想主要表现在：(1)“穿衣吃饭，即是人伦物理；除却穿衣吃饭，无伦物矣”①。(2) 不以孔子之是非为是非，他说：“夫天生一人，自有一人之用，不待取给于孔子而后足也。若必待取足于孔子，则千古以前无孔子，终不得为人乎？”②(3) 提出“童心说”，强调重视个人私心。他认为：“夫童心者，真心也。若以童心为不可，是以真心为不可也。夫童心者，绝假纯真，最初一念之本心也。”③ 于是，“朱学”与“王学”强调伦理道德的虚伪一面被李贽一一揭露。在心学内部否定“王学”的同时，其他学派也在批判“王学”思想，如创建于晚明时期的东林学派、蕺山学派。在此背景下，心学结束了其一家独大的学术统治局面，和理学一道逐渐走向没落。

王门后学的虚无主义、非理性主义和空谈学风，对社会主流道德观、价值观等产生了严重影响，当世一些有识之士开始对此进行反思。在所有反思中，以经世致用为主旨的实学思潮影响较大。明朝中后期，在批判宋明理学过程中，从封建社会的母体中逐渐产生了一股提倡经世致用的实学思潮，主要表现为两个方面，其一，针对心学的“空谈心性”，提出“经世致用”；其二，针对理学的“束书不观”，提出回归儒家原典。其中，最主要的代表有黄宗羲、顾炎武、方以智、王夫之四人。黄宗羲倡导经世致用的学风，撰写《明儒学案》《宋元学案》等著作，总结了宋明理学思想；方以智通过对儒学思想及物理、天文、医学等实用学科进行学习与研究，提出“质测即藏通几”和“通几护质测之穷”的学说；顾炎武通过批判宋明理学思想，提出“以复古作维新”的观点，以促进“经世致用”实学的发展；王夫之则在批判宋明理学的基础上通过学习天文、历算等学科，建立了独树一帜的唯物主义体系。

实学思潮的出现及其发展，以及西方科学思想的传入，无疑为晚明科学的发展提供了机会。但是，忽视科学发展的思想与亡国的压力，使得晚明未能抓住与国外共同发展科学的最好机会，之后，古代中国与西方国家在科学上开始拉开距离。

---

① 李贽. 焚书　续焚书：卷一. 北京：中华书局，1975：4.

② 同①16.

③ 李贽. 焚书　续焚书：卷三. 北京：中华书局，1975：98.

4. 科举教育体制对科学的忽略

科举制度指隋以后各封建王朝设科考试来选拔官吏的制度，自 605 年（隋朝大业元年）开始实行，一直延续到 1905 年（清朝光绪三十一年），共经历了 1 300 多年的历史。元朝并不重视科举制度，但明太祖朱元璋建国后一改元朝对科举制度的态度，一是建国初期朝廷急需人才，一是希望通过严格的教育制度来达到巩固其统治的目的。

1370 年（洪武三年）朱元璋发布开科取士的诏令："今朕统一华夷，方与斯民共享升平之治。所虑官非其人，有殃吾民，愿得贤人君子而用之。自今年八月为始，特设科举，以起怀材抱道之士，务在经明行修，博通古今，文质得中，名实相称。其中选者，朕将亲策于廷，观其学识，第其高下而任之以官。果有才学出众者，待以显擢，使中外文臣，皆由科举而选，非科举者毋得与官。彼游食奔竞之徒，自然易行。於戏！设科取士，期必得于全材；任官惟贤，庶可在于治道。"① 然而，科举考试实行之后，朱元璋发现所招之人并无实际之学，于是一气之下停止科举考试。通过十年的改革与准备，科举考试才重新开始实行，"科目者，沿唐、宋之旧，而稍变其试士之法，专取四子书及《易》、《书》、《诗》、《春秋》、《礼记》五经命题试士。盖太祖与刘基所定。其文略仿宋经义，然代古人语气为之，体用排偶，谓之八股，通谓之制义"②。

科举制度在历史上一直聚讼纷纭，各方皆有合理之处。宋代陆九渊曾辩护道："人才之不足，或者归咎于科举，以为教之以课试之文章，非独不足以成天下之材，反从而困苦毁坏之。科举固非古，然观其课试之文章，则圣人之经，前代之史，道德仁义之宗，治乱兴亡得丧之故，皆粹然于其中，则其与古之所谓'学古入官'，'学而优则仕'者何异？困苦毁坏之说，其信然乎不也。"③ 而五代王定保则认为，科举是"有其才者，靡捐于瓮牖绳枢，无其才者，讵系于王公子孙"④。因而，审度科举，需全面的视角，对此，有学者指出："近代以来，不少人完全否定科举考试的积极意义，认为科举考试不能造就人才。那些

---

① 明太祖实录：卷五一二//龚笃清. 明代八股文史探. 长沙：湖南人民出版社，2006：137.

② 张廷玉，等. 明史（4）. 长春：吉林人民出版社，2005：1083.

③ 陆九渊. 陆九渊集：卷二十四. 北京：中华书局，1980：297-298.

④ 王定保. 唐摭言：卷三. 西安：三秦出版社，2011：53.

未曾全面深入研究过历代科举考试情形的人这样说，是信口开河；若认真研究过的人也这样说，则是片面与偏激。”①

纵观历史，对科举制度的批判一直存在，且不乏名家。顾炎武认为，“八股之害，等于焚书，而败坏人材，有甚于咸阳之郊所坑者但四百六十余人也”②。而康有为则认为，“诸生荒弃群经，惟读《四书》；谢绝学问，惟事八股。于是二千年之文学扫地无用，束阁不读矣。渐乃忘为经义，惟以声调为高歌；岂知圣言，几类俳优之曲本。东涂西抹，自童年而咿唔摹仿；妃青俪白，迄白首而按节吟哦。既因陋而就简，咸闭聪而黜明”③。康有为的批评无疑是直击要害的：若一生谢绝学问、惟事八股，除了四书五经其他的书一概不看，连诸如儒家其他经典、史书（《史记》《汉书》等）一律不读，医学、数学、地理学、物理学等自然科学学科的书目就更不在其中，如此培养出的人知识结构单一、实践能力极差，如何治理天下？

晚明之时，中国首次接触西方科学，起步与西方相差不远，有机会并驾齐驱，然最终错失良机，落后于先进，细心审之，极重科举制乃最大祸根之一。吴晗有言：“明清两代五六百年间的科举制度，在中国文化、学术发展的历史上作了大孽，束缚了人们的聪明才智，阻碍了科学的发展，压制了思想，使人脱离实际，脱离生产，专读死书，专学八股，专写空话，害尽了人，也害死了人，罪状数不完，也说不完。”④ 概而言之，科举制度对于科学之消极影响具体如下：

首先，知识类型单一带来的消极影响。在科举教育制度下，人们接受的知识均与科举考试相关，这使得学生的知识面极其单一，除了与科举考试相关的内容外，他们一无所知或知之甚少。由于科举的巨大压力，人们根本无暇顾及其他学科的知识，而此时，教育机构又未提供学习其他学科的知识之可能，这就只能让学生一再错过学习其他知识的机会，从而把一生时间都花费在科举考试上。人都有学习上的惰性，都习惯学习与已有知识相关的知识，对于跨度较

① 周腊生．宋代状元奇谈·宋代状元谱．北京：紫禁城出版社，1999：4.

② 顾炎武．日知录：卷十六．周苏平，陈国庆，点注．兰州：甘肃民族出版社，1997：733.

③ 康有为．请废八股试帖楷法试士改用策论折//王凯符．八股文概说．北京：中华书局，2002：63.

④ 吴晗．明代科举情况和绅士特权//吴晗．灯下集．北京：三联书店，1960：94.

大的知识学习都有畏惧心理，从而很少主动去学习和关注不相关学科的知识。科学作为一门与科举考试不同的学科，其知识体系、思维方式、学习方法与科举考试完全不同，这使得一生只接受了科举教育的学生面对它时总是充满畏惧和排斥，这就大大减弱了他们学习科学技术的动力。知识类型单一除了会影响接受科举考试教育的学生学习科学知识的动力外，还会影响其在科学方面的创造力，科学毕竟不像科举那样有着具体答案和标准，而是在现有基础上去创造性地发现新的理论，如果没有多样性的知识储备，很难在科学上有所突破。

其次，价值取向单一带来的消极影响。科试唯举，别无出路，所谓“学而优则仕”灌输给举子乃至整个社会一种强烈的价值取向。以此为指南，人们看轻其他职业，唯有做官好，每一个人进入学校学习的目的就是为了考中科举，至于其他的目的要不根本没有考虑过，要不就是这些目的的实现首先是以考中科举为前提的，只有考中科举之后才会去为了这些目的而奋斗。所谓“为天地立心，为生民立命，为往圣继绝学，为万世开太平”①，不过是冠冕堂皇的说辞！单一的价值取向，让探索世界之本质的科学失去了价值，这会使人们产生一种错觉，即科学研究是一种不务正业的活动或职业，只有未考中科举的人才会去从事。那些考中了科举的人一般也不会去从事科学探索，因为这会让人认作不务正业、不关心朝政等。科举制度的价值导向单一化的危害还不限于此，它最大的危害在于，朝廷、社会不重视科学所取得的成就，使得很多有志于科学探索的人所获得的成就被束之高阁，严重阻碍科学成果的传播，大大影响了科学的发展。

最后，教育方法单一带来的消极影响。科举考试以四书五经为教材，以八股文体为标准，使得教育机构的教育单一化，即背诵四书五经、熟练八股文体即可。这种以背诵为主的学习方法与科学探索的方法完全不同。一是，科学探索强调创造性，这在科举考试教育中是没有的，人们强调更多的是如何更好地理解和遵循四书五经的答案，一旦创造性地给出科举考试答案就意味着落榜，甚者还会被判刑坐牢。二是，科学探索强调与现实自然界的一致性，而科举考试教育强调的是与古代经典的一致性，使得接受过科举教育的人们习惯性地脱离现实社会，他们的思考与讨论都是形而上的，很难具体落实到实际生活中。在经历了严格的科举考试教育之后，人们很难理解科学探索的方法及其思维方式，这大大影响了他们对科学的理解，进而会影响他们对科学探索的积极性。尽管科举选拔人才制

---

① 朱熹．近思录．吕祖谦，编．郑州：中州古籍出版社，2008：453.

度在历史上曾经起过积极作用，但随着近代知识的变革和增长，由于对科学的忽略，近代以来这一制度愈来愈严重地阻碍了中国科学技术的发展。

综上所述，科举制度具有两面性，但在晚明之际，整体上阻碍了当时科学技术的发展，使得我国晚明之后在科学领域一直扮演追赶者的角色。当然，我们并不能因此就否定掉科举制度的可取之处。但是，仅就科学技术发展的角度来看，科举对于科学技术发展的阻碍则是致命的，可以说只见其害、难见其利。

5. 小说与奢靡的文化生活

中国文学历朝各具特色，诸如唐诗、宋词、元曲，明朝则小说最盛。小说经历先秦两汉、魏晋南北朝的积累与沉淀，到唐朝成形，明朝其发展臻于顶峰。钱大昕指出，“古有儒、释、道三教，自明以来，又多一教曰小说。小说演义之书，未尝自以为教也，而士大夫、农、工、商、贾无不习闻之，以至儿童妇女不识字者，亦皆闻而如见之，是其教较之儒、释、道而更广也”①。据此可知，小说已成明朝的主要文化形式。

明朝为小说风靡一时提供了良好条件，主要包括：（1）政策宽松。仁、宣以降，文化渐渐自由。正德之后，政文合一，观念转变，为小说的发展提供了宽松的政治环境。（2）商业繁荣。随着商品化的推进，世人重利，金钱至上，《二刻拍案惊奇》记载：“凡是商人归家，外而宗族朋友，内而妻妾家属，只看你所得归来的利息多少为轻重。得利多的尽皆受敬趋奉；得利少的，尽皆轻薄鄙笑。”② 彼时，文化亦被商品化。（3）思想解放。心学成为社会的主流思想，人们追求个体自由，社会肯定追求物质利益与功利主义的合理性。明人谢肇淛说，“今时娼妓布满天下，其大都会之地动以千百计，其他穷州僻邑，在在有之”③。（4）科技发展。晚明时造纸术和印刷术已经很发达，为小说的广泛传播提供了技术支持。当时从事造纸业的很多，“衢之常山、开化等县，人以造纸为业”④，并广开书坊、印肆，小说杂书如《西厢记》之类，流传之久，遂以泛滥⑤。

---

① 钱大昕．潜研堂文集：卷十七．陈文和，点校．南京：江苏古籍出版社，1997：272.

② 凌濛初．二刻拍案惊奇：下：卷十七．北京：华夏出版社，2012：453.

③ 谢肇淛．五杂俎：卷八．上海：上海书店出版社，2001：157. “今时”指万历时。——笔者注

④ 陆容．菽园杂记：卷十三．北京：中华书局，1985：157.

⑤ 叶盛．水东日记：卷二十一．北京：中华书局，1980：214.

晚明小说有两个特点，一是通俗易懂，对此，冯梦龙在其小说《警世通言》中就有总结，“话须通俗方传远，语必关风始动人”①；二是描摹现实，冯天瑜先生在《明清文化史散论》中认为，到明代中晚期，中国古典小说从英雄小说、神魔小说和讲史小说向描绘世俗社会的世情小说转变②；《水浒传》、“三言”、“二拍”等就是很好的例子。施耐庵的《水浒传》写的是人民在腐败朝廷的统治下如何反抗的，其书在嘉靖年间就已在民间广为传播。“三言”“二拍”则主要表达底层市民阶层的生活和心理，主要以爱情、友情为题材。“三言”中与爱情相关的小说有56篇，与友情相关的小说有23篇，共占总篇数的三分之二。而在“两拍”中，与爱情相关的小说有35篇，与友情相关的小说有22篇，共占总篇数的四分之三。除此之外，“三言”“二拍”中还涉及对腐败无能官吏的揭露和批判，很好反映了现实生活，深受大众喜爱。

色情题材小说是明朝一大特点，最著名者当属《金瓶梅》，此外，还有《玉娇梨》《绣榻野史》《双峰记》《宜春香质》等。这反映了当时奢靡已极的世俗生活。晚明的奢靡文化主要表现在两个方面：（1）奢侈的生活风气。奢侈之风遍及生活各个方面，如服饰，“豪富之家，有衣珍珠半臂者”③；又如饮食，《金瓶梅》里描述饮食非常细致，出现的主食就有五六十种，菜肴不下二百，瓜果不下三十，各种酒类二十余种；再如建筑，“当时人家房舍，富者不过工字八间，或窑圈四围，十室而已。今重堂窈寝，回廊层台，园亭池馆，金晕碧相，不可名状矣”④。有人指出：“奢靡之风，在晚明社会的娱乐文化的消费与各种节日的铺张上面，体现得最为充分。名宦富贾，不仅穷灯红酒绿之欲，且尽丝竹管弦之乐，因此女乐声伎、歌儿狎客，盛极一时。富贵者不问国家之兴亡，不知百姓之饥苦，纵宴游之乐，炫耳目之观，真可谓骄奢淫佚，醉生梦死。”⑤（2）糜烂的两性生活。皇帝官员淫乱，如沈德符在《万历野获编》卷21中的描述：“至宪宗朝，万安居外，万妃居内，士习遂大坏。万

---

① 冯梦龙．警世通言：卷十二．北京：华夏出版社，2013：110.

② 冯天瑜．明清文化史散论．武汉：华中工学院出版社，1984：117.

③ 谢肇淛．五杂俎：卷十二．上海：上海书店出版社，2001：250.

④ 何乔远．名山藏：卷一百零二//刘森林．大运河——环境 人居 历史．上海：上海大学出版社，2015：57.

⑤ 暴鸿昌．论晚明社会的奢靡之风．明史研究，1993（3）：85.

以媚药进御，御史倪进贤又以药进万，至都御史李实、给事中张善俱献房中秘方，得从废籍复官。以谏诤风纪之臣，争谈秽媟，一时风尚可知矣。”①除了官吏糜烂，文人雅士也参与其中，拥妓狎娼之风尤盛。此外，晚明同性恋嫖宿盛行，《二刻拍案惊奇》卷十七中如此写道：“而今世界盛行男色，久已颠倒阴阳，那见得两男便嫁娶不得？”②

毋庸置疑，晚明奢靡某种程度上促进了当时经济的发展，但其负面作用不可小觑。首先，奢侈品市场繁荣，一定程度上阻碍了农业发展。当时就有人疾呼：“夫农桑天下之本业也，工作淫巧，不过末业，世皆舍本而趋末，是必有为之倡导者，非所以御轻重而制缓急也。”③ 其次，人们纵欲，大多不思进取。于是乎，“燕云只有四种人多：阉竖多于缙绅，妇女多于男子，娼伎多于良家，乞丐多于商贾”④。最后，奢侈之风助长政治腐败。为了享乐，官商往往勾结，欺压百姓，败坏政治。

单就文化而言，明朝小说无疑贡献卓著，而彼时糜烂的生活环境亦“功不可没”。然奢靡之生活风气并非长久之态，因而，明亡之后小说盛景不再。

二、科技大家的中土特点

回溯中国科技发展史，虽然在宋元高峰之后，明朝科技发展水平有所下降，但在许多领域，特别是在实用技术和工程方面，诸如航海、纺织、冶金等，仍然领先于世界。明朝科技发展有一大特点，即对前人的成就进行总结，并将其继续推进，用以指导实践，因而产生了数本总结性巨著，如李时珍的《本草纲目》、朱载堉的《乐律全书》、徐光启的《农政全书》、徐霞客的《徐霞客游记》、宋应星的《天工开物》等，在科技史上留下了不可磨灭的痕迹。

1. 航海家：郑和

郑和（1371—1434），原姓“马”，回族，云南昆阳（今晋宁）人，小名三保，明朝著名航海家。他生于伊斯兰教世家，从小受到良好教育，在朱元璋统

---

① 沈德符. 万历野获编：卷二十一：士人无赖. 北京：文化艺术出版社，1998.
② 凌濛初. 二刻拍案惊奇：上：卷十七. 北京：华夏出版社，2012：221.
③ 张瀚. 松窗梦语：卷四. 盛冬铃，点校. 北京：中华书局，1985：79.
④ 谢肇淛. 五杂俎：卷三. 上海：上海书店出版社，2001：43.

一云南后，入宫做了太监，后得到燕王朱棣重用。在明成祖朱棣夺取帝位的过程中，郑和多次立功，朱棣称帝后其被任命为内官监太监，1404 年（永乐二年）被赐姓“郑”。

郑和因奉帝命率船队七下西洋，从而名扬天下。他之所以被选为出使西洋的正使，与当时回回掌握了先进航海技术和精确海程记载有关。元代时期的回回，传承了唐宋时代回回的航海技术，因此他们拥有较高水平的航海技术和经验。郑和乃回回，加之能力胆识为朱棣赏识，成为首当之选。

1405 年（永乐三年六月），郑和从南直隶太仓州的刘家港（今浏河镇）开始第一次西洋之行，于 1407 年（永乐五年）秋返国。此行随员共 27 000 余人，船只 62 艘，最大的船长 44 丈、宽 18 丈，可纳 1 000 余人，被认为是当时世界上最大的船，船上配有航海图、罗盘针等，俱为当时世界上最先进航海设备。之后，郑和又率船队，于 1407—1409 年、1409—1411 年、1413—1415 年、1417—1419 年、1421—1422 年、1431—1433 年六次下西洋。郑和船队抵达过亚、非两洲 30 多个国家，主要有今越南中南部、柬埔寨、泰国、马六甲、文莱、斯里兰卡、马尔代夫等。郑和船队是第一支抵达赤道非洲的外来船队，开启了中国与非洲东海岸的直接联系。船队与所到国家进行贸易，用所载的瓷器、铁器、丝绸、茶叶及金银换回了他国的香料、宝石、象牙等。郑和的第一次航行，比哥伦布首航美洲早 87 年，比迪亚士发现好望角早 83 年，比达·伽马开辟东方新航线早 93 年，比麦哲伦首次到达菲律宾早 116 年。郑和还绘制了《郑和航海图》，这是中国第一部航海地图。因而，“郑和下西洋”对于世界航海史意义重大。

彼时，郑和能进行如此长距离航行，除了政治稳定和经济繁荣之外，发达的造船技术必不可少。中国自古就是造船强国，早在秦汉就达到了第一个造船史的高峰，汉代航海家已经有远达印度和锡兰的航行记录。及至唐代，开始与波斯、阿拉伯等地频繁通航。由于中国船体积大且牢固，唐末五代时期，阿拉伯商人东航者皆乘中国船。在罗盘等航海技术的促进下，中国造船业在唐宋又迎来了一个高峰。中国古代航海技术，包括罗盘的使用、计程法、牵星术、针路和海图等，直到明代仍然保持着领先世界的水平。[①] 因此，元明在唐宋之后，一方面拥有建造大船的物质技术基础，另一方面明朝廷又实施“耀兵”、“示

---

① 汪建平，闻人军. 中国科学技术史纲. 修订版. 武汉：武汉大学出版社，2012：393.

富"、出使西洋的政策，这都使得郑和四十四丈大型宝船的出现成为必然。

"郑和下西洋"对于明朝发展同样具有重要价值，主要包括如下方面：

（1）建立了与亚非各国的和平关系，实现各方和平发展。秦汉以降，中国各朝代大多奉行"和平共处"，明朝也是如此。朱棣派郑和下西洋，既宣示国威，更要借此进行国际贸易，加强与周边国家的和平共处。

（2）促进了与亚非各国的贸易关系，刺激国内经济发展。朱棣时期，明朝经济已经很繁荣，向外发展贸易时机已到。郑和船队带去明朝盛产的丝绸、茶叶、陶瓷等，换回"明月之珠、鸦鹘之石，沉南、龙速之香，麟狮、孔翠之奇，梅脑、薇露之珍，珊瑚、瑶琨之美，皆充舶而归"①。"郑和下西洋"产生的经济效益不仅仅局限于国家，很多民众亦因此发财致富，如严从简所言："自永乐改元，遣使四出，招谕海番，贡献毕至，奇货重宝前代所希，充溢库市，贫民承令博买，或多致富，而国用亦羡裕矣。"②

（3）促进了与亚非各国的文化交流，增进了对国外的了解。当时，在世界范围内，中国文明程度较高，郑和出使任务之一，就是推广中国文化。如朱棣所谕："朕丕承鸿基，勉绍先志，罔敢或怠。抚辑内外，悉俾生遂，夙夜兢惕，惟恐弗逮。恒遣使宣教化于海外诸番国，导以礼义，变其夷习。"③ 郑和则不辱使命，很好地完成了任务。与此同时，郑和船队也从国外学到大量知识，尤其是地理知识。在出使过程中，郑和对各国的地理知识都做了详细的记载。随行人员的著作，如马欢的《瀛涯胜览》、费信的《星槎胜览》、巩珍的《西洋番国志》，翔实而生动地记录了途经国家的地理位置、名胜古迹、风土人情、宗教信仰、生物品种等。

郑和七下西洋之壮举，在世界航海史上留下了光辉的一笔，历史学家吴晗认为："可以说郑和是历史上最早的、最伟大的、最有成绩的航海家。"④ 但遗憾的是，郑和之后，明朝再无远航之例，航海技术日渐衰弱。

2. 医药学家：李时珍

李时珍（1518—1593），字东璧，号濒湖，湖广蕲州（今湖北省蕲春县蕲州

---

① 黄省曾. 西洋朝贡典录：序. 北京：中华书局，1991：1.

② 严从简. 殊域周咨录：卷九. 北京：中华书局，1993：324.

③ 朱棣. 御制弘仁普济天妃宫碑记//郑鹤声，郑一钧. 郑和下西洋资料汇编：下. 济南：齐鲁书社，1989：430.

④ 吴晗. 明史简述. 北京：中华书局，1980：79.

镇）人，明代著名医学家、药学家、文学家。他生于医学世家，祖父、父亲均为当地名医，从小就受到很好的医学教育。他 14 岁考上秀才，但历经 9 年，3 次乡试均落榜，于是从医。他从小喜爱读书，医书尤甚，为日后撰写《本草纲目》夯下坚实的基础。除《本草纲目》，他还整理和撰写了《濒湖脉学》《奇经八脉考》《三焦客难》《命门考》《五脏图论》《濒湖医案》《天傀论》《脉学四言举要便读》《李濒湖氏时珍脉诗》《痘科》11 种著作，但大多已遗失，其中目前存世的仅有《濒湖脉学》和《奇经八脉考》两种，而《本草纲目》为其影响最大之著作。

1552 年（嘉靖三十一年），李时珍开始撰写《本草纲目》，历经 27 年才正式完稿。前 16 年他主要收集资料，后 11 年主要撰写和修订该书。《本草纲目》全书 190 余万字，共 52 卷，共集药物 1 892 种，附药方 11 096 种，插图 1 160 幅，不仅保存前人资料，还纠正其中诸多错误，是对之前药物学的一次全面总结。李时珍写道："医家本草，自神农所传止三百六十五种……然品数既烦，名称多杂，或一物而析为二三，或二物而混为一品，时珍病之。乃穷搜博采，芟烦补阙，历三十年，阅书八百余家，稿三易而成书，曰《本草纲目》。"① 《本草纲目》在李时珍生前并未出版，1596 年（万历二十四年）出版时，他已去世 3 年。

《濒湖脉学》是李时珍有幸存世的另一著作，它虽没有《本草纲目》影响大，但对中医脉学发展意义重大。李时珍之前，中国已有多部脉学著作，但都存在各种各样的瑕疵和错误，在李时珍看来都不尽如人意，故决定写一本脉学著作。在其父李言闻的《四诊发明》一书基础上，李时珍于 1564 年（嘉靖四十三年）撰成《濒湖脉学》一卷，分《四言诀》与《七言诀》两个部分，《四言诀》是一般综述，《七言诀》描述各种脉的形状、主病等内容。此书语言通俗生动，故问世之后深受欢迎，之后的脉书大多以此书为蓝本。

概括来看，李时珍对于后世的贡献主要集中于如下方面：

（1）本草学领域的贡献。这是他贡献最大的领域。其一，建立新的本草分类体系。之前本草分类都是以上、中、下三品分类，如汉代的《神农本草经》。李时珍自创本草分类方法，即"物以类聚，目随纲举"。《本草纲目》药物以十六部为纲、六十类为目，结构有序，检索方便。其二，发展药物学的内容。通过研究，李时珍发现很多药物的记载有误，于是将错误信息列出来，进行分析、纠正，《本草纲目》共列"正误"70 余项。他还补充新药 374 种，新增单方、

① 张廷玉，等．明史（6）．长沙：岳麓书社，1996：4350.

验方 8 000 余副。其三，批判“长生不老”之药与“炼丹成仙之术”。永乐年间开始，道教开始宣扬服食某些丹药可以长生不死，一时炼丹风气兴起。李时珍指出其危险性，他说：“言丹砂化为圣金，服之升仙……其说盖自秦皇、汉武时方士传流而来，岂知血肉之躯，水谷为赖，可能堪此金石重坠之物久在肠胃乎？求生而丧生，可谓愚也矣。”①

（2）自然科学领域的贡献。《本草纲目》内容广泛，“虽名医书，实该物理”②。《本草纲目》记载植物五部二十八类，即草部八类、谷部三类、菜部五类、果部六类、木部六类，每一种植物的产地、生长环境、成熟季节、培育方法、病虫防治等，均有详尽记载。书中亦有大量动物记载，共记载 462 种动物及其形态、生理特征、繁殖情况、经济价值、药物价值等，被视为当时世界最完备的动物学著作。该书还记载大量农学资料，以及矿物质资料，是当时中国比较齐全的矿物学书籍。

（3）脉学领域的贡献。一方面，《濒湖脉学》简明扼要，通俗形象，音韵协调，易读易记，切合临床，流传颇广，促进了脉学知识的传播与发展。另一方面，它扩展了脉学理论知识。李时珍认为，“《脉经》论脉，止有二十四种，无长短二脉，《脉诀》论脉，亦有二十四种，增长短而去数散皆非也”③。于是，他增加长、短、牢三部脉，还给出辨别脉体与脉象的方法，对脉学贡献巨大。

李时珍贡献卓著，在国内外都有着巨大的影响。在国内，《本草纲目》已经被刻印 30 余次，一直是中国医药学发展的重要指南，李时珍被郭沫若称之为“医中之圣”。在国外，《本草纲目》于 1607 年首次传入日本，之后传入朝鲜、越南等近邻国家，17、18 世纪经传教士传到欧洲，目前已有德、法、英、拉丁、俄等不同语言的译本。李约瑟认为：“毫无疑问，明代的伟大的科学成就是李时珍那部攀登到本草著作之顶峰的《本草纲目》……李时珍达到了与伽利略、维萨里的科学活动所隔绝的任何科学家所不能达的最高水平。”④

3. 音律学家：朱载堉

朱载堉（1536—1612），字伯勤，号句曲山人，安徽凤阳人，明代著名声乐

---

① 李时珍．本草纲目（校点本）：上册．北京：人民卫生出版社，1975：518.

② 李建元．进本草纲目疏//汪建平，闻人军．中国科学技术史纲．修订版．武汉：武汉大学出版社，2012：375.

③ 柳长华．李时珍医学全书．北京：中国中医药出版社，1999：1662.

④ 李约瑟．中国科学技术史：第一卷·导论．北京：科学出版社，1990：151.

家、艺术家、数学家、历史学家。他是明太祖朱元璋第八世孙，其父郑恭王朱厚烷精通音律。朱载堉从小就学习能力极强，据方志记载："载儿时即悟先天学。稍长，无师授，辄能累黍定黄钟，演为象法、算经、审律、制器、音协、节和，妙若神解。"① 他喜爱读书，阅读广博，比如"读《性理大全》，见宋儒邵雍《皇极经世书》、朱熹《易学启蒙》、蔡元定父子《律吕新书》、《洪范皇极内篇》等"②，为日后研究打下很好基础。他在诸多领域均颇有天赋，尤其着意在数学方面的能力。他说，"余为人无所长，惟算术是好，因其所好，而益穷之，以求至乎其极"③。

虽然贵为王子，但朱载堉的一生并不顺利，他3岁便丧母。1548年（嘉靖二十七年），他父亲因不满嘉靖帝荒废朝政，上疏劝谏，开罪于皇帝，在其祖叔父的挑拨下被世宗囚禁，朱载堉亦不得不搬出王宫，清贫度日。1570年（隆庆四年），他父亲被释放，恢复了王位。1591年（万历十九年），他父亲去世，他执意让爵，经过15年7次上疏之后，万历帝终于在1606年（万历三十四年）同意了他的请求，将王位让与当年陷害父亲入狱的祖叔父之孙，神宗夸奖他："载堉恳辞王爵，让国高风，千古罕见，朕嘉尚不已。"④ 之后，朱载堉便搬出王宫，过着清静的生活，直至去世。

朱载堉一生致力于学术，成就涵盖诸多领域，是中国少有的百科全书式的人物。他一生著述共18种，其中以《乐律全书》影响最大。《乐律全书》收录了14种书籍，计47卷，包括《灵星小舞谱》1卷、《二佾缀兆谱》1卷、《小舞乡乐谱》1卷、《六代小舞谱》1卷、《乡饮诗乐谱》6卷、《旋宫合乐谱》1卷、《操缦古乐谱》1卷、《万年历备考》3卷、《圣寿万年历》2卷、《律历融通》4卷、《律吕精义》20卷、《算学新说》1卷、《乐学新说》1卷和《律学新说》4卷。另有17种，都直接或间接与音乐、艺术相关，即《律吕质疑辨惑》1卷、《律吕正论》4卷、《嘉量算经》4卷、《瑟谱》10卷、《古周髀算经图解》1卷、《圆方勾股图解》1卷、《乐和声大成乐舞图说》1卷、《先人图正误》1卷、

① 赵向东，吴付来. 中华文化五千年：明清卷. 北京：华夏出版社，1996：73.

② 朱载堉. 圣寿万年历//刘芊. 礼乐余响——朱载堉与儒家乐教. 北京：文物出版社，2015：30.

③ 朱载堉. 律学新说. 冯文慈，点注. 北京：人民音乐出版社，1986：277.

④ 明神宗实录：卷四百二十一//明实录. 台湾："中央研究院"历史语言研究所校印本，1962：7971.

《古乐谱图》20 卷、《韵学新说》3 卷、《古今韵学得失论》1 卷，以及卷数不详的《瑟铭解疏》、《切韵指南》、《金刚心经注》、《礼记类编》、《毛诗韵府》和《算经秬秠详考》。

朱载堉对音律贡献甚大，被后人称为“律圣”。1581 年，朱载堉完成十二平均律的理论工作，提出了计算方法。1584 年，他在《律学新说》中对十二平均律进行详细描述。十二平均律指将八度规定为音律的比例，又将八度分为十二个相等的半音，且保证任意两个相邻半音直接的音程值为 2 的 1/12 次方。朱载堉是世界上第一个提出十二平均律的人，比法国音乐理论家梅尔生提出相同理论早了半个多世纪。十二平均律完全解决了中国乐律史上的十二律旋宫问题，而德国音乐家巴赫制造出世界第一台钢琴就是根据该理论制造出来的，目前世界上仍有百分之九十左右的乐器根据该理论设计。

在乐器方面，朱载堉也做出了重要贡献。他将十二平均律运用到指导乐器的设计与制造中，“制造了世界上第一件按照十二平均律理论发音的乐器——弦准，制造和考辨了包括律管在内的种种乐器，探讨了它们的发音规律和物理功能，研究了音乐史、乐器史”①。他认为，乐器的本质是乐律，在新的生律方法指导下，他对乐器分类、乐器形状、乐器材料、乐器制造等进行研究，提出了诸多创造性思想和指导性理论。此外，他还论述了乐器等级问题，认为乐器之间并无贵贱之分，只有乐器音量、音色区别，不同场合使用不同乐器只是根据其乐器特点来决定，而不是贵贱之分的问题。

朱载堉在中国舞蹈史上的贡献是开创性的。今人认为，“是朱载堉第一个建立起了‘舞学’，把舞蹈作为一门艺术、一门社会科学提到了议事日程上。他在《律吕精义·外篇》中，从舞蹈的社会功能到艺术功能、从舞蹈的内部结构到外部形态、从舞蹈教育到舞蹈表演，都一一进行了论述，并提出了一系列很有意义的命题。可以说，朱载靖的《律吕精义·外篇》之舞蹈部分是中国历史上第一部较完整的舞蹈学著作”②。概括地说，他的舞蹈学贡献包括三方面：（1）建立舞蹈理论框架。在《论舞学不可废》中，他创建了一个舞蹈学科的论纲，并介绍舞蹈的基础动作和训练方法。（2）论述舞蹈的“体”“用”学说。他提出，舞蹈的本质是人内心情感与外部事物“碰撞”而发生的一种不由自主的行为，舞蹈的功能在于陶冶人们的情操、规范人们的行为等。（3）提出舞蹈教育体系。

① 戴念祖．朱载堉的生平和著作．中国科技史料，1987，8（5）：43.

② 袁禾．朱载堉的舞学思想．北京舞蹈学院学报，1992（1）：20.

他阐释了舞蹈教育理念和舞蹈培养体系，以及如何编写舞蹈教材的问题。

在自然科学领域，朱载堉也颇有成就。在数学方面，他最早提出了“已知等比数列的首项、末项和项数而求解等比数列其他各项”的方法，以及不同进位数的换算方法和九进制、十进制的换算方法，第一个运用珠算进行开方计算，最早提出了一套关于开方的珠算口诀。除了数学研究，还研究了计量学与度量衡演变史，精确测定了水银的密度，成功创立了确定回归年长度的古今变化的新公式，比古人更准确地确定了北京的纬度和磁偏角。

当时，朱载堉的成就并不被世人重视。当他将“十二平均律”献与宫廷，明神宗将之束之高阁。“顺治间《怀庆府志》卷七说，关于朱载堉的著作，‘索解人不得’。乾隆皇帝御制《律吕正义》续编认为，朱载堉在其乐律研究中，托名周公以立黄钟还原的理论，是‘饰其词以自文，假其名以欺世’。”① 但是，当他的成就于19世纪20年代初传到国外，得到了包括赫尔姆霍茨、黎曼、李约瑟、山口庄司、中根璋等人的一片赞誉。此后，国内才开始重视朱载堉的贡献。

4. 舆地学家：徐霞客

徐霞客（1587—1641），名弘祖，字振之，号霞客，南直隶江阴（今江苏江阴）人，是明朝著名的地理学家。他生于工商家庭，从小生活富裕，受到良好教育。其父徐有勉喜爱大自然，不爱结交官宦，对儿子影响很大。19岁时，父亲去世，徐霞客遂放弃功名，一心探索自然。其母非常支持他的选择，鼓励他：“‘志在四方，男子事也。……岂令儿以藩中雉、辕下驹坐困为?’遂为制远游冠，以壮其行色。”② 徐霞客所有成就都收录在巨著《徐霞客游记》里，该书共十卷，李约瑟评价它：“读来并不像是十七世纪的学者所写的东西，倒像是一位二十世纪的野外勘测家所写的考察记录。”③

1608年（万历三十六年），21岁的徐霞客开始第一次旅行。在之后的30多年中，他走遍中国下述19个省市，即今北京、天津、上海、江苏、浙江、安

---

① 王军．享誉世界的中国古代杰出音乐家——朱载堉．中国音乐，2006（1）：65．

② 陈函辉．徐霞客墓志铭//漆绪邦．中国散文通史：下．增订本．北京：首都师范大学出版社，2014：192．

③ 李约瑟．中国科学技术史：第五卷：第1分册．北京：科学出版社，1975：62．转引自：张全明，张翼之．中国历史地理论纲．武汉：华中师范大学出版社，1995：344．

徽、山东、河北、山西、陕西、河南、湖北、湖南、江西、福建、广东、广西、云南、贵州，行程数万里。以1636年（崇祯九年）为界，前期他的出游地无论远近都交通方便，且时间都有间隔，出行时间不长，主要目的为搜奇访胜，学术上未有多大建树，留下的游记共有17篇，只占其所有游记的十分之一左右。1636年（崇祯九年），他开始西南之行，这是他历时最长、行程最长的一次旅行，亦是最后一次旅行。他自江苏始，经今上海、浙江、江西、湖南、广西、贵州到云南，归途中又过湖北、安徽，1640年（崇祯十三年）途经安徽时积劳成疾，已不能走路，在丽江知府的帮助下才回到家中，于1641年（崇祯十四年）初在家中去世。这次游历重点是广西和云南，关于两地的介绍占到了其游记的四分之三。

徐霞客去世时，《徐霞客游记》尚未出版。1645年，入关清军南下，江南生灵涂炭，徐霞客老家江阴也遭侵犯，徐霞客游记手稿随之散失。后经多人尤其是他儿子李寄和族孙徐镇，多方搜求和整理，最后于1776年（清乾隆四十一年）付梓，被后世视为定本。1976年，北京图书馆发现了《徐霞客西游记》旧抄本五册，其中有初编者季孟良于1642年（崇祯十五年）的题字，共23万余字，补充、完善了徐霞客游记的内容。

徐霞客对中国乃至世界地理学贡献卓著，“开辟了有系统的观察自然、描述自然的新方向”①，尤其对于中国人而言，开创了以实地考察探索自然而不仅是研读前人资料的新传统。具体来说，他在地理学的成就主要如下：

（1）关于石灰岩地貌的研究。中国早有关于石灰岩的记载，但真正对石灰岩地貌做系统考察是从徐霞客开始的。他详细考察了从湖南到滇东数千里石灰岩溶蚀地貌的分布状况、类型和特征，对各地差异及成因加以系统记述和研究，并给出科学说明；对峰林、岩洞、天生桥、盘洼、普井、天池等各种岩溶现象加以定名，并作详细记录。这些都是中国乃至全世界最早有关石灰岩地貌的记录，比欧洲的爱士培尔关于石灰岩地貌的记录早了150多年，比罗曼对石灰岩地貌做系统分类早了200多年。

（2）关于山川源流的考察。长江起源问题，从《禹贡》开始，中国人一直以岷山为长江源，明代罗洪先编的《广舆图》中仍坚持此说，徐霞客对此表示怀疑。他亲自实地考察长江源头，提出金沙江才是长江起源，这对推动地理学

① 侯仁之. 中国古代地理名著选读：第一辑. 北京：科学出版社，1959：12.

的发展意义重大。他在实地考察长江起源过程中，还阐释了流水侵蚀原理，这比西方最早提出该观点的英国地理学家郝登早出了一百多年。在《盘江考》中，他还指出《大明一统志》中以明月所、火烧铺二水为南、北盘江源的错误。此外，他还指出了关于云南澜沧江、潞江、礼社江、龙川江、麓川江等一些记录错误，经过实地考察后他给出了正确答案。

（3）关于火山的研究。1639 年在滇西考察期间，徐霞客详细记录了腾冲火山的地热，翔实记载和分析了老鹰山火山爆发情况，为后人研究腾冲火山活动留下了重要资料。他详细而形象地描述了硫磺塘村水热爆炸坑中沸泉喷出水汽的宏伟景观，采用沸泉、温泉等术语描述水温与喷溢方式，发现与描述了喷气孔、泉华的成分与泉华堆积的形态（石芝菌），记述喷气孔的结构与形态，提出“喷若发机”“热源地下”的观点，还记述了民间利用地热的情况和养硝酿磺的工艺过程，这无疑是一次超越时代的科学考察。

除了地理学之外，徐霞客还有诸多科学成就。通过大量实地调研，他发现了植物与气候的关系，认为高山中由于风大、气温低，所以一般只有荒草，没有树木，还认为海拔高与纬度高都会影响植物开花和成熟，这些观点比德国地理学家亚历山大·冯·洪堡提出类似观点早了 200 多年。对于所经之地，他都会把当地村名、山名、河名等记录下来，均会问清楚名字的来源，为后世研究地名提供了宝贵的资料。在《徐霞客游记》中，涉及很多少数民族地区、村落、经济作物的记载，为后世相关研究提供了翔实的资料。此外，人们还从文学、历史学等方面去挖掘《徐霞客游记》的价值。

5. 工程技术学家：宋应星

宋应星（1587—约 1666），字长庚，祖籍江西奉新，明代著名科学家、技术专家。他的曾祖父宋景曾官至三部尚书，于 1547 年（嘉靖二十六年）去世，祖父宋承庆悲伤过度，半年后随之离世，此时他的父亲宋国霖才 20 岁。宋国霖多次科举，皆名落孙山。虽然宋应星雄心勃勃，但 15 年 6 次科举考试他均落榜。1634 年（崇祯七年），他开始在袁州府任分宜县学教谕，一共任职 4 年，他大部分著作都是在这一期间撰写而成。1638 年（崇祯十一年），宋应星在吏部考核中被评为优，被提拔为正七品的福建汀州府推官。1643 年（崇祯十六年），他再次被提拔为安徽亳州知州，但一年之后李自成攻入北京，明朝灭亡，他便辞官回家，之后一直过着隐居的生活，直至康熙初年去世。

宋应星异常博学，史载著作极多，目前所知的有《画音归正》《原耗》《杂色文》《美利笺》《春秋戎狄解》《野议》《论气》《谈天》《思怜诗》《天工开物》10 种。但是，《画音归正》《原耗》《杂色文》《美利笺》《春秋戎狄解》都已遗失，关于《原耗》与《春秋戎狄解》的内容还有记载，《原耗》是一本随笔，其内容涵盖铨选、赋役、兵讼、绵葛、冠帻等；《春秋戎狄解》则表达了他对清的一些看法。《野议》《论气》《谈天》《思怜诗》等著作是在新中国成立后才发现的，这些著作于崇祯年间刻印，现藏于江西省图书馆。《野议》为宋应星对宋明政治的一些评论，《论气》《谈天》主要是关于自然哲学的一些论述，《思怜诗》则是宋应星的一些人生观观点的表达，包括思美和怜愚两组诗。

《天工开物》是宋应星的代表作，又名《天工开物卷》，由他的朋友涂伯聚于 1637 年（崇祯十年）资助刻印，共三卷，主要包括《乃粒》《乃服》《彰施》《粹精》《作咸》《甘嗜》《陶埏》《冶铸》《舟车》《锤锻》《燔石》《膏液》《杀青》《五金》《佳兵》《丹青》《曲糵》《珠玉》18 章，书中有插图 123 幅。上卷主要介绍谷物豆麻、蚕丝、棉苎的种植和制作方法，以及制盐、制糖等的相关方法；中卷主要介绍金属锻造、石灰烧制、造纸、榨油、陶瓷制作、车辆制造等方法；下卷主要介绍金属矿物质的冶炼、珠玉加工、兵器制作等方法。在序言中，宋应星写道："丐大业文人，弃掷案头！此书于功名进取毫不相关也。"① 《天工开物》孤本被宁波藏书家李庆城收藏，于 1952 年捐给北京图书馆，目前该书在市面上已有十多个版本。明清时它并不受国人重视，但通过民间流传到日本、法国后却大受欢迎，目前该书共有法、日、美、德、意、俄等译本。

在《天工开物》中，宋应星几乎论及了当时农业和手工业的各个领域，并且将两者结合起来，构成了一个科学技术体系。② 总的来说，他的科技贡献主要包括如下方面：

（1）养蚕技术。中国是养蚕古国，是世界上最早植桑养蚕的国家。在《天工开物》中，宋应星对中国养蚕技术做了一个系统的总结，特别是对蚕的杂交方法与疾病防治做了详细记载，这在世界上是最早的，比欧洲早了 100 多年。其中还记载了一种蚕的软化病，颇有益于中国养蚕事业发展。

（2）纺织技术。中国山羊绒织作可以追溯到唐宋，但关于其织作技术却一

---

① 宋应星. 天工开物. 钟广言，注释. 广州：广东人民出版社，1976：序 4.

② 李以章，雷毅. 论宋应星的科学成就. 华中师范大学学报（自然科学版），1988，22（3）：361.

直没有记载，《天工开物》中记载了名为孤古绒的织作技术，是中国山羊绒织作技术最早的记载。宋应星还记载了名为提花机的纺织机器，它设计巧妙，一直沿用到抗战时期才被替代，在当时是世界上最先进的纺织技术。

（3）采煤技术。中国是世界上最早开采煤炭的国家，古代中国的采煤技术一直领先于世界。在《天工开物》中，记载了一种用巨竹排除煤炭中的瓦斯的方法，同时还对煤进行了分类，均为世界上最早的记录。

（4）炼钢技术。《天工开物》对炒钢、焖钢技术进行了详尽的记录，为中国首次。炒钢法约在西汉时期就已发明，但一直并无记载，《天工开物》不但记载，还进行了改进，相对于同时代的欧洲，要成熟得多。焖钢法最晚发明于东周，同样一直未有记载，《天工开物》记载的方法远比同时期欧洲卓越。以此看来，明末时中国的炼钢技术在世界处于领先地位。

（5）炼锌技术。中国是第一个炼锌的国家，《天工开物》里的《五金·倭铅》有详尽记载，这是中国同时也是世界首次记载炼锌技术。直到16世纪，欧洲人才知道锌是一种金属，17世纪中期才知道锌可以从炉甘石中炼出，但技术上一直无法实现，直到18世纪30年代英国人才从中国学到该技术，从而开启了欧洲的炼锌史。

（6）铸造技术。中国是使用熔模铸造最早的国家，《天工开物》卷八《冶铸·钟》如此记载："凡造万钧钟与铸鼎法同，掘坑深丈几尺，燥筑其中如房舍，埏泥作模骨，用石灰、三和土筑，不使有丝毫隙拆。干燥之后以牛油、黄蜡附其上数寸。油蜡分两：油居什八，蜡居什二，其上高蔽抵晴雨。（夏月不可为，油不冻结。）油蜡墁定，然后雕镂书文、物象，丝发成就。然后舂筛绝细土与炭末为泥，涂墁以渐而加厚至数寸，使其内外透体干坚，外施火力炙化其中油蜡，从口上孔隙熔流净尽，则其中空处即钟鼎托体之区也。"① 这是中国第一次比较详尽地记录熔模铸造的过程。

（7）种植甘蔗及甘蔗制糖。中国种植甘蔗和甘蔗制糖的记载早已有之，但《天工开物》中的记载在历史上最为详尽，比宋朝王灼在《糖霜谱》中的记录详尽得多。书中提出的"育苗移秧"、精耕细作技术是当时世界最高效的种植甘蔗的技术，提出的用石灰澄清法处理蔗汁是当时世界最经济实惠的方法。

（8）磷肥的使用。在《天工开物》的《乃粒》卷中，宋应星比较了不同植

① 宋应星. 天工开物. 钟广言，注释. 广州：广东人民出版社，1976：213-215.

物残渣的施肥效果，“胡麻、莱菔子为上，芸苔次之，大眼桐又次之，樟、柏、棉花又次之”①，这与目前肥料中氮、磷、钾等含量的高低相同，这说明当时中国人就已经掌握了使用磷肥改良土壤的知识，这是中国最早的记录。

（9）物种变异思想。在《天工开物》中，宋应星通过对水稻的观察认识到，环境条件会影响到物种的变异，虽然并未明确提出，但已表现出肯定物种变异的见解，比德国生物学家卡·弗·伏尔弗提出相似观点早了100多年。

（10）物质守恒思想。在《天工开物》的《丹青·朱》卷中，宋应星阐述了质量守恒的思想，当然他并未明确提出该术语，这一思想最后由法国化学家拉瓦锡（Antoine-Laurent de Lavoisier）提出，不过那已经是18世纪下半叶了，宋应星的认识比拉瓦锡早了差不多100年，遗憾的是不成体系。

《天工开物》涵盖了工农业共30多个不同类别的技术，被视为“中国技术的百科全书”，日本科学史家数内清称之为“中国技术书的代表作”②，李约瑟博士评价其为“中国的狄德罗——宋应星写作的17世纪早期的重要工业技术著作”③。

三、晚明科技发展态势

晚明是中国科技发展史上非常关键的时期。宋元高峰之后，明朝科技发展开始失去锐气，走在下坡路上，但与世界各国相比仍然此长彼短、各有千秋，而且，利玛窦等人在明末来中土传教，一并传入欧洲新科技，有些中国士大夫，比如徐光启，也已迅速吸收这些新科技。持平而论，撇开气势不说，当时中、欧在现代科技的总体水平方面还是大致站在同一起跑线上。然而，100年之后，西欧科技迅猛发展，中国却趋于衰败，被欧洲人远远抛在后面。此属后话，暂且不表。仅就彼时明朝科技而言，仍是臻于高点，很多有影响的科技成就都出现于晚明。

---

① 宋应星. 天工开物. 钟广言，注释. 广州：广东人民出版社，1976：17.

② 数内清，等. 天工开物研究论文集. 章雄，吴杰，译. 北京：商务印书馆，1959：12.

③ Joseph Needham. Science and Civilisation in China. Cambridge：Cambridge University Press，1954：12. 转引自：汪建平，闻人军. 中国科学技术史纲. 修订版. 武汉：武汉大学出版社，2012：424.

1．历算和声学

明代在数学方面取得过一些不错的成就，但这些成就都偏向于应用方面，且很多成就都没有严格的推理、论证。其中卓著者有1450年吴敬撰写的《九章算法比类大全》，该书主要介绍筹算法；1606年，徐光启与利玛窦合作翻译了《几何原本》，将欧洲几何知识引入中国；1613年，李之藻根据《实用算术概论》与《算法统宗》编译成《同文算指》。在天文学方面，1607年，李之藻撰写了天文学著作《浑盖通宪图说》，该书的主要内容是以西方的天文观来阐释浑天说；1617年，张燮撰写了关于海洋气候的专著《东西洋考》；1634年建造、安装了首台天文望远镜。

明朝建国之后，一直沿用前朝之历法，历算方面并未取得实质性进步。1629年6月21日（崇祯二年五月朔日），钦天监预报日食再次出错，此次错误改变了晚明历算。面对皇帝震怒，监官戈丰年等回答："切照本监所用《大统历》，乃国初监正元统所定，其实即元太史郭守敬等所造《授时历》也。二百六十年来，历官按法推步，一毫未尝增损，非惟不敢，亦不能，若妄有窜易，则失之益远矣。"① 也就是说，明朝历法一直沿用元朝《授时历》，仅仅改了个名字而已。礼部侍郎徐光启运用西方历算却准确预测了此次日食，因而他提出的历算改革方案得到皇帝批准。但这已经是耶稣会士入住中国，西学开始东传之后的事情了。1629年（崇祯二年）九月，朝廷开设历局，历算改革正式开始。

在历算改革中起决定性作用的人无疑是徐光启。徐光启（1562—1633），字子先，号玄扈，汉族，上海人，明代著名政治家、科学家，于1632年（崇祯五年）任文渊阁大学士。身居高位为徐光启的历算改革提供了良好条件。他主持的历算改革之核心为"参用西法"，其实质是翻译、应用西方的历算著作，同时提出"欲求超胜，必须会通；会通之前，必须翻译"② 的著名方针，在此基础上最终编译成《崇祯历书》。他大量聘请欧洲传教士，如邓玉函、罗雅谷、汤若望等，参与到历算改革当中。《崇祯历书》进展迅速，1631年2月第一批二十四卷完成，1631年8月第二批二十卷完成，1632年5月第三批三十卷完成。1633年（崇祯六年）徐光启病逝，编译工作由李天经继续主持，1634年（崇祯八年）《崇祯历书》完成，但未发行。徐光启、李之藻、邓玉函和罗雅谷等人均在

---

① 徐光启．徐光启集：下册．王重民，辑校．北京：中华书局，1963：319.

② 同①374.

编订历书的过程中去世，未能见到历书最终完工。

《崇祯历书》全书一百三十七卷，包括四十六种著作。根据内容不同可分为节次六目，即日躔（推算太阳位置）、恒星（恒星位置数据）、月离（推算月亮位置）、日月交会（日月食推算）、五纬星（五大行星运动情况）、五星交会（五大行星的相对位置变化）。根据性质和作用的不同又可分为基本五目，即法原（天文历法的有关理论）、法数（天文数学用表）、法算（天文历法推算中使用的数学方法）、法器（天文仪器）、会通（中国和西方使用的有关单位换算表）。《崇祯历书》核心部分是法原，这部分内容共四十卷，占全书三分之一。对法原的重视，说明徐光启已经意识到历算推演需建立在先进的天文学知识基础之上，这对中国历算发展意义重大。由于新历、旧历之争未定，《崇祯历书》完成之后朝廷并没有立刻颁布施行，而当崇祯帝准备颁行新历时，明朝却遭致灭亡。清入关之后，汤若望将《崇祯历书》删减至一百零三卷，改名为《西洋新法历书》献给顺治帝，顺治将其改名为《时宪历》后在全国颁行。

《崇祯历书》是中国最早介绍欧洲历法的学术著作，“它采用了较大的天文数据和计算方法，保证了历法推算的较高精度，还介绍了不少欧洲天文学成果和概念，对于我国学者来说是十分新颖的知识。这些使我国当时濒于枯萎的天文学重新获得生机”①，对中国天文学和历法的发展有着非常重要的价值。自此中国历法开始以科学理论为基础，逐渐摆脱了过去以经验为导向的历算理论。李约瑟评论道，“在数理科学这一方面，东西方的数学、天文学和物理学一拍即合，到明朝末年的1644年，中国和欧洲的数学、天文学和物理学已经没有显著差异，它们已完全融合，浑然一体了”②。也就是说，通过对西方历法的引入，中国的数理科学也得到了发展。

晚明时期，除了历算，中国声学也成功将数学、物理知识运用到其中。中国在世界声学史上有着重要地位，中国人很早就意识到音乐的重要性，重视音乐的发展。《礼记·明堂位》云：“朝诸侯于明堂，制礼作乐。”③ 当时，中国人已经开始制作乐器。在声学理论方面，中国不乏领先于西方之处，如音有七音的观点比古罗马至少早60年，五度相生律的提法则比古希腊哲学家毕达哥拉斯早了约一个世纪。晚明时期，不论是五度相生律或是纯律，自然音律均无法满

① 杜石然，等. 中国科学技术史稿. 修订版. 北京：北京大学出版社，2012：358.
② 李约瑟. 李约瑟文集. 潘吉星，主编. 沈阳：辽宁科学技术出版社，1986：196.
③ 四书五经：上. 陈戊国，点校. 长沙：岳麓书社，2014：549.

足各种曲调日益加多的要求，因而需要创制新律，既满足自由旋宫、转调的需要，律数又不能太多，以方便乐器的制作。经过南北朝的何承天、宋代的蔡元定等的初创，朱载堉的十二平均律圆满地解决了这个问题。他既将八度规定为音律的比例，同时又将八度分为十二个相等的半音，且保证任意两个相邻半音直接的音程值为 2 的 1/12 次方。

在发明了十二平均律理论之后，朱载堉还根据这一理论制作了弦准和律准。他不但发现了律管发音的管口校正问题，而且通过实验和理论计算巧妙地解决了这一难题，同时给出了异径管律的制作工艺、具体数据和小样图。朱载堉的异径管律的设计非常之精妙，一旦有偏差就会在发音频率上有所体现，就算是几毫米的偏差也能感觉得到，因而，朱载堉一直强调“勿令过与不及，不及则浊，过则清矣”。

随着欧洲传教士的到来，西方国家的声学理论不断被译介至国内，而国内的先进理论也不断传到欧洲，此时的中西声学开始交融发展。但由于在晚明之后西方的物理、数学等学科开始与我国拉开距离，在经历了朱载堉而达到一个顶峰之后，我国在声学领域逐渐落后于西方。

2. 方志和地理

古代中国方志地理一直造诣不凡。晚明方志地理主要以游记方式记载，大多经实地考察得来，较之前人更有价值。明朝末年，中国在方志地理方面出了两位大家，即王士性与徐霞客。

王士性（1546—1598），字恒叔，号太初，又号元白道人，浙江临海人。他曾在北京、南京、四川、贵州等地为官，喜爱游山玩水，所以游历了中国很多地方。“士性素以诗文名天下……所著有《五岳游草》、《广游记》、《广志绎》诸书”①，其中以《广志绎》最为出名，他的方志地理成就大多记载在这些书中。

王士性对地理学的区域性特点认识深刻。他以全国作为区域研究的对象，写成了《广游志》，分析各地在自然环境（如地脉、形胜、风土）和人文因素（如少数民族、宗教、方言）上的差异。具体来说，他的地理贡献包括：（1）对中国自然区域的划分。在《五岳游草》卷 11 中，他将中国东南部划分

① 王士性．王士性地理书三种．周振鹤，编校．上海：上海古籍出版社，1993：652.

为十四个自然区域，即晋中、关中、蜀中、楚、江右、两广、闽、滇、贵竹、中原、山东、两浙、南都、北都，并对它们的自然风光、地理特点等作了概述。其划分与《山海经》的“五方”和《禹贡》的“九州”类似，但又有其特点，整体上比这两者更为合理。(2) 将山脉的划分系统化。“王士性讲的山脉分布系列，跟现在地理学讲的山脉系列概念不完全相同。王士性划分山系的根据是‘以水为断’，‘惟问水则知山’。而现在地理学则是以地质构造、地质时代来划分山系，必须是同构造、同时代的才能说是同一山系。不过古代的山系学说仍有它的积极作用和价值，它把复杂的山脉分布条理化，规律化，便于人们掌握。有些山系跟现在划分的山系几乎一致，更是难能可贵。”① (3) 对区域地理学的贡献。王士性强调地理的区域划分，他对于地理的描述都是以区域为基础的。在对区域地理的描述中，他不仅仅描述地理环境，还涉及各区域的文化、经济、交通等。注重对地理文化的描述，是王士性与徐霞客最大的差别。

徐霞客，一生从未为官，游历了中国很多地方，对方志地理的研究纯属个人爱好。他的方志地理成就全部记载于《徐霞客游记》中。徐霞客在方志方面的成就胜于王士性，这缘于两人在游历过程中关注点不同。徐霞客特别关注山川、河流、村寨等的名字、起源、演变等，而王士性则关注地理环境与人文环境。具体而言，徐霞客在地方志方面的主要贡献包括：(1) 指出很多方志的错误。方志发展到宋元，已经达到很高水平，明朝官方修订的《大明一统志》则为中国历史最高水平。但是，其中还是有很多错误。在经过实地考察后，徐霞客指出：“昔人志星官舆地，多以承袭附会”②，并进行了诸多修改。(2) 提出方志记载的要点。即，第一，记载要翔实；第二，记载要符合实际；第三，应为当地名人立传。(3) 修订《鸡足山志》。1639年（崇祯十二年），受丽江太守木生白所请，徐霞客修订《鸡足山志》。除了方志，徐霞客对中国地理学亦做出了卓越贡献。关于其他成就，本章第二节已做详细阐述。

另外，黄衷所著的《海语》记载了我国的南洋交通状况以及东南亚的历史；胡宗宪的《筹海图编》对我国与日本的交通及抗倭历史作了记载；郑和七下西洋过程中，其船上人员于1425年编撰了《郑和航海图》。在西学东渐的背景

---

① 杨文衡. 论王士性的地理学成就. 自然科学史研究，1990，9 (1)：94.

② 徐弘祖. 徐霞客游记：卷十：下. 上海：上海古籍出版社，2010：1194.

下，晚明时期开始引进西方地理学知识，1584 年，明朝绘制了中国最早的世界地图，即《山海舆地全图》。据《明史 · 天文卷》记载，徐光启通过学习西方技术，在 1629 年（崇祯二年）就已能准确测量到北京、南京等地的维度，这说明晚明时期我国已经掌握了西方先进的地理测量技术。

3. 工程和建筑

晚明的工程与建筑很好地承袭了前朝的特色，同时也形成了自己的特点。在工程方面，一直延续了明太祖修建长城的传统，但是这一时期又比其他时期更重视水利工程的建设，因而明朝大多著名水利专家均出现在晚明。在建筑方面，传统的宫廷建筑风格仍然是主流，但这一时期，江南园林建筑恢复了其活力，成为建筑的一大特色。

中国修建长城可以追溯到春秋战国时期，彼时中国诸侯争霸，战乱不断，为了防止邻国的侵犯，各国皆大力兴建长城。春秋战国时期修建的长城，见记载的有齐长城、魏长城、楚长城等，目前遗址尚存的只有山东的齐长城。之后，秦汉、魏晋南北朝、隋朝等朝代都不同程度地修建长城。到了明朝，为了防御北方少数民族的入侵，修建长城一直是重要国策，从 1368 年（洪武元年）起到明朝灭亡的 276 年历史中，史载共计修建长城 20 余次。明代长城东起鸭绿江，西至嘉峪关，途经今辽宁、河北、内蒙古、山西、宁夏、甘肃等省市，全长 12 700 多里，俗称“万里长城”。“自秦始皇把战国时期秦、赵、燕各诸侯国修筑的长城连接起来之后，只有明代在原来的基础上重新建筑长城的规模能与之相比，而且在工程技术上有了很大改进。”① 晚明时期，虽然内部朝廷腐败、外部邻国入侵，但修建长城的工程一直没有停止过。

除了修建长城，水利工程是明朝另一国家工程的重要领域。明朝的水利发展投入，对于前朝来说有过之而无不及。仅仅从明朝留下的水利著作就可见一斑：“综观中国水利撰述史，我们可以看出，直到宋元，纯以水利为研究对象的专著还很少出现。但是到了明代，这种情况就发生了重大的变化，大量的水利专著纷纷出现，数量远远超过前代，成为明史文献中的一个突出的现象，在史学史上也是空前的。”② 明朝水利发展到晚明时达到顶峰，出现了整个明朝最出名的几位水利专家，即万恭、潘季驯、徐贞明等。晚明时期，水利建设工作主

① 卢嘉锡，等. 中国科学技术史：通史卷. 北京：科学出版社，2003：738.

② 鞠明库，李秋芳. 略论明代水利撰述的特点. 殷都学刊，2001（2）：49.

要集中在三个方面：(1) 江南地区是明朝财税重地，加强江南水利的发展是重中之重；(2) 疏通漕河河道，这是维持南粮北运的关键；(3) 治理黄河，黄河一旦堵塞，将会影响漕河正常运行，影响两岸人民生活。

虽然明朝最后在起义军与清兵的夹击下灭亡，但在军事工程技术方面，明朝也有领先之势，只是先进的军事技术在当时并未受到重视。提及晚明军事技术，就不能不提到当时的著名军事技术专家赵士桢（约1552—1611）。他是浙江乐清县人，1596年（万历二十四年）被任命为中书舍人，但在仕途上郁郁不得志，此后再无升职。他喜欢研究火器等军事技术，将所有精力都投在了兵器研究和设计上。赵士桢留下了诸多著作，多数与火器有关，有可靠历史记载的著作有《用兵八害》《神器谱》《续神器谱》《神器谱或问》《备边屯田车铳议》等。他发明了类似于现在左轮枪、机关枪等的火器，特别是发明了"火箭溜"，使得火箭在发射时具有固定的方式，大大提高了命中率，成为中国火箭发展史上的重要里程碑。"除了火器以外，赵士桢对于战车和防御器具的设计，战车的研究，火药的制造等方面，都有相当的造诣。"①然而，朝廷却并未重用赵士桢和他的发明。

明代十分重视宫廷建筑，明成祖朱棣重建了雄伟的北京城，其建筑风格相对于元朝，已经多有变化。到了明朝中晚期，江南园林成为宫廷建筑乃至其他大型建筑的主要形式。江南园林的历史可以追溯至东晋，在隋唐尤其南宋之后，风行一时。元朝有所沉寂，到了明代，江南园林建筑又逐渐回潮，前后出现了两个高峰期，一个在成化、弘治、正德年间，一个在嘉靖、万历年间，整体而言，后者更优于前者。

万历年间，王世贞在南京做官，游览诸园后写下《游金陵园序》，文中记载诸多园林"皆可游可纪，而未之及也"②，足见当时江南园林已十分盛行。晚明诸多江南园林专家中，计成是集大成者，其园林著作《园冶》对当时及其前代园林进行了总结，并很好地阐发了新的园林思想。计成，字无否，号否道人，江苏吴江人。《园冶》成书于1631年（崇祯四年），于1634年（崇祯七年）由友人阮大铖资助出版。《园冶》共分三卷，第一卷内容为兴造论、园说、相地、立基、屋宇和装折等，第二卷主要内容是栏杆，第三卷的内容是门窗、墙垣、铺地、掇山、选石和借景等。书中附有235幅园林设计图示，这在中国其他园

① 洪震寰. 赵士桢——明代杰出的火器研制家. 自然科学史研究，1983，2（1）：96.
② 顾起元. 客座赘语. 孔一，校点. 上海：上海古籍出版社，2012：107.

林著作中未曾有过。"《园冶》的写成，是三百年前我国园林艺术发展的标志，也是自古以来少有的园林专著，对于古典园林的各种艺术手法，留给我们不少珍贵的遗产。"① 但是，该书出版后，正逢乱世，并未引起当时社会与朝廷的关注。在沉寂300多年之后，直到1931年，北洋政府官员董康将其编入《喜咏轩丛书》中，《园冶》才被国人所了解。

除了计成，晚明著名园林专家还有文震亨和李渔。文震亨（1585—1645），字启美，江苏苏州人，晚明画家。文震亨留下的著作有《长物志》《香草诗选》《仪老园记》《金门录》《文生小草》等，其中最著名的是《长物志》。《长物志》共十二卷，其中与园林直接相关的有四卷，即室庐、花木、水石、禽鱼四卷，而其余八卷中也对园林偶有所及。由于在园林方面的成就，《长物志》被认为是该时期文人园林的代表作。李渔（1611—1680），字笠翁，钱塘人，晚明著名文人。他并未为园林留下专著，其园林思想主要记载在他的名著《一家言》第四卷的"居室部"中，分为房舍、窗栏、墙壁、联匾、山石五节。李渔曾为人设计多处园林，影响颇巨。此外，晚明时期留下的重要园林著述还有王世贞的《游金陵诸园记》《娄东园林志》，郑元勋的《影园自记》，刘侗与于奕正的《帝景景物略》等。

濒临灭亡的晚明，在工程、建筑方面仍取得不俗成就，说明当时整个国家经济发展仍然可圈可点，或许也说明，大明王朝的覆灭，根源不在于经济，而在于腐朽落后的政治。

4. 医学和药学

晚明的医药学成就，首当李时珍（1518—1593）及其巨著《本草纲目》。除了《本草纲目》之外，他的《频湖脉学》与《奇经八脉考》在医药学方面也贡献重大。李时珍是晚明时期医药学方面的集大成者，在中国乃至世界医药学史上均占有重要位置。第二节已详述李时珍的贡献，在此不再赘述。除了李时珍，晚明时期成就非凡的医药学家，还有缪希雍、王肯堂、吴有性等，他们均在中国医药学史上留名。

缪希雍（约1546—1627），字仲淳，号慕台，江苏常熟人，明代著名医药学家。缪希雍一生著述很多，留存的主要著作有《神农本草经疏》和《先醒斋医

---

① 余树勋．计成和《园冶》．园艺学报，1963，2（1）：68.

学广笔记》，有记载的目前还有《方药宜忌考》十二卷、《传心》四卷、《识病捷法》十卷、《医案》一卷、《本草单方》十九卷、《葵经翼》一卷等。《神农本草经疏》成书于1625年，全书共三十卷，对《神农本草经》的药物和《证类本草》中的部分药物进行了重新解释和发挥，“最突出之处为专列有疏、主治参互、简误三项栏目，且内容相当详细，因此具有较大参考价值”①。《先醒斋医学广笔记》成书于1622年，共四卷，收录了很多药方、药物及药物炮制方法，书中附录的《炮炙大法》对中国药物炮制的发展有重要价值。《炮炙大法》是继《雷公炮炙论》的中国第二部炮炙专著，对439种药物的炮制法、操作程序、贮藏保管等都有详细论述，其中一些还述及炮制前后药物性质的变化和不同的治疗效果。根据药物的属性，该书将中药分为金、土、石、草、木、人、兽、禽、虫鱼、水、火、果、米谷、菜十四类，其末附有“用药凡例”细则，详细记载了中药汤剂的煎煮方法。

王肯堂与缪希雍是好友，在医药学上的成就彼此不相上下。王肯堂(1549—1613)，字损泰，号念西居士，江苏金坛人，明代著名医学家。他出生于官宦世家，小时因母亲生了一场大病而产生了学习医学的想法，曾因其父亲阻挠而中断过医学学习，但由于深爱医学，努力之下终成大家。他留下了很多著作，有记载的有《证治准绳》（又作《六科证治准绳》）、《医镜》四卷、《医辨》三卷、《医论》三卷、《灵兰要览》二卷、《胤产全书》、《胎产证治》、《郁冈斋医学笔麈》二卷、《医学穷源集》二卷，其中最著名的著作是《证治准绳》。《证治准绳》全书分六科共四十四卷，即《杂病证治准绳》八卷、《类方证治准绳》八卷、《伤寒证治准绳》八卷、《幼科证治准绳》九卷、《疡科证治准绳》六卷、《女科证治准绳》五卷，全书270余万字，囊括内、妇、儿、外各科。“《杂病证治准绳》是王肯堂编纂的内科杂病证治的代表作，他着眼辨证施治，探本求源，破门户之偏仄、着折衷之先鞭，博采众家之长，严谨务实的治学方法，对祖国医学的发展起到了积极的作用。”②

吴有性（约1582—1652），字又可，号淡斋，江苏吴县人，明末著名医学家。1641年（崇祯十四年），山东、河南、河北、江苏、浙江等地发生瘟疫，病情严重，迅速蔓延，当时的治疗办法对此毫无疗效。吴有性不顾个人安危，深入疫区，寻找病因。经过一年多的观察和分析，他总结出瘟疫的病因、侵入

---

① 汪前进．中国明代科技史．北京：人民出版社，1994：132.

② 钱武潮．评王肯堂《杂病证治准绳》．江苏中医，1999，20（12）：47.

途径、证候、传变、治疗方法等，于1642年写出了中国瘟病学史上的第一部专著《瘟疫论》。在《瘟疫论》中，吴有性提出了著名的“戾气说”，内容全面，对传染病的主要特点均有论述。在细菌和其他微生物被人类发现之前的两百年，吴有性把外科感染的病因归于“戾气”，摆脱千百年的“火邪致病说”，在当时对传染病特点能有如此创见，的确十分难能可贵。

中医方剂学在明朝也发展迅速，而明朝的医学家中有两位王爷，这在其他朝代是很少出现的。1391年，朱元璋第五子朱橚编订《普剂方》一书，收集药方61 700多个，是我国现存最大的方剂著作。朱元璋第七子朱权编撰了《庚辛玉册》等炼丹著作，该书被称为炼丹宝书。正统年间，董宿、方贤等编辑，杨文翰校正的《奇效良方》收集药方7 000余个，为方剂学的发展提供了大量的史料。到了晚明，吴昆撰写的方剂学书籍《医方考》有一定的影响，书中对方剂命名、方义、药物组成、功效、适应症状、禁忌、用量等有所概述，为方剂学的发展提供了较大的参考价值。晚明较有影响的方剂学著作还有施沛编撰的《祖剂》，该书成书于1640年（崇祯十三年），收集了800多个中国著名方剂，他将其分类，并对各方剂的起源、发展进行了考证。当然，李时珍的《本草纲目》在方剂学方面的地位是不容置疑的，他在书中收集了11 096个药方，为中国方剂学的发展做出了重要贡献。

除了医药学，医学分科在晚明也有不小成就。在内科方面，龚廷贤留下了两部内科专著，即《寿世保元》与《万病回春》。在外科方面，陈实功的《外科正宗》记载了大量的外科疾病及其手术方法，其中，奶癣病名最早在该书出现，书中还首次翔实记载了醉粉瘤、发瘤病。此外，武之望写的幼科著作《济阴纲目》、傅仁宇编撰的五官科著作《眼科大全》、杨继洲编撰的针灸著作《针灸大成》、龚云林撰写的推拿著作《小儿推拿秘旨》等，都为中国医药学发展做出了杰出贡献。

到晚明，中医药学算是达到了历史高峰，医药学家们不仅全面总结了前人的思想，还有所发展。晚明之后，清人关，西学东渐，中医药学发展渐归平淡。近年来，中医药学又再次引起世人关注。

5. 水利和航运

水利和航运看似相关度很高，但在晚明，它们的发展态势却完全不同。晚明时期，黄河、京杭大运河发生水患，黄河流域两岸居民的生活受到影响，北京到东南地区的航运难以正常运行，朝廷大力治理河流、兴修水利，水利事业有所发展，出现了万恭、潘季驯、徐贞明等著名水利专家。此时，朝廷的海禁政策虽有所放松，但长时间以来的海禁政策妨碍了造船业的发展，导致航运水平未有明显提高。

万恭（1515—1592），字肃卿，别号两溪，江西南昌县武阳镇游溪村人，明末著名水利专家。万恭自幼聪明，十岁就能著文，1544年（嘉靖二十三年）中进士，之后开始步入仕途。1563年（嘉靖四十二年）因防守京城有功，被提拔为兵部右侍郎，次年被任命为兵部右侍郎兼佥都御史巡抚山西，两年后由于母亲去世辞官回家。当时黄河河患连连，其他官员治河效果甚微，1572年（隆庆六年），万恭被任命为兵部左侍郎兼右佥都御史总理河道。通过对河道的实地考察，总结前人治河经验，万恭认为应该拔开泇河，主要治理徐邳一带。在他治理下，黄河河道恢复畅通，保证了明朝漕运的正常运行，后得世人赞誉："盖祖宗以来，漕运于隆庆、万历之交独盛矣！"① 万恭主要留下两本著作，即《洞阳子集》与《治水筌蹄》，但《洞阳子集》已经失传。《治水筌蹄》是万恭对其水利治理理论的总结，分上下卷，共收录了148篇治水札记，约25 000字。《治水筌蹄》虽然篇幅不长，但言约意丰，议论不拘古法，不尚空谈，立足实践，锐意创新，"可以说是明清治河史上承前启后、不可多得的水利杰作，是一笔优秀的中国水利科学遗产"②。

潘季驯（1521—1595），字时良，浙江吴兴人，明代著名水利专家。潘季驯出生于书香世家，二十九岁考得乡试第一，三十岁考中进士，开始从政生涯。潘季驯一生为官清廉、秉公行事，深受老百姓的爱戴，调离广东巡按御史时，百姓自发夹道挽留，之后还为其建立生祠。潘季驯仕途最辉煌的成就应属奉三朝皇帝之命四次出任总理河道大臣，在历时二十年的治理黄河过程中为水利事业做出了重大贡献。他留下的著作有《宸断大工录》《两河管见》《河防一览》《留余堂集》等，其中最著名的是《河防一览》。《河防一览》成书于1590年（万历十八年），共14卷，约28万字，主要记载了潘季驯治理黄河、淮河、运河的基本思想和主要措施，书中最著名的思想是其提出的"束水攻沙"思想，

---

① 万恭．漕河运．转引自：中国水利史典编委会．中国水利史典：黄河卷1．北京：中国水利水电出版社，2015：340.

② 吴海燕，郭孟良．万恭及其《治水筌蹄》初探．河南师范大学学报（哲学社会科学报），1991，18（4）：65.

即“用人工筑堤，加快流速，使流水的冲蚀力量增大，带走泥沙，避免河床淤浅与决堤泛滥”①，在中国乃至世界治河史上都有着重要地位。关于潘季驯及其《河防一览》，清人纪昀评价如下：“考万历六年，潘司空季驯河工告成，其功近比陈瑄，远比贾鲁，无可移易矣。乃十四年河决范家口，又决天妃坝；二十三年河、淮决溢，邳、泗、高、宝等处皆患水灾；天启元年河决王公堤。安得云潘司空治后无水患六十年！大抵潘司空之成规具在，纵有天灾，纵有小通变，治法不出其范围之外。故曰《河防一览》为平成之书。”②

徐贞明（约1530—1590），字伯继，号孺东，江西贵溪人。他于1571年（穆宗隆庆五年）考中进士，之后出任浙江省阴山县知县，以此为起点步入仕途。徐贞明撰写了水利著作《潞水客谈》，该书成书于1576年（万历四年），之后，于1580年（万历八年）对其进行增补。《潞水客谈》认为，发展西北农田水利建设，就近解决京师及北方地区的粮食供应问题，缓解东南地区的经济压力，实属国家当务之急。并对开发西北水利的具体措施进行了论述。《潞水客谈》在明末与清代得到很高评价，徐光启在谈及水利思想及营田实践时说：“其议始于元虞集，而徐孺东先生《潞水客谈》备矣。”③ 清代吴邦庆则认为：“有明一代言水利于畿辅者颇有人，而贵溪徐孺东先生之《潞水客谈》为最著。”④

此外，晚明时期还留下了一些很有价值的水利著作，如谢肇淛的运河专著《北河纪》，此书共8卷，成书于1614年（万历十二年），是记载天津至山东段京杭运河的专著，是了解明代运河历史的重要著作；张国维的太湖专著《吴中水利书》，此书共28卷，成书于1639年（崇祯十二年），书中附有东南七府52幅水利总图，并详尽标出了山脉、水源等，同时对各地方文化进行了概述，是研究当地水利的重要文献；仇俊卿的海塘工程专著《海塘录》，此书成书于1587年（万历十五年），记载了当时海塘修筑的情况，原书已丢失，但基本内容在《浙江通志》中得到保存。

经历秦汉、唐宋两个造船技术发展的高峰期之后，元明时期迎来了中国造

---

① 杜石然，等．中国科学技术史稿．修订版．北京：北京大学出版社，2012：309.

② 纪昀．四库全书总目提要：卷六十九．石家庄：河北人民出版社，2000：1861.

③ 徐光启．农政全书：凡例．转引自：王毓铨．中国经济通史：明：下．北京：经济日报出版社，2007：837.

④ 吴邦庆．畿辅河道水利丛书：潞水客谈：序．许道龄，校．北京：农业出版社，1964：119.

船技术的第三个发展高峰期。明朝造船技术更多的是元朝造船技术的延续，并没有太多突破，但是当时中国的造船技术仍处于世界前列。据史载，郑和下西洋所使用的宝船，是世界造船史上最大的木质船只。但随着海禁政策的实施，大型船只的制造受到严格限制，宝船逐渐消失在世界历史的长河之中。由于需要国家批准，人们才能造船，从而导致造船行业逐渐萎缩，造船技术进步缓慢。晚明时海禁政策虽已放松，但造船大权仍掌握在朝廷手中，造船技术未有太大进步。15 世纪末，随着麦哲伦、哥伦布等人环球航行的完成，欧洲航海技术快速发展，而一直处于世界造船技术领先地位的中国逐渐被欧洲国家超越。

6. 农学和其他

中国作为一个农业古国，其农业科技在每个朝代都得到较好的承袭和发展，到了明朝也不例外。总的来说，明朝的农业发展可以分为前后两个阶段，这主要与其经济发展特点有关。以 15 世纪中叶为界，前一阶段的经济制度延续了宋元时期的制度，而后一阶段由于资本主义萌芽的出现致使经济制度有所改变，从而使得两个时期的农业水平大大不同。时至晚明，"租佃关系发达，农业雇工较为普遍，虽然个别地区出现以僮仆或奴仆从事农业生产的现象，但是农民对封建制的依附关系总的来说则大为削弱。部分手工业如棉纺织、制瓷、造纸等行业在一些地方已经和农业生产相脱离，成为独立的生产部门。在农业的种植业中，粮食、棉花、烟草等农产品，已参加到全国商品流通领域中，南北市场交易已经加强。城市经济有长足的发展，尤其是一些南北新兴城镇，充满着经济活力。白银作为一种贵金属货币已经渗透到十六、十七世纪中国社会所有的经济活动中，在社会关系中形成一股潜在的支配力量。这一时期的社会生产力，尤其是农业生产力无疑是超过了前期的"①。

晚明农业发展的一大特点是留下了大量农学著作，如《天工开物》《泰西水法》《沈氏农书》《农政全书》等，在这些著作中，无疑《农政全书》在农学方面的影响和贡献最大。《农政全书》主要由明代科学家徐光启编著而成，但由于他同时忙于《崇祯历书》的编撰，在其 1633 年（崇祯六年）去世时《农政全书》并未完成编著。徐光启去世之后其门人陈子龙在其工作基础之上完成了《农政全书》的编著，于 1639 年（崇祯十二年）首次出版《农政全书》，该书

---

① 李洵．从王祯《农书》到徐光启《农政全书》所表现的明代农业生产力水平．明史研究论丛，1991（1）：240.

与李时珍的《本草纲目》、宋应星的《天工开物》、徐霞客的《徐霞客游记》被称为晚明科技文献的四大名著。"《农政全书》是我国保留下来的不可多得的古代农业专著，它较为全面地记述了我国古代的农业生产、农业政策、土地制度、土地利用方式、各种耕种方法、农田水利、农具农时、救荒政策和措施等，总结并保存了17世纪以前我国古代劳动人民在农业生产中取得的农业技术和经验，反映了明代农业的最新发展，还收入了部分传入的西方灌溉技术的资料。"① 作为一本总结性的农学著作，《农政全书》的内容非常翔实、齐全，因而被后人评道："其书本末咸该，常变有备，盖合时令、农圃、水利、荒政数大端，条而贯之，汇归于一。虽采自诸书，而较诸书各举一偏者，特为完备。"② 由于在农学上的成就，徐光启与氾胜之、贾思勰、王祯并称为中国古代四大农学家。

晚明的农业虽然得到了较好的发展，但其原创性的农业科技并不多，主要是对前人技术进行改良和引进外来技术。具体来说，晚明的农业成就如下：首先，对棉纺业技术的改进。在《农政全书》中，徐光启对"缫丝"这一生产过程进行了改进，提出"连冷盆"式的缫丝作业法，这一方法无疑提高了工作效率，但在当时是否被应用于实际工作中并无记载。此外，徐光启在总结前人的植棉方法基础上提出近世植棉经验，认为植棉不受地域局限，应疏植，这一方法很快被推广至全国。其次，引进大量农作物新品种及改良农作物种植技术。16、17世纪，我国从国外引进大量农作物新品种，如甘薯、落花生、玉蜀黍、烟草等。晚明时期，水稻种植技术得到很好的改良，使得水稻种植推广到北方，如北京、天津等地。最后，农业灌溉技术的引进。徐光启在《农政全书》中介绍了西方的吸水工具"龙尾车"，其效率大大高于中国当时使用的同一功效的工具"龙骨车"。此外，徐光启还介绍了西方的"玉衡车"，即双筒提水机，其效率也大大高于当时国内所使用的工具。

除了以上成果，晚明在其他科技方面也取得了丰硕的成果。生物学方面，万历时期的进士夏之臣在其文章《评亳州牡丹》中提出了植物学的"种子忽变"观点，其比欧洲科学家提出类似观点早得多，但由于并未进行详细论述，且由于环境所限并未受到世人关注，因而这一观点并未产生什么影响。化学方

① 刘明．论徐光启的重农思想及其实践——兼论《农政全书》的科学地位．苏州大学学报（哲学社会科学版），2005（1）：97.

② 四库全书总目：卷一零二．转引自：商传．明代文化史．上海：东方出版社，2007：431.

面，在宋应星的科技巨著《天工开物》里记录了大量的化学成果，如琉璃锻造与成色技术、黄铜冶炼技术、黄矾的制取等。陶瓷方面，我国拥有悠久的陶瓷制作历史，至晚明，陶瓷技术得到了进一步改进，万历时期的青花瓷器较于嘉靖、隆庆时期样式更加多样、图案更加丰富。在火器制造方面，明朝制造出了很多先进的军事设备，如滑膛式的铜火铳、佛朗机炮、燧发火枪等，戚继光还发明了类似于地雷的“自犯钢轮火”，赵士桢在其著作《神器谱》中记载了当时世界上最早的多级火箭的制作及其使用方法等，“尽管明代在改进火器方面有相当的发展，但中国的火器技术在明朝末年已经落后于欧洲的葡萄牙和荷兰了”①。漆器方面，晚明漆器制作名家黄成在其著作《髹饰录》中对我国漆器的发展做了详细记录，并总结了自己及他人的制作漆器的经验，是我国目前唯一的漆工专著，对漆器的发展意义重大。

7. 科技呈现下行趋势

经过汉唐的发展，中国的科学技术发展在宋代达到了空前的繁荣。“促成宋代科技发展、繁荣与创新的因素很多，但最不可忽视的是教育因素。可以说，经过宋初的三次兴学，使宋代的教育体制较之汉唐更加完备和发达，并形成了官学、私学和书院三种教育鼎立并存、相互促进的良好局面。尤其是在这种教育大发展背景下形成的宋代的科技教育机制更是其科技不断创新和发展的原动力。”② 作为一个横跨亚、欧的大帝国，元朝在对外政策上非常开放，同时以武力统治帝国，为当时科学技术的发展提供了很好的环境。因此，中国科学技术在元朝时期得到了很好的发展。进入明朝之后，由于对前朝科技成就的承袭、资本主义萌芽的出现以及传教士引进西方科学知识等原因，明朝的科学技术也得到了一定的发展，但是，明朝实行的海禁政策、科举制度等却阻碍了科学技术的进一步发展。从整体来看，明朝的科学技术发展较之于宋元时期呈现下行趋势。

的确，明朝出现了资本主义的萌芽，但很遗憾它并未真正发展起来，因而并未起到促进当时科学技术进一步发展的作用。朱元璋在建立明朝之后，由于看到元朝末年过重的土地税租压制了农业的发展，同时战后民不聊生，亟待发展经济来稳定全国局面，所以提出了一系列有利于发展生产的政策，如在农业

---

① 王鸿生. 中国科技小史. 北京：中国人民大学出版社，2004：160.

② 赵国权. 从科技创新看宋代的科技教育改革. 河北师范大学学报（教育科学版），2005，7（5）：26.

方面实行屯田、奖励垦荒、兴修水利等，这为农业发展提供了客观条件，使得农业得到快速发展；在工商业方面，减轻工商业的税收、放松对外贸易的条件等，大大促进了工商业的发展。16 世纪初，明朝对部分赋役进行了改革，将工匠轮班赋役的制度改为代役租制，工匠有了更多的自主时间进行商品生产，为工商业的发展提供了基础。万历时期实行的“一条鞭法”，没有田地的农民可以免于纳税，使得工商业得到了进一步发展。在工商业取得快速发展的背景下，明朝出现了资本主义的萌芽。“但是这种资本主义生产关系的萌芽，只是局部性的和占次要地位，而且带有浓厚的传统的封建性，还不可能改变整个社会的经济结构。在全国各地占统治地位的仍然是封建生产关系，同时中央集权的封建统治力量非常强大。”① 因此，明朝时期的资本主义萌芽并没有很大地促进科学技术的发展，而在封建生产关系的制约下，明朝的科学技术的发展反而受到了比前朝更大的抑制。

海禁政策是明朝一直实行的对外政策，不同的是每一时期的松紧程度不尽相同。海禁政策无疑影响了明朝工商业的发展，这是明朝资本主义没有发展起来的一个重要原因。除了对工商业产生巨大影响外，海禁政策还对明朝的科学技术产生了深远的影响。一方面，科学技术的发展需要经济的刺激，海禁政策在阻碍经济发展的时候，也阻碍了科学技术的发展；另一方面，海禁政策的实行，阻断了我国与其他国家的交流，影响了国外先进科学技术传入我国，使得我国不能与其他国家共享科学技术的成果，从而实现共同发展。虽然海禁政策一度影响国外科学技术知识传入我国，但在 1583 年利玛窦等人获许进入肇庆传教之后，在徐光启、李之藻等人主持翻译下，部分西方科学技术开始传入国内，只是由于受到传统思想的影响，国内大部分人并不接纳西方先进科学技术知识。从这个角度来看，似乎可以理解为，长期的海禁政策影响了人们接受外来文化和知识的胸怀。总的来说，海禁政策在影响欧洲先进科学技术知识传入我国的同时，也阻碍了明朝自身科学技术的发展。

朱元璋称帝之后，为了加强对国家的统治，他对历代的科举制度进行了改革，规定科举考试只能用“八股”文体作答，即文章必须按照破题、承题、起讲、入手、起股、中股、后股、束股这八部分去作答。在考试范围的设定上，朱元璋也作了限制，即考试只以四书五经的内容命题。由于中国“学而优则仕”

---

① 卢嘉锡. 中国科学技术史：通史卷. 北京：科学出版社，2003：701.

思想的影响，这一科举改革使得人们的读书范围缩小至四书五经，对其他书一律不再接触。而又由于科举考试的文体完全固定，这大大限制了人们创造性思维的发展。科举制度最大的危害还不止于此，最大的危害在于它还使得整个国家的教育体系都在为科举考试服务，从而使其他学科都失去了存在的意义和空间，难怪顾炎武会说："科举之害，等于焚书。"① 在此情况下，本来就没有多少生存空间的科学技术的发展就可想而知。在科举制度的影响下，就只有少部分对科学技术有浓厚兴趣的人去研究它们，如李时珍、徐霞客、朱载堉等人，而其他人则不耻于与此扯上任何关系。因此，从科举制度的角度来看，明朝科学技术没有得到很好发展是比较好理解的，抑或说，在科举制度的影响下，明朝还能取得如此多的科学技术成就堪称奇迹。

根据以上分析，明朝科学技术发展较之于宋元呈下行趋势是合乎情理的，而这种下行的趋势，从明朝所取得的成就我们也能很明显地看到。从1368年朱元璋定都应天府到1644年崇祯自缢殉国，明朝在科技方面虽取得了很多领先世界、影响深远的成果，为我国科学技术的发展做出了重要贡献。但是我们发现，从李时珍的《本草纲目》、宋应星的《天工开物》到徐光启的《农政全书》等巨著的内容都具有一个重要特点，即"这些科学技术的成就，没有也不可能突破传统的科技体系，主要的是对传统科技体系中的一些领域进行了较大规模的总结，也是传统科技体系的尾声，而没有近代科学那种蒸蒸向上的活力"②。在此，我们并未否定明朝科技也有其创造性的方面，只是想强调创造性的成就在整个明朝所取得的科技成就中只占了很小的一部分。毫无疑问，以总结为核心的明朝科技与以创造为主旨的宋元科技相比，其下行趋势是显而易见的。

当明朝在经历宋元之后科学技术下行发展时，与明朝同一时期的欧洲则经历了文艺复兴，这期间欧洲在人文、艺术等方面取得了诸多成就，虽然这一时期在科技方面的成就并不突出，但是这一时期出现了几个关键性的科学家，即哥白尼、布鲁诺、伽利略，他们对欧洲之后的科学发展产生了重要的影响，在欧洲逐渐形成了以实验和数学为标准的现代科学传统。文艺复兴为欧洲科学的发展奠定了两个很好的基础，一方面，它解放了人类思想，这是科学得以发展的前提；另一方面，哥白尼成功将人类的关注点从上帝转向自然，开启了人们

① 顾炎武. 日知录. 周苏平，陈国庆，点注. 兰州：甘肃民族出版社，1997：733.

② 杜石然，等. 中国科学技术史稿. 修订版. 北京：北京大学出版社，2012：298.

对自然界的研究。与之相比较，此时的大明王朝仍然处于闭关锁国的外交状态，其教育仍然以科举考试科目为核心，科学技术并无太多的发展空间，所以，当欧洲开始取得开创性的科学成果时，中国的科学家们还在开创性的道路上举步维艰。也就是从此时开始，欧洲现代科学技术兴起，中国科技进程则处于十字路口。

参考文献

[1] 陈献章. 陈献章集. 北京：中华书局，1987.

[2] 贡德·弗兰克. 白银资本——重视经济全球化中的东方. 刘北成，译. 北京：中央编译出版社，2000.

[3] 杜石然，等. 中国科学技术史稿. 修订版. 北京：北京大学出版社，2012.

[4] 荣振华. 在华耶稣会士列传及书目补编. 耿昇，译. 北京：中华书局，1995.

[5] 樊树志. 国史概要. 上海：复旦大学出版社，2010.

[6] 樊树志. 晚明史：上. 上海：复旦大学出版社，2003.

[7] 冯梦龙. 警世通言. 北京：华夏出版社，2013.

[8] 冯天瑜. 明清文化史散论. 武汉：华中工学院出版社，1984.

[9] 龚笃清. 明代八股文史探. 长沙：湖南人民出版社会，2006.

[10] 顾启元. 客座赘语. 孔一，校点. 上海：上海古籍出版社，2012.

[11] 顾炎武. 日知录. 周苏平，陈国庆，点校. 兰州：甘肃民族出版社，1997.

[12] 顾炎武. 肇域志：第 1 册. 上海：上海古籍出版社，2004.

[13] 侯仁之，等. 中国古代地理名著选读：第一辑. 北京：科学出版社，1959.

[14] 黄仁宇. 万历十五年：增订本. 北京：中华书局，2007.

[15] 黄省曾. 西洋朝贡典录. 北京：中华书局，1991.

[16] 黄宗羲. 明儒学案. 沈芝盈，点校. 北京：中华书局，1985.

[17] 纪昀. 四库全书总目提要. 石家庄：河北人民出版社，2000.

[18] 凌濛初. 二刻拍案惊奇：上. 北京：华夏出版社，2012.

[19] 凌濛初. 二刻拍案惊奇：下. 北京：华夏出版社，2012.

[20] 李时珍. 本草纲目（校点本）. 北京：人民卫生出版社，1975.

[21] 李贽. 焚书 续焚书. 北京：中华书局，1975.

[22] 柳长华. 李时珍医学全书. 北京：中国中医药出版社，1999.

[23] 刘芊. 礼乐余响——朱载堉与儒家乐教. 北京：文物出版社，2015.

[24] 刘森林. 大运河——环境 人居 历史. 上海：上海大学出版社，2015.

[25] 卢嘉锡，等. 中国科学技术史：通史卷. 北京：科学出版社，2003.

[26] 陆容. 菽园杂记. 北京：中华书局，1985.

[27] 孟森. 明清史讲义. 北京：中华书局，1981.

[28] 孟森. 明史讲义. 上海：上海人民出版社，2014.

[29] 牟复礼，崔瑞德. 剑桥中国明代史. 张书生，等译. 谢亮生，校. 北京：中国社会科学出版社，1992.

[30] 斯塔夫里阿诺斯. 全球通史：1500 年以后的世界. 吴象婴，梁赤民，译. 上海：上海社会科学院出版社，1999.

[31] 李约瑟. 李约瑟文集. 潘吉星，主编. 沈阳：辽宁科学技术出版社，1986.

[32] 漆绪邦. 中国散文通史（增订本）：下. 北京：首都师范大学出版社，2014.

[33] 钱大昕. 潜研堂文集. 陈文和，点校. 南京：江苏古籍出版社，1997.

[34] 商传. 明代文化史. 上海：东方出版社，2007.

[35] 沈德符. 万历野获编：下. 北京：文化艺术出版社，1998.

[36] 四书五经：上. 陈戍国，点校. 长沙：岳麓书社，2014.

[37] 宋应星. 天工开物. 钟广言，注释. 广州：广东人民出版社，1976.

[38] 薮内清，等. 天工开物研究论文集. 章雄，吴杰，译. 北京：商务印书馆，1959.

[39] 汪建平，闻人军. 中国科学技术史纲. 修订版. 武汉：武汉大学出版社，2012.

[40] 汪前进. 中国明代科技史. 北京：人民出版社，1994.

[41] 王凯符. 八股文概况. 北京：中华书局，2002.

[42] 王士性. 王士性地理书三种. 周振鹤，编校. 上海：上海古籍出版社，1993.

[43] 王守仁. 王阳明全集. 吴光，等编校. 简体版. 上海：上海古籍出版社，2011.

[44] 王毓铨. 中国经济通史：明：上. 北京：经济日报出版社，2007.

[45] 王毓铨. 中国经济通史：明：下. 北京：经济日报出版社，2007.

[46] 吴邦庆. 畿辅河道水利丛书. 许道龄，校. 北京：农业出版社，1964.

[47] 吴晗. 灯下集. 北京：三联书店，1960.

[48] 谢肇淛. 五杂俎. 上海：上海书店出版社，2001.

[49] 徐光启. 徐光启集：下册. 王重民，辑校. 北京：中华书局，1963.

[50] 徐宏祖. 徐霞客游记. 上海：上海古籍出版社，2011.

[51] 严从明. 殊域周咨录. 北京：中华书局，1993.

[52] 叶盛. 水东日记. 北京：中华书局，1980.

[53] 湛若水. 湛甘泉先生文集//四库全书存目丛书：第 57 册. 济南：齐鲁书社，1997.

[54] 张海英. 明史. 上海：上海人民出版社，2015.

[55] 张瀚. 松窗梦语. 北京：中华书局，1985.

[56] 张全明，张翼之. 中国历史地理论纲. 武汉：华中师范大学出版社，1995.

[57] 张廷玉，等. 明史（4）. 长春：吉林人民出版社，2005.

[58] 张廷玉，等. 明史（5）. 长春：吉林人民出版社，2005.

[59] 张廷玉，等. 明史（6）. 长沙：岳麓书社，1996.

[60] 赵向东，吴付来. 中华文化五千年：明清卷. 北京：华夏出版社，1996.

[61] 赵翼. 廿二史劄记校证：下册. 王树民，校证. 北京：中华书局，1984.

[62] 郑鹤声，郑一钧. 郑和下西洋资料汇编：下. 济南：齐鲁书社，1989.

[63] 中国水利史典编委会. 中国水利史典：黄河卷1. 北京：中国水利水电出版社，2015.

[64] 周腊生. 宋代状元奇谈·宋代状元谱. 北京：紫禁城出版社，1999.

[65] 朱熹. 近思录. 吕祖谦，编. 郑州：中州古籍出版社，2008.

[66] 朱载堉. 律学新说. 冯文慈，点注. 北京：人民音乐出版社，1986.

第二章　耶稣会士背后的欧洲科学与技术

基督教由西向东的传播并非是明末才有的事。早在 7 世纪唐代贞观年间，基督教已由聂斯托利派教士传入中国，唐朝人称其为“景教”，后来在唐武宗时期与佛教一起遭禁。13 世纪的元代，基督教在中国重新拓展，由罗马公教的方济各会主持，主要在当时的权贵阶层蒙古人和色目人之间传播。朝代更替为明朝之后，基督教和元朝的统治集团一起被逐出了中原。16、17 世纪明清之际，基督教再次传入中国，传教士主要是公教耶稣会士，在利玛窦等传教士的主持下，基督教以“学术传教”的方式，在中国得到传播。耶稣会士背后的欧洲科学与技术，作为传教士的敲门砖，开始进入中国人的视野。

一、耶稣会建立的社会历史背景

耶稣会建立于 16 世纪中叶，壮大于 17 世纪。宗教改革正在影响整个欧洲；文艺复兴已处于鼎盛时期，自然科学及其精神正在崛起；新航路的不断开辟开阔了欧洲人的视野，为欧洲带来了大量财富；资产阶级迅速壮大并积极参与到社会运动之中；欧洲人的民族意识愈加强烈，民族国家逐渐形成。从政治、经济、思想、文化等任何一个角度看，16、17 世纪都可算是欧洲文明迈向现代社会的一个重要时期。当然，不可能在如此短的篇幅中详细叙述耶稣会与这一时期各种重大历史事件之间的关系，但要理解耶稣会的传教活动在西学东渐过程中的历史地位，就有必要对耶稣会建立之初的社会历史背景作一番概述。

1. 宗教改革与耶稣会的建立

公教是基督教三大主要派别之一。耶稣会是隶属于公教的一个宗教团体，正式成立于1540年。这个时间节点处于文艺复兴、地理大发现、宗教改革运动这三个对欧洲文明进程有重大影响的历史事件的重叠之处，耶稣会不可避免地受到整个时代的影响，而它建立之后又迅速进入时代的潮流之中。耶稣会是公教应对宗教改革运动的主要力量，其教育事业为欧洲培养了大量学者，其中就包括笛卡尔；其传教工作客观上促进了各大洲不同文化之间的交流。对耶稣会建立时的社会历史背景的介绍将按此顺序展开。

基督教原是犹太教的一个分支，135年从犹太教中脱离出来，演变为独立的宗教形态。基督教宣传因果报应和人在上帝面前一律平等的思想，谴责纵欲腐败的生活，给予贫苦的人们以精神安慰。这恰恰掩盖了现世的苦难和不平等，使基督教容易被统治阶级所接受和利用。313年，罗马帝国发布《米兰敕令》，承认了基督教的合法地位，不再迫害基督徒，进而支持、利用基督教。到4世纪末，基督教取代了罗马帝国的多神信仰传统，成为罗马帝国的国教。①

由于地理、文化、语言等原因，早期基督教自然地分为两派：持有罗马拉丁文化传统的西部教派和处在希腊化文化氛围中的东部教派。两种文化传统造成两派的教义和神学观点上的差异，神学上的诸多分歧遂演变为指责对方为异端的依据。罗马帝国在395年分裂成西罗马帝国和东罗马帝国。西罗马帝国由于日耳曼等民族的入侵很快就灭亡了，但日耳曼等民族却接受了基督教，因此，以罗马为中心的西部教会具有很大的世俗权力。东罗马帝国统治者控制了东部教会而对西部教会则鞭长莫及。在这样的政治背景下，同属于基督教的东西部教会发展相对独立，随着教会特权的不断增多，双方对基督教绝对领导权的争夺持续加剧。

东西两派的对抗持续到11世纪，1054年两派教会正式决裂。西部教派强调自己的“普世性”而称公教，因其中心为罗马，故又称罗马公教；东部教派以自身为正统，称为正教，由于位于东部又称东正教。公教传入中国后，信徒所信奉的独一真神被称为“天主”②，因而公教在中国被称为“天主教”。16世纪宗教改革之后，形成了抗议罗马公教的改革教派，被统称为“抗罗宗”，即新

① 陈钦庄．基督教简史．北京：人民出版社，2004：470－477．

② 一般认为，“天主”一词取自《史记·封禅书》“八神，一曰天主，祠天齐”。关于基督宗教唯一尊神的汉语译名长久争论的一个梳理，参见：赵晓阳．译介再生中的本土文化和异域宗教：以天主、上帝的汉语译名为视角．近代史研究，2010（5）．

教，后泛指众多支持对公教实行改革的派别。至此，基督教形成了三大主要派别。①

基督教的基本组织是教会，教会以主教为管理教会的主体或核心。4世纪时，相仿于罗马帝国官阶的主教职位级别已经形成。不同级别的主教职位中，公教中最高级别的主教是“教皇”，中国天主教译为“教宗”。相对于制度化的基督教会而言，由信徒构成的各种修道组织被称为修会。修会源自基督教早期一些信徒为追求纯粹宗教生活而进行的个人式的隐修活动，这些信徒远避世俗、与世隔绝，专注于宗教沉思和冥想。此后，修道运动逐渐流行，至4世纪下半叶，出现了将修士们组织在一起进行集体隐修活动的隐修院。6世纪，本笃（Saint Benedict of Nursia，480—547）创立了公教重要的隐修院修会——本笃会，并在意大利的卡西诺山建立隐修院，制定严格的隐修制度，指导和约束修士的宗教生活，形成了以隐修院为中心的修道传统。在当时教皇的庇护下，本笃会发展迅速，西欧各地纷纷建立起本笃会隐修院，这些隐修院往往演变为当地的文化中心，本笃会系统的会规和修道制度也成为其他修会的楷模。13世纪出现了不依托隐修院的修会，如方济各会、多明我会等。这些修会以劳动、接受捐赠或乞讨为生，因而被称为托钵修会。16世纪，在宗教改革的背景下，新型的修会开始建立起来，这些修会的成员广泛参与社会活动，深入社会各个阶层，不拘泥于固定的修院制度，也无统一的会服。耶稣会就是新型修会的重要代表。

1534年，西班牙贵族依纳爵与6名来自不同国家的同伴在巴黎发愿，决心终生安贫、贞洁、守神，形成了耶稣会的雏形。1537年，依纳爵的团体增至10人，他们前往罗马，欲通过效忠教皇而侍奉上帝。1539年，他们决定组建一个正式的宗教团体为教皇效力。1540年，教皇正式批准耶稣会成立。1541年，依纳爵被选为第一任总会长。②

耶稣会不同于以往修会的一大特点是效仿军队制度的、中央集权式的组织架构，这源于依纳爵的军人出身以及他将耶稣会构想为效忠并服务于教皇的工

---

① Protestantism 和 Christianity 均可译为“基督教”，但前者是“抗罗宗”亦即“新教”，后者是包括公教、正教、新教及其他较小派别构成的整个基督宗教，这使得该译名易引起混淆，一个说明和使用建议见：王美秀. 西方的中国基督宗教研究. 世界宗教研究，1995（4）. 目前“基督教”一词的两种用法仍同时存在，但指代整个基督宗教是较通常的用法，比如商务印书馆2008年版《基督教词典》中的“基督教”词条。

② 更为详细的史料见：彼得·克劳斯·哈特曼. 耶稣会简史. 谷裕，译. 北京：宗教文化出版社，2003：1-8.

具。传统的修会通常要求其成员发愿“安贫、贞洁、守神”（绝财、绝色、绝意），耶稣会特别要求其核心成员除了“三绝”誓愿外，还要发愿效忠教皇。耶稣会本身具有森严的等级结构，总会长自称为“将军”，具有全权处置耶稣会的财产、决定会士去留升降的权利，下属各地会长称为“省长”。依纳爵将耶稣会比喻为教皇手中用来侍奉上帝及教会的权杖，他反复向成员灌输“绝对服从”的思想。耶稣会内部上级对下级拥有绝对的领导权，而最高层成员又直接受教皇领导，因此整个耶稣会自建立之初就运转自如，能够高效地贯彻执行教皇的指令。除此之外，耶稣会取消了固守于修院的隐修制度，也不要求成员统一着装及苦修，因此耶稣会士可以灵活有效地胜任各种工作，以实现耶稣会所追求的“愈显主荣”（Greater Glory of God）① 的目标。耶稣会的这些特点使其成长为替公教完成各种使命的先锋队，在成立之后很快就成为公教对抗宗教改革、维护自身权威的尖刀利刃。

宗教改革运动的导火索是 1517 年路德（Martin Luther，1483—1546）反对公教兜售赎罪券事件，不过后来事态逐渐变得错综复杂：路德出于改良教会目的而对赎罪券被教会夸大功效的批判，演变为对教会权威性和存在必要性的攻击，终于在 1529 年形成了新教与公教的彻底决裂；宗教改革浪潮从德国扩展至欧洲许多国家，除了路德宗，影响较大的还有瑞士的加尔文宗、英国的圣公会等，宗教改革的诸势力逐渐分化为不同的派别，公教与新教派别发生了激烈的斗争；改革的浪潮与欧洲民族主义的觉醒潮流汇合，农民、资产阶级、世俗领地的君主和贵族带着不同的政治目的和利益诉求纷纷参与到宗教改革运动中，终于在 16 世纪掀起了一场席卷欧洲、深刻影响文明进程的社会运动。

随着新教的兴起以及世俗国家不断脱离罗马公教的控制，公教深刻感受到了自身的危机。为了应对宗教改革的冲击，公教采取了一系列措施维护自身的权威地位：一方面，教会内部的重要举措是整顿修会及教士的虔修生活，并通过更积极的传教扩大社会影响和公教势力范围；另一方面，则是加强对新教的镇压，通过特兰托公会议强调自身教义的权威，反对新教主张的“因信称义”②，并宣布新教为异端，以整顿异端裁判所、查禁新教书刊等方式打压新教发展。

---

① 彼得·克劳斯·哈特曼. 耶稣会简史. 谷裕，译. 北京：宗教文化出版社，2003：序 2. 该信条在耶稣会官方网站中亦有陈述：http://jesuits.org/aboutus。

② 路德主张人们能够通过阅读并相信《圣经》获得神启，强调《圣经》的权威性高于教会。

耶稣会在宗教改革时期成为公教反击新教的得力组织，并迅速发展壮大。通过人尽其才、因地制宜的扩张策略，培养具有渊博知识的会士，附和文艺复兴时代人文主义的神学倾向，以及通过间谍活动策划政治事件，比如暗杀、挑起叛乱、发动政变等①，耶稣会有效地遏制了新教的发展，不仅巩固了公教在已有势力范围内的地位，而且挽回了一些被新教占领的地区。其中，耶稣会的教育事业起到重要作用，遍布欧洲的耶稣会学校成为罗马公教振兴的重要据点。

耶稣会积极贯彻公教向欧洲之外地区扩张的方略，从建会之初便开始向当时已知的各大洲派遣传教士，与新教争夺传教阵地。长期的海外传教使耶稣会发展成为在全球范围具有广泛影响的传教修会，在南美洲甚至建立了具有 160 年历史的神权国家“耶稣会国”。然而，耶稣会的发展也并非一帆风顺，曾受到来自教会内外的攻击，因过多干预欧洲一些国家的政治于 1773 年被解散，直到 1814 年才重新建会。

宗教改革运动后期，公教与新教的斗争扩展到支持双方领主之间的战争中，这些以宗教名义进行的战争逐渐演变为对领土控制权的争夺。1648 年，欧洲最后一次大规模的宗教战争——“三十年战争”结束后，人们对国家和政治的关注逐渐超过了对神学和教规的关心，欧洲开始从中世纪迈向现代社会。

2. 文艺复兴后期耶稣会的教育事业

以人为本的人文主义思潮是文艺复兴运动的主旋律。发源于意大利继而影响全欧洲的文艺复兴和人文主义，深刻地改变了欧洲知识分子的思想文化境界，使他们开始从个人的角度而不是作为神的附庸物重新认识自身和世界。

从历史分期的角度看，文艺复兴时期是欧洲文明从中世纪或封建时代向近现代社会转变的过渡时期。② 中世纪泛指欧洲古代和近代之间的历史时期，一般认为始于 5 世纪西罗马帝国灭亡，结束于文艺复兴已然兴起的 15 世纪。以 1000 年和 1300 年为界，中世纪又被划分为三个特征明显的阶段，即经济和文化几乎

---

① 历史上的耶稣会产生了深远影响又引起激烈争议，其行事风格可称为“灵活高效”，亦可判作“不择手段”，被译为汉语的两本关于耶稣会的专著哈特曼的《耶稣会简史》及埃德蒙·帕里斯的《耶稣会士秘史》，可分别代表上述两种评价。

② 文艺复兴的起讫和地点在不同时期、不同国别及不同研究领域中存在分歧，一般认为其时间范围是 14—16 世纪，主要在欧洲进行。关于文艺复兴概念争议的一个扼要梳理见：布罗顿. 文艺复兴简史. 赵国新，译. 北京：外语教学与研究出版社，2015：8－15.

停滞的早期，经济复苏、城市兴起的盛期，以及遭受了瘟疫、战争和基督教会分裂等大事件重创的晚期。①

在中世纪，公教在人们的思想领域处于绝对的支配地位，对于世俗政权也有巨大的影响力。但是，世俗封建主并不总是对教会拥有的至高无上权力感到满意，王权和教权的斗争甚至在6世纪已经开始。经过11至13世纪的激烈斗争，罗马教会和教皇的权势逐渐走向没落。进入11世纪，随着欧洲商业的兴起，城镇发展起来，逐渐出现了富裕的市民阶级。从12世纪起，意大利的商业发展在欧洲已处于领先地位，佛罗伦萨是意大利境内小城邦中繁荣程度最高的手工业、商业和文化中心。在佛罗伦萨，新兴的市民阶级与封建贵族之间的矛盾日益尖锐。文艺复兴运动初期的三位代表人物但丁（Dante Alighieri，1265—1321）、彼特拉克（Francesco Petrarca，1304—1374）和乔万尼·薄伽丘（Giovanni Boccaccio，1313—1375）都是佛罗伦萨人，三人的文学代表作——但丁的长诗《神曲》、彼特拉克的抒情诗集《歌集》、薄伽丘的故事集《十日谈》，都对教会和当时封建社会的诸种丑恶进行了揭露和批判。对现实的批判、反对教会的腐败、追求自由的理念、把人作为真正的人来对待等思想，奠定了人文主义精神的基础。

文艺复兴运动很快从意大利传播到欧洲其他地方，演变为一场影响深远的欧洲思想解放运动，产生了广泛而持久的历史影响②：首先是对人生态度的影响，将人的精神从依附于神的状态转变为尊重作为个体的人，关注世俗的、现实的事物，从神本主义转向人本主义；文艺复兴促进了商业、经济、文化等方面的互动，使整个社会活跃起来，并使得城市中富裕的中产阶级意识逐渐发展成熟；在学术上，文艺复兴强化了批判性思维，使人们从对宗教神学的信仰和服从转变为敢于表达自己的意见，思想的活跃使得学术获得了一种轻松自由的研究氛围；教育制度本身也得到了改进。这一系列的变化最终导致近代自然科学和近代哲学的建立。文艺复兴运动还使民族语言得到重视，拉丁语的统治地位被推翻。民族语言对各族人民起到了凝聚作用，成为神圣罗马帝国解体、民族国家形成的一个重要基础。

经历地理大发现、文艺复兴和宗教改革这些相互影响的重大历史事件之后，

---

① 本内特. 欧洲中世纪史：第10版. 杨宁，李韵，译. 上海：上海社会科学院出版社，2007：1-2.

② 陈乐民. 欧洲文明十五讲. 北京：北京大学出版社，2004：107-108.

16世纪的欧洲人迎来了精神解放，不再拘泥于神学和教义，眼界不再局限于欧洲而拓宽到全球，对于世界的、社会的、人自身的认识发生了根本性变化，逐渐形成了一种新的时代精神。这种富有生气的变化从文艺复兴运动早期的文学和艺术领域，扩展到宗教、哲学、政治、自然科学等更为广泛的思想文化领域，所有这些变化积累起来，反过来又加速了新精神的升华。与古希腊学术鼎盛时期类似，文艺复兴时期学术的蓬勃发展依赖于对自然研究的流行和深入，受到经济发展的有力支持，因为经济发展在丰富社会财富的同时，也增加了人们的闲暇时间。新航路和新市场开辟后，金银等贵金属货币以及物产大量流入欧洲，极大地促进了商品贸易的繁荣和资本主义的兴起。技术的进步则加快了文艺复兴的进程，尤其是印刷术的广泛使用，使思想传播的速度和广度大大提升。

文艺复兴运动并没有直接反对基督教，但是，当越来越多的人意识到人的尊严和地位的重要性，当人们将注意力越来越投向宗教神学之外的学术领域时，宗教在人们思想领域的支配地位自然不可避免地开始松动。在文艺复兴后期，人本主义成为主流思想，人们不再盲从教会和权威，而形成了强烈的批判意识。这种批判意识在基督教内部的集中表现是始于路德的宗教改革运动，而在更大范围、更具革命意义的表现则是自然科学理性思维的兴起。处于这个学术繁荣、思想多元的时代，耶稣会的传教策略、教育方式乃至神学思想势必会受到影响。人文主义思潮毕竟间接成为公教信仰的威胁，于是耶稣会主动施加控制和引导，对年轻人进行符合公教利益的教育和培养，这是十分明智的策略。

耶稣会十分清楚地认识到教育事业是自身持续发展和扩大公教影响力的有力保障，因而不遗余力地建设学校。耶稣会学校的建设和维持日常运转的经费主要来源于捐赠，并且实行义务教育制度，学生得以接受免费的教育。一方面，耶稣会学校成为培养耶稣会新成员的主要摇篮，为公教培养了大量有学识、素养和宗教责任意识的神职人员和普通教士，从公教内部夯实了人才基础；另一方面，通过向日后成为世俗政权核心的那些人灌输公教思想，以及为世俗政权提供具备丰富知识的可以信赖的人才，从而影响世俗政权，从外部造就了支持公教的政治联盟。此外，耶稣会学校吸引了大量青少年，培养他们接受公教，从而有效遏制了新教扩张。在宗教改革时期，耶稣会通过成功的教育事业给予新教以重击，成为公教复兴的关键力量。

1548年，耶稣会在意大利西西里岛的墨西拿建立了第一所学校，该校的主要特点成为此后耶稣会学校的标准：教师均为耶稣会士，学校的建立和运转依靠捐赠，为学生提供免费教育，教学内容为人文学科、哲学和神学。耶稣会的教育事业发展十分迅速，1599 年学校的数量达到 245 所，1626 年达到 441 所。就学人数也十分可观，小城镇中每所学校的学生数有 500 ~ 800 人，大城市中该数字有 800 ~ 1 500 人。至 1773 年耶稣会解散时，包括欧洲之外的学校在内，学校数量已有 750 所，就学人数 21 万余。① 学校快速扩张的原因不仅是得到了教会支持，而且耶稣会学校本身也十分具有竞争力。16、17 世纪欧洲城市快速发展，人们对教育的需求大大增加，耶稣会学校的教育是完全免费的，只有寄宿的学生需要支付少量的膳宿费用，这自然就吸引了大量学生就读。更为关键的是，耶稣会学校的教学效果十分出色，在古典文学深得有学识公众青睐的文艺复兴时期，耶稣会学校的学生能够熟练且得体地使用拉丁文，并具有丰富的学识，这是实实在在的教学成果。因此，耶稣会学校迅速在与包括巴黎大学在内的其他学院和大学的竞争中占据了上风。

耶稣会的教育效果出众的主要原因有两个：一是耶稣会教学内容符合文艺复兴的主流，并特别强化了对古典文化的研习；另一个是对学生的思想和行为实行严格而有效的激励和监管措施，包括建立当时具有创新性的学业竞争体系，加强教育者对学生的监管和个人式的持续接触，鼓励学生相互监督、相互检举等。耶稣会学校以拉丁文为基础，以古典文化知识为框架，并以宗教神学为核心。其教育的最终目的并非要培养学生独立自由的学术研究能力，而是为了培养忠诚且顺从的教士，使他们成为为教会服务的工具。因此，以依纳爵《精神训练》为核心的意志和精神的训练占据了学生大量的时间，而古典文学中的知识和精神被刻意遮蔽，而以符合公教信仰的形式教授给学生；学生习得了拉丁文、知晓了众多古代思想家的名字，但从根本上并未被人文主义思潮所影响。耶稣会由此使其教育不仅在公众面前成功了，而且也在公教利益的立场上成功了。②

完善而强大的教育事业是耶稣会的一大特色③，早期耶稣会的教育在教育史

---

① 彼得·克劳斯·哈特曼. 耶稣会简史. 谷裕，译. 北京：宗教文化出版社，2003：75.

② 涂尔干对耶稣会如何控制和引导人文主义思潮使其有利于公教进行了精湛的分析：涂尔干. 教育思想的演进. 李康，译. 上海：上海人民出版社，2006：242-281.

③ 20 世纪末，耶稣会各类教育机构的在校学生人数高达 150 万。参见：彼得·克劳斯·哈特曼. 耶稣会简史. 谷裕，译. 北京：宗教文化出版社，2003：114.

上的重要地位得到普遍认可。而且通过教育事业，耶稣会直接或间接地参与到自然科学的建立和发展之中①。比如，耶稣会学校的一些数学教授与伽利略有良好的关系；耶稣会的教授撰写了大量数学和与自然科学相关的著作；17—18 世纪耶稣会修建了许多天文台，并进行了大量的天文观测；等等。教育事业成为这些活动的基础。

耶稣会学校的哲学课程范围甚广，讲授亚里士多德的形而上学、伦理学、心理学，以及包括物理学、生物学、天文学等在内的自然哲学，此外还讲授以欧几里得几何学为核心的数学。关于数学在整个知识体系中的地位，耶稣会学校的哲学教授和数学教授曾展开辩论：哲学教授试图捍卫亚里士多德的立场，认为数学并非自然哲学，因为它处理事物的可量化方面，而自然哲学应当研究事物本身；数学教授则坚持数学的重要性。他们的观点或有不同，但共同之处是强调数学和自然哲学之间的重要关联，而这恰好与正在兴起的自然科学精神不谋而合。

耶稣会的数学教育传统主要是克拉维乌斯开创的，他主持了 1564—1595 年罗马学院的数学院。数学院的教育对象是准备从事数学教学或去其他洲尤其是亚洲传教的学生，每年仅有 10 人左右，他们所接受的数学教育比一般的数学课程更为全面。数学教育的内容以欧几里得几何学为主，此外也包括天文学、地理学、实用算术、历法学、力学、音乐等其他与数学相关的领域。数学院甚至有专门的图书馆陈列数学著作。数学院在克拉维乌斯去世后逐渐没落。克拉维乌斯最著名的学生当属 1575 年至 1577 年在罗马学院学习、后来震动了明王朝知识界的利玛窦。

尽管耶稣会的教育事业是扩张公教势力十分有效的途径，但也阻挡不了整个时代的思想从神学转向对自然和人性的兴趣。文艺复兴时代欧洲人对世界的种种新发现、人文主义对人本身的重视，两种不同的思想潮流汇合，到了 17 世纪，它们分别在伽利略和笛卡尔那里达到了里程碑式的成就。随着自然科学和近代哲学的兴起，亚里士多德自然哲学体系以及建基于其上的托马斯·阿奎那的神学体系，对人们精神世界的支配地位逐渐发生动摇。经院哲学在知识分子头脑中培养起来的理性和思辨能力，最终推翻了经院哲学甚至神学本身的权威性。

---

① 耶稣会在数学和自然科学领域中的贡献及教育活动，参见：Agustín Udías. Jesuit Contribution to Science：A History. Springer，2015.

3. 地理大发现与耶稣会的海外传教

直到15世纪末，欧洲人对世界地理的认识依然是以托勒密2世纪的《地理学》为圭臬。托勒密用经线和纬线交叉形成的几何坐标网格来覆盖已知世界，包括欧洲、非洲和亚洲。然而，这些地理知识主要来自文献、传闻和天文学理论的推断，很少依据实地的勘测结果。欧洲人对于隔着大洋的美洲、澳洲等地区基本上一无所知。托勒密对于亚洲面积的估算也远远大于实际，对地球周长的估计又过小，这为哥伦布后来向亚洲的航行造成了一种盲目的乐观情绪。

在持续不断的短途航海中，欧洲人积累了航海技能以及对欧洲附近海域的地理学知识。到15世纪，向欧洲之外的试探性航海活动开始了，这些航海活动的动机大都是为了追求经济利益和扩大政治影响。葡萄牙在15世纪的航海活动中卓有成效，将其附近海域的群岛纳入版图；15世纪80年代，葡萄牙船队绕过非洲延伸到大西洋的几内亚湾，并在那里建立了贸易站。各种商品、物资和大量的黄金源源不断地输入葡萄牙。经济利益的刺激使得航海家将目光投向更为遥远的海洋。1488年，迪亚士（Bartolomeu Dias，约1450—1500）绕过了非洲最南端的好望角，这也鼓舞了哥伦布通往亚洲的航海行动。

1492年，哥伦布得到西班牙王室的资助，从西班牙南部出发向西航行，以开辟通往亚洲市场的新航路。经过两个月的航行，哥伦布到达了美洲的巴哈马群岛，并认为已经到达了亚洲。这次航行为欧洲人打开了通向美洲的大门，然而通往亚洲的航道却依然有待开辟。哥伦布的首航引发了葡萄牙和西班牙关于划分势力范围的外交纠纷，葡萄牙人守住了他们正在非洲开辟的领地，以及经由好望角通往东方的航道。1497年，达·伽马从葡萄牙里斯本出发，绕过非洲南端向东航行，进入了对欧洲人来说几乎完全陌生的印度洋。在非洲东海岸的肯尼亚，达·伽马雇用了一位阿拉伯航海家作为领航员，他依靠来自阿拉伯世界的航海和天文学知识，终于在1498年到达了印度。

至此，欧洲向西到达美洲、向东到达亚洲的新航路均被开辟出来。在利益的驱使下，继葡萄牙和西班牙之后，荷兰、英国、法国等国家纷纷加入到开辟海外市场的活动中，越来越多的航海活动将欧洲与世界联系起来，托勒密的世界图景已被打破，更加完整的世界形象逐渐取代了欧洲人对世界形状和大小的想象。通过新航路和不断开辟出的新市场，来自世界各地的资源和物产影响了欧洲人的日常生活。来自新世界的知识、传闻以及不断丰富的地理知识，开阔了欧洲人的视野和心胸。持续输入欧洲的大量财富为许多欧洲人提供了享受闲暇生活的机会，这也为文艺复兴时期学术发展和思想文化领域成果的迸发提供了物质基础。

标榜基督教义普世性的公教，也是庞大的商业利益集团和封建地主，新航路的开辟对公教而言具有双重意义：一方面，新航路打通了直通东方的商路，与东方的贸易不再受制于盘踞陆上商路的土耳其人，这是历时200余年的十字军东征以及与之相应的商业活动没能达到的目标；另一方面，基督教信仰的传播获得了新的方向和目标，通过这些畅通无阻的航线，传教士们将基督教信仰带往广阔的美洲、非洲和亚洲。

从耶稣会创立之日起，海外传教就是耶稣会最重要的使命和工作之一。尽管文艺复兴时期欧洲的航海技术和船舶技术有了很大进步，但在当时的航海条件下，风暴和恶劣的天气以及各种病患的侵袭，使得漫长的海上旅行依然是十分艰辛甚至威胁生命的活动。然而这并不能阻止成千上万传教士的脚步，他们对基督教信仰充满信心，前往不同的国度，想尽各种办法传播基督信仰，并不惧怕有可能死在漫长的海上航行中或者陌生的异国他乡。

正是由于地理大发现所开辟的新航线，传教士远涉重洋的传教活动成为可能。除了传教士，还有商人、士兵、工匠等，他们随着航行在新航线上的船舶，将基督信仰和欧洲文化带到了世界各地。在15、16世纪，公教的海外传教活动与葡萄牙和西班牙的殖民活动同步展开。葡萄牙和西班牙渴望通过新航路和殖民地获得更多的财富，而公教在欧洲的势力遭到宗教改革的冲击后，也极力寻求在欧洲之外的地方得到补偿。葡萄牙和西班牙也是公教稳固的势力范围，因此，探险家们也把他们的探险看作类似于十字军征战的神圣战争，而传教士则受到探险队的保护和帮助。传教士的足迹随着殖民者出现在每一块新占领的殖民地上。对海外传教的重视也促使教会内部建立起相关的管理机构，公教的许多修会成为传教活动的主力军。当时传教十分活跃的修会有耶稣会、方济各会、多明我会等，其中尤以耶稣会的传教活动规模最大、传教士人数最多。

耶稣会海外传教的根本目的是发展公教信徒。在新世界的大门逐渐向欧洲人开放之后，耶稣会“在万事万物中找寻神”（Finding God in All Things）和愈显主荣的宗旨，促使耶稣会士前仆后继地前往亚洲、非洲、美洲，去完成在遥远世界传播福音的使命。为了完成传教使命，耶稣会士在传教活动中充分地施展应变和适应能力，开创了极具特色的灵活传教方式。他们通常会认真学习和掌握前往传教国家和地区的语言，深入了解传教地区的文化和宗教，试图将公教教义与当地已有文化和宗教完美地结合起来，以便使当地居民更容易接受这种对他们而言十分陌生的信仰。比如，用圣母来代替印第安人崇拜的大地之母；在中国、日本、印度，耶稣会士改穿当地服装，以便融入当地社会。

15、16 世纪，公教在非洲的传教并不顺利，耶稣会也未能改变这一局面。在美洲和亚洲，耶稣会传教活动进展较大。耶稣会成立的同年，作为首批会士之一的沙勿略就从已被葡萄牙人开发多年的通往亚洲的航道向印度进发，于 1542 年抵达葡萄牙在印度的殖民地果阿开始传教，把许多低种姓群众发展成为信徒。在随后的几年中，沙勿略又到锡兰、马六甲和日本进行传教。在抵达日本之前，沙勿略已经通过在马六甲认识的商人以及一位畏罪逃亡的日本人获得了关于中国的许多信息，并感受到中国在整个东方文化体系中的重要地位，因此有了到中国传教的明确打算。① 尽管经过多方筹划和努力，沙勿略最终也未能实现这一夙愿。1552 年年底，在努力尝试进入中国内地未果之后，沙勿略在广东沿海的上川岛病逝。沙勿略为公教在亚洲的传播做出了很大贡献，不仅开创了印度、日本等地的传教事业，而且他的事迹也激发了后来的年轻修士们投身传教事业的极大热忱。

17 世纪初，耶稣会在亚洲的传教活动逐渐取得进展，但算不上顺利。在印度，尽管耶稣会士采取迁就当地风俗习惯和文化传统的传教策略，使许多高种姓的印度人成为信徒，但未能改变传教缓慢的局面。在日本，公教信徒达到了 75 万人，一些公教教堂、学校和慈善机构也相继建立起来，《圣经》和许多公教书籍被译成日语。但是面对列强要求开放市场的武力威胁，日本仍闭关锁国，1612 年取缔公教。至 1640 年，公教在日本已几乎消失。这一时期公教在中国的传播进展比较突出。沙勿略去世之后，众多耶稣会士试图进入中国内地传教的努力均未成功②，直到 1557 年才出现了转机。两广总督因葡萄牙人帮助剿灭海盗，准许其在澳门居住，这就为传教士提供了一个落脚点。1582 年，利玛窦到达澳门，次年进入广东肇庆，开始采取学术传教等灵活多样的传教方式，积累声望、发展信徒。经过近 20 年的苦心经营，1601 年利玛窦终于实现了留居北京的愿望。利玛窦为传教而介绍给中国人的自然科学知识，后来成为明末耶稣会

---

① 戚印平．沙勿略与耶稣会在华传教史．世界宗教研究，2001（1）：66-74，169.

② 尚智丛．传教士与西学东渐．太原：山西教育出版社，2008：12.

士在中国立足、免受驱逐的保护伞。中国的公教信徒在利玛窦去世时不过2 500余人，而到了崇祯末年已达到3.8万余人。

公教在亚洲的传教活动障碍重重，其根源在于亚洲国家普遍具有稳固的封建制度、悠久的文化传统和发达的传统宗教。除了沦为殖民地的菲律宾以及印度部分地区外，亚洲国家对基督教的抵抗普遍很强，但在美洲，情况却大不相同。16世纪传教士在拉丁美洲的传教活动遇到的阻力最小、进展较大，主要是依靠西班牙和葡萄牙对这一地区的直接统治、殖民者对当地居民的野蛮屠杀和残酷奴役，以及政府对教会传教活动的大力支持而促成的。另外，美洲并没有发展出像亚洲那样发达的传统宗教，加之受到较为原始的社会制度束缚，在面对欧洲殖民者时，美洲的土著居民既没有精神上的武装，也没有足够的物质能力抵挡军队和传教士的入侵。相较于其他修会的传教士，耶稣会士在拉丁美洲的传教进展十分突出，他们甚至建立了一个相对独立的耶稣会传教区，包括现今巴拉圭以及乌拉圭、阿根廷和巴西的部分地区在内，构成了一个耶稣会神权国家。这个耶稣会国看上去像是实现哲学家们“理想国”理念的绝好机会，然而实际情况却极其残酷。当地的土著居民即使受洗成为基督徒，也并没有思想上和身体上的自由。他们在名义上得到了传教士的保护和照顾，但实际上却要在传教士的命令下按部就班地生活和劳动，在思想上和行动上都要服从耶稣会士的权威，否则就会受到严厉处罚。公教在北美洲的传教比较顺利，从17世纪中叶起，耶稣会成为在北美洲传教的主要修会，当今加拿大的魁北克成为他们的主要聚集点，耶稣会士在那里建立修院，培养传教士。

1773年，耶稣会被解散，公教在世界各地的传教活动遭受打击，随着耶稣会的撤离，公教传教进展十分缓慢。这一时期，欧洲的历史发生了根本性的变化。经历了资产阶级革命的新教国家荷兰和英国，取代了西班牙和葡萄牙的海上霸权地位，致使公教的传教活动失去了传统的保护者，传教活动的范围也随着西、葡殖民地的不断丧失而缩小，这也是公教传教活动衰落的一个主要原因。17、18世纪，随着欧洲新教国家的海外殖民活动的拓展，新教也逐渐传播到欧洲之外。

总的来看，基督教的海外传播是与欧洲的海外殖民活动结合在一起的，传教既是殖民活动的一部分，又受到了殖民活动的支持和保护。海外传教的积极意义之一在于将欧洲文明中先进的科学技术传播到世界各地，但这种文化入侵常常中断或干扰了当地传统文明的独立发展进程。无论利弊，基督教在全球的传播对人类文明的进程产生了深远的影响。

二、中世纪晚期的欧洲学术

对耶稣会士背后的欧洲科学演进历程的追溯，自然会回到古希腊时期的自然哲学，但当讨论西学东渐这一主题时，中世纪晚期和文艺复兴时期的学术发展、科技成就尤其值得注意。

整个中世纪欧洲学术的核心和权威是基督教神学，尽管它遏制了哲学和自然科学的发展，但结合中世纪早期欧洲动荡的政治格局，应该说基督教会在外族向欧洲迁徙之时保存了古希腊罗马的理性精神；同时，中世纪经院哲学烦琐细致的论辩术，也为科学精神的兴起奠定了重要的思想基础。

1. 阿拉伯人对欧洲学术的贡献

罗马帝国分裂后，476 年，西罗马帝国因日耳曼等族入侵而灭亡。日耳曼等族接受了基督教信仰，但对古希腊罗马的文化却不屑一顾；东罗马帝国于 529 年关闭了所有雅典学院，于是希腊学术在整个欧洲被抛弃了。随着古希腊罗马文化的衰落，欧洲进入了持续千年的中世纪。

7 世纪伊斯兰教兴起后，阿拉伯人凭借宗教和军事力量迅速崛起，占领了广袤的领土，到 8 世纪中叶建立了地跨亚欧非三大洲的阿拉伯帝国。因此在 8 世纪，曾经属于罗马帝国的土地上出现了以地中海为中心的三种毗邻的势力：西部日耳曼人和基督教逐渐结合成为西欧的统治力量；东部的东罗马帝国逐渐发展成为拜占庭帝国；南部的伊斯兰文明建立起统一的强盛帝国。这三种文明共同继承了罗马传统，并在其基础上发展出不同的文化，而它们地理上的相邻，又使得三者的关系变得错综复杂，在经济、政治、文化上既有交流又有冲突。①

伊斯兰文明的扩张速度十分惊人，从 622 年穆罕默德（Muhammad,

---

① “历史学家有时把这三种文明称为罗马的‘三个子嗣’，或者干脆称为罗马的‘三个兄弟姐妹’。其实，‘邻居’一词也许更好地概括了它们的关系，因为三者相依相邻，而且这种关系的重要性并不亚于它们所共享的罗马的传统。”参见：本内特. 欧洲中世纪史：第 10 版. 杨宁，李韵，译. 上海：上海社会科学院出版社，2007：72.

约570—632）到达麦地那城并成为那里的政治领袖起，之后不过100多年，阿拉伯人先后征服了地中海东部地区和波斯、埃及；又沿着非洲北部西侵直到大西洋岸边，渡过海峡攻占了哥特人统治的伊比利亚半岛；向东方，扩张到外高加索、中亚细亚和印度河流域，与唐朝边境相接。从750年起，阿拉伯帝国进入阿拔斯王朝时期，政治、文化、经济繁荣发展，整个帝国进入了全盛时期。9世纪中叶以后，帝国逐渐分裂为诸多小型的伊斯兰国家。1258年，蒙古人入侵，阿拉伯帝国灭亡。

当中世纪欧洲的自然哲学几乎处于停滞状态时，阿拉伯人的学术发展却非常旺盛。伴随着帝国的扩张过程，阿拉伯人吸收消化被征服民族和邻近民族的文化精髓，在原有文化的基础上，产生了“阿拉伯-伊斯兰文化”。中世纪是阿拉伯-伊斯兰文化和欧洲文化接触最密切的阶段之一，既有激烈的军事冲突和宗教冲突，也有政治、经济、文化等各个领域的往来。充满活力、正在蓬勃向上的阿拉伯-伊斯兰文化与缺乏动力、发展迟滞的中世纪欧洲文化相互渗透、相互交融，构成了东西方文明交流的一个重要阶段。

阿拉伯人在古罗马帝国的领土上东征西讨，不仅获得了广袤的领土和大量战利品，而且获得了很多古希腊文献。但是阿拉伯人不懂希腊语，只好组织人力翻译，叙利亚的景教徒充当了主力，他们成为古希腊文化和伊斯兰文化之间的桥梁，他们将古希腊文献先从希腊语译为叙利亚语，再从叙利亚语译成阿拉伯语。丰厚的古希腊文化遗产成为阿拉伯人的宝贵财富，对伊斯兰文明产生了重要的影响。

9世纪时，由于帝国领袖麦蒙（al-Ma'mūn，786—833）对古希腊文明和理性主义极其尊崇，阿拉伯人翻译外文著作的文化移植活动也达到顶峰。麦蒙于830年在帝国首都巴格达创立了“智慧馆”（Baytal-Hikmah），这是一个由图书馆、科学院和翻译局组成的综合性学术机构，被称为“亚历山大港博物馆成立以来最重要的学术机关”①。大量古希腊、罗马、波斯、印度等地的古籍和著作被搜集到智慧馆中，由被召集在一起的精英学者系统地翻译为阿拉伯语。通过翻译家们不遗余力的工作，不同民族的各个领域中的智慧和知识汇聚到阿拉伯世界，造就了文化方面一派繁荣的景象。在大规模翻译运动的推动下，帝国的许多城市成为文化中心，许多图书馆、大学和类似智慧馆的学术机构被建立起

① 希提. 阿拉伯通史. 马坚，译. 北京：新世界出版社，2008：282.

来。清真寺也成为重要的文化教育机构，并拥有藏书丰富的图书馆。不同民族、不同宗教背景的学者可以自由地进行学术讨论和研究，营造出思想自由、兼容并蓄的学术氛围。

阿拉伯人的百年翻译运动可谓文明史上的一大盛事，不仅促使阿拉伯人在许多学术领域做出了重要的贡献，而且有力地推动了人类文明的进步。这次翻译运动是东西方文化的一次碰撞和融合，造就了一批掌握多种语言、成绩斐然的翻译家。这些翻译家对古籍和文献进行了大量的考证、勘误、增补、注释等工作，因而，一方面，不同文化传统的知识被吸收到阿拉伯文化中，另一方面，这些工作有效而系统地保存了古籍。欧洲成为翻译运动的最大受益者，阿拉伯人将古希腊罗马的大量古典名著译成阿拉伯文，使古代西方文明得以存续。这些古代名著以及阿拉伯人的知识，又通过叙利亚、西班牙和西西里岛传回欧洲，填补了欧洲文化的断层，后来推动了文艺复兴运动的兴起。亚里士多德、柏拉图（Plato，约前427—前347）、欧几里得、托勒密这些伟大思想家的著作和知识，正是经由阿拉伯人的传承才得以留存于世的。

11世纪，将阿拉伯学术通过拉丁语译本介绍给欧洲的文化潮流开始兴起①，阿拉伯医学的许多著作最先在西班牙被译为拉丁语版本。1085年，伊比利亚半岛上的基督教国家从阿拉伯人手中收复托莱多城之后，托莱多遂成为阿拉伯学术传往西欧的主要通道。在教会的支持下，托莱多成立了一个正规的翻译学校并培养了大量翻译人才。此外，教会还积极资助学术活动和翻译活动。欧洲各地的学者被吸引到托莱多，将古希腊作品的阿拉伯语译本、阿拉伯语的原著、古希腊语原著译成拉丁语版本，阿拉伯的科学和哲学以及由阿拉伯人保存的古希腊学术，得以从欧洲西南角的西班牙向整个西欧传播。

西西里岛在阿拉伯文明向欧洲传播过程中的地位仅次于西班牙。西西里岛位于地中海中部，地理位置较为特殊，与意大利半岛几乎接壤，而与非洲只隔了不足150公里宽的突尼斯海峡，这使得西西里岛成为伊斯兰文化和基督教文化的交汇点。岛上有通晓拉丁语、希腊语、阿拉伯语、希伯来语等语言的学者，希腊语著作能够直接被翻译为阿拉伯语版本或拉丁语版本。西西里岛的翻译以天文学和数学名著为主，尽管有些著作后来在托莱多有更好的译本，但西西里岛在翻译工作中的贡献不可被忽略。

---

① 关于11—13世纪的翻译活动，参见：格兰特. 中世纪的物理科学思想. 郝刘祥，译. 上海：复旦大学出版社，2000：14-21.

阿拉伯文明就像一个蓄水池，将欧洲文明源头的古希腊学术保存下来，又吸收了波斯、印度等地的传统文化，并且增加了自己的创造，最后将这些学术养分灌溉到欧洲大陆，对11世纪以后西欧文明的形成产生了决定性的作用。

2. 教会大学和教会学院

西罗马帝国灭亡之后，西欧土地上的各个民族通过战争和融合的方式改变着社会结构和政治版图。日耳曼人诸分支之一的法兰克人在9世纪初成为西欧的霸主，建立了统一的法兰克王国。

法兰克人与公教素有渊源，是日耳曼人中最先皈依正统基督教的民族。开创加洛林王朝的丕平（Pépin Le Bref，714—768）与公教建立了更加亲密的利益关系。丕平本是前朝的宫廷总管，但实际上掌握着国家实权，他为了成为真正的国王便与教会结盟，得到教会的强大支持后废黜了当时的法兰克国王。作为回馈，丕平率军击败了亚平宁半岛的伦巴底人，把战争得来的土地分了一部分给教皇，教皇国由此得以建立，罗马教会的势力和地位也大大增强了。

加洛林王朝的第二位统治者查理大帝（Charlemagne，约742—814），经过连年征战控制了西欧大部分地区。随着查理统治的法兰克王国的扩张，公教得以不断推广，王权和教权结成了紧密的同盟，以“日耳曼—拉丁—基督教”的文明模式不断改造着欧洲。加洛林王朝被查理推向巅峰，不仅拥有庞大的疆域，而且还出现了一个被称为“加洛林王朝的文艺复兴”的文化繁荣时期。查理拥护罗马教皇，他加强各级教会组织，命令居民严守教规和交纳什一税，使公教进一步巩固了在西欧经济、政治、文化上的统治地位。查理重视文化教育，他设立学校，网罗欧洲知名学者前往首都讲学，派人搜集和抄写大量古典文献，督促贵族和教会人士致力于学习。在这个短暂的加洛林复兴时期，中世纪的教学传统被建立起来。阿尔昆（Alcuin 或 Albinus）引进了波伊提乌（Boethius，约480—524 或 525）的“七艺”论，其中包括用来学习交际的“前三艺”（trivium）即语法、逻辑和修辞，以及用来研究物质世界的“后四艺”（quadrivium）即代数、几何、天文和音乐，七艺后来成为中世纪学校教育的标准设置。查理让国土内的教堂和修院掌管学校，学校的目标是教会儿童阅读拉丁文，这些学校同时给那些不愿以宗教为职业的学生提供教育。阿尔昆推动了初等教育的发展，他和其他学者还通过准确的抄写，整理和保存了古典基督教文化传统的典籍。① 此外，阿尔昆还编纂了大量教育书籍，其中初等数学教科书在中世纪广为流传。

教会的修院和学校成为中世纪知识群体最为集中的地方。早在6世纪，初创的本笃会就开始在修院附近设立学校，教育那些被父母或监护人献给宗教生活的儿童。随着本笃会影响力的增强，本笃会修院及学校普遍成为重要的学术中心。在修院及学校中诞生了中世纪早期的大部分学者和作家。许多修院专门设有供研习、抄写经卷的文书房，这使得拉丁语古卷在修院中得以重新抄写和妥善保存。查理死后，加洛林王朝逐渐衰落，但学术在欧洲却继续复兴。

在9、10世纪的欧洲，修院里仍然进行着抄写经卷的活动，修院、学校也仍然继续教学。学校的学生主要来自贵族子弟，他们接受知识主要是为了继承官职、出任军官或者在教会中担任职务。学校传授的知识主要是《圣经》和基督教古代教父的著作。但是，由于教会学校也要为统治阶层培养合适的接班人，因此有关艺术、哲学、逻辑和科学的一些内容也渐渐被加进来了，这成为古典知识在中世纪得以传承的重要渠道，在一定程度上保存和发展了古典知识。

中世纪中期，欧洲慢慢吸收了阿拉伯文化，学术复兴的速度逐渐加快。这一时期欧洲的城市不断建立和发展，市民阶层逐渐形成，人们对于文字的使用有了更多要求，比如遗嘱、商业记录，世俗政权的统治阶层和教会的权力机构也越来越需要文字形式的档案、契约、司法记录等。人们可以通过掌握辩论、读写和计算的能力进入政府机构和教会，或者从事商业等需要文化知识的行业。这种种变化导致整个社会对于教育的需求不断增大，修院和学校已无法满足不断增加的教育需求。11、12世纪，城市教堂里的学校和半世俗化的私立学校纷纷建立并发展起来，这些学校打破了修院、学校对教育的垄断，其中一部分在12世纪晚期及之后便发展成为大学。

13世纪初，第一批大学已经开始在欧洲各地建立起来。最早的大学采取的是当时手工业者联合会的形式，以抵抗城市贵族对知识行业的控制和干扰。在中北欧，教师将大学组织起来，以巴黎大学为代表；在意大利，大学是由学生组织起来的。手工业者的联合体是由师傅与学徒共同组成的。大学的成员既包

① “我们应该感谢阿尔昆和他的同事们：我们今天所能读到的罗马诗歌、史诗、散文和其他作品，有90%是通过加洛林时代的整理和抄写才保存下来的。”参见：本内特．欧洲中世纪史：第10版．杨宁，李韵，译．上海：上海社会科学院出版社，2007：122.

括教师，亦包括学生。中世纪大学不同于过去依附于教会或修会的教育机构和学术中心，具有较强的独立性，但又与教会有着密切的关系：几乎所有学生和老师都是教会人士；学生毕业后，主要也是去教会任职，或去别的大学任教。大学和其他较低程度学校的区别在于：学生从各地集中在一起接受知识，学生的课程一般有人文学科、医学、神学和法律四类。人文学科是基础课程，内容为“七艺”，修完之后可以申请执教资格，也可以继续学习医学、神学或法律这三门高级课程。

古希腊的学术被欧洲人逐渐熟悉后，那些对当时的欧洲人来说是全新的哲学和科学知识，开始成为大学课程的新内容。13 世纪中期，大学的文科课程偏重逻辑学和自然哲学，亚里士多德的著作成为课程的核心内容；数学课程主要研习欧几里得的《几何原本》以及波伊提乌的《算术》。亚里士多德的自然哲学在 13 世纪的大部分时间遭到神学家的怀疑和敌视，因为人们很容易从中得出与教义相矛盾的结论。在巴黎大学，亚里士多德的自然哲学著作甚至被禁止阅读，禁令从 1210 年开始，持续了约 40 年。亚里士多德的自然哲学和形而上学，以及与宗教信仰发生冲突的内容，在大学中引起了激烈争论。其中一些重要问题，比如理性与信仰的关系、共相的实在性等，后来演变为经院哲学的主要议题。

大学在中世纪的整个社会体制中的地位以及与教皇、君主或贵族的关系处于不断变动之中，最终演变为中世纪后期一股重要的社会力量。教会希望借助大学扩大和巩固基督教信仰，王权则希望通过对大学的支持加强自己的势力，而大学的发展又需要教会和世俗政权的支持和保护，于是大学与教会和王权之间形成了既合作又斗争的关系。中世纪大学的师生争取到种种权利，包括司法、税收、兵役、罢课以及其他各种特权。作为一种回馈，大学师生积极参与到当时的社会事务中，在教派纷争、王权更迭乃至政教斗争中，大学都扮演了重要的角色，成为影响社会进程的重要力量。

中世纪大学的课程培养了人们的理性精神、逻辑思维，传承了古希腊哲学中的理性传统。再加上相对自由、几乎可以争论一切的学术氛围，使大学不再像以往的修院那样主要局限于传递、注释或抄写的知识功能，而使知识分子能够更加理性地思考和分析人类思想领域中的各类问题。在一定程度上，中世纪大学的出现和发展为欧洲文艺复兴运动奠定了基础，促进了欧洲文明的进步，并对当时和后来的教育产生了重大影响。

3. 经院哲学与托马斯·阿奎那

中世纪西欧的学术演变始终与基督教思想的发展密切相关。以日耳曼人为主的欧洲民族大迁徙，导致西欧政治局面动荡不宁。西罗马帝国灭亡后，这些民族建立的各个政权相互攻伐，使得如古希腊时期那样闲暇的学术研究条件已然不再可能。能读书识字的知识群体主要集中于公教的修院中，再难出现如教父、哲学家奥古斯丁那样高深的思想家了。值得庆幸的是，作为隐修生活重要环节的抄写经卷活动，使得大量拉丁语古卷得以留存，修院实际上成为被称为“黑暗时期”的中世纪早期到后来学术复兴时期之间的一座文化桥梁。整理和抄写经卷在被称为“加洛林王朝的文艺复兴”的 9 世纪达到空前的规模，使大量基督教传统文化典籍得以保存。

对基督教经文及教父哲学著作的抄写、整理和注释，终于在 11 世纪至 14 世纪催生了西方哲学史上的又一个高峰——经院哲学。[①] 概括地说，经院哲学是为宗教神学服务的思辨哲学，它运用理性形式，通过抽象的、烦琐的辩证方法论证基督教信仰。经院哲学家试图寻求一种条理清晰的、分析性的体系，能够囊括一切知识，并用逻辑的方法使其协调自洽。

经院哲学围绕共相与个别、信仰与理性的关系展开了长期的争论，形成了唯名论与唯实论两大派别。唯名论与唯实论的争论延续了柏拉图与亚里士多德之间关于“理念”或“共相”的古老论题，后来发展为实在论与反实在论的争论。在中世纪哲学家的头脑中，一般的共相与个别的个体的实在性问题，与基督教中如三位一体、道成肉身这样的核心教义具有内在关联性。唯实论认为，一般或共相是实在的，一般先于个别而存在。早期的代表人物是安瑟尔谟（Anselmus，约 1033—1109），后期温和唯实论的代表人物是托马斯·阿奎那。唯名论则认为，只有个别事物才是真实存在的，一般和共相是空名。其代表人物有罗吉尔·培根（Roger Bacon，约 1214—1292）、司各脱（John Duns Scotus，约 1266—1308）和威廉·奥卡姆（William of Occam 或 Ockham，约 1285—约 1349）等。

11 世纪，亚里士多德的论辩推理方法流行起来。这种方法要求对于命题和

---

① “经院哲学”原意为“学院中人的思想”。“确切含义应是：在公教会（或天主教）学校里传授的、以神学为背景的哲学。”参见：赵敦华．基督教哲学 1500 年．北京：人民出版社，1994：222．

问题的讨论，必须把每一个可能的论证都收集来，对每个论题都从正反两个方面论证。早期的经院哲学家开始运用逻辑与形而上学的标准来判断基督教教义中的诸概念，关于上帝存在的哲学证明便成为经院哲学的重要内容。然而，当理性主义和辩证方法被自觉地运用到对教义的推理上时，人们很容易得到反对基督教信条的结论。最先将论辩推理用于神学讨论的贝伦伽尔（Berengar de Tours，约999—1088），根据亚里士多德《范畴篇》中对“实体”的解释，批评了圣餐仪式中酒和面包经过神职人员的祈祷将变为基督的身体和血液这样的“实体转化”（Transubstantiation）信条。关于圣餐性质的神学争论，实际上已经包含了唯名论和唯实论争论的关键问题。

维护正统信仰的神学家明显感受到威胁，他们的反击策略分为两种：一种是完全摒弃理性，坚持神的绝对能力与绝对自由，比如完全反对论辩方法的达米安（Petrus Damianus，1007—1072）广为流传的“哲学是神学的婢女”的观点；另一种则是不得不求助于柏拉图的理念论哲学以及辩证方法的原则，从逻辑上追问个别与一般的关系。于是，在一般与个别的关系问题“这个狭小的领域里，哲学顽强地表现着它的存在和生命力”①。在安瑟尔谟那里，辩证方法成为维护基督教信仰的有力工具。他运用辩证方法论证了基督教教义的诸种核心信条，终于把唯实论发展为经院哲学的正统观点。然而，唯实论终究难以与人们的常识经验相符，人们毕竟不曾见过一个不是任何具体桌子却又是桌子的东西，学院内狂热地进行着无休止的辩论，经院辩论家竟在这种哲学的尖锐交锋中斗争了两百年。

在13世纪，基督教的修会制度从传统的隐修转向更加世俗化的托钵修会；大学纷纷建立起来，知识传播不再局限于修院、学校之中；古希腊文献和阿拉伯人的学术著作被翻译成拉丁语，并逐渐为欧洲人所熟悉。学术氛围的变化使得中世纪欧洲从早期的柏拉图主义和神秘主义阶段，过渡到一个比较富有理性精神的阶段。亚里士多德著作全集的重新发现，为理性主义的复苏产生了重大的影响。13世纪初，由教皇发起的第四次十字军东征改变既定目标，转向拜占庭帝国的首都君士坦丁堡。1204年，君士坦丁堡被攻破，城中数不清的财宝被

---

① 张志伟. 西方哲学十五讲. 北京：北京大学出版社，2004：167. 关于共相性质问题早期的几次较大争论，包括罗色林与安瑟尔谟就三位一体的争论、阿伯拉尔将共相性质问题转化为名词的意义问题、吉尔伯特的天然形式论等观点的梳理和介绍详见：赵敦华. 基督教哲学1500年. 北京：人民出版社，1994：264-273.

劫掠、焚毁。这一历史事件造成了诸多重大后果，相对而言，具有积极意义的一面是为西欧打开了一扇能够接触到古希腊和拜占庭文明的大门。那些幸存的图书馆极大地拓宽了欧洲学者的视野。从12世纪中期到13世纪后期的百余年中，学者们陆续根据希腊原文翻译、校订、修正亚里士多德著作的拉丁文译本，最终完成了亚里士多德全部著作的翻译。①

来自阿拉伯世界的知识以及经由阿拉伯人和拜占庭帝国保存下来的古希腊知识，尤其是亚里士多德的丰富而深刻的知识，为中世纪思想界打开了一个新的天地。这些新知识很快对唯名论与唯实论的争论产生了影响。要接受新发现的亚里士多德的著作以及这些著作里包含的科学的或准科学的知识，并且把这些知识与基督教教义调和起来，在学术上需要真正大胆的创造力。最初，这样的调和看上去不可能实现，而经由多明我会修士大阿尔伯特（Albertus Magnus，约1200—1280）及其门徒托马斯·阿奎那的努力后，亚里士多德的逻辑学和自然哲学、托勒密的地心体系与基督教教义终于融合成为一个系统完整的神学体系。

阿奎那的大多数哲学著作是关于亚里士多德著作的注释，他最重要的神学著作是《神学大全》。将亚里士多德学说与基督教教义相结合的一个基础，是阿奎那承认神学与哲学的区别。他认为哲学诉诸人的理性，神学诉诸上帝启示和教会权威，二者并不矛盾。在这一基础上，他论证了启示真理和理性真理的范围，提出了关于上帝存在的五种论证。亚里士多德关于实质与形式、潜在与现实的学说，成为阿奎那阐述上帝性质的依据；共相与个体的实在性问题被视为上帝与所造物之间的关系问题。阿奎那认为，上帝是个体的根源，而对于共相，阿奎那持有温和的实在论立场，在他看来，共相作为上帝心灵中的理念，存在于事物之外，同时，作为事物的本质存在于事物的所有个体之中，作为从个别事物抽象出来的普遍概念而存在于心灵之中。

阿奎那探讨了哲学、神学、政治理论和道德中的一系列重大问题。他使用亚里士多德的逻辑方法和思维范畴，为他构建的庞大而系统的哲学和神学体系进行详尽的逻辑论证。经院哲学在阿奎那那里达到了最高水平，阿奎那在伦理学、逻辑学、政治学、形而上学、认识论乃至经济学等方面都做出了重要的贡

---

① 具体的时间、译者、注释者的列表见：Kretzmann. The Cambridge History of Later Medieval Philosophy. Cambridge，1982：74-78. 一个中文文献见：赵敦华. 基督教哲学1500年. 北京：人民出版社，1994：307-310.

献，他被誉为经院哲学的完成者。他在思想领域和神学领域的巨大而持久的影响力，使得其哲学和神学体系即“托马斯主义”，在16世纪中期被确定为公教的官方学说。①

阿奎那的神学体系为基督教教义提供了一种十分完备自洽的理论基础，这自然加强了基督教在人们思想领域的支配地位。然而，后期经院哲学家对理性主义的重视和发展，对逻辑学和形而上学的思考，以及通过唯名论与唯实论争论对事物本质和属性的认识，将科学精神复兴的种子埋在经院哲学的土壤里，并且使人们的头脑中逐渐形成了一个对神学而言虽不那么重要但却十分自然的前提：自然界是有规律的，人的理性可以通过努力理解自然界。

4. 经院哲学的衰落

当亚里士多德的著作促使阿奎那开始建构基督教教义更具逻辑性的理论基础时，另一些哲学家则从不同的角度理解亚里士多德的哲学。在阿奎那的影响下，13世纪末和14世纪的大部分基督教思想家开始运用亚里士多德的观点重新研究哲学和神学问题，其批判和独立精神日益增强，出现了许多不同的哲学体系。

在罗伯特·格罗斯泰斯特（Robert Grosseteste，约1170—1253）的著作里，人们可以明显地发现他已经注意到了数学和实验两种方法对于认识自然事物的重要性，而这两种方法分别源于柏拉图和亚里士多德的传统，这正是现代科学的基石。格罗斯泰斯特的工作由他的弟子——方济各会修士罗吉尔·培根延续下去。

尽管罗吉尔并未脱离中世纪思想的主要框架，但他的许多思想的确走到了时代的前面。比如，他在《大著作》中著名的一段话：“拉丁人已经在语言、数学和透视法方面奠定了科学的基础，我现在要研究实验科学提供的基础，因为没有实验数据，人们不能充分了解任何东西……这就是说，仅仅推理是不够的，还需要经验。”② 罗吉尔的另一个卓见是，他认识到数学对于其他科学的基础作用。他关于数学与占星术的兴趣受到阿拉伯学者的影响，他的兴趣还包括炼金术和各种机械或魔术机关。这些领域与自然科学有关系，但在基督徒眼中又像是他们憎恨的魔法和骗术。罗吉尔对经院哲学的批评并没有对正统的阿奎那体系构成多少威胁，而他却因为实验、炼金术和占星术等广泛的兴趣爱好遭到教

---

① 赵敦华．基督教哲学1500年．北京：人民出版社，1994：410．

② 北京大学哲学系外国哲学史教研室．西方哲学原著选读：上卷．北京：商务印书馆，1981：287．

会囚禁。

方济各会经院哲学家的主要人物都持反对阿奎那神学体系的立场，对于阿奎那体系富有摧毁性的攻击来自司各脱。司各脱对托马斯主义的知识理论进行了详尽地批驳。关于理性和信仰的关系问题，司各脱认为神学命题如上帝存在、三位一体、灵魂不灭等都是哲学和理性所不能证实的；信仰依靠的是教会的权威，神学的研究对象是上帝，而哲学的研究对象是上帝创造的万物。因此，哲学和神学并非融合为一体，而这种融合却是经院哲学所追求的目标。在理性与信仰的关系问题上，司各脱的观点可以扼要地概括为："哲学并不能证明上帝存在，人并不能认识上帝的真相，人凭着理智可以认识确定的原理。"① 司各脱意识到了理性对信仰的威胁，因此认为放弃通过理性证明信仰的企图更为明智。司各脱的努力是为了维护基督教教义，但在客观上却为哲学摆脱神学束缚创造了条件，从此哲学和神学逐渐分离。

司各脱持有唯名论立场，在他看来，质料是普遍的基础，而形式则是事物的个体性原则。他区分了一般的形式和使个体互相区别的特殊形式，并赋予后者更重要的地位。知识起源于个别的感知，普遍的概念来自人类能动理智的抽象活动。司各脱也承认共相的客观存在，共相存在的基础就在于精神从类似的对象那里抽象得到的共同本质。

奥卡姆更加明确地否认神学教义可以用理性证明，并举出许多教义是不合理的。奥卡姆反对教皇拥有至高无上的权力，他因此被监禁，后来他逃到神圣罗马帝国路易皇帝身边寻求庇护。作为回馈，他论证世俗君主的权力大于教皇的权力，助长了路易皇帝皇权的声势。奥卡姆的哲学思想集中体现在其追求简约的方法论上，反对增加不必要的假设②，这与他的唯名论立场一致：只有个体的具体事物真实存在，可以通过经验认识这些个体，并无必要将"个体的共相"也认为是一种独立的实体，共相或类别不过是存在于心灵中的名称和符号。奥卡姆对唯名论的发展使其真正成为一种具有影响力的、能与正统的经院哲学唯

---

① 北京大学哲学系外国哲学史教研室．西方哲学原著选读：上卷．北京：商务印书馆，1981：279.

② 这一原则被称为"奥卡姆的剃刀"：如无必要，勿增实体。罗素指出："他虽然没有说过这句话，但他却说了一句大致产生同样效果的话，他说：'能以较少者完成的事物若以较多者去作即是徒劳。'"罗素否认奥卡姆是导致经院哲学崩溃的人。罗素．西方哲学史：上卷．何兆武，译．北京：商务印书馆，1963：572-573.

实论一较高下的哲学流派。奥卡姆的经验论和唯名论的根基是他的神学观点，他认为世界完全依赖于上帝不可捉摸的意愿，由此推断出所有的存在都是偶然的。基于这种神学思考，奥卡姆发展了激进的经验论，所有的知识都是由直觉认知从经验中获得的；对个别事物的直观认识是一切认识的基础，但并不能假定这些偶然的存在之物之间具有必然联系。如此，奥卡姆就严重削弱了亚里士多德的因果概念具有确定性的观念。

奥卡姆的工作标志着经院哲学独霸中世纪局面的终结。① 他明确地将理性和信仰区别开来，认为上帝和基督教教义都是无法彻底证明的，人们只能以信仰的方式接受之。由此而来的结论是，对人类理性的应用必须被局限在可见的现象领域。这样一来，他的哲学同时为中世纪晚期的神秘主义和科学奠定了基础，哲学和神学可以相互独立地发展：哲学不必以神学论证为目标，而神学也不必以哲学式的理性为必要方法。奥卡姆终结了经院哲学对理性和信仰进行综合这一正统的进路，经验论和唯名论随后得到了更多学者的认可，经验论以及对不可观察的实在的拒斥成为14世纪的哲学潮流。

经院哲学的时代过去了，历史翻开了新的一页。需要特别注意的是，经院哲学家分析问题的基本方法是亚里士多德的逻辑学。唯实论者与唯名论者在思想的交锋中，在中世纪晚期将逻辑学的发展推向了一个高峰，形而上学和神学的诸多问题为学者们培养分析精神、批判精神和理性精神提供了绝佳的训练场所。除此之外，实验和经验对于正确把握自然事物的重要作用，已经在这些认识论问题的争论中为人们所察觉，这些思想或方法论上的准备对于自然科学的诞生至关重要。

在追问近代自然科学如何兴起时，人们不得不将目光投向文艺复兴时期之前，去探寻在看似不可能孕育科学精神的中世纪，科学是如何从分散在哲学和神学间隙之中的涓涓细流，最终汇聚成势不可当的思想洪流。经院哲学在科学思想的发展过程中具有重要的地位，尽管创造性的实证研究对于经院哲学而言毫无必要，但经院哲学家对理性的重视加强了人们的分析精神和批判精神；更重要的是他们关于神与世界是人类可以通过智力追求理解的预设，增强了人们认为自然界是有规律的信念，这种信念正是支撑自然科学家开展研究的重要基础。

---

① W. C. 丹皮尔. 科学史及其与哲学和宗教的关系. 李珩，译. 桂林：广西师范大学出版社，2009：104.

三、近代自然科学的兴起

耶稣会建立后仅过了三年，自然科学的时代就开启了。漫长的中世纪和长期支配人们思想的宗教神学，与其说是扼制了、中断了自然科学的发展，倒不如说是从经济、政治、技术以及逻辑、数学、哲学等物质方面和思想方面，为近代自然科学的兴起和爆发式的发展积蓄了巨大的能量。也正是由于这种长久的准备，新时代才能为自然科学提供恰当的位置：人类思想体系的支配地位、人类文明进程的第一推动。

1. 近代自然科学的开端

14、15 世纪的欧洲是一个"同时充满了危机与活力的时代"①。农业歉收导致大饥荒和一系列经济问题、1337 年开始的英法百年战争、奥斯曼帝国崛起并最终消灭了拜占庭帝国、教会权威逐渐衰弱等，这些经济、政治、宗教方面的问题也许对于刚刚经历了兴盛期的中世纪欧洲来说并不算多大难题。然而，14 世纪中期开始肆虐的瘟疫却将这些危机放大到毁灭性的程度。仅仅两年时间，被称为"黑死病"的瘟疫就消灭了欧洲约三分之一的人口，并且在此后的 100 多年中反复发生。人口锐减使欧洲的经济和社会处于紊乱和调整之中。劳动力普遍匮乏的情况使得农民的权利意识觉醒，加速了农奴制的衰亡；对瘟疫灾难的无能为力使得教会的诚信和权力遭到严重的质疑；1378 年至 1415 年，教会大分裂造成的三个教皇鼎立的局面，令教皇威信一落千丈。

当瘟疫渐渐消失之后，整个欧洲的经济逐渐恢复了，纺织业、采矿业在水车的改进、手纺车的普及、冶金工艺的进步等技术发展的促进下发达起来。随之而来的是手工业的进步，比如机械钟表达到了前所未有的精确度，对打磨技术要求较高的眼镜变得流行起来。新技术也催生了新兴的工业领域，主要有军火产业和印刷业。15 世纪中叶，印刷业在欧洲的发展十分迅速，到 15 世纪末，印刷业已遍布欧洲各地，并成为许多城市的核心行业。对欧洲经济发展具有重大促进作用的事件，还有始于这一时期的地理大发现和欧洲的海外殖民活动。

---

① 本内特．欧洲中世纪史：第 10 版．杨宁，李韵，译．上海：上海社会科学院出版社，2007：355.

除了经济领域的活力，中世纪晚期的文化也呈现出多样性与创造性特点。大瘟疫造成了巨大的伤痛和恐惧，却也为文学和视觉艺术提供了足够震撼人心的题材。死亡和衰朽成为中世纪晚期诸多文艺作品的主题，比如薄伽丘的《十日谈》就对大瘟疫时期的佛罗伦萨的末日景象进行了描写。

中世纪后期，各种地方语言的教育和文学以前所未有的良好态势蓬勃发展。同时，对拉丁语和古典文化的研究也迅速发展起来，彼特拉克就是这方面的先驱。他提倡学习古罗马语言、文学、历史和艺术，并认为这是最好的教育，因为这种教育提倡的正是清晰的思路、正确的道德观以及令人满意的生活。

在地理大发现和欧洲早期资本主义发展之后，欧洲社会的财富大大增加了。财富的增加促进了知识的发展，新知识反过来又促进了财富的增加。人们闲暇生活的机会增多了，得以把更多的精力和资本投入到对文学、艺术以及自然哲学的思考之中。这一时期的多种因素最终推动了文艺复兴的蓬勃发展。

对古希腊罗马艺术和建筑风格的复兴，是文艺复兴运动初期的一个显著特征。15 世纪佛罗伦萨的艺术家们希望将古希腊人的至臻完美和古罗马人的宏伟壮观结合起来，再加上这一时期发展起来的现实主义的表现手法，导致了一种新的艺术追求：人应该争取人类的完美境界。①

“多才多艺的巨人式的天才”② 达·芬奇（Leonardo da Vinci，1452—1519），推动了 1480 年之后文艺复兴兴盛期的到来。他与拉斐尔和米开朗琪罗（Michelangelo Buonarroti，1475—1564）并称为文艺复兴“三杰”。达·芬奇不仅在艺术领域登峰造极，他同时还是工程师、建筑师，并且在物理学、生物学和哲学领域都有创见。达·芬奇在他的艺术事业和科学事业中真正实践了自然科学的实证精神：作为画家和雕塑家，他需要研究光学规律、眼睛的构造、人体解剖的细节以及鸟雀的飞翔；作为民用及军事工程师，他探索了很多只有了解了动力学和静力学的原理才能解决的问题。达·芬奇生前留下了大量未出版的手稿和札记，通过这些资料，人们惊奇地发现，达·芬奇在自然科学建立之前就已经发现了大量超越时代的原理和知识。这其中就包括惯性原理、流体力学的知识、光与声波的相似性、血液循环的一般原理、眼睛的光学构造，以及诸如自然是有规律的、实验对科学的关键作用等科学思想。“如果他当初发表了他的著作的

---

① 莱茨. 剑桥艺术史：文艺复兴艺术. 钱乘旦，译. 南京：译林出版社，2009：71.

② W. C. 丹皮尔. 科学史及其与哲学和宗教的关系. 李珩，译. 桂林：广西师范大学出版社，2009：89.

话，科学本来一定会一下就跳到一百年以后的局面。”①

文艺复兴之后，科学观念的第一次重大改变是哥白尼完成的。1543 年，哥白尼出版了被视为近代自然科学起点的《天体运行论》一书，这部著作与同年出版的维萨里（Andreas Vesalius，1514—约 1564，也译作维萨留斯）的《人体的构造》，一起揭开了科学复兴的序幕。

哥白尼注意到，若用地球绕太阳旋转的方法而不用托勒密的地心说方法，历法和天文计算就容易得多。于是他认识到，这样一种方法除了提供太阳系的简单运行模型以外，还能真实地描述太阳系，解释各行星偶然的向后运动。事实上，哥白尼并没有完全抛弃托勒密体系的一些关键结构，他仍然接受了托勒密的本轮和均轮概念。但是，哥白尼的创造性工作体现在，他给这一调换了太阳和地球位置的体系赋予了全新的动力学说明，即地球是运动的，太阳是静止的。哥白尼建构新体系的动机并非因为他掌握了更精确的天文观测数据，或者有充分的证据证明这一体系比托勒密体系更具有实证的精确性。他所关注的中心问题更像是出于对柏拉图主义的尊崇，而试图发现蕴藏在天体运动中的数学和谐：行星应该有怎样的运动，才会产生最简单而最和谐的天体几何学。

哥白尼对数学的这种信仰式的追求，却导致了天文学观念的一次革命性的转变。他将地球的地位从宇宙中心降低为一颗普通的行星，这在根本上与宗教教义和经院哲学坚持的托勒密地心说不同。哥白尼不仅摧毁了地心说，也为人们以往深信不疑的信仰展现了新的视野，继而导致了后来开普勒发现行星运行三定律使天文学得到重大发展。

维萨里在医学研究中发展了实证精神，他发现了古罗马医学家盖仑（Claudius Galen，约 129—200，也译作加伦）的被奉为金科玉律的医学理论的错误，他认为直接解剖人体比研究盖仑更能获得正确的生理学知识。

具有复杂而精妙生理机制的人体，对于古希腊的哲学家而言也是理性认识的对象。恩培多克勒（Empedoclēs，前 495—约前 435）对物质本原和演化的四元素说，成为古代欧洲医学理论的哲学基础；古希腊的希波克拉底（Hippocratēs，约前 460—前 377）学派建立了四体液理论，该理论类似于四元素说，用四种体液的结合与变化、平衡与失调来解释人体的健康和疾病。体液论以思辨为主，具有很强的包容性，对于医学这种依赖于经验和观察积累的学科

---

① W. C. 丹皮尔. 科学史及其与哲学和宗教的关系. 李珩，译. 桂林：广西师范大学出版社，2009：93.

来说具有较强的吸引力，不同时代的医学家可以根据所处时代的理论和实践对体液论加以解释和扩展。盖仑将四体液和四元素两种适用于人体和宇宙的理论综合起来，并用各种“动物元气”（animal spirits）解释人体的生理机制，建立起了一个医学-哲学体系。体液论和体质论的解释弹性使其特别容易成为神秘主义的工具，例如相面术、占星术就将其应用到各自领域中。在基督教的神学家那里，盖仑的理论是理解人类灵魂和精神世界的恰当理论。于是，盖仑医学经过多种形式的流变，成为统治整个欧洲中世纪和伊斯兰黄金时代的医学理论，盖仑本人也获得了医学史上至高无上的地位。

中世纪后期，希波克拉底和盖仑的著作从阿拉伯世界传回西欧，并成为医学界的权威文献。文艺复兴时期，向古典回归的潮流也使得医学家们开始整理和修订古典著作中的讹误；越来越深刻的和广泛的认识，使得人们逐渐开始怀疑盖仑理论的真实性。人体解剖对于了解人体结构来说是无法回避的研究方式，然而由于伦理道德和宗教的因素，人体解剖受到了严格的限制。对于大学医学院中的老师和学生而言，学习解剖是对盖仑教科书的证实和补充，解剖实践的目的是确认一些被认可的事实，而不是做新颖的观察。这样的局面从维萨里的工作开始发生了转变。1538 年，年轻的解剖学教授维萨里开始意识到盖仑的解剖学论述与自己从实践中得到的观察有很多不同之处，当他公开向盖仑学说挑战时，却遭到诸多坚持正统医学的学者的严厉批评。后来，维萨里安排了一次公开的解剖演示来说明人类真实的骨骼结构与盖仑著作中所作描述的区别。即便面对这样明显的事实，反对者依然诋毁维萨里的观点。维萨里最后愤然离开了医学院，出任宫廷医生并开始撰写《人体的结构》一书。

《人体的结构》是近代人体解剖学的奠基之作。它依据的是从解剖实践中得到的事实，而不是盲从于盖仑的权威。书中配有大量精细的绘图，用以展示人体的骨骼、肌肉和脏器等。相对于中世纪解剖图的简陋和粗糙，文艺复兴时期发展起来的新的绘画技巧在维萨里这本书的大量插图中得到了绝佳的展示。“正如哥白尼和伽利略开创了地球和天体运动方式的新思维，维萨里改变了西方关于人体结构的旧观念。”① 维萨里的工作更富有自然科学家的精神，他在解剖学中坚持实证的重要作用，追求对人体构造的客观描述，而不是迷信权威。这种批判精神和实证精神，正是自然科学家所应具备的两种主要气质。

---

① 玛格纳. 医学史：第 2 版. 刘学礼，主译. 上海：上海人民出版社，2009：177.

2. 走出中世纪的科学精神

在同一时期与哥白尼和维萨里的著作一起问世的许多出版物，在数学、物理学、生物学、地理学等自然科学领域中都弘扬了文艺复兴充满活力的新精神。数学、天文学、几何学为航海和商业活动提供了必要的技术支持，船舶技术、测量学和制图学等受到了直接的促进。来自不同大洲上的新民族、植物、动物和矿物使欧洲人兴奋不已，这些新发现大大扩展了相关学科的范围，也带来了新的商业机会，比如出现了新的药物和更丰富多样的金属和原料。

古希腊罗马的古典文献被欧洲人更加充分的研究后，柏拉图和亚里士多德的思想和知识继续对16世纪的艺术、文学、哲学和科学产生着巨大影响。然而，面对日益扩张的新世界和令人眼花缭乱的新发现，人们对来自遥远古代哲学中的一些与现实紧密相关的方面慢慢产生了怀疑，这些怀疑在16世纪末和17世纪演变为更为系统的批判和革新。自然科学的精神和方法在这一时期逐渐发展起来，在17世纪取得了丰硕的科学成就，比如：哥白尼、开普勒、伽利略和牛顿等人，在近代物理学建立过程中的里程碑式的工作；哈维（William Harvey，1578—1657）关于血液循环的生理学研究；约翰·雷（John Ray，1627—1705）等人对动植物分类的研究；等等。17世纪自然科学的发展如此迅速，在精神和方法上又与以往所有时代有关的研究如此不同，以至于从哥白尼开始到牛顿的150余年，被许多科学史家称为“科学革命”时期。

人们可以从很多方面指出近代自然科学的精神和方法论的独到之处，但毫无疑问，追求实证性和数学精确性是其中最重要的两个方面。这正是伽利略所发现并建立的物理科学方法的两个关键传统。科学精神与科学方法密切相关，科学精神来源于科学方法的运用，并体现在科学活动的各个层面和环节上。人们通过科学方法有效地获取科学事实，形成科学假说和科学理论。

17世纪初期，年龄相仿的弗兰西斯·培根和伽利略的伟大工作，实际上使得科学精神摆脱了中世纪玄学传统、神学和宗教权威的支配。两人都意识到实验方法的重要作用，培根强调“一种比较真正的对自然的解释只有靠恰当而适用的事例和实验才能做到”①。实验为培根的归纳方法提供了可靠的材料和事

① 培根．新工具．许宝骙，译．北京：商务印书馆，1984：26.

例，是这种“新工具”效力的一个前提。在伽利略看来，“感觉实验，诚如亚里士多德说的，归根结底应当比人类理性所能提供的证据更为可靠”；“只要一次单独的实验或与此相反的确证，都足以推翻这些理由以及许多其他可能的论据”①，即实验不仅是提供可靠事实的有效方法，而且还是判断观点和命题的最终依据。实验传统展示了近代自然科学在认识论方面与哲学和神学的重要区别，奠定了实证精神对科学研究活动的支撑作用。但是实验并非自然科学的全部，只有当以观察和实验为代表的经验传统与以数学和逻辑为代表的理性传统融贯为系统的科学方法论体系时，自然科学才真正摆脱了亚里士多德主义在认识自然事物上的片面性，这种方法论中的理性精神、实证精神、分析精神才获得不同于以往的新内涵，从而融合成近代自然科学独特的科学精神。

相对于其权贵身份，作为哲学家的培根更受到世人的尊敬，他被誉为经验论的创始人、归纳逻辑的奠基者、唯物主义和整个实验科学的真正始祖，这些称号中的任何一个都足以使一位哲学家名垂青史。培根认识到以往的哲学方法并不能帮助人们获得真理，也无法使人们对自然事物有更多的了解，于是就着手创建一种新的实验方法理论。培根阐述新方法的著作就是《新工具论》，书名与亚里士多德的《工具论》针锋相对。亚里士多德主张在逻辑推理过程中使用三段论，根据三段论，从两个无可辩驳的前提出发，从逻辑上可以推导出一个确定的结论，这在中世纪一直是人们探求真理的主要方法。演绎逻辑得到了哲学家和逻辑学家的长期研究和关注。但对于科学发现而言，同样至关重要的归纳逻辑却一直没有受到重视。在力图超越单纯枚举归纳法局限性的研究中，培根和后来的穆勒（John Stuart Mill，1806—1873，也译作密尔）建立了古典归纳逻辑。

培根的新方法是将他提出的三表法和排斥法结合在一起的消除归纳法。② 消除归纳法要求根据所研究的对象有选择地安排事例或实验，然后根据比较消除某些假说，得到比较可靠的结论。三表法后来被穆勒发展为更加完善的“穆勒五法”。三表就是三种整理不同类型事例的列表，因而收集用于填入列表的材料是三表法的关键前提，对于如何收集材料的意见集中反映了培根的经验论立场。

---

① 伽利略．关于托勒密和哥白尼两大世界体系的对话．周煦良，等译．北京：北京大学出版社，2006：29，87.

② 关于培根排除归纳法具体过程的一个简明介绍见：张家龙．逻辑学思想史．长沙：湖南教育出版社，2004：556-565.

培根强调以简单的感觉、知觉为起点，收集在数量、种类、确实性上足够的关于个别事物的观察。为了消除感官的虚弱、多误，要通过恰当的事例和实验作为感官观察的补充。建立三表的目的在于将自然和实验的事实按照适当的秩序加以整理，以便于人们能够加以处理。针对所要研究的某一性质，比如培根以“热”为例，进行了说明，应先分别列出具有这种性质的事物、不具有这种性质的事物和在不同条件下具有这种性质但程度不同的事物，然后再用排除法排除不能体现这种性质的那些事例。要做好这项任务，“首先，我们必须备妥一部自然和实验的历史，要充分还要好”①。显然，这个前提正是培根方法的难题，收集到“足够多”的材料是不可能的，不仅是因为在培根的时代关于自然和实验的确定知识还很有限，而且后来的休谟问题指明了归纳方法难以克服的困难。但是培根的归纳方法从逻辑上为科学的系统研究和知识的有效获取提供了较为可靠的工具。在培根看来，这种方法是为智力或理解力获得准确知识提供了必要的工具，就像为赤手空拳地处理浩大工程的劳动者提供了必要的机械工具一样。②

培根的三表法是一种初步的归纳方法，消除归纳法也只是众多归纳推理类型中的一种。培根的归纳法并未在实际的科学研究活动中得到太多的运用，远未像培根期望的那样成为人类认识自然的新工具。但培根的哲学思想产生了巨大的影响，开创了以自然界为认识对象、以感觉经验为认识基础、通过观察实验、运用归纳法探索事物规律的哲学新时代。

3. 从伽利略到牛顿

伽利略的工作标志着文艺复兴从文艺转向了科学。在伽利略的时代，经院哲学已经在经验论和唯名论的攻击下摇摇欲坠。哥白尼体系以数学简单性改变了人们的宇宙观。吉尔伯特（William Gilbert，1544—1603）对磁学的实验研究，展示了知识可以以实证的方法增加。实验的作用已经为许多哲学家所认识。伽利略更进一步，他里程碑式的研究工作使他获得了“近代自然科学之父”的美誉。

伽利略本是医学专业的学生，后来他转向他更感兴趣的数学和物理学研究。1592 年到 1610 年，伽利略是帕多瓦大学的教授，其间他改进了望远镜、发明了

---

① 培根. 新工具. 许宝骙，译. 北京：商务印书馆，1984：117.

② 同①7. “赤手做工，不能产生多大效果；理解力如听其自理，也是一样。”

空气温度计，并且进行了力学研究和实验。1609 年，伽利略用改进的望远镜实际检验哥白尼的天文学，并在次年出版的《星际信使》中介绍了令当时人震惊且困惑的新天文现象：月球表面崎岖不平、木星的四颗卫星、夜空中可以看到更多的星星等。这些发现否定了以太构成完美天体、恒星数量有限的思辨观点。在 1632 年出版的《关于托勒密和哥白尼两大世界体系的对话》一书中，伽利略总结了他的天文学研究，以三人辩论的形式为哥白尼体系辩护，批判亚里士多德的天文学。1638 年，伽利略的《关于两种新科学的对话》出版，该书仍以对话的形式，介绍了他创立的动力学系统和数学物理思想，反驳了亚里士多德的许多物理学断言，这成为他主要的和最具独创性的工作。

伽利略研究方法的独到之处在于，他用数学的定量方法从经验现象中导出物理规律，这种追求实证化和数学精确化的研究方法成为近代以来科学的基本特征。具体而言，主要有三个步骤：直观或解析、论证以及实验。面对经验世界，首先，人们应该尽可能完整地孤立和考察某一个典型现象，将关键的要素以数学形式定量化；然后，通过数学推导进行论证，得到现象的规律；最后，以实验的实证方式检验结论的可靠性。这也反映了伽利略自然观的特点，他眼中的自然界是由数学语言写就的伟大之书，自然事物简单且遵循精确的数学规则。

伽利略的自然观引导他做出两种性质的区分。他认为诸如颜色、气味、冷热等第二性质，不过是感官上的主观效应，与绝对的、客观的、与物体不可分离的第一性质——比如数量、形状、位置和运动等——截然不同。伽利略发现，古希腊的原子论思想可以很简单地解释感觉中的不同经验如何形成。他还详细讨论了原子在数量、重量、形状和速度方面的差别，如何造成味觉、嗅觉和听觉上的不同感受。

两种性质的区分对近代哲学而言具有相当重要的意义，为笛卡尔提出彻底的二元论做了思想上的准备。笛卡尔是比伽利略年轻的同时代人，他坚持机械主义的方法论，认为物理学可以归结为机械学，而人体与机器是类似的，二者的不同之处在于人具有与肉体完全不同的灵魂。笛卡尔也认为物体的第一性质是数学实在，而第二性质只是第一性质经过人类感官的翻译。但他主张思想和物质同样实在，物质与思想彻底分离。身体和心灵的二元区分以及二者的相互作用问题，从此成了近代哲学的核心内容。在数学上，笛卡尔也有重大的成就，他将代数方法应用于几何学，从而创立了解析几何学。这对于解决物理学问题意义重大，因为几何是对物理世界的直观抽象，而代数则通过数学推演将精确性赋予这种抽象，从而能够得到直观之外的正确推论。后来，牛顿研究了笛卡尔的解析几何，并把它应用到自己的研究中。

笛卡尔在物理学上的成就远不如他在哲学和数学上的成就。他发展了惯性概念，但是没有正确理解表现作用力与反作用力关系的碰撞运动。他用于解释天体运行的旋涡说并没有成功解释现象，也没有导致发现新的真理。但是旋涡说具有重要的哲学意义，因为它引入了充满空间的以太介质，用类似于风或水的力学解释宇宙。这种将地上的力学用于研究天上物体的方法，对于破除万物有灵论以及亚里士多德的目的论体系是有益的。笛卡尔学派和莱布尼茨学派就衡量物体运动的功效问题，曾发生过一场持续半个世纪的争论，但两个学派的观点都是正确的，分别强调了功和距离与时间的关系。①

伽利略去世的1642年，牛顿出生了。1665年至1666年，牛顿从剑桥大学回到家乡躲避瘟疫，其间他形成了万有引力思想，还进行了分光实验以研究颜色现象，并形成了微积分的初步思想，这为他在力学和光学上的伟大成就做了理论上的准备。借由卓越的才华，牛顿将伽利略、开普勒等前人的工作和自己的研究融合在一起，实现了物理学上的第一次大综合。

在牛顿所处的时代，经院哲学和亚里士多德的物理学体系已经遭到了批判和质疑；司各脱和奥卡姆复活了更重视经验的唯名论；哥白尼和开普勒推崇数学和谐对于自然界的重要地位；培根、吉尔伯特、哈维强调经验和实验方法对于科学研究的重要性；伽利略则将数学方法和经验方法结合起来，将数学简单性的思想贯彻到描述地上物体的动力学之中，并发现了惯性定律，而且加速度定律已经进入正确的研究方向；科学的目的被调整为发现机制而非解释最终原因；笛卡尔的身心二元论将精神和物质对立起来，赋予物质世界机械论的性质，霍布斯（Thomas Hobbes，1588—1679）批判了这种二元论，并用伽利略的动力学以及原子论解释精神、心灵，从而创造了一个更为彻底的唯物论的机械哲学；近代化学的开创者罗伯特·波义耳（Robert Boyle，1627—1691）也阐明了机械论的世界观；自然哲学的研究者人数大增，许多学会或学院相继建立起来，科学共同体逐渐形成，孤立的思考被集体交流所代替。

这种种自然哲学的、形而上学的、认识论的、神学的思想观点的变化，逐

① 弗·卡约里．物理学史．戴念祖，译．北京：中国人民大学出版社，2010：58－60.

渐形成了一个若隐若现的巨大体系，它十分明确的部分在于：上帝并非自然过程的积极参与者，也不是第一因或最后因，而是以创造者的角色开启了类似于钟表机械的自然世界，并赋予其规则任由其演化，人的理性可以认识这些规则。整个时代已经做好准备，等待牛顿揭开这个宏伟的物理学和哲学体系的神秘面纱。

4. 理性之所向披靡

1687 年，牛顿出版了奠定经典物理学和机械论哲学基础的《自然哲学的数学原理》（以下简称《原理》）。在此之前，关于万有引力的一般思想已经被胡克（Robert Hooke，1635—1703）、哈雷（Edmond Halley，1656—1742）、惠更斯（Christiaan Huygens，1629—1695）等许多学者认识到了，但是开普勒的椭圆轨道概念，以及从观察数据中总结出的行星运动周期与其至太阳平均距离的关系，还没有自洽的数学解决方法。然而，在哈雷就这一问题询问牛顿之前，世人并不知道牛顿早在 1666 年就已经对此进行了数学推算，牛顿迟迟没有发表研究成果的原因是一个关键假设尚未解决。① 直到 1685 年，牛顿解决了这一困难，他证明了一个具有引力的物质组成的球体与球体总质量集中在球心这两种情况，对球外物体的引力是相同的。这种质点的概念大大简化了计算过程，并可以得到相当精准的计算结果。在哈雷的鼓励和帮助下，牛顿的《原理》终于出版面世。

《原理》由导论和三篇构成。第一篇阐述了万有引力定律，并从理论上解释了许多天文观测现象；第二篇涉及流体力学和波动，研究物体在阻尼介质中的运动；第三篇讨论了力学规律在天文学上的运用。导论的重要性在于阐述了经典力学的一般性架构。牛顿定义了质量、动量、力等基本概念，并假设了与常识和感官十分符合的绝对时间和绝对空间概念：绝对时间均匀流逝，与其他事物无关，绝对空间始终保持相同和静止，绝对运动是物体在绝对位置之间的平移。物体的机械运动由牛顿三定律支配，分别是惯性定律、加速度定律和作用力与反作用力定律。第三定律是牛顿的原创性工作，揭示了自然界中广泛存在的相互作用现象。

《原理》使用的研究方法是自然科学方法的典范。牛顿主张经验和实验证据是科学真理的首要基础，他强调自己并不制造形而上学的不能证明的假说，而

---

① 关于这一问题更加详细的阐述见：弗·卡约里. 物理学史. 戴念祖，译. 北京：中国人民大学出版社，2010：50-54.

将科学谨慎地限制在归纳事实和数学推演范围之中。《原理》使用了牛顿所发展的微积分数学，通过数学推算得到了物体统一的动力学解释，但是牛顿并没有贸然对引力做出某种终极解释。在爱因斯坦的时代之前，引力的原因或起源更像是形而上学问题而非物理学问题。牛顿虽然反对把一切哲学体系当成科学的基础，但是他仍然默认了某种他并未阐明的形而上学，后来成了支配人们认识世界的机械论自然观的内核。牛顿接受了伽利略对两种性质的区分，也接受了笛卡尔和其他机械论哲学家的传统。他将这些思想塑造成一个一致的整体，空间被归属于几何学，时间被赋予数的连续性，运动则是由力学规律支配的非目的性的现象。"真正重要的外部世界是一个坚硬、冷漠、无色、无声的死寂世界；是一个量的世界，一个按照力学规律可以从数学上加以计算的运动的世界。具有人类直接感知到的各种特性的世界，恰恰变成了外面的那个无限的机器的奇特的、渺小的结果。"①

牛顿体系在解释事物的运动机制方面的惊人成功，鼓舞了人们将这种新知识的力量运用到文明的各个方面。从文艺复兴时期的哥白尼、伽利略开始到牛顿力学体系的建立，开启了人类文明的理性时代。

牛顿的《原理》出版之后，新知识以及机械论的自然哲学思想给人们的精神世界带来了深刻的变革。18 世纪，科学精神和方法逐渐融入人们的世界观之中，牛顿物理学体系被更广泛地传播、吸收和发展。技术的改进，尤其是 18 世纪中叶开始的以改良的蒸汽机为标志的工业革命，使得人们有了更高效的生产手段和运用能量的方式，而资本主义也逐渐发展起来，社会的经济文化的近现代化进程加快了。化学、生物学、地质学、电磁学、热力学等自然科学门类快速发展，人们运用近代科学的实证和数学方法，在自然科学的这些分支领域发现了大量的新现象，形成了一系列新的认识。到 19 世纪，关于物质世界的主要问题都已经能够在牛顿经典物理学的范式内加以解决。

以牛顿力学为基础的唯物主义和机械决定论，将自然界描述为由机械运动定律支配的机器。这种自然观与常识相符而且以理性为基础。人们发展起来的近代自然科学也统一于牛顿体系之中。

至此，自然科学中的理性精神和理性方法终于势不可当、所向披靡地成为近现代精神中一个至关重要的方面。理性是一个十分宽泛的概念，在不同领域

---

① 伯特．近代物理科学的形而上学基础．徐向东，译．北京：北京大学出版社，2003：201-202.

和不同历史时期，具有众多不同的内涵，而关于理性的地位、作用、含义的争论几乎贯穿于整个哲学史。但当把主题限定在耶稣会士背后的欧洲科学上时，人们需要追溯的主要是自然科学的理性精神和理性方法。它是如何逐渐发展成为人们认识世界、改造世界的主要方法的？这自然需要到作为欧洲文明源头的古希腊那里寻找最初的线索。

古希腊的哲学家最早为自然科学研究提出了一系列关键性的问题，其中最重要的一个问题就是万事万物的本原究竟是什么？尽管时至今日，已经过了约2 600年，人们仍然没有得到令人满意的最终答案，因为人们发现物质似乎可以被不断地分割下去。事实上人们也是这么做的，即用更高的能量去轰击已经被认为是基本粒子的物质微粒，在实验难以为继时继续设想有更根本的实体，比如弦物理学中的远远超出实验可检验范围的“弦”。人们会发觉古希腊哲学家的发问方式，已经预设了现代物理学这种分析还原的回答方式。

分析精神对于透彻的理解来说是不可缺少的，是否追求知识和概念的清晰性是古希腊和古代中国理解自然的一个重要区别。分析精神也成为理性精神的延伸，如果存在着人的理智可以理解的有规律的自然，就意味着人们能够通过努力去把握这种规律。但理性精神并不能使人们轻易、直接地认识自然规律，真正能够促进人们获得可靠的自然知识的方法则是近代科学的数学、物理方法。正是有了体现实证精神的实验方法，人们才有可能辨别古希腊哲学家关于世界本原的众多猜测究竟哪个更符合事实真相，而数学则为人们提供了这些知识更为精确的形式。不仅如此，通过数学的演绎，人们还可以得到难以从经验获得的或者难以直接把握到的新知识。

因此，近代物理学的真正希腊始祖并不是作为哲学家的亚里士多德，而是作为几何学家和实验家的阿基米德（Archimedes，前287—前212），他的工作具有将数学和实验结合起来的真正的现代科学精神。① 对经验观察进行数学和逻辑演绎，得到关于规律的假说，然后再通过实验验证假说的真伪。这种十分概括的关于科学发现的观点为现代人所熟知，但科学方法的建立却并非一朝一夕之功。作为文化的一部分，科学的发展必然会受到社会历史进程的影响，比如，伟大的阿基米德竟死于不知名的士兵手里，以至于科学精神的发展就此中断。

科学的世界观说到底不过是人们把握和理解世界的一种方式，对于人类的

---

① W. C. 丹皮尔. 科学史及其与哲学和宗教的关系. 李珩，译. 桂林：广西师范大学出版社，2009：91.

存在而言并不是唯一的，甚至不能算是必要的，毕竟这样的世界观在人类漫长的历史中不过仅仅存在了几百年而已。然而，自然科学及其技术应用却在这短短的几百年时间中极大地改变了整个人类社会和人类自身的面貌。科学和技术有如此强大的力量，大概是宗教世界观主导的中世纪里哪怕是最具想象力的人也无法预料的。

通过对中世纪晚期和文艺复兴时期科学精神和方法论发展的追溯，可以看到科学如何从中世纪的神学世界中，缓慢地吸收了经院哲学家在争论形而上学和神学问题时培养起来的批判精神、分析精神和理性精神，并在人们试图理解和把握文艺复兴时期出现的无数新事物、新观点进程中最终建立起来。但只有当近代早期的人们意识到科学和技术对于经济、医疗、政治这些真正能够被亲身感受到的领域所产生的重大影响时，才不得不重视科学和技术的巨大威力。正如当利玛窦将西学和各种精巧制品带给明王朝时的中国人时，他们无论如何也不会想到由这些“奇技淫巧”所发展起来的坚船利炮，会给250余年后的中国带来怎样的痛楚。

四、欧洲殖民扩张的技术支撑

耶稣会传教士东来中土之时，既是欧洲殖民日渐扩张时期，也是资本主义开始加剧原始积累时期。先进的军事技术和生产技术为殖民者提供了武力保障和贸易中的优势地位，技术由此成为殖民扩张直接而有力的支撑。在短短的篇幅中绝无可能阐明如此复杂、庞大的历史“大戏”，因此关于科学技术和殖民扩张的相互影响，本节只能给出一个简单的评论。相关科学史和技术史的介绍，仅以利玛窦等传教士带到中国的西学和技术制品为线索，以求对欧洲殖民扩张的技术支撑做一个粗线条的描绘。

1. 科学技术在资本主义原始积累时期的作用

毫无疑问，科学技术是有效推动经济发展和社会进步的生产力。这里所说的“科学”并非仅仅指始于伽利略的近代自然科学，而是更一般地指人们理性地把握自然事物的方式。人们对自然的理性把握，无论是近代自然科学建立之前的常识的、不系统的认识，还是自然科学的系统的、精确的认识，都是人们认识和改造世界的基础，以指导人们理解世界并通过适当的技术手段进行生活和生产实践。如果说科学间接推动了经济发展和社会进步，那么技术的作用则更加直接、明显。“技术是与人类相伴而生的，人一开始就是技术的人”；“技术存在于人类目的性活动的所有领域，是一种带有横断融贯性的人类活动的基本特征”①。

15 世纪末到 19 世纪初是欧洲资本原始积累时期，经济活动或者说对财富的追求是欧洲这一时期社会生活的主旋律。尽管科学和技术并不全是这一时期的主角，但科学和技术对资本原始积累却具有不可或缺的支撑作用。

一个十分明显的例子便是船舶技术和航海技术对地理大发现的重要作用。对船体和风帆的改进使得海上的长途航行更加便利，而地理知识和天文学知识也为安全抵达目的地提供了支持。尽管如此，航海依然是一项依赖于经验和勇气的事业。洋流和海风的动向、穿过浅滩和礁石的技巧、根据夜空中的星星确定方位的方法等这些对航行至关重要的知识，并非来自系统的学科教育，而是来自经验的传承和实践。除此之外，面对变幻莫测的大海和天气，以及将船驶入古老地图上那些传闻充满海怪的未知区域，确实需要真正的探索精神和勇气。

虽然航海事业充满危险，但是成功的航行为欧洲人带来了丰厚的回报。美洲这块居住着无力自保的原始居民的新大陆、商贸体系成熟的亚洲市场、散落在大洋中物产丰富的群岛，它们对于新兴的资产阶级都具有极大的吸引力。通过穿梭于各大洋的航船，亚洲、非洲、美洲的金银和各种物产源源不断地输入欧洲，促进了资本主义时代的到来。

随着地理大发现，欧洲开始了殖民扩张的时代。最早在欧洲之外建立殖民地的是葡萄牙，从占领附近海域的群岛开始，到开拓非洲、亚洲新市场，再到掠夺美洲的资源，葡萄牙获得了大量的财富。在重商主义思潮的指引下，越来越多的欧洲国家加入开拓海外市场、建立殖民地的潮流中。通过贸易或者暴力手段，欧洲人的势力范围不断扩张。到 16、17 世纪，西班牙在亚洲、非洲、美洲占领了大量殖民地，甚至被冠以“日不落帝国”的称号。

赤裸裸的掠夺和对殖民地劳动力的压榨依靠的正是西欧先进的军事技术。装载了重型火炮的战舰、杀伤力巨大而高效的大炮和火枪，赋予了欧洲各国军队压倒性的军事优势。这种优势带给殖民地人民深重的灾难，直接的战争屠杀和残酷的奴役，以及来自欧洲的各种病毒引起的流行病，导致殖民地人民大量

① 王伯鲁. 技术究竟是什么：广义技术世界的理论阐释. 北京：科学出版社，2006：44，30. 关于技术概念的一个详细梳理和创造性的综合，见该文献 17－51.

死亡，造成空前的民族压迫和种族灭绝。显而易见，先进的军事技术已演变为欧洲殖民扩张的帮凶。

发生在欧洲大陆上的战争也逐渐从冷兵器的战争升级为热兵器的战争。经过长达两个世纪的技术改进和战术革新，17 世纪末，欧洲的步兵全都装备了击发枪和刺刀。对枪炮的需求促进了武器工业化生产的进程，也促进了化学和冶金技术的进步。围绕着新式武器逐渐发展起一系列新的事业，包括武器制造、运输、管理及其技术，还有以枪炮为核心的军事院校教育和战略战术改进等。这里明显表现出一个互动循环的技术发展链条：新技术促进了人们对技术产品的需求，新的需求又刺激了技术本身的研发。技术的进步间接或直接地促进科学的发展，科学的发展则为这一发展链条注入新的动力。

活字印刷术[①]的发明和普及是技术间接促进科学发展的典型案例。15 世纪中叶，金属活字印刷术在欧洲出现，印刷术在教育事业旺盛需求的刺激下迅速发展，很快演化为繁荣的新行业。到 16 世纪，印刷的书籍数量已经达到一亿四千万册以上，这个数字已经超过了 16 世纪末整个欧洲居民的总数。[②] 印刷业给整个欧洲文化界带来了生机和活力，古希腊罗马的古籍手稿、文艺复兴时期汹涌的新思想，借助于高效的印刷术和廉价的印刷品迅速而广泛地传播开来。古希腊的科学著作也逐渐被整理出版，自然哲学和科学的精神传播到更多人心中。在宗教改革运动中，印刷品成为宗教改革的有力武器。追求思想自由作为宗教改革的一个重要目标，却使人们得以发展神学之外的文学、艺术、科学和哲学等学科，并最终使人们的思想摆脱了基督教教义的支配，对人有巨大吸引力的自然界，终于重新唤起了人们的兴趣和热爱。

技术制品或技术进步为人们发现新的科学事实提供了更多的可能性。医学家散克托留斯（Sanctorius，1561—1636）借助伽利略发明的温度计来研究人体温度的变化，通过炼金术士发明的天秤研究人体体重的变化，并得到一些有价值的结论。1590 年，显微镜的发明使得生理学的研究变得更加深入。人们通过显微镜可以观察到生物器官结构更精致的细节，17 世纪现代胚胎学的建立就是

---

① 关于印刷术的介绍有大量文献和专著，本节不单独讨论。欧洲印刷术在文艺复兴时期的工艺发展可以参考：查尔斯·辛格，等. 技术史：第Ⅲ卷. 高亮华，戴吾三，译. 上海：上海科技教育出版社，2004：261-284.

② 布罗代尔. 15 至 18 世纪的物质文明、经济和资本主义：第 1 卷. 顾良，施康强，译. 北京：生活·读书·新知三联书店，2002：471.

以显微镜为基础的。磁石的性质引起了吉尔伯特的关注，他搜集了大量关于磁和电的知识，并进行了相关的实验研究。伽利略改进了望远镜，通过对星空的观察为世人带来了许多让人震惊的天文新发现。由于技术的改进而导致新事实被发现的事例还可以继续列举下去。在近代科学发展初期，技术及其制品为科学的发展提供了有力的支持。在欧洲资本原始积累阶段，不断革新的欧洲社会中的各种因素相互影响，促进着社会日新月异的变化，反而使科学和技术的相互影响甚至不太容易被注意到。

科学和技术的进步并不总是一帆风顺的。近代自然科学遭到教会的压迫是众所周知的，而技术改进在资本主义发展早期也遭到工人的抵制，旧有技术的稳固的惯性使得掌握了这些技术的工人没有足够的动力接受新的技术。比如16世纪中叶，法国印刷工人认为印刷机的改进导致他们的收入下降，因而组织罢工。相对于早期资本主义的欧洲经济来说，劳动力是充足的，并不急需通过改进技术来提高劳动效率。随着市场的不断扩大以及海外市场的快速扩张，情况随之发生了变化。当市场需求大大超过人工劳动所能产出的商品数量时，生产力的提升对于资本家来说就变得格外重要，大规模生产优质而廉价的商品将为他们带来丰厚的利润。那些反对新技术的人，不论出于何种动机，终究抵挡不住资本与科学技术结合的潮流。

经过15至18世纪欧洲社会剧烈的变革，在经济上，资产阶级崛起，海外殖民活动带给欧洲巨大的财富和商业活力；在政治上，民族国家形成，不断壮大的新贵族和资产阶级要求废除封建专制、分享政治权力，17、18世纪英国和法国的资产阶级革命将欧洲带入了资产阶级统治的新时代；在文化上，文艺复兴为整个欧洲思想界带来了新的转变，人们不再被宗教神学紧紧束缚，加上宗教改革的推动，自由探索的精神成为时代的主流。从重新认识和理解古希腊的哲学精神开始，人们终于建立起了近代自然科学，将人类文明推向理性时代。这一时期欧洲的一系列变化，导致工业资本主义不可阻挡地兴起了。在完成蒸汽革命之后，19世纪科技革命与资本主义的相互促进模式更加清晰了：科技革命导致产业革命，继而引发社会的经济、政治、文化的一系列变革；社会变革又会反作用于科技，促使科学技术加速发展。

2. 造船术及航海学

在地理大发现时代，欧洲对遥远大陆的殖民活动和传教活动，是新航道和新贸易路线被开辟之后才得以推进的。船舶技术的持续改进，使得远洋航行更安全、更快速。

欧洲是海岸线十分曲折的一个大陆，沿海分布着许多半岛、岛屿和港湾。古希腊文明所在的爱琴海区域更是明显，爱琴海中分布着许多大大小小的岛屿。在这样的地理环境中，航船具有十分重要的作用。通过古代的文字和绘图记录，人们可以大致了解当时船只的特点。公元前7世纪，地中海已经出现带有撞角的战船了。公元前6世纪，由于用于不同的目的，古希腊商船和战船已经存在着明显的区别。此时的船舶形态已经较为成熟了，船身可达40米长，能容纳几十名水手同时划桨，甲板上有桅杆并绑有风帆。船的这种基本形式直到19世纪全帆装铁甲船出现之前，并没有太大的变化。

1世纪，古罗马帝国时期的造船技术已经十分发达，能够建造137米长、58米宽、15米高的大船。①战船分为重型战船和轻型战船，灵活的轻型战船有时可以出奇制胜。船舶强大的运载能力对古代文明来说意义重大，罗马帝国不仅有海运船，也有航行在狭窄航道和浅水航道的内陆驳船，这些船运交通对罗马帝国具有重要的经济价值。

中世纪后期，火炮被装配到战船上，典型的地中海战船是带桨的大帆船，船首是作战平台，架有火炮，船头带有冲撞角。船首的单根轻型桅杆上挂有大三角帆，战斗时收拢以保持火炮精确射击。典型的商用船主要是在威尼斯建造的大型桨帆船，主要靠三根桅杆上的三面大三角帆提供动力。由于难以用桨划动，过于依赖风力、风向，这种桨帆船并不适合远航，因此在16世纪下半叶逐渐被圆船所取代。

15世纪，全帆装船飞速发展起来。全帆装船悬挂至少5面受风帆，船体较大，能够运送更多货物并且更容易防备海盗，也能够运载支持长途航行的充足物资。帆可以灵活地增减，分离的帆面设计使得这种船适合探索性的远航。16世纪，600吨的帆船已经十分普及，大型的全帆装船使得到达美洲、亚洲以及全球各地的探索性航行更加安全快速。但是15世纪末，哥伦布到达美洲大陆以及1518年麦哲伦的环球航行，他们并没有使用完美的新型船只，而仅仅使用了轻型帆船。

17世纪，对数学及自然科学的热衷使得人们尝试更多改进船舶及帆的设计

---

① 查尔斯·辛格，等．技术史：第Ⅱ卷．潜伟，译．上海：上海科技教育出版社，2004：409．

和建造方法。战船为装载更多火炮而被建造得坚固巨大，商船总体上比战船小，大部分商船的排水量仍是 200 吨至 400 吨。普通的长途航海采用的是没有装备重炮的桨帆快船以追求快速航行。

要让船舶安全、快速、经济地抵达目的地，需要人们具备必要的航海学知识。航海学主要包括航线选择与设计、船位的测定和各种条件下的航行方法。在古代，天文、地理、洋流、气候这些经验性的知识对航海活动至关重要。15 世纪之前的航海者主要依赖太阳和北极星的方位确定航向。至少从 12 世纪起，欧洲航海者开始使用磁针或磁石辅助确定航向。航线的确定则需要依赖海图，海图是描述海洋及毗邻陆地的地图，至少在 1275 年时，欧洲已经拥有十分细致的地中海和黑海的海图。14 世纪时，磁罗经已经开始被使用，逐渐成为指示航向的必备仪器。航海定位是决定航行成败的关键，定位航船位置的方法就是确定船舶所在的经纬度。推断船的纬度的方法是观测太阳中天高度或北极星出水高度，通过象限仪完成测量。但是经度位置很难测量，16 世纪初依然只能依靠基本的航迹推算，即根据航行方向、时间及航速，通过几何作图和数学运算，推算出船舶的位置。时间测量则由沙漏和日晷完成，航速则经由古老的漂物测速法大致推断。①

总之，在蒸汽时代之前，航海活动极大地依赖于人们的经验。与航海相关的技术或技术制品的改进，比如船体和船帆的改进、新式的定时定位仪器等，只是更方便地使人们将经验成功地用于航行，航海活动并没有发生根本性的改观。

3. 制图学及地理知识

利玛窦在中国传教时，为中国带来了世界地图，还有五大洲、地圆说、气候带的分布、经纬度制图法这些陌生的地理知识，引起了当时士大夫阶层的极大震动。

对于古人来说，绘制精确的世界地图是不可能的。然而，天文学、地理学、制图学、测量学等学科在中世纪和文艺复兴时期的发展，以及通过地理大发现获得的丰富知识，使得人们对地球的面貌有了更多的了解。世界地图的精准程

---

① 磁罗经即带有方位刻度盘的指南针。象限仪是带有刻度的简易投影装置，使阳光投影到刻度上，得到日高和纬度数据，避免测量者直视太阳。漂物测速法是先测量船舶长度，再将木片从船头投入海中，测量木片移动到船尾位置时所需时间，即可求得航速。

度正是这些科学和技术水平的集中表现。

古希腊的埃拉托色尼（Eratosthenēs，约前275—前194）对古代地理学的发展贡献颇多。他第一次使用了“地理学”一词，并试图使以前充满传闻的地理学成为真正的科学。他发明了投影制图法①，在地图中引入了经纬网格，根据各种关于世界的信息和传闻，绘制了当时已知世界的地图②，并且对地球大小做出了初步的估算。

由于军事和统治的需要，罗马帝国在恺撒（Gaius Julius Caesar，前102或前100—前44）的倡议下测量了帝国的疆域。关于经度的信息依赖于帝国道路上大量的标记了到主要城市距离的里程碑，通过方位推算方法得到，但数据并不十分可靠。纬度数据依靠天文测量可以相当准确。该测量完成于公元前20年，这项工程的监督者阿格里帕（Marcus Vipsanius Agrippa，前63—前12）最后绘制了地图。③

活跃于2世纪的托勒密，不仅以《天文学大成》支配了近代之前欧洲人的宇宙观，他的《地理学》也成为成书后近1 400年中的权威。他在《天文学大成》中描述了气候分布，强调绘制地图应基于天文学定点，尽管他绘制的地图并没有依照这个原则。《地理学》的核心内容是大量地点及其经纬度数据的记录，范围包括欧洲、亚洲、非洲，目的是为绘制地图提供基础。只要有了这些文本形式的经纬度，就可以复原托勒密的地图。④ 其余章节则是关于制图方法的说明，讨论了收集地理信息的各种方式，给出了两种投影制图的方法。

在中世纪，人们认为世界主要是由亚洲、非洲、欧洲三块可居住的大陆和环绕的大洋构成的，并且猜测南部也是由海洋和未知的陆地组成的。当这样的认识表现在平面化的地图上，就给中世纪的普通人造成地球是扁平的印象。在漫长的时间里，欧洲人通过欧亚大陆上的陆地旅行和频繁的近海航行，得到了零星的关于欧洲之外世界的信息，逐渐丰富了中世纪地图的细节。

---

① 扼要地说，即设定经线、纬线为坐标系确定地理位置，并用数学方法将其对应绘制到平面上。

② 该地图的复原图见：波德纳尔斯基．古代的地理学．梁昭锡，译．北京：商务印书馆，2011：115.

③ 该地图被称为《皮尤廷厄地图》，地图的一部分见：查尔斯·辛格，等．技术史：第Ⅲ卷．高亮华，戴吾三，译．上海：上海科技教育出版社，2004：352.

④ 精美的多个版本的托勒密地图见：Berggren. Ptolemy's Geography：An Annotated Translation of the Theoretical Chapters. Princeton：Princeton University Press，2000：Illustrations.

托勒密所留下的地理学知识和制图学知识，在15世纪初被翻译成拉丁文，进而进入西欧，成为文艺复兴时期制图学的基础。1466年，格尔玛努斯将托勒密的制图法由矩形投影改进为梯形投影，对地理位置在平面上的还原更为准确了。① 人们逐渐将新的经度、纬度信息和气候信息添加到新制作的地图中。15世纪中叶，道路和河道的信息被放到地图中，现代地图的基本框架终于形成了。各种地图通过印刷术广泛传播，到16世纪后期，地图具有准确展现距离、方向以及在地球上的位置的作用，已为人们所熟知。

地理学、制图学、航海学的关系十分密切。从制图学和航海学中得到的经验知识，丰富了地理学的理论和细节，而越发准确完整的地理学为绘制地图和航海实践活动提供了有效指导。依赖数学计算和相关技术制品的测量学则是上述学科的一个基础。

测量学的很多普遍原理来源于几何学，其发展主要是由数学进步和实际需要推动的，比如对精准丈量土地的需求同时推动了几何学和测量学的发展。相似三角形的特征使得人们能够方便地使用简单工具，完成诸如塔的高度、海上船只移动的距离等测量。几何学方法从古希腊起就成为天文学研究的主要方法，但16世纪之后，才出现了直接研究测量学的文献。

近代早期，制图学所需要的经纬度数据，必须进行实地测量才能达到较为精准的程度，为此，测量方位、高度和水准的各种仪器被设计出来。这些仪器的设计基于直观经验，比如投影基于光的直线传播，测量水平和垂直的铅垂线基于地球的向心力，方向基于磁针的指向等。为了简化计算，出现了多种计算尺②；以及罗列了常用计算结果的数学用表，比如三角函数表在17世纪得到广泛使用。

欧洲人围绕着地理认识发展起来的相关学科，表现出两个较为明显的、相互关联的传统，即几何学传统和经验传统。正是这两个传统使得地理学摆脱了迷信、传闻和模糊，从而逐渐发展为一门自然科学。其中，对几何学即数学的

---

① 查尔斯·辛格，等. 技术史：第Ⅲ卷. 高亮华，戴吾三，译. 上海：上海科技教育出版社，2004：364.

② 其基本形式是标有数字和记号的数字尺，分为圆形和直线型两种，后来加入游标辅助读数。计算尺作为基本计算工具的地位直到20世纪70年代才被电子计算器取代。计算尺从17世纪发明起至20世纪中叶的发展史详见：李俨. 计算尺发展史. 上海：上海科学技术出版社，1962.

重视和应用，使得欧洲人从古希腊开始就将精确性赋予到他们对天文学、地理学等学科的研究，也使得这些学科的知识和理论对明朝人有相当巨大的震撼力。

4. 历法、天文学及数学

历法通常用来指示重复的时间周期，以指导人们的生产和日常生活，其基础是人们对昼夜、月相、四季等周期性现象的经验认识。设计恰当且精确的历法，需要拥有比较准确的地球、月亮、太阳相对运动的知识以及相关的数学知识。

在利玛窦传入中国的西学中，天文学及数学是相当重要的一个方面。对明朝人来说，日食和月食的原理、地球的大小、恒星的天文知识是新奇的。历法在古代中国不仅有指导民众生产、生活的实践意义，更有独特的关乎皇权国运的政治意义，因而受到统治者的高度重视。

编制历法在多数时候并非一项技术活动，并且文化意义远远大于其科学意义。历史上不同民族的历法或多或少会反映出该民族对宇宙的认识，并与其生产、宗教、政治息息相关。在古埃及，人们已经根据天狼星得到了平均间隔约为365天的年周期，并且出现了用于指导生产和用于宗教目的的两种历法。在天文学的早期发展阶段，占星术占据了重要的位置。天上的周期往往通过神秘主义的方式对应到地上的各种事件，发现更加精确的周期成为占星术士的一项主要工作，这自然不能依靠臆断和猜测，而需要仔细的测量和计算。古巴比伦的占星术士在公元前6世纪时已经相当精确地获得了月和年的周期。① 越来越多需要记住的各种重大事件，被负载到历法上，形成了周期性的纪念日、宗教节日，从而使得历法的文化意义愈发重大。

古罗马的历法是当今世界各国历法的共同来源，2月需要置闰、其他月份具有固定长度这种历法结构始于古罗马。古罗马纪年法一般以罗马建国时间为参照。目前较为通用的公元纪年法亦即基督教纪年法②，以传闻的耶稣诞生之年为

① 每1800年只有1天的误差。参见：查尔斯·辛格，等. 技术史：第Ⅲ卷. 高亮华，戴吾三，译. 上海：上海科技教育出版社，2004：387.

② 为避免非基督教人士的反感，英语国家的非基督教出版物越来越多地使用BCE（Before the Common Era）和CE（Common Era）取代BC（Before Christ）和AD（Anno Domini），以削弱后两个纪年词缩写带有的基督教含义。汉语中“公元”一词一般并不带有宗教含义。一个说明见：https://en.wikipedia.org/wiki/Common_Era。

起点，是修道士迪奥尼西于530年前后开始使用的。8世纪后，基督教国家广泛使用了这一纪年法。罗马历中一年的平均周期比实际略微长了一些，到了16世纪已经积累起明显的偏差，历法已经不能准确反映宗教节日的时间。教皇格里高利十三世即位后，组织数学家、年代学家对历法进行修正，耶稣会的数学教授对历法修正做出了重要贡献。1582年，修正后的历法正式启用，逐渐被各国采纳，成为当今的通用历法。

对天体运动周期的测量以天文学知识和数学知识为基础。尽管哥白尼体系在发表之后得到了许多数学家的认可，但直到17世纪末牛顿阐明万有引力理论之后才被广泛接受。托勒密以地心说、天球结构等观念为核心的宇宙体系，是作为公教权威学说的阿奎那体系的一个重要基础，也是中世纪和文艺复兴前期人们通常持有的宇宙观。身为耶稣会士的利玛窦所接受的天文学教育，自然是以托勒密体系为基础的。直至18世纪中叶，哥白尼的天文学体系才传入清王朝，而此时近代自然科学在欧洲早已蓬勃发展了近200年。明清时期的一部分中国人获得了西方的几何学、托勒密和后来哥白尼的天文学，但这并没有对稳固而强大的儒释道传统所形成的文化体系造成多大的冲击。

从古代和中世纪一直到伽利略时代，天文学都被看作是数学的分支。数学传统深深地根植于欧洲人的思想文化之中。建立于公元前6世纪的毕达哥拉斯学派发展了数的抽象概念，并对数本身以及数之间的关系极度推崇，甚至认为数是万物的本质和基元。柏拉图受到毕达哥拉斯学派关于形式和数的神秘主义的影响，对数学十分重视。他甚至在柏拉图学院门口挂了标牌，禁止不懂几何学的学生入内。① 柏拉图的哲学将对抽象的形式的研究发展为影响整个哲学史的理念论，他强调只有共相、理念才是充分的实在。约公元前320年，欧几里得完成了《几何原本》，充分展现了数学的优雅、演绎逻辑的强大，是代表古希腊精神最成功的产物。这本书所展示的几何演绎体系如此重要，以至于“事实上，在人类智慧的胜利中，我们很可以认为希腊几何学和近代实验科学占有同等最高的地位”②。

数学对事物性质和形式的抽象，使之尤其适合于表达带有普遍意义的自然科学定律和概念。加之，在中世纪，人们在哲学和神学争论中逐渐明确的“有

---

① 斯科特．数学史．侯德润，张兰，译．北京：中国人民大学出版社，2010：32.

② W. C. 丹皮尔．科学史及其与哲学和宗教的关系．李珩，译．桂林：广西师范大学出版社，2009：55.

规律的自然”这种信念，使得与数学密切相关的新柏拉图主义和毕达哥拉斯主义在近代自然科学的建立过程中发挥了重要作用。在哥白尼、开普勒、伽利略、笛卡尔、牛顿等自然哲学家的思想中，自然的规律和秩序是用数学写就的，数学正是揭开自然秘密所需要的钥匙。

来自实际生活的需求推动了数学本身的发展。中世纪数学的延续和发展依赖于教会对数学的需求，主要表现在两个方面：一是数学训练能够有效地培养逻辑思维，一个头脑清楚的信徒更能捍卫神学、驳斥异端；二是实用方面的需求，比如编制历法以及占星术预测。教会学校的“七艺”课程中，后“四艺”均与数学相关，代数、几何是纯数学，音乐和天文更侧重于数学的应用。

在中世纪晚期和文艺复兴时期，航海活动、地图测绘、商业贸易、工程、军事等领域需要大量的数值计算，对数学愈加频繁的使用，促进了人们对计算速度和准确性的要求。斐波那契（Leonardo Fibonacci，约 1170—约 1250）1202 年的《计算之书》将几何学与阿拉伯数字计数系统结合起来，从而使阿拉伯数字为欧洲人所熟悉。1585 年，斯蒂文（Simon Stevin，1548—1620）从贸易计算的实践出发发明了小数计数法，他使用的符号未被接受，但是小数计数制很快普及开来。纳皮尔（John Napier，1550—1617）1614 年的著作介绍了他发明的对数方法，对数方法大大简化了乘法和除法的数值计算，从而得到了极高的赞誉。阿拉伯计数法、小数和对数形成了便捷、高效、准确的代数计算系统，这三个发明甚至被誉为“现代计算方法之所以有奇迹般的力量”① 的原因，而且使得人们发明便捷且便携的计算尺成为可能。业余数学家韦达（François Viète，1540—1603）发展了符号代数，用字母表示数学中的已知量和未知量，从而使得代数更加抽象，不再受到具体数字的束缚。数学的这些发展成就为笛卡尔创立解析几何做了必要的准备，而解析几何对后来牛顿和莱布尼茨建立微积分又有重要影响。

耶稣会士尽管掌握了天文学、数学，懂得如何编制历法，但他们的目的绝非是要发展这些知识。尤其对投身海外传教事业的传教士而言，这些知识只不过是服务于他们的信仰和传教目的的工具而已。

5. 机械计时器及精密仪器

自鸣钟是一种能自动报时的机械钟。利玛窦试图进入北京传教时，他所携

---

① 斯科特. 数学史. 侯德润，张兰，译. 北京：中国人民大学出版社，2010：177.

带礼物中的自鸣钟引起了明朝皇帝的浓厚兴趣。

13 世纪，欧洲人发明了机械钟，最初的机制是控制落锤的重力；15 世纪改进为控制弹簧的复位，使得指示器缓慢而规律地运动。指针一步一步地均匀移动是实现精确计时的关键，为此，能够周期性制动和释放从而驱动齿轮系统的擒纵机构得到了不断改进，擒纵机构决定了时钟的精确性。由擒纵机构控制的计时装置的最早记录是在 13 世纪的一本速写本中发现的。直到 17 世纪，这类计时装置都依赖于控制重物的摆动。要使时钟报时，还需要设计一套独立的报时齿轮系统，现存最古老的自鸣钟是 1386 年制造的。在最早期的机械时钟上，人们已经开始试图将艺术与机械技术结合起来，用机械装置实现能够自动做出动作的动物形象。1354 年为斯特拉斯堡钟制作的机械铁公鸡留存至今，精巧的机械结构使之能够实现展翅、张嘴、鸣叫等动作。①

16 世纪末，钟表的弹簧驱动器及相关结构已经比较成熟了，能够提供较为精准的计时效果。伽利略和惠更斯研究了摆的等时性运动，指出任何给定长度的钟摆摆动周期是不变的，这为钟表制造提供了新的计时原理。1659 年，惠更斯在其著作中详细介绍了摆钟如何得到更精确的计时效果。10 余年后，锚式擒纵机构被发明出来，能够实现很小的摆幅，从而使钟摆实现更均匀的等时运动，进而大大提高了计时的精度水平。此后人们又设计了多种擒纵机构。1755 年左右，马奇（Thomas Mudge，1715—1794）发明了自由式擒纵机构，这成为机械钟直到今天依然被广泛使用的基本结构。

钟表的制造和改进体现了人们对仪器精密度的追求。愈加精密的仪器为人们的生活、生产提供了便利，而实际需求也是促进仪器制造和广泛使用的关键推动力量。例如，土地的重新分配产生了精确测量的需要，军事斗争要求更先进的武器制造，大规模的航海探险要求更精密的航海仪器等。同时，精密仪器能够帮助人们克服感官的偏见和模糊，在天文学中尤其如此。伽利略改进了望远镜，发现了肉眼不能观察到的诸多天文现象，而此前的天文观测只能依靠肉眼。第谷和开普勒的天文学观测数据，几乎在精密的象限仪、照准仪的帮助下达到了肉眼精度的极限。1665 年之后，肉眼观测被望远镜观测完全取代。

仪器制造在文艺复兴时期的发展，也得益于印刷书籍的出现以及古希腊数学和天文学的复兴。16 世纪初，出现了两类明显不同的仪器制造者——科

① 查尔斯·辛格，等. 技术史：第Ⅲ卷. 高亮华，戴吾三，译. 上海：上海科技教育出版社，2004：441-444.

学家和工匠。科学家试图设计和改进仪器，而工匠则试图制造成批的各种规格的仪器。在装饰层面上，很多艺术家和工匠都具有在金属和象牙上精雕细刻的高超技艺。

仪器最重要的特征就是刻度的精确程度，工匠的水平也体现在加工仪器的复杂技术、在金属盘面上冲压标尺刻度的精细程度等方面。根据不同场合仪器使用者的要求和实际的使用情况，仪器的制造者不断改进仪器的实用性，很多专门的仪器经过推广和改进后，逐渐演变为普遍的或通用的工具。比如，磁罗盘被制成方便旅行者携带的便携式指南针，在16世纪后期它甚至与车程计数器组成了自动记录行进路线的仪器；用于天文测量的经纬仪被改进成为通用的测量仪；航海仪器、夜间定时仪也演化为常用的仪器。

关于各种仪器的工艺发展历史难以详述，然而人们却可以体会到伴随着这些仪器的发展，人们的物质生活和精神生活逐渐发生巨大变化。借由各种各样的仪器，人们可以更加准确地把握和理解自然界的事物，这就使人们能够破除各种各样的迷信和偏见。在多数时候，仪器的改进都依赖于来自实践的需求，而这些改进本身又是不折不扣的创新活动。经济发展提供的巨大市场、思想领域对理性方法的重视，都为这些创新活动提供了基础和动力。

17世纪，书籍和科学期刊使得新仪器的设计和制造方法得到了更快速的传播，新仪器以及旧仪器的改进在市场的驱动下很快得以推广。新的发明和发现促使新的仪器出现，比如依赖于光学知识的望远镜和显微镜，依赖于热力学知识的温度计、气压计、气泵等仪器。这些仪器的发明与改进又会促进已有技艺的进步，比如光学仪器、气压计、温度计要求更精密的玻璃制造和打磨工艺。在这里，已经可以较为清晰地看到科学和技术在社会需求的驱动下相互影响、相互促进的机理。

6. 16、17世纪的欧洲军事技术

从14世纪起，欧洲的战争已经开始使用手枪、野战炮和攻城炮。但就军事技术本身而言，16、17世纪的欧洲军事技术并没有如中世纪晚期火药的应用那样发生重大的变革。随着火炮和手持式火枪技术的持续改进，整个战争的方式发生了变化，冷兵器逐渐被淘汰。围绕着火药武器建立起来的各种行业和管理机构，逐渐使热兵器成为军事技术和战争的核心。

手持式火枪的三个关键部件分别是瞄准射击方向和控制推进力的枪管、击

发火药的枪机、提供舒适性和稳定性的枪托，其中的每一个部分都得到不断改进。现代类型的肩部枪托在17世纪早期已经出现；枪机则经历了火绳枪机到燧石枪机的发展，燧石枪机直到19世纪中期高效撞击帽发明之前，一直是轻型武器的标准枪机；枪管的制作工艺决定枪的性能，在19世纪膛线枪管的制作工艺成熟之前，一直采用的是滑膛枪管①。切割膛线技术以及枪管的制作成为技术改进的主要对象，这也促进了采矿和冶金技术的发展。

16世纪中期，能够从远距离射穿铠甲的滑膛枪被装备到军队中。最初只是作为骑兵、弓手、长矛兵等传统兵种的补充和辅助，后来排枪发射战术②被发明出来，弥补了火枪发射率低下的缺陷，这引起了战术上的重大变革，冷兵器时代的战术逐渐失效。铠甲能够提供给士兵的保护性以及骑兵的作用在火枪面前大大降低了，所以骑兵作为一种身份的象征意义也被削弱了。到17世纪末，所有欧洲国家军队的步兵都装备了带有刺刀的火枪。这样一来，传统兵种的作用就变得越来越小了。不仅如此，训练骑兵和弓手需要耗费大量时间，而装备一名作战能力优良的火枪兵则容易得多。只要按照火枪操作手册进行操练，很快就能培养出大量能够作战的熟练火枪手。

陆战中的火炮起初威慑力大于杀伤力，而且由于移动不便并未得到广泛使用。15世纪末，可以移动的火炮被法国人制造出来，火炮在陆地战和攻城战中的实用性大大增强了，中世纪的城堡因此而变得不堪一击。对机动火炮的反制策略也很快被发明出来，即针对火炮容易对高墙造成破坏的特点，将防御墙造低；同时，为了防止步兵攻入，沿着城墙建造许多突出在城墙外的棱堡，使防御工事形成一列凹型。棱堡体系强大的防御能力使其在16世纪成为防御工事的主流。③ 16世纪的炮兵需要掌握关于火炮制造、检测及火药成分的广泛知识；到了17世纪，火炮制造加快了标准化进程，炮兵只需要学习标准装备的正确操作方法。随着金属冶炼技术和重炮制造工艺的进步，16、17世纪已经可以制造大量重型火炮。

火炮和火枪被广泛装备于战船上，相对于在陆地战中运输火炮的不便，对

---

① 膛线的作用是使子弹旋转，这样子弹能够保持方向稳定。滑膛枪管内无膛线。早期由于没有较好的膛线切割工艺，膛线枪管无法大量生产。

② 对火枪手编队，第一队横列一起射击，然后退下重新装弹，下一队重复他们的动作，如此形成循环的连续不断的射击。

③ 基根．战争史．时殷弘，译．北京：商务印书馆，2010：427－428．

于战船来说，沉重的火炮和弹丸完全算不上负担。因此，战船上的火炮可以造得十分巨大，1506 年西班牙最大的战舰上的主炮已重达 4 吨。火炮需要固定在船身上或者使用掣动闸以减少后坐力对船体的破坏。船舷一侧放置多门重炮一起轰击敌方船只的战术是 1588 年英国对战西班牙无敌舰队时首先使用的。强大而有效的杀伤力使其迅速成为海战的主要形式，而此前的战术选择是使用轻型火炮、火枪或弓弩杀伤敌船上的水手和士兵。17 世纪，欧洲各国开始了一场海军军备竞赛。1637 年，已经有装备上百门超过 150 吨重炮的大型战舰了。1673 年，在英国和荷兰的海战中，双方的舰队都有 150 艘左右的大型战舰，每一方都装备了总计约 1 万门大炮。①

军事技术的领先是欧洲殖民者无往而不胜的保障。当西班牙的殖民者开始征服美洲时，虽然还是以铁制冷兵器为主要武器，但已经携带火炮和滑膛火枪了，而美洲的阿兹特克人和印加人甚至还主要使用石制和木制的武器作战。火药武器技术和围绕其建立的战术在欧洲的战争中快速地发展起来。当载有火炮的战舰以及性能优良的火枪这些先进武器出现在尚处于冷兵器时代的亚洲、美洲、非洲时，技术上的领先为欧洲的殖民者提供了压倒性的震慑力和恐怖的杀伤力。

---

① 杰弗里·帕克，等．剑桥插图战争史．傅景川，等译．济南：山东画报出版社，2004：118．

参考文献

［1］Agustín Udías. Jesuit Contribution to Science：A History. Cham：Springer International Publishing，2015.

［2］Berggren. Ptolemy's Geography：An Annotated Translation of the Theoretical Chapters. Princeton：Princeton University Press，2000.

［3］Kretzmann. The Cambridge History of Later Medieval Philosophy. Cambridge：Cambridge University Press，1982.

［4］奥尔德罗伊德. 知识的拱门. 顾犇，译. 北京：商务印书馆，2008.

［5］彼得·克劳斯·哈特曼. 耶稣会简史. 谷裕，译. 北京：宗教文化出版社，2003.

［6］布罗代尔. 15 至 18 世纪的物质文明、经济和资本主义：第 1 卷. 顾良，施康强，译. 北京：生活. 读书. 新知三联书店，2002.

［7］基佐. 欧洲文明史. 程洪逵，译. 北京：商务印书馆，2005.

［8］勒戈夫. 中世纪的知识分子. 张弘，译. 北京：商务印书馆，1996.

［9］埃德蒙·帕里斯. 耶稣会士秘史. 张茄萍，勾永东，译. 北京：中国社会科学出版社，1990.

［10］涂尔干. 教育思想的演进. 李康，译. 上海：上海人民出版社，2006.

［11］本内特. 欧洲中世纪史：第 10 版. 杨宁，李韵，译. 上海：上海社会科学院出版社，2007.

［12］伯特. 近代物理科学的形而上学基础. 徐向东，译. 北京：北京大学出版社，2003.

［13］布鲁斯·L. 雪莱. 基督教会史. 刘平，译. 上海：上海人民出版社，2012.

［14］弗·卡约里. 物理学史. 戴念祖，译. 北京：中国人民大学出版社，2010.

［15］冈察雷斯. 基督教思想史. 陈泽民，译. 南京. 译林出版社，2008.

［16］格兰特. 中世纪的物理科学思想. 郝刘祥，译. 上海：复旦大学出版社，2000.

［17］杰弗里·帕克，等. 剑桥插图战争史. 傅景川，等译. 济南：山东画报出版社，2004.

［18］玛格纳. 医学史：第 2 版. 刘学礼，主译. 上海：上海人民出版社，2009.

［19］梯利. 西方哲学史. 贾振阳，译. 北京：光明日报出版社，2014.

［20］希提. 阿拉伯通史. 马坚，译. 北京：新世界出版社，2008.

［21］波德纳尔斯基. 古代的地理学. 梁昭锡，译. 北京：商务印书馆，2011.

［22］伽利略. 关于托勒密和哥白尼两大世界体系的对话. 周煦良，译. 北京：北京大学出版社，2006.

[23] 埃尔顿．新编剑桥世界近代史：第2卷：1520—1559：宗教改革．中国社会科学院世界历史研究所组，译．北京：中国社会科学出版社，2003.

[24] 查尔斯·辛格，等．技术史：第Ⅱ卷．潜伟，译．上海：上海科技教育出版社，2004.

[25] W. C. 丹皮尔．科学史及其与哲学和宗教的关系．李珩，译．桂林：广西师范大学出版社，2009.

[26] 基根．战争史．时殷弘，译．北京：商务印书馆，2010.

[27] 吉本．罗马帝国衰亡史：第6卷．席代岳，译．长春：吉林出版集团，2007.

[28] 莱茨．剑桥艺术史：文艺复兴艺术．钱乘旦，译．南京．译林出版社，2009.

[29] 罗素．西方哲学史：上卷．何兆武，译．北京：商务印书馆，1963.

[30] 麦克曼勒斯．牛津基督教史．张景龙，译．贵阳：贵州人民出版社，1995.

[31] 培根．新工具．许宝骙，译．北京：商务印书馆，1984.

[32] 斯科特．数学史．侯德润，张兰，译．北京：中国人民大学出版社，2010.

[33] 沃纳姆．新编剑桥世界近代史：第3卷：反宗教改革运动和价格革命：1559—1610．中国社会科学院世界历史研究所组，译．北京：中国社会科学出版社，2003.

[34] 陈乐民．欧洲文明十五讲．北京：北京大学出版社，2004.

[35] 陈钦庄．基督教简史．北京：人民出版社，2004.

[36] 杜石然，等．中国科学技术史稿．修订版．北京：北京大学出版社，2012.

[37] 高岱．殖民主义史：总论卷．北京：北京大学出版社，2003.

[38] 江晓原．科学史十五讲．北京：北京大学出版社，2006.

[39] 李俨．计算尺发展史．上海：上海科学技术出版社，1962.

[40] 刘新科．外国教育史．武汉：武汉大学出版社，2012.

[41] 邱志雄．航海概论．北京：人民交通出版社，2000.

[42] 汪前进．西学东渐第一师——利玛窦．北京：科学出版社，2000.

[43] 王伯鲁．技术究竟是什么：广义技术世界的理论阐释．北京：科学出版社，2006.

[44] 王鸿生．世界科学技术史．北京：中国人民大学出版社，2008.

[45] 王美秀．基督教史．南京：江苏人民出版社，2008.

[46] 文庸．基督教词典．北京：商务印书馆，2005.

[47] 游斌．基督教史纲：插图本．北京：北京大学出版社，2010.

[48] 张大庆．医学史十五讲．北京：北京大学出版社，2015.

[49] 张家龙．逻辑学思想史．长沙：湖南教育出版社，2004.

[50] 赵敦华．基督教哲学1500年．北京：人民出版社，1994.

[51] 周昌忠．西方科学方法论史．上海：上海人民出版，1986.

第三章　西方科技缘何东传

在明末之前，中国和欧洲的科学技术各有自己的特点和规范，基本上是平行发展的，少有交会。耶稣会东来中国传教，以及伴随而来的西学东渐，终于使中西科技之间有了交集。问题是：耶稣会缘何东来传教？又如何得以在中国成功登陆？传教经历了一个怎样的过程，大致可分为几个阶段？它们又是怎样和西方科技向中国移植扯上关系的？西学东渐为中国科技发展和转型带来了什么可能性？这轮历时大约 250 年的故事高开低走，在 17 世纪的中国曾经生机勃勃，到 18 世纪却日薄西山，在 19 世纪初终归寂灭。这一章将叙述和剖析西方科技向中国东传的缘起，并试图回溯它的历史轨迹。

一、耶稣会东来缘起

耶稣会东来中国传教不是纯粹偶然的。从其自身因素来看，自耶稣会创建以来，得益于在思想宗旨、结构机制、传教策略等方面的精心设定，其人员规模与传教范围都呈现蓬勃发展态势；从天主教传教史来看，在耶稣会之前，已经至少有唐朝和元朝时期两次天主教东传历程，耶稣会后来将这种历史传统发扬光大了；从国际形势来看，葡萄牙和西班牙正在世界崛起，并竭力在远东拓展殖民贸易，耶稣会的东传正是借了这股东风；从耶稣会士个人来看，尝试入华者不少，以沙勿略和鄂本笃为代表，他们分别由海路和陆路尝试进入中国而不得，既反映了理想与现实的鸿沟，也展现了历史与当下的差异；从传教路径与策略来看，既表现为由陆路传教向海路传教的物理路径上的转变，也表现为与之前两次东传不同的从专注上层传教策略向着重外部传教策略的转变。范礼安的“文化适应政策”是抽象路径转变的核心内容，最终使耶稣会打开了中国的大门。

1. 耶稣会的宗派和组织

16 世纪中叶以来的百余年被历史学家们界定为教派时代，欧洲大陆上充斥着信仰分裂和教派斗争。耶稣会凭借其宗派和组织而在这一时期脱颖而出，其风头实力不亚于其他新教教派。创始人依纳爵的许多设计和安排正是奠定耶稣会宗派和组织的重要基础，被认为“从形式和内容上决定性地给天主教的虔诚指明了方向，尽管不是唯一的”①。这些成功要素对天主教总体发展的影响自不必说，也是特别宏大的问题。更为直接的是，耶稣会得以构建的自身组织特征与其之后东来和西方科技东传息息相关。值得一提的是，现有文献中对耶稣会在华传教史的研究成果不胜枚举，但与之形成鲜明对照的是，国内学界对耶稣会本身历史及组织特征的研究相对不足，无论是专门译著还是相关专著都少有问世。所以，将耶稣会的思想宗旨、结构机制、人员规模、传教策略等各类情形大致交代清楚，是非常有必要的。至于耶稣会的传教范围和教育体系，则待于接下来的章节完成。

依纳爵为耶稣会的组织架构做了诸多设计安排，思想宗旨部分就是如此。他一直到 47 岁时（1538）才首次主持圣弥撒，此时他已具备丰富的经验和成熟的性格，之后又为耶稣会确立了完备而森严的制度和思想体系。他规定加入耶稣会者首先需要发四种愿，分别为绝色、绝财、绝意和绝对服从教宗。前三愿在其他修会中同样可见，但第四愿为耶稣会所特别规定。绝对服从教宗规定了耶稣会从属于罗马教皇和坚定捍卫天主教的角色，罗马教皇被认为是教会利益的最高代表。

另外，依纳爵既秉承自文艺复兴时期以来对人性的理解，尤其关注人的个性，又注重人的原罪性，认为需要把新的天主教灵性生活与复杂的人性有效结合起来。对灵性生活的操作方法的系统描述可见于依纳爵所编写的《神操》之中。② 按照《神操》的方式进行灵修，可以达到帮助、安慰灵魂的目标。耶稣

---

① 马克斯·布劳巴赫，等．德意志史：第二卷上册．陆世澄，王昭仁，译．高年生，校．北京：商务印书馆，1998：264.

② 《神操》最新中文版据 *The Spiritual Exercises of Saint Ignatius: A Translation and Commentary* 所译，其中译者也介绍了其他《神操》中文译本情况，主要由光启出版社出版。参见：乔治·刚斯．神操新译本．刚斯，注释．郑兆沅，译．台北依纳爵灵修中心，校订．台北：光启文化事业，2011.

会强调基督就是帮助者、安慰者、拯救者，人的尊严和个性也得到关注和尊重，从而反映出神性与人性之间的互动。

在结构机制方面，耶稣会的特点是高度集权和国际性。一方面，高度集权源于其森严的等级制度和绝对服从教宗。对于教宗的第一位服从和对于上级的第二位服从在会宪中得到明确规定。严令要求服从的直接结果就是权力随着等级提高而越发集中。耶稣会的等级结构如图3－1－1所示，修会总长和修会大会之上就是罗马教皇。在罗马教皇的直接领导和庇护下，耶稣会士拥有独立于教区主教的很大特权。① 另一方面，在教派时代，新教的宗教领袖往往由君主或诸侯担任，因此形成相应的国家或地方宗教势力范围。但是耶稣会支持的天主教仍以罗马教皇为最高牧首，因此具备新教所不具备的国际性。

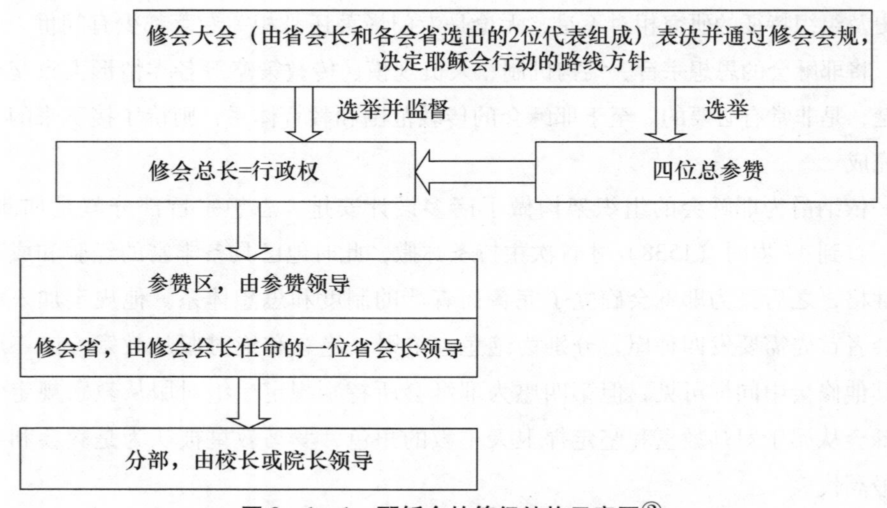

图3－1－1　耶稣会的等级结构示意图②

耶稣会在传教策略方面的灵活性较强，主要是外部传教策略和上层传教策略两类。所谓外部传教策略，是指会宪中强调传教工作的主要对象是穆斯林和其他非信仰者，连犹太人也在其列，次要对象是天主教异端和分裂者。如此说来，耶稣会在思想宗旨层面并未明确宣称反对宗教改革，依纳爵本人也没有说过耶稣会是为反对新教而成立的。但是，因其绝对服从教宗，故必然在实践上

① 埃德蒙·帕里斯．耶稣会士秘史．张茄萍，勾永东，译．北京：中国社会科学出版社，1990：23-30.

② 彼得·克劳斯·哈特曼．耶稣会简史．谷裕，译．北京：宗教文化出版社，2003：18.

追随天主教方面而反对宗教改革。所以，耶稣会在思想宗旨和理论上没有直接反对宗教改革，但是在结构机制和实践上与罗马教廷站到了一起。更合理的做法是把耶稣会归为天主教改革，同时期的“特伦托会议”（1545—1563）也是如此。这样就可以说天主教改革“是与新教改革相似的一场宗教改革运动”①。所谓上层传教策略，则表现为一种精英路线。耶稣会士不在修道院中过固定的、清修的生活，而是去各个地方开展工作。他们把传教目标锁定在君主、诸侯和贵族身上，主要活动范围是上层社会。因为下层民众往往会效仿追随上层社会的宗教信仰，上层社会的信仰选择将发挥决定性的作用，这种情形至少在欧洲很常见。

人员规模在耶稣会数百年的发展中不断扩大。主要体现为会士数量的增长。1534 年包括依纳爵在内的在巴黎发愿建会者有 7 人，二十年后的 1554 年修会会士仅 40 名，到 1556 年依纳爵去世时已达 1 000 名左右。此后规模愈发庞大，1570 年会士数量为 3 000 名，1590 年为 6 000 名，1640 年为 15 000 名，1680 年为 18 000 名，1710 年突破 20 000 名，1750 年更是达到了 23 000 名之众。另外，会省数量增长。依纳爵在世时共创立 12 个会省，1615 年增至 32 个会省，1679 年为 29 个会省，1710 年为 37 个会省，1749 年已有 41 个会省。还有，处于耶稣会等级结构最基层的单位——分部，数量已达上千。② 后来，1773 年耶稣会经历了被教廷解散的重大挫折，但 1814 年得以复会。到了当代，其发展仍然蓬勃兴盛，范围包括上百个国家，会士数量约有 2. 6 万人。2013 年，来自阿根廷的新任教宗方济各（Pope Francis）成为首位来自拉丁美洲的教宗，也因其耶稣会士的身份而成为首位耶稣会教宗，这无疑是极具历史性的事件。

2. 耶稣会东传的酝酿和基础

论及耶稣会何以东传中国，既关系到上述其自身的宗派和组织，也与天主教整体的传教史有关，更离不开当时风云际会的国际形势。事实上，这些因素并不是彼此独立不相干的，而处于一种你中有我、我中有你的糅合状态，要想

---

① 斯塔夫里阿诺斯. 全球通史：从史前史到 21 世纪. 吴象婴，梁赤民，董书慧，等译. 第 7 版修订版. 北京：北京大学出版社，2006：383.

② 分部、会省和会士数目均引自哈特曼《耶稣会简史》，其中会士数目为约数。下文对南美巴拉圭“耶稣会国”和耶稣会在日本传教之概况与兴衰的介绍，尤其是巴拉圭与日本的具体数据，亦主要引用此书。参见：彼得·克劳斯·哈特曼. 耶稣会简史. 谷裕，译. 北京：宗教文化出版社，2003：9-74.

予以一一澄清是不可能的。因此，可以尝试通过宗教因素和国际因素两方面来理解，从而大致把握耶稣会东传的酝酿和基础情况。宗教因素主要是天主教自古以来东传的历史传统，耶稣会将这种历史传统发扬光大了。国际因素则是葡萄牙和西班牙正在崛起，耶稣会的东传正是借了这股东风。

天主教东传中国的历史并不是从耶稣会才开始的，在此之前已有唐朝和元朝的两次，只是最后都未能延续下来。① 天主教第一次东传至少可以追溯到635年（唐贞观九年），依据著名的《大秦景教流行中国碑》，其记载天主教分支或异端聂斯托利派（中国称为景教）由波斯（时称大秦）传入长安及其在中国流传，至该碑所立之781年（唐建中二年）已经历近一个半世纪。景教备受太宗、高宗、玄宗、肃宗、代宗、德宗诸帝的礼遇，后来因唐武宗“会昌灭佛”（841—846）而在中原地区走向衰微，至五代时已不见于史料典籍，未能传至两宋。有意思的是，1623年（明天启三年）发现景教碑时恰逢耶稣会士在中国传教之际，这在传教士之间引起轰动，他们纷纷向欧洲汇报拓片译文。

到元朝时，征服了大半块亚欧大陆的蒙古人带领色目人（以中亚和西亚各族人为主）将景教再次传入中国，这是天主教的第二次东传。蒙古帝国的迅速崛起改变了欧洲人的世界观念：“使人们的视野从地中海转向欧亚大陆，正如后来哥伦布和达·伽马的航海使人们的视野从欧亚大陆转向全球一样。”② 根据马可·波罗的记叙，元朝时景教在西至鸭儿看州（今莎车）、东至镇江府城、北至上都（今锡林郭勒盟正蓝旗）、南至哈剌章州（今云南境内）的广阔地域内均有明确分布，范围几近于全境。③ 又因蒙古人与罗马教廷互派使节和频繁接触，天主教也开始传入中国。方济各会士孟高维诺于1294年起开始在大都（北京）传教，相继建立北京主教区和泉州主教区，颇见成效。此时，景教徒和天主教徒被统称为“也里可温”，影响力较大。但是，明朝的兴起（1368年建元洪武）打破了元代的宗教格局，“也里可温”随着蒙古人势力的退缩而销声匿迹，不再见于明人的记载之中。数百年后的明朝中后期，耶稣会士们激动地踏上中国土

---

① 对于天主教入华时间的界定，关于唐朝之前的传说多无明证，如使徒圣多默之事。此外不同的看法是，徐宗泽将犹太教视为天主教入华的特殊前身。详见：徐宗泽．中国天主教传教史概论．北京：商务印书馆，2015：2-41.

② 斯塔夫里阿诺斯．全球通史：从史前史到21世纪．吴象婴，梁赤民，董书慧，等译．第7版修订版．北京：北京大学出版社，2006：206.

③ 沙海昂．马可波罗行纪．冯承钧，译．北京：商务印书馆．2012：88-313.

地时，已经不是天主教初次东传了，面临全新的挑战和机遇。

与天主教两次东传的历史传统相对应的是作为现实情形的国际因素，而对国际因素的分析应该从耶稣会的传教范围着手进行。耶稣会参与欧洲的宗教斗争是教派时代的应有之义，德国就是天主教和新教的主战场之一，但是很难说双方谁胜谁负，更有前景的传教地域是在欧洲以外的地区。尤其是在外部传教策略的指导下，耶稣会的会省分布具有向欧洲以外的地区扩展的趋势。

依纳爵在世时创立的12个会省中就有印度会省（1549年建立）和巴西会省（1553年建立）2个海外会省。对比前文所述会省数量与海外会省数量，可以得知1615年为32∶5，1679年为29∶8，1710年为37∶11，海外会省的绝对数量和所占比重都显著增长，海外传教成绩斐然。最典型的海外传教案例之一是南美巴拉圭的“耶稣会国”，它以今天的巴拉圭为主，也包括巴西、阿根廷和乌拉圭的一部分地区，并以当地的印第安人为传教对象。“耶稣会国”的规模约为30个村镇，人口达10余万，有着相对独立的经济和宗教秩序，持续时间为1608—1768年，是耶稣会乃至天主教传教史上独特而成功的现象。

在宗教改革兴起后的欧洲，天主教的势力范围从北欧和中欧日渐退缩，但仍在南欧的多数拉丁语系国家拥有主导权。耶稣会创始人依纳爵就出身于西班牙巴斯克贵族家庭，大部分耶稣会士也都来自于西班牙、葡萄牙和意大利等国家。众所周知，早期殖民帝国葡萄牙和西班牙是地理大发现时代的最大受益者，在荷兰和英国崛起之前掌控世界霸权（其中1580—1640年葡萄牙被并入西班牙）。两国的殖民重点有所不同，1494年由教皇仲裁签订的《托尔德西拉斯条约》（Treaty of Tordesillas）规定以“教皇子午线”为界（约为西经46°37′）瓜分世界殖民地，以西属西班牙，以东属葡萄牙，所以葡萄牙在非洲、巴西和远东地区拥有巨大优势。葡萄牙人以印度果阿为总督府，攻占马六甲海峡（1511），殖民地东至澳门（1557年取得居住权），商船则东至日本，曾经大体控制了东西方贸易。西班牙、荷兰、英国等国家紧随其后，纷纷染指亚洲。①

殖民和贸易成为这一时期世界的主题词，传教也深深卷入其中。耶稣会士

---

① 16世纪至17世纪，西班牙于1571年占领菲律宾马尼拉，1580年吞并葡萄牙，后来又试图占领澳门和台湾；荷兰于1588年宣布成立共和国，1602年成立东印度公司，1619年占领巴达维亚（今雅加达），后数次侵犯澎湖，1624年占领台湾；英国于1600年成立东印度公司，但对亚洲事务的真正关注应在1640—1688年资产阶级革命之后，后来居上；法国于1664年成立东印度公司，1673年占领印度本地治里，谋求亚洲利益。

们与葡萄牙商人和殖民者一起来到东方，依托葡萄牙的殖民势力在果阿建立了印度会省（1549），后来逐渐发展的传教范围甚至远远超过了殖民地范围。虽然当时在远东进行传教活动的不止耶稣会，也包括方济各会、多明我会等，但是与葡萄牙联系最紧密、最终传教成果最丰硕的仍然是耶稣会。为什么说耶稣会与葡萄牙联系最紧密呢？原因至少有四点：一是葡萄牙根据“教皇子午线”的规定享有远东地区的保教权。二是耶稣会最早在葡萄牙发展。1546 年建立的葡萄牙会省是耶稣会最早建立的会省，比西班牙会省还要早一年。三是东来之耶稣会士之中葡萄牙籍最多。17—18 世纪派往中国的耶稣会士之中，葡萄牙籍共 337 人，西班牙籍仅 28 人，数量差距悬殊。① 四是耶稣会与西班牙的关系并不十分融洽。西班牙的多明我会曾经与耶稣会发生过矛盾冲突。②

那么，基于殖民贸易的国际背景和向东传教的历史传统，耶稣会的东传究竟如何展开呢？答案最关键的部分都系于尝试入华的先驱沙勿略。

3. 沙勿略的入华尝试

沙勿略是耶稣会的创始人之一。1506 年，他出身于巴斯克地区纳瓦拉王国（Kingdom of Navarre，后被分别并入西班牙和法国）的一个贵族家庭，九岁丧父，整个童年时期都伴随着西班牙对纳瓦拉的征服战争及其激起的反抗。1525 年，沙勿略赴巴黎大学的圣巴伯学院学习，后于 1530 年取得文学硕士学位并留在巴黎从事教师职业。在此期间，他与依纳爵结识并深受其影响，后与志同道合者一起在巴黎发愿，参与创建耶稣会。甫一建会，适逢葡萄牙国王若望三世请求教皇派人在东方传教，沙勿略于是在 1540 年受命前往，1542 年抵达果阿，正式开启了充满传奇色彩和重大意义的耶稣会东传历史。

东方传教事业是危险和机遇并存的，沙勿略的主要活动区域为印度、马六甲及印尼部分岛屿、日本，起初获得的成功是日本传教区的开拓。1549 年，沙勿略从印度来到日本九州的鹿儿岛，通过结交日本大名等地方上层实力派，使越来越多的日本人开始皈依天主教。尽管沙勿略本人在 1551 年就离开了日本，

---

① 以上仅指派往中国之葡萄牙籍和西班牙籍耶稣会士，因为当时恶劣的交通条件，路途中殁者甚多，真正到达中国者仅为其中一部分。参见：荣振华. 在华耶稣会士列传及书目补编. 耿昇，译. 北京：中华书局，1995：958-997.

② ROSE A. C. A Vision Betrayed：The Jesuits in Japan and China，1542—1742. Edinburgh. 1994：xiv.

但是日本的传教事业却方兴未艾。经过大约半个世纪的发展，到1593年时，信奉天主教的日本人已经超过20万，西方和日本的耶稣会士已有151名。1582年，日本向罗马教廷派遣了使者。1596年，首位负责日本传教事务的主教产生。在相当长的一段时期内，日本的传教事业在远东是一枝独秀的[①]，与南美巴拉圭的“耶稣会国”同属耶稣会海外传教的突出成就。

许多人认为，正是在日本的传教经历让沙勿略产生并强化了去中国传教的想法。最早这样说的是利玛窦，他说沙勿略注意到了当时日本人喜欢把中国文化作为权威。日本人不乏这样的想法：“如果天主教确实是真正的宗教，那么聪明的中国人肯定会知道它并且接受它。”[②] 因此，沙勿略理所当然会把中国视为传教的下一个目标，也是更大、更高的目标。但也有人持不同观点，认为沙勿略早在去日本传教之前就已经有了去中国的打算。这种观点虽然与利玛窦的说法存在出入，但并不存在根本的差异。无论他是出于西方人对中国的惯有想象，还是出于耶稣会士身份对传教的热情追求，抑或出于日本传教实践的结果，都是完全可以理解的。或许可以说，沙勿略入华的想法从无到有和愈发强烈，与远东传教、入华尝试等实践之间，横亘着理想与现实的鸿沟。

沙勿略入华传教的尝试经历是曲折而悲剧性的。[③] 在日本期间他曾试图通过日本方面的朝贡途径顺道前往中国，但是未能成功。1551年他从日本离开，后返回果阿，继续为前往中国做准备。1552年4月，他与商人朋友迪奥哥·佩雷拉（Diego Pereira）以葡萄牙官方使节的名义乘船向中国出发，满载礼品货物。途经马六甲时，遭到葡萄牙官员的刁难盘剥，佩雷拉和货品都被扣留。在一番折腾之后的7月，沙勿略才得以独自继续踏上路程，于8月抵达上川岛（今属广东省台山市），中国内地已近在咫尺。然而，中国的大门对于外国人是关闭的，贸然闯入很难实现。他尝试以偷渡、朝贡等多种途径进入中国，但都失败了。最终，沙勿略因患病不愈，于当年12月在上川岛去世，时为明嘉靖三十

① 一个侧面的例证是，时至今日有关沙勿略的文献在日本非常丰富。据戚印平考察，有何野纯德译《沙勿略全书简》，岸野久《西欧人的日本发现》，雄松堂“新异国丛书”中的《耶稣会士日本通信集》《十六、十七世纪耶稣会日本报告集》《日本关系海外史料》等，足以证明其崇高地位和长久影响。

② 利玛窦，金尼阁．利玛窦中国札记．何高济，王遵仲，李申，译．桂林：广西师范大学出版社，2001：89.

③ 对沙勿略生前身后事及相关外文研究书目介绍，参见：费赖之．在华耶稣会士列传及书目．冯承钧，译．北京：中华书局，1995：1-10.

一年。

虽然沙勿略的入华尝试以令人惋惜的失败告终，但是他的所作所为对耶稣会的远东传教事业和后期入华而言都是意义重大的。沙勿略对中国的热情了解和献身使命使他“不仅成为早期耶稣会士的关于中国的知识的重要来源，而且直接导致了罗明坚、利玛窦等人的入华传教，并对其传教策略的采用起了重要的影响”。利玛窦也称赞他：“最初的想法和实现它的最早的努力都是他的，他的死亡和葬礼导致了传教的最后成功，这一情况证明他对创始者和奠基者的称号是当之无愧的。”① 1662 年，沙勿略被罗马教廷封圣，是为圣方济各·沙勿略，以彰显他传教的功绩和精神。

无独有偶，半个世纪后的另一位耶稣会士鄂本笃也尝试向中国进发，虽到达中国境内但未至北京而溘然病逝。他的事迹与沙勿略有相似之处，但肩负着不同的使命，并与马可·波罗时代天主教的第二次东传密切相关。鄂本笃于 1562 年出生于葡萄牙，年轻时是一名印度的葡萄牙军队中的水兵，后转为耶稣会士。1602 年，他受命从印度出发，经过阿富汗，翻越帕米尔高原，从今天的新疆进入明代边境嘉峪关。一路上历经艰险，九死一生，他终于在三年后的 1605 年年底到达河西走廊的肃州（今酒泉）。当时利玛窦等耶稣会士们已经在北京站稳脚跟，鄂本笃花费大量时间通过信件设法与他们取得联系，同时也想尽办法加入朝贡使团，希望能前往北京而未果。直到 1607 年，当北京方面派出代表钟鸣礼［Jean Fernandez，一说为其兄弟钟鸣仁（Sébastien Fernandez）］到达肃州接应他时，他却已经病入膏肓，不久便抱憾而终。②

鄂本笃以穷尽生命之旅向西方人证明了两件事情：第一件是马可·波罗笔下曾经有大批天主教徒的国家——契丹就是中国，但中国早已和当年的契丹世殊事异；第二件是由陆路探索耶稣会东传途径，他既是第一人也是最后一人，完全称得上是前无古人后无来者。鄂本笃的行程有很大部分是沿着古丝绸之路进行的，但是凶险无比。东西方贸易所依赖的陆上丝绸之路已基本废弃，取而

① 利玛窦，金尼阁．利玛窦中国札记．何高济，王遵仲，李申，译．桂林：广西师范大学出版社，2001：89.

② 对于鄂本笃经历的详细介绍不仅在《利玛窦中国札记》第五卷之第十一至十三章，张星烺在《中西交通史料汇编》中也有翻译，名为《鄂本笃之来中国》，并附有多处校注。《利玛窦中国札记》中文译本对张星烺的译文有参考。详见：张星烺．中西交通史料汇编：第一册．北京：中华书局，1977：407-444.

代之发挥大动脉作用的是经印度洋和马六甲海峡至远东的海上丝绸之路。从西方人的中国观来理解，沙勿略与鄂本笃都增进了西方人的认识，使其中国观趋向客观实际。如果说沙勿略的想法和实践之间是一种理想与现实的鸿沟，那么鄂本笃的悲剧性结局则使历史与当时的差异暴露无遗。

4. 天主教传华的路径演变

这里所说的天主教传华，原意还是特指耶稣会传华时期，但是不妨从更长的时间跨度来看，即加上在耶稣会之前的两次天主教东传，可借此获得更多的经验启发。从635年景教传入长安算起，至沙勿略1552年抵达上川岛时已有九百多年，到了17世纪上半叶西学东渐局面大开之时更是历经千年岁月。因此，可以总结分析近千年间发生的路径演变，重点关注耶稣会传华时期的路径演变，为概述天主教在华传教诸时期奠定相应基础。至于是何种路径演变，则主要有物理路径和抽象路径亦即传教策略之分。

物理路径的演变表现为由陆路传教向海路传教的转变，即由所谓的陆上丝绸之路向海上丝绸之路的转变。唐朝时，安西四镇的势力曾远及葱岭以西，有力地保障了丝绸之路的安全通行，著名的玄奘西行即是一例。因此景教可以由中亚经安西四镇和河西走廊传入长安，再传向全国各地；元朝时，由于蒙古人四处征服，钦察、伊利、察合台等汗国分占中亚，中西方贸易交流仍可通过陆路进行，可以说是陆上丝绸之路最后的辉煌；但是明朝时，西北疆域仅存河西走廊，未能效仿汉唐据有西域，至嘉靖时更缩至嘉峪关，鄂本笃所到达的肃州已是边境城市。

耶稣会士们已经不能像景教徒和马可·波罗那样通过古丝绸之路经河西走廊进入中原。相反，随着西欧诸国在亚洲的殖民和贸易活动日趋兴盛，海上的道路逐渐成为东西方交流的主要通道。航海技术的长足发展、各大洋沿岸殖民据点的相继开拓、殖民国家间的相互竞争、教廷和各国政府的大力支持等，都为耶稣会士们经海路来华传教提供了直接或间接的便利条件。

抽象路径针对的是传教的形式与内容，与传教策略最为相关。在探讨耶稣会传华时期抽象路径演变之前，仍可先将目光暂时锁定于前两次天主教东传，尝试分析这两次东传最终失败之策略原因，作为探讨耶稣会传华时期抽象路径的参考。第一次东传终结于唐武宗“会昌灭佛”。历来的观点多将“会昌灭佛”解释为佛道宗教斗争和政教经济矛盾爆发的后果，这也可以从灭佛的各类收益中反推出来，大量的僧尼由不事生产者还俗为生产者，“财货田产并没官，寺材以葺合廨驿舍，铜像钟磬以铸钱”①。景教在灭佛运动中不幸沦为政治斗争的附带牺牲品，但后来没有像佛教那样重整旗鼓。可能原因有很多：规模太小、群众基础差、对政治权力依附性强、教义中国化难等②，总结起来就是唐朝的景教缺乏根基，弱不禁风。

第二次东传的“也里可温”比唐朝景教的范围更大些，但是也有相似之处。元朝的也里可温与天主教高度依附政治权力，主要传播范围是蒙古人和色目人。与唐朝景教流传于伊朗语系族群不同，元朝也里可温流传于突厥语系族群，但二者都从西域地区传来。③ 这些族群只是中国的少数族群，真正占人口比例最大的汉族并没有多少人信奉也里可温，缺乏根基。例如，徐宗泽就将元朝天主教东传失败的原因归结为传教族群过于狭窄：“元代之信奉天主教者，大抵皆系西域各部落人；真正之中国人实绝无仅有。”④ 当汉人兴起反元起义时，也里可温就很可能被视为旧政权的附庸宗教势力，沦为新兴政权的消灭对象，只能随着蒙古人北退草原而消失于历史之中。

前两次东传失败的原因不尽相同，在有限的篇幅内也无法做出详尽阐述，故仅予以简要分析。从直接原因来看，唐朝景教失败是因为“会昌灭佛”，元朝“也里可温”失败是因为元朝灭亡；从根本原因来看，唐朝景教与元朝“也里可温”的失败都是因为其在中国的传教事业发展缺乏根基，弱不禁风；从传教策略来看，两次东传都仅仅实行上层传教策略，未能实行如耶稣会所努力实行的外部传教策略。因此，后来者耶稣会同时采用上层传教策略和外部传教策略，这是与前两次东传不同的。这种传教策略在中国的实行是从范礼安开始的，为耶稣会的中国传教事业奠定了相对坚实的根基。

继沙勿略之后，范礼安是耶稣会入华的第二位先驱性人物。1539 年他生于那不勒斯王国（今意大利南部）贵族家庭，1566 年在罗马加入耶稣会。1573 年，范礼安以印度会省视察员（Visitor）的身份从欧洲出发前往远东，领导远东

① 关于《唐武宗折寺制》诏令，与《新唐书》《资治通鉴》等史籍中的记载，以及五代时景教完全消失的证据，详见：张星烺．中西交通史料汇编：第一册．北京：中华书局，1977：127-130.

② 孙景尧．成在此，败在此：解读唐代景教文献的启示．上海师范大学学报（哲学社会科学版），2003（1）：72-78.

③ 殷小平．唐元景教关系考述．西域研究，2013（2）：59.

④ 徐宗泽．中国天主教传教史概论．北京：商务印书馆，2015：110.

的传教事业。他于 1578 年由果阿到达澳门，但他不是首位到达澳门的耶稣会士。1557 年葡萄牙人取得澳门居住权，之后逐渐把澳门建设成远东的交通、贸易重要中转站。后来便有耶稣会士来到澳门，1553—1579 年曾到达澳门的耶稣会士有 32 人，还有部分其他传教士。① 1579 年，范礼安前往日本，并在日本传教三年。自此以后的 30 余年间，他一直往返奔波于印度、澳门和日本等地之间，直至 1606 年去世。

由于范礼安并未进入中国内地，因此他在策略上主要采取外部传教策略，真正开启了适应中国实情并谋求天主教中国化的传华路径。他认为要想在中国进行传教，首先必须学会中国的语言文字，因而他非常注重对中国文化的学习和对相应传教士人才的培养，被称为是耶稣会传华的"'文化适应政策'的真正制定者"②。正是在澳门期间，他要求派遣优秀传教士来澳门，于是才有了后来罗明坚和利玛窦来华。

在日本传教时，范礼安已经凭借其适应日本实情并谋求天主教日本化的路径而大获成功。尽管他后来没有实际进入中国内地传教，但是他充分发挥了领导作用，其"文化适应政策"也被罗明坚和利玛窦等后继者所继续践行并取得巨大成就。耶稣会在中国社会产生的影响力尤其是文化领域的冲击力，都比前两次天主教东传持久、深远得多。因此，范礼安也被认为是"中国本土化之父"③。可以肯定地说，从范礼安开始，天主教传华的新路径已经建立起来了。

二、天主教士在中国传教诸时期

以耶稣会为代表的天主教东来后，就时间尺度而言先后经历了三个阶段或者说三个时期：(1) 1583—1601 年的第一阶段，即进入中国并争取立足时期。自罗明坚和利玛窦被允许入驻肇庆开始，历经 18 年，耶稣会士终于被允许进入皇城北京，实现了在中国社会的长期立足，使得传教事业合法化并初具规模。

---

① 康志杰. 范礼安：首倡学习中国文化的传教士. 世界宗教文化，1998 (1)：33-34.

② 戚印平. 传教士的新衣：再论利玛窦的易服以及范礼安的"文化适应政策". 基督教文化学刊，2012 (1)：55；沈定平也将其称为适应性传教策略，参见：沈定平. 明清之际中西文化交流史：明代：调适与会通. 北京：商务印书馆，2001：156.

③ 柯毅霖. 本土化：晚明来华耶稣会士的传教方法. 浙江大学学报（人文社会科学版），1999 (1)：20.

（2）1601—1722 年的发展和争议交错时期。中国的天主教在明朝晚期和清朝开国阶段都分别获得较大发展，虽也经历过教案的挫折困顿，但总体而言发展大于挫折，成效颇丰。该时期容教与禁教反复出现，一直伴随着与传教相关的激烈争议，包括教权之争和礼仪之争等。（3）1722—1838 年的衰退时期。清朝统治趋于稳定和保守，皇帝与政府对天主教实行持续禁教政策，传教士们或受驱逐至广州澳门，或转入地下传教，或仅服务宫廷而不能传教。在一百多年里，禁教不断，教案频发。1838 年后北京不再有合法居留的外国传教士，中国历史上天主教的第三次东传宣告彻底结束。约两个半世纪轰轰烈烈的天主教在中国的传教史，为其科技副产品的东传——西学东渐的始末提供了最直接也是最重要的背景。

1. 锲而不舍，一朝立足：1583—1601

从沙勿略的入华尝试到范礼安的“文化适应”，前仆后继的耶稣会士千方百计进入中国。虽然进入上川、澳门等地和短期入境的耶稣会士不在少数，但仍然未能在中国内地长期居留并传教。直至 1583 年，罗明坚和利玛窦定居广东肇庆（时为两广总督驻地），才是耶稣会入华传教的正式开端。自此开始了天主教士在中国传教的“垦荒”阶段，到 1601 年利玛窦历经艰苦和波折，被万历帝允准居留北京传教，“垦荒”才初见成效。1583—1601 年（万历十一年至二十九年），经过以罗明坚和利玛窦为代表的第一代传教士们的不懈努力，耶稣会士们不仅实现了在中国社会的长期立足，使在中国的传教事业初具规模和繁荣气象，而且取得了一些宝贵的经验和成绩，在事实上开启了中国第一波科学转型的历史进程。

在详述 1583—1601 年的立足时期之前，必须首先重点关注耶稣会士入华的起点——澳门。沙勿略 1552 年病逝于上川岛时，葡萄牙人在中国沿海尚未获取据点。1557 年他们取得澳门居住权，范礼安在 21 年后到达此地。由罗明坚和利玛窦开始，早期耶稣会士都是通过澳门进入中国的，澳门在耶稣会的中国传教史上是极其重要的中转基地。传教士们不远万里来到中国的第一站就是澳门，他们在此或休整待命、或长期居住、或开赴内陆、或远行日本等。自 1557 年至 1582 年，不仅有前述 1553—1579 年曾到达澳门的 32 名耶稣会士，而且培莱思、黎伯腊、黎耶腊、加奈罗、巴范济等多位与中国有关的耶稣会士更得到专门记载。他们试图通过各种方式进入内地而未果，最后大多在澳门去世。① 1576 年，

① 对在罗明坚与利玛窦之前到达澳门的耶稣会士事迹的介绍，详见：费赖之. 在华耶稣会士列传及书目. 冯承钧，译. 北京：中华书局，1995：14-31.

澳门得到教皇的正式批准成立了主教区，隶属于印度果阿方面。[①] 在1583年之前，澳门已经拥有正式教区建制，传教活动的影响辐射整个远东地区。

不仅仅是1583年之前，在1583—1601年及立足后相当长的时间内，澳门仍然扮演着核心角色。由于澳门带有的殖民据点性质，因此被葡萄牙人纳为其全球贸易和殖民的重要节点。此时经由澳门的国际航线大致有三条：第一条是西向的：澳门—马六甲—印度（果阿）—西欧（里斯本），连接东南亚、南亚和欧洲；第二条是东向的：澳门—马尼拉—墨西哥，连接美洲，尤其是西班牙势力范围；第三条是东北向的：澳门—长崎，连接日本。这些重要航线均在澳门交汇，不仅是中西主要贸易通道，而且为传教士东来创造了必要条件，造就了中西文化交流的极佳通道。由此可见，澳门之所以被称为“远东天主教的中心、教士的集散地”[②]，是因为其拥有非常独特的交通优势和时势境遇。

耶稣会士们在立足时期的传教工作基本围绕如何获取定居传教的权利和采取何种传教策略而展开。罗明坚和利玛窦毫无疑问是该时期的典型代表，罗明坚比利玛窦更早踏上中国的土地，但是一直以来对利玛窦的关注和研究显然多于罗明坚。关于利玛窦其人其事，特别是他如何历尽艰辛，智慧和幸运地获准进入北京，将另辟章节专门叙述。这里先介绍一下罗明坚，罗明坚于1543年生于意大利，29岁时加入耶稣会。1578年，他与利玛窦等同人一道从里斯本出发前往印度果阿。罗明坚先于利玛窦在1579年来到澳门，利玛窦则在果阿逗留。当时范礼安已经前往日本，罗明坚在澳门一边践行“文化适应政策”，一边设法进入广东，并且在两方面都获得了突破性的进展。

遵从范礼安谋求天主教中国化的文化路径，罗明坚在澳门期间努力学习中国语言和文字，后凭借出色的语言基础翻译了代表中国文化的《三字经》和《大学》[③]，介绍给欧洲人。同时，为了便于向中国人宣扬教义，他花费四年时间用中文写成《天主圣教实录》（1584），这是西方人最早用中文写成的教义，

---

① 施白蒂．澳门编年史．小雨，译．澳门：澳门基金会，1995：18．对澳门在明清之际的天主教发展状况的详尽阐述，参见：汤开建，田渝．明清之际澳门天主教的传入与发展．暨南学报（哲学社会科学版），2006（2）：123－130，152．

② 孟宪军．从耶稣会士看澳门在中西文化交流中的地位和作用．东南亚研究，1999（6）：95．

③ 罗明坚翻译《三字经》一事，可参见其往来书信，详见：裴化行．天主教十六世纪在华传教志．萧濬华，译．上海：商务印书馆，1936：191．

甚至可能是西方人最早的一部中文著作。书中采用的说明方式尽量照顾了中国人的习惯，比如将拉丁文的上帝“Deus”翻译为“天主”。这属于西方人主动会通中西的早期尝试，后来受到徐光启等中国文人士绅的欢迎。不仅如此，会通中西的模式逐渐从传教士扩展到中国知识分子，从宗教领域扩展到科学领域，为科学知识的西学东渐开辟了可能道路。

来到澳门之后，1580—1583 年，罗明坚数次随同葡萄牙商人前往广州，既争取使中国人皈依入教，也想尽办法留在内地传教。他通过结交广东地方官员的方式，送给他们钟表、镜子等礼物以赢得好感，试图获取居留传教的许可。中间他屡次往返于肇庆、广州和澳门，波折不断。1582 年时他已在肇庆停留数月，但因时任两广总督被罢免，据传新任总督将推翻前任政策，又不得不回到澳门。直至 1583 年，他又得到新任总督的传见，罗明坚和刚来澳门不久的利玛窦重新来到肇庆并得到正式居留和开堂传教的准许，并与时任肇庆知府王泮等建立起良好关系。

后来，为争取对中国传教事业的经济援助，罗明坚独自回到澳门，留下利玛窦在肇庆传教。1585 年，应新任肇庆知府郑一麟的邀请，罗明坚受澳门方面的派遣前往王泮和郑一麟的家乡浙江绍兴，在那里曾给王泮的老父施洗入教。之后，罗明坚曾前往广西桂林，试图面见那里的皇亲而不果，于是经肇庆回到澳门。1588 年，范礼安派罗明坚返回欧洲，去罗马请求教皇向中国派出正式使者。这一去便不再复返，回到欧洲的罗明坚恰逢 1590—1592 年四易教皇，更迭不稳之际中国事务无人关注。他无奈地返回家乡，在那里度过了晚年，于 1607 年去世。①

传教的分期是间断的，但传教的过程是连续的。传教士的生平经历是对传教分期的有益补充，罗明坚的事迹就可以串联起立足时期的前前后后，而沙勿略—范礼安—罗明坚的线索更是构成了耶稣会士克服艰险与失败最终进入中国的曲折历程。不难明白，为何 1583 年会被认作天主教入华传教的分水岭。罗明

---

① 当时广西桂林的皇亲，应为靖江王朱履焘，1585—1592 年在位。四易教皇涉及的五位教皇依次为：西克斯图斯五世（Sixtus V，1585—1590）、乌尔班七世（Urban VII，1590）、格列高利十四世（Gregory XIV，1590—1591）、英诺森九世（Innocent IX，1591）、克雷芒八世（Clement VIII，1592—1605）。罗明坚在中国传教的种种经历细节，详见《利玛窦中国札记》第二卷之第二至十二章。关于罗明坚生平及学说的介绍，亦可参见：张西平. 西方汉学的奠基人罗明坚. 历史研究，2001（3）：101-115.

坚之后，包括利玛窦在内的入华耶稣会士们辗转各地宣扬教义，努力融入中国社会。利玛窦得到万历帝的允许于1601年在首都北京定居下来，1610年去世后还被赐葬于阜成门外二里沟（墓址在今北京行政学院内）。在某种程度上，利玛窦在北京的传教及卓有成效的西学东渐工作，乃至长眠于北京，恰恰意味着耶稣会的中国传教事业真正实现了立足扎根。利玛窦后期和徐光启的合作，无论从传教还是从科技移植的角度来看，都是西学东渐中辉煌而具有标杆意义的典范，本书将在下章专叙。

2. 反复较量，屡有斩获：1601—1722

明清之际的中国长期陷于动荡不安的纷争之中，社会局势变动十分剧烈。耶稣会在立足之后就面临这种复杂情形。1644年甲申之变，中国一年之间两次改朝换代，但似乎并没有太大地影响耶稣会在华活动的态势。天主教传教事业在明朝晚期和清朝初期都分别获得较大发展，虽也经历过教案的挫折困顿，但总体而言是发展大于挫折，成效颇为丰厚。风云际会使得科学知识的西学东渐也频频受到传教情况的促进或冲击。从1601年到1722年，主要是明万历和崇祯、清顺治和康熙四朝，可以称为天主教在中国传教的第二阶段，即发展和争议交错时期。

南京教案前后的发展与争议

万历、崇祯和顺治三朝是传教发展的黄金时期，其成效直观地体现为入教人数的迅速增长。以1601年之前和之后的入教人数作为对比：争取立足时期的数字并不大，1584年仅3人，1585年约20人，1586年有40人，1589年为80人，1596年逾100人；发展时期的人数增量巨大，1603年约为500人，1605年逾1 000人，1608年约2 000人，1610年约2 500人；1615年增至5 000人，1617年有13 000人，1636年为38 200人，1650年已达150 000人。① 这些数据显示，入教人数在利玛窦逝前（1610年前）已有数千，在徐光启逝前（1633年前）已逾万人，在明朝灭亡（1644）前后增至数万人，在清朝初年达十几万人。与之相反，明清之际的社会人口总量因为战乱等缘故是不断减少的，所以入教人数已经相当可观。加之耶稣会士也注重奉行上层传教策略，受洗教徒的阶层和

---

① 徐宗泽．中国天主教传教史概论．北京：商务印书馆，2015：128-146．

素养高者不在少数。因此可以说，天主教势力的规模和影响在晚明已不容小觑，到了清初更是深深介入社会生活的一支力量。

作为陌生的外来事物，天主教的壮大有着很强的偶然性，因为中国的土壤兼具有利因素和不利因素。随着在中国传教事业的持续发展，势必会造成树大招风的后果，质疑和反对的声音也越来越多①，甚至酿成充斥极端行为和暴力冲突的教案，其中最为著名的两起分别是晚明的南京教案和清初的杨光先教案。1616 年五月、八月和十二月间，南京礼部侍郎沈潅接连上了《参远夷疏》、《再参远夷疏》和《参远夷三疏》，指控耶稣会士以夷乱华，有伤王化，如不祭祀祖宗、改变历法、窃听消息、僭越孝陵等诸项罪名。前二疏都没有得到旨意批复，但沈潅等人此时已经先行抓捕了王丰肃（Alphonse Vagnoni，后改名为高一志）、谢务禄（Alvaro de Semedo，后改名为曾德昭）等当时在南京的多名传教士及教徒。第三疏得到了批准，于是教案坐实，各地的传教士被遣回澳门，教徒们分别被处以不同刑罚，部分传教士潜藏下来转为秘密活动。

当时徐光启与教外友好人士叶向高等均不在中枢，他们想要挽回局面却有心无力。徐光启曾于当年七月上《辨学章疏》，大胆承认自己与传教士的密切来往，为传教士和欧洲美言辩护，强调明朝一贯的较为宽容的宗教政策，并分别提出试验和处置的三种办法，有条理地直言驳斥沈潅的指控，但仅获御批“知道了”②。另外，沈潅与时任内阁首辅方从哲较为亲近，得到了他的支持，教案后仕途顺利。尤其是 1617 年另一阁员吴道南辞职，方从哲一人独相。1619 年方从哲推荐沈潅入阁，但因时局变动而搁置。1620 年（万历四十八年，泰昌元年）万历帝、泰昌帝先后驾崩，天启帝继位。1621—1627 年（天启一朝），徐光启因不与阉党合作而处于政治蛰伏期，无法通过政治手段挽回南京教案的消极被动局面。相反，沈潅于 1621 年（天启元年）任礼部尚书兼东阁大学士，后依附阉党晋为少保兼太子太保、户部尚书、武英殿大学士。③ 1622 年，山东、北直隶一带爆发白莲教起义，传教士又被诬陷为同党，惨遭审判和清洗。直至

---

① 晚明以来反教言论层出不穷，以佛教和儒家中人为主，并有一定数量的文章和论集。《圣朝破邪集》便是一例，录有南京教案中沈潅所奏诸疏。参见：夏瑰琦．圣朝破邪集．香港：建道神学院，1996：39-44.

② 徐光启．徐光启集：卷九．王重民，辑校．北京：中华书局，2014：431-439.

③ 关于方从哲与沈潅的仕途事迹，《明史》俱有列传。张廷玉，等．明史（4）．卷二百十八列传第一百六．中华书局编辑部，编．“二十四史”（简体字本）．北京：中华书局．2000：3839-3844.

当年7月，沈潅因朝廷斗争而致仕，教案掀起的一系列余波才算真正完结。[1] 南京教案并不是简单独立的事件，而应视为诸多矛盾的总爆发，其中渗透了佛教、党争、私怨等多种因素。反教运动或事件与传教事业相伴生，只不过在不同时期二者斗争的力量对比、激烈程度各有不同。

杨光先教案前后的发展与争议

从万历晚期到天启初年，天主教在中国的传教都蒙受着阴影，天启后至崇祯年间才逐渐恢复和再度兴起。1644年李自成攻入北京，崇祯帝自缢身亡，中国随即陷入几大势力的分裂和战争之中。耶稣会士们在纷乱的时局中把赌注押给数个政权，同时有人追随清廷、大顺、大西和南明政权诸帝，有效规避覆灭风险，也在一些地方开创了新局面。最为突出的是南明和清廷中的耶稣会士，分别受恩宠于永历朝和顺治朝，以永历朝廷遣使罗马教廷和汤若望受顺治帝的信任与重用为最突出事例。[2]

然而，1661年永历帝被清军所俘，次年身死云南，除明郑等少部分剩余势力外，所有地方政权都被清朝消灭，继续在中国传教的也就是以汤若望为首的这一支耶稣会士。顺治末年时，已有对西洋历法《时宪历》和天主教的零星攻讦，但是尚未形成气候。汤若望在顺治朝曾得到“通玄教师”的赐号，又加通政使，进秩正一品。但是在1661年，顺治帝驾崩，传教士们失去了中国的最高政治庇护者。康熙帝年幼继位，大权旁落于鳌拜等四位辅政大臣，政治风向发生改变，大规模教案很快再度掀起。1664年（康熙三年）七月，杨光先上《请诛邪教状》，并附诸多反教论述与教会谋反证物。对传教士及钦天监相应官员的审判随即开始，直至第二年判他们死刑，但因天有异象和孝庄太皇太后的过问，几位传教士被释放，钦天监汉人官员被斩。自此被准许留在北京的只有汤若望等少数几位耶稣会士，其他传教士均被遣返回澳门，内地传教活动也被禁止。这就是史上著名的杨光先教案，亦称康熙历狱。

---

① 教案事发的动机、过程与后果，以及徐光启为传教士的回旋辩护，参见：董少新．论徐光启的信仰与政治理想——以南京教案为中心．史林，2012（1）：64-68.

② 甲申之后传教士投效诸政权的情形述略与永历朝廷的信教状况总览，并南明遣使罗马教廷的考证，可参见黄一农所著《两头蛇——明末清初的第一代天主教徒》之第九章“南明重臣对天主教的态度”和第十章“南明永历朝廷遣使欧洲考”。黄一农．两头蛇——明末清初的第一代天主教徒．新竹：“清华大学”出版社，2005：311-385.

教案之后，杨光先被授予钦天监监正职位，但他因不懂历法而屡犯错误。1667年，康熙帝开始亲政，后经过数次实测验证，他逐渐明白杨光先不堪任用，于是决意平反教案，恢复西法。1669年，年迈的杨光先被免官免罪，回乡半道而卒。① 此时汤若望已去世，改赐封其为“通微教师”；又让南怀仁入钦天监，推行西法。杨光先教案最终同样以耶稣会士的最终胜利而结束，但与南京教案不同的是，此后禁教政策仍然持续较长时间。加之即将被引发的礼仪之争，新的禁教政策反而愈发严厉，此后，天主教的中国传教事业出现了发展与争议交替进行的局面。

有清一代，康熙帝是与传教士交往最多的君主，也是对天主教中国传教事业影响最深的君主。康熙亲政（1667—1722）即从康熙六年到康熙六十一年，其间容教与禁教出现反复，总体上伴随着与传教相关的激烈争议，包括教权之争、礼仪之争等。当然，康熙统治期间西学东渐也具有部分可圈可点之处，是第一波科学转型的最后亮色。

杨光先教案被平反后，耶稣会士曾多方设法解除禁教政策，并取得一定成绩。此时，南怀仁是继汤若望之后的在华耶稣会士主要代表，他于1623年生于比利时，1659年来到中国，经历教案后先被任命为钦天监监副，后又升为钦天监监正，担任此职近二十年（1669—1688），延续了由汤若望开创的由耶稣会士领导中国钦天监的传统。② 与汤若望深受顺治帝信任相类似，南怀仁也得到了康熙帝的隆重礼遇，康熙帝对其屡加职衔，他以工部右侍郎病终。他与其他传教士一道在历法、军事、外交等多个领域为清廷服务，博得康熙帝的好感。

礼仪之争前后的发展与争议

入教人数与传教范围等方面，在17世纪下半叶仍然保持着相应规模。1664年，耶稣会士的传教范围分布于南北11省内，入教人数达114 200，耶稣会士25～30人。1675年入教人数已增至约30万之巨。③ 至1699年，在中国的耶稣

---

① 对杨光先发动教案及前后诸事的详尽阐释，参见：陈静. 杨光先述论. 清史研究，1996（2）：78-87.

② 历任耶稣会士担任的钦天监监正，汤若望、南怀仁之后有9位，至1805年止，共11位。另外，法国传教士在北京拥有单独的天文台。参见：荣振华，等. 16—20世纪入华天主教传教士列传. 耿昇，译. 桂林：广西师范大学出版社，2010：385-386.

③ 彼得·克劳斯·哈特曼. 耶稣会简史. 谷裕，译. 北京：宗教文化出版社，2003：53.

会士达40人，两年后增至58人，均包括中国籍会士。通过人数分布来看，传教的核心区域应为北京地区和江南地区。① 此外，原先葡萄牙会省统辖整个远东，后来印度会省从葡萄牙会省中独立出来，日本会省又从印度会省中独立出来。澳门主教区宣告成立后，其听命于果阿总主教而统辖中国和日本方面。1604年起中国内地成为独立于澳门的传教区，1618年中国也成为独立于日本会省的耶稣会副会省，并分为华北和华南两个教区，但广东与广西仍属澳门主教区，听命于果阿总主教区。教区建制的不断扩大和完善反映了传教事业的发展，但也为教权之争埋下了伏笔。

两广及澳门归属日本会省而华北、华南归属中国副会省的特殊划分，是葡萄牙享有远东保教权背景下耶稣会传教事业发展的产物。但葡萄牙的保教权并非永久稳固的，随着葡萄牙作为殖民帝国的衰落和其他欧洲国家的兴起，国家之间、教派之间、教廷与教派之间、教廷与国家之间都容易引发利益矛盾和冲突，而且不同的矛盾往往是复杂交错的。它们所导致的基本趋势是葡萄牙的保教权不断受到挑战，教权之争呈现出愈演愈烈的态势，这构成发展和争议交错时期的主要争议之一，并与之后的礼仪之争存在着千丝万缕的联系。

教权之争的表现是多方面的：其一是国家之间。一方面，葡萄牙和西班牙之间存在传统矛盾。保教权的争夺即是矛盾的主要反映之一，甚至在西班牙吞并葡萄牙期间（1580—1640）依然无法调和消除。西班牙的传教士不能走相对便捷安全的欧洲—印度—远东路线，只能走漫长危险的欧洲—美洲—马尼拉路线。讲西班牙语与讲葡萄牙语的耶稣会士比例为1∶13左右。② 西班牙虽然处于传教劣势，但仍然会牵制葡萄牙。另一方面，葡萄牙的霸权衰落而法国崛起。正是在1664年，法国成立东印度公司，开始试图谋求亚洲利益，而葡萄牙的原有权威是必须清除的障碍。

其二是修会之间。如晚明入华的方济各会和多明我会以及清初入华的奥斯定会（Augustinian Order，1680年来华）等托钵修会，其传教士大多受到西班牙的支持，力量相对薄弱。但是他们在很多问题上都与耶稣会士持不同乃至相反观点，攻讦掣肘时有发生。此外，1664年法国正式成立了巴黎外方传教会，成员多为法国人，自然而然具有浓厚的法国利益色彩。

---

① 徐宗泽．中国天主教传教史概论．北京：商务印书馆，2015：164－166．

② 荣振华，等．16—20世纪入华天主教传教士列传．耿昇，译．桂林：广西师范大学出版社，2010：6．

罗马教廷是天主教教权合法性的来源，把教权视为核心利益，因而也是教权之争过程中的重要一极。教廷的参与可通过两方面予以解读：其一是教廷与教派之间。耶稣会在远东的坐大并不利于维护教廷的权威。1622 年成立的传信部直属于教廷，介入远东等地的传教事务，配合以传教士可以绕过里斯本前往远东和宗座代牧制，逐渐分割耶稣会的教权。1685 年时，中国便有四位主教并立，难免滋生嫌隙龃龉。① 对于后成立的巴黎外方传教会，教廷就没有允许其成为如耶稣会那样的教派或者说宗教修会，而令其只是直属教廷的传教团体，以此加强教廷对传教事业的领导。

其二是教廷与国家之间。耶稣会在远东的坐大便仰仗于葡萄牙保教权的支持，教廷虽然曾经接受葡萄牙的垄断，但并非永久放弃，而是尽可能地削弱葡萄牙的保教权，打造罗马的领导权。教廷对此的策略也包括利用国家间的矛盾，例如，教廷后来对法国势力的倚重，不仅利用了法国背景的其他教派，还对法国籍耶稣会士予以充分支持。康熙帝之前，入华的法国籍耶稣会士和葡萄牙籍耶稣会士的人数分别为 26 人和 136 人，二者之间尚有意大利籍耶稣会士 50 人。康熙朝（1662—1722）则是 90 人和 118 人，法国跃至第二。②

同样，教廷的两方面参与是互相交错的，因为其目的在于扩大自身的权威。概言之，教权之争是围绕不同国家、不同教派、罗马教廷等多极的利益而展开的，它们之间或联盟或敌对，具体情形错综复杂，但基本态势演变还是比较清晰的。更进一步地，如果说作为这一时期最激烈争议的礼仪之争是中西异质文化根本冲突的必然产物，那么教权之争无疑加剧了文化冲突，在礼仪之争中扮演了推波助澜的角色。

礼仪之争也被称为教仪之争，早在发展时期就已显露出问题的端倪。利玛窦逝世后，继任领导者是意大利籍耶稣会士龙华民，他并不赞成利玛窦的本土化策略，它们集中于两类问题：第一类是拉丁文的上帝“Deus”的翻译。利玛窦曾并用“天主”、“天”与“上帝”三种译名，龙华民表示反对。第二类是祭

---

① 传信部还可以通过部谕通令、教宗特使、在华办事处等手段施加影响，也是礼仪之争的重要干预者。详见：李庆．传信部与中国礼仪之争（1610—1742）．杭州：浙江大学，2011：10-56.

② 耿昇．从基督宗教的第 3 次入华高潮到西方早期中国观的形成．华侨大学学报（哲学社会科学版），2009（2）：26.

祖祭孔。利玛窦主张允许中国教徒祭祖祭孔，只看作传统习俗。龙华民认为这些涉及宗教信仰，应予以禁止。1628 年在华耶稣会士召开嘉定会议，讨论了上述问题，决议保留“天主”译名，并继续容许祭祖祭孔，最初的争议在耶稣会内部得到暂时解决。龙华民被认为是“引起中国礼仪问题之第一人”①。随后入华的多明我会士不仅反对容许中国礼仪，而且曾诉诸罗马教廷，传信部数次发布禁礼通令，但都被耶稣会设法取消。

到了康熙朝，礼仪之争呈现出愈演愈烈的趋势。杨光先教案时，被遣送至广州的传教士们曾经召开过讨论会议，总结自罗明坚、利玛窦以来近百年的传教历史经验，肯定本土化、中国化的“文化适应政策”。但是，其中的多明我会士闵明我选择潜逃②，回到欧洲后曾撰有《中华帝国历史、政治、伦理及宗教概述》，对中国的各种习俗毫不避讳，为反耶稣会提供不少口实。③ 1693 年，福建宗座代牧、巴黎外方传教会士阎当颁发禁礼教令，再度激起轩然大波。

消息传到西方，詹森派等反耶稣会势力趁机发起论战攻击，后来使得教廷于 1704 年发布禁礼通令。④ 1705 年，教皇克雷芒十一世特使多罗来华，其中国之行不但没有消除争议，反而使局势进一步恶化。经过数次重申，禁礼通令不可避免地引发了中国方面的反应，1717 年，康熙全面禁止了在中国的所有传教活动。1720 年，教廷派嘉乐率领使团来到中国，一方面希望通过提议通融八项中国礼仪来安抚康熙帝，另一方面又试图让耶稣会士无条件服从教皇。这加深了康熙帝对教廷的不信任，随后，康熙帝下达了完全的禁教令，最终使礼仪之争演变为中国的彻底禁教。

---

① 费赖之. 在华耶稣会士列传及书目. 冯承钧，译. 北京：中华书局，1995：65.

② 历史上有两位名为闵明我的入华传教士，除多明我会的闵明我外，还有耶稣会的闵明我。据载，1669 年耶稣会闵明我帮助多明我会闵明我逃离广州，于是便顶替该名，代其受监，后曾为南怀仁的助手。事见：方豪. 中国天主教史人物传：中. 北京：中华书局，1988：257.

③ 其书原名为 *Tratadoshistoricos*, *politicos*, *ethicosyreligiosos de la monarchia de China*，目前已有中译本。参见：闵明我. 上帝许给的土地：闵明我行记和礼仪之争. 何高济，吴翊楣，译. 郑州：大象出版社，2009：2.

④ 新近的研究阐述了法国权力斗争对 1704 年禁令颁行的影响。参见：陈喆. “礼仪之争”在法国——1700 年巴黎外方传教会上教宗书背后的派系斗争. 世界历史，2016（3）：48-60，158.

3. 持续禁教，扫地出门：1722—1838

康熙朝晚期，激烈的礼仪之争一直持续，新禁教政策下的传教士或受驱逐、或转入地下传教、或仅服务宫廷而不能传教。1722 年雍正继位后，新皇帝因为多罗访华时传教士曾介入皇位之争，十分痛恨传教士，将他们与白莲教相提并论，坚决禁教。此后天主教在中国的传教事业进入衰退时期，也是最后一个阶段，并以 1838 年遣使会会士毕学源去世为结束标志。毕学源是最后一位合法居留北京的传教士，之后的传教事业处于地下状态或由中国教徒自理，直至鸦片战争后传教活动再度兴起。在一百多年里，既有 1742 年礼仪之争的正式结束，也有 1773—1814 年耶稣会被取消，还有 1826 年钦天监不再用西洋人。禁教不断，教案频发，所谓西学东渐也就无从谈起了。所以，继发展与争议交错时期之后，1722—1838 年是天主教在中国传教的第三阶段，即衰退时期。

需要说明，康熙帝对于天主教的态度可以分为几个阶段：1662—1667 年（康熙元年至康熙六年）为第一阶段，当时他尚年幼，甚至还不能实际掌握最高权力，处于逐渐了解天主教的时期；1667—1692 年（康熙六年至康熙三十一年）为第二阶段，平反杨光先教案后，他随着年龄渐长而对西方科学文化知识兴趣增强，与传教士的交往互动颇繁，对天主教的态度亦佳，因此有了 1692 年的容教令；1693—1722 年（康熙三十二年至康熙六十一年）为第三阶段，1693 年阎当公然发布禁礼教令为重要转折点，礼仪之争在中国发生后，康熙帝对天主教转向警惕态度，逐渐厌恶，最后于 1721 年下旨彻底禁教。

康熙帝对天主教态度的第三阶段也可以归入衰退时期。针对阎当和多罗支持罗马教廷的行为，他先后将两人驱逐出境。1706 年，他下旨实行信票制度，以登记身份信息的信票作为传教士永居中国的管理凭证，凡领票者需尊重中国礼仪，凡不领票者均驱逐至澳门，这既是身份甄别也是态度甄别，以避免持禁礼观点者对中国社会造成不良影响，事实上是一种部分禁教政策。① 1720 年，教皇克雷芒十一世的又一位使者嘉乐来华，试图在禁礼立场的基础上缓和关系，但是协调失败反遭憎恶。康熙帝谕旨说天主教“务必禁止”，次年又说“禁止可

---

① 信票制度推出后得到迅速执行，可见于“内务府行文档”之 1707 年（康熙四十六年）满文谕旨，同时还有 1706—1708 年领取信票传教士之姓名、国籍、年龄、会别、州府和领票时间等信息。详见：安双成. 礼仪之争与康熙皇帝：下. 历史档案，2007（2）：38-40.

也”，这是康熙帝下定决心的禁教政策。[①] 1742 年，教皇本笃十四世（Benedict XIV，1740—1758）颁布教谕，重申禁礼令，是为礼仪之争的结束，此时中国的禁教政策也已贯彻多年了。

康熙帝在 1722 年去世，禁教并没有完全落实，真正执行该政策的是其继任者们，首先是雍正帝。1723 年（雍正元年），福建福安教案又起，这成为全面禁教的导火索。全国的传教士们都被遣送至广州，1732 年又被驱至澳门，三百余座教堂被拆毁或为它用，唯一被保留的是北京的传教士和教堂。至此，天主教在中国的传教事业遭到毁灭性的打击，难以恢复昔日的繁荣景象。1735 年，乾隆帝在雍正帝驾崩后继位，他也延续了禁教政策，甚至趋于严厉，流血教案时有发生，不少传教士被处死。乾隆朝之后的嘉庆（1796—1820）、道光（1821—1850）两朝同样禁教。鸦片战争后，道光帝下诏弛禁，允许传教。自康熙帝始禁教一百多年后，西方传教士再次来到中国，但已时过境迁，此时中西双方都与过去迥然不同，难以相提并论。

衰退时期的另一件大事是 1773—1814 年耶稣会被取消，其中的缘由与中国传教并无直接关系，但其影响波及天主教在中国的传教事业。虽然 1583 年来华传教的是耶稣会，但之后在中国传教的不止有耶稣会，也包括其他教派修会的传教士们。相继有 1631 年来华的多明我会、1633 年再度来华的方济各会、1680 年来华的奥斯定会、1682 年来华的巴黎外方传教会、1785 年来华的遣使会等。[②] 但诸多来华修会之中，耶稣会会士、教徒、教堂最多，传教范围最广，与中国各阶层联系最紧密，也尊重中国礼仪，因而在中国长期占据主导地位。1775 年，耶稣会被取消的教令传到中国，中国的耶稣会组织随即就地解散，只有小部分会士仍然坚持传教。对于由耶稣会开创的中国传教事业而言，此事无疑是雪上加霜，其他修会难以承担重任。1814 年耶稣会复会，1841 年才有耶稣会士再度入华，在新形势下开展传教工作。

与严厉的禁教相比，传教士在清朝钦天监的任职传统却令人意外地延续下来，可以说几乎伴随着天主教在中国传教的始终。1669 年（康熙八年），南怀

---

① 马戛尔尼. 康熙与罗马使节关系文书，乾隆英使觐见记. 刘复，译. 台北：台湾学生书局，1973：43，90.

② 来华教会的名称、时间等详情可见于徐宗泽所列，不仅如此，之后来华的天主教修会还有很多，以 20 世纪二三十年代为最多。参见：徐宗泽. 中国天主教传教史概论. 北京：商务印书馆，2015：192-194.

仁被任命为汉监正，官名改为监修。1725 年（雍正三年），直接任命传教士为监正，三年后增加一名传教士监副。1745 年（乾隆十年），又增设传教士左右监副各一。耶稣会被取消后，由遣使会士接替他们在钦天监中任职。直到 1826 年（道光六年），左监副高守谦（Verissimo Monteiro de Serra，任职于 1818—1826 年）和右监副毕学源去职，钦天监中就不再有西洋人了。① 1838 年，毕学源去世，北京也不再有合法居留的外国传教士了，一个曾经轰轰烈烈的时代终告落幕。

最后这一时期，传教事业基本处于维持并萎缩状态。1800 年，中国的天主教徒人数在 20 万以内，1810 年的数字是 21. 5 万②，重新开教后的 1850 年方增至 32 万。传教士方面，雍正初年被驱逐至广州者即有 40 余名，其中包括 37 名耶稣会士，留居北京者仅 20 余名，后越来越少，1800 年时西方传教士仅 4 名。③传教事业之所以还能保持一定的规模而并未销声匿迹，乃是有赖于中国籍教士自发主持教务，辅之以西方传教士甘冒风险潜入中国传教。风平浪静的表面下仍然蓄有部分能量，但因传教而兴起的西学东渐潮流则早已中断，展现出了与传教相关而又不相同的特别轨迹。

三、传教的科技副产品

在本书讨论的西学东渐事件中，传教以科技移植为手段，科技移植以传教为目的，科技是传教的副产品，可以说科学搭乘了传教的便车，而传教则搭乘了贸易和殖民开拓的便车。科技移植大致可分为两个层面：理念层面的西学东传和器物层面的西学东传，简而言之就是科学层面与技术层面的东传。此轮西学东传的缺陷主要在制度层面。理念层面的成效得益于此时宽松包容的思想学术氛围，成就了一大批翻译、编写等著书立说活动。器物层面的成效特别得力于有迫切需求的军事战争实际，以火器技术为最突出代表，佐之以农业、水利技术和望远镜等仪器。制度层面应是指社会综合体制，其问题

---

① 对于清朝钦天监中、西洋传教士的任职情况，有详细的《清代钦天监暨时宪科职官年表》。参见：屈春海. 清代钦天监暨时宪科职官年表. 中国科技史料，1997（3）：48-64.

② 荣振华，等. 16—20 世纪入华天主教传教士列传. 耿昇，译. 桂林：广西师范大学出版社，2010：418.

③ 徐宗泽. 中国天主教传教史概论. 北京：商务印书馆，2015：178，192.

至少应包括：东传之西学的滞后、传教副产品的滞后、人为因素的滞后和西学观的滞后。如此多的层面和问题，可谓对科学转型第一波宏大复杂画面的鸟瞰。

1. 传教、贸易与科技移植

就世界背景而言，耶稣会东来中国缘于葡萄牙和西班牙主导的全球殖民贸易活动。彼时中国只是刚刚被揭开马可·波罗时代以来美好想象的神秘面纱，凭借相当的实力水平而尚未沦为殖民的目标，是西方人孜孜以求的贸易对象。因此，贸易是真正可供传教士们搭乘的便车，传教也很容易夹杂着贸易的驱动，可以促进贸易的扩大和发展。与此类似，传教也是真正可供科技移植所搭乘的便车，科技移植作为背负传教目的的重要手段，在相当长的历史时期里维系和巩固了天主教在中国的传教事业。

自从16世纪初葡萄牙人占领马六甲以来，远东贸易格局就发生了根本转折。中国商船无法到达马六甲海峡以西，东西海上贸易航线事实上已被欧洲人所控制。到16世纪中叶，西班牙人占领马尼拉，葡萄牙人在澳门建立据点，从此澳门就成为全球贸易中远东最重要的中转站。① 如上文所述，此时从澳门出发主要有西向、东向和东北向的三条航线：其一为澳门—马六甲—印度（果阿）—西欧（里斯本），连接东南亚、南亚和欧洲；其二为澳门—马尼拉—墨西哥，连接美洲，尤其是西班牙势力范围；其三为澳门—长崎，连接日本。这样的全球贸易网络，自然也将中国卷入其中。② 对比天主教第三次东传的初始情形可知，当时的贸易路线恰恰就是传教路线，贸易对象也是传教对象。

从沙勿略和罗明坚等人身上就已经可以窥见传教与贸易之间密不可分的联

---

① 《明史》外国列传第六就记载了马六甲（时称满剌加）被葡萄牙（时称佛郎机）攻占后，东西贸易格局被改变："自为佛郎机所破，其风顿殊。商舶稀至，多直诣苏门答剌。然必取道其国，率被邀劫，海路几断。其自贩于中国者，则直达广东香山澳，接迹不绝云。"参见：张廷玉，等. 明史（6）：卷三百二十五 列传第二百十三. 中华书局编辑部，编. "二十四史"（简体字本）. 北京：中华书局，2000：5641.

② 关于中国明代以来的贸易情况，如海禁政策、朝贡体制等，将留待后续章节阐述。本目中葡萄牙人和西班牙人如何逐渐垄断东西方贸易，以及中国如何卷入其中，可详见《晚明大变局》第二章"卷入全球化贸易的浪潮"，亦可参见《明代海外贸易史》第九章"西欧殖民者东来对明代海外贸易发展的影响"。樊树志. 晚明大变局. 北京：中华书局，2015：81-143；李金明. 明代海外贸易史. 北京：中国社会科学出版社，1990：184-201.

系。1552年，沙勿略正是和商人朋友佩雷拉一起，以葡萄牙官方使节的名义乘船前往中国。佩雷拉的商人身份足以说明此行至少包含一定的贸易目的。不仅如此，沙勿略在远东的传教工作都是与贸易分不开的，“可以看到商人与传教士之间、商业利益与信仰传播之间既相互支持又相互制约的复杂关系”①。1580—1583年，罗明坚已经数次随同葡萄牙商人从澳门出发前往广州和肇庆。他趁商贸之机开展初步的传教活动，也积累了与中国官员打交道的丰富经验，于是才有了1583年他和利玛窦在肇庆立足开教的成功。

贸易不仅为传教提供便利，而且是传教得以进行的经济来源之一。耶稣会也直接从事经营活动，介入远东贸易之中。理论上来说，耶稣会的正常收入是罗马教廷和葡萄牙王室的资助，以及捐赠等其他补充。但是实际情况是，这些收入既不能足额获得，也不够全部支出。为了使日益壮大的远东传教事业得到支撑，在16—17世纪耶稣会士们参与了日本、澳门等地区的国际贸易，货物包括生丝、铜、黄金等，其中交易量最大的还是生丝。范礼安视察远东期间甚至与澳门方面的葡萄牙商人订立协议，每年将为耶稣会在澳门与日本的生丝交易中特许保留50担的额度，将耶稣会参与贸易活动公开化、制度化了。② 耶稣会介入贸易活动为传教活动提供了必要的物质基础，但也因有违宗教神圣纯洁的固有原则与印象，受到了教内外的不少非议。

与葡萄牙人一样，西班牙人也极力参与以生丝为最主要商品的贸易。“葡萄牙人最乐于装船的大宗商品莫过于丝绸了，他们把丝绸运到日本和印度，发现那里是现成的市场。住在菲律宾群岛的西班牙人也把中国丝绸装上他们的商船，出口到新西班牙和世界的其他地方。”③ 由此可见，澳门西向的澳门—马六甲—印度（果阿）—西欧（里斯本）航线与东北向的澳门—长崎航线由葡萄牙人掌控，澳门东向的澳门—马尼拉—墨西哥航线由西班牙人掌控。为了扩大贸易，西班牙人还曾支持他们一向不喜欢的耶稣会，试图通过资助传教活动的间

① 戚印平. 沙勿略与耶稣会在华传教史. 世界宗教研究，2001（1）：74.

② 对于耶稣会士参与中日贸易的研究，详见：戚印平. 关于日本耶稣会士商业活动的若干问题. 浙江大学学报（人文社会科学版），2003（3）：35；更广阔视野下对此问题的阐述，参见：顾卫民. 16—17世纪耶稣会士在长崎与澳门之间的贸易活动. 史林，2011（1）：94-104，189-190.

③ 利玛窦，金尼阁. 利玛窦中国札记. 何高济，王遵仲，李申，译. 桂林：广西师范大学出版社，2001：5.

接方式打开中国的市场。①

接下来的问题是，贸易和传教背景下为何会出现科技移植的西学东渐浪潮？整体而言，是因为传教以科技移植为手段，科技移植以传教为目的，科技移植是传教的副产品。科技移植之所以成为传教手段，从西方来看是因为耶稣会士背后的欧洲科学发展水平较高，他们又将科学知识作为宗教遗产的一部分加以继承和介绍，此时科学与宗教的关系应统属于文化层面来理解；从中国来看是因为耶稣会上层传教策略的对象——以士大夫为主的中国知识分子和官员对文化层面的兴趣和接受，也有天文和军事等领域的实际需要。事实证明，科技移植可以是传教肇始时的突破口，也可以是传教困境时的中流砥柱，发挥了维系和巩固传教的不容忽视的作用。因此，结合贸易、传教和科技移植三者的关系来说，贸易路线是传教路线也是科技移植路线，贸易对象是传教对象也是科技移植对象。至于科技移植的内容是什么和怎么样，则正是后续诸节将要探讨的。

2. 理念层面的西学东传

作为传教的副产品，科技移植大致可分为两个层面：理念层面的西学东传和器物层面的西学东传，简而言之就是科学层面与技术层面的东传。晚明的中国社会和文化背景虽然宏大，但结果都表现为以士大夫为主的中国知识分子和官员对其的兴趣和接受程度。利玛窦与徐光启的合作堪称第一波西学东渐或者说科学转型的高峰，因而也需要专门章节阐述，这里只对科技移植的概貌进行描绘。然而，理念层面和器物层面得以进行西学东传的具体缘由是不尽相同的，前者得益于宽松包容的思想学术氛围，后者源自于有迫切需求的军事战争实际。

晚明王学的盛行为理念层面的西学东传提供了宽松包容的思想学术氛围。明初官方意识形态为程朱理学，而王守仁“其学上承孟子，中继陆象山，而形

---

① 《利玛窦中国札记》中曾载，肇庆开教成功之后，“刚好当时菲律宾群岛总督在召开马尼拉大主教管区和评议会的大会，决定给予我们在中国的传教以某些支持。作出这个决定的主要原因是希望打开西班牙和中国人之间的贸易往来，尽管他们知道除对葡萄牙人外，这种交往直迄当时是对所有人都关闭的。他们的想法是要获允通过广东省的一个新港口进行贸易”。利玛窦，金尼阁．利玛窦中国札记．何高济，王遵仲，李申，译．桂林：广西师范大学出版社，2001：127.

成为风靡明代中后期并与程朱理学分庭抗礼的阳明心学，或曰阳明学、王学”①。王学起初只是明帝国南方一隅的学说，但在官方的打压之下仍然不断传播，最终得以盛行全国而被官方所承认，甚至造成明代官方意识形态的分裂和思想领域的开放与混乱。1584 年（万历十二年），万历帝允许王守仁、陈献章从祀文庙，标志着王学得以解禁，此时正是肇庆传教成功之后的第二年。王守仁之前的陆九渊曾言：“四方上下曰宇，往古今来曰宙。宇宙便是吾心，吾心即是宇宙。千万世之前，有圣人出焉，同此心同此理也。千万世之后，有圣人出焉，同此心同此理也。东南西北海有圣人出焉，同此心同此理也。”② 这与孟子“人皆可以为尧舜”的命题是具有一致性的。王守仁的“致良知”之说也承认良知存在的普遍性。“良知良能，愚夫愚妇与圣人同。但惟圣人能致其良知，而愚夫愚妇不能致。”③ 在王学门徒看来，耶稣会士所带来的西学未尝不是西方圣人之学，故而能友好地与之对话甚至予以接纳。

即便避开差异而将王学与理学都视为道学，那么西学在道学内部、道学外部和思想史总体趋势中都有发展的空间。晚明党派林立，党争频发，譬如天启朝互相激烈倾轧的阉党与东林党，在梁启超看来也不过是“王阳明这面大旗底下一群八股先生和魏忠贤那面大旗底下一群八股先生打架”④。虽然传教士及西学颇不受阉党所喜，南京教案中与沈潅交好的方从哲所代表的浙、齐、楚诸党也持对立态度，但东林党领袖人物叶向高、孙承宗等均为教外友好人士，出力提携颇多。如果论及晚明对道学的反动，西学东渐潮流本身和徐霞客、宋应星等对自然界的探索皆属这一趋势。如果论及从晚明到清初的总体学术思想，那么不可不提及“形上玄远之学”的渐趋没落。⑤ 王学、理学都呈现这一发展方向，由形而上逐渐转为形而下，这有利于从事经世致用的实学研究。当然，科技移植也是明末清初“形上玄远之学”走向没落的反映之一。

在两三百年里，理念层面的西学东传主要就是翻译、编写等著书立说活动。

---

① 王守仁．王阳明全集：编校说明．吴光，等编校．上海：上海古籍出版社，2011：1.

② 陆九渊．陆九渊集：卷二十二．钟哲，点校．北京：中华书局，1980：273.

③ 王守仁．王阳明全集：卷二：语录二．吴光，等编校．上海：上海古籍出版社，2011：56.

④ 梁启超．中国近三百年学术史．夏晓虹，陆胤，校．新校本．北京：商务印书馆，2011：4.

⑤ 王汎森．权力的毛细管作用：清代的思想、学术与心态．修订版．北京：北京大学出版社，2015：1-2.

其中涉及宗教学亦即天主教教义方面的著作是应有之义，以罗明坚所著《天主圣教实录》（1584）为先声，但不与科技移植直接相关。涉及科学的才是科技移植的重点所在，包括天文学、数学、物理学、地理学、军事技术、农业、水利等多方面。“其所输入以天文学为主，数学次之，物理学又次之，而其余则附庸焉。其在我国建设最大者为天文学，与清代学术关系最深者，天文学与数学惟均。而天文学实最先与我国学术界发生影响。”① 由《输入西学图籍统计表》亦可知，天文学在输入西学图籍中是数量最多的。

表 3－3－1　　《输入西学图籍统计表》②

种类	数量			附注
	明末	清初	共计	
天文学	30	13	43	属于明末者有 21 种，为《崇祯历书》之一部分
数学	8	0	8	内有 4 种为《崇祯历书》的一部分
物理学	4	1	5	
地理学	2	6	8	
军事技术	1	1	2	
艺术	3	1	4	
语言	3	0	3	
其他	10	0	10	
存疑	1	6	7	
共计	62	28	90	

具体来看，天文学方面，《浑盖通宪图说》（1607 年）是李之藻受利玛窦指导所作的中国第一本介绍西方天文学的著作。③ 真正集西方天文学之大成的是《崇祯历书》，可惜没有在明朝正式推行，到清初才以此为基础颁行《时宪历》，取代了自元朝以来就一直沿用的《授时历》（明朝称《大统历》）。数学方面，应当首推利玛窦与徐光启合译的《几何原本》前六卷，另外也有李之藻协助利玛窦编纂的《同文算指》等。地理学方面，最具代表性的是利玛窦所绘《坤舆万国全图》，在某种程度上颠覆了中国人固有的世界观。农业方面，徐光启的巨

① 陈润成，李欣荣．张荫麟全集．北京：清华大学出版社，2013：714．

② 张荫麟亦有《西学东渐传教士生平及著作表》，参见：陈润成，李欣荣．张荫麟全集．北京：清华大学出版社，2013：740－749．

③ 永瑢，等撰．四库全书总目：卷一〇六 子部天文算法类一．北京：中华书局，1965：896．

著《农政全书》就借鉴了大量的西方知识。水利方面，有徐光启和熊明遇协助熊三拔（Sabbathin de Ursis，1575—1620，1606年入华）编写的《泰西水法》等。

以上是从现代科学分类视角的考察，此外还可以通过中国古代的文献分类方法进行分析。以《四库全书》著录和存目的西学书籍为例，经部乐类著录1部、存目1部，史部地理类著录2部、存目2部，小学类存目1部，子部农家类著录2部，子部儒家类存目1部，天文算法类著录31部、存目7部，谱录类著录2部，杂家类存目12部，总计著录38部，存目24部，共有62部。① 其中天文算法类共38部，数量最多，约占总数的61.3%；杂家类共12部，次之，约占总数的19.4%；其他类共12部，所占比例与杂家类相同。天文算法和杂家类累加可占总数的80%以上。同时由于杂家类书籍种类较散，风格不一，所以仍可认为现代科学分类视角下的天文学和数学，是理念层面西学东传之主流。但是无论是数量上还是结构上，西学仍未成为显学。考虑到《四库全书》成书于1773年，属于科技移植告一段落、中西渐行渐远的时期，也就可以知晓西学东渐潮流的部分结果——理念层面的西学东传只是有限地撼动了中国的学术传统。

3. 器物层面的西学东传

与理念层面有所不同的是，器物层面的西学东传无论在规模上还是在重要程度上都无法与之相比，这也是为何称为科学转型或科技转型而不是技术转型的原因之一。此时东西方的技术差距并不悬殊，葡萄牙人和西班牙人并不能像19世纪中叶的英国人那样横行中国、为所欲为，晚明中国人也没有像晚清中国人那样痛定思痛、师夷长技。一方面，16—17世纪是近代科学产生的时代，还未步入如今技术作为科学应用的密切关系之中。另一方面，科学仍依附于哲学传统和工匠（技术）传统，科技移植或科学转型不能只谈科学不谈技术。② 运用这种视角进行考察，可以发现器物层面的西学东传并非乏善可陈。它以火器技术为最突出代表，佐之以农业、水利技术和望远镜等部分仪器。

对火器等技术的需求是中国社会逐渐走向动荡时期的必然结果，但也孕育着新事物萌发的契机，由此可以重新探讨“万历十五年”这一流行说法。利玛

① 《四库全书》著录和存目的西学书籍作者、书名、卷数、出处、来源、国籍、朝代等具体信息，详见：郝君媛.《四库全书》之西学文献著录研究. 兰州大学，2014：9-14.

② 吴国盛. 科学的历程. 第二版. 北京：北京大学出版社，2002：13-15.

窦和罗明坚在肇庆开教成功的前一年，张居正（1525—1582）去世，成效显著的张居正改革或者说“江陵柄政”时期宣告结束。① 到了著名的万历十五年（1587 年），呈现中国社会传统形态的“大明帝国却已走到了它发展的尽头”②。但是从科技移植的观点来看，中国并未与世界潮流相冲突，反而是与正在兴起的世界潮流开始交会。1583—1587 年间有许多值得一提的事，耶稣会士们活跃于广东为主的中国南方，罗明坚甚至曾远去浙江绍兴；利玛窦在肇庆知府王泮的邀请下已经画成《山海舆地全图》，其中的全新地理观念与后世闻名的《坤舆万国全图》相同；著名的中国古代科学家徐霞客（1586—1641）和宋应星（1587—约 1666）也相继出生了。③ 因此，假如说中国科技史和西学东渐也存在“万历十五年”的特别横截面，那么它必定不是黄仁宇所说的“发展的尽头”，而是让人激动不已地感受到一股方兴未艾的历史大潮。

火器技术的引进则直接源于晚明以来有迫切需求的军事战争实际。万历朝中期，先后开展三场大规模战争：宁夏之役（1592）、朝鲜之役（分为两段，前段 1592—1593，后段 1597—1598）、播州之役（1599—1600），史称万历三大征。“三大征踵接，国用大匮。”④ 虽然三大征都取得了最终胜利，但是大大消耗了国力。万历朝晚期，于 1616 年（万历四十四年）建后金国的努尔哈赤在 1619 年（万历四十七年）萨尔浒之战中大胜，之后通过持续作战逐渐占领辽东，揭开了明亡清兴的序幕。天启与崇祯二朝时，后金势力愈发坐大，1636 年（崇祯九年，清崇德元年）努尔哈赤之子皇太极正式称帝，改国号为“大清”，至其去世时的 1643 年，清军已尽占山海关外之地。同时，国内农民起义自天启朝末年起接连爆发，贯穿整个崇祯朝，史称晚明民变。

1644 年（崇祯十七年，清顺治元年），李自成率大顺军攻陷北京，明朝灭亡。很快清军击败李自成，又陷北京，中国进入清朝统治时期。然而，清朝征

---

① 谷应泰. 明史纪事本末：第三册：卷六一. 北京：中华书局，1977：935.

② 黄仁宇. 万历十五年. 增订纪念本. 北京：中华书局，2006：205.

③ 关于徐霞客生年，一说为 1587 年。如《中国科学技术史稿》，参见：杜石然，等. 中国科学技术史稿. 修订版. 北京：北京大学出版社，2012：335. 但参考丁文江所编徐霞客年谱可知，他生于 1586 年。陈函辉所撰《徐霞客墓志铭》也说他生于万历丙戌，即万历十四年（1586 年）。故徐霞客生于 1586 年应属无疑。参见：丁文江. 明徐霞客先生宏祖年谱. 台北：台湾商务印书馆，1978：6.

④ 张廷玉，等. 明史（6）：卷三百五 列传第一百九十三. 中华书局编辑部，编. “二十四史”（简体字本）. 北京：中华书局，2000：5225.

服中国却历经几十年的大小战争。顺治朝并未实现统一，清军于 1645 年灭南明弘光政权与大顺李自成政权，1646 年灭大西张献忠政权，但直至 1662 年（康熙元年，南明永历十六年）方杀死南明永历帝；康熙朝，1673—1681 年致力于平定三藩之乱，1683 年（康熙二十二年，南明永历三十七年，因明郑续用永历年号）招降台湾的明郑政权，1685—1686 年开展反击沙俄侵略的两次雅克萨之战，1690—1697 三征漠西蒙古准噶尔部的噶尔丹，至此，清朝对中国的征服和统一战争才算告一段落。

可以这么说，中国大地在整个 17 世纪几乎都笼罩于连绵战火之中。战乱既然是时代的主旋律，那么也就能说明为何火器技术会成为器物层面的西学东传之最突出代表了。“其时所谓西学者，除测算天文、测绘地图外，最重要者便是制造大炮。阳玛诺、毕方济（Francesco Sambiasi）等之见重于明末，南怀仁、徐日昇等之见重于清初，大半为此。西学中绝，虽有种种原因，但太平时代用不着大炮，最少亦应为原因之一。”① 萨尔浒之战后的 1620 年（泰昌元年），徐光启派人前往澳门购买四门红夷大炮，但因政局混乱次年底才将大炮运抵北京，这揭开了明清之际引进西方火器技术的序幕。红夷大炮在晚明的曲折发展历程将另辟专节记述，这里只试图介绍其西学东传的脉络。

后金自 1633 年（崇祯六年）吴桥兵变后获得了红夷大炮及操作部队，由此实力大增。以孔有德为代表的明朝降军在改换门庭后发挥火器优势，踊跃作战，频频见诸史籍。“三年，从攻锦州，有德等以炮攻下戚家堡、石家堡及锦州城西台，降大福堡；又以炮攻下大台一，俘男妇三百七十九，尽戮其男子；又以炮攻五里河台，台隅圮，明守将李计友、李惟观乃率其众出降，皆籍为民，勿杀。四年，从攻松山，以炮击城东隅台，台上药发，自燔，歼其余众，又降道旁台二。上至松山，使有德等以炮攻其南郛。”② 皇太极建清时封孔有德、耿仲明和尚可喜为恭、怀、智三顺王，顺治初又改封为定南、靖南和平南三王，其中不少战功都是因为红夷大炮。除孔有德早死之外，他们的实力大大膨胀，直至在三藩之乱中搅动时局。清初红夷大炮被改称为红衣大炮，被广泛运用于扫除抗清势力、平定三藩之乱、平定明郑台湾、平定噶尔丹、对俄雅克萨之战等战争

---

① 梁启超．中国近三百年学术史．夏晓虹，陆胤，校．新校本．北京：商务印书馆，2011：32.

② 赵尔巽，等．清史稿：卷二百三十四 列传二十一．北京：中华书局，1977：9398－9399.

中，有力地维护了政权稳定和国家统一，这也应视为器物层面西学东传的体现和延续。

作为案例的火器技术关涉技术的传播（引进）与创新（研制）。大约在13—14世纪的蒙元时期，中国的火药和火器经蒙古人和阿拉伯人之手传入西方，在欧洲实现加速发展并反超中国。欧洲的社会环境更有利于火器技术创新，“这种状况在15世纪便明显地表现出来”①。最典型的案例就是16世纪上半叶明朝正德嘉庆时期由葡萄牙人传入中国的佛郎机炮，然而此次火器技术的传播起因于明军与葡萄牙人的小规模战斗。到了徐光启引进红夷大炮的时代，火器技术的传播主要是通过购买等和平方式进行的，明末清初近一个世纪的连绵战火又大大促进了其传播。

但是，之后的数百年里火器技术在中国只有少部分改进，整体发展陷于滞缓。欧洲的火器技术研制却迎来了前所未有的创新，把中国远远地甩在了后面。当资本主义的坚船利炮在19世纪再次来到东方时，火器技术的传播也转变为知耻而后勇的被迫方式。基于红夷大炮前后火器技术传播（引进）与创新（研制）历史的对照，可知当时中西差距并不大，引进方式最和平，事后成效很明显，均为科学转型第一波的优势所在。

4. 制度层面西学东传的滞后

上述理念和器物两个层面共同构成科技移植的成就与功绩，但并不能回避科技移植的实际缺陷和失败结局，可以把这个方面归结为制度层面西学东传的滞后。制度层面是就社会综合体制而言的，包括政治、经济、文化、军事等多方面。具体到制度层面对应之西学东传的滞后，至少应有以下四点：东传之西学的滞后、传教副产品的滞后、人为因素的滞后和西学观的滞后。之所以将诸多缺陷统称为滞后，是因为倘若能在此基础上再往前一步，便可迎头赶上，扭转局面，而不至于落得令人扼腕的境地，可惜这只是一个未得实现的假设。

东传之西学相较当时的中学而言尚属先进，但与其自身在欧洲的进展相比并不是最新的。以天文学为例，1543年，哥白尼临终前已经见证了日心说的伟大著作《天体运行论》（新译为《天球运行论》）的出版。“哥白尼的学说在天

---

① 王兆春. 世界火器史. 北京：军事科学出版社，2007：132.

文学上引起了一场革命，事实上在一般科学思想上，也引起一场革命。”① 所谓的哥白尼革命也是近代科学革命的标志之一。之后的第谷、开普勒、伽利略等大天文学家们发展了欧洲天文学，并将近代科学革命推进到新的境界。1687 年，牛顿出版了科学史上的旷世名著——《自然哲学的数学原理》。17 世纪下半叶的欧洲已经从中世纪走出来了，进入现代科学的早期发展阶段。

但是，利玛窦去世后出版的译作《乾坤体义》仍然持托勒密体系的立场；徐光启主持编修《崇祯历书》时方引进第二代传教士汤若望等人带来的第谷体系；哥白尼体系也因无人介绍而致使其没有在中国得到应有的重视；牛顿的科学体系则更迟至近两个世纪后才被引进中国，彼时欧洲已经进入科学世纪（19 世纪），自然科学的各个学科门类陆续臻于成熟。利玛窦之后 200 年，中国科学的滞后已经造成中西双方巨大的科学落差，中国只得被迫付出百余年民族挨打的惨重代价。

由于耶稣会士的宗教立场，部分导致科学立场的错误，造成传教副产品的滞后。最突出的表现就是：“他们在 17、18 世纪反哥白尼（1473—1543）、反牛顿（1643—1727）的立场。当然，耶稣会士不能被看作科学的宗教敌人。”② 17 世纪下半叶的中国已失去对欧洲天文学最新进展的追踪，更无法实现自我创新，与现代科学的早期发展轨迹渐行渐远。到了 18 世纪末，在乾隆、嘉庆两朝之交阮元撰写《畴人传》的时候，虽然《自然哲学的数学原理》问世已逾百年，成为现代科学之基础，阮元却所知甚少，只在尾卷对牛顿（当时译为奈端）说了寥寥数语。③

有论者认为：“利玛窦等人的世界观不但远远落后于（并且反对着）同时代的西方学者，也远远落后于（而且反对着）同时代的中国学者。”④ 虽然这种批评非常激烈，但的确可以说，因为传教才是耶稣会士的根本目的，科技移植只是为其服务的有效手段，二者若发生冲突他们多以根本目的为优先。当科学经

---

① W. C. 丹皮尔. 科学史及其与哲学和宗教的关系. 李珩，译. 桂林：广西师范大学出版社，2001：110.

② 艾尔曼. 科学在中国：1550—1900. 原祖杰，等译. 北京：中国人民大学出版社，2016：7.

③ 阮元，等. 畴人传汇编：卷四十六 西洋四附. 彭卫国，王原华，点校. 扬州：广陵书社，2009：538.

④ 利玛窦，金尼阁. 利玛窦中国札记. 何高济，王遵仲，李申，译. 桂林：广西师范大学出版社，2001：中译者序言 13.

过哥白尼和牛顿时代的发展逐渐挣脱宗教束缚之时，一些耶稣会士们却没有挣脱束缚，那么，宗教与其副产品——科学之间这种宿命般的张力，就会使这种传教副产品滞后。

在君主专制和高度集权的明清时期，“人治”体制中的人为因素也对科技移植多有影响或牵制。概言之，第一波科学转型在很大程度上因人而兴，也因人而衰。耶稣会的上层传教策略原本就倾向于结交中国官员和知识分子，在中国的体制下很容易受到他们决定性的影响。在进入中国传教之初，罗明坚通过送礼等方式获得广东地方官员的传教许可，旋因其罢官而失效，否则有机会在1583年之前就实现成功开教；在立足过程中，作为朝贡使臣的利玛窦一行在北京突然受到万历帝的礼遇，利玛窦去世后又得以赐葬北京，这对于西学东传而言意义重大；在发展时期，先后出现沈漼和杨光先等反对派，或依靠手中权力或依靠政局变动屡次攻击传教士，掀起两场大教案。

这种例子不胜枚举，传教士们曾如此总结人为因素的重要性：“他们所花费劳动的成果要取决于搞好与当权者的关系，因为这些人有权批准启人疑窦的一桩事业。”① 传教如此，传播科技亦如是。徐光启在崇祯朝依托权势大力扶持天主教传教和科技移植时，经常运用个人力量和人际关系，使耶稣会士、中国天主教徒和教外友好人士等群体“逐渐结合成以徐光启为中心，具有求新精神、恢复疆土壮志和军事改革意向的松散的群体，成为改革依倚的社会力量”②。但是，随着1633年徐光启的去世和吴桥兵变中孔有德率火器部队投降后金，这个松散群体显露出的西学改革曙光也就因人而废，戛然而止了。

以何种态度对待西学，也经历了从会通超胜到后来西学东源的转变。由于这里关系到中国古代有无科学的争论，因此暂不用科学观而用西学观来指代传教士们带来的科学内容。徐光启最初积极引进西学时，怀有会通超胜的宗旨。“以为欲求超胜，必须会通；会通之前，先须翻译。”③ 他在《刻几何原本序》中也说：“不意古学废绝二千年后，顿获补缀唐虞三代之缺典遗义，其裨益当

① 利玛窦，金尼阁．利玛窦中国札记．何高济，王遵仲，李申，译．桂林：广西师范大学出版社，2001：300.

② 沈定平．明清之际中西文化交流史：明季：趋同与辨异．北京：商务印书馆，2012：553.

③ 徐光启．徐光启集：卷八．王重民，辑校．北京：中华书局，2014：374.

世，定复不小，因偕二三同志刻而传之。”① 当然，尚不能把此解释为西学东源观念的体现，但却包含少许苗头，应视其为会通超胜宗旨下拉近中学和西学关系之举，以促进《几何原本》的传播。

然而，会通超胜的观念到了清朝却被西学东源的观念所取代。康熙帝非常欣赏并支持梅文鼎式同时掌握中国传统学术和西方新式科学的人物，并鼓励宣扬和强调西学的源头来自中国古代。乾隆朝修《四库全书》时就已经将这种西学观奉为正统，以《浑盖通宪图说》为例，《四库全书总目》中列有此书，并根据梅文鼎的观点将其归为西学东源之作："梅文鼎尝作《订补》一卷。其说曰：浑盖之器，以盖天之法代浑天之用，其制见于《元史》扎玛鲁鼎所用仪器中。窃疑为《周髀》遗术，流入西方。”② 在西学东源观念的指导下，梅文鼎式的人物相对容易做到会通中西，却很难实现超胜西方。尤其是随着清朝愈发走向封闭，开放的翻译既不可能，当然也无法会通最新科学，所谓超胜更是无从谈起，只能沉醉于西学东源的自大守成之梦，深陷于滞后的困境中。

四、西学东渐三部曲

与天主教第三次东传的分期相似，传教副产品的西学东传也可以分为三个阶段，是为西学东渐三部曲。这三个阶段分别为：（1）起步阶段，即 16 世纪末。科技移植作为有助于传教的手段开始被运用，传教士们从尝试到确立、从少量到大量、从地方到全国，客串中国实践科技传播过程。（2）互动和见效阶段，即 17 世纪。典型代表如徐光启和利玛窦，通过合作翻译的方式，为中国人引进和吸收了大量的西方科学技术；亦如汤若望，他任职清钦天监以后，耶稣会士曾连续受到顺治帝和康熙帝的礼遇，活跃于许多具体科技领域。（3）逐渐式微阶段，即 18 世纪到 19 世纪初。由于多方面的原因使然，西学在 18 世纪以后的中国逐渐走向式微，中国与西方科学发展渐行渐远。需要注意的是，科技移植的这三个阶段与传教的三个时期既密切相关，又不全然相同，究其原因，在于科技移植一方面是传教的副产品，如传教立足时期与科技移植起步阶段均为 16 世纪末，另一方面则有其自身的发展逻辑和线索，且获得了中国人的另眼相待。接下

---

① 徐光启．徐光启集：卷二．王重民，辑校．北京：中华书局，2014：75.

② 永瑢，等．四库全书总目：卷一〇六 子部天文算法类一．北京：中华书局，1965：896.

来可具体看这一波科学转型如何从起步到互动见效，又如何逐渐走向式微。

1．客串中国，转型起步：16 世纪末

此轮西学东渐的时间点有两个，一个可以追溯到 1583 年肇庆开教成功，另一个是利玛窦历尽挫折在 1601 年被允准居留北京并进行传教。在此之间的十几年内，利玛窦等耶稣会士在贯彻上层传教策略和“文化适应政策”过程中认识到科技移植对传教事业大有裨益，到北京以后更广泛使用此种手段，西学东渐也在更大范围内发生和推进。因此，将 1583—1601 年划定为西学东渐三部曲之一，即传教士们从尝试到确立、从少量到大量、从地方到全国的客串中国实践过程之一，是科学转型的起步阶段。

将 16 世纪末界定为西学东渐起步阶段，不仅强调了耶稣会士传播科学模式的从无到有过程，而且突出了帮助耶稣会士确立传播科学模式的关键人物。通常的说法很容易把这些归功于以徐光启为首的“圣教三柱石”（还有李之藻、杨廷筠），但从时间顺序来看这是不合适的。其中徐光启 1595 年在韶州结识传教士郭居静，1600 年才在南京认识利玛窦；李之藻 1599 年起与利玛窦交往；杨廷筠 1602 年会见利玛窦。[①] 三人与天主教结缘均已属本阶段之末尾，接触、学习西学则应更晚，利玛窦受他们影响的时间同样比较迟。在起步阶段，瞿汝夔（自号太素，1549—1612）才是对耶稣会士影响最深的中国人，也是与利玛窦关系最密切的朋友。

缘于独特曲折的人生经历，瞿汝夔沦为传统社会体制的游离者。他出生于苏州府常熟县的官宦之家，父亲瞿景淳（1507—1569）曾高中榜眼，为官多年，死后追赠礼部尚书。景淳有四子，依次为汝稷、汝夔、汝益、汝说。南明时壮烈殉国的瞿式耜（1590—1650）就是瞿汝说之子，是瞿氏家族中的另一位著名天主教徒。在丧父后的三年守孝期间，血气方刚的瞿汝夔与长嫂徐氏私通，因此他被逐出家门，自此不能容于家乡，堕落为一个四处游走的败家子，凭借父

---

① 关于徐、李、杨三人何时与耶稣会士结识，参考樊树志《晚明大变局》第五章第四节之二、三、四条目。樊树志．晚明大变局．北京：中华书局，2015：407-418．但是其中称 1598 年徐光启会试落榜后隐退广东韶州继续与郭居静等传教士交往，应不属实。由《徐光启年谱》可知，会试后徐光启由京返乡（松江府上海县，今上海市），直至 1600 年春赴南京之前都在家教书授徒为业，并未前往韶州。详见：梁家勉．徐光启年谱．上海：上海古籍出版社，1981：61-64．

亲在各地的故旧关系获取钱财。① 可能正是因为不能被主流社会所接受，他成为一名眼光不同于常人的人，因而他在1589年于肇庆和韶州接触利玛窦后对其大为倾慕，并拜其为师。

主流社会容不下瞿汝夔，但他仍谙熟于此，可以帮助初来乍到的耶稣会士与中国官员和知识分子打交道。虽然瞿汝夔的初衷是想跟随利玛窦学习炼金术，到后来才转变了这个想法，但是这不妨碍他为耶稣会士的人情往来出谋划策。在韶州时，面对冲击教堂的反教行动，他教利玛窦如何依靠地方官员的力量摆平此事，同时成功获得了再邀请一位耶稣会士过来的许可；在南昌时，通过瞿汝夔的前期介绍和引荐，利玛窦成功地和当地的王学大家和学术领袖章潢建立良好关系，有效扩大了耶稣会士的文化影响力；最重要的是，在他的建议下，利玛窦由剃发僧服改为蓄发儒服，以相对高雅的饱学之士的形象开展传教，提高了交际档次和社会地位，赢得了更多士人的尊重和互动，随之进行的科学传播活动才成为可能，他成为泰西儒士与中国儒士文化交流中不可或缺的一环。

不仅如此，瞿汝夔本人对西方的科学知识产生愈来愈浓厚的兴趣，这也是以科学促进传教的典型案例之一。随着交往的日渐深入，他由原先把热情用于炼金术转化为“把他的天才用于严肃和高尚的科学研究”。瞿汝夔开始钻研算学、几何学、天文学等多个领域的知识，也学习制造多种科学仪器。“诸如天球仪、星盘、象限仪、罗盘、日晷及其他这类器械，制作精巧，装饰美观。”他的痴迷和推崇经过他的交际圈宣传直接增进了耶稣会士的名声，也获取了部分官员和知识分子的初步好感。“欧洲的信仰和科学始终是他所谈论的和崇拜的对象。在韶州和他浪迹的任何地方，他无休无止地赞扬和评论欧洲的事物。”② 或许可以推论，瞿汝夔就是晚明西方科学来到中国所征服的第一人。

---

① 对瞿汝夔是否真实存在及生平家世的考证，早期的有：黄一农. 瞿汝夔（太素）家世与生平考. 大陆杂志，1994（5）：8-10；瞿果行. 瞿汝夔行实发微. 齐鲁学刊，1994（1）：99-101. 近年来有黄一农在《两头蛇》书之第二章“天主教徒瞿汝夔及其（家难）”中的最新研究，详见：黄一农. 两头蛇——明末清初的第一代天主教徒. 新竹：“清华大学”出版社，2005：33-62；对瞿汝夔是否与长嫂私通从而引发“家难”的不同观点，参见：沈定平. 明清之际中西文化交流史：明代：调适与会通. 北京：商务印书馆，2001：635-637.

② 除此之外，《利玛窦中国札记》第三卷第三章和第五卷第六章均专门叙说瞿汝夔事迹，并附有他受洗入教时的信仰声明。其他章节中，有关他的言行细节也有很多。参见：利玛窦，金尼阁. 利玛窦中国札记. 何高济，王遵仲，李申，译. 桂林：广西师范大学出版社，2001：173-174.

科技移植起步阶段的人例是瞿汝夔，物例则是《山海舆地全图》。利玛窦携带而来的诸物之中，最初引起中国人很大兴趣的就是地图。西方人的世界观和制图法将地理大发现之后的世界呈现给中国人，无论是新鲜感和还是冲击力都是极其巨大的。《山海舆地全图》于 1584 年由肇庆知府王泮刊印，作画多次，摹绘和翻刻者众多，因此版本较多，流传复杂，类似的也有《舆地山海全图》《山海舆地图》《大瀛全图》《两仪玄览图》等①，最有名的还是 1602 年献给万历帝的《坤舆万国全图》。

《山海舆地全图》的原图已经佚失，目前能找到的较早版本是章潢编纂的图集大全《图书编》中收入的《舆地山海全图》。据《四库全书总目》该条："其门人万尚前序，称是编肇于嘉靖壬戌，成于万历丁丑。考潢年谱，乃称万历五年丁丑论世编成，又称万历十三年乙酉出《图书编》与邓元锡《函史》相证。然则初名《论世编》，后乃改此名矣。"那么该书编成之年不是丁丑（1577 年，万历五年），而是乙酉（1585 年）。② 另一说为《图书编》出版于 1613 年。1585 年仅为利玛窦为王泮绘制《山海舆地全图》的第二年，利玛窦尚在千里之外的肇庆传教。依照传播速度来说，1613 年的可能性更大些。即使确切的出版时间仍有待考证，但也可以说，章潢虽仍囿于传统华夷观念却初具全球视野，和同时代人相比实在难能可贵。③《图书编》不仅反映了利玛窦的世界地图非常可观的传播和扩散情况，而且象征着晚明部分中国知识分子对西方科学的开始接受。

2. 合作引进，卓有成效：17 世纪

当利玛窦终于顺利地留在北京时，历史已经进入动荡的 17 世纪。17 世纪主要历经明万历朝后期（1601—1620）、明天启朝（1621—1627）、明崇祯朝（1628—1644），以及清顺治朝（1644—1661）、清康熙朝之大部分（1662—1700）。一方面，耶稣会士有利玛窦、汤若望、南怀仁等人，中国士大夫则有徐光启、李之藻等人，可谓群英荟萃。另一方面，上述诸帝对西洋传教士的态度

---

① 最新的研究成果参见：邹振环．神和乃囫：利玛窦世界地图的在华传播及其本土化．安徽史学，2016（5）：5-17；甚至有对《山海舆地全图》的复原工作，详见：郝晓光，等．《山海舆地全图》的复原研究．同济大学学报（自然科学版），2001（10）：1159-1161．

② 永瑢，等．四库全书总目：卷一百三十六 子部类书类二．北京：中华书局，1965：1155-1156．

③ 安介生，穆俊．略论明代士人的疆域观——以章潢《图书编》为主要依据．中国边疆史地研究，2011（4）：30．

都不算差。万历帝喜爱利玛窦贡献的方物，后又对他赐居和赐葬；天启帝虽受阉党影响，但因宁远之战时红夷大炮的威力而赞成耶稣会士来华；崇祯帝对徐光启很是信任，对其礼遇提拔颇多，对西方传教士亦不排斥；顺治帝恩宠汤若望，甚至连临终之际的传位大事也参考了他的意见。① 康熙帝以帝王之尊亲自向传教士学习天文、数学、解剖、地理、物理等多方面西学知识，具备同时代非常高的科学素养。在充满机遇的乱世和比较宽松的氛围中，17 世纪的西学东渐以合作引进而获得卓著成效，是科学转型的互动和见效阶段。

晚明科学转型的互动和见效

首先是整体视角下合作引进的情况。前文所引张荫麟《输入西学图籍统计表》提供了非常合适的切入点，他在表中剔除了宗教类，基本是科学技术类书籍。他在统计各种类引进书籍数量时，是将明末数字与清初数字先分列然后汇总的。天文学和数学类引进书籍中，明末 38 种（内有 25 种为《崇祯历书》的一部分），清初 13 种，两者比例接近 3∶1；另外，清初数学类、语言类、其他类的引进数量均为零，明末则没有种类为零的情况；最后看诸种类的数量汇总，明末为 62 种，清初为 28 种，两者比例也已超过 2∶1。可见张荫麟所指之明末，即 17 世纪上半叶的科技移植是富有成效的高峰。

越来越多的中国人像瞿汝夔一样，被天主教和西学所折服。“利玛窦神父是用对中国人来说新奇的欧洲科学知识震惊了整个中国哲学界的，以充分的和逻辑的推理证明了它的新颖的真理。”② 这一阶段活跃的徐光启和李之藻均属于类似情况，他们对天主教和西学的兴趣并行不悖，科学与宗教在这里发生的关系具有高度的和谐。徐宗泽也给出了科学与宗教不冲突的解释：“利玛窦和徐文定公他们的传教政策，是要从本性的学问，引人归到超性的学问；因为本性的学问和超性的学问，是发源于一棵根子的，换句话来讲，就是科学和信德是不相抵触的。”徐、李都积极参与翻译和引进工作。“一五八三至一六〇四年，西士所编著付印的书近五十种；但许多书是经过李公目、手，或改削，或润色，或作序文。”③ 只不过这里所说的近 50 种书，显然其中与天主教教义相关的多于与科学技术相关的。

① 魏特. 汤若望传：第二册. 杨丙辰，译. 上海：商务印书馆，1949：325-326.

② 利玛窦，金尼阁. 利玛窦中国札记. 何高济，王遵仲，李申，译. 桂林：广西师范大学出版社，2001：244.

③ 徐宗泽. 中国天主教传教史概论. 北京：商务印书馆，2015：224-229.

17 世纪上半叶最为引人瞩目的两例合作引进应该是历法改革和红夷大炮。前文对此二事均已有所提及，尤其是红夷大炮东传之脉络已得到叙述，因此这里着重关注历法改革一事的来龙去脉和前后对比，以反映西学东渐潮流之纵向顺序。明朝的《大统历》沿用元朝《授时历》，后者颁布于 1281 年（元至元十八年），几百年来未曾有大的改动，因而在实际天文观测尤其是日食、月食等重要天象的预测中丧失准确性。自 1465—1487 年（成化年间）以来，就不断有修改历法的声音出现，但一直未得到朝廷的采纳。其中，1595 年（万历二十三年）宗室朱载堉进献《圣寿万年历》《律历融通》二书，1600 年（万历二十八年）邢云路写成《古今律历考》。① 同时，也有钦天监官员奏请翻译耶稣会士庞迪我、熊三拔等带来的历法书籍，这甚至得到礼部的支持，但仍没有得到旨意允许。

直到 1612 年，礼部征召邢云路和李之藻进京，有中西历法改革齐头并进之意。“未几云路、之藻皆召至京，参预历事。云路据其所学，之藻则以西法为宗。”② 但没过几年，南京教案的发生使得形势陡变，李之藻也转任地方。因此从万历末至天启间去世，邢云路主导了传统范式下的历法改革，但最后的探索收效甚微。③ 到崇祯朝，徐光启逐渐执掌礼部，用西人西法才真正成为可能。1629 年（崇祯二年），新开历局，以徐光启及继任者李天经为领导，既包括李之藻等中国天文学家，也包括龙华民、邓玉函、汤若望、罗雅谷等耶稣会士，开始修历工作。1634 年，历时五年的《崇祯历书》修成，标志着第谷体系正式被中国引进和采纳，其中也涉及托勒密体系和哥白尼体系的内容。④ 但是，1631 年魏文魁派他的儿子进献历书，于是三年后钦天监又别立东局，形成大统、回回、西局、东局四家相抗衡之势。让人扼腕的是，在钦天监内部争论不休和明末风雨飘摇局面的双重制约下，《崇祯历书》没有得到正式施行。

---

① 对邢云路《古今律历考》写成及出版时间的考证，参见：王淼．明末邢云路《古今律历考》探析．自然辩证法通讯，2005（4）：92-93．另，《四库全书总目》载有《圣寿万年历》与《古今律历考》条目，详见：永瑢，等．四库全书总目：卷一〇六 子部天文算法类一．北京：中华书局，1965：894．

② 张廷玉，等．明史（1）：卷三十一 志第七．中华书局编辑部，编．“二十四史”（简体字本）．北京：中华书局，2000：356．

③ 王淼．邢云路与明末传统历法改革．自然辩证法通讯，2004（4）：79-85，112．

④ 江晓原．《崇祯历书》的前前后后：上．中国典籍与文化．1996（4）：55-59；江晓原．《崇祯历书》的前前后后：下．中国典籍与文化．1997（2）：112-116．

明清鼎革之际，汤若望留在北京。经历了1644年的动乱之后，他将《崇祯历书》改头换面成《西洋新法历书》进呈给清朝统治者，并成功地使朝廷下令于次年（1645年，顺治二年）起采用新历，更名为《时宪历》。明朝修成却不得施行的《崇祯历书》在改朝换代之后反而获得了新生，可谓奇妙。当年十一月，汤若望被任命"掌钦天监事"，推辞而不许，于是开始"率属精修历法，整顿监规"①。这不仅意味着汤若望获得清朝的信赖与重用，而且开创了西洋传教士领导钦天监的历史，还象征着西方天文学在传入中国后终于占据了主流地位。历法改革的进程仿佛科学转型历史的缩影，虽充满曲折和坎坷但富有成效和生机，到17世纪中叶时已经撼动了部分中国传统知识体系。

清初科学转型的互动和见效

如果说晚明尚属中国人对西学的取而食之，那么清初的17世纪下半叶就是消化吸收为主。对远道而来的传教士而言，同时期发生的转变就是从合作引进到跃跃欲试。从政局来说，接下来的半个世纪与之前半个世纪相比更加稳定，分别属于顺治朝（1651—1661）和康熙朝前半（1662—1700）。自从汤若望领导清钦天监以后，耶稣会士曾连续受到顺治帝和康熙帝的礼遇，此时礼仪之争也还未见分晓。但总体而言，西学经历了清朝初期从动荡开放到稳定保守的时代特征转变，跃跃欲试也隐藏着危机，传统君主体制的阻碍力量也越来越强大。17世纪下半叶迎来的西学东渐，是科学转型的互动和见效时期。

其间最惨重之挫折便是杨光先教案（1664—1669），因为与中西天文学之争息息相关，所以也被称为康熙历狱。反对西方天文学者，明末以来，有钦天监中守旧的《大统历》《回回历》相关官员，也有冷守忠、魏文魁等保守派。到了清代，随着传教士对钦天监的影响日深，反对派所爆发出来的攻击力量也愈发强大。杨光先的攻击同时针对天主教和西方天文学，但是在科学上是站不住脚的。所以，他根本不敢执掌钦天监，被迫上台以后也只能采用恢复《回回历》等手段，最终也是因为经不住实际观测的检验而落得失败下场。这场历狱还引发了一个小误区，即历来流行认为杨光先是回回的说法，错误地将他的立场等同于他的身份②，由此可见杨光先教案的多方面影响。当然，其中与西学东渐相

---

① 赵尔巽，等. 清史稿：卷二百七十二 列传五十九. 北京：中华书局，1977：10020.

② 陈静. 杨光先回族（或回教徒）问题质疑. 回族研究，1993（2）：78-82.

关的就是凸显了中国保守势力的根深蒂固。

正是在平反教案的1669年（康熙八年），已亲政两年的康熙帝成功地铲除了权臣鳌拜，既真正开始大权独揽，也开启了与西学的“蜜月期”。这时的他是一名15岁的青少年，萌发了对自然科学强烈的兴趣，经过学习，他具备了那个时代非常高的科学素养，为中国古代君王之罕见。1692年（康熙三十一年），康熙帝“又论河道闸口流水，昼夜多寡，可以数计。又出示测日晷表，画示正午日影至处，验之不差。诸臣皆服”①。1711年（康熙五十年），“上登岸步行二里许，亲置仪器，定方向，钉桩木，以纪丈量之处”②。正史所载虽有美言过誉之嫌，但仍能反映出他以帝王之尊对科学的兴趣和实践，胜过众多当时的知识分子和官员，是西学东渐几十年浪潮冲刷出的一抹亮色。

但也应该清楚地认识到，康熙帝与西学的“蜜月期”基本停留在个人层面。这些知识仅限于钦天监等机构与极少数士人学习使用，西方科学并没有走向大众化和普及化。清初之西学进退完全取决于皇帝，并没有出现徐光启、李之藻式的人物，王锡阐、梅文鼎等清代科学家则另当别论。晚明之西学发展多由知识分子领衔，涌现了一大批热衷于引进、学习、宣扬西学的人物。此外，在晚明内忧外患的情势下，对西学引进也愈发趋于宽松。因此，相比较而言晚明模式的生命力优于清初，可惜突然遭遇鼎革之变，社会环境陡变之下唯有切换成适应新政权的模式。

在学习西学的同时，康熙帝也重用擅长西学的传教士。因此，这一时期出现了传教士们活跃于多个领域的前所未有的局面，亦即跃跃欲试的表现。其中最有名的耶稣会士是南怀仁，而南怀仁最擅长的领域是天文学。他在教案后任职钦天监近二十年（1669—1688），至死方休，继承并延续了由汤若望开创的耶稣会士领导中国钦天监的传统。南怀仁组织整修了北京观象台，又改造黄道经纬仪、赤道经纬仪、地平经仪、地平纬仪、纪限仪和天体仪六种仪器。1674年，他进呈为仪器绘图立说而新编的《灵台仪象制》。1678年（康熙十七年），他进献了长达2 000年的《永年历》。更为大胆的是，南怀仁试图编纂出版一套完整的西方思想文库——《穷理学》（*Studies to Fathom Principles*）③，甚至想将其纳

---

① 赵尔巽，等．清史稿：卷七：圣祖本纪二．北京：中华书局，1977：234．

② 赵尔巽，等．清史稿：卷八：圣祖本纪三．北京：中华书局，1977：279．

③ 艾尔曼．科学在中国：1550—1900．原祖杰，等译．北京：中国人民大学出版社，2016：177－179．

入科举考试的官方书目，从而实现西学真正的中国化。其结果并不出人意料，虽然南怀仁是康熙御前的一位红人，但康熙帝与朝中大员们都拒绝了这个提议。

得益于康熙帝对西学的肯定和运用，这一阶段传教士们在具体领域的活跃范围和程度大多超过晚明。从时代背景来说，17 世纪下半叶仍处于战火绵延之中，康熙朝在 1673—1697 年先后平三藩、定台湾、两收雅克萨、三征噶尔丹。梁启超所说西学之最重要者便是制造大炮虽然不完全成立，但也说明了战争的直接和关键影响。军事方面，就是因为平定三藩时南怀仁帮助清军制造红衣（红夷）大炮，他得到了工部右侍郎的加封职衔。康熙帝亲征噶尔丹时，也命张诚等三位耶稣会士随从。地理方面，频繁的战争也产生了对精确地图的需求，但原有的中国或亚洲地图并不能满足此需求。1708 年起，康熙帝派遣多位传教士前往全国各地测绘，至 1717 年白晋等绘成鸿篇巨制的《皇舆全览图》。

外交方面，雅克萨之战后，徐日昇、张诚作为清朝代表团使臣成员，使用拉丁语协助翻译，参与中俄《尼布楚条约》的签订。1693—1699 年，白晋接受派遣，成功出使法国，得到法王路易十四的积极回应。1686 年，闵明我（耶稣会士）也受命出使俄国，虽无所成而于 1694 年（康熙三十三年）返京；教学方面，白晋和张诚曾“在宫中建筑化学实验室一所，一切必需仪器皆备”①。至今故宫博物院仍保存有手摇计算机、计算尺、比例规、计算用桌等②，都是传教士们为教学使用而制作的工具。总之，康熙帝在位期间对西方传教士的任用可以说是大规模的。许多传教士获得职衔，享受俸禄，以“远臣”的身份为朝廷服务，他们甚至表现出异乎寻常的热情和忠心。即使在激烈的礼仪之争过后，康熙帝仍然秉持使用部分人才的政策，创造并延续了西学活跃于宫廷的局面。

3. 逐渐式微，渐行渐远：18 世纪到 19 世纪初

活跃于宫廷的传教士们无法为西学打造更坚实的基础，只能眼睁睁地看着西学在 18 世纪以后的中国逐渐走向式微。导致这一结果的原因是多方面的，包括礼仪之争的影响、中国朝廷政策环境的变化、耶稣会等传教团体在科学上的滞后等。概括而言，自康熙晚年逐渐厌恶天主教并决心禁教以来，其政策得到了继任诸帝的严格贯彻执行。耶稣会在此期间也有近半个世纪被教廷所取消，入华之传教士来源组成趋于复杂。西学受天主教的波及非常大，科技移植实际

① 费赖之．在华耶稣会士列传及书目．冯承钧，译．北京：中华书局，1995：435.

② 刘潞．康熙帝与西方传教士．故宫博物院院刊，1981（3）：29.

终止。但与此同时，欧洲的科学发展迅速，把中国远远地甩在了身后。中国与西学的渐行渐远持续一个半世纪，历经康熙朝后期（1701—1722）、雍正朝（1723—1735）、乾隆朝（1736—1795）、嘉庆朝（1796—1820）直至道光朝（1821—1850），鸦片战争之后方有剧烈变动。因此，18世纪到19世纪上半叶属于西学东渐三部曲之三，是为科学转型的式微阶段。

杨光先教案既不是对西学的第一次沉重打击，也不是最后一次。接下来最为致命的是西学东源说的提倡和盛行，使得科学在中国一边被消化吸收一边被釜底抽薪。1714年（康熙五十三年），康熙帝三子诚亲王胤祉率人修成《御定律历渊源》，包括《历象考成》（42卷）、《数理精蕴》（53卷）和《律吕正义》（5卷）三部，共计100卷。《御定律历渊源》综合天文、数学和乐理知识，囊括晚明以来吸收的西方科学知识，可谓兼收并蓄，中西合璧。“皆通贯中西之异同，而辨订古今之长短。……实为从古未有之书。虽专门名家，未能窥高深于万一也。”[①]“集中西之大同，建天地而不悖，精微广大，殊非管蠡之见所能测。……洵乎大圣人之制作，万世无出其范围者矣。”但由此也可看出，编写这套书的宗旨在宣称洋为中用、贯通中西的同时，已经有确立非西方权威的用意了。

在组织编修《御定律历渊源》、构建知识体系的同时，康熙帝也特别注重挖掘培养既懂中学又懂西学的人才。“圣祖仁皇帝《御制数理精蕴》诸书，妙契天元，精研化本，于中西两法权衡归一，垂范亿年。海宇承流，递相推衍，一时如梅文鼎等，测量撰述，亦具有成书。故言天者至于本朝，更无疑义。”梅文鼎（1633—1721）就是被康熙帝赏识的本土天文学家和数学家。他的《历算全书》就得到了很高的评价：“盖历算之术，至是而大备矣。我国家修明律数，探赜索隐，集千古之大成。……其所论著，皆足以通中西之旨，而折今古之中，自郭守敬以来罕见其比。”[②]梅文鼎出生的那一年恰逢徐光启逝世，不能不说是历史的巧合。但是他代表着与徐光启完全不同的学术方向，既是接续也是转变。1702年（康熙四十一年），经重臣吏部尚书兼直隶巡抚李光地推荐，康熙帝初步接触梅文鼎的著作。1705年，他在南巡途中亲自召见梅文鼎，多有褒扬。

---

① 永瑢，等．四库全书总目：卷一〇七 子部天文算法类二．北京：中华书局，1965：907-908．

② 永瑢，等．四库全书总目：卷一〇六 子部天文算法类一．北京：中华书局，1965：897，891，900．

因此时梅文鼎已是年过七旬的老人，故只征召他的长孙梅瑴成（1681—1764）入朝为官，开启了一段持续多年、中国古代少有的科学家家族史。1714年，康熙帝曾给梅瑴成下旨："汝祖留心律历多年，可将《律吕正义》寄一部去令看，或有错处，指出甚好。夫古帝王有'都俞吁咈'四字，后来遂止有'都俞'，即朋友之间亦不喜人规劝，此皆是私意。汝等要须极力克去，则学问自然长进，可并将此意写与汝祖知道。钦此。"[①] 康熙帝特意为编撰《律吕正义》征询意见，又对祖孙二人勉励有加，可见康熙帝对梅文鼎极其重视。

除《畴人传》外，《清史稿》中也为梅文鼎、文鼎子梅以燕、以燕子梅瑴成、瑴成子梅钫，文鼎弟梅文鼐、梅文鼏等梅氏族人立传。[②] 这些只是较为著名者，其家族实际从事天文学和数学等研究的成员应有更多。至于他们的著作，《四库全书》之中就收录有梅文鼎《历算全书》60卷、《大统历志》8卷、《勿庵历算书记》1卷、梅文鼏《中西经星同异考》1卷和梅瑴成重定祖父之书《历算丛书》62卷，对其他天文算法类著作的收录也随处可见梅文鼎的评价，并被奉以为正宗和权威。以家族上百年之力取得如此成就，奠定如此地位，在中国古代科学史上乃至在世界科学史上都是非常罕见的。

到了乾隆朝《四库全书》和嘉庆朝《畴人传》的18世纪晚期19世纪初，西学东源说已经是官方确定的主流。天文算法类奉《周髀算经》为圭臬，即使讨论西学也言必称《周髀》。"西法出于《周髀》，此皆显证。特后来测验增修，愈推愈密耳。《明史·历志》谓尧时宅西居昧谷，畴人子弟散入遐方，因而传为西学者，固有由矣。"利玛窦所撰《乾坤体义》被认为："是书上卷皆言天象，以人居寒、暖为五带，与《周髀》七衡说略同。"徐光启所著《测量异同》也被认为："序引《周髀》者，所以明立法之所自来，而西术之本于此者，亦隐然可见。"[③] 元朝李冶所著《测圆海镜》则被认为是西学来源之一："欧逻巴人始以借根方法进呈，圣祖仁皇帝授蒙养斋诸臣习之。梅瑴成乃悟即古立天元一法，

① 关于梅文鼎生平学说及其科学家家族，阮元在《畴人传》中专门辟有三十七、三十八、三十九三卷论述，篇幅仅次于唐时一行法师（亦常称为僧一行，673或683—727），其学术地位可见一斑。阮元，等. 畴人传汇编：卷三十七 国朝四. 彭卫国，王原华，点校. 扬州：广陵书社，2009：418.

② 赵尔巽，等. 清史稿：卷五百六 列传二百九十三. 北京：中华书局，1977：13944-13961.

③ 永瑢，等. 四库全书总目：卷一〇六 子部天文算法类一. 北京：中华书局，1965：892-896.

于《赤水遗珍》中详解之。且载西名阿尔热巴拉（案：原本作阿尔热巴达，谨据西洋借根法改正），即华言东来法。知即冶之遗书流入西域，又转而还入中原也。”① 西学的根源来自东方，是定性之举。中学仍然是正统，又恢复了中国社会传统的自大和封闭心态。

对乾嘉汉学（亦称乾嘉学派）的不同评价就很能反映西学式微的后果，中国的学术虽有讲求科学方法的亮点，但科学本身发展已完全停滞。1773—1782年（乾隆三十八年至四十七年）开馆编纂的《四库全书》就象征着汉学对学术话语权的主导。他们顺应了“异族统治者的不安全感所带来的政治压力”和“经典考证回向古代的势力”等清朝社会思想基本态势。② 一方面，因乾嘉学派对文献善于爬梳、长于考证，其方法进路与西学所代表科学有异曲同工之处，也被称为“科学的古典学派”③；另一方面，这种进路乃是政治压力下“以古书为消遣神明之林囿”④ 之举，进入19世纪之后更已积重难返。

此外，耶稣会自18世纪以来在科学上的滞后也愈发严重。“耶稣会的教学内容也成为启蒙运动者谴责的对象。久而久之，人们便形成一种观念，即耶稣会在科学上是落后的……耶稣会对18世纪下半叶兴起的学科，如历史、数学和自然科学，同样没有予以足够的重视。”⑤ 有学者就批评在北京的“耶稣会士天文台从未产生任何对西方有意义的发现”⑥，这种批评不无道理，包括耶稣会士在内的传教士们既不能像晚明那样与官员群众有较多的接触交往，也无法像康熙朝中前期那样活跃于多个具体领域。他们仅仅是清朝宫廷的极少数服务人员，和中国的君王大臣们一样，与世界科学发展浪潮渐行渐远。

---

① 永瑢，等. 四库全书总目：卷一〇六 子部天文算法类一. 北京：中华书局，1965：906.

② 王汎森. 权力的毛细管作用：清代的思想、学术与心态. 修订版. 北京：北京大学出版社，2015：3.

③ 梁启超. 中国近三百年学术史. 夏晓虹，陆胤，校. 新校本. 北京：商务印书馆，2011：23.

④ 钱穆. 中国近三百年学术史：全2册. 北京：商务印书馆，1997：3.

⑤ 彼得·克劳斯·哈特曼. 耶稣会简史. 谷裕，译. 北京：宗教文化出版社，2003：80.

⑥ 艾尔曼. 科学在中国：1550—1900. 原祖杰，等译. 北京：中国人民大学出版社，2016：124.

参考文献

[1] 彼得·克劳斯·哈特曼. 耶稣会简史. 谷裕, 译. 北京: 宗教文化出版社, 2003.

[2] 马克斯·布劳巴赫等. 德意志史: 第二卷上册. 陆世澄, 王昭仁, 译. 高年生, 校. 北京: 商务印书馆, 1998.

[3] 魏特. 汤若望传: 第二册. 杨丙辰, 译. 上海: 商务印书馆, 1949.

[4] 埃德蒙·帕里斯. 耶稣会士秘史. 张茄萍, 勾永东, 译. 北京: 中国社会科学出版社, 1990.

[5] 博西耶尔夫人. 耶稣会士张诚——路易十四派往中国的五位数学家之一. 辛岩, 译. 郑州: 大象出版社, 2009.

[6] 费赖之. 在华耶稣会士列传及书目. 冯承钧, 译. 北京: 中华书局, 1995.

[7] 裴化行. 天主教十六世纪在华传教志. 萧濬华, 译. 上海: 商务印书馆, 1936.

[8] 荣振华. 在华耶稣会士列传及书目补编. 耿昇, 译. 北京: 中华书局, 1995.

[9] 荣振华, 等. 16—20 世纪入华天主教传教士列传. 耿昇, 译. 桂林: 广西师范大学出版社, 2010.

[10] 沙海昂. 马可波罗行纪. 冯承钧, 译. 北京: 商务印书馆, 2012.

[11] 张诚. 张诚日记 (1689 年 6 月 13 日—1690 年 5 月 7 日). 陈霞飞, 译. 陈泽宪, 校. 北京: 商务印书馆, 1973.

[12] G. F. 穆尔. 基督教简史. 郭舜平, 等译. 北京: 商务印书馆, 1996.

[13] 艾尔曼. 科学在中国: 1550—1900. 原祖杰, 等译. 北京: 中国人民大学出版社, 2016.

[14] 陈润成, 李欣荣. 张荫麟全集. 北京: 清华大学出版社, 2013.

[15] 黄仁宇. 万历十五年. 增订纪念本. 北京: 中华书局, 2006.

[16] 乔治·刚斯. 神操新译本. 刚斯, 注译. 郑兆沅, 译. 台北依纳爵灵修中心, 校订. 台北: 光启文化事业, 2011.

[17] 斯塔夫里阿诺斯. 全球通史: 从史前史到 21 世纪. 吴象婴, 梁赤民, 董书慧, 等译. 第 7 版修订版. 北京: 北京大学出版社, 2006.

[18] 施白蒂. 澳门编年史: 16—18 世纪. 小雨, 译. 澳门: 澳门基金会, 1995.

[19] 谷应泰. 明史纪事本末: 第三册. 北京: 中华书局, 1977.

[20] 永瑢, 等. 四库全书总目. 北京: 中华书局, 1965.

［21］张廷玉，等. 明史. 中华书局编辑部，编“二十四史”（简体字本）. 北京：中华书局，2000.

［22］闵明我. 上帝许给的土地：闵明我行记和礼仪之争. 何高济，吴翊楣，译. 郑州：大象出版社，2009.

［23］利玛窦，金尼阁. 利玛窦中国札记. 何高济，王遵仲，李申，译. 桂林：广西师范大学出版社，2001.

［24］W. C. 丹皮尔. 科学史及其与哲学和宗教的关系. 李珩，译. 桂林：广西师范大学出版社，2001.

［25］丁文江. 明徐霞客先生宏祖年谱. 台北：台湾商务印书馆，1978.

［26］杜石然，等. 中国科学技术史稿. 修订版. 北京：北京大学出版社，2012.

［27］樊树志. 晚明大变局. 北京：中华书局，2015.

［28］方豪. 中国天主教史人物传. 北京：中华书局，1988.

［29］黄一农. 两头蛇——明末清初的第一代天主教徒. 新竹：“清华大学”出版社，2005.

［30］马戛尔尼. 康熙与罗马使节关系文书，乾隆英使觐见记. 刘复，译. 台北：台湾学生书局，1973.

［31］李金明. 明代海外贸易史. 北京：中国社会科学出版社，1990.

［32］梁家勉. 徐光启年谱. 上海：上海古籍出版社，1981.

［33］梁启超. 中国近三百年学术史. 夏晓虹，陆胤，校. 新校本. 北京：商务印书馆，2011.

［34］林仁川，徐晓望. 明末清初中西文化冲突. 上海：华东师范大学出版社，1999.

［35］陆九渊. 陆九渊集. 钟哲，点校. 北京：中华书局，1980.

［36］钱穆. 中国近三百年学术史：全2册. 北京：商务印书馆，1997.

［37］阮元，等. 畴人传汇编. 彭卫国，王原华，点校. 扬州：广陵书社，2009.

［38］沈定平. 明清之际中西文化交流史：明代：调适与会通. 北京：商务印书馆，2001.

［39］沈定平. 明清之际中西文化交流史：明季：趋同与辨异. 北京：商务印书馆，2012.

［40］王汎森. 权力的毛细管作用：清代的思想、学术与心态. 修订版. 北京：北京大学出版社，2015.

［41］王守仁. 王阳明全集. 吴光，等编校. 上海：上海古籍出版社，2011.

［42］王兆春. 世界火器史. 北京：军事科学出版社，2007.

［43］夏瑰琦. 圣朝破邪集. 香港：建道神学院，1996.

［44］徐光启. 徐光启集. 王重民，辑校. 北京：中华书局，2014.

［45］徐光启. 崇祯历书（附西洋新法历书增刊十种）全二册. 潘鼐，汇编. 上海：上海古籍出版社，2009.

［46］徐宗泽. 中国天主教传教史概论. 北京：商务印书馆，2015.

［47］张国刚. 从中西初识到礼仪之争——明清传教士与中西文化交流. 北京：人民出版社，2003.

［48］张星烺. 中西交通史料汇编：第一册. 北京：中华书局，1977.

［49］赵尔巽，等. 清史稿. 北京：中华书局，1977.

第四章 利玛窦和徐光启

西学东渐三部曲之中，无论是起步还是初见成效都以晚明时期为主。如果要从其中挑选晚明阶段最为杰出的人物，那么耶稣会士与中国士人两方各自的代表非利玛窦与徐光启莫属。利玛窦与徐光启具有传奇性的相关生平经历，他们如何交游以及交游之成果为何是西学东渐见效阶段的重要主题，其中特别为人所关注的是：第一，以科学著译、科学思想、对外观念等反映的徐光启治学思想的改变，深刻显现了耶稣会士与中国士人之间的互动。第二，军事技术上引进红夷大炮的故事——徐光启等人如何引进红夷大炮？实战如何验证红夷大炮的威力？以及红夷大炮技术体系如何被转移至清一方，并因此如何改变历史进程？当然，晚明的科学传播并不仅仅依赖于利、徐的交游，而应扩大至他们所代表的移植传播与会通超胜的晚明群星。利玛窦和徐光启的历史地位在于，他们真正开启、引领和代表了明清之际的西学东渐，并揭示了中国科技转型的可能。

一、利玛窦来华传奇

有关利玛窦来华的传奇故事，是一个常写常新的主题。从 1552 年到 1610 年，利玛窦的人生旅程总共有 58 年，当时看来属于中等水平，称不上长寿也不至于说短寿。以 1583 年他居留肇庆为节点，可以分为来华前 31 年和来华后 27 年。简要地说来华前 31 年，他的出生年份与沙勿略的去世年份相同，出生地点与拉斐尔的故乡相近。他出身于贵族家庭，接受了耶稣会教育。空间上则呈现为家乡—罗马—里斯本—果阿—澳门的轨迹，几乎没有任何回头，仿佛飞蛾扑火，奔赴使命。来华后 27 年也是如此，肇庆遇挫，没有回澳门，而是去了韶州；南京遇挫，没有回韶州，而是去了南昌；北京遇挫，没有回南昌，而是去了南京。一路向北，终得如愿以偿。最后在北京的十年倒不如之前的经历那么惊心、曲折，死后赐葬一事也已有说明。利玛窦并不是孤军奋战，同时期进入中国的传教士群体也很值得探究，其间在华耶稣会士计有30名，其国籍、入华年份、所受教育、年龄寿命等诸多方面均有亮点。

1. 利玛窦来华前的历练

如果以1583年利玛窦居留肇庆为节点，当时他正好31岁，这之前的整整31年长于来华后的27年，是不能忽略的重要考察对象。需要指出的是，关于利玛窦的传记研究成果可谓汗牛充栋，但正如重利玛窦而轻罗明坚一样，以往的工作也往往重利玛窦来华后而轻其来华前。追溯其出生以来的家庭和教育情况，尤其是他加入耶稣会和接受科学知识教育等方面，方能从来华前31年推进到来华后27年，与利玛窦、徐光启二人合作故事相衔接，更全面地论述利玛窦来华传奇的缘由与事迹。

利玛窦的出生时间与地点均值得特别关注。1552年（嘉靖三十一年）10月6日，利玛窦出生于意大利中部城市马切拉塔（Macerata），当时属于教皇国领地。利玛窦出生之年与沙勿略去世之年相同。该年12月2日，沙勿略病逝于万里之外的上川岛。此事也被历代撰写天主教在华传教史者所强调，不能不说是神奇的巧合。“利玛窦者诚为天主所特选之教士，用以继续圣方济各未竟之事业。”① 从后来的事实与结果来看，利玛窦与沙勿略的生卒年重合也象征着耶稣会在华传教事业的延续。另外利玛窦与文艺复兴后三杰之一的大画家拉斐尔称得上同乡。马切拉塔毗邻的另一座小城乌尔比诺（Urbino）就是拉斐尔的故乡，该地区自文艺复兴时期以来便具有浓郁的人文主义氛围，对利玛窦的影响自然相当深远。

与沙勿略一样，利玛窦也是贵族家庭出身。他的父亲是当地的一名药商，曾当选为市政委员会委员。无论是他们的药店还是住宅，都属于马切拉塔的城市中心地带。这些古老的建筑至今仍得到保留，供后人追思感怀，也彰显出当时其家族雄厚的实力和地位。② 利玛窦的家庭中兄弟姊妹众多，他是长子，但由于后来较早离开家乡，就远离了家庭生活，使得后人对他的家庭生活所知亦甚少。出现这种状况的原因是他从小开始接受严格的精英教育，而这恰恰

---

① 徐宗泽. 中国天主教传教史概论. 北京：商务印书馆，2015：122.

② 夏伯嘉. 利玛窦：紫禁城里的耶稣会士. 向红艳，李春园，译. 董少新，校. 上海：上海古籍出版社，2012：2.

得益于他父亲对教育的重视和家庭财力的充足支持。9 岁那年，利玛窦便被父亲送入当地刚刚创办的耶稣会学校学习，从此开启了他自幼就与耶稣会结缘的经历。

教育事业称得上耶稣会除了传教之外最为重视也最为成功的工作。“在天主教方面，耶稣会士以突出的方式关怀高一级的教育事业……教育目标到处都是同一的：虔诚、博学和准确优美的拉丁语表达能力。”[①] 他们创办了数量众多的学校，且随着耶稣会人员规模的增长而增长。1580 年时已达 144 所，1599 年时为 245 所，1608 年时为 293 所（其中 28 所在海外），1626 年增至 444 所。[②] 耶稣会士怀着高度的热情进行教学，他们的付出基本上是无报酬的。基于他们所贯彻的上层传教策略，耶稣会学校受到了许多国家中上阶层的欢迎。在天主教与新教竞争激烈的德国，不少学校满员，甚至连新教徒也将子女送到耶稣会学校就读。

耶稣会学校不仅吸引新教徒重返天主教，而且更注重为天主教培养人才，统一于促进天主教复兴的宏伟目标之下。从小接受耶稣会学校教育的利玛窦是后者的突出代表，他在最初的七年学习过程中主要接受了拉丁文和基督教价值观的教育。这一时期的部分同学也成为他未来的好友，其中吉罗拉莫·科斯塔（Girolamo Costa）后来也成为耶稣会士，并与利玛窦始终保持书信联络。1568 年，16 岁的利玛窦听从父亲的意见前往罗马学习法律，但他没有完全遵循父亲为他设计的人生道路，从此再也没有回到家乡马切拉塔。

起初的三年，利玛窦在罗马的日耳曼公学念书。1571 年，他进入圣安德烈备修院。伴随着与日俱增的献身宗教的想法，当年 8 月 15 日他加入耶稣会，就此中断学习法律的学业。据说利玛窦的父亲听说此事后，曾试图前往罗马劝回儿子，但出发不久就因病折返。这被视为上帝旨意的显现，使他父亲放弃了自己的意图。[③] 1572 年，利玛窦转入罗马学院（亦称罗马公学）学习。直到 1577 年，他接受前往远东传教的征召，由罗马经佛罗伦萨和热那亚，前往葡萄牙的

---

① 马克斯·布劳巴赫，等. 德意志史：第二卷上册. 陆世澄，王昭仁，译. 高年生，校. 北京：商务印书馆，1998：277.

② 彼得·克劳斯·哈特曼. 耶稣会简史. 谷裕，译. 北京：宗教文化出版社，2003：29.

③ 夏伯嘉. 利玛窦：紫禁城里的耶稣会士. 向红艳，李春园，译. 董少新，校. 上海：上海古籍出版社，2012：6.

科英布拉学院学习葡萄牙语。1578 年 3 月，也是利玛窦离开家乡的第十年，他在觐见葡萄牙国王之后乘船从里斯本出发东行，9 月抵达印度果阿。①

利玛窦在罗马学院学到了什么？其中较为关键的人名有克拉维乌斯、亚里士多德、托勒密、西塞罗、欧几里得等。这里仅以亚里士多德为例："亚里士多德之学在文艺复兴学者和文人当中的倾向性顺序变为：(1) 逻辑；(2) 数学；(3) 自然科学；(4) 道德哲学；(5) 形而上学。这一体系被复制于西欧耶稣会学院的教学计划中。通过他们的知识教育理论，耶稣会士传播了亚里士多德的宇宙论、物理学和气象学。"② 作为耶稣会教育体系的核心内容，亚里士多德学说既为最终选择东来的利玛窦提供了逻辑学、伦理学、形而上学等哲学内容，也提供了物理学和气象学等科学知识。

2. 华南十二年的实践和开拓

从印度果阿到澳门，再从澳门进入中国内地，利玛窦又用了五年（1578—1583），属于来华前 31 年的最后阶段。虽然他来华出自范礼安的调令，具有一定的偶然性，但这五年仍然可以构成先于来华后 27 年的准备阶段。1578 年（万历六年），此时中国在距利玛窦出生时的二十几年间已历嘉靖（1552—1566）、隆庆（1567—1572）和万历（1573—1619）三帝，万历帝年龄尚幼，大权掌握于内阁首辅张居正之手。利玛窦到达果阿后继续钻研神学，也在当地教授他人。其间他曾往返于科钦和果阿，并涉猎钟表、机械、印刷等技术。1580 年，利玛窦完成神学的研究学习而成功晋铎。③ 1582 年 4 月，他受范礼安之命从果阿出发前往中国，7 月途经马六甲，8 月抵达澳门。也是在这一年，中国的政局发生

---

① 关于 1572—1577 年利玛窦的行迹，有不同的说法。以各家常见的"利玛窦年表"试举几例，裴化行《利玛窦评传》说这期间利玛窦均在罗马，史景迁《利玛窦传》认为 1572—1573 年利玛窦曾就读于佛罗伦萨耶稣会学院，《利玛窦中国札记》也认为这期间利玛窦在罗马。史景迁所持观点在时间长短、制度惯例上均不太可能，利玛窦在这期间应在罗马学院，于 1577 年前往葡萄牙的路上途经佛罗伦萨。史景迁的观点，参见：史景迁. 利玛窦传. 王改华，译. 西安：陕西人民出版社，2011：285.

② 艾尔曼. 科学在中国：1550—1900. 原祖杰，等译. 北京：中国人民大学出版社，2016：6.

③ 关于利玛窦的晋铎时间，裴化行《利玛窦评传》所附"利玛窦年表"记为 1581 年，但依费赖之《在华耶稣会士列传及书目》之利玛窦条目，其晋铎时间应为 1580 年 7 月 26 日。参见：费赖之. 在华耶稣会士列传及书目. 冯承钧，译. 北京：中华书局，1995：32.

重大变化，被称为改革家的张居正去世，万历帝对他的个人家庭与许多政策进行了严厉的清算和调整。来华后的27年内，从1583年到1595年利玛窦先后居住于肇庆和韶州，约占一半时间，是为华南十二年的挫折与成功。

在澳门约一年的时间里，利玛窦一边耐心等待进入中国内地的机会，一边致力于学习汉字和汉语。他非凡的学习和记忆能力使他较快地掌握了中文基本知识。此外，葡萄牙人学习汉语的过程留下了一些有趣的故事，例如《利玛窦中国札记》中所载对南京的发音问题："这座都城叫做南京（Nankin），但葡萄牙人是从福建省居民那里得知这座神奇城市的名字的，所以把该城叫做Lankin，因为该省的人总把'N'读成是'L'。"① 明朝福建人的口音直接影响了葡萄牙人的口语，葡萄牙人也分不清"N"和"L"了，让人忍俊不禁。

口音的案例也反映了西方人从南方沿海地区开始逐渐与中国人接触的事实。前面论述过，贸易路线是传教路线，也是科技移植路线；贸易对象是传教对象，也是科技移植对象。利玛窦也遵循由南海而来、自南向北的路线，试图通过前往北京觐见皇帝的方式接近权力中心，以自上而下地实现传教理想。对于利玛窦中国行迹的具体时间与地点，不同的传记年表往往存在出入。但对此记叙最为详尽的无疑是《利玛窦中国札记》，由此可梳理并简述其六个暂居地：澳门（1582—1583）、肇庆（1583—1589）、韶州（1589—1595）、南昌（1595—1598）、南京（1599—1600）、北京（1601—1610）。其间除水陆路途消耗时间外，尚在1595年6月初次尝试前往南京而不得，1598年8月至次年2月首度进北京不成而被迫返回南京。

至于其交通方式，多以坐船为主，辅之以陆路。澳门、肇庆、韶州间均可通过珠江口外的伶仃洋与珠江水系进行往来。从韶州至南昌则须向东北翻越南岭之大庾岭（亦称梅岭）抵达赣州，再由赣江坐船经吉安到达。从南昌出发，仍由赣江北行至南康府（故治在今庐山市），经鄱阳湖东转入长江，顺流而下便可至南京。从南京到北京则是先由长江至镇江与扬州，经京杭大运河北上。因此，除了韶州至南昌间的韶州—赣州区间无法坐船以外，其余均可走水路。值得一提的是，利玛窦逝世400年之后，有学者专程重走了他曾路过的澳门、肇庆、韶州、梅岭、赣州、南昌、南京、北京八地。② 虽然世殊事异，但这种跨越

---

① 利玛窦，金尼阁. 利玛窦中国札记. 何高济，王遵仲，李申，译. 桂林：广西师范大学出版社，2001：201.

② 董少新，等. 朝天记：重走利玛窦之路. 上海：上海古籍出版社，2012.

时空的缅怀与考察仍别具情怀，也可凸显利玛窦来华传奇影响之久远。

肇庆是利玛窦进入中国传教的首站，也是他凭借科学知识崭露头角的地方。《利玛窦中国札记》第二卷第六章便记载了罗明坚离开后利玛窦“摆脱了一项严重的指责”和“以自己的数学知识震慑了中国人”的经历。前者是因为民众对外国人和外国宗教的怀疑和仇视。他们会用石头攻击教堂，传教士的仆人曾抓过一个扔石头的小孩。虽然这个小孩很快被释放，但是有人便想以此串通捏造假口供，诬告他们绑架人口和贩卖奴隶。幸而案件被利玛窦等人成功应对，既没有使传教士遭受无妄之灾，也没有引发民众更大规模的误解和排挤。此事说明耶稣会士即使结交上层官员，也不一定能改变普通民众的固有偏见。

后者是利玛窦以接近现代的世界地图给中国人以新鲜感，表明了迥异于中国人传统的世界观。为了迎合中国人的传统心态，他机智地将中国画在了地图的中央，使得世界地图也被中国化了，并且这种惯例一直被保留至今。这就是1584年《山海舆地全图》由肇庆知府王泮刊印一事。“这份地理研究，经常加以校订、改善和重印，进入了长官和总督的衙门，大受称赞，最后应皇上亲自请求而进入皇宫。”① 利玛窦还趁热打铁给官员们赠送天球仪、地球仪、日晷等科学仪器，以获得好感、笼络人心。科学手段和传教目的的结合在此初步显露，反映了传教过程中科学与宗教的微妙关系。

类似的故事还有不少，利玛窦的交际能力成为推行“文化适应政策”的有力保障。耶稣会士由肇庆至韶州即为利玛窦拯救传教事业的例证。1589年，新任两广总督刘继文将传教士驱逐出肇庆，他们差一点被迫返回澳门。但利玛窦在强权压迫之下不卑不亢地与之交涉，成功地博取了总督的欢心，挽回了原本一塌糊涂的局面。最终结果是由驱逐转为变更传教场所，总督不允许他们待在肇庆或广州这两个最重要的城市，于是利玛窦颇有先见之明地选择了粤北的韶州作为下一站，反而离他们北上的目标又近了些。

正是在韶州期间，利玛窦请示范礼安，正式得到了改穿儒服的许可，洗刷了因穿僧服而带来的不利影响。尤其是在普通民众看来，穿僧服的耶稣会士与佛教和尚并无二致，显然比不上穿儒服的文人和从文人中选拔出来的官员，也难怪会出现频繁的抵制和攻击天主教的行为。“不幸的是，在广东省，神父们没能摆脱讨厌的和尚称号。幸而使他们受益的是，从他们到达其他省份的时候起，

---

① 利玛窦，金尼阁．利玛窦中国札记．何高济，王遵仲，李申，译．桂林：广西师范大学出版社，2001：126.

他们就被认作是有学识的阶层了。”① 可见这种不利影响在广东省是持续的，北上之后才真正消除，这也是华南十二年与北上十五年二者间的根本区别之一。传教事业的转危为安和蒸蒸日上，在很大程度上都应归功于利玛窦卓越的个人能力和对明代中国社会的深入了解。

3. 北上十五年的挫折和成功

身处韶州的利玛窦始终抱有扩大传教事业的信念，等待着前进的时机。直到六年之后的 1595 年机会才降临，自此开始直至其去世皆为北上的十五年，也是愈来愈接近权力中心的十五年。从这十五年的行程来看，堪称北上三部曲：1595 年，利玛窦初次尝试前往南京，因尝试居留失败而退至南昌，总共在南昌居住了三年左右（1595—1598）；1598 年，利玛窦初次尝试前往北京，也没有成功，于是退居南京一年多（1599—1600）；1600 年，利玛窦再度尝试去北京，终于达成目标，在北京生活下来直至去世，总计十年（1601—1610）。虽然北上三部曲之中的前两次都没有达成既定目标，只有最后一次方才顺利实现，但是前两次的移居地却都比原住地更偏北且接近权力中心了，即韶州—南昌（原拟去南京）、南昌—南京（原拟去北京），都是既意外又丰厚的收获。

利玛窦为何离开韶州试图北上南京呢？其契机在于一位兵部侍郎的帮助。《利玛窦中国札记》的译者认为该兵部侍郎为石星，仅仅以 Scielou 或 Scilan 或侍郎便断定为石星，实在难以确证。石星至少在前一年（万历二十二年）已为高于左右侍郎的兵部尚书，1595 年仍居该职，有《明神宗实录》两年间诸卷石星所上多疏为证。② 加之石星来自大名府东明县（今菏泽市东明县），并非广西人。因此，其官衔级别、任职时间、籍贯住地均与利玛窦受助的兵部侍郎不符。夏伯嘉考证该兵部侍郎为孙鑛，但证据不够充分，仍然缺乏细致考证，出现了诸如此类的结论：“在万历二十年间，根本没有广西人出任过兵部要职。”③ 夏伯嘉所言孙鑛与下文所言佘立相比，显然不甚合适。

---

① 利玛窦，金尼阁. 利玛窦中国札记. 何高济，王遵仲，李申，译. 桂林：广西师范大学出版社，2001：195.

② 试举一例：《明神宗实录》卷二百六十九即载有万历二十二年正月庚子时任兵部尚书石星所上一疏。参见：明神宗实录：卷二百六十九//明实录. 台北：“中央研究院”历史语言研究所校印本，1962：5002.

③ 夏伯嘉.《利玛窦中国札记》Scielou 人名考. “中央研究院”历史语言研究所集刊，2012（1）：110.

通过查《明神宗实录》可得，万历二十二年九月“以兵部右侍郎李桢为本部左，起原任大理寺卿佘立为兵部右侍郎”①。追溯至万历十六年七月，尚有佘立所奏“太湖平定湖盗善后事宜”一条与“南大理寺卿佘立引疾乞休，许之”一条。② 可知该月佘立由应天巡抚转任南京大理寺卿并很快主动退休，符合利玛窦说他已经离任退休的状况。又知佘立籍贯为柳州府马平县（今柳州市柳江区），也符合受到广西民众尊敬的情况。佘立别号“乐吾”，“佘乐吾”与“Scielou”最为接近。③ 佘立虽不是利玛窦所说的兵部第一副手（兵部左侍郎）并官复原职，但兵部左侍郎与应天巡抚、南京大理寺卿均居正三品，级别上确实未变，而且强调了这次是在京城，即由南京转任北京。综合而言，这位帮助传教士的兵部侍郎“Scielou”应是佘立而不是石星或者孙鑛。

去南京的路途充满凶险与坎坷，其结果也并不如愿，利玛窦最后于 1595 年折返南昌，建立了新的传教基地。相比较而言，他后来曾居住的南昌、南京和北京都胜于韶州、肇庆。北京作为首都，自然无须赘言。南京是明初的首都和之后的留都，始终拥有与北京相对应的、几乎完整的官僚系统，且有明孝陵与明故宫等重要场所，政治上的地位仅次于北京。南昌虽然是利玛窦的意外选择，也称不上如同北京和南京那样的政治中心，但事实证明其传教效果也远远超过了韶州和肇庆。这主要得益于南昌传教具备两方面的特殊性：一是结识阶层更高，利玛窦首次与明朝宗室贵族良好互动；二是学术影响更广，利玛窦与王学门人交往颇多。在南昌，传教士的社交对象、范围、层次与名望等都提升到全新的档次。

两广地区之中，广东是没有明朝宗藩的，仅广西桂林（明初为静江府）有靖江王，罗明坚曾试图接触而失败。明代的广东仍被视为较落后地区，宗藩之中即有弃广东而去的案例：明仁宗第七子朱瞻墺被封为淮王，1429 年（宣德四年）初就藩韶州。“英宗即位之十月，以韶多瘴疠”④，于是 1436 年（正统元年）移藩至条件相对较好的饶州（今上饶市鄱阳县）。南昌城内与利玛窦有过来

① 明神宗实录：卷二百七十七//明实录．台北：“中央研究院”历史语言研究所校印本，1962：5126.

② 明神宗实录：卷二百一//明实录．台北：“中央研究院”历史语言研究所校印本，1962：3769.

③ 王剑，郭丽娟．也论《利玛窦中国札记》中“Scielou”之人名．广西地方志，2012（1）：55.

④ 张廷玉，等．明史（3）：卷一百十九列传第七．中华书局编辑部，编．“二十四史”（简体字本）．北京：中华书局，2000：2404.

往的是建安王（Chiengan）与乐安王（Longan）。他们是最后就藩南昌的宁王朱权后裔，属于正德朝朱宸濠之乱后仍然得以保留世袭爵位的少数宁藩郡王。①“他们都派了管家带着重礼去邀利玛窦神父到他们的宫里去。”“两王中友谊较持久的是建安王，直到他死时又把友谊传给了他的儿子。”② 利玛窦还因建安王而作《交友论》。虽然他们是次于亲王的郡王，又属“逆藩余支”，但毕竟属于血统高贵的宗室，具有相对崇高的社会地位，这种交际也为传教士未来与更多显赫人物交往积累了必要经验。

另一类人的代表即南昌的学界领袖与王学大师——章潢（Ciam），利玛窦在瞿太素的前期宣传和帮助下与章潢建立了友谊。虽然利玛窦来华距王守仁逝世已有半个多世纪，但是却恰逢王学兴盛的潮流，这不能不说是历史的巧妙安排。1584 年（万历十二年）与王守仁一同从祀文庙的陈献章也是广东新会人（今江门市新会区）。“利玛窦的传教路线，恰与王学由萌生到盛行的空间轨迹重合。”③ 二者均是自南向北，进一步说，随之进行的科技移植也是自南向北的。王学兴盛与解禁是当时的潮流，王学门人如章潢等能与利玛窦友好对话甚至予以接纳，都是天主教与西学得以继续拓展的有利条件。这也就是前文所说晚明王学的盛行为理念层面的西学东渐提供了宽松包容的思想学术氛围。

南京和北京之行将利玛窦如何贯彻上层传教策略展现得淋漓尽致。尽管初次尝试进京直接来源于范礼安的指令，但得以成行乃是因为时任南京礼部尚书王忠铭的带领。由于万历三大征之一的朝鲜之役战火正酣，紧张局势容易牵连外国人，利玛窦不得不南返。再度进京也得益于所结交留都官员的正确建议和帮助，差点失败是因为山东临清的税监马堂企图将贡品据为己有，化险为夷则起因于万历帝偶然地想起和宣召自称前来进贡的传教士。同时，利玛窦在南京和北京也有意识地去拜访官员、勋戚等各界名流，建立良好的关系。对于一直渴望在中国广传福音的利玛窦等人来说，上至皇帝阁老、下至地方小官的权力阶层都是传教最好的护身符和通行证。这一切都离不开与上层阶层的交往，以

---

① 宸濠之乱后，宁藩被废，部分郡王仍保留，其传袭可参见《明史·诸王世表三》，亦可见于王世贞当时（1590）写成的《弇山堂别集》卷三十五。参见：王世贞．弇山堂别集．魏连科，点校．北京：中华书局，1985：624-625．

② 利玛窦，金尼阁．利玛窦中国札记．何高济，王遵仲，李申，译．桂林：广西师范大学出版社，2001：211-212．

③ 朱维铮．利玛窦中文著译集．上海：复旦大学出版社，2001：13．

至于整部《利玛窦中国札记》给人的印象是传教事业大多围绕达官显贵进行，再不济也是瞿太素那样的名门浪荡公子，利玛窦与底层人民直接交流互动的情节在故事中实在少见。

4. 同时期进入中国的传教士群体

擅长交际周旋的利玛窦固然成就突出，但也依赖于其背后同人的共同奋斗。加之以利玛窦为首的先行者发挥了示范带头作用，激励和鼓舞着更多的耶稣会士不远万里来华传教。因此，同时期进入中国的传教士群体同样不能忽视，而应对其进行统计与研究。如下表所示：以利玛窦来华后的活动时间为限定范围，即1583—1610年的二十七年间，共计有30名耶稣会士在华传教。从国籍来看，其中外籍耶稣会士21名，中国籍耶稣会士9名。外籍耶稣会士之中，葡萄牙籍最多，有11名，意大利籍8名次之，另有西班牙籍和法兰西籍各1名。葡萄牙作为享有远东保教权的国家，来华传教士人数最多并不意外。意大利当时并未统一，但作为天主教大本营所在和文艺复兴之风吹拂最多之地，培养的耶稣会士数量、质量均占优势。从入华年份来看，16世纪80年代入华耶稣会士4名，16世纪90年代入华者6名，1600年之后入华者11名。这种非常明显的数量增长可以与天主教中国传教事业的不断拓展相互印证。

表4-1-1　　1583—1610年在华耶稣会士简表①

入华年份	中文名	外文名	生卒年	享年	国籍
1583	罗明坚	Michel Ruggieri	1543—1607	64	意大利
1583	利玛窦	Mathieu Ricci	1552—1610	58	意大利
1585	麦安东	Antoine d' Almeyda	1556—1591	35	葡萄牙
	孟三德	Edouard de Sande	1531—1600	69	葡萄牙
1590	石方西	François de Petris	1563—1593	30	意大利
1594	郭居静	Lazare Cattaneo	1560—1640	80	意大利
1595	苏如望	Jean Soerio	1566—1607	41	葡萄牙
1597	龙华民	Nicolas Longobardi	1559—1654	95	意大利
1598	罗如望	Jean de Rocha	1566—1623	57	葡萄牙
1599	庞迪我	Didace de Pantoja	1571—1618	47	西班牙

① 本表按照入华年份排序，其中中国籍会士的入华年份实为入会时间。另有少数入华不久旋退者。参见：费赖之. 在华耶稣会士列传及书目. 冯承钧，译. 北京：中华书局，1995：23-130.

续前表

入华年份	中文名	外文名	生卒年	享年	国籍
1601	李玛诺	Emmanuel Diaz Senior	1559—1639	80	葡萄牙
1604	费奇规	Gaspard Ferreira	1571—1649	78	葡萄牙
	黎宁石	Pierre Ribeiro	1572—1640	68	葡萄牙
	杜禄茂	Barthélemy Tedeschi	1572—1609	37	意大利
1605	骆入禄	Jérôme Rodriguez	？—1630	不详	葡萄牙
	林斐理	Félicien Silva	1578—1614	36	葡萄牙
	高一志	Alphonse Vagnoni	1566—1640	74	意大利
	鄂本笃	Benoît de Goës	1562—1607	45	葡萄牙
1606	熊三拔	Sabbathin de Ursis	1575—1620	45	意大利
1610	阳玛诺	Emmanuel Diaz Junior	1574—1659	85	葡萄牙
	金尼阁	Nicolas Trigault	1577—1628	51	法兰西
1591	钟鸣仁	Sébastien Fernandez	1562—1622	60	中国
	黄明沙	Francois Martinez	1573—1606	33	中国
1605	游文辉	Emmanuel Pereira	1575—1630	55	中国
	徐必登	Antoine Leitao	1580—1611	31	中国
1610	丘良厚	Pascal Mendez	1584—1640	56	中国
	钟鸣礼	Jean Fernandez	1581—1620	39	中国
	石宏基	François de Lagea	1585—约1645	约60	中国
	丘良禀	Dominique Mendez	1581—1631	50	中国
	倪雅谷	Jacques Néva	不详	不详	中国

来到中国的其他耶稣会士与利玛窦一样，经历过耶稣会教育体系下各种学院的培养。“罗马学院是耶稣会教育体系开始阶段的中心，其演变影响着统一的教学大纲，即《培养准则》（*Ratio Studiorum*）在欧洲的所有其他耶稣会学院的发展。”① 罗马学院和《培养准则》的模式将利玛窦口中的老师、“科学博士兼数学大师丁先生”（即克拉维乌斯）的学说和理念推广落实到全世界的其他耶稣会学院②，其中也包括耶稣会士必经的从葡萄牙去中国的最后一站——科英布拉学院。耶稣会士所受的教育决定了他们是否能在西学东渐潮流中成为一名合格的传播者。

① 艾尔曼. 科学在中国：1550—1900. 原祖杰，等译. 北京：中国人民大学出版社，2016：106.

② 利玛窦，金尼阁. 利玛窦中国札记. 何高济，王遵仲，李申，译. 桂林：广西师范大学出版社，2001：125.

这一传教士群体的年龄及寿命也能反映出不少问题。根据表4－1－1可知，耶稣会士的平均寿命并不高。30人之中未满50岁即殁者达11人，已逾三分之一。享年70岁以上者6人，仅为五分之一，依次为龙华民95岁、阳玛诺85岁、郭居静80岁、李玛诺80岁、费奇规78岁、高一志74岁。短寿者如麦安东、石方西、杜禄茂、林斐理、黄明沙、徐必登、钟鸣礼等7人，均殁于30岁左右。其中石方西寿命最短，仅30岁便猝然离世了。考虑到当时本就不高的平均寿命和远渡重洋的重重风险，不难理解短寿者多于长寿者的状况。另外，寿命越长者，对传教事业的服务时间越长，可能做出的贡献也就越大。

韶州是耶稣会士在传教初期人员受到惨重损失的地方，麦安东、石方西、杜禄茂三人均病逝于此。麦安东于1585年来华，当年即跟随罗明坚远赴浙江绍兴传教。他一向体弱但意志坚定，曾提出愿舍身为中国官员之奴隶以促进传教事业。之后又先后与利玛窦在肇庆和韶州传教，于1591年病逝。石方西于1590年到达澳门，次年前往韶州代行麦安东的职务。虽然石方西向来身强体壮，但在韶州仅两年便于1593年突然病逝。彼时麦安东遗体尚在韶州，于是后来两人的遗体被一道运往澳门。杜禄茂在1600年来到澳门继续学习神学，1604年被派遣至韶州传教，仅仅五年后就病逝了。

基于前后多次的悲剧，利玛窦向范礼安请求离开韶州开辟新驻地的理由之一就是韶州的气候环境不良，这与当初淮王朱瞻墺对韶州多瘴疠的担忧颇为相似。“正在准备收获果实的时刻，就损失了田地里的两个壮劳力。也许上帝因为被这个民族的罪孽所激怒，才允许出现这样的事。”① 对此，利玛窦只能将痛失同事的悲伤付诸宗教的解释。但也应看到，耶稣会士的传教热情令人钦佩，正因为他们不惜性命地前仆后继，才维持和巩固了利玛窦先前开辟的传教驻地。

再以高寿者为例，以郭居静、龙华民和阳玛诺的经历稍窥这一群体的传教历程。其一是郭居静，他在传教范围上比利玛窦更为广阔，去过更多的地方。他于1594年来华，在石方西去世后便前往韶州接替其职。利玛窦首次前往南京时，他留守韶州。利玛窦首次尝试进京时，他与之同行，后返回南京。利玛窦再度进京时，他留守南京，统领南方教务。1604年郭居静返澳门，两年后又回到南京。1608年，他受徐光启、杨廷筠和孙元化等人的邀请前往上海、嘉定、

① 关于麦安东与石方西神父的去世和事迹，《利玛窦中国札记》在第三卷之第五章和第八章分别有记载。利玛窦所发感慨，参见：利玛窦，金尼阁．利玛窦中国札记．何高济，王遵仲，李申，译．桂林：广西师范大学出版社，2001：193.

杭州等地传教。其寿命之长在传教士中实属罕见。“居静最后二年，瘫痪不能动作，伏若望神甫见其状，信其不久于人世，预为之购一棺木，不意若望先死，即用此棺盛殓。”① 直至1640年他病逝于杭州。

其二是龙华民，他在同时期进入中国的传教士群体中最为高寿。他于1597年来华，随即便被派到韶州，至1609年前往北京。1610年利玛窦去世后，龙华民继续领导耶稣会中国传教事业。因在传教理念上与利玛窦的“文化适应政策”不同，此时已有礼仪之争的雏形。南京教案爆发后，龙华民被遣至澳门，直至1627年返京。自此之后，他致力于在北京及北直隶、山东等地传教数十年。1654年龙华民去世，还得到了顺治帝赏赐的葬银和祭奠。

其三是阳玛诺，他于1610年来华，次年入韶州传教，南京教案发生后退居澳门。1621年进京，1626年至南京，后来的足迹遍及松江、杭州、宁波、南昌、福州、延平（今南平）等地。1659年病逝于杭州，其葬地大方井曾形成一片传教士公共墓地。在京期间，他与龙华民曾被明朝兵部选中制造火器，但二人陈言不擅此事而只为传教。当时明朝与西方人多有合作，对他们优容有加，也允许他们自由传教。

二、徐光启的入教、出仕和治学

最能与利玛窦相匹配的中国人非徐光启莫属，没有他们的互动就没有西学东渐在晚明的大放异彩。徐光启是明朝官员的一个典型，他出身平凡，家世清白。祖父早逝，祖母持家。父母早婚，三代单传。坚持科举，屡试不中。三十五岁中举人，四十二岁中进士。仕途坎坷，大器晚成。万历朝末期方得崭露头角，泰昌朝短促承练兵事务，天启朝与阉党保持距离而不在朝堂，崇祯朝虽被重用但年事已高。简单对比可知，他在翰林院任职长达十五年，入内阁却不足两年，只能说他虽历经起落沉浮但幸得以善终。徐光启也是明朝官员的一个另类，他较早接触天主教，坚定奉教长达三十年，更是唯一一位可以确证的信奉天主教的阁老，可能也是明清时期官职最高的奉教者。他既没有致力于钻营升迁，也没有局限于经学八股，而是追求西学与实学的双重造诣。种种传统与非传统因素的结合，为日后徐光启与利玛窦之交游创造了有利条件。

---

① 费赖之．在华耶稣会士列传及书目．冯承钧，译．北京：中华书局，1995：61.

1. 出身平凡、屡试不中的大龄举人

假如追溯徐光启丰富思想的背景与源泉，那么首先应考述的是其早年坎坷的人生经历。他出生于1562年（嘉靖四十一年），与之年龄相近的有杨廷筠（1557）、李之藻（1565）、叶向高（1559）、孙承宗（1563）、清太祖努尔哈赤（1559）和万历帝朱翊钧（1563），耶稣会士则有龙华民（1559）、郭居静（1560）、鄂本笃（1562）等。此外，西方的几位科学、哲学与文学大家如培根（1561）、莎士比亚（1564）、伽利略（1564）等也相当于徐光启的同代人。与上述诸人相比，徐光启的家境处于中下水平，其家庭兼有务农与经商的传统却并不富裕。① 其高祖、曾祖、祖父都没有功名，只能称得上布衣之家。徐光启姑母与姑父俞氏之子俞显卿考中进士，曾任刑部主事，因而也被徐光启与其子徐骥在书写家族历史时屡次提及。另外，其高祖、曾祖、祖父、父亲均未娶妾，这也是家世不显赫的侧面证据。

从徐光启的曾祖开始，其家庭便直接从事农业劳动。他的祖父徐绪则弃农经商，可惜较早去世（1539年卒）。当时他的姑母已嫁给俞氏，他的父亲徐思诚尚年幼（1534年生），家庭便由祖母尹氏（1505年生）操持。尹氏精明能干，曾委托侄子尹翁与女婿俞氏帮助打理生意。"起家者三，中蹶者三。"她先为儿子徐思诚娶妻钱氏（1537年生），并于当年（1551）迎来长孙女。② 十几年后方得孙子徐光启，对他抱有"亢宗"的厚望。徐光启对祖母的感情也最为深厚，颇以祖母未能得见自己后来光宗耀祖为憾事。至于徐光启的父母，从其记述来看应该都是性情温厚、乐善好施之人，有时借予他人东西便不再要求返还，即使家境日益衰落也未曾改变。他们身上所彰显的正直善良与安贫乐道品质，对徐光启的性格养成应有直接影响。

---

① 关于其祖辈与父辈事迹，均出自徐光启所撰《先祖事略》、《先祖妣事略》、《先考事略》与《先妣事略》等，参见：徐光启. 徐光启集：卷十二. 王重民，辑校. 北京：中华书局，2014：523-528. 梁家勉的考证，参见：梁家勉. 徐光启年谱. 上海：上海古籍出版社，1981.

② 此即徐光启的长姊，但记载较少，后嫁给陈氏，生子陈于阶，曾追随徐光启学习西学。除此之外，明代有记载者尚有先后考中进士任桐城县令的两位陈于阶，分别为北直隶顺天府蓟州遵化县人（嘉靖四十三年即1564年就任）和广平府曲周县人（万历三年即1575年就任）。时代相去不远，因而易混淆。参见：康熙桐城县志 道光续修桐城县志//中国地方志集成 安徽府县志辑12. 南京：江苏古籍出版社，1998：99.

表 4-2-1 徐光启家世表①

辈分	成员	配偶	子女	备注
高祖	徐广文	不详	生二子	长子徐守成，次子即徐珣
曾祖	徐珣	陈氏	生二子	长子徐纲，次子徐绪
祖父	徐绪	尹氏	生一子一女	女嫁俞氏，生俞显卿
父	徐思诚	钱氏	生一子二女	长女嫁陈氏，生陈于阶，幼女不详，也有说幼女嫁陈氏
本人	徐光启	吴氏	生一子	—
子	徐骥	顾氏	生五子四女	—
孙	徐尔觉、徐尔爵、徐尔斗、徐尔默、徐尔路	俞氏、乔氏（续李氏）、孙氏、黄氏、潘氏	生曾孙十一人，曾孙女不详	自孙辈始，开枝散叶，后裔众多

青少年时代的徐光启一直居住在他的家乡上海县，也就是今日之上海市内，当时隶属于南直隶松江府。他七岁（1569）开始读书，十五岁拜黄体仁为师。1581 年（万历九年）对于十九岁的徐光启来说是人生中非常重要的一年，因为他考中了金山卫的秀才，又娶妻吴氏，并在家乡以教书为业。次年即生独子徐骥，其家庭规模到这一代缩至最小，在徐骥之后方得以扩大。两年之后的 1584 年，祖母尹氏去世，孀居四十多年，享年八十岁。徐氏家族失去了一位操劳半个世纪的持家者，境况也日趋窘迫。1592 年（万历二十年），母亲钱氏也去世了，徐光启停止在家乡教书，开始谋划新的出路。青少年以来经历的种种人生大事，虽无荣华光耀，却是重要经验，生活的艰辛困苦是他形成务实求真特质的重要原因之一，对于民生疾苦的直观体验也为他日后从事农业、水利、天文等方面的研究奠定了一定的基础。

中秀才之后的生活主旋律便是科举，这对徐光启而言是一条屡试不中的坎坷路。但是他仍然坚持科举道路与儒家人生理想，如同当时的松江府，虽因农业发达与贸易繁荣而有弃农经商与崇尚奢侈的民风，但人们对于“学而优则仕”与“万般皆下品，唯有读书高”仍信奉不疑。在博取功名的道路上，徐光启从

① 其中高祖亦称文广公，或非本名。此表除参考《徐光启集》与《徐光启年谱》外，亦参见：王成义. 徐光启家世. 上海：上海大学出版社，2009：156.

意气风发的青年逐渐走向已过不惑的中年，先后参加万历十、十三、十六、十九年（1582、1585、1588、1591）四次乡试中的三次，皆不中。母亲去世后的1593年，他受同乡所邀远赴韶州教书。[①] 1596年他又远赴广西浔州府（今广西桂平一带）教书，时任知府的同乡帮他捐了国子监监生，因为只要是监生就具有参加北直隶顺天府（今北京）乡试的资格。虽然南直隶和北直隶的名额超过其他省，并列最高[②]，但考虑到南直隶人口、经济、文化实力冠诸全国，所以徐光启所在的应天府或太平府考试的竞争比顺天府激烈，而在顺天府参加乡试的录取概率要大一些。

次年徐光启北上赴考，原本已是落选之卷[③]，但文章得到了主考官焦竑的赏识，于是徐光启被拔擢为解元。从考中秀才算起，到考中举人用了十六年。按照当时的适婚年龄来看，这几乎花了整整一代人的时间。中举成为其科举路上的重要转折点，从此只差龙门一跃考中进士。而且举人可以免役，家境得以改善，地位有所上升。1601年（万历二十九年）他为子徐骥娶上海望族女顾氏，1603年又为七十岁老父开筵席祝寿。此时的徐家，终于不再是境况窘迫的普通平民之家，而已迈入远近闻名的地方士绅阶层。

2. 仕途坎坷、大器晚成的暮年阁老

从举人到进士，徐光启又用了七年。他应参加了1598年会试，并弃考1601年会试，1604年（万历三十二年）他终于考中进士，在会试所录三百余名中式进士中位列八十八名，殿试为三甲第五十二名，赐同进士出身。之后，因同榜进士也是他的老师黄体仁以年龄太大主动让贤，徐光启便顺利被考选为翰林院

---

① 徐光启赴韶州之年份，有多种说法，如裴化行《利玛窦评传》认为1597年和1601年徐两度晤郭居静。参见：裴化行. 利玛窦评传：下册. 管震湖，译. 北京：商务印书馆，1993：637-639. 此处依梁家勉说。另徐光启教授于何地，是府学、县学还是私塾，亦不可考。参见：梁家勉. 徐光启年谱. 上海：上海古籍出版社，1981：55-56.

② 关于各省乡试录取名额，据《明史·选举志》载：庆、历、启、祯间，两直隶益增至一百三十余名，他省渐增，无出百名者。参见：张廷玉，等. 明史（2）：卷七十志第四十六. 中华书局编辑部，编. “二十四史”（简体字本）. 北京：中华书局，2000：1133.

③ 徐光启中举之过程极其戏剧化，据梁家勉考：“考官张氏从落卷中物色得公卷，荐送主考官。时距放榜前二日，焦氏犹以不得第一人为恨。既得公卷，击节称赏，阅至三场，复拍案叹曰：此名世大儒无疑也。拔置第一。”参见：梁家勉. 徐光启年谱. 上海：上海古籍出版社，1981：59.

庶吉士。从明初到晚明，翰林院的职能已发生很大变化，即从“待诏之所”转变为“储才之地”。[①] 当时的通行规则是：“非进士不入翰林，非翰林不入内阁，南北礼部尚书、侍郎及吏部右侍郎，非翰林不任。而庶吉士始进之时，已群目为储相。”[②] 因此，身为庶吉士的徐光启在仕途上拥有很高起点。

中秀才时徐光启才十九岁，中举时为三十五岁，中进士时已是四十二岁，该年其长孙徐尔觉已诞生。相比较而言，他的几位同辈基本都比他更顺畅。杨廷筠中举人和进士的时间分别为二十二岁（1579）和三十五岁（1592），李之藻为二十九岁（1594）和三十三岁（1598）[③]，叶向高为二十岁（1579）和二十五岁（1584），孙承宗为三十一岁（1594）和四十一岁（1604）。他们多在三十五岁之前已中进士踏入仕途，顺畅者首推叶向高，1604 年徐光启中进士时他已为官二十载，三年后便晋为礼部尚书兼东阁大学士，很快入阁参与机要。唯有孙承宗与徐光启经历相似，近乎同龄同榜登科。但孙承宗是榜眼，并先后成为光宗、熹宗两任帝师，升迁极快，地位非凡。

虽然看似前途无限，但从此时算起到萨尔浒之战爆发的 1619 年（万历四十七年）的十五年间，他在仕途上仅是按部就班甚至是逡巡不前，并没有引人注目的表现。在翰林院期间，从成为庶吉士到散馆的三年（1604—1607）主要为学习阶段。“三年学成，优者留翰林为编修、检讨，次者出为给事、御史，谓之散馆。”[④] 最次者就直接外放到地方为官了。徐光启在此期间写作有很多馆课诗文，《徐光启集》便将之从《新刻甲辰科翰林馆课》（1606）等处收入各卷中。徐光启的许多思想反映在翰林院馆课之中，如《拟上安边御虏疏》、《拟缓举三殿及朝门工程疏》、《处置宗禄查核边饷议》、《漕河议》和《海防迂说》等，涉及蒙古、宗禄、边饷、漕河、海防等诸多重大现实问题。通过这些馆课，徐光启表现出对晚明时事的密切关注和不凡见地，其中不乏经世致用、实事求是思想的表达。

---

① 赵子富．明代的翰林院与内阁．北京师范大学学报，1988（6）：100.

② 张廷玉，等．明史（2）：卷七十志第四十六．中华书局编辑部，编．“二十四史”（简体字本）．北京：中华书局，2000：1137.

③ 杨廷筠与李之藻中举人与进士时间，均参考方豪《中国天主教史人物传》（上）。其中论及杨廷筠中进士年龄误作“二十六岁”，应为“三十六岁”（虚岁）。参见：方豪．中国天主教史人物传：上．北京：中华书局，1988：113-126.

④ 张廷玉，等．明史（2）：卷七十志第四十六．中华书局编辑部，编．“二十四史”（简体字本）．北京：中华书局，2000：1136.

散馆时，徐光启以优良被授为翰林院检讨，品级为从七品。但就在当年，其父徐思诚去世，于是徐光启扶柩南下回乡，在上海守制三年（1607—1610），直到1610年（万历三十八年）底方才回京复职。翰林院主要负责文字、礼仪、教育等文化类工作，相对闲散轻松。1611年曾被任命负责教习内官，即给宫中太监们上课。① 1614—1616年曾告病闲居，时常往返于京津之间。1617年初升为詹事府左春坊左赞善兼翰林院检讨，依翰林院官员惯例提升为从六品官。当年又被派遣远赴千里之外的宁夏卫（治所在今银川市）册封庆王世子朱倬漼为庆王。② 随后便因病倒而退居天津，养病至次年返朝。

萨尔浒之战的惨败既是明朝后期历史进程的重要转折点，也使徐光启的仕途之路发生了变化。“辽事旁午，一时中外臣工蒿目而筹者，章满公车。”③ 战后群臣纷纷建言，徐光启也接连上数道疏，崭露头角。很快，他被升为詹事府少詹事兼河南道监察御史，管理练兵事务。④ 1619—1621年（万历四十七年至

---

① 《大明会典》载：凡教习内官。正统初年，于内府开设书堂，选翰林检讨等官教习。后复用修撰、编修等官二员，渐增至四员。参见：申时行，等. 大明会典：卷二二二//《续修四库全书》编委会. 续修四库全书：史部 政书类. 上海：上海古籍出版社，2002：625.

② 《大明会典》载：凡册封亲王、郡王，本院官及坊局等官充正副使，从礼部奏请钦点。参见：申时行，等. 大明会典：卷二二一//《续修四库全书》编委会. 续修四库全书：史部 政书类. 上海：上海古籍出版社，2002：622.

③ 谢国桢. 清开国史料考. 北京：北京出版社，2014：148.

④ 少詹事正四品，监察御史正七品，按就高不就低，此时徐光启已跃升正四品官。另关于其授职过程，早先大学士方从哲奏报官员缺编问题并言：“此外若遣徐光启监护朝鲜，以壮声援。遣姚宗文阅视辽东并宣慰北关，以挡虏势。”参见：明神宗实录：卷五百八十四//明实录. 台北：“中央研究院”历史语言研究所校印本，1962：11164-11165。但工科给事中祝耀祖言：“词臣志切，担当铨部，推用宜审。左赞善徐光启愿出使朝鲜，不辞险阻，应援内地，厚诘兵戎。胆量识力，自其壮志。但今之可虑者不在朝鲜，而在辽阳，未有舍近而图远；兵之可练者，不在遐方，而在中国，未有去实而课虚也。莫若用之近地，布威宣信，仗义鼓勇。或加以御史职衔，如翰林徐有贞、赵贞吉故事，庶训练有人，观听自改。”后吏部等衙门会同奏请用徐光启监护朝鲜：“乞差左春坊左赞徐光启兼监察御史如议，量募兵训练，带往朝鲜，监护该国。就便练兵，以杜外势。照出使外国例，赐一品服色。”得旨：“昨该科臣祝耀祖说，不宜远差，着在京用。”后又得旨：“徐光启晓畅兵事，就着训练新兵，防御都城。吏部便拟应升职衔来说。”于是方有上述任用。末旨参见：徐光启. 恭承新命谨陈急切事宜疏//徐光启集：卷三. 王重民，辑校. 北京：中华书局，2014：117。其余诸疏旨均摘自：明神宗实录：卷五百八十四//明实录. 台北：“中央研究院”历史语言研究所校印本，1962：11172-11173.

天启元年）便以负责此事为主，其间任少詹事协理詹事府事，为从三品。后罢去并返回上海，此时他已是一位六旬老者。1624 年（天启四年），阉党想笼络他为礼部右侍郎兼翰林院侍读学士、协理詹事府事、纂修神宗实录副总裁，虽然徐光启辞不就职，但可以说他已是冠带闲住的正三品大员。

崇祯帝继位后剪除阉党，朝局新变。徐光启迎来了天启朝蛰伏期之后的转机，于 1628 年（崇祯元年）复职为礼部右侍郎兼翰林院侍读学士、协理詹事府事，为日讲官，并叙劳加太子宾客，又充纂修熹宗实录副总裁。1629 年他升为礼部左侍郎，管理部事，次年再升礼部尚书，贵为正二品部堂。1631 年又以修成《明神宗实录》之功，享受从一品俸禄。次年，他以礼部尚书兼东阁大学士，入阁参与机要。年过七旬之际，终于进入内阁，位极人臣，旋加太子少保。1633 年，加太子太保、礼部尚书兼文渊阁大学士，荫一子中书舍人。当年十一月，徐光启因病去世，赠少保，谥文定。近三十年（1604—1633）的出仕之路充满起落沉浮，但得以善终。

徐光启在内阁中的排名并不靠前，最高时位列第三。崇祯五年初时位列最末，其上有周延儒、温体仁、吴宗达、郑以伟。周为少傅兼太子太傅、礼部尚书、建极殿大学士，温、吴皆为少保兼太子太保、户部尚书、武英殿大学士，郑与徐光启当年五月同时晋礼部尚书兼东阁大学士，十月同时加太子少保。崇祯六年时排名亦如是，六月周延儒遭罢免，郑以伟去世，徐光启在内阁居第三，此时内阁仅三人。九月钱士升入阁，位在徐光启之后，为礼部尚书兼东阁大学士。徐光启去世后，内阁又只余三人，于是另有王应熊与何吾驺入阁。温、吴分别于十一月、十二月升少傅兼太子太傅、吏部尚书、建极殿大学士，钱仍为原职，王、何为新晋礼部尚书兼东阁大学士。由此而言，徐光启入阁年龄偏大，入阁时间较短，内阁排名不靠前，仅可反映其深受崇祯帝的信任与赏识，但无法证明他实际可以发挥多大的政治作用。

3. 南京受洗入教的前前后后

在明朝数百年的历史上，徐光启是唯一一位可以确证的信奉天主教的阁老，可能也是明清时期官职最高的奉教者。从 1603 年在南京入教至 1633 年在北京去世，他以三十年的时间坚定信教，力主保教，促进传教，厥功甚伟，因而也被教会方面擢称为中国“圣教三柱石”之首和教堂的“明灯”。“他是一个可以期待成大器的人，上天注定了要他美饰这个初生的教会。”① 就传教而言，他与利玛窦的交游故事堪称明清之际中国天主教传教史的最大亮点，也是上层传教策略和“文化适应政策”践行生效的最佳典范。加之徐光启信奉天主教与传播西学是息息相关的，因此有必要对他在南京受洗入教的前前后后予以考察，厘清西学背后宗教背景的作用和意义，以助于探究他如何学习、移植西方科学技术。

关于徐光启首次接触天主教的经过，传教士的记录存在错误。他们说他在1597年的“硕士学位考试”（即乡试）中获得第一，但在“博士学位考试”（即次年会试）时却不走运。“由于疏忽，他被算作第301号与试者，而法定人数只限三百名，所以他的考卷被摈斥了。因此他无颜回去见他的家人，便隐退到广东省。正是在韶州，他和当时住在教团中的郭居静神父交谈，才初次和神父们结识，也正是在这里他第一次礼拜了十字架。”② 沿用这种观点的结果是将徐光启初识耶稣会士的时间界定为1598年或更晚。但且不论会试不中是否由于疏忽，中举之后的徐光启并不会无颜见家乡父老，相反已是扬眉吐气。他没有去韶州，而是回到了家乡上海，因而才有1601年为其子徐骥娶妻顾氏一事。

结合徐光启与郭居静的行踪来看，1593年徐赴韶州教书，至1596年离开韶州去广西浔州。郭于1594年来华，后接替1593年去世的石方西，负责韶州教务。利玛窦首次前往南京时，他留守韶州。利玛窦1598年首次尝试进京时，他与之同行，后返南京，未返回韶州。因此，两人身处韶州的时间分别为1593—1596年和1594—1598年，重合区段为1594—1596年。加之徐光启在韶州并未见到利玛窦，因利玛窦1595年离开韶州，故初识耶稣会士应为1595年。梁家勉《徐光启年谱》将其时考为1595年，颇为可信。正是在韶州，他与同样初来乍到的郭居静初次接触。虽然不确定他是否接触西方科学，但是至少对天主教不再陌生了。

以上结论部分可由徐光启的自述所佐证，如初次见耶稣会士于韶州、当时并未认识利玛窦等。入教后次年（1604年）为利玛窦《二十五言》作跋时，他曾自述信教的心路历程：“昔游岭嵩，则尝瞻仰天主像设，盖从欧罗巴海舶来

---

① 利玛窦，金尼阁．利玛窦中国札记．何高济，王遵仲，李申，译．桂林：广西师范大学出版社，2001：327.

② 同①328.

也。已见赵中丞、吴铨部前后所勒舆图，乃知有利先生焉。间邂逅留都，略偕之语，窃以为此海内博物通达君子矣。"① 据此可知，徐光启首度邂逅利玛窦是在得见其地图、听闻其大名之后，地点是留都南京，并为利氏"海内博物通达君子"的气度所深深折服。这也是他再度接触耶稣会士，其中还有他的老相识郭居静。此次的时间为 1600 年上半年，《利玛窦中国札记》和《徐光启年谱》均确定如此，只是尚不知徐光启赴南京的事由。

随着对天主教教义理解的不断加深，徐光启最终将其确立为自己的信仰。《跋二十五言》表达了他的心迹："亡何，赍贡入燕，居礼宾之馆，月急大官飧钱……而余亦以间游从请益，获闻大旨也，则余向所叹服者，是乃糟粕煨烬，又是乃糟粕煨烬中万分之一耳。盖其学无所不窥，而其大者以归诚上帝，乾乾昭事为宗。"又说："启生平善疑，至是若披云然，了无可疑，时亦能作解，至是若游溟然，了亡可解，乃始服膺请事焉。"②"赍贡入燕"即 1601 年利玛窦以进贡方物之名到达北京一事。"余亦以间游从请益"则应包括 1600 年之后的两层内容：一是 1604 年徐光启进京赶考及金榜题名选任翰林院之际，应与利玛窦继续交游；二是前一年（1603）徐光启在南京受洗入教。

关于徐光启在南京受洗入教的细节，传教士的记录也有部分错误。他们认为徐光启 1603 年前往南京是因为父丧返回上海时路过南京。"一六〇三年徐光启丁父忧回上海守制，路过南京时，亦经如望授洗。"③ 但徐光启的父亲徐思诚病逝于 1607 年，时间不符。该年他前往南京的具体时间不详，逗留时间较短，亦不知所为何事。当时利玛窦已在北京，在南京接待他的是郭居静和 1598 年来华的罗如望，其中罗如望曾为瞿太素施洗。此次徐光启阅读了《天主实义》《天主教要》等教义中译著作，进一步确立了对天主教的信仰，于是由罗如望神父施洗入教，教名保禄（Paul），开启了三十年的奉教生涯。

耶稣会士将徐光启入教后的一些人生喜事付诸宗教的解释，这些事可能使得徐光启愈发坚定对天主教的信仰。"他只有一个儿子，他最害怕的是这个儿子

---

① 徐光启．跋二十五言//徐光启集：卷二．王重民，辑校．北京：中华书局，2014：86.

② 同①86－87.

③ 此为费赖之为《在华耶稣会士列传及书目》内罗如望条目而引金尼阁《远征中国史》所记。参见：费赖之．在华耶稣会士列传及书目．冯承钧，译．北京：中华书局，1995：71－72.

之后家庭断嗣，中国把这种事没有什么道理地看成是大祸。他信教后交上好运，生了两个孙子，他又考中博士学位。”① 也就是他在1604年及其之后相继考中进士和迎来孙子降生。后来，徐光启把天主教信仰带给了他的家族和家乡，使得历代徐氏家族和上海县乃至松江府一带都深受天主教的影响。

此外，《利玛窦中国札记》也记载了徐光启对生死、灵魂、真理等问题的兴趣和怀疑探索的精神：“作为士大夫一派中的一员，他特别期望知道的是他们特别保持沉默的事，那就是有关来生和灵魂不朽的确切知识。中国人中无论哪个教派都不完全否定这种不朽。他在偶像崇拜者的怪诞幻想中曾听到许多关于天上的光荣与幸福的事，但是他的敏捷的思想却只能是找到真理方休。”② 这些可以视为天主教引发徐光启浓厚兴趣的重要源泉之一。

最关键的是，徐光启希望能够用天主教的思想发挥“易佛补儒”的作用，以此改良中国思想体系。《利玛窦中国札记》中载：“当在大庭广众中问起保禄博士他认为基督教律法的基础是什么时，他所作的回答非常简洁并易于理解。他只用了四个音节或者说四个字就概括了这个问题，他说：易佛补儒。意思就是它破除偶像并完善了士大夫的律法。”③ 徐光启自己也曾阐述过：“余尝谓其教必可以补儒易佛，而其绪余更有一种格物穷理之学，凡世间世外、万事万物之理，叩之无不河悬响答，丝分理解；退而思之，穷年累月，愈见其说之必然而不可易也。”④“易佛补儒”历来被认为是明末以徐光启为首的中国教徒与西学派的思想宗旨。

4. 西学与实学的双重造诣

对于徐光启而言，接触天主教与接触西学是同步进行的，而精通实学是对西学产生兴趣的另一重要基础。西学方面，他在《跋二十五言》中简述了自己的入教心迹之后又说明了对天主教和西学关系的认识：“格物穷理之中，又复旁出一种象数之学。象数之学，大者为历法，为律吕；至其他有形有质之物，有度有数之事，无不赖以为用，用之无不尽巧极妙者。”⑤ 天主教与西学的关系在

---

① 利玛窦，金尼阁．利玛窦中国札记．何高济，王遵仲，李申，译．桂林：广西师范大学出版社，2001：327－328．

② 同①327．

③ 同①343．

④ 徐光启．泰西水法序//徐光启集：卷二．王重民，辑校．北京：中华书局，2014：66．

⑤ 同④66．

他看来是和谐统一的，天主教构成西学得以衍生的源泉。其顺序是：从“格物穷理”到“象数之学”，再到“有形有质之物”与“有度有数之事”。至于实学，是徐光启在成长过程中形成的对经世致用之学的追求，既先于西学而与西学并存且相得益彰，在某种程度上二者也是旨趣相同的有机统一。

实学思想的形成与徐光启的成长环境是分不开的，其中最初便是父母的影响。其父徐思诚对军事事务的了解较为详细：“少遭兵燹，出入危城中，所识诸名将奇士，所习闻诸战守方略甚备。”① 其母钱氏也对军事行动成败有独到见解：“淑人每语丧乱事极详委，当日吏将所措置，以何故成败，应当若何，多中机要，而独甚恶儿习兵书。检得册中有兵刃图像者，弃藏之。”② 钱氏可能是出于未来安全方面的考虑，虽然自己熟知当地军事，却坚决不允许儿子学习军事知识。但是，父亲与母亲对军事方面的关注非常契合，共同的言传身教势必使徐光启耳濡目染，对他日后逐渐关注实事与学习实学熏陶甚多。

成长环境的另一个方面是对时事的直观体验。嘉靖时期的上海县屡遭倭寇侵袭，给当地居民的生命财产造成巨大损失，倭祸成为上海民众的生活常态和共同记忆。为了增强抵御倭寇的能力，1553 年（嘉靖三十二年）上海县始筑城墙，旧址在今上海市人民路和中华路。在徐光启出生之前，祖辈、父辈曾经历多次逃难：“先淑人左掖大母，右持女兄，草行露宿，每休止丛薄，则抱女坐水深流急处，拟贼至，便自溺也。”③ 其母为了避免倭寇羞辱，甚至随时准备投河自尽。因此，徐光启从小听着有关倭寇的故事长大，其治学偏好自然而然地趋向讲求实际、发挥实效的学说理论，尤其是军事理论。“启少尝感愤倭奴蹂践，梓里丘墟，因而诵读之暇，稍习兵家言。”④ 这也是他在萨尔浒之战后能以一介翰林词臣投身于谈兵练兵的最主要原因。

师长的实学思想也是徐光启学习的源泉之一，其中座师焦竑就给予他重要影响。焦竑是乡试中拔擢徐光启为解元的决定性人物，徐光启在奉他为座师的同时也与他意气相投。“夫学不知经世，非学也；经世而不知考古以合变，非经

---

① 徐光启．先考事略//徐光启集：卷十二．王重民，辑校．北京：中华书局，2014：526.

② 同①527.

③ 同①527.

④ 徐光启．复太史焦座师//徐光启集：卷十．王重民，辑校．北京：中华书局，2014：454.

世也。”① 他非常赞同焦竑的经世致用观点，而且在考中举人后的 7 年间（1597—1604）仍以教书为业，同时钻研务实求真之实学。“犹布衣徒步，陋巷不改。惟闭户读书，仍以教授为业。尤锐意当世，不专事经生言，遍阅古今政治得失之林。”② 他不再拘泥于对儒学经典的研究，而是考察历代政务治理的得失，从而逐渐提炼自己的看法和观点。1603 年（万历三十一年）他尚未进京赴会试，曾向上海知县送去《量算河工及测验地势法》，详细阐述测量方法等，表明此时他已具有相当高的实学和科学素养。

徐光启的西学造诣主要应归功于利玛窦的影响。在韶州接触耶稣会士之后，徐光启见过由肇庆《山海舆地全图》开始流传、被不断翻刻的利玛窦世界地图，是他知晓利玛窦和西学的开端。1600 年与利玛窦在南京会晤之后，他又被作为“海内博物通达君子”的利氏所折服。“博物通达”不单单是指利玛窦对天主教教义的精彩阐发或待人接物的礼节气度，而更多地指向利玛窦向他介绍的西方科学知识。西学让他觉得新鲜而有说服力，因此他才称赞利氏“博物通达”。更进一步，从天主教到西学的西方思想体系，就是从“格物穷理”到“象数之学”，再到“有形有质之物”与“有度有数之事”。徐光启不是学习西方的某种理论或某个领域，也不单是学习科学或技术，而是学习西方的整个思想体系。从广义上来说，他的西学既有天主教教义，也有科学知识；既有天文算法，也有火炮水利。在这一点上他比仅仅“师夷长技”的晚清洋务派要高明长远得多。

在翰林院期间，徐光启便已因通晓西学而闻名遐迩。晚明的改历之争中，最早出现徐光启名字的是 1612 年（万历四十年）礼部的奏议：“翰林院检讨徐光启、南京工部员外郎李之藻亦皆精心历理，可与迪峨、三拔等同译西洋法，俾云路等参订修改。”③ 从那时起，徐光启可以称得上官场中的西学派领袖，常常利用自身的政治权力和地位为西学传播提供助力。当然，狭义上的西学即科学技术，与宗教即天主教之间仍是手段和目的的关系，这种立场对徐光启而言是与耶稣会士一致的。“徐保禄博士有这样一种想法，既然已经印刷了有关信仰

---

① 焦竑．荆川先生右编序//澹园集．李剑雄，点校．北京：中华书局，1999：141．关于焦竑之实学思想，李剑雄《焦竑评传》第三章“治实心，行实政——焦竑的政治思想”有论述。参见：李剑雄．焦竑评传．南京：南京大学出版社，1998．

② 徐骥．徐文定公行实//徐光启集：附录一．王重民，辑校．北京：中华书局，2014：552．

③ 张廷玉，等．明史（1）：卷三十一志第七．中华书局编辑部，编．“二十四史”（简体字本）．北京：中华书局，2000：356．

和道德的书籍，现在他们就应该印行一些有关欧洲科学的书籍，引导人们做进一步的研究，内容则要新奇而有说服力。”① 所以就徐光启促进西学传播的动机而言，并不能仅限于强调西学与实学的双重造诣，还应注意到天主教徒身份对传教事业的自发协助。

总之，徐光启的西学与实学均可归结为使国家富强的拳拳之心。在给座师焦竑的信中，他曾言：“时时窃念国势衰弱，十倍宋季，每为人言富强之术：富国必以本业，强国必以正兵。”② 其中，“富国必以本业，强国必以正兵”的富国强国思想正是画龙点睛之处，发展农业可以富国，加强军事可以强国，其双重治学理念也可以统一于该主旨之下。富国和强国都不是一蹴而就的，国力的增强应通过多领域的共同努力来实现。在精通西学和实学的双重背景下，他完成了日后践行政治理想所需的思想储备，为科学转型创造了一定条件。

三、利玛窦与徐光启的交游

利玛窦与徐光启在交游中碰撞出什么样的火花？仅就他们二人而言，首先改变了徐光启的思想，促使他由实学而兼西学，从而具备相当高水平的科学素养。交游与出仕、交游与时局之间的互动均值得注意。就象征意义而言，这也是分别以他们为代表的耶稣会士与中国士人互动构成的西学东渐潮流。诸多科学著译是交游之于西学的最直接成果，它们反映出的科学思想是重点所在。科学著译并不仅限于利玛窦与徐光启之间，而且包括利玛窦与他人之间、徐光启与他人之间，还包括其他耶稣会士与其他中国士人之间。倘若这样的著译行为与科学思想能够在利、徐之后得以延续，那么中国的科学发展至今势必呈现出完全不同的全新面貌。同时，晚明的科学传播并不仅仅依赖于利、徐的交游，而应扩大至他们所代表的移植传播与会通超胜的晚明群星。文化交流带来的新鲜事物需要传播，科学转型的可能性蕴含于该中国士人群体的力量之中。此外，和移植传播与会通超胜相对应的是该群体所持有的对外观念，这也是解答为何能接受西学和西学带来何种影响的重要方面之一。仍以徐光启为最佳案例，他

① 利玛窦，金尼阁．利玛窦中国札记．何高济，王遵仲，李申，译．桂林：广西师范大学出版社，2001：364.

② 徐光启．复太史焦座师//徐光启集：卷十．王重民，辑校．北京：中华书局，2014：454.

能够从实际目的出发寻求实效，充分认识和运用国际关系，虚心向外国学习科学技术，为第一波科学转型提供了观念和心态的基础。

1. 利、徐之交游及其象征意义

单论利玛窦与徐光启的交游，实际仅为1600年于南京和1604—1607年于北京两段，不会超过五年。无论是时间先后还是跨度长短都比不上郭居静与徐光启的交往。利玛窦在华南诸地开拓教务时，徐光启仍是一位为科举而苦恼、为生计而奔波的中年上海秀才。1595年他们在韶州错过，利玛窦离开此地前往南京之后，徐光启才与耶稣会士有所接触；1598年他们又在北京错过，徐光启应在会试落榜后以举人功名返回上海，利玛窦之后初次来到北京又无功而返；1600年他们在南京相晤甚短，之后利玛窦便很快前往北京；1604年徐光启中了进士、入了翰林院才得以留在北京，可以与利玛窦方便交流；1607年徐光启的父亲去世，他扶柩回上海。三年后利玛窦去世，徐光启尚在上海老家，不得相见。但利玛窦与徐光启的交游意义显然不仅限于他们二人所产成果，而且应包括象征着分别以他们为代表的耶稣会士与中国士人互动构成的西学东渐潮流。

他们的交游首先改变了徐光启的思想，促使他由实学而兼西学，从而具备了相当高水平的科学素养，成为中国科技史上学贯中西的重要人物。“客观的事实表明，徐光启的主要科学贡献皆成就于他与利玛窦等人有思想上的实质性交流之后。”① 从著述来看，1604年（万历三十二年）之前徐光启并无西学作品，仅有一篇传统实学观点的《量算河工及测验地势法》。1605年才有《山海舆地图经解》（《题万国二圜图序》）②，之后便有《几何原本》前六卷译本（1607）、《测量法义》译本（1607，《题测量法义》撰于次年）、《测量异同》（1608）、《勾股义》（1609），以及利玛窦去世之后数年内的《简平仪说》及《简平仪说序》（1611）、《泰西水法》及《泰西水法序》（1612）、《刻同文算指序》（1614）等。这一时期徐光启的西学著作颇多，是一段高产期，也可见利、徐交游成果之丰硕。

与科学贡献密切相关的是徐光启的科学研究方法。其子徐骥在《徐文定公行实》中曾全面总结其父的治学风格：“于物无所好，惟好学，惟好经济。考古

① 孙尚扬．明末天主教与儒学的互动．北京：宗教文化出版社，2013：137.

② 徐光启．题万国二圜图序//徐光启集：卷二．王重民，辑校．北京：中华书局，2014：63-64；梁家勉．徐光启年谱．上海：上海古籍出版社，1981：79-80.

证今，广咨博讯。遇一人辄问，至一地辄问，问则随闻随笔，一事一物，必讲究精研，不穷其极不已。故学问皆有根本，议论皆有实见，卓识沉机，通达大体。如历法、算法、火攻、水法之类，皆探两仪之奥，资兵农之用，为永世利。"①"历法、算法、火攻、水法"等领域的研究均离不开利玛窦等人向他传授的西学，倘若没有"考古证今"和"讲究精研"的研究态度与方法是难以为继的。

科学研究方法的一个典型案例，就是他多年以来致力于农业实践。农业耕种之事在他给徐骥的家书中占了很大的篇幅："累年在此讲究西北治田，苦无同志，未得实落下手，今近乃得之。"他在天津等地购买田地，进行耕种试验。又举按照西洋方法种植白葡萄、酿造酒醋的例子："今用西洋法种得白葡萄，若结果，便可造酒醋，此大妙也。"还举了西洋用药方法的例子："庞先生教我西国用药法，俱不用渣滓。采取诸药鲜者，如作蔷薇露法收取露，服之神效。"② 徐光启向家人分享从耶稣会士那里学得的各类西洋方法，实践之功与兴奋之情跃然纸上。

交游与出仕之间的互动值得注意。徐光启的仕途之路起步较晚、坎坷较多、掌权时间较短，于官位晋升而言显然并非好事，但是却为他与传教士的交游提供充足交游时间和充分物质条件的双重保障，在某种程度上西学也有助于徐光启的仕途。官场之中的徐光启是一种老实迂憨、醉心西学的形象。他曾自白："做官似亦无甚罪过，但拙且疏，未免有不到处，今亦听之而已。"又总结说："我辈爬了一生的烂路，甚可笑也。"③ 充满了宦海沉浮多年的郁闷无奈之情。但若不是如此，后世也无法看到一位事必躬亲的大科学家。只有具有功名和官职之后，他才可以在经济方面后顾无忧地结交利玛窦并学习西学，并在北京和上海等力所能及的地方为传教士提供方便。自1600年结识利玛窦之后，他仅在1604—1607年实际在翰林院任职。利玛窦去世后，1610—1619年他仍在翰林院任职。因此可以说，从1600年到1619年的二十年间，徐光启基本无繁忙政务需要处理，拥有可以交游和学习的充裕时间，是保证他成为大科学家的不可或缺

---

① 徐骥. 徐文定公行实//徐光启集：附录一. 王重民，辑校. 北京：中华书局，2014：560.

② 徐光启. 家书//徐光启集：卷十一. 王重民，辑校. 北京：中华书局，2014：487-488.

③ 同②485-493.

的条件。再如前面所述礼部奏请修历一事，使徐光启以专业技术型官员闻名，为他后来任职并执掌礼部奠定基础。

交游与时局之间的互动同样值得注意。所谓西学传播或科技移植，最初皆由耶稣会士与中国士人交游而来，天主教的中国传教事业更是如此。当时局不利于耶稣会士时，平日交游的士人就能发挥声援补救的作用。1589 年利玛窦遭到肇庆官员驱逐时，只能冒着风险亲自与对方交涉。类似的情况下，也唯有依赖瞿太素为他们出谋划策。但到了 1616 年南京教案发生时，之前与利玛窦等传教士交游已久的徐光启等人就挺身而出。徐光启上《辨学章疏》为之争辩，并嘱咐在上海老家的徐骥必要时给予传教士以方便："南京诸处移文驱迫，一似不肯相容。杭州谅不妨。如南京先生有到海上者，可收拾西堂与住居也。"① "南京先生"即对南京的耶稣会士之尊称。杨廷筠和李之藻也参与斗争，尤其是在杭州家中的杨廷筠，保护了郭居静，还收容了"金尼阁、毕方济、龙华民、艾儒略、史惟贞"等人。诸人救援力度之大，当年被驱离肇庆的利玛窦想必是无法想象的，也定将倍感欣慰。此外，时局的实际需要也必然会促进交游与西学传播，明清之际的修历之争与徐光启引进红夷大炮均是典型。

修历之争还关系到利、徐交游对于后世的象征意义。西方天文学的引进不仅切实改变了传统的中国天文学，而且使后来的学术风气为之一变。"后此清朝一代学者，对于历算学都有兴味，而且最喜欢谈经世致用之学，大概受利、徐诸人影响不小。"② 言及清朝学术史便不可不提及历算学，言及历算学则不可不提及利玛窦与徐光启。纵向的深远影响还包括科技移植的发端与科学转型的可能，横向的广泛影响则主要指科学著译与科学思想及践行科学之群星。

2. 丰硕之著译及其科学思想

诸多科学著译是交游之于西学的最直接成果，由于除历算外的科学著译领域都称不上付诸应用，因此其反映出的科学思想才是重点所在。丰硕之著译及其科学思想便可对应于利、徐之交游及其象征意义。科学著译并不仅限于利玛窦与徐光启之间，而且包括利玛窦与他人之间、徐光启与他人之间，还包括其他耶稣会士与其他中国士人之间。但由于篇幅所限，只能选择其中的代表作品

---

① 徐光启．家书//徐光启集：卷十一．王重民，辑校．北京：中华书局，2014：492.

② 梁启超．中国近三百年学术史．夏晓虹，陆胤，校．新校本．北京：商务印书馆，2011：10.

予以简要介绍，以求窥得这场翻译和引进西学潮流的大概风貌。科学著译背后的科学思想及其影响是一个更为宏大的主题，我们也将以徐光启的具体科学思想作为案例进行阐述。倘若这样的著译行为与科学思想能够在利、徐之后得以延续，那么中国的科学发展至今势必呈现出完全不同的全新面貌。

时间最早的应为《坤舆万国全图》（1602）。其最初版本是1584年由肇庆知府王泮刊印的利玛窦所绘《山海舆地全图》，之后摹绘和翻刻者甚多，流传也非常广泛。徐光启最初听说利玛窦之名的来源就是中国官员翻刻的《山海舆地全图》。在利玛窦的帮助与指导下，李之藻重绘了世界地图，命名为《坤舆万国全图》。其间甚至出现了非常有意思的事："在为这些地图刻板时，刻工不让神父们知道而刻了两种板，这样就同时出版了这部佳作的两个版本。甚至这还不能满足对它的需求。"① 刻工在刊印时同时刻了两版，一版为李之藻所有的"正版"，一版为私刻之"盗版"。但是，《坤舆万国全图》的火爆令人始料未及，"正版"与"盗版"均不能完全满足市场需求。它受到了上至皇帝官员、下至平民文人的欢迎，影响力之大可想而知。

名声最大的应为《几何原本》前六卷译本（1607）。由于这是利、徐交游的主要标志，也是明清之际西学东渐的主要标志之一，对其研究之多也已无须赘述。但该书可以显示克拉维乌斯对利玛窦与耶稣会乃至西学东渐的影响。"克拉维乌斯在罗马学院编纂了一系列数学教材，其首编是欧几里得的《几何原本》（*Elements of Geometry*），其中包括一部多卷的笔记、注解合集。利玛窦后来在明代中国协助将欧几里得著作翻译成文言文时用的就是这个版本。"② 这样的记载还可以在徐光启的序和《利玛窦中国札记》中分别得到印证："利先生从少年时，论道之暇，留意艺学。且此业在彼中所谓师传曹习者，其师丁氏，又绝代名家也，以故极精其说。"③ "利玛窦受过很好的数学训练，他在罗马攻读了几年数学，得到当时的科学博士兼数学大师丁先生的指导。"④ 突出克拉维乌斯的贡献并不只是强调个人的作用，而且也可以说明宏观与历史视野的重要性，

---

① 利玛窦，金尼阁．利玛窦中国札记．何高济，王遵仲，李申，译．桂林：广西师范大学出版社，2001：303.

② 艾尔曼．科学在中国：1550—1900．原祖杰，等译．北京：中国人民大学出版社，2016：101.

③ 徐光启．刻几何原本序//徐光启集：卷二．王重民，辑校．北京：中华书局，2014：75.

④ 同①125.

引进的科学著译是西方思想文化体系的一部分。

基于翻译《几何原本》等数学著作的实践与认识，徐光启得以阐发自己的数学思想。他对于数学未在中国兴起有一番见解："算数之学特废于近世数百年间尔。废之缘有二：其一为名理之儒土苴天下之实事；其一为妖妄之术谬言数有神理，能知来藏往，靡所不效。卒于神者无一效，而实者亡一存，往昔圣人所以制世利用之大法，曾不能得之士大夫间，而术业政事，尽逊于古初远矣。"① 数学不兴就在于实学不兴，这与宋明理学之兴是脱不开关系的，空虚、神秘之风阻遏了中国数学的发展。因此翻译数学著作一方面能推动中国数学的进步："不意古学废绝二千年后，顿获补缀唐虞三代之阙典遗义，其裨益当世，定复不小。"另一方面可展现西学风貌以推动科学传播："余乃亟传其小者，趋欲先其易信，使人绎其文，想见其意理，而知先生之学，可信不疑。"② 但前者往往被解读为假托补缀古学而推行西学，只有后者才是利、徐之真实目的。

天文学思想也是所谓"历算"的应有之义。修历及相关天文学研究是徐光启仕途之路中除军事实践之外的大作为之一，代表著作为《崇祯历书》。古人认为天象是一种预兆，将天文与皇权、朝代更替联系起来，故而天文历法在历朝历代皆受到高度重视和严格控制。明初所颁布的历法为《大统历》，"乃国初监正元统所定，其实即元太史郭守敬所造《授时历》也。二百六十年来，历官按法推步，一毫未尝增损，非惟不敢，亦不能，若妄有窜易，则失之益远矣"③。随着时间推移，据此历推算之日食、月食时间已不准，且误差越来越大，《大统历》已不能适应当时需要。自1629年（崇祯二年）起徐光启便负责领导修改历法，作为一个年事已高的臣子，他仍然兢兢业业，经常督促甚至亲自观察。直到生命的最后一段时间，他仍然念念不忘修历之事，不可不谓鞠躬尽瘁，死而后已。按照被崇祯帝首肯的方针，徐光启对于"修正岁差等事，测验推步，参合诸家，西法自宜兼收，用人精择毋滥"④。在耶稣会士的帮助下，

---

① 徐光启．刻同文算指序//徐光启集：卷二．王重民，辑校．北京：中华书局，2014：80.

② 徐光启．刻几何原本序//徐光启集：卷二．王重民，辑校．北京：中华书局，2014：75.

③ 徐光启．礼部为日食刻数不对请敕部修改疏//徐光启集：卷七．王重民，辑校．北京：中华书局，2014：319.

④ 徐光启．条议历法修正岁差疏之御批//徐光启集：卷七．王重民，辑校．北京：中华书局，2014：338.

他使得中国天文学吸收了以第谷体系为核心的大量西方天文学知识，收效甚大。

除此之外，科学著译与徐光启的科学思想尚有多类，可以通过徐光启对不同科学学科之间关系的看法予以纵观。他不仅将宗教与科学视为统一于西方思想文化体系下的分支，而且认识到科学之内应注重不同学科之间的相互联系。就理论方面而言，数学在众多学科之中是基础性的，“既卒业而复之，由显入微，从疑得信，盖不用为用，众用所基”①。因此，翻译代表“众用所基”的《几何原本》被他寄予厚望。就实践方面而言，“故造台之人，不止兼取才守，必须精通度数，如寺臣李之藻尽堪办此，故当释去别差，专董其事”②。他非常清楚军事技术人才必须具备一定的数学等科学素养，而且实践与理论之间也是分不开的。通过徐光启的科学作品与科学思想可以看出，利、徐之交游不仅产生了丰硕的科学著译，而且引导了科学思想的转变。当然，在与徐光启同时代的晚明士人身上，也可以寻找到这种既惊人且可喜的变化。

3. 移植传播与会通超胜的晚明群星

晚明的科学传播并不仅仅依赖于利、徐的交游，而应扩大至他们所象征的移植传播与会通超胜的晚明群星。“传教士传入的西方科学为中国传统科学注入了活力，不仅刺激了她的短暂复兴，而且逐步引导她向世界近代科学的主潮流靠拢。”③ 如果将西学东渐正面评价为中国向世界近代科学的主潮流靠拢，那么与传教士群体相对应的恰恰是乐于接受西学、愿意传播西学的中国士人群体。这个群体的成员大多信奉天主教，自然而然引发了两个议题：其一是他们所受的中西文化冲击相当强烈，是同时受两大传统影响的“两头蛇”④；其二是他们所反映的科学与宗教的关系相当复杂，应以二者同属西方思想文化体系的整体观点来看待。总之，文化交流带来的新鲜事物需要传播，科学转型的可能性蕴含于该群体的力量之中。

---

① 徐光启．刻几何原本序//徐光启集：卷二．王重民，辑校．北京：中华书局，2014：75.

② 徐光启．台铳事宜疏//徐光启集：卷四．王重民，辑校．北京：中华书局，2014：188.

③ 马来平．利玛窦科学传播功过新论．自然辩证法研究，2011（2）：114.

④ 黄一农．两头蛇——明末清初的第一代天主教徒．新竹：“清华大学”出版社，2005：vii.

名声上仅次于徐光启者，当推中国“圣教三柱石”的另外两位——李之藻与杨廷筠。对徐、李、杨的相关研究多于中国方面的其他人物，其事迹也最为详细。事实上，他们三人已称得上移植传播与会通超胜的小群体了，堪称整个晚明大群体的核心和榜样。徐光启与李、杨二人私交甚好，可以将家小相托：“贼一登岸，便可急走杭州，将家小船安顿松茅场西溪楼下等地方，身自入城，与郭先生、杨宗师、李我存老叔商量。”① 郭先生即郭居静，杨宗师即杨廷筠，李我存即李之藻。当时为1612年，东南有倭寇侵犯的风声，而郭、杨、李三人俱在杭州。徐光启就在家书中嘱咐徐骥遇警便去杭州，寻求他们的帮助。另有科学著译《同文算指》，为利玛窦授，李之藻演。其中《前编》两卷首有李之藻《同文算指序》与徐光启《刻同文算指序》，《通编》八卷首有杨廷筠《同文算指通编序》。② 徐、李、杨三人均为之作序，《同文算指》是科学著译中通力合作的代表作品。

李之藻（1565—1630）的科学素养及其与利玛窦的交游都不亚于徐光启。他于1565年（嘉靖四十四年）生于杭州仁和县（今杭州市）的一个武官家庭。1598年（万历二十六年）中进士之后先后在南京工部、北京工部、福建、南直隶、南京太仆寺、光禄寺等多个机构和地方任职。以1613年任南京太仆寺少卿和1616年任光禄寺少卿监管工部都水清吏司事为最，终于正四品官职。1620年母亲去世，他回到杭州丁忧。1629年徐光启掌礼部事后建议开局修历，推荐征召李之藻参与其中，可惜他到北京后不久便病逝了。从任职经历来看，李之藻拥有在工部等部门作为专业技术型官员的经验，参与主管营造、治水等事务，更接近一位工程师乃至科学家。他与利玛窦的交游始于利玛窦进京后，当时他正好在北京工部任职。

李之藻虽然经过交游加深了对天主教的信仰，但是入教一事却因他曾纳妾而迟迟未行。直到1610年，李之藻才决心入教，教名良（Leo）。与徐光启的入教过程相比，李之藻是由利玛窦亲自施洗的，此后不久利玛窦即去世。其信奉天主教与参与科学传播具有三个特点：一是参与科学著译时间早、成果多、影响大，早期的有1602年的《坤舆万国全图》、1607年的《浑盖通宪

---

① 徐光启．家书//徐光启集：卷十一．王重民，辑校．北京：中华书局，2014：485.

② 杨廷筠序//利玛窦，授．李之藻，演．同文算指通编：一．上海：商务印书馆，1936：1-5；李之藻与徐光启序//利玛窦，授．李之藻，演．同文算指前编．北京：中华书局，1985：1-9.

图说》、1608 年的《圜容较义》等；二是入教基础不仅包括信仰方面的动机，也包括科学方面的动机，即从科学真理走向启示真理的过程①；三是为推广西学而尝试新措施，首度在科举考试中引进西学②。1603 年福建乡试，他担任福建学政主持考试时出了一道“天文”试题，是中国士人传播科学的最早案例之一。

杨廷筠（1557—1627）的功绩主要在于保教护教而非科学传播。他于 1557 年（嘉靖三十六年）生于杭州仁和县的一个官宦世家，1592 年（万历二十年）考中进士后任江西吉安府安福县（今吉安市安福县）知县，后以监察御史身份巡按多地，亦曾为南直督学，又升光禄寺少卿、顺天府丞等职，以正四品官职在阉党柄政时告归。1611 年受洗入教，教名弥格尔（Michael）。他在南京教案时竭尽全力收留庇护耶稣会士于杭州，又与沈㴶等抗争，是他保教的最大贡献之一。“他拙于研究、传播西洋科学，只能将所有的热情倾注于对天主教的传扬上，而且这种传扬最重要的基础是信仰。”③ 这是他与徐光启和李之藻不同的地方。

对杨廷筠的类似评价主要出自他在《同文算指通编序》中的自述：“往予晤西泰利公京邸，与谭名理累日，颇称金兰。独至几何、圜弦诸论，便不能解。公叹曰：自吾抵上国，所见聪明了达，惟李振之、徐子先二先生耳。”④ 杨廷筠在数学、天文学等方面的素养和领悟力不佳，使得利玛窦感叹中国最聪明的只有李之藻和徐光启。这说明了杨廷筠为何未致力于科学著译。但以科学与宗教同属西方思想文化体系的整体观点来看，杨廷筠为《同文算指通编》作序等科学相关活动恰恰说明，一旦接受以天主教为重要核心之一的西方思想文化体系，那么就会接受同属其中的西方科学，按照这种发展路径，同样存在科学转型的可能。

除了作为群体代表的“圣教三柱石”以外，晚明仍有许多杰出的西学精英人物。按方豪的考证，当有李应试、王徵、孙元化、金声、陈于阶、韩霖、韩

---

① 孙尚扬．明末天主教与儒学的互动．北京：宗教文化出版社，2013：174.

② 徐光台．西学对科举的冲激与回响——以李之藻主持福建乡试为例．历史研究，2012（6）：66－82.

③ 同①.

④ 杨廷筠．同文算指通编序//利玛窦，授．李之藻，演．同文算指通编：一．上海：商务印书馆，1936：2.

云、张赓、瞿式耜等天主教史人物①；按黄一农的说法，“两头蛇”包括成启元、瞿汝夔、许乐善、张赓、王徵、魏学濂、孙元化、韩霖、严谟等奉教人士②；以徐光启为中心亦有一批人，包括孙元化等门生故交和徐骥、陈于阶等子侄后辈。徐骥被评价为“兼通阴阳、律历、兵法、农政等学”“益力学，并肄武学，精火攻诸器”“尤精悟西学”等③，教外友好人士尚有章潢、李贽、叶向高、孙承宗、袁崇焕、梁廷栋等。从徐光启到“圣教三柱石”，再到移植传播与会通超胜的晚明群星，他们以精通西学的形象活跃于当时，仿佛投石激起一圈又一圈水波，向中国传统社会扩散着由传教士那里转手而来的西方科学。

4．传统华夷观念的转变

与移植传播与会通超胜相对应的是该群体所持有的对外观念，这也是解答为何能接受西学和西学带来何种影响的重要方面之一。若没有传统华夷观念的转变，就不会有他们的科学著译与皈依天主教活动。仍以徐光启“从华夷到万国的先声”的对外观念为最佳案例④，具体为他对蒙古、日本、朝鲜和欧洲等的认识及对它们与中国关系的阐述，涵盖晚明北方、东北方和西方等多个方向。通过对比传统华夷观念与徐光启的对外观念，然后结合中外关系的现代走向，判定其在中国对外观念演变和第一波科学转型可能中的意义与价值。

传统的华夷观念植根于古代中国对外构建的华夷秩序或朝贡体系，也是徐光启对外观念的基础。中原王朝以天下之中央自居，高高在上为华夏，视其他部族、国家为夷狄，依靠朝贡关系进行对外交往。明太祖朱元璋曾在《皇明祖训》中将朝鲜、日本等十五个周边国家列为不征之国，告诫后世皇帝不要对其轻易发动扩张战争。这既基于明初急于扫清元朝残余势力的首要矛盾，也是中原王朝在实力、制度和道德等多方面优越感的综合体现。与双方逐利的自发贸

---

① 具体名单载于《中国天主教史人物传》（上）目录，参见：方豪．中国天主教史人物传：上．北京：中华书局，1988.

② 黄一农．两头蛇——明末清初的第一代天主教徒．新竹：“清华大学”出版社，2005：vii.

③ 王成义．徐光启家世．上海：上海大学出版社，2009：163.

④ 关于徐光启对外观念的研究，主要参见：初晓波．从华夷到万国的先声：徐光启对外观念研究．北京：北京大学出版社，2008：240-251.

易不同，朝贡体系下不允许私自贸易，外国派遣使者前来朝贡，将获得极多的赏赐，以此为朝贡贸易。华夷秩序是“以中华帝国为中心的辐射关系，也是以中华帝国君临天下的垂直型国际关系体系”①。因此，明朝时期的对外观念是一种继承传统、居高临下的华夷观念，呈现出和平、友好、自大、守成、封闭等多种特征，既严重缺乏也不愿加强对外部世界的了解。

无论是对于耶稣会士来华传教还是对于传播科学技术而言，华夷观念都是强大阻力。徐光启以其对外部世界鲜有的相对清醒客观的认识，在某种程度上超越了华夷观念。

其一是北方之蒙古。在1604年（万历三十二年）翰林院馆课《拟上安边御虏疏》中，他首先指明了与蒙古互市的重要性：“夫虏自辛未款市三十余年矣！款市者，两利之道也；而战，两伤之道也。即虏亦自能熟筹之，是以至于今无变计，则虏情可知也。”但仅靠互市不足以保障边境安全，明初蒙古势力虽退居草原，却时时窥视中原，太祖、成祖数次征讨北元而未获全功，英宗在“土木堡之变”中仓皇被俘，北部边防一直举足轻重。对此，徐光启提出巩固边防的方针：“臣之愚，以为为今之计，先求我之可以守，次求我之可以战，次求我之可以大战。”而无论战守，都需要精兵强将来执行。“今日之势，诚于信地守望之外，选练得胜兵十万，分隶诸边，平居守御，则往来应援，一朝匪茹，则大出兵，修永乐故事，如是斯万全矣。”但这些仍是老生常谈，他必须有所突破。“特臣于数者之中，更有两言焉：曰求精，曰责实。”② 求精与责实包含多个方面，他详细地阐述了具体主张，认为兵与市同行、战与守兼备是应对蒙古的有效办法。

其二是东北方之日本。作为有过切身体会的人，他对倭寇问题看得非常透彻，也没有受到历史仇恨和万历朝鲜之役的干扰，清楚其中的问题不在于战抚，而在于贸易。徐光启在《海防迂说》中开宗明义地说明了贸易的重要性：“有无相易，邦国之常。”明廷的海禁政策只保留官方贸易而严禁私人海上贸易，朝贡贸易并不能满足双方贸易所需。“盖彼中所用货物有必资于我者，势不能绝也。自是以来，其文物渐繁，资用亦广，三年一贡，限其人船，所易货物，岂能供一国之用！”这种不对称的状况愈演愈烈，最终使商人铤而

---

① 何芳川．“华夷秩序”论．北京大学学报（哲学社会科学版），1998（6）：37．

② 徐光启．拟上安边御虏疏//徐光启集：卷一．王重民，辑校．北京：中华书局，2014：1-4．

走险。“于是多有先期入贡、人船逾数者；我又禁止之，则有私通市舶者。私通者，商也。官市不开，私市不止，自然之势也。又从而严禁之，则商转而为盗，盗而后得为商矣。”这种亦盗亦商的情况也发生在东南海商身上。“当时海商多倩贫倭以为防卫，交通既久，乌合甚易。”为此，他认为解决问题的办法就在于开放海禁，实行互市。“向者固云官市不通，私市不止矣，必明与之市，然后可以为两利之道，可以为久安之策，可以税应税之货，可以禁应禁之物。”私人海上贸易在于疏而不在于堵。“惟市而后可以靖倭，惟市而后可以知倭，惟市而后可以制倭，惟市而后可以谋倭。”① 开放海禁之后，自然可以解决倭寇问题，而且有利于国计民生，最终可以达到巩固海防和促使中日关系正常化的目的。

其三是东北方之朝鲜。后金兴起以后，朝鲜的战略地位愈发重要。朝鲜向来为明朝藩属国，既接受明朝援助，在万历朝鲜之役中击退日本侵略军，又派兵参与萨尔浒之战。徐光启在萨尔浒之战后率先提出并主动请缨出使朝鲜，以牵制乃至夹击后金。如果北京能练出精兵二万，“以是出关，益以辽士二万，北关一万，更欲征朝鲜二万，两路牵制，一路出攻，约周岁之内，可以毕事”②。他对出使之事极有信心：“独朝鲜一行自信非启不可，行则必树尺寸之效。”③朝廷方面，内阁首辅方从哲与吏部也支持徐光启出使朝鲜，但工科给事中祝耀祖反对，建议让他就近练兵，并得到万历帝的肯定，出使之事就此作罢。此事反映出徐光启不拘泥于朝贡体系下天朝上国不向藩属小国求助的自大心态，也不局限于祝耀祖所谓“舍近而图远”和“去实而课虚”的狭隘观点，而是从对后金战争的实际格局和需要出发，试图将切实可行的对外观念付诸实践，通过外交手段实现对时局的挽救。

其四是西方之欧洲。由于相隔万里之遥，中国向来对欧洲知之甚少，也从未真正将其纳入朝贡体系。但是这不妨碍明朝人以华夷观念对待远道而来的西洋人，利玛窦就是以朝贡的名义进入北京的。但是欧洲诸国并非实力逊

---

① 徐光启．海防迂说//徐光启集：卷一．王重民，辑校．北京：中华书局，2014：37－48.

② 徐光启．复太史焦座师//徐光启集：卷十．王重民，辑校．北京：中华书局，2014：454－455.

③ 徐光启．又复太史焦座师//徐光启集：卷十．王重民，辑校．北京：中华书局，2014：456.

于中国的亚洲国家，传统的华夷观念既无法完全压制它们也不符合其利益诉求。当时的葡萄牙人尚且能与中国人和平贸易，荷兰人则多有袭扰侵犯。“红夷大炮”的得名就直接来源于荷兰人。徐光启认识到荷兰和葡萄牙的不同目的。荷兰的危害如果持续，势必后患无穷：“近闻红毛聚众，欲劫取濠镜，若此夷得志，是东粤百季之患，亦恐祸不仅在越东也。颇闻当事发兵救援，此保境安民之长策，不烦再计。但恐兵力舡器非红夷对，宜推岙众为锋，而吾接济其粮糗军资，斯万全矣。”① 提出以葡萄牙制荷兰的“万全”之策，说明徐光启的对外观念已相当先进，既明白荷兰与葡萄牙的目的差异，也知晓中国与西方的实力差异。

总体而言，徐光启的对外观念虽不能完全摆脱华夷观念的窠臼，但仍居时代前列。他对亚洲诸国的策略很大程度上依赖于旧有的朝贡体系，言论中也不乏以“虏”“夷”等称呼之。他对欧洲诸国的论述难免存在对西方的想象夸大之词：“盖彼西洋邻近三十余国奉行此教，千数百年以至于今，大小相恤，上下相安，路不拾遗，夜不闭户，其久安长治如此。”② 但就当时来说，他能够从实际目的出发寻求实效，充分认识和运用国际关系，虚心向外国学习科学技术，为第一波科学转型提供观念和心态的基础，当时鲜有人能达到徐光启对外观念所体现的境界。

四、引进红夷大炮的故事

交游的成果不限于科学思想或心态观念层面，也包括技术实物层面。引进红夷大炮的故事就是西学东渐中军事技术传播的产物，并在一定程度上影响中国历史进程。早在 16 世纪上半叶的正德、嘉靖时期，明朝已经从葡萄牙人处获得佛朗机炮，但万历年间大型的红夷大炮才开始进入中国人的视野。萨尔浒之战后明朝与后金之间的战争需要使得红夷大炮的引进成为可能。基于军事、宗教等目的，徐光启等人于 1620 年主持引进四门红夷大炮，成为故事的开端。1626 年，宁远之战的胜利以实战检验了红夷大炮的威力，见效之后得以扩大引

---

① 徐光启．与吴生白方伯//徐光启集：卷十．王重民，辑校．北京：中华书局，2014：473.

② 徐光启．辨学章疏//徐光启集：卷九．王重民，辑校．北京：中华书局，2014：432.

进与应用规模。其中徐光启的学生孙元化功劳很大，成为在明军中实践欧洲军事技术的主要代表。1629 年的己巳之变进一步促进了红夷大炮的引进，徐光启也因在朝廷中枢而得以展现和部分践行其以运用红夷大炮为核心的军事思想。1633 年明军中的西方火器部队因吴桥兵变而最终降后金，孙元化等人获罪处死。明朝引进红夷大炮的高潮不再，红夷大炮技术体系转移至后金一方，事实上是西学东渐中军事技术的进一步传播。

1. 萨尔浒之战与红夷大炮的引进

西学东渐中的军事技术传播既来源于明朝和后金之间的战争需要，也离不开徐光启等中国士人与耶稣会士交游的良好关系基础。1619 年（万历四十七年）爆发的萨尔浒之战改变了明朝历史，也开启了红夷大炮的引进过程。兵部左侍郎兼辽东经略杨镐所率的四路明军被努尔哈赤集中优势兵力各个击破，辽东地区的战略局势由主动转为被动，后金军开始逐渐占领辽河流域。在此情形下，时为左春坊左赞善兼翰林院检讨的徐光启上疏分析辽东战事的经验教训，提出了选练新兵的主张。“臣之愚虑，以为戡定祸乱，不免用兵，用兵之要，全在选练。此人人所知，别无奇法，但选须实选，练须实练。若敌亦选练之兵，又须别求进步，务出其上。”并且慷慨陈词：“如是者有士一万，入可以守，出可以战；有士三万，可以扫荡逆奴，且能控制西北诸酋，使詟服不敢动矣。”其中也曾提及火器的重要性，指责“战车火器我之长技，抚顺临河不济，开、铁、宽奠皆离隔不属，岂非无政教乎？”① 其实也反映出当时以佛朗机炮为代表的既有小型火器已经难以满足战争的需要。

之后，徐光启又接连上二疏，提出选练的详细措施，并展现其纵横捭阖的对外观念。《兵非选练决难战守疏》分析了辽东、蒙古与朝鲜的战略地位。“辽左为京师左臂，负山阻海，隔阂华戎，陆走蓟门，有直达之便；水走天津一带，有四通之势。若辽左不守，强敌坐大，山海以南处处设防，费且十倍于守辽矣。”“朝鲜同败，固宜遣使慰抚，亦须重加赏恤，使整率兵众，列营境上。北关仅存，宜激励振作，与朝鲜兵南北相应，以成牵制之势。”② 后来的历史验证

① 徐光启．敷陈末议以殄凶酋疏//徐光启集：卷三．王重民，辑校．北京：中华书局，2014：98－99.

② 徐光启．兵非选练决难战守疏//徐光启集：卷三．王重民，辑校．北京：中华书局，2014：101－102.

了徐光启的担忧，明朝逐渐丧失对三者的控制，局面遂成无可挽回之势。《辽左砧危已甚疏》则详列具体举措，包括“亟求真材以备急用”、“亟造实用器械以备中外战守”、“亟行选练精兵以保全胜”、“亟造都城万年台以为永永无虞之计”和“亟遣使臣监护朝鲜以联外势”等①，并且自愿出使朝鲜监护，忠君爱国之心溢于言表。

不久，万历帝下旨升徐光启为詹事府少詹事兼河南道监察御史，正式管理练兵事务。徐光启的仕途之路由此改变，开始在晚明的政治舞台上显露出光彩。据《徐光启集》所录，自万历四十七年九月十五日上《恭承新命谨陈急切事宜疏》至天启元年二月二十五日上《谢皇赏疏》，凡一年零五个月，他为练兵一事共上十二疏，提出了包括重视火器在内的诸多举措。然而其所奏多不报，处处受掣肘。②《明史》亦载：“时辽事方急，不能如所请。光启疏争，乃稍给以民兵戎械。”③ 对于练兵最为关键的兵员、兵饷与兵械都无法得到保证，各方面都陷入捉襟见肘的困境，根本无法完成预定计划。对此，徐光启怀着愤懑无奈的心情：“若不以臣为狂愚欺罔，则当用臣之言，行臣之志矣。”④ “今事势之艰难若此，人言之指摘若此，正如羸牛驽马，既重其任，且縶其足，又从而挞其首，何能一前取进哉！”⑤ 并且多次上疏请辞。

在练兵行动并不顺利的情况下，徐光启仍然着手引进西方火器。他对火器非常重视，最早在1619年当年就提出引进西方火器的主张。“广东募送

① 徐光启．辽左砧危已甚疏//徐光启集：卷三．王重民，辑校．北京：中华书局，2014：107－113.

② 据《明神宗实录》载：“庚子，詹事府少詹事兼河南道御史徐光启奏事宜十款，一议关防、二议驻扎、三议副贰、四议将领、五议待士、六议选练、七议军资、八议召募、九议征求、十议助义。不报。辛丑，大学士方从哲题：时事切要，开款上闻，以便省览……一发兵部募兵近畿疏及徐光启条陈练兵……不报……己酉，少詹事兼河南道御史徐光启奏：前疏条陈十款，未奉钦敕，恳乞圣明速命廷臣从长酌议，以备安攘。”不报。参见：明神宗实录：卷五百八十六//明实录．台北：“中央研究院”历史语言研究所校印本，1962：11231－11238.

③ 张廷玉，等．明史（5）：卷二百五十一列传第一百三十九．中华书局编辑部，编．“二十四史”（简体字本）．北京：中华书局，2000：4340.

④ 徐光启．东事警急练习防御疏//徐光启集：卷三．王重民，辑校．北京：中华书局，2014：146.

⑤ 徐光启．剖析事理仍祈罢斥疏//徐光启集：卷三．王重民，辑校．北京：中华书局，2014：143.

能造西洋大小神铳巧匠、盔甲巧匠各十数名，买解西洋大小诸色铳炮各十数具。”① 澳门的葡萄牙人出于其利益需求而频频向明朝政府示好，同意出售火器。此事也有其现实背景，明军因连续战败于后金而丢失大量火器，致使双方原有的技术与火力差距缩小。“连次丧失中外大小火铳，悉为奴有，我之长技，与贼共之，而多寡之数且不若彼远矣。”② 泰昌元年十月，基于练兵所需，同时也可能有借此提高南京教案后天主教地位以利于其在中国传教的目的③，徐光启委托李之藻与杨廷筠派遣其门人张焘前往澳门购买红夷大炮。④ 张焘购得四门大炮北上，但徐光启在天启元年二月终辞去练兵一职，为防生变，张焘将大炮运至江西广信后便搁置待命。

不料当年三月，后金相继攻占沈阳和辽阳，辽东局势进一步恶化。徐光启重新被起用，他认为辽东前线应正确使用火器，凭城固守。“广宁以东一带大城，只宜坚壁清野，整备大小火器，待其来攻，凭城击打。”还提出运用红夷大炮与建立附城敌台的策略，以巩固首都城防。“欲以有捍卫胜之，莫如依臣原疏建立附城敌台，以台护铳，以铳护城，以城护民，万全无害之策，莫过于此。”

---

① 徐光启．恭承新命谨陈急切事宜疏//徐光启集：卷三．王重民，辑校．北京：中华书局，2014：125.

② 徐光启．谨申一得以保万全疏//徐光启集：卷四．王重民，辑校．北京：中华书局，2014：125.

③ 首次引进的宗教因素详见黄一农对于耶稣会士书信的考证，参见：黄一农．天主教徒孙元化与明末传华的西洋火炮．“中央研究院”历史语言研究所集刊，1996（4）：914.

④ 首次引进一事详见李之藻的《制胜务须西铳乞敕速取疏》（1621）：“昨臣在原籍时，少詹事徐光启奉敕练军，欲以此铳在营教演，移书托臣转觅。臣与原任副使杨廷筠合议捐赀，遣臣门人张焘间关往购……夷商闻谕感悦，捐助多金，买得大铁铳四门。议推善艺头目四人，与傔伴通事六人，一同诣广。此去年十月间事也。时臣复命回京，欲请勘合应付催促前来。旋值光启谢事，虑恐铳到之日，或以付之不可知之人，不能珍重；万一反为夷虏所得，攻城冲阵，将何抵当？是使一腔报国忠心，反启百年无穷杀运，因停至今，诸人回岙。臣与光启、廷筠渐负夷商报效之志。今沈辽暂失，畿辅惊疑，光启奉旨召回，摩厉以须；而臣之不才，又适承乏军需之事……近闻张焘自措资费，将铳运至江西广信地方，程途渐近，尤易驰取。兵部马上差官，不过月余可得。”参见陈子龙，等．明经世文编：卷四八三；李之藻．制胜务须西铳乞敕速取疏//徐光启集：卷四．王重民，辑校．北京：中华书局，2014：180.

并起运滞留广信的四门红夷大炮，因为“今欲以大、以精胜之，莫如光禄少卿李之藻所陈，与臣昨年所取西洋大炮”①。虽然徐光启因时势所迫再次辞官，附城敌台因种种原因也未建成，但是红夷大炮却在当年年底运至京师。徐光启经过种种努力种下的种子终于开始发芽。经过试射证明效果后，明朝政府以官方名义正式向澳门当局购买火器。“先是，光禄寺少卿李之藻建议，谓城守火器必得西洋大铳。练兵词臣徐光启因令守备孙学诗赴广，于香山岙购得四铳，至是解京。仍令赴广，取红夷铜铳及选募惯造惯放夷商进京。”② 到天启末年，明朝政府已经先后引进三十门红夷大炮，并已开始仿制工程。

2. 宁远之战与红夷大炮初见成效

红夷大炮的威力很快得到了实战检验，1626 年（天启六年）袁崇焕守宁远城，成功击退努尔哈赤所率优势军队，取得宁远大捷，有效地遏制了后金几乎将要尽占关外的态势。明朝上下欢欣鼓舞，对此役给予高度评价：“辽左发难，各城望风崩溃。八年来贼始一挫，乃知中国有人矣。”宁远之战中袁崇焕之所以敢以极弱势兵力防守孤城，其在技术装备上的倚仗就是从澳门运来的红夷大炮。“兵部尚书王永光奏：据山海关主事陈祖苞塘报，二十四、五两日，虏众五六万人力攻宁远。城中用红夷大炮及一应火器诸物奋勇焚击，前后伤虏数千，内有头目数人、酋子一人，遗弃车械钩梯无数。已于二十六日拔营，从兴水县白塔峪灰山菁处遁去三十里外扎营。……得旨：宁远以孤城固守，击退大虏，厥功可嘉。”③ 红夷大炮成为守城的主要武器。

在城池的攻防战中，红夷大炮以其巨大的杀伤力重创后金军队，使其骑兵和步兵无法靠近发挥优势。“城内架西洋大炮十一门，从城上击，周而不停。每炮所中，糜烂可数里。”④ 甚至有人推测，努尔哈赤本人在战斗中受重伤，不久即病死，与红夷大炮也有一定的关系。“丙子，经略高第报：奴贼攻宁远，炮毙

① 徐光启．谨申一得以保万全疏//徐光启集：卷三．王重民，辑校．北京：中华书局，2014：175.

② 明熹宗实录：卷十七//明实录．台北：“中央研究院”历史语言研究所校印本，1962：867.

③ 明熹宗实录：卷六十八//明实录．台北：“中央研究院”历史语言研究所校印本，1962：3211-3214.

④ 计六奇．明季北略：卷二．魏得良，任道斌，点校．北京：中华书局，1984：42.

一大头目，用红布包裹，众贼抬去，放声大哭。分兵一枝攻觉华岛，焚掠粮货。二十八日总兵满桂开南门追剿去讫。得旨：虏遭屡挫，打死头目，此七八年来所绝无，深足为封疆吐气。”① 后世也有不少人支持这种说法：“为巡抚袁崇焕火炮所伤，遽崩。”② 虽然此种观点当存疑，但是宁远大战无疑对努尔哈赤及后金兵将的心理造成了不小的打击。宁远之战在明朝与后金的战争历程中只是延缓了后金的发展势头，并未对后金造成致命性的或根本性的影响。但是，此战无疑让后金与明朝双方从此都认识到了红夷大炮的威力，是西方传华火器技术传播的关键节点。

关于宁远之战，这里还需要提及一个联结徐光启与宁远战场的重要人物——孙元化（1581—1632），他在此战中发挥了重要作用。孙元化出生于苏州府嘉定县（今上海市），也是天主教徒，还与徐光启之子徐骥是儿女亲家，因徐光启之孙徐尔斗娶了他的女儿。他曾追随徐光启学习火器和数学等西方科学技术知识，著有《几何体论》、《几何用法》、《泰西算要》及《西法神机》等，成为精通西学的军事专家。“所善西洋炮法，盖得之徐光启云。”他主张在辽东前线筑台制炮，在前线修建据点。宁远城的重筑就是兵部尚书孙承宗采纳了他的主张而成的。“主建炮台教练法，因请据宁远、前屯……承宗代在晋，遂破重关之非，筑台制炮，一如元化言。还授元化职方主事。已，元化赞画袁崇焕宁远。”③ 孙元化关于筑台制炮的观点和实践都有助于宁远之战的成功，达到了徐光启所说的“以台护铳、以铳护城、以城护民”的效果。

徐光启与孙元化在军事观点上呈现一致态度。他曾自述：“十年来止宁远一捷，其所持坚守城池之策，是职所屡言否？其所用大炮，是职所首致否？”宁远守城所用红夷大炮之中就有徐光启最初引进的四门之一——“安边靖虏镇国大将军”炮。“而大炮以封，今所称‘安边靖虏镇国大将军’者，职所首取四位中之第二位也。”④ 孙元化的造铳建台主张得到了朝廷的重视，甚至被要求多造红夷大炮。“御史张文熙奏：袁崇焕与满桂等已加赏赉，中右所副总兵刘永昌、

---

① 明熹宗实录：卷六十八//明实录．台北：“中央研究院”历史语言研究所校印本，1962：3218.

② 谢国桢．清开国史料考：卷一．北京：北京出版社，2014：7.

③ 张廷玉，等．明史（5）：卷二百四十八列传第一百三十六．中华书局编辑部，编．“二十四史”（简体字本）．北京：中华书局，2000：4301.

④ 徐光启．疏辩//徐光启集：卷二．王重民，辑校．北京：中华书局，2014：211-212.

游击马炉等坚守胜地，亦宜并加奖赏……更敕工部多造火器，多储火药。若兵部主事孙元化自言能制西洋台铳，正宜专委以试其长。得旨：关外将领功罪，俱俟经臣查明赏罚。西洋炮即如法多制，以资防御。”① 初尝甜头的明朝政府要求孙元化等人多造红夷大炮，试图巩固和强化对后金的火器优势，加强辽东前线城池据点的防御能力，乃至彻底扭转前期不利的战局。

孙元化凭借其高超的西学素养，呈上奏疏对此予以反对和说明。朝廷希望多造红夷大炮的要求将面临成本过高的问题：“兵部主事孙元化以西洋炮奉有多造之旨疏陈：其不必多者有二，不能多者亦有二。外国每一要口止一铳台安设，守铳止二三门。若练为行阵，别造战铳十数门，辅以机器，瞭以远铳，量以勾股，命中无敌，故不必多。此器用一以当千，其费亦一以当十。海外铜铁精良，工作诚实，每一门尚费千百金。造完试放，每百门尚裂二三门，侈费而难成，故不能多。”造红夷大炮耗费巨大，“每一门尚费千百金”，不仅成本高，而且废品率也不低，“每百门尚裂二三门”。这些对于财政而言将是巨大的负担，一味要求多造显然不太符合实际。

另外，炮台设计本身就不需要大量的大炮：“澳商闻徐光启练兵，先进四门。迨李之藻督造，又进二十六门。调往山海者十一门，炸者一门，则都城当有十八门，足以守矣。故今亦不必多，其费既十倍而京师工料之贵又三倍，厂库钱粮之难又百倍，陋规清革之难又万倍，故今更不能多。又言守关宜在关外，守城宜在城外。有离城之城外，则东倚首山，北当诸口，特建二堡，势如鼎足，以互相救。有在城之城外，则本城之马面台、四角台，皆照西洋法改之，形如长爪，以自相救。因请以本衙协佐院臣料理，夏秋贼来则却之而后归，不则安设犄角，教练兵将，使尽其法而后归。上命速赴宁远，与袁崇焕料理造铳建台之策。”② 最终其专业意见得到采纳，孙元化被派往前线协助袁崇焕造炮建台。

天启年间，因政治和战争形势的变化，徐光启与朝廷处于若即若离的关系，但当时阉党对他的拉拢和弹劾都证明了他是政治舞台上有着重要影响力的人物。这与他提倡西学是分不开的，其之前所做的努力获得了回报和证明。靠着孙元化、李之藻等人的努力，西学东渐的技术引进与传播之举得到了贯

---

① 明熹宗实录：卷六十八//明实录．台北：“中央研究院”历史语言研究所校印本，1962：3231.

② 同①3269－3271.

御与延伸。宁远之战更是以实际成效验证了红夷大炮的威力，西方传华火器技术也得到了一定的发展，对改变明与后金之间的战争局势也是有卓有成效的。移植传播与会通超胜的晚明群星使得西学东渐从科学扩展至技术，从理论扩展至实践。

3. 己巳之变与红夷大炮更进一步

崇祯帝继位后，以魏忠贤为首的阉党被剪灭。1628 年（崇祯元年），徐光启官复原职，此后直到病逝是其政治生涯的黄金时期。1629 年升为礼部左侍郎，次年擢升礼部尚书。1632 年以礼部尚书兼东阁大学士，入阁参与机要，当年又加太子少保，1633 年加太子太保、文渊阁大学士兼礼部尚书，位极人臣，当年去世后谥文定。伴随着徐光启的仕途上升之路，引进红夷大炮的契机再次到来。兵部尚书梁廷栋也曾于 1628 年上《神器无敌疏》，支持继续引进："查广东香山嶴商慕义输忠，先年共进大炮三十门，分发蓟门、宣大、山西诸镇。宁远克敌，实为首功。京营止留伍门，臣部蚤虑，万一有警，非此不足御虏，节次移文两广督臣，再行购募。"① 在此种风气下，当年崇祯帝下旨购置红夷大炮并招募铳师，引进规模和数量得到扩大。

澳门葡萄牙人对此很配合，最终派出了一支包括铳师、教士、翻译、工匠等（主要为葡籍）在内的将近三十人的队伍，由公沙·的西劳和陆若汉统领，并携带大铜铳 3 门、大铁铳 7 门和鹰嘴铳 30 支。② 崇祯二年十月，皇太极率军避开关宁锦防线，绕道蒙古突破长城喜峰口从而入关，侵扰北京一带，甚至攻至德胜门，史称"己巳之变"。此时运铳队伍还在路上，公沙一行直到十一月底方至涿州，直接参与了涿州的城防。红夷大炮被认为是涿州未被后金军攻破的最主要原因，徐光启在上疏中说："计汉等上年十二月守涿州时，士民惶惧，参将先逃。汉等西洋大铳适与之遇，登城巡守十五昼夜，奴闻之，遂弃良乡而走遵化。当此之际，有善用火器者尾其后，奴必不敢攻永平，而无奈备之未豫也。"③ 从而强调了红夷大炮的作用。

---

① 梁廷栋．神器无敌疏//韩霖．守圉全书．台北："中研院"傅斯年图书馆藏明末刊本：85-86.

② 董少新，黄一农．崇祯年间招募葡兵新考．历史研究，2009（2）：68.

③ 徐光启．闻风愤激直献刍荛疏//徐光启集：卷六．王重民，辑校．北京：中华书局，2014：300.

崇祯初年是徐光启践行其军事思想的最佳时期，也是红夷大炮引进和发展最兴盛的时期。己巳之变中徐光启对京师城防建言献策，其关于兵员选练、火器运用、炮台御敌等诸多军事主张得到崇祯帝支持并开始实施。他对于以红夷大炮为代表的西方火器一直很推崇。《再陈一得以裨庙胜疏》中言：涿州与京师的守城战斗中，“敌去京师而不攻，环视涿州而不攻，皆畏铳也”①。《破虏之策甚近甚易疏》中则言：“虏中常言兵多不足畏，所畏者火器耳……虏之畏我者二：丙寅以后始畏大铳，丙寅以前独畏鸟铳。所独畏于二物者，谓其及远命中故也。”②《西洋神器既见其益宜尽其用疏》中亦言：“臣窃见东事以来，可以克敌制胜者，独有神威大炮一器而已。一见于宁远之歼夷，再见于京都之固守，三见于涿州之阻截，所以然者，为其及远命中也。所以及远命中者，为其物料真、制作巧、药性猛、法度精也。”③ 亦可反映当时对红夷大炮的称呼不一，如上述“铳”“大铳”“神威大炮”等。

至于如何运用红夷大炮进行具体军事实践，徐光启认为应集中于依靠火器守城与组建车营野战两个方面。其一，他主张依靠火器固守城池。崇祯帝曾于平台召诸臣商议守战与否，徐光启力主守城。“今守城全赖火器，非素练不能。若营军出城，则城夫皆属平民，不知火器为何物，一时岂易教习！且胜负难期，一有差失，人心震动……今火炮既能杀敌于城外，是坐而胜战也。若城外胜负难期，不如守城为稳。上曰：既如此，定于守城。”④ 据《徐光启集》卷六之《守城条议》《计开目前至急事宜》《续行事宜》等，徐光启对于如何组织城防提出许多具体措施，包括分派城守、盘查奸细、防火巡警、定期商议等。他也仍然主张在京师建造铳台，如1619年所言之都城万年台而有所改进。

其二，他还主张凭借火器组建车营与后金军队野战。“战兵必须精选劲卒万人，副以力兵万人，分为五营，尽法训练。最近亦须二月乃成。其人即于援兵步

---

① 徐光启．再陈一得以裨庙胜疏//徐光启集：卷六．王重民，辑校．北京：中华书局，2014：280.

② 徐光启．破虏之策甚近甚易疏//徐光启集：卷六．王重民，辑校．北京：中华书局，2014：282.

③ 徐光启．西洋神器既见其益宜尽其用疏//徐光启集：卷六．王重民，辑校．北京：中华书局，2014：288-289.

④ 徐光启．记崇祯二年十一月初四日平台召对事//徐光启集：卷六．王重民，辑校．北京：中华书局，2014：270-271.

营中挑选，宁少无滥，渐次取盈……贼在可以剿灭，贼去可以恢复矣。”① 因后金军队惧怕火器，他进而在《钦奉明旨敷陈愚见疏》中提出了非常详细的车营编制，“双轮车百二十辆，炮车百二十辆，粮车六十辆，共三百辆。西洋大炮十六位，中炮八十位，鹰铳一百门，鸟铳一千二百门，战士二千人，队兵二千人”，并且有相应的作战方法，“遇大敌，先以大小火器更迭击之；敌用大器，则为法以卫之；敌在近，则我步兵出击之；若铁骑来，直以炮击之，亦可以步兵击之”②。然而车营一事之实效恐怕很难符合预期，最终并未如其所愿。

此外，徐光启还指明引进过程中人才的重要性。“铳药必须西洋人自行制造，以夫力帮助之……大小铳弹亦须西人自铸，工匠助之。”③ 此言也说明当时明朝仿制西方火器的技术仍未达到理想水平，需要通过直接引进或者让西方人自行制造火器的办法来保证火器质量和训练效果，最终才能确保明军的战斗力。西洋大炮和葡兵亦被直接用于前线战场，在守卫城池、收复失地的战斗中发挥重要作用。同时，徐光启并未放弃自行制造火器的努力与设想。“臣谓宜令广东、福建抚按诸臣，速造长大鸟铳解用；而二号西铳则太仆寺少卿李之藻亦谙其法，今起用未至，亦可令与江南北抚臣，酌用银

---

① 徐光启. 续行事宜//徐光启集：卷六. 王重民，辑校. 北京：中华书局，2014：277.

② 徐光启. 钦奉明旨敷陈愚见疏//徐光启集：卷六. 王重民，辑校. 北京：中华书局，2014：310-311。另，徐光启在多疏中皆提及车营一事："为此披沥控陈，如蒙皇上欲令速至，乞敕该部拨见在入援步兵一营或三千四千，给以鸟铳二千门，臣请率之以行，到彼料理，刻期前来，遇敌则战，可保全胜。"（徐光启. 控陈迎铳事宜疏//徐光启集：卷六. 王重民，辑校. 北京：中华书局，2014：279）又有："臣曾面奏，言破敌之法，必须车营，用大小火器三四种，练习精兵三五千人，此时谓援兵必可逐虏，故为后日之计。且今时势，似不得不亟行之。法当用二号西洋铳五六十位重千斤以下者，又须新造大鸟铳二三千门长四尺五寸以上者；其三号铳则二厂各门所贮，亦可拣试应用也。"（徐光启. 再陈一得以裨庙胜疏//徐光启集：卷六. 王重民，辑校. 北京：中华书局，2014：280）还有："盖臣所立车营，必为四应之阵。重车为卫，杂以铳车，二车之外，复有盾车，盾车之外，复有拒马，守捍三属，固无可攻之理。而大小火器，一一命中，又终日不绝，虽遇强敌，亦难冲入，就有冲入，而我兵武艺习熟，甲胄精完，戈矛铦利，殳斧坚重，谁能当之。盖奴兵再世选练，器甲精好，我之选练，既与之等衡，加之火器，蔑不胜矣。"（徐光启. 丑虏暂东绸缪宜亟谨述初言以备战守疏//徐光启集：卷六. 王重民，辑校. 北京：中华书局，2014：287）《明史·兵志》载："至正统十二年始从总兵官朱冕议，用火车备战。自是言车战者相继。"与徐光启所处时代相近的戚继光、熊廷弼、孙承宗等都曾建议过组织车营，但都"未尝以战""罕得其用"，并无多少实战先例。《明史》将车营不行的原因归结为"大约边地险阻，不利车战"。从辽东的地形与交通来看，徐光启之主张实当存疑。参见：张廷玉，等. 明史：卷九十二志第六十八. 中华书局编辑部，编. "二十四史"（简体字本）. 北京：中华书局，2000：1514-1516.

③ 徐光启. 计开目前至急事宜//徐光启集：卷六. 王重民，辑校. 北京：中华书局，2014：276.

两或料价或新饷会同彼处监司，于芜湖铸造起解。彼中铜铁煤炭所聚，可省半费也。”① 如果能因地制宜制造火器，那么既可以大大节约人力、物力等成本，又能在更短的时间内造出更多的火器，满足前线战争需要，甚至形成火力上的压倒性优势，或守或战皆无虞。

总之，在己巳之变中，徐光启既参与京师城防，又处理葡兵来华事宜，还力主建立以西方火器为核心的车营进行野战，是其第二次也是最后一次致力于军事实践。他在奏疏中的种种主张，如在守城与野战、引进与自制西方火器、火器制造、铳台建造等方面的见识，其奏疏中种种主张的主旨都在于如何运用以红夷大炮为代表的西方火器与后金军队战斗，这既是其军事思想巅峰期的体现，也象征着西学东渐中的军事技术传播达到了顶峰。

4．吴桥兵变与红夷大炮技术转移

己巳之变后，徐光启军事思想的同盟践行者和西学东渐中军事技术的主要传播者——孙元化也因在前线有功而于1629年（崇祯二年）授任山东布政司参政、登莱道兵备，次年升为山东按察副使，后又因兵部尚书梁廷栋的破格推荐而任登莱巡抚，成为当时信奉天主教且善用红夷大炮之人当中职务最高的军事主官。1631年，葡兵以及张焘、王徵等既善用红夷大炮又信奉天主教的人都被派遣到登州，听从孙元化的指挥。他看重辽人：“元化谓复辽土宜用辽人，固辽

① 徐光启．再陈一得以裨庙胜疏//徐光启集：卷六．王重民，辑校．北京：中华书局，2014：281。另有多疏可见徐光启自行制造红夷大炮之想法，如：“但西洋铳造法，关系甚大，恐为奸细所窥，若造于京师，尤宜慎密。若欲价廉工省，则可造于山西、南直等处，亦须付托得人，加意防范耳。”（徐光启．丑虏暂东绸缪宜亟谨述初言以备战守疏//徐光启集：卷六．王重民，辑校．北京：中华书局，2014：268）又如：“若天下臣民愿助者，请于北之潞安，南之扬州，各开一局。不论物料金钱，赍赴二处。董以知兵、知器文武各一二员，亦令捐助之人，自行攒造。造成类奏解京，或分发边镇，其酬赏悉依前法。”（徐光启．西洋神器既见其益宜尽其用疏//徐光启集：卷六．王重民，辑校．北京：中华书局，2014：290）又如：“若广东工匠甚众，铁料尤精，价亦可省三分之一，臣欲待工完之日，请于彼处置造，不过数月，数千门可致也。”（徐光启．闻风愤激直献刍荛疏//徐光启集：卷六．王重民，辑校．北京：中华书局，2014：300）又如：“是以近日臣工亦有建言制造于山西者，盖彼产铁之处，工料易得，煤价甚贱，亦可加精故也。试验之后，如蒙皇上俯赐采择，乞敕下工部，将诸臣近议，酌量遣官到彼开局成造，所裨军资，所省财计，亦不少矣。”（徐光启．钦奉圣旨复奏疏//徐光启集：卷六．王重民，辑校．北京：中华书局，2014：304）

人宜得辽将，故征辽将孔有德、耿仲明等。”① 1629年东江守将毛文龙被袁崇焕先斩后奏，其旧将孔有德、耿仲明、李九成等人哗变。孙元化在登莱巡抚任上接收了他们，并且对其部队进行西式火器的训练。

至此，孙元化等人建立起了一支包括葡人、辽人等在内的，当时最精锐的明朝火器部队。徐光启在朝廷中枢也力荐孙元化：“其见在之兵，则速召孙元化于登州，令统兵以来，可成一营矣……则其间经营联络，剂量分配，齐众若一者，非孙元化不可也……勿迟之端有四：一、速召孙元化、王徵于登州，令先发见兵。”② 因此，可以说明末时已经形成一个引进、运用与发展红夷大炮技术的“‘核心—半外围—外围’的结构”③。核心是官位较高的徐光启、李之藻、孙元化等人，半外围是围绕在核心旁边的张焘、韩霖等人，外围则指孙承宗、袁崇焕、梁廷栋等友好对待天主教且帮助过天主教徒的人。这张关系网的形成是移植传播与超胜会通的晚明群星在军事技术方面的代表，象征着明朝对红夷大炮的引进、运用都已至巅峰。

但很快，吴桥兵变的发生彻底破坏了这种局面。崇祯四年八月，皇太极率后金军攻大凌河城，孙元化命令孔有德领辽兵救援，辽兵行至吴桥时因与地方豪族摩擦而叛变。孙元化等地方长官未能及时平定叛乱，叛军于次年正月攻破登州，孙元化、张焘等被俘，公沙·的西劳等葡兵死伤惨重，西式火器尽为叛军所得。此次叛乱延续近两年，崇祯六年四月，孔有德等降于后金，受训部队、西式火器、训练制度、操作方法、制造技术等一并献出。叛变还造成了孙元化和张焘被弃市：“首辅周延儒谋脱其死，不得也；则援其师光启入阁图之，卒不得，同张焘弃市。光兰、徵充军。”④ 之后支持孙元化的首辅周延儒、梁廷栋等朝中大员先后去职，“核心—半外围—外围”的关系网不复存在。

徐光启经此事件后很受打击，其时袁崇焕、孙承宗、梁廷栋、李之藻等皆已不在庙堂，加上自身年事已高、体弱多病，自此在风雨飘摇之中不再过问兵

---

① 崇祯实录：卷四//明实录. 台北：“中央研究院”历史语言研究所校印本，1962：140－141.

② 徐光启. 钦奉明旨敷陈愚见疏//徐光启集：卷六. 王重民，辑校. 北京：中华书局，2014：311－313.

③ 冯震宇，高策. 明末基督教徒与西方传华火器技术之关系研究. 科学技术哲学研究，2013（4）：102.

④ 关于吴桥兵变及孔有德等将降于后金之详情，可参见《崇祯实录》之卷四至卷五、《明史》卷二百四十八列传第一百三十六、《清史稿》卷二百三十四列传二十一。

事，转而专心修历，直至当年十一月逝世。吴桥兵变使得徐光启军事思想的实践遭到重创，以红夷大炮为核心的军事主张不能获得施行，其诸多成果反而为后金所得。从此，后金在火器上的劣势很快得到弥补，并且实现了优势与劣势之间的逆转，甚至产生了从未出现的局面：后金军在每场战役中所聚集的红夷大炮数量超过明军，定点围城、不同兵种协同战斗成了家常便饭，犹如"'瓮中捉鳖'的游戏"①。清军在松锦之战（1639—1642）后将红夷大炮大规模运用于野战和攻城中，在入关前夕，其红夷大炮制造的相关技术已是当时世界最高水平之一了。

至于后来西学东渐中军事技术传播的式微，则不应归诸天主教的因素。"明末伴随着引进西炮西兵而来的基督教传播高潮与同时期的火器技术发展高峰之间是有必然联系的。明末西方传华火器技术伴随着基督教关系网的中断而中断，这也与中国火器技术衰落甚至倒退的时间节点所吻合。"② 这种观点显然是本末倒置了。首先，以徐光启为首的身处"关系网"之中的天主教徒更像"两头蛇"，并没有完全放弃儒家的信念和价值，不应将其天主教徒的身份视为全部或者根本。其次，兵变前后明军乃至中国的火器技术差距与西方相比并非如此巨大，主要是停滞而非衰落。因为吴桥兵变之前引进红夷大炮本不多，且仿制品之质与量亦不能满足要求，之后汤若望曾经在京师帮助造炮，澳门葡萄牙人也曾帮助南明抗清，应着力于后金（清）的西方火器技术为何能迅速兴起。最后，西学东渐中的军事技术在后金那里得到了延续和发展，中国火器技术并没有在皇太极时期走向衰落，孔有德等叛降后就曾利用其红夷大炮的优势与明军作战。

吴桥兵变应被视为红夷大炮技术体系的转移，事实上是西学东渐中军事技术的进一步传播，不应称之为明末西方传华火器技术的中断；它与后来西学东渐中的军事技术传播的式微没有直接关系，更不能将天主教关系网的中断与中国火器技术衰落甚至倒退混为一谈。吴桥兵变虽尽显明末中国天主教徒的遗憾与悲歌，但以后世的眼光审视，从萨尔浒之战至此构成了引进红夷大炮的完整故事，也为后世中国技术领域先进事物的引进与传播提供了具有启发意义的案例。

---

① 黄一农. 红夷大炮与皇太极创立的八旗汉军. 历史研究，2004（4）：104.

② 冯震宇，高策. 明末基督教徒与西方传华火器技术之关系研究. 科学技术哲学研究，2013（4）：103.

参考文献

[1] 钟鸣旦．杨廷筠：明末天主教儒者．北京：社会科学文献出版社，2002.

[2] 费赖之．在华耶稣会士列传及书目．冯承钧，译．北京：中华书局，1995.

[3] 裴化行．利玛窦评传．管震湖，译．北京：商务印书馆，1993.

[4] 艾尔曼．科学在中国：1550—1900．原祖杰，等译．北京：中国人民大学出版社，2016.

[5] 陈润成，李欣荣．张荫麟全集．北京：清华大学出版社，2013.

[6] 史景迁．利玛窦传．王改华，译．西安：陕西人民出版社，2011.

[7] 夏伯嘉．利玛窦：紫禁城里的耶稣会士．向红艳，李春园，译．董少新，校．上海：上海古籍出版社，2012.

[8] 申时行，等．大明会典//《续修四库全书》编委会．续修四库全书：史部　政书类．上海：上海古籍出版社，2002.

[9] 沈德符．万历野获编．元明史料笔记丛刊．北京：中华书局，1959.

[10] 万斯同．明史//《续修四库全书》编委会．续修四库全书：史部　别史类．上海：上海古籍出版社，2002.

[11] 张廷玉，等．明史．中华书局编辑部，编．“二十四史”（简体字本）．北京：中华书局，2000.

[12] 艾儒略．合校本大西西泰利先生行迹．向达，校．北平：上智编译馆，1947.

[13] 菲利浦·米尼尼．利玛窦——凤凰阁．王苏娜，译．郑州：大象出版社，2012.

[14] 利玛窦，金尼阁．利玛窦中国札记．何高济，王遵仲，李申，译．桂林：广西师范大学出版社，2001.

[15] 利玛窦．利玛窦全集：利玛窦书信集．罗渔，译．台北：光启文化事业，1986.

[16] 利玛窦．利玛窦中国书札．芸琪，译．北京：宗教文化出版社，2006.

[17] 利玛窦．耶稣会与天主教进入中国史．文铮，译．梅欧金，校．北京：商务印书馆，2014.

[18] 利玛窦，授．李之藻，演．同文算指前编．北京：中华书局，1985.

[19] 利玛窦，述．徐光启，译．几何原本．王红霞，点校．上海：上海古籍出版社，2011.

[20] 陈卫平，李春勇．徐光启评传．南京：南京大学出版社，2006.

[21] 崇祯实录//明实录．台北：“中央研究院”历史语言研究所校印本，1962.

[22] 初晓波．从华夷到万国的先声：徐光启对外观念研究．北京：北京大学出版

社，2008.

［23］董少新，等．朝天记：重走利玛窦之路．上海：上海古籍出版社，2012.

［24］方豪．中国天主教史人物传：上．北京：中华书局，1988.

［25］黄时鉴，龚缨晏．利玛窦世界地图研究．上海：上海古籍出版社，2004.

［26］计六奇．明季北略．魏得良，任道斌，点校．北京：中华书局，1985.

［27］焦竑．澹园集．李剑雄，点校．北京：中华书局，1999.

［28］李剑雄．焦竑评传．南京：南京大学出版社，1998.

［29］梁家勉．徐光启年谱．上海：上海古籍出版社，1981.

［30］梁家勉，原编．李天纲，增补．增补徐光启年谱．上海：上海古籍出版社，2011.

［31］梁启超．中国近三百年学术史．夏晓虹，陆胤，校．新校本．北京：商务印书馆，2011.

［32］林金水，邹萍．泰西儒士利玛窦．北京：国际文化出版公司，1999.

［33］明神宗实录//明实录．台北："中央研究院"历史语言研究所校印本，1962.

［34］明熹宗实录//明实录．台北："中央研究院"历史语言研究所校印本，1962.

［35］宋黎明．神父的新装——利玛窦在中国（1582—1610）．南京：南京大学出版社，2011.

［36］孙尚扬．利玛窦与徐光启．北京：中国国际广播出版社，2009.

［37］孙尚扬．明末天主教与儒学的互动．北京：宗教文化出版社，2013.

［38］王成义．徐光启家世．上海：上海大学出版社，2009.

［39］王世贞．弇山堂别集．魏连科，点校．北京：中华书局，1985.

［40］王重民．徐光启．何兆武，校订．上海：上海人民出版社，1981.

［41］吴廷燮．明督抚年表．魏连科，点校．北京：中华书局，1982.

［42］谢国桢．清开国史料考．北京：北京出版社，2014.

［43］徐光启．农政全书．石声汉，点校．上海：上海古籍出版社，2011.

［44］徐光启．徐光启集．王重民，辑校．北京：中华书局，2014.

［45］徐宗泽．中国天主教传教史概论．北京：商务印书馆，2015.

［46］杨正泰．明代驿站考．增订本．上海：上海古籍出版社，2006.

［47］赵尔巽，等．清史稿．北京：中华书局，1977.

［48］钟鸣旦，杜鼎克，黄一农，祝一平，等．徐家汇藏书楼明清天主教文献．台北：辅仁大学神学院，1996.

［49］朱保炯，谢沛霖．明清进士题名碑录索引．上海：上海古籍出版社，1980.

［50］朱维铮．利玛窦中文著译集．上海：复旦大学出版社，2001.

［51］邹振环．晚明汉文西学经典：编译、诠释、流传与影响．上海：复旦大学出版社，2011.

第五章　西学在动乱中的机遇

“西学”主要指与“中土文化”不同的“西方文化”，本章所探讨的西学主要涵盖三个方面的内容：第一个方面是指天主教教义等宗教文化；第二个方面是指文艺复兴后逐渐兴起的、与“近现代自然科学”研究传统相关的科学文化，比如前亚里士多德时期的自然哲学（毕达哥拉斯学派等），亚里士多德时期的自然哲学，中世纪宗教神学之下的自然哲学（托马斯·阿奎那的经院哲学等），包括托勒密体系和哥白尼体系的地球太阳中心说，也包括伽利略、牛顿等开创的近现代自然科学；第三个方面是指历法、舆地、医学、火器等西方技术。① 明末清初的中土大变绝非一般性的改朝换代，而是一次前所未有的系统大变革。

一、中土大变与西学

1644 年，中土发生了两次改朝换代。不到四十年，就先后有明、大顺、清和南明等政权交替或缠斗。如此密集且剧烈的政局变动仅是中土大变之表象，在这表象背后，还蕴藏着中土历法、坤舆、礼仪之大变，更存在着一个以往中土历朝历代所不曾有过的“新变”，即中土科学夹杂着西方天主教的传播，掀起了西学东渐第一波。

1. 1644：一年之中的两次改朝换代

1644 年是崇祯帝即位后的第 17 年。在崇祯帝在位的这些年中，充满着天灾与人祸。1629 年（崇祯二年），中土气温开始下降，并走向中土五千年以来的最低点，1637 年（崇祯十年），明朝又开始大旱。极端的气候让中土的皇帝与

① 艾尔曼．科学在中国：1550—1900．原祖杰，等译．北京：中国人民大学出版社，2016：5-6.

百姓人心惶惶，为明朝政局的变动蒙上了一层阴影。此后，“坏天气”和“歉收”成为明朝的两个循环不已的主题。例如，“1639—1640 年浙江北部洪水成灾，1641 年干旱和蝗虫成灾，1642—1643 年既有水灾又有旱灾，据目击者的记述，这个地区在 17 世纪 40 年代初饿死许多人，到处是乞丐，杀害婴儿，甚至人相食”①。除此之外，崇祯年间全国瘟疫肆虐，这一系列天灾和瘟疫都加剧了晚明动荡的局面，在“与其坐而饥死，何不盗而死”的鼓动下，各地的农民起义爆发了。

明末爆发了来自西北的高迎祥、李自成、张献忠等农民起义，加之来自东北的后金侵扰，内忧外患使得明朝政权开始发生剧烈动荡。除了天灾和人祸两个因素以外，中土的两次改朝换代还与西洋火器技术的引入有着密切的关系，在明末的战争中，哪一方掌握了较为先进的火器技术，便获得了克敌制胜的法宝。或许是鉴于西学在战争和军事技术上取得的成功，崇祯帝登基后开始对西学产生信任，继军事技术之后，于 1629 年（崇祯二年），允许徐光启开设历局，督修历法。徐光启开始将西学应用于历法的修订之中，并以西法为立足点开展修历工作。参加修历工作的还有士大夫邢云路、崔儒秀、李之藻等以及耶稣会士龙华民、邓玉函、汤若望、罗雅谷等。与西洋火器技术及新式军事思想一样，历局的开设与西欧历算学的引入同样折射出晚明西学东渐的另一个缩影，梁启超曾将这一西学东渐的缩影称为：“明末有一场大公案，为中国学术史上应该大笔特书者。”② 可见其对中国学术史影响之深。

至此，一条围绕着西洋火器与历法改革的西学东渐道路得以开启，一个以明末士大夫为主体、以耶稣会士为外围、以会通中西为主旨的明末西学东渐学者群体开始在中土悄然形成，这一学者群体构成了推动晚明西学东渐潮流的重要力量。梁启超在其《中国近三百年学术史》中曾对这一西学东渐学者群体有过描述：“当时治利、徐一派之学者，尚有周子愚、瞿式耜、虞淳熙、樊良枢……瞿汝夔、曹于汴、郑以伟、熊明遇、陈亮采、许香臣、熊士旂等人，皆尝为著译各书作序跋者，又莲池法师亦与利玛窦往来，有书札，见《辩学遗牍》中，可想见当时此派声气之广。”③ 并称赞利玛窦和徐光启合译的《几何原本》

---

① 牟复礼，崔瑞德. 剑桥中国明代史. 张书生，等译. 谢亮生，校. 北京：中国社会科学出版社，1992：683.

② 梁启超. 中国近三百年学术史. 北京：东方出版社，1996：9.

③ 同②10.

"字字精金美玉，为千古不朽之作"①。在中土大变即将来临之际，这一西学东渐学者群体获得了崇祯帝的支持，群体中的重要人物为徐光启、李之藻等晚明士大夫，主要成员多为天主教徒以及对天主教徒友好的士大夫，如孙元化、王徵、张焘、孙学诗、韩云、韩霖、焦勖、孙承宗、袁崇焕、周延儒等。② 外籍人员则有利玛窦、邓玉函、罗雅谷、庞迪我、汤若望等耶稣会士，后来的清代学者均受到这一西学东渐学者群的影响，对历算学都有兴趣，且最喜欢谈经世致用之学。晚明这一学者群对清代中土文化的变迁产生了重要的影响。

若从这一在西学东渐过程中出现的以徐光启等为核心、以明末士大夫为主体的学者群延伸开来，俨然可见一个上有皇权（以崇祯帝为最）维护、外有耶稣会士和信众互动的西学东渐共同体。

崇祯十六年底，李自成攻克西安，后在西安称王，改西安为西京，国号大顺。崇祯十七年初，开始北征北京。同年三月，大顺军攻克北京，崇祯帝自缢于煤山，明朝覆灭，史称甲申之变。大顺朝初期，李自成对待耶稣会士的态度算是友好的。后由于军纪废弛，大顺朝士兵开始抢劫商店和居民，统治秩序发生混乱，也存在一些农民军向教堂纵火的举动，但是并未对时存的西学施以大规模的破坏。据汤若望所述，大顺军从北京撤走时，除了一些科学仪器受到破坏，西学书籍并未散失。这便为西学在清朝的传播奠定了良好的基础。大顺的败局始于崇祯十七年四月，李自成亲率二十万大军奔赴山海关，山海关之战役（也称一片石战役）爆发。最终，李自成不敌吴三桂和多尔衮联军，四月二十九日，李自成在武英殿仓促称帝，第二天便弃北京城而去，回到了西安。在此期间，由于李自成对待明末士大夫的态度、京城内原有传教士的逃亡以及汤若望的骑墙观望，西学东渐亦无太大进展。

顺治元年五月，清大军进入北京，九月从盛京（今沈阳）迁都北京，十月初，顺治帝登基，随后清凭借红夷大炮取得潼关之战的胜利，李自成便去向不明。与此同时，张献忠退守四川，建立大西国，在其大举屠川前，曾允许两名耶稣会士为当地人施洗。张献忠在成都时还曾遣礼部之官"往迎"耶稣会士利类思和安文思，向他们询问泰西各国政事，待以上宾之礼，二人也为张献忠制作了天、地球（仪器）各一个。在耶稣会士的劝导下，张献忠的岳父全家一百

---

① 梁启超．中国近三百年学术史．北京：东方出版社，1996：9.

② 冯震宇，高策．明末基督教徒与西方传华火器技术之关系研究．科学技术哲学研究，2013（2）：103.

五十余人入教。但这一政权在顺治三年被清朝消灭。

清朝伊始，西学东渐出现了一个新的转折点，其传播的载体和结构发生了迁移。首先是传播载体的迁移，耶稣会士和满洲士大夫逐渐成为西学东渐的中坚力量。顺治元年五月，多尔衮为了驻扎军队，令东、西、中城居民一律移至南、北二城，身居城内的汤若望向多尔衮递交奏疏，希望能够保留耶稣会所和历著。在汤若望与清朝廷的交流中，范文程起到了很重要的作用，因范文程的推介，汤若望得以进入清廷，继续修订历法，后得到重用，西学得以在清朝继续传播。在顺治时期，耶稣会士开始深入皇族上层，甚至直接影响皇帝。其次是传播结构的迁移，西学传播的对象开始向高层集中，而非专注于民间扩散，这有助于宗教影响的扩大，但却让西学中的科学与一般士人和百姓渐行渐远了，科学逐渐成为一门皇家御用学问。

在两次改朝换代之后，与西学东渐有关的一条新线索是南明朝廷与罗马教廷之间的往来。与中土明末及清初以来的西学东渐有所不同，南明不仅试图利用与耶稣会士的关系从澳门与欧洲获得军事援助①，而且具有浓郁的宗教色彩，以耶稣会士翟安德、卜弥格、艾儒略、毕方济等为中坚，南明皇族多皈依天主教，堪称一个信奉天主教的皇室，天主教教义成为此时西学的主要内容。

纵观 1644 年前后的中土大变，西学东渐的过程并没有中断，改朝换代反而使西学在中土的传播获得新的契机。

2. 崇祯帝与西学

崇祯帝时期，西学与明廷产生了更加密集的交集，以徐光启、李之藻为核心的亲教的晚明士大夫群体，通过西洋军事改革、修改历法等方式，提供了一大批中西合璧的著作，诸如《测天约说》2 卷、《大测》2 卷等，这是中土历朝历代前所未有的新局面。崇祯帝时的西学发迹，使得徐光启等热衷于西学的晚明士人被重用。具体来看，崇祯帝与西学关系紧密，其显明者有三：其一为《崇祯历书》的编纂，其二为西洋火器技术的引入，其三为崇祯帝与耶稣会士汤若望之间的交往。

---

① 永历尝试与教皇和耶稣会总会长之间的书信往来以及南明政权试图通过耶稣会士寻求澳门及欧洲军事援助的过程，可参见：李天纲. 中国礼仪之争：历史、文献和意义. 上海：上海古籍出版社，1998；黄一农. 两头蛇——明末清初的第一代天主教徒. 上海：上海古籍出版社，2006.

天文为授历之要务，自洪武帝设回回历科以降，历局遂为回回所把持，随后便一直沿袭旧历，不加修正。至万历帝时期，明历法《大统历》《回回历》疏舛不合实测，误差累积便已趋于严重，时至崇祯帝，传统历法更是到了不得不改的地步。自利玛窦入京，其所携西方天文学在修历方面的学术进展引起了士人的关注，并上书推荐耶稣会士参与修历，比如1610年，钦天监五官正周子愚上疏，"请仿洪武初设回回历科之例"①，推荐庞迪我、熊三拔参与修历。1613年，李之藻又上疏推荐庞迪我、熊三拔、阳玛诺、龙华民参与修历，李之藻对西方的天文学及其观测仪器都颇为肯定，并认为耶稣会士的天文学，"其所论天文历数，有中国昔贤所未及者。不徒论其度数，又能明其所以然之理。其所制窥天、窥日之器，种种精绝"②。曾在历局中供职过的耶稣会士有邓玉函、龙华民、罗雅谷和汤若望，"时在京教士，除庞迪我等外，尚有龙华民、邓玉函等，然皆非天文专家，故不能有所成就，俟德人汤若望至，而其业始大昌也"③。修订皇家历法，于耶稣会士而言是一绝佳的传教契机，于明朝廷而言则是一次重振纲纪的尝试。除了上述两个方面，在修历的过程中，西方天文学知识的引入也可看作哥白尼、伽利略、培根、牛顿等所开创的近现代科学之前身在中国的传播。④

汤若望于天启二年至西安，天启末始来北京，在宣武门内之首善书院，开设历局，推步天文；兼制造象限仪、纪限仪、平悬浑仪、交食仪、列宿经纬天球、万国经纬地球仪、平面日晷、转盘星球、候时钟、望远镜等，并译纂历书，邓玉函及同来者罗雅谷助之。1626年（天启六年）晚明取得宁远大捷，信心大振。或许是出于晚明对西洋火器技术的认可，崇祯帝开始重视西学中的科学技术部分。1629年（崇祯二年），钦天监官员采用传统方法测日食再次失误，徐光启却用西方天文学的方法测准了日食，这一检测事实让崇祯帝认识到西学的价值，遂同意了徐光启等明末士大夫的建议，设立"历局"，徐光启荐李之藻、邓玉函、龙华民协同修历，旋辟历局于京师东长安街，作观星台，又选畴人子

---

① 萧一山．清代通史：卷上．北京：中华书局，1985：678.

② 张廷玉，等．明史（1）：卷三十一志第七．中华书局编辑部，编．"二十四史"（简体字本）．北京：中华书局，2000：356.

③ 同①.

④ 晚明时期，近现代科学传统刚刚开始形成，在此之前，科学往往夹杂于宗教之中，或以自然哲学之面目存在。耶稣会士所携的西方古典天文学以托勒密天文学为主，并非近现代科学意义上的天文学，但是较之于宗教，耶稣会士所携天文学中的自然理性与实验观察等研究传统又与近现代科学有着密切的关联，故称之为近现代科学之前身。

弟习西法。1630 年（崇祯三年），邓玉函卒，乃征汤若望、罗雅谷共事历局，于是新法日益显明。徐光启又令若望等以新旧法，较其疏密，纂修新法算书一百卷进之。汤若望正是在这一时期，经徐光启举荐得以接触崇祯帝，并逐渐为崇祯帝所器重，在西学东渐的舞台上扮演了重要的作用。崇祯帝时期，西学在天文历法方面已经得到认可，并已经被应用于中国的天文观测，这也意味着修改后的历法将是西化的新历法。1633 年（崇祯六年），徐光启去世，历局工作交由李天经主持，《崇祯历书》成书于 1634 年（崇祯七年），但直到 1644 年清军入北京，汤若望将《崇祯历书》进行修补并献给顺治帝时，才从《西洋新法历书》名义发布。崇祯帝开设历局、编撰《崇祯历书》的举措，促进了西学东渐的进程；在徐光启、李之藻等明末士大夫的推动下，西学在中国达到了一个全新的水平。但是，崇祯帝时期正值内外干戈扰攘，又受制于廷臣门户之见，新法遂不果行。1643 年（崇祯十六年），日食，钦天监之推步不合，而汤若望之推步较为密合，崇祯帝始谕以新历代回历。不过，仍因朝官掣肘，该事未及施行。①

除了历法，在崇祯帝时期，西方的火器技术也被重点引入。崇祯帝即位之初，力挽狂澜，罢斥在天启朝权倾一时的魏忠贤阉党。天启七年十一月，起袁崇焕为都察院左都御史兼兵部右侍郎，十二月，起徐光启为詹事府詹事。崇祯元年四月，袁崇焕更升授兵部尚书，督师蓟辽。徐光启好友韩炉也被召为首辅。在此局面下，徐光启于崇祯二年正月自请兵权，以操练新式火器部队。虽然崇祯帝并未采用徐光启练兵的建议，但却于四月升授他为礼部左侍郎，可见崇祯帝仍然器重徐光启等人所携的西学。袁崇焕、徐光启、孙承宗、满桂、祖大寿、茅元仪等人，在天启年间便已经达成去澳门募葡兵、购洋铳的共识，他们对西方的火器技术与军事思想均有了解，且取得过宁远大捷，具有西洋火器的实战经验。然而崇祯二年六月，东江毛文龙跋扈难制，袁崇焕先斩后奏，假阅兵之名将其斩首。擅自诛杀朝廷将领，此举为崇祯帝所忌讳，又为“己巳之变”“吴桥之变”埋下了伏笔。

崇祯帝对这批士大夫的起用，除了出于稳固政权的需要，还意味着对与西洋火器技术相关的西洋文化的认同。例如在 1629 年（崇祯二年），皇太极发动“己巳之变”，京城告急，崇祯帝召臣问方略，并采纳了徐光启所上《守城条议》中的建议：“西洋大铳并贡目未到，其归化陪臣龙华民、邓玉函虽不与兵事，极精于度数，可资守御，亦日轮一人，与象坤同住，以便谘议。”② 汤若望

---

① 萧一山. 清代通史：卷上. 北京：中华书局，1985：678.

② 徐光启集：卷六. 王重民，辑校. 北京：中华书局，1963：272-275.

根据三角射击区的地理防卫原理，上呈崇祯帝一个关于城墙外部建筑防御工事的模型，崇祯帝批准建造。上述两例均体现崇祯帝对包括西洋军事技术的西学之认可，这也意味着在崇祯帝时期，随着西洋火器技术一同东渐的还有数学、几何学等科学文化。崇祯二年十二月，崇祯帝中后金反间计，袁崇焕下狱，祖大寿愤怒、惊惧之极，乃率辽兵东返，新授总理关宁兵马的满桂，旋又力战身亡，随后，徐光启的一些积极引进洋兵的做法又引起诸多抨击。

孙元化是引入西洋火器技术的重要人物。起初，孙元化深得崇祯帝的支持，比如，孙元化尝以恢复辽东为由，请马价二万两，崇祯帝喜其“实心任事”，排除异议，乃许以速拨，孙元化因此积极购置军备。崇祯四年正月，工部尚书曹珍等以登镇制器尚缺银二万两，而库藏如洗，更建议特准其分用户部的加派银，以济急需。徐光启的军事改革计划希望孙元化的军队能够尽用西术，并成立十五支精锐火器营。孙元化所统率的部队以徐光启的军事改革思想为指导，在治兵时，又举荐了信奉天主教的教友王徵和张焘等人。王徵在接任之初，亦曾起意举荐李之藻。但到崇祯四年二月，孙元化因坚持起用葡兵遭到疏劾，澳门远征军在抵达南昌后，即因战情趋缓以及卢兆龙等人的激烈反对而遭遣返。徐光启在此次葡军遭遣返之后，心灰意冷，不再积极过问兵事。后来，吴桥兵变爆发，更对晚明与后金之间的军事较量以及西学在晚明的传播产生消极影响。崇祯六年，孙元化、张焘弃市，随着军中亲天主教势力的失势，以徐光启为核心的晚明西学群开始淡出军事改革。

1644 年，作为全国统一政权的明代的最后一位皇帝——崇祯帝吊死在煤山，这位皇帝特意将披散的头发盖住面容，以示无颜面对列祖列宗。耶稣会士汤若望对此评价道：“竟这样耻辱！这一代君王崩殂。他或许是世界上最伟大的君王，而在性格的优良上，决无可疑，他不落于任何人之后。然而殂落时，竟这样凄惨孤独，为一切的人所撇弃……因之也使有二百七十六年历史之大明帝国，与约近八万人口之大明皇族，悉行沦亡。”① 从中可见：如果说明代臣民对崇祯帝的敬重来自中土文化，那么作为一个外国人，汤若望对崇祯帝的好感便来自中西文化之间的会通，如果没有中西文化的融通，汤若望也就不可能得到崇祯帝的器重，更不会对崇祯帝产生崇敬之心。因此，从崇祯帝与汤若望两人的情谊与交往轨迹，或可推测：崇祯帝看到了耶稣会士携来的西学之价值，外加汤

---

① 魏特. 汤若望传：第一册. 杨丙辰，译. 台北：商务印书馆，1960：207-208.

若望又著有《远镜说》《火攻挈要》等书，因而在晚明生死攸关之时，便寄希望于汤若望等耶稣会士。实际上，1642 年（崇祯十五年），时任尚宝司卿、治理历法的汤若望便被调去监制 20 尊大炮，并负责观察北京城外的防御工作。

3. 大顺朝与西学

崇祯元年，陕西大饥，延绥缺饷；固原兵变，兵劫州库。农民起义在陕西爆发，崇祯二年，米脂县李自成加入起义，崇祯四年李自成乃往从高迎祥，与张献忠等合，号闯将，未有名。崇祯七年延绥巡抚陈奇瑜与卢象升并进，斩杀农民军数千人。农民军逃至渑池渡河，高迎祥最强，李自成乃其下属。及入河南，李自成与兄子过结李牟、顾君恩、高杰等自成一军，过、杰善战，而君恩善谋。及陈奇瑜兵至，李自成等陷于兴安之车厢峡，此时又大雨两月，马乏多死，弓矢脱线，李自成采纳了顾君恩的计谋，贿赂明将陈奇瑜周围的人，向官兵诈降。进士出身的陈奇瑜掉以轻心，答应了李自成的请求。农民军化险为夷后，随即举兵造反，与此同时，又有数万农民军从略阳汇集，农民军声势瞬间壮大，李自成也开始声名显著。崇祯八年正月，包括高迎祥、张献忠、李自成在内的农民军共十三家七十二营大会于荥阳，商议战事，未果。此时李自成起到关键作用并建议："一夫犹奋，况十万万众乎！官兵无能为也，宜分兵定所向，利钝听之天。"① 获得农民军的一致认同。

崇祯九年秋，明将孙传庭任陕西巡抚，七月，擒获高迎祥并处磔刑，李自成被农民军推举为闯王。崇祯十一年春，洪承畴、孙传庭合击李自成，大破之。李自成伤亡惨重，仅与刘宗敏、田见秀等十八人突出重围，李自成势力走向衰亡。随后洪承畴改蓟辽总督，孙传庭改保定总督，后以疾辞，逮下狱。二人皆去，李自成得以喘息。崇祯十一年五月，熊文灿又主张抚张献忠、刘国能，被诈降。崇祯十二年夏，张献忠再次造反，熊文灿入狱被斩。李自成得知后大喜复出，东山再起，随后投奔张献忠，然而张献忠欲图之，李自成察觉后逃走。后被官军围困于山中，李自成占卜为誓，结果三占三吉，遂决定背水一战，转攻河南，适逢河南大旱，饥民从李自成者数万。

崇祯十三年，牛金星入李自成军中为主谋，与此同时李信也归入李自成门下，李信随即建议李自成："取天下以人心为本，请勿杀人，收天下心。"李自

---

① 张廷玉，等．明史（6）：卷三百九列传第一百九十七．中华书局编辑部，编．"二十四史"（简体字本）．北京：中华书局，2000：5325．

成采取了李信的建议，此后势力日益壮大。崇祯十五年李自成攻占湖北襄阳，随后改襄阳为襄京，自称“新顺王”，建立“新顺”政权。崇祯十六年底占领西安，十七年正月又改西安为长安，称西京，建国号大顺，建元永昌。

西安府不仅是大顺军的发祥地和立足点，也是耶稣会士最早的传教场所之一，为西学东渐的重要城市。天启初，南京教案余波尚存，但仍有耶稣会士在华活动，法国耶稣会士金尼阁在天启五年应士大夫王徵等之邀，来到陕西并住在西安。天启七年离开西安回到杭州，而继任者便是在西学东渐历史上起到重要推动作用的德国耶稣会士汤若望。在耶稣会士金尼阁、汤若望等的努力下，崇祯十二年西安府共有教友 1 240 人，这一群体对西学东渐的影响不容忽视。① 李自成攻克西安时，大顺军并没有为难城内的耶稣会士，且以礼相待，加以保护，比如传教士郭纳爵、梅高“二公在西安被获，经匪首询问，知二公远道来华，惟为阐明真教，因即命释放，并禁骚扰教堂，时陕西遍地兵匪”②。

崇祯十七年大顺军攻克北京，明朝覆灭。李自成入京后，耶稣会士决定逃离北京，可见耶稣会士对李自成的不信任。传教士中仅汤若望一人留于会所之中，中国北部传教会副总会长傅汎际和龙华民俱已离开这危险地带，龙华民曾劝汤若望一同逃避，但是汤若望却宁愿死守其教友，不肯他往。③ 获悉崇祯帝自缢后，汤若望对逼死崇祯帝的农民军领袖李自成存在着反感与敌对心理。大顺时期对西学的态度可从以下两条线索寻之：其一为大顺朝当权者对待耶稣会士的态度，其二便是大顺朝当权者对待明末士大夫的态度。

李自成对待耶稣会士的态度一直堪称友好，但是京城的耶稣会士对待李自成却极为排斥，并称其为“李贼”“强盗”“闯贼”④。比如李自成在攻克西安时，对西安的耶稣会士以礼相待，明覆灭后，李自成入京，也并没有伤害耶稣会士，相反对耶稣会士采取了保护的态度。例如汤若望所留的耶稣会所门口挂有“勿扰汤若望”牌示一方，三天后，汤若望被邀请面见一位起义军领袖，在汤若望走至宫殿前时，人们拍手欢迎并且大声喊叫着“大法师来了！”这位义军

---

① 徐宗泽. 中国天主教传教史概论. 上海：上海书店出版社，2010：194.

② 沈云龙. 近代中国史料丛刊第六十五辑：天主教传入中国概观. 台北：文海出版社，1971：64.

③ 魏特. 汤若望传：第一册. 杨丙辰，译. 台北：商务印书馆，1960：210.

④ “李贼的匪军一进城时，即行闯入民宅，逢人斫杀，直至匪首由城墙上大声呼禁告谕，大屠杀方得停止”，“强盗们——这是汤若望对于盗魁李自成的军队的称呼”（魏特. 汤若望传：第一册. 杨丙辰，译. 台北：商务印书馆，1960：210）。

领袖一见到汤若望，便张开双臂欢迎，然后很和蔼地将其引入室内，盛情款待，当晚便让汤若望返回会所。① 大顺军将耶稣会士当作“大法师”，体现出浓郁的神秘主义色彩②，耶稣会士则将大顺军看作无知的强盗和土匪，在这种彼此之间存在巨大认知落差的前提下，西学尤其是西学中的科学文化部分是难以得到传播的。此时，若要重新回到明末时的状态，首先需要做的便是从认知经验和知识结构上消除两者之间的误解与隔阂，逐渐让双方从心理上接纳彼此，而这是需要很长的时间周期的。

在京期间，李自成并没有跟耶稣会士进行过密集的交流，以消除彼此之间的隔阂。这或许是由于明末国库亏空，大顺朝依旧面临如何给军队发饷的问题，后招降吴三桂失败，大顺朝面临的局势十分严峻，且大顺政权在北京仅存在了四十二天，除去外出征战的时间，李自成留在北京的时间不够三十天，面对各种生死攸关的重大问题，与耶稣会士交流历法等事宜自然很难排上日程。同时，在大顺时期，汤若望或许是出于对李自成的厌恶以及对崇祯帝的厚谊，并没有主动向大顺朝称臣，也没有上疏告之历局始末并献出编撰完成的《崇祯历法》，更没有传授其所知的造炮技术，这就使得李自成很难有机会接触到明末的西学成果。但在大顺朝时期，天主教仍得到一定的传播。李自成攻陷京师后，“不犯汤若望之身及其居宅”，汤若望得以“日夜往慰诸教民，不遗一人……仍外出慰问援救未死之人”③。李自成撤离京师时，焚烧宫殿，虽然对明末西学成果带来一定的破坏，但是“西方带来经书不下三千余部以及翻译已刻修历书板数架充栋一点也未散失，汤若望等在明末制造、向已尽进内庭的新法测量日月星晷、定时考验诸种仪器，尽遭流寇所毁”④。

李自成将胜之时，士大夫大都表示愿意归顺新朝：“闯贼入关，关中士大夫从贼者，不可胜数。”⑤ 李自成对明末士大夫却多厌恶，对明末官职较高的士大

---

① 魏特．汤若望传：第一册．杨丙辰，译．台北：商务印书馆，1960：212．有学者认为这位义军领袖为刘宗敏，当时主要由他负责拷饷追赃。参见：王春瑜．大顺军与耶稣会士关系史实初探．学术研究，1987（2）：55.

② 魏特将“大法师”解释为藏有财宝的人。参见：魏特．汤若望传：第一册．杨丙辰，译．台北：商务印书馆，1960：211.

③ 费赖之．在华耶稣会士列传及书目．冯承钧，译．商务印书馆，1938：196.

④ 薄树人．中国科学技术典籍通汇：天文卷第八分册．郑州：河南教育出版社，1993：859.

⑤ 王源．居业堂文集：卷三．上海：上海古籍出版社，1995：122.

夫尤甚。比如："右范景文至铉二十有一人，皆自引决。其他率委蛇见贼，贼以大僚皆误国，概囚縶之。庶官或用或否，用者下吏政府铨除；不用者，诸伪将榜掠其赀。大氐降者十七，刑者十三。"① 李自成在心底认为"士大夫必不附己"，士大夫是靠不住的，因此十分鄙夷且极其不信任归顺他的士大夫，却对那些拒绝归顺的士大夫大加褒奖："忠义之门，勿行骚扰。"除此之外，李自成还专门设立了"比饷镇抚司"，用以追缴明末士大夫阶层的饷金。比如礼部右侍郎、协理詹事府陈演"赀多，不能遽行，贼陷京师，与魏藻德等俱被执，系贼将刘宗敏营中。其日献银四万，贼喜，不加刑。四月八日，已得释。十二日，自成将东御三桂，虑诸大臣为后患，尽杀之，演亦遇害"②。李自成的这些举动自然会得罪明末士大夫阶层，让那些原本愿意归降的士大夫或者已经归降的士大夫产生后悔乃至抵触的心理，与此同时又坚定了那些抗逆者的信心。大顺朝在用人政策上十分武断且混乱，使得明末士大夫阶层处于恐慌的氛围之中，进而阻碍了西学从明末士大夫阶层传入大顺朝。再者，此时以徐光启为核心的西学共同体已不复存在，自然很难有人再站出来力推西学。

李自成对耶稣会士的态度主要来自对西方宗教的认知，而非对科学的推崇，亦带有某种浓厚的民间神秘主义色彩。或许在大顺军眼中，汤若望顶多是一个身怀"法术"的神父罢了，从这个层面上来看，在大顺朝当政时期，科学文化实际上并没有得以深入传播。

4. 满洲新贵与西学

满洲新贵对待明末士大夫的态度较之大顺朝有较大不同，他们敢于任用汉人，对待明朝降臣态度开明且既往不咎。这种友好态度使得满洲新贵更有机会接触到晚明士大夫业已吸收的西学，也使得西学更有机会从明末士大夫中转移到满洲，重用汉人范文程便是一个很好的例子。天命三年，太祖既下抚顺，文寀、文程共谒太祖。太祖伟文程，与语，器之，知为鏓曾孙，顾谓诸贝勒曰："此名臣后也，善遇之！"③ 清伐明，取辽阳，度三岔，攻西平，下广宁，文程

---

① 张廷玉，等．明史（5）：卷二百六十六列传第一百五十四．中华书局编辑部，编．"二十四史"（简体字本）．北京：中华书局，2000：4596.

② 张廷玉，等．明史（5）：卷二百五十三列传第一百四十一．中华书局编辑部，编．"二十四史"（简体字本）．北京：中华书局，2000：4378.

③ 赵尔巽，等．清史稿：卷二百三十二．北京：中华书局，1977：9350.

皆在行间。皇太极也并没有因为范文程为明朝士大夫之后却愿意归顺而视其丧忠义、不可靠，反而交代诸位贝勒：范文程为名臣之后，要好好待他。故范文程受到器重，“文程所典皆机密事，每入对，必漏下数十刻始出；或未及食息，复召入。上重文程，每议政，必曰：范章京知否？脱有未当，曰：何不与范章京议之？众曰：范亦云尔”①。范文程通汉学，也懂西学，将其所了解的汉学、西学带到了清。比如顺治二年，江南既定，文程上疏言：“得天下在得民心，士为秀民，士心得则民心得矣。”② 摄政王多尔衮入京，采纳了范文程的建议。“明围我师大安口，文程以火器进攻，围解。太守自将略永平，留文程守遵化，敌掩至，文程率先力战，敌败走。”③ 皇太极能够以火器对抗明军且获胜，得益于范文程等明末士大夫所掌握的西洋火器与西方军事思想。除此之外，范文程、方以智等明末士大夫对汤若望等耶稣会士所携之西学在清初的传播也起到了重要作用。比如：方以智与汤若望、毕方济均有过接触，并著有《物理小识》和《通雅》，涉及西方的天文学、医学、数学、化学等，方以智在著述过程中还曾系统地删去了一切与宗教观念有关的著作，可见其对传教士所传授的西学中的宗教教义与科学文化是有辨识的。满洲新贵不仅对明末士大夫采取怀柔的态度，而且对明末士大夫发出友好的讯号：“凡文武官员军民人等，不论原属流贼，或为流贼勒逼投降者，若能归服我朝，仍准录用。”④ 为了稳定民心，多尔衮还采取尊孔礼儒的举措。满洲新贵这一系列政策为明末西学在清初的传播提供了温床。

在梳理满洲新贵与西学的关系之前，需要先对明末士大夫对西学的认识做一个简单回顾，用以对照来看满洲新贵与西学。为挽救晚明于危难，自徐光启、李之藻、杨廷筠以降，西学中的科学部分以及与科学相关的逻辑理性部分和明末东林学派士大夫所倡导的实学相融合，逐渐在明末士大夫阶层流行开来，引发了一股士大夫热衷西学的浪潮。此时，士大夫所认知的西学是从宗教层面到科学层面乃至技术层面的、较完整的西学体系，徐光启的西学造诣可代表明末清初国人治西学的理念、水平与特征，阮元在《畴人传》中写道：“自利氏东来，得其天文、数学之传者，光启为最深。”“迄今言甄明西学者，必称光启。”⑤ 徐光启

① 赵尔巽，等. 清史稿：卷二百三十二. 北京：中华书局，1977：9351.
② 同①9353.
③ 同①.
④ 清世祖实录：卷八//清实录. 北京：中华书局，1985：85.
⑤ 阮元. 畴人传：卷32. 上海：商务印书馆，1935：407.

在《刻几何原本序》中，把西学分为三种："修身事天"者即天主教教义，"格物穷理"者即一般自然哲学，"象数之学"即天文、几何、历算等特殊学科。后在1612年《泰西水法序》中，徐光启对西学的理解更加深入，开始集中于科学文化之上，他已经不再使用"大""小"等词，而说天主教教义之外，"其绪余更有一种格物穷理之学。凡时间世外，万事万物之理，叩之无不河悬响答……格物穷理之中，又旁出一种象数之学。象数之学，大者为历法，为律吕；至其他有形有质之物，有度有数之事，无不赖以为用，用之无不尽巧机妙者"。可以说，明末士大夫阶层已经将西学区分为宗教与科学，称前者为修身事天之学，后者为格物穷理之学。徐光启认为："方今事势，实须真才，真才必须实学。一切用世之事，深宜究心，而兵事尤亟，务须好学深思，心知其意，久久当自得之。"① 徐光启还非常注重实证，他认为："千闻不如一见，未经目击而以口舌争，以书数传，虽唇焦笔秃，无益也。"② 在此基础上，在修订历法的过程中，徐光启又提出了治西学的理念："《大统》既不能自异于前，西法又未能必为我用……臣等愚心，以为欲求超胜，必须会通；会通之前，先须翻译……镕彼方之材质，入《大统》之型模……即尊制同文，合之双美。"③

1644年9月，中土发生了日食，此种天界异象，让清统治中原的合法性蒙上一层阴霾。满洲新贵心有不安，于是"令大学士冯铨同汤若望携窥远镜仪器，率局监官生，齐赴观象台测验，其初亏、食甚、复圆时刻分秒及方位等项，唯西洋新法，一一吻合，《大统》、《回回》两法俱差时刻"④。从科学哲学的角度来看，这次观日可称一次"判决性实验"，属于科学证明的方法。这一判决性实验基于西洋新法，并非来自明朝的《大统历》，凭借西洋历法便打消了满洲统治者心中的疑虑。入主中原的满人或许对中土文化并不熟悉，对西学也并不精通，但是西历对日食的准确推测，就如同弓箭射中了奔驰中的猎物一般，让他们深信不疑。为此，摄政王多尔衮还为新历想好了一个新的名字——《时宪令》。其实，清廷即将使用的新历法乃是明朝并未颁布的《崇祯历法》，是深谙中土为官之道的汤若望将《崇祯历书》删为103卷，又以《西洋新法历书》之名进贡的。随后，汤若望还进呈了一批仪器，计有浑天银星球一座、镀金地平日晷一具、

---

① 徐光启集：卷十．王重民，辑校．北京：中华书局，1963：473.

② 徐光启集：卷八．王重民，辑校．北京：中华书局，1963：388.

③ 同②374-375.

④ 清世祖实录：卷七//清实录：第三册．北京：中华书局，1985：74.

窥远镜一具、舆地平图六幅、诸器用法一册。汤若望在当年七月初九日进呈，初十日即获旨："这测天仪器准留览，应用诸历，一依新法推算。"① 可见，此时的传教士多已入乡随俗，十分适应中土的政治体制，其本身便有些中西文化融合的味道了。

二、明末的西学

明末士大夫阶层对西学的了解已然比较全面，外加崇祯帝支持，以及西方传教士的融入，一个堪称稳定的西学共同体推动着西方科学文化在中土的传播。较之于中土的传统科学，明末的西学已经有了新的面目，学习且传播西学的明朝士大夫阶层也出现了新的变化，特别是出现了徐光启、李之藻、杨廷筠"圣教三柱石"。

1．南京教案：多重矛盾的较量

除了西学东渐之外，朋党之争是万历年间的另一个重要特征。1604 年（万历三十二年），朝中开始出现党派林立的局面。沈一贯，浙江鄞县人，受万历帝宠信②，是"辅政十有三年，当国者四年"的重臣③，以沈一贯、方从哲、沈漼等为代表的士大夫结成浙党，而浙党中的沈漼则直接导致了南京教案的发生。南京教案并非由于单一的耶儒矛盾激化，而是包含着晚明朋党之争、科学与宗教较量在内的多重矛盾的结果。矛盾大致聚焦在以下三个方面：其一为西方文化中宗教与科学之间的冲突；其二为中西文化之间的冲突，即儒耶之争、佛耶之辩；其三便是以内阁首辅沈一贯为党魁的浙党和以徐光启、李之藻、杨廷筠"圣教三柱石"为中坚的护教力量之争。

西学自身的流变可以看作南京教案多重矛盾的一个背景，17 世纪西方科学

---

① 刘梦溪．汤若望在明清鼎革之际的角色意义——为纪念这位历史人物的四百周年诞辰而作．中国文化，1992 年秋季号：156.

② "三十四年七月，给事中陈嘉训、御史孙居相复连章劾其奸贪。一贯愤，益求去。帝为黜嘉训，夺居相俸，允一贯归，鲤亦同时罢。而一贯独得温旨，虽赓右之，论者益訾其有内援焉。"（张廷玉，等．明史（5）：卷二百十八列传第一百六．中华书局编辑部，编．"二十四史"（简体字本）．北京：中华书局，2000：3839）

③ 张廷玉，等．明史（5）：卷二百十八列传第一百六．中华书局编辑部，编．"二十四史"（简体字本）．北京：中华书局，2000：3839.

与宗教之争形成了西方传教士远渡重洋来华传教的初衷。科学与宗教有过两次激烈交锋，这两次交锋分别体现为宇宙观和人生观两个层面的对立。首先是宇宙观上的对立，基督教义认为地球是宇宙万物的中心，科学理论则明确否认这一教义，坚信“日心说”，由此引发了科学与宗教之间的剧烈冲突，即哥白尼革命，这场革命因为触犯了基督教的核心教义，其捍卫者遭到了来自基督教会的迫害。其次，科学与宗教之间的对立是人生观上的对立。1859年查尔斯·罗伯特·达尔文（Charles Robert Darwin）的《物种起源》问世，其四个子学说——一般进化论、共同祖先学说、自然选择学说、渐变论——彻底否定了基督教在《圣经·创世记》中关于上帝在六天之内创造世界和人类的“神创说”。科学与宗教的两次大冲突在西方最终都以科学的胜利而告终。但在晚明，西学尚处于科学与宗教第一次激烈交锋时期，即宇宙观对立的大背景下。宗教与科学之间的矛盾体现在来华传教的耶稣会士的两个派系中，即利玛窦派和龙华民派。前者更加理性，走的是寻求皇朝高层政治庇护的策略，主张“学术传教”和“儒化”道路，而后者则较极端，将宗教教义置于首位，认为“学术传教”行不通，走的是下层平民路线。前者的最终结局是被教皇克雷芒十四世解散，后者则酿成南京教案，被明王朝以禁教处置。

万历年间，随着西学东渐的深入，中西文化之间的摩擦也日益凸显，百姓中一时流言四起，高层则出现了“耶儒之争”和“佛耶之辩”。恐惧的本质是无知，而文化的本质则是一种生活方式，面对外来者和外来文化，习惯于生活在中土文化之中的中土百姓，对西方文化并不了解，外加沿海的一些地区屡受海盗、葡萄牙人的骚扰，因此本能上是排斥西方文化的。陌生人带来的陌生文化引发的内心焦虑，曾让百姓中流言四起，比如：“有谣言传播说，欧洲人从那个人的面容看出，他的脑子里藏有一颗宝石，他们在他生时照顾他，为的是可以占有他的尸体，他死后就可以把那颗无价的宝石取出来。”① “为表示他们对欧洲人的蔑视，当葡萄牙人初到来时，就被叫做番鬼……教堂被称之为番塔……他们一有机会就凌辱传教士……市民已经成为外国人的公开的敌人。”②教堂就成为从塔上不断投掷石头的目标，每一块都把它的房顶当靶子。

万历帝虽然对耶稣会士携来的礼品十分着迷，但是对耶稣会士本人却并不

---

① 利玛窦，金尼阁. 利玛窦中国札记. 何高济，王遵仲，李申，译. 北京：中华书局，1983：171.

② 同①175-176.

十分待见："他不愿偏爱外国人有甚于他的官员……不召见神父们，而是代之以派了他的两个最好的画师去画两个神父详尽的等身像，然后把画拿给他看……皇帝一看到这些画就说道：嗬!嗬！一看就知道他们是撒拉逊人。"① 可见，万历帝始终是将耶稣会士当作外人的，并且并不愿意"偏爱外国人有甚于他的官员"，更何况是浙党的魁首沈一贯，这也为南京教案做了铺垫——一旦发生争端，不像汤若望与顺治帝之间的关系，万历帝将会站到士大夫一边。万历二十八年，龙华民抵华，一改利玛窦以来的传教策略，反对教徒参与儒家的祭祖祭孔等仪式。龙华民虽遵守天主教教义，却与中国的儒家思想产生矛盾，逐渐出现了"耶儒之争"。1613 年（万历四十一年），浙党领袖方从哲升任礼部尚书兼东阁大学士，1614 年东林党党魁叶向高离职，浙党逐渐占得上风，东林党式微。② 以南京礼部侍郎沈漼为代表的浙党士大夫派提出，天主教来华传教"暗伤王化"，耶稣会教义"诳诱愚民""志将移国"，要求驱逐耶稣会士。1614 年，徐光启告病居闲，南京教案一触即发。

"耶儒之争""佛耶之辩"的背后实际上有万历年间的"朋党之争"。浙党与东林党之争，直接导致了南京教案的发生。万历四十四年五月，沈漼上《参远夷疏》。同年七月，徐光启从邸报获悉此事，立即上《辨学章疏》称：天主教可以"补益王化，左右儒术，救正佛法"，"盖彼西洋邻近三十余国奉行此教，千数百年以至于今，大小相恤，上下相安，路不拾遗，夜不闭户，其久安长治如此"，为耶稣会士辩护。③ 1617 年初徐光启升为詹事府左春坊左赞善兼翰林院检讨，依翰林院官员惯例提升为从六品官。1617 年丁巳京察，浙党彻底掌权，东林党势力殆尽。④ 1617 年 2 月 21 日（万历四十五年一月十六日）浙党方从哲依仗阉党魏忠贤，浙党与阉党联合，东林党式微，最终以万历帝的名义颁布了驱逐传教士出境的诏谕："命押发远夷王丰肃等于广东，听归本国……王丰肃等立教惑众，蓄谋叵测，可递送广东抚按，督令西归。其庞迪我等，礼部曾言晓知历法，请与各官推演七政，且系向化来，亦令归还本国。"⑤ 同年徐光启被派遣远赴千里

---

① 利玛窦，金尼阁．利玛窦中国札记．何高济，王遵仲，李申，译．北京：中华书局，1983：406.

② 谢国桢．明清之际党社运动考．上海：上海书店出版社，2004：24－26.

③ 徐光启集：卷九．王重民，辑校．北京：中华书局，2014：432.

④ 同②.

⑤ 明神宗实录：卷五百五十二//明实录．台北："中央研究院"历史语言研究所校印本，1962：1.

之外的宁夏册封庆王世子朱倬漼为庆王。[①] 随后徐光启便因病倒而退居天津，1618年因后金努尔哈赤进犯关内，徐光启才再次返朝。南京教案表面上看是儒学传统士大夫较之于天主教传教士的胜利，实则是浙党相机而动，借南京教案打击东林党人，争取政治利益。因在南京教案中的特殊表现，沈潅仕途一片光明，后经方从哲的推荐，获授为礼部尚书兼东阁大学士，1621年（天启元年）始就任，旋即成为阁臣附魏忠贤阉党的第一人，进少保兼太子太保、户部尚书、武英殿大学士。东林党士大夫的式微与耶稣会士被驱逐紧密相关，共同构成了南京教案的全部内容，无论是西学中的宗教部分还是科学部分均遭中断。关于南京教案背后的多重矛盾及其对西学东渐产生的影响，如表5-2-1所示：

表5-2-1　南京教案对西学东渐产生的影响

矛盾类型	导火索	冲突经过	对西学东渐的影响
宗教与科学之争	龙华民与利玛窦传教策略之间的矛盾	学术传教引发耶稣会士内部分庭抗礼，传教策略发生改变	主张学术传教的耶稣会士受到教会内部排挤
耶儒之争 佛耶之辩	儒家、亲佛教士大夫与天主教、亲天主教士大夫之间的矛盾	龙华民禁止中土教徒祭祖祭孔，沈潅的老师袾宏曾作《天说》反对天主教，沈潅三次上疏驱逐耶稣会士	西学之载体耶稣会士遭到浙党驱逐
朋党之争	浙党对东林党的攻击	沈潅逮捕耶稣会士，徐光启上疏辩护，东林党式微，酿成南京教案	热衷于西学的明末东林党遭到打压

由此观之，酿成南京教案的主要原因是“天主教”与“儒学”之间的矛盾和“朋党之争”，并非“科学”与“儒学”之间的矛盾。在南京教案中，西方宗教与中土儒学的矛盾，外加朋党的权力争斗，一度导致了西学东渐的挫折，对西学中科学的传播也造成了负面影响。

2. 李之藻、李天经与《崇祯历书》的编纂

在耶稣会士来华之前，明代使用的历法有两部，其一为《大统历》，其二为

---

① 《大明会典》载：凡册封亲王、郡王，本院官及坊局等官，充正副使，从礼部奏请钦点。参见：李东阳等敕撰，申时行等奉敕重修．大明会典：卷二二一．扬州：江苏广陵古籍刊印社．1989：2942.

《回回历》《西域历法》，后者作为对前者的补充被引入。《大统历》“承用二百七十余年，未尝改宪”，其误差日益增大，与此同时，《回回历》同样“年远渐差”。为了解决历法问题，徐光启、李之藻等士大夫提议参照洪武年间借鉴《回回历》的先例，在翻译耶稣会士携来的西洋历法著作的基础上，修改现有的历法。[①] 这便构成了徐光启、李之藻、李天经等士大夫编纂《崇祯历书》的初衷。《崇祯历书》从缘起到编纂完成，历经了五载，于 1634 年全部完成。《崇祯历书》最终得以面世则是在清初，由耶稣会士汤若望删并、顺治帝亲笔题名为《西洋新法历书》后颁行于天下。

1610 年，钦天监五官正周子愚上疏推荐庞迪我、熊三拔参与修历，“大西洋归化远臣庞迪峨、熊三拔等，携有彼国历法，多中国典籍所未备者。乞视洪武中译《西域历法》例，取知历儒臣率同监官，将诸书尽译，以补典籍之缺”[②]，逐渐拉开了以西洋之法修中土之历的序幕。1613 年，李之藻上《请译西洋历法等书疏》，首先指出：“台监失职，推算日月交食，时刻亏分，往往差谬。”后将耶稣会士引荐给万历帝：“伏见大西洋国归化陪臣庞迪我、龙华民、熊三拔、阳玛诺等诸人，慕义远来，读书谈道，俱以颖异之资，洞知历算之学；携有彼国书籍极多。”并列举了耶稣会士知晓但是“我中国昔贤谈所未及者凡十四事”，介绍了西学的研究方法与天文仪器：“不徒论其度数，又能明其所以然之理。其所制窥天、窥日之器，种种精绝。”随后又列举了“洪武十五年奉太祖高皇帝圣旨，命儒臣吴伯宗等译《回回历》……以佐台监尽参伍之资，传之史册，实为美事……今诸陪臣真修实学，所传书籍又非回回历书可比”[③]，尝试劝说万历帝修历。

李之藻谏言的内容并非只有历法，而是包括水法之书、算法之书、测望之书、仪象之书、日执之书、医理之书、乐器之书等在内的诸多西学学科书籍，如测望之书，能测山岳江河远近高深，及七政之大小高下。最后，李之藻提出了以西洋历法为蓝本开设馆局的设想：“敕下礼部亟开馆局……首将陪臣庞迪我等所有历法，照依原文译出成书，进贡御览……习学依法测验。如果与天相合，即可垂久行用。”[④]

---

① 汪春泓. 传教士与明清实学思潮. 学术研究，2006（3）：91.

② 张廷玉，等. 明史（1）：卷三十一志第七. 中华书局编辑部，编. “二十四史”（简体字本）. 北京：中华书局，2000：356.

③ 徐宗泽. 明清间耶稣会士译著提要. 上海：上海书店出版社，2010：191.

④ 同③256.

1610年利玛窦去世后，接替利玛窦的龙华民一反利玛窦儒化的传教策略，反对教徒参与儒家的祭祖祭孔等仪式，引起民愤，为浙党攻击东林党与耶稣会士落下了把柄，1613年（万历四十一年），浙党领袖方从哲升任礼部尚书兼东阁大学士，1614年东林党党魁叶向高离职，南京礼部侍郎沈淮开始攻击耶稣会士“暗伤王化”，外加万历帝更加宠信沈一贯、方从哲等浙党，且浙党又与阉党相勾结，终于导致南京教案。1616年，万历帝下禁教令，次年，大批耶稣会士被押回广东、驱逐出境，在禁教令中曾提及：“其庞迪我等，礼部曾言晓知历法，请与各官推演七政，且系向化来，亦令归还本国。”①

1627年，崇祯帝继位，铲除阉党，东林党人被重新起用，这为《崇祯历法》的编纂创造了新的可能——崇祯帝若要重振纲纪，必先修改历法。在耶稣会士的帮助下，徐光启终于迎来了机会。1629年（崇祯二年），钦天监官员用传统方法测日食，再次失误。徐光启运用西方天文学的方法测准了日食，击败中法，遂上疏要求修历，获得崇祯帝批准。徐光启随即聘请李之藻以及耶稣会士邓玉函、龙华明，后又聘请汤若望和罗雅谷进入历局，开始着手编纂《崇祯历书》，历局一时人才济济。随着李之藻的病逝，历局迫切需要补充新鲜血液，此时，曾与徐光启、利玛窦合译《同文算指》的李天经被徐光启选中，保举为光禄寺卿，调入历局，协助徐光启修历。

1633年（崇祯六年），徐光启去世后，虽有李天经继续主持历局工作，但是《崇祯历书》的编纂再次受到波折。崇祯七年三月日食，钦天监在没有历局参加的情况下组织了一次预报和实际观测，并邀魏文魁参与其事。观测结果显示，《大统历》和魏氏历法所推均出现了错误，仅在个别项目上各有所合。崇祯帝一改以往支持的态度，传旨：“既互有合处，端序可寻。速着李天经到京，会同悉心讲究，仍临期详加测验，务求画一，以裨历法。魏文魁即着详叩。”李天经首次进呈历书时，便被询问：“昨李天经所进历书星屏果否与魏文魁参合商订，着李天经奏明。”面对追问和崇祯帝的旨意，李天经并未动摇，毫不妥协地捍卫着《崇祯历书》，称：“积学深思，呕心此道数十年。其所著述恐非他人所能增减。即魏文魁，亦曾经辅臣逐款驳正，有《学历小辩》见存……辅臣读文魁之书而不敢轻用，夫岂无见？臣必试文魁之法，验之而后敢用……如文魁之法与学不必试验而即奉为主盟，此则非臣所敢任也。”崇祯七年八月，崇祯帝让

---

① 明神宗实录：卷五百五十二//明实录．台北：“中央研究院”历史语言研究所校印本，1966：1.

“魏文魁历法着另局修订备考”①。

崇祯七年十一月，共46种、137卷的《崇祯历书》全部编纂完成。在《崇祯历书》的编写过程中，李天经又撰写《浑天仪记》五卷，用以介绍天文仪器的制作及使用方法。随后，新旧历法又几经博弈，崇祯十年十二月初一日，崇祯帝亲临日食测验，于次年正月十九日下旨，解散东局，并“着照回回科例”，将新法存监学习。东、西局的博弈最终以西局获胜而告终，在李天经等人的努力下，《崇祯历书》终于得到崇祯帝认可且得以存留。

值得注意的是，明代钦天监并非没有能力修改历法，而是受限于保守的观念和历法背后的知识权力之斗争，历法的修改逐渐演变成了朋党之争的手段，准确的历法推算遭到抵制。外加明末内忧外患，崇祯帝需要整合更多的力量去抵御外敌，最终导致编纂完成的《崇祯历书》并没有被颁行于天下。再者，《崇祯历书》多是对西方古典天文学的移植，并没有取得实质性突破，比如没有将椭圆引入古典天文学，也没有进一步追问并解决哥白尼学说面临的恒星视差和地动抛物问题，以及星球运行的动力学等问题，而对于上述问题的追问促成了近代物理学的诞生。

3. 庞迪我、汤若望等继往开来

1620年神宗、光宗先后驾崩，熹宗继位，朋党之争激烈，大臣人人自危，政局混乱。1621年（天启元年），沈潅经方从哲的推荐，获授为礼部尚书兼东阁大学士，旋即成为阁臣附魏忠贤阉党的第一人，进少保兼太子太保、户部尚书、武英殿大学士。同年，东林党领袖叶向高再次出任内阁首辅，同情耶稣会士，声斥沈潅所作所为，“廷臣皆言潅与朝阴相结，于是给事中惠世扬、周朝瑞等劾潅阳托募兵，阴借通内”。“刑部尚书王纪再疏劾潅，比之蔡京。”② 作为南京教案的主要推行者，“潅不自安，乃力求去。命乘传归，逾年卒”③。虽然万历时期的禁教令还在，但如今已有机可趁。

另外，庞迪我于1599年抵达澳门，1600年（万历二十八年）郭居静陪同利玛窦进京，1601年利玛窦和庞迪我奉命入京维修自鸣钟，并由庞迪我负责教授

---

① 石里云．崇祯改历过程之中的中西之争．传统文化与现代化，1996（3）：64-72.

② 张廷玉，等．明史（5）：卷二百一十八列传第一百六．中华书局编辑部，编．“二十四史”（简体字本）．北京：中华书局，2000：3844.

③ 同②.

古翼琴演奏法，学生都是太监。利玛窦自遭宦官马堂勒索后，便轻视宦官阶层，而庞迪我与晚明宦官集团交往较多，宫中太监皈依天主教多因庞迪我所为。1610 年 5 月 11 日，利玛窦病逝，庞迪我与朝中宦官势力进行斡旋，获得万历帝赐予的一块墓地，允许利玛窦葬于中国。在西方传教士眼中，这意味着皇帝对天主教的认可，也是耶稣会士传教以来取得的重要成就。“这个成就或许比前三十年漫长而艰苦的奋斗所做出的任何事情都更重要。”① 利玛窦病逝的同年 12 月，钦天监预测便出现了错误，庞迪我和熊三拔受命参与修订历法，并受徐光启之邀共同编撰《几何原本》。1612 年，庞迪我、熊三拔遵万历帝旨绘制《万国地海全图》。庞迪我又写了第一部汉语现代地理学专著《职方外纪》，该书经艾儒略（Giulio Aleni）整理，于 1623 年（天启三年）刊刻面世，后被收入《四库全书》。1614 年，庞迪我著、融合儒家伦理与天主教教义的著作《七克》刊行，庞迪我在书中尽量模糊基督教教义和儒家学说之间的界限，甚至着意寻找两者之间的契合点，譬如，他写道：“己所不欲，勿施于人，即天主所谓爱人如己是也。”这一著作受到中土士大夫的欢迎，庞迪我被尊称为“庞子”。② 庞迪我又为利玛窦的《天主实义》写了《续篇》20 章。1616 年，南京教案爆发，庞迪我获悉了反教奏疏的内容，便与熊三拔合写了一篇长文，题曰《具揭》。《具揭》历数曾对利玛窦等予以帮助的中国官员，以及皇帝对他们的种种恩宠，以说明他们的活动是得到中国上层乃至皇帝本人首肯的。接着，以“适应”策略为原则和立足点，针对反教奏疏进行逐条的申辩。因奏疏为国家机密，《具揭》反成为庞迪我窃取国家机密的证据。1616 年，万历帝下旨驱逐耶稣会士。次年，王丰肃等耶稣会士被押回广东，庞迪我、熊三拔、阳玛尼等亦令归还本国。1618 年 1 月，庞迪我在澳门病逝。

1620 年，王丰肃改名高一志，“复入南京，行教如故，朝士莫能察也”③。1622 年，努尔哈赤大败辽东经略熊廷弼和辽东巡抚王化贞，夺取明辽西重镇广宁（今辽宁北镇市）。紧接着后金连陷义州、锦州、大凌河等辽西四十余城堡，

---

① 张铠．庞迪我与中国．北京：北京图书馆出版，1997：4.

② 清代孙柳庭到 1693 年还在《舆地隅说》中写道：“泰西之人数万里来宾，其文亦温文典雅，诚朴不欺，自号‘西儒’，以《七克》为教，似无异乎孔门所谓克己复礼者也。”（张铠．庞迪我与中国．北京：北京图书馆出版，1997：286）

③ 张廷玉，等．明史（6）：卷三百二十六列传第二百十四．中华书局编辑部，编．“二十四史”（简体字本）．北京：中华书局，2000：5669.

东北边境告急。京城内一些士大夫开始寻求耶稣会士的帮助，希望借西洋先进的火器技术抵御外敌。这便为南京教案后的西学东渐开创了新的契机。1623 年，汤若望到北京，并以利玛窦为楷模，尽呈所携数理天算之书及仪器，并且“曾预测月食三次，皆验，声望立即四播”①，得到了户部尚书张问达和徐光启的赏识。1624 年，谢务禄改名为曾德昭，再度潜入内地进行传教活动，后避于杭州。1625 年（天启五年），身携教皇所赐 7 000 余部西书的金尼阁，应陕西人王徵、张缜芳之邀，来到三原，半年后，住到西安城内。1627 年夏天，他被教会召回杭州，从事译著工作。汤若望调任西安，接替金尼阁，在西安期间，汤若望“观察了一六二八年一月二十一日的月蚀”②。1629 年 7 月，徐光启受命督修历书，9 月，在北京宣武门内创设历局，龙华民、邓玉函帮助修历。翌年，身负重任的邓玉函病故，汤若望遂于 1630 年（崇祯三年）被招入历局工作，接任邓玉函之职，辅助徐光启修历。至此，中断于万历末年的西学东渐得以恢复并延续。

汤若望上接利玛窦和庞迪我，在中西文化交流的历史进程中扮演了重要角色。在历局工作期间，汤若望“译撰书表，制造仪器，算测交食躔度，讲教监局官生，数年呕心沥血，几于颖秃唇焦”③，可谓为了西学得以东渐，殚精竭虑。1634 年，在汤若望等耶稣会士的协助下，《崇祯历书》④ 编纂完成。全书共 137 卷，其中汤若望编纂的部分有：《交食历指》7 卷、《交食历表》2 卷、《交食表》4 卷、《交食诸表用法》2 卷、《交食蒙求》1 卷、《古今交食考》1 卷、《恒星出没表》2 卷；制作的仪器则有：浑天球一具、平面地图一具、地平日晷一具、大小望远镜、球仪、罗盘、观象仪等。⑤

1641 年（崇祯十四年）因汤若望等耶稣会士修历有功，崇祯帝谕吏部议赐爵秩，汤若望等以“不婚不宦，九万里远来，惟为传教劝人，事奉天地万物真主，管顾自己灵魂，望身后之永福”⑥，拒绝了崇祯帝的赏赐。崇祯帝收回成命，并敕礼部将御题“钦褒天学”匾额分赐各省西方传教士，悬挂于各地的天

---

① 方豪．中国天主教史人物传：中．北京：中华书局，1988：2.

② 魏特．汤若望传：第一册．杨丙辰，译．台北：商务印书馆，1960：119.

③ 徐光启集：下册．王重民，辑校．上海：上海古籍出版社，1984：427.

④ 以崇祯元年戊辰为历元，故名之曰《崇祯历书》。参见：张廷玉，等．明史（6）：卷三百二十六列传第二百十四．中华书局编辑部，编．“二十四史”（简体字本）．北京：中华书局，2000：5669.

⑤ 康志杰．西学东渐的先行者：汤若望．中国典籍与文化，1993（2）：67.

⑥ 徐宗泽．中国天主教传教史概论．北京：商务印书馆，2015：147.

主堂中，这是继万历帝赐予利玛窦在京墓地之后，耶稣会士取得的另外一个殊荣，这意味着耶稣会士已被崇祯帝认可。此外，汤若望还著《火攻挈要》等军事书籍辅助崇祯帝对抗外敌，比如汤若望根据三角射击区的地理防卫原理，上呈崇祯帝一个关于城墙外部建筑防御工事的模型，崇祯帝批准建造。1642 年（崇祯十五年）汤若望奉命监制火炮制造以及北京城外的防御工作，1643 年崇祯帝对汤若望加给"酒饭桌半张"，并令吏部另行议其劳绩，又赐"旌忠"匾额一方。① 这不仅体现出崇祯帝对汤若望等传教士的器重与信赖，也彰显着以耶稣会士为载体的西学在晚明得到接纳。

4. 晚（南）明君臣向传教士求救

1619 年（万历四十七年），努尔哈赤在萨尔浒之战中以少胜多，大败明军，朝鲜自此对后金与晚明采取中立的态度，后金获得辽东地区的主动权，对明朝开始转守为攻。同年六月二十八日，徐光启上《辽左阽危已甚疏》，建议以西方之法新建敌台、改造陈旧的敌台并起用擅习火器的传教士："亟造都城万年台，以为永永无虞之计……臣再四思惟，独有铸造大炮、建立敌台一节，可保无虞……再将旧制敌台改为三角三层空心样式，暗通内城，如法置放……其惯习火兵，尤宜访取教师，作速训练。"② 1621 年（天启元年），辽阳、沈阳、广宁等重镇相继失守，四月十九日，光禄寺少卿李之藻上《制胜务须西铳乞敕速取疏》，兵部尚书崔景荣上《制胜务须西铳敬述购募始末疏》，直接表明了向传教士学习西洋火器技术以自救的用意，建议转运西洋火器，招募澳门铳师，起用耶稣会士阳玛诺、毕方济传习铸炼之法。

"万历年间，西洋陪臣利玛窦归化献琛……臣尝询以彼国武备，通无养兵之费，名城大都最要害处，只列大铳数门，放铳数人、守铳数百人而止……此器不用，更有何器？……必每色配置数人……仍将前者善艺夷目诸人，招谕来京，大抵多多益善……忆昔玛窦伴侣尚有阳玛诺、毕方济等……其人若在，其书必存，亦可按图揣摩，豫资讲肆。"③ 四月二十六日，徐光启又上《谨申一得以保

① 顾卫民. 中国天主教编年史. 上海：上海书店出版社，2003：144-145.

② 徐光启. 辽左阽危已甚疏//徐光启集：卷四. 王重民，辑校. 北京：中华书局，1963：111.

③ 李之藻. 制胜务须西铳乞敕速取疏//徐光启集：卷四. 王重民，辑校. 北京：中华书局，1963：179-181.

万全疏》，提出："依臣原疏，建立附城敌台，以台护铳，以铳护城，以城护民"，"一台之强，可当雄兵数万，此非臣私智所及，亦与蓟镇诸台不同，盖其法即西洋诸国所谓铳城也"①。徐光启还致信鹿善继，请他访求"深明度数"的阳玛诺和毕方济："若得访求到来，并携带所有书籍图说，不止考求讲肆，商略制造，兼能调御夷目，通达事情，因而成造利器，教练精卒，深于守御进取有所裨益矣！唯足下留神图之，至望！至望！"② 1621 年（天启元年），受徐光启之邀，被驱逐、令归还本国的耶稣会士阳玛诺、龙华民重返北京，参与对抗后金的火器、敌台等军事合作。③ 由于晚明君臣向传教士求救，传教士所掌握的西方军事技术日益成耶稣会士立足中国的筹码。

天启末年，袁崇焕用明朝政府引进的三十门红夷大炮，外加其新式的作战方案，取得了宁远大捷，朝野上下莫不欢欣鼓舞，对此役给予高度评价："辽左发难，各城望风崩溃。八年来贼始一挫，乃知中国有人矣。"这场战役的胜利也充分验证了徐光启的军事思想："广宁以东一带大城，只宜坚壁清野，整备大小火器，待其来攻，凭城击打。""欲以有捍卫胜之，莫如依臣原疏建立附城敌台，以台护铳，以铳护城，以城护民，万全无害之策，莫过于此。""城内架西洋大炮十一门，从城上击，周而不停。每炮所中，糜烂可数里。"④ 实际上，红夷大炮的引进和徐光启、孙元化等人的军事思想是明末西学东渐的一个缩影，正是因为受到西学的影响，徐光启等人才能形成新式的军事战略思想。换言之，宁远大捷之后，西学的作用逐渐获得了朝廷的认可，在徐光启、李之藻、孙元化等明末士大夫的引荐下，晚明开始走向一条向西方传教士学习的"救亡图存"之路，以火器为代表的西学成为明朝的战争利器。

---

① 徐光启．谨申一得以保万全疏//徐光启集：卷四．王重民，辑校．北京：中华书局，1963：175.

② 徐光启．致鹿善继简（三）//徐光启集：补遗．王重民，辑校．北京：中华书局，1963：621.

③ 1622—1623 年（天启二年—三年），耶稣会士阳玛诺多次参与兵部会商。1622 年 7 月 20 日，阳玛诺在其写给耶稣会总会长 Mutio Vitteleschi（1563—1645）的信件中记载了对明廷提供的技术支持，并认为此举对传教事业大有裨益。特别谈到，如能将中国教会拥有的火器及筑城等军事技术书籍献给朝廷，回报当甚为可观。除此之外，参与军事援助的传教士还有协调澳门派兵运铳的陆若汉、译著西洋军事技术书籍《火攻挈要》的汤若望以及高一志等。参见：郑诚．守圉增壮——明末西洋筑城术之引进．自然科学史研究，2011（2）：133.

④ 计六奇．明季北略：卷二．魏得良，任道斌，点校．北京：中华书局，1984：42.

1629年（崇祯二年），皇太极避开袁崇焕把守的宁远和锦州，发动了己巳之变。袁崇焕因通敌罪被处以磔刑，孙承宗复出主持辽东，孙元化亦追随之。1631年吴桥兵变爆发，孙元化的部下、辽人孔有德行至吴桥时发生叛变。1632年（崇祯五年），登州沦陷，孙元化、张焘、王徵被俘，孙、张虽被释放回京，又被弃市，王徵则被发配戍边。1633年（崇祯六年），孔有德携西洋火器、火器军降于后金，11月徐光启去世，向传教士求救的明末士大夫群体渐趋瓦解。由于吴桥兵变，晚明士大夫向传教士求救所获得的重要成果逐渐从明廷转移到后金方面，这亦成为明清鼎革的重要导火索。随着明末士大夫西学共同体的瓦解，加之火器技术在后金迅速兴起，晚明政府所面临的局面日益严峻。1636年，皇太极称帝，国号清，清通过对蒙古部落和朝鲜的征服以及对黑龙江地区的控制，巩固了其在长城外的势力。1642年松锦之战，清大败明军，明将祖大寿、洪承畴降清，明朝长城以北的防御崩溃，吴三桂部成为明朝最后一道防线。1642年夏，皇太极的兄长阿巴泰侵入内地数十州府，重创明廷，对北京造成威胁。与此同时，李自成在河南西部重新开始活动，并在中土北方取得了更大的成功，1641年年末占领了河南东部和南部的大部分地区，随后北移。1642年1月中旬包围开封，占领开封后，11月，李自成回到南阳，然后进入湖广北部，1643年1月攻克西安。1644年，李自成在西安称王，国号大顺，从山西进入北直隶北部，并在北京郊区扎营。4月25日，李自成入京，崇祯帝吊死于煤山，大顺朝建立，明朝覆灭。

1645年，朱聿键在福州称帝，年号隆武，隆武帝光复明室的重要举措之一便是笼络福建地区的天主教徒。与崇祯帝不同的是，隆武帝不仅是为了利用艾儒略、毕方济等耶稣会士携来的先进军事技术与天学，而且开始接纳耶稣会士的天主教思想。除了耶稣会，隆武帝对多明我会和方济各会也采取了包容和保护的态度。① 到永历帝时期，天主教得到进一步的传播，瞿安德（Audreas Xarierkoffer）曾劝说太监庞天寿忠于永历帝，帮助永历帝稳定了政权，因而深得皇室信任。王太后、马太后和王皇后在广东肇庆先后信教受洗，皇太子慈烜则是在诞生满三月（永历二年，1648年）时接受洗礼。这使得南明具有极其浓郁的天主教氛围，也意味着西学中的宗教文化以及耶稣会士在南明的传教目的已经基本实现，在中土西学群体中占核心地位的南明皇族都或皈依或接受天主教。

---

① 1645年，西班牙多明我会士施自安曾派教徒徐方济各等到福州请求黄道周护教，隆武帝亲下“严禁教外无端攻击天主教”的诏书，并派人至福安试图平息事端。参见：林泉. 福建天主教史纪要. 福州：福建天主教两会出版，2002：35.

1647 年（永历元年）卜弥格①抵达澳门，后被派往广西，协助瞿安德神父传教，1650 年王太后等人决定遣卜弥格携信给罗马教皇与耶稣会总会长，以期获得保护。彼时正值中土礼仪之争，卜弥格因赞同利玛窦的传教策略而受到排斥，滞留于罗马，后返华。教皇仅派遣新增传教士一同前往，并未派遣一兵一卒，后南明永历朝被灭，清占据中土全境。1659 年（永历十三年）卜弥格病逝，南明向西方传教士求救这条路被迫中断。

三、清初的西学

较之于西学中的天主教文化，清更加注重西学中的科学文化。清初的西学较之于晚明产生了新的变化，这一时期的西学或可称为“儒学 + 科学”的文化形态，即儒化的科学。

1. 入主中原的少数民族

与以往中土的朝代相比，清王朝最大的特征便在于这个王朝是以入主中原的少数民族为统治主体。无论是满洲贵族抑或是中土汉族，彼此面临的都是一个全新的文化环境，清统治阶层需要了解汉族文化以便统管中土，而中土汉族也需要适应这种外来文化的统治，这背后便是一个满汉文化彼此融合的过程。若从整个中土的大环境来看，较之于明末的西学，清初西学所面临的社会文化环境显然更加复杂。这表现在清初西学不仅需要调和儒学，还将面对满文化，当然这也意味着西学因置身于满文化中，而暂时脱离了儒学的干扰及礼仪之争。总之，清入主中原后所有的一切都是一个新的开始，而清是否会排斥汉文化、从满文化（如萨满教、藏传佛教文化等②）直接西化，抑

---

① 卜弥格同时具有很好的学术知识，曾著《中国皇室皈依及中国天主教状况》、《中国植物》、《中华帝国全图》、《中国医学》与《中国处方鉴》等著作，对中西方之间的科学文化交流做出了一定的贡献。参见：冯佐哲．南明出使罗马教廷的卜弥格．紫禁城，1988（2）：7.

② 满人的传统宗教为萨满教，从努尔哈赤、皇太极以降，满人开始接受藏传佛教，盛京外攘门外有实胜寺，俗呼黄寺，前有下马牌，内供迈达里佛。1635 年（天聪九年）白驼载元裔察哈尔林丹汗之母所献玛哈噶喇佛金像并金字经、传国玉玺，至寺所在地，驼卧地不起，即在其地建楼供佛，名玛哈噶喇楼。皇太极在位时，藏传佛教受到尊崇，并逐渐与满人固有的萨满教相融合。参见：奕赓．佳梦轩丛著．雷大受，校点．北京：北京古籍出版社，1994：120；赵志忠．满族与佛教．世界宗教研究，1997（2）：22.

或积极接纳汉文化，走满、汉、西三种文化的融合之路，则取决于入主中原的新皇帝。

明清政权的更迭并没有对西学东渐造成颠覆性影响，清入主中原后，作为西学的重要代表人物，汤若望获得了摄政王多尔衮的特殊招待，耶稣会所得以保留，3 000 余部西文科技、宗教著作以及翻译已刻的修历书版等贵重物品得以保全。汤若望深谙中国文化，并未直接将《崇祯历书》进献给顺治帝，而是随即将《崇祯历书》删为 103 卷，以《西洋新法历书》之名进贡清朝廷，受到了欢迎。后在范文程等士大夫的推介下，汤若望得以进入清廷修订历法，西学在清朝继续传播。凭借修改后的《崇祯历书》，汤若望不仅保全了利玛窦以来传教士所取得的传教业绩，而且延续了利玛窦通过皇族高层传教的策略，顺利地获得了皇太后和顺治帝的信赖。

入主中原的满洲新贵对藏传佛教亦颇有好感，藏传佛教和天主教谁占上风还待较量。顺治八年四月，内翰林秘书院大学士洪承畴上疏，反对顺治帝远迎活佛，建议顺治帝“将远行士马即赐停止，将在京喇嘛送城外寺中暂住，陆续发回，不复出入禁地，并将建塔之举敕旨罢工”。洪承畴的上疏并未奏效，五月，顺治帝就再次派遣喇嘛席喇布格隆等“赍书存问达赖，并敦请之”①，六月“建禁城后土山白塔成”②。顺治九年三月十五日，活佛正式启程入京。③ 随后顺治帝的态度又发生转变，最后决定不亲赴迎接：“前者朕降谕欲亲往迎迓，近以盗贼间发，羽檄时闻，国家重务难以轻置，是以不能前往，特遣和硕承泽亲王及内大臣代迎。”④ 顺治帝对待喇嘛教态度的转变，除了受到汉族士大夫的影响之外，也受到汤若望等耶稣会士的影响。这样一来，入主中原的满人开始接纳西学和汉学，对藏传佛教的接纳多出于政治上的权衡，并开始寻求一条满、汉、西文化相融合的文化道路，以期巩固新政权。汤若望本人也因此成为中国历史上任官阶衔最高的欧洲人之一，并成为极少数获封赠三代及恩荫殊遇的远臣。西学东渐在清初的传播十分顺利，关于这一点可从汤若望平步青云的仕途中略感一二，如表 5-3-1 所示：

---

① 赵尔巽，等. 清史稿. 北京：中华书局，1977：14532.

② 清世祖实录：卷五十七//清实录. 北京：中华书局，1985：455.

③ 五世达赖喇嘛阿旺洛桑嘉措. 五世达赖喇嘛传：上. 陈庆英，马连龙，马林，译. 北京：中国藏学出版社，2006：214.

④ 清世祖实录：卷六十九//清实录. 北京：中华书局，1985.

表 5-3-1　　清初汤若望官职晋升表

时间	官职
1644 年（顺治元年）	任钦天监监正
1646 年（顺治三年）	任太常寺少卿，掌钦天监印务
1651 年（顺治八年）	加太常寺卿、通议大夫
1653 年（顺治十年）	敕赐“通玄教师”
1658 年（顺治十五年）	获光禄大夫衔
1662 年（康熙元年）	诰封为光禄大夫

清入主中原之后的当务之急在于建立统治制度，稳定新政权，因此，在文化政策上，清统治阶层自然会选择有利于巩固其统治地位者加以接纳，对待儒学如此，对待西学亦然。

回看汤若望的曲折经历，荣辱全随皇朝需要。1644 年，朝廷令大学士冯铨同汤若望携窥远镜仪器，率局监官生，齐赴观象台测验，其初亏、食甚、复圆时刻分秒及方位等项，唯西洋新法，一一吻合，《大统》《回回》两法俱差时刻。随后，汤若望便平步青云。顺治帝驾崩后，却被弹劾，卷入历讼案，并被判凌迟。可以说，汤若望的成功主要还在于西洋历法的成功，在于培根的那句名言：知识就是力量。追求西学背后所蕴含的力量是清初西学的主要特征，清统治阶层非常看重西学的实用性，反而对西方宗教并不感兴趣。汤若望曾劝顺治帝入教，得到的答复为：“玛法，假若我劝你弃天主皈依佛门，你会怎么想呢?”①

2. 八旗与红夷大炮

明清交战时期，火器已经成为战役取胜的利器，而红夷大炮更是作为克敌制胜的法宝应用于战役之中。② 八旗与红夷大炮之间的关系更迭，体现在清与晚明交战的每场战役之中，与晚明以来引进红夷大炮等西洋火器技术息息相关。以晚明火器技术演变及明清战役为线索，八旗与红夷大炮之间的关系大致可以分为四个时期，分别为：萨尔浒战役至宁远战役时期、宁远战役到宁锦战役时期、己巳之变至吴桥兵变时期、吴桥兵变以后时期。

---

① 魏特. 汤若望传：第二册. 台北：商务印书馆，1960.

② 明熹宗实录：卷六十三//明实录. 台北：“中央研究院”历史语言研究所校印本，1966.

在第一个时期，萨尔浒战役至宁远战役时期，八旗已经能够逐步控制晚明的火器技术，但是并未和晚明改进后的火器，即红夷大炮相遇。此时，明代火器技术已经远超前代，“京军三大营，一曰五军，一曰三千，一曰神机，其制皆备于永乐时”①。其中神机营即装备火器的步兵队，用以应对射艺极精、矢无虚发的蒙古骑兵。到明中叶时期，京军十万，火器手居其六，明军在军种方面，除了传统步、骑兵团之外，出现了火器兵团。为了改进明初神机枪炮的弊端，明军制造出三出连珠、百出先锋、十眼铜炮等多种武器，并与新型的战车、弓弩等武器配合使用。但是，即便配备了更加先进的火器，明军的战斗力依旧不容乐观。比如1449年（正统十四年）的“土木堡之变”，权阉王振挟英宗领兵赴大同亲征，然其将不知兵、兵不习火器的军队却以己之短，击敌之长，与惯于野战的也先骑兵交战于旷野，明军被也先围剿于土木堡，英宗被俘。提督居庸关巡守杨俊奏称，他奉命打扫战场，“得盔六千余顶，甲五千八十余领，神枪一万一千余把，神铳六百余个，火药一十八桶”②。

英宗时的“土木堡之变”反映明军的两个实际情况：其一，明军已经拥有超越前代的火器技术和专门的火器部队；其二，明军的火器技术与军事思想较之于西洋要不切实用、落后得多。直到1619年，努尔哈赤集中八旗兵力，在萨尔浒大败明军，明军的火器技术和军事思想仍然没有突破性进展，以致重蹈“土木堡之变”的覆辙。明军虽配有火器，但收效甚微。1621年（天命六年），后金又攻陷沈阳、辽阳，各种火器尽落金兵之手。实际上，后金军队凭借“厚盾云梯”已经可以压制住晚明的火器，因此在努尔哈赤统治时期，后金对火器的兴趣并不强烈。

第二个时期为宁远战役到宁锦战役时期。萨尔浒战役失败后，在徐光启、李之藻、张焘、孙元化等倡议下，晚明开始积极引入西洋火炮，即红夷大炮，并应用于战场。天启六年正月，努尔哈赤进攻宁远，晚明在修筑宁远城时采取了袁崇焕与孙元化“以台护铳，以铳护城，以城护民”③ 的方法。在袁崇焕的

① 张廷玉，等. 明史（2）：卷八九志第六十五. 中华书局编辑部，编. “二十四史”（简体字本）. 北京：中华书局，2000：1453.

② 明英宗实录：卷一百八十三//明实录. 台北：“中央研究院”历史语言研究所校印本，1966：3571.

③ 徐光启疏//明熹宗实录：卷五. 台北：“中央研究院”历史语言研究所校印本，1966.

指挥下，利用红夷大炮与西式炮台，以士卒不满二万，抵御后金五六万人的进攻。[①] 宁远战役中，努尔哈赤大败后卒，此为八旗与红夷大炮的第一次相遇。天启七年五月，袁崇焕再次凭借红夷大炮大败新登基的皇太极，取得“宁锦大捷”。[②] 红夷大炮更加受到晚明朝廷的重视并被进一步引入，与此同时皇太极也开始认识到红夷大炮的威力。

第三个时期为己巳之变至吴桥兵变时期。1629 年（天聪三年），皇太极避开袁崇焕把守的宁远和锦州，从喜峰口突入长城，侵北直隶，攻占遵化（今属河北），直逼北京城，发动了己巳之变。在己巳之变中，皇太极在范文程的帮助下，设计使得袁崇焕因通敌罪被处以磔刑，孙承宗复出主持辽东，孙元化亦追随之。后孙元化成为登莱巡抚，张焘、王徵亦加入其麾下听从指挥，并在 1630 年（天聪四年）收复滦州，随后又收复了遵化、永平、迁安三城，并在 1631 年（天聪五年）赢得了皮岛之役。面对节节失利的局面，皇太极率领的八旗亦开始重视并且学习使用“西洋火器”。一方面，皇太极开始起用懂得火器技术的汉人范文程：“明围我师大安口，文程以火器进攻，围解。太守自将略永平，留文程守遵化，敌掩至，文程率先力战，敌败走。”[③] 另一方面，皇太极开始罗织汉人工匠，学习仿造西洋大炮，并赐名为“天佑助威大将军”，以对抗晚明的“安国全军平辽靖虏大将军”。与此同时，皇太极又接受汉人佟养性、马光远的建议，开始组建第一支以汉兵为主的后金火器部队，并称之为“乌真超哈”，后成为八旗的主力。天聪五年，皇太极命佟养性管理“随营红衣炮、大将军炮四十位，及应用挽车牛骡”[④]。大凌河战役爆发，九月十九日，明军自锦州来援，双方炮战：“火器震天地，铅子如雹，矢下如雨。”[⑤] 十一月初四日，明将祖大寿出降，八旗首次凭借红夷大炮战胜晚明军队。

第四个时期为吴桥兵变之后。1631 年吴桥兵变，孙元化的部下、辽人孔有德行至吴桥时候发生叛变，1632 年，登州沦陷，孙元化、张焘、王徵被俘，虽被释放，孙、张却被弃市，王徵则被发配戍边。1633 年，苦战登州的孔有德、耿忠明率“火炮火器俱全”的一万三千军队栖于渤海诸岛，四月降于皇太极。汉人宁完

① 袁崇焕疏//明熹宗实录：卷六十五．台北：“中央研究院”历史语言研究所校印本，1966.

② “近日宁锦之捷，止用西洋大炮，使阵上积尸如山。”（何汝宾．兵录：卷十一）

③ 赵尔巽，等．范文程传//清史稿：卷二百三十二．北京：中华书局，1977：9350.

④ 清太祖实录：卷九//清实录．北京：中华书局，1985.

⑤ 清太祖实录：卷十//清实录．北京：中华书局，1985.

我等奏称："臣每虑红夷炮攻城甚妙而路运为艰，若孔、耿来降，可得船百余支，红夷六七十位，以后攻城掠地便可水陆并进。"① 同年七月，归入八旗的孔、耿二人为前锋攻陷旅顺，同月明朝广鹿岛副将尚可喜降于后金。② 至此，晚明最精锐的火器部队已经归入八旗，晚明较之于后金的第一长技——红夷大炮之优势则不复存在。③

3. 汤若望和顺治帝

1644 年（顺治元年），在大顺朝与清之间，汤若望做出了自己的选择。他向清廷呈交了一份奏疏，在说明自己身份的同时，希望摄政王多尔衮保留"内及性命微言，外及历算、屯农、水利，一切生财之道，莫不备载"的 3 000 余部西方经书，并说："至于翻译已刻修历书板，数架充栋，诚恐仓猝挪移，必多失散。"④ 在范文程的引荐下，此请求第二天便得到多尔衮的批准。三个月后，汤若望被任命为钦天监监正。1646 年（顺治三年），又加太常寺少卿衔，汤若望从而开始密切接触满洲新贵。在一次偶然的机缘中，汤若望又结识了顺治帝的母亲，并治好了顺治帝未婚妻的疾病。此后，汤若望便与这位少年天子结下了不解之缘。

1651 年，汤若望的馆舍中忽然有三位满洲妇女莅临，声言府邸中的郡主染患重病，向汤若望求医。按汤若望的办法医治，五天后，郡主已痊愈，三位妇女携报酬给汤若望，汤若望拒绝接受，得知其女主人即皇帝的母亲，那位被汤若望治愈的郡主，就是皇帝的未婚妻。皇太后愿以父执礼敬汤若望，借此契机，汤若望表达了自己对喇嘛的态度，希望皇太后不要再保护他们。皇太后允诺汤若望今后不再让喇嘛干预国家政事。此后，无论喇嘛如何攻击汤若望，皇太后对其仍持善意。⑤ 顺治帝甚至称汤若望为"玛法"

---

① 天聪朝臣工奏议．史料丛刊：卷中：10-11.

② 清太祖实录：卷十六//清实录．北京：中华书局，1985.

③ 皇太极于十月初七日大阅兵，八旗护军、旧汉人马步军、满洲步军俱四面环列，前设红衣大炮三十位及各种大小炮。参见：清太宗实录：卷十六//清实录．北京：中华书局，1985.

④ 明崇祯、清顺治间刻本《西洋新法历书》第一册，国家图书馆善本室藏，转引自：刘梦溪：汤若望在明清鼎革之际的角色意义——为纪念这位历史人物的四百周年诞辰而作．中国文化，1992 年秋季号.

⑤ 魏特．汤若望传：第二册．杨丙辰，译．台北：商务印书馆，1960：264-265.

（尚父），两人关系愈渐亲密，“汤若望之于清世祖，犹魏徵之于唐太宗”①。

顺治帝经常临访汤若望，1656—1657 年两年之间，顺治帝就二十四次临访汤若望于馆舍之中。二人毫无拘束，会面如朋友一般随意，皇帝与汤若望独处一室进行长时间晤谈，甚至还在汤若望的馆舍里过生日。顺治帝如此密集地临访汤若望并非常态，因为在这两年中，除了汤若望，顺治帝仅有一次出宫拜访一位皇叔。凡遇重大事宜，顺治帝更愿意听取汤若望的意见。汤若望还会给顺治帝介绍一些西学知识，比如“日食与月食之学理，彗星或流星问题，再就是物理的问题”，也教顺治帝一些科学实验的方法，诸如“琥珀油”的制取方法。② 汤若望被顺治帝封为通议大夫，又谥封若望父、祖为通奉大夫，母与祖母为二品夫人。1652 年（顺治九年）御赐汤若望“钦崇天道”匾额，1653 年又赐为“通玄教师”，并说明敕封汤若望为“通玄教师”，是因为汤若望的历法学识，并认为西洋历法要优于魏文魁等的传统历法。顺治帝及满洲新贵看重汤若望主要是因为历法等西方科学文化。随后汤若望平步青云，1658 年授汤若望光禄大夫，并恩赏祖先三代一品封典。顺治帝此举不仅满足了汤若望传教的意愿，更体现了开放的用人制度，同时通过汤若望，收拢中土其他传教士之心。

1659 年，郑成功进攻南京，顺治帝曾想避往关外，受到皇太后叱责，随后又转向另一极端，执意亲自率兵南下。群臣劝驾，汤若望祈祷后，面圣跪奏，顺治帝请“玛法”起，亲征作罢。身为耶稣会士，汤若望并没有放弃劝导顺治帝入教的使命，因为与顺治帝的亲密关系，自然会有不少劝导顺治帝皈依天主教的好时机。有一次顺治帝询问汤若望，明朝末代皇帝的性格是怎样的，为什么他丧了国。汤若望的回答为：那位皇帝的知识和道德以及对于百姓的爱护都是很优异的，但是他却因过度的自信和固执己见，失去了文武官员的忠诚，竟至丧身失国，虽然他也以天主的戒律为然，但如果有人把这个道理宣传于他，他绝对不会不接纳。1660 年，董鄂妃因丧子而故，顺治帝受到极大打击，汤若望曾劝顺治帝入教，遭到顺治帝的拒绝，顺治帝对汤若望明确表示自己尊崇的是儒家文化，对佛教、道教和天主教等宗教都不感兴趣。③ 1661 年，顺治帝病

---

① 陈垣. 陈垣学术论文集：第 1 集. 北京：中华书局，1980：502.

② 同①274-275.

③ “朕所服膺者，尧舜周孔之道；所讲求者，精一执中之理。至于玄笈贝文所称，《道德》《楞严》诸书，虽尝涉猎，而旨趣茫然。况西洋之书，天主之教，朕素未览阅，焉能知其说哉！”（魏特. 汤若望传：第二册. 杨丙辰，译. 台北：商务印书馆，1960：300，316）

危，汤若望奉上亲自带来的文件，顺治帝在读完文件后表示："因为自己很多的罪恶，他觉得他是没有见上帝的资格了，如果他要再恢复康健时，他一定要信奉汤若望底宗教。可是现在他的病是不容许他做这件事情的。"①

顺治帝是清入主中原后的第一个皇帝，也是一个水土不服的皇帝，汤若望等耶稣会士更像是他的精神寄托，他们所携西学中的科学技术带给他很大的安全感。顺治帝称其对佛教、道教和天主教"旨趣茫然"，看重的是西学中具有实用性的学问，诸如历算、火器等。可以说，由徐光启、李之藻、李天经、孙元化、方以智等明末士大夫积累的西学成果以及"会通中西"的理念，到顺治帝时期留下来的则多是器物层面的实用技术了。

4. 出掌钦天监的争议与历讼案

1661 年 2 月 5 日至 6 日夜间，最为宠信汤若望且未满二十三岁的顺治帝驾崩，临终前，鉴于太子年幼，顺治帝在辅政大臣的名义之下，封索尼、苏克萨哈、遏必隆和鳌拜为辅政大臣。顺治帝的驾崩以及辅政大臣的出现，意味着汤若望失去了一把保护伞，又多了几个政敌；预示着西学东渐将发生变化，并将以矛盾冲突的形式在历讼案中表现出来。

1629 年，崇祯帝授命徐光启设立并且主持历局工作时，徐光启聘请了汤若望和罗雅谷进入历局，开始着手编纂《崇祯历书》。1641 年（崇祯十四年）因汤若望等耶稣会士修历有功，崇祯帝谕吏部议赐爵秩，汤若望等以"不婚不宦，九万里远来，惟为传教劝人，事奉天地万物真主，管顾自己灵魂，望身后之永福"② 为由拒绝了崇祯帝的赏赐。清入主中原后，汤若望立即向摄政王多尔衮申请留住城内并且保留西洋经书，同时奉上了浑天银星球、镀金地平日晷等西洋天文观测仪器，以及诸器用法一册，七月初九进呈，初十便获得批准。随后，汤若望被任命为钦天监监正，实际上是继承了徐光启在西洋历法东传中所处的位置，开始主持清的历法修订工作。汤若望并未预料到随着顺治帝的驾崩，他已经成为清朝廷权力更迭斗争中的一颗棋子，无法避免第二次"教案"，即历讼案的到来。

汤若望走上仕途，意味着腹背受敌，进而构成了两个来自截然不同方面的罪名。耶稣会士给汤若望的罪名主要在于他主持修历并担任官职违反了天主教

---

① 魏特. 汤若望传：第二册. 杨丙辰，译. 台北：商务印书馆，1960：325.

② 徐宗泽. 中国天主教传教史概论. 北京：商务印书馆，2015：147.

教义。1647 年（顺治四年），中国教区副会长阿玛诺接到一封文件，由龙华民、毕类思、李方西、安文思签名，列汤氏 11 条罪状，申请开除其会籍。汤若望加钦天监监正后，被誉为“西来孔子”的耶稣会士艾儒略首先对汤若望担任钦天监监正等涉及世俗权力职务的行为表示质疑，在汤若望及其支持者的解释下，虽得以平息，却拉开了历讼案的序幕。1649 年（顺治六年）耶稣会士安文思联合北方传教会会长傅汎际，向汤若望下达了卸任钦天监监正一职的通知书，列举了十大理由，并称，如果不辞职，将要受到革除教门的处分。罗马学院委任巴撒努斯、赉塔努斯、赉·鲁阿和艾斯巴尔擦四位教授审查此事，四位教授于 1661 年（顺治十八年）向耶稣会副总会长欧里瓦报告他们的审查意见，并做出以下判决：审查委员会认为并无任何疑难之点可以阻碍该传教士（汤若望）充任此职，该传教士经过此次审查之后，仍可照旧担任此职与继续工作，因为这工作对于基督教在该国之传布与保护以及教会之尊严，均有重大关系。同年四月初三，欧里瓦向教皇亚历山大七世奏明此事时说：中国钦天监监正之职是耶稣会士以外的一种职衔，有几位传教士怀疑这一职衔与修会的誓约是不相容的，因此特请宗座裁决。关于汤若望担任钦天监监正一职，罗马教皇的裁决如下：钦天监监正之职之接受，是可以容许的，并且这个职务可以为天主教在该国异教徒之间传布提供有益条件，所以他很愿意谕令汤若望接受这个位置。至此，在耶稣会士内部，此案以汤若望大获全胜告终。① 然而，来自清士大夫的攻击则更加激烈，对汤若望的伤害则是致命的。

与耶稣会士和罗马教廷不同，以杨光先为主的士大夫对汤若望的攻击点并非汤若望所携的西学，而在于汤若望所犯的“谋反罪”，这也是汤若望历讼案的另外一个罪名。1659 年（顺治十六年），杨光先著成《辟邪论》上下篇，攻击天主教，列出汤若望三大罪状，又撰写《不得已》书。曾在钦天监任职的许之渐与汤若望共过患难，图谋陷害汤的杨光先曾竭力怂恿许攻击汤若望，但许置之不理，致使自己最后也被这场冤案牵连。直到汤若望昭雪之后，他才官复原职。由于顺治帝在位，汤若望免于弹劾。1664 年（康熙三年），杨光先再上《请诛邪教状》，指明“若望借历法藏身金门，窥伺朝廷机密，若非内勾外联，谋为不轨，何故布党、为立天主堂于京省要害之地，传妖书以惑天下之人”。可

---

① 魏特. 汤若望传：第二册. 杨丙辰，译. 台北：商务印书馆，1960：464-465.

见，清士大夫将汤若望的罪名认定为“谋反罪”，修改历法、修建教堂等行为均是以“窥伺朝廷机密”“谋为不轨”为目的，并没有指明汤若望所犯之罪是因为其所携的西学有问题，相反，汤若望所携的西学尤其是科学因为被仇视天主教的辅政大臣苏克萨哈所器重，反而保护了汤若望。①

清士大夫之所以会弹劾汤若望，实际上是顺治帝驾崩后，清内部权力更迭的结果。更深层次的矛盾是顺治帝、多尔衮等主张汉化的一派与鳌拜等主张保持满洲传统文化的一派之间的矛盾，而汤若望因为跟顺治帝关系亲密，又坚持利玛窦儒化的传教策略，遂成为两派权力斗争的一颗棋子，最终酿成了历讼案。从这个角度来看，历讼案其实是南京教案中浙党与东林党之间权力斗争的历史重演，就造成这两次公案的根本原因而言，其实跟耶稣会士在华传教并无直接关系，也并非是因为西学东渐。但是教案却都间接阻碍了以耶稣会士为载体的西学东渐的进程。

四、西方科技的有效传入

明末清初动荡的局面，带来了西方科技文献的大量移译，一时之间，历算、舆地、医学人才大量引进，彰显了文化在社会面临危机时的巨大能量。西方科技的移植经历了从“三棱镜”到“络日咖”再到“本土化”三个阶段，每一阶段都有其特定的科技成果与之相对应，也活跃着三种类型的科技人才，分别是儒化传教士、科学化士大夫、儒化科学家。纵观明末清初时期的西学东渐，耶稣会士起到了重要的桥梁作用，他们通过寻求政治庇护，借鉴西学中的科学，实现自身的传教使命，而这也构成了这一时期西学东渐的主要特征：这一阶段的西学实际上是一种依附于中土权势的西学，同时也是一种觊觎中土体制缺口、旨在传教的西学。

1. 西方科技文献的移译和本土化科学的成长

明末清初的动乱时期，中土改朝换代，西方世界则逐渐拉开了科学革命的序幕。大量的西方科技文献被移译，是与历史的变迁息息相关的。此时东来的

① 苏克萨哈对基督教极其仇视，此时没有显露出来，一则因为汤若望是皇帝之师，二则因为汤若望懂得西学中的物理学，尚有利用价值。参见：魏特. 汤若望传：第二册. 杨丙辰，译. 台北：商务印书馆，1960：327.

西学包括西洋器具和西洋学术理论；与之相伴，与西学相关的中国本土化科学也开始顽强出声。

西洋器具的传播。此为西方科技文献移译的前期阶段和物化阶段，载体为“西洋奇器”，时在万历年间，利玛窦来华初期，移译的对象是“物化的科技文献”，可称为“器具东传”。1583—1589 年，第一批传教士来华，定居于广东肇庆，并建立了一座小教堂。在这一批传教士中有人携带“三棱镜”，为首的便是利玛窦。除了三棱镜，挂在教堂墙上的世界地图也触发了中国士大夫对西洋地图测绘学的兴趣，以及获得用中文标注的副本的希望。[①] 国人开始为西洋地图上面的文字内容所吸引：过去，因为知识有限，他们把自己的国家当成整个世界，把它叫作天下，意思是天底下的一切；现在，当他们听说中国仅仅是地球东方的一部分时，这种和原先大不一样的观念令人震惊。[②]

西洋学术理论的移译。随着西洋奇器的引入，西学在明末中土士大夫阶层眼中出现变化，逐渐从“器具”演变为“络日咖”（Logic，“逻辑”），或者说逐渐从对“形而下之器”的兴趣演化为对“形而上之道”的追求。所谓名理，即“络日咖”，出自亚里士多德“引人开通明悟，辨是与非，辟诸迷谬，以归一真”的工作。明末士大夫通过翻译研究《几何原本》《乾坤体义》，接触到古希腊的科学传统，从科学的“器具”和“实用”层面，扩展到科学的“文化”层面。西学的大量移植可分为两个阶段：从“利玛窦抵华”到“南京教案”期间为第一阶段，从“开设历局”到“吴桥兵变”期间为第二阶段。第一阶段发生在万历末年前后，西学被大量移植，堪称西学东渐的辉煌时期。高潮是 1625 年（天启元年），金尼阁携带 7 000 余部西学著作入华。科技类书籍主要涉及数学、建筑学、天文学、机械物理学、矿冶学、医学、航海术等。不过，当时被翻译、利用的仅有 15 部[③]，只占其中很小一部分。面对西学，士大夫虽然无知，但是好奇，前来拜访传教士的高官络绎不绝。第二阶段是从“开设历局”到“吴桥兵变”，此时晚明处于内忧外患之中，西学移植更加具有针对性，并且出现了以“历局”为中心的西学移译。徐光启在《历书总目表》中提出了引入西方天文

---

① 利玛窦，金尼阁．利玛窦中国札记．何高济，王遵仲，李申，译．北京：中华书局，1983：179．

② 同①．

③ 这 15 部移译的详细书目，可参见：毛瑞方．明清之际七千部西书入华及其影响．文史杂志，2006（3）：4．

学的指导原则：“欲求超胜，必须会通；会通之前，先须翻译……翻译既有端绪，然后令甄明大统、深知法意者，参详考定，镕彼方之材质，入大统之型模。”① 在徐光启、李之藻、李天经等人的努力下，编撰完成了总计137卷的《崇祯历书》，系统介绍了西方古典天文学理论和方法。同时，徐光启在《奉旨修改历法开列事宜乞裁疏》中开列一系列应制造的天文仪器。为了满足战争的需要，晚明在火器技术上也引进了大量的西洋军事技术理论，出现了《兵录》、《神器谱》、《武备志》、《西法神机》、《火攻挈要》、《筹海图编》、《军器图说》和《火龙神器阵法》等一系列借鉴西学的兵书。

与西学相关的“中国本土化科学理论”。当徐光启等正沿着欧几里得等古希腊先哲的足迹探寻科学文化之际，东北满洲兵入犯甚急，最后入主中原。随着汤若望等传教士转归清，西学随即在清开花结果。在康熙帝的推动下，西方传教士携来的科学文化成为御用科学并催生出了“西学东源”说。这一时期中土已经不再单纯移译西学著作，而是有一批顽强的士人将以往移译的西学著作结合本土文化，形成中国本土化的科学理论。其中，王锡阐兼通中西，其“生而颖异，多深湛之思，诗文峭劲有奇气，博极群书，尤精历象之学”②，“兼通中西之学，自立新法，用以测日月食，不爽秒忽”③。后创作了《晓庵新法》《五星行度解》。梅文鼎则搜集西学历法著作自学，经其整理和译解的西学著作具有浓郁的民族色彩，后创作了《历学疑问》。此外，还有黄宗羲的《西历假如》、王夫之的《思问录·外篇》，更有康熙帝主持编纂的《数理精蕴》《历象考成》《律吕正义》，此三部分共同构成了《律历渊源》。这批著作虽脱胎于移译的西学，却又具有浓郁的中土特色，算是中国本土化科学的代表。

2. 历算、舆地、医学人才的大量引进

明末清初，被派遣来华的耶稣会士，除了宗教教义，还会根据传教的需要，学习逻辑、数学、自然科学、道德哲学、形而上学等知识，用以帮助将中国人吸引到上帝身边。④ 比如，利玛窦在罗马学院就曾学习逻辑（文学、方言和修

---

① 徐光启集：卷八. 王重民，辑校. 北京：中华书局，1963：374-375.

② 谢国桢. 明代社会经济史料选编校勘本：上册. 福州：福建人民出版社，2004：286.

③ 赵尔巽，等. 王锡阐传//清史稿：卷五百六十. 北京：中华书局，1977：13937.

④ 利玛窦，金尼阁. 利玛窦中国札记. 何高济，王遵仲，李申，译. 北京：中华书局，1983：347.

辞学)、数学（算法、几何）、音乐与天文学、自然科学、道德哲学、形而上学。来华后，利玛窦与徐光启合译的《几何原本》，其版本便来自“克拉维乌斯在罗马学院编纂了一系列数学教材，其首编是欧几里得的《几何原本》”①。随着利玛窦的传教策略取得成功，不仅西方科技文献被大量移译，一些具备天文历算才能，兼具舆地、医学等才能的传教士也被大量引进。

利玛窦的成功，打开了耶稣会士被不断地引入并为朝廷所用的闸门。1610年，意大利人艾儒略来华，其《职方外纪》五卷本是中国第一本用中文写成的世界地理著作，并于1623年刊行。艾儒略还著有《西方问答》上下卷，1637年刊印。1674年南怀仁在北京刊印一幅两半球世界地图《坤舆全图》。经南怀仁推荐，张诚、白晋等5名传教士入京，1688年南怀仁病卒后，白晋和张诚在京供职，此二人均是法国皇家科学院院士。1689年（康熙二十八年）正值中俄签订《尼布楚条约》，张诚进呈的用西法绘制的亚洲地图受到康熙帝赏识，遂令张诚等使用西洋制图法完成全国地图的绘制工作。同时，白晋又奉康熙之命返回法国广招人才，四年后，白晋率同巴多明等10人回华，加入地图测绘队伍。这次测绘工作，引入了一批掌握测绘技术的传教士，包括白晋、雷孝思（Jean-Baptiste Régis)、杜德美（P. Tartoux)、潘如（Boujour)、汤尚贤（de Tarte)、费隐（Fridelli)、麦大成（Cardoso）等②，耶稣会士得到重用，1717年《皇舆全览图》绘制完成。

利玛窦之后，一些具有历算才能的耶稣会士陆续抵华传教。1610年，钦天监五官正周子愚上疏推荐庞迪我、熊三拔参与修历。1613年，李之藻上《请译西洋历法等书疏》，首先指出：“台监失职，推算日月交食，时刻亏分，往往差缪。”并将庞迪我、龙华民、熊三拔、阳玛诺等耶稣会士引荐给万历帝。李之藻又提出了以西洋历法为蓝本，开设馆局的设想：“敕下礼部亟开馆局……首将陪臣庞迪我等所有历法，照依原文译出成书，进贡御览……习学依法测验。如果与天相合，即可垂久行用。”③ 1629年，徐光启受命督修历书，他随即聘请李之藻和耶稣会士邓玉函、龙华明参加，后又挑选耶稣会士

① 艾尔曼．科学在中国：1550—1900．原祖杰，等译．北京：中国人民大学出版社，2016：101．

② 唐锡仁，杨文衡．中国科学技术史：地学卷．北京：科学出版社，2000：437-441．

③ 李之藻．请译西洋历法等书疏//明清间耶稣会士译著提要．北京：中华书局，1949：256．

汤若望、罗雅谷进入历局，着手编纂《崇祯历书》。表5-4-1是晚明时期传播历法的传教士。

表5-4-1　　晚明时期传播历法的传教士①

姓名	字	国籍	生卒年月日	抵华年份
利玛窦	西泰	意	1552. 10. 6—1610. 5. 11	1583
龙华民	精华	意	1559—1657. 12. 11	1597
庞迪我	顺阳	西班牙	1571—1618. 1	1599
罗如望	怀中	葡	1566—1623. 3	1598
黎宁石	攻玉	葡	1572—1640	1604
熊三拔	有纲	意	1575—1620. 5. 3	1606
阳玛诺	演西	葡	1574—1659. 3. 1	1610
金尼阁	四表	法	1577. 3. 3—1628. 11. 14	1610
邓玉函	涵璞	德	1576—1630. 5. 13	1621
祁维材	—	捷克	1590—1626. 5. 22	1622
罗雅谷	味韶	意	1590—1638. 4. 26	1622
汤若望	道味	德	1591—1666. 8. 15	1622
利类思	再可	意	1606—1682. 10. 7	1637

清初，汤若望担任钦天监监正一职后，耶稣会士进入钦天监工作成为常态，并引入大量的具有历算才能的耶稣会士。例如葡萄牙来华传教士徐懋德（Andreas Pereira）在钦天监工作长达20年，后与戴进贤（Ignace Kogler）共同编撰《历象考成后编》。表5-4-2罗列了一批在钦天监供职的传教士。

表5-4-2　　供职钦天监的传教士②

姓名	字	国籍	生卒年月日	抵华年份
汤若望	道味	德	1591—1666. 8. 15	1622
南怀仁	敦伯	比	1623. 10. 9—1688. 1. 29	1659
闵明我	德先	意	1639—1712. 11. 8	1671

① 阎林山，等．鸦片战争前在中国传播天文学的传教士．中国科学院上海天文台年刊，1982（2）：364．此表中人物生卒年与表4-1-1略有出入。

② 各传教士在钦天监所担任的职务，可参见：阎林山，等．鸦片战争前在中国传播天文学的传教士．中国科学院上海天文台年刊，1982（2）：366．

续前表

姓名	字	国籍	生卒年月日	抵华年份
纪理安	云风	德	1655. 9. 14—1720. 7. 24	1694
戴进贤	嘉宾	德	1680—1746. 3. 30	1716
刘松龄	乔年	澳	1703. 8. 2—1774. 10. 29	1738
傅作霖	利斯	葡	1713. 8. 31—1781. 5. 22	1738
高慎思	若瑟	葡	1722. 12. 8—1788. 7. 10	1751
安国宁	永康	葡	1729. 2. 2—1796. 12. 2	1759
索德超	越常	葡	1728. 1. 15—1805. 11. 12	1759
汤士选	—	葡	1752—1808	—
福文高	—	葡	1748—1824. 2. 4	1791
李拱辰	—	葡	1763—1826. 10. 14	1791
毕文灿	—	葡	—	—
徐懋德	卓贤	葡	1690. 2. 4—1743. 12. 2	1716
鲍友管	义人	德	1701. 10. 30—1771. 10. 12	1738
罗广祥	—	法	1754—1801. 11. 16	1784
高守谦	—	葡	—	1803
毕学源	—	葡	1763—1838. 11. 2	1800

在医学方面，晚明时期有利玛窦著的《西国记法》传入，主要讲的是人的记忆功能、脑的位置："记含有所，在脑囊，盖颅囟后枕骨下，为记含之室。"① 傅汎际著的十卷本《名理探》，在第三卷中涉及脑神经学说，并对记忆方面的一些道理进行了阐述。意大利传教士艾儒略在《性学粗述》一书中介绍了西方早期的人体生理方面的知识，《西方答问》涉及西药的制法。汤若望的《主制群征》卷二也涉及西方医药学。熊三拔在《泰西水法》卷四较多地介绍了西药，后撰写的《药露法》一卷也介绍了西药的功用和制作方法，并附有图解。这是最早向中国介绍西药制作方法的著作。徐光启也曾向庞迪我学习西药制作法："庞先生教我西国用药法，俱不用渣滓。采取诸药鲜者，如作蔷薇露法收取露，服之神效。此法甚有理，所服者皆药之精英，能透入脏腑骨间也。"② 邓玉函翻译的《泰西人身说概》经过国人毕拱辰润色，于1643 年付梓，流传民间。

---

① 邹振环. 晚明汉文西学经典：编译、诠释、流传与影响. 上海：复旦大学出版社，2011：344.

② 徐光启集. 王重民，辑校. 北京：中华书局，1963：488.

至康熙朝，西方传教士在中国的医学活动达到高峰，不少精于医术的传教士被引入，如意大利传教士鲍仲义、罗怀忠，法国传教士樊继训、安泰，德国传教士罗德先被先后引入太医院供职。鲍仲义和安泰充当康熙帝的随身医生，随驾出巡。罗德先曾经用药治疗了康熙帝的心脏病，还为他做过外科手术，切除了唇上的肿瘤。康熙年间，西药的制作和应用有了进展。张诚和白晋在担任宫廷教师期间，向康熙帝讲述有关烧伤等方面的医学。应康熙帝的要求在1690年设立化学实验室，用西法制药。这一化学实验室是中国最先开办的西药制作坊。1692年康熙帝身患疟疾，法国传教士张诚等献上金鸡纳霜，数日后，康熙帝病愈。康熙帝因此信任传教士，并将金鸡纳霜视为“圣药”，“特于皇城西安门赐广厦一所（即北堂，又称救世堂）”。传教士中的殷弘绪、钱德明、韩国英、巴多明等均涉及中国的天花人工接种技术，在澳门医生的协同下，传教士皮尔逊（Alexander Pearson）依法为中国儿童接种，种痘的费用也由他自己负担，受到当地老百姓的欢迎。

3. 寻求政治庇护的科学

在总结沙勿略未能进入中国传教的失败教训之后，利玛窦等耶稣会士一方面开始褪下僧袍、穿上儒服，另一方面开始通过实验仪器所呈现的特殊现象以及数学等科学知识来吸引中国士大夫阶层的关注，并以此寻求政治庇护，实现传教目的。

三棱镜、神奇记忆法、教堂圣母像成功吸引了中国士大夫的关注，传教士慷慨地将三棱镜和其他的一些珍品赠送给中国的官员。“百姓先看到准备送给原长官的玻璃三棱镜，惊得目瞪口呆，然后他们诧异地望着圣母的小像。……随同长官的官员们尤其如此，他们越称赞它，就越引起群众的好奇心”，随后官员又要求允许把这些珍奇带到他的官邸去，给他的家人看，但是出于群众围观的压力，拒绝了传教士赠送的欧洲手帕等珍品。① 传教士试图通过这些西洋奇器与明代的官员建立良好关系，以换取在中国的居住权与修建教堂等的许可，为接下来的传教做好准备。事实证明利玛窦等传教士走上层路线的传教策略是正确的，并且很快取得了成效。② 1584年，《山海舆地全图》由肇庆知府王泮刊印，不仅成功吸引了中国高官的眼球，更引起了皇帝的重视，“这份地理研究，经常

① 利玛窦，金尼阁. 利玛窦中国札记. 何高济，王遵仲，李申，译. 北京：中华书局，1983：164.

② 同①179.

加以校订、改善和重印，进入了长官和总督的衙门，大受称赞，最后应皇上亲自请求而进入皇宫”①。地图取得巨大成功让利玛窦意识到中国皇帝与士大夫更感兴趣的是与天地有关系的西学知识，同时也让利玛窦看到了寻求政治庇护对于传教的重要性。利玛窦开始用铜和铁制作天球仪、地球仪、日晷等天文仪器，赠送给各个友好官员，包括总督在内，当把它们的目的解说清楚，指出太阳的位置、星球的轨道和地球的中心位置，这时它们的设计者就被看成是世界上的大天文学家。② 利玛窦进而受到中国士大夫的尊重，不仅得以定居肇庆，受到庇护，还结识了肇庆知府王泮（后升任按察司副使）、南京吏部尚书王忠铭等官员，这有力表明利玛窦等耶稣会士所携的科学是为宗教传播寻求政治庇护的科学。

清入主中原后，汤若望坚定地执行着利玛窦的传教策略，立即向摄政王多尔衮申请留住城内并且保留西洋经书，同时奉上了浑天银星球一座、镀金地平日晷等西洋天文观测仪器以及诸器用法一册，七月初九进呈，初十便获得批准。汤若望被任命为钦天监监正。随着汤若望传教的深入，其官职也在不断晋升，这并非是汤若望权力欲望的膨胀，而应该看作汤若望继承并且延伸了利玛窦的传教策略：不但是在传教的内容上儒化，而且在传教的形式上也儒化，通过担任朝廷官吏，以皇帝赋予的政治特权来获取更多与皇帝接触的机会，进而更好地完成传教之使命。例如，汤若望被认为：“因为他能这样熟知天空现象，所以他也必定确切能知尘世上一切事体。”③ 毕嘉（Gabiani）在后来追悼汤若望的同人或亲属的文章里写道：“只用说自己是汤若望底同人或亲属，那么他就可以获得自由入国的许可，可以获得高官显宦以及各级官吏与人民底礼敬与重视，并且还可以要求自由传教的允许为他的权利。”④

汤若望涉政并非出于自己的权力欲望，而是在传教的形式上也儒化了，并且开始引领一种全新的方式。这种全新的传教方式无疑是成功的，清天主教徒的数量有了较大幅度的增长，据统计：1636 年有 38 200 人，1650 年有 150 000 人，1664 年有 248 180 人。⑤ 此外，汤若望利用钦天监监正一职及其与皇族的关系，巧妙

---

① 利玛窦，金尼阁．利玛窦中国札记．何高济，王遵仲，李申，译．北京：中华书局，1983：181.

② 同①182.

③ 魏特．汤若望传：第二册．杨丙辰，译．台北：商务印书馆，1960：243.

④ 同③289.

⑤ 德礼贤．中国天主教传教史．商务印书馆，1934：67.

影响了顺治朝上层对待藏传佛教的态度。

在顺治帝时期，汤若望亲近皇族、担任钦天监监正一职并且利用职权进行传教的策略，意味着此时耶稣会士所携的西学呈现出一种新的内涵或者说文化形态，即具有权力的科学，其背后蕴含着实用性与权力性。寻求政治庇护，确属明末清初科学的一个主要特征。

4. 携西学东来的传教士觊觎体制缺口

明末清初中土动荡，仅1644年一年，就发生了两次改朝换代。从社会阶层上来看，权力的更替落差极大，政权从晚明皇权转为农民军政权，又转入少数民族政权。从文化层面来看，这样巨大的动乱必然会使中土文化出现巨大的波澜，形成多种文化共存的局面，用以弥合动乱带来的体制缺口。而就在这一“破茧而出，且双翅未展”的关键时期，携西学东来的传教士敏锐地发现了这一体制缺口，开始借“儒学”和“科学”布道传教，让中国的历法、舆地、医学、军事乃至信仰等多方面的文化发生了微妙的变化。作为一种传教策略，携西学东来的传教士觊觎体制缺口的活动经历了若干阶段，分明万历帝时期、明崇祯帝时期、清顺治帝时期、清康熙帝时期、清雍乾两帝时期；各阶段对应的核心耶稣会士与发生的政治事件，如表5-4-3所示：

表5-4-3 携西学东来的传教士觊觎体制缺口的主要政治事件表

时期	核心耶稣会士	政治事件
明万历年间	利玛窦、龙华民	南京教案
明崇祯年间	庞迪我、熊三拔、邓玉函	供职历局
清顺治年间	汤若望	担任钦天监监正、历讼案
清康熙年间	南怀仁	礼仪之争
清雍乾两朝	巴多明	帝位之争与禁教

1596年，利玛窦改穿儒生服装，自称“西儒”，通过传播天文、地理等科学知识，赠送三棱镜等科学实验仪器来广泛结交晚明士大夫。在伦理习俗上，利玛窦同样尊崇儒家伦理，允许华人教徒祭孔祭祖，争取政治权力的庇护。16世纪末正值中土反心学思潮兴起，出现了“实学”，此时的“实学”并非“实用之学”，而是指“穿穴六经，访求掌故，务为根柢有用之学”，此种“实学”的代表人物为明末东林党党魁钱谦益，“他们所标榜的实学不出中国圣贤的范围，其学术路向返归传统。由唐宋经学上溯至汉儒训诂，此可视作学术丧失规

范情况下的内部整肃”①。利玛窦借助晚明“实学”这阵东风，以自身所掌握的科学知识，成功打入了东林党内部，成为倡导“实学”的代表人物。这一点可以从徐光启和李之藻对待耶稣会士的态度看出，徐光启称颂西方传教士：“其实心、实行、实学，诚信于士大夫也。”李之藻则认为，“今诸陪臣真修实学，所传书籍又非回回历书可比”，其著“多非吾中国书传所有，总皆有资实学，有裨世用”②。此外，利玛窦又以“实学”的方式，通过儒家与佛家之间的矛盾，对佛教进行了驳斥。通过辩驳“佛教”、倡导“实学”，利玛窦与晚明东林党人建立了密切的关系，以融入晚明体制内部，逐渐实现传教的目的。

利玛窦这一传教策略引起了同是儒家传统士大夫的沈㴶等浙党的攻击。利玛窦去世后，由于东林党与浙党之间的朋党之争日益激烈，外加龙华民一反利玛窦儒化的传教策略，使其传教目的不合时宜地暴露于中国士大夫面前，结果被浙党当作攻击东林党的工具，传教士遭到驱逐，遂酿成了南京教案。这是传教士觊觎体制缺口被暴露后的第一次失败。

万历帝驾崩后，晚明政局混乱，朋党之争日趋激烈，最终沈㴶辞职，再次为传教士入华提供了契机。1621 年（熹宗元年），邓玉函、曾德昭、金尼阁等耶稣会士携西学卷土重来。1627 年熹宗驾崩，崇祯帝登基，随后铲除了阉党，重新起用东林党人，这再次为携西学东来的传教士提供了体制缺口。这一缺口的直接体现便是历局的设立，凭借西学中的历算等科学知识，在徐光启的引荐下，庞迪我、龙华民、邓玉函、汤若望等得以进入历局工作，汤若望成为来华耶稣会士的核心人物。他虽未接受崇祯帝赏赐的官职，但却深得崇祯帝的信任，汤若望比利玛窦走得更远，成功进入晚明体制内部并且得以觐见崇祯帝。

1644 年，清入主中原，汤若望审时度势，受到顺治帝的恩宠并担任了钦天监监正一职，一路晋升，成为中国历史上官职最高的外国人之一。钦天监较之于历局，缺口更加扩大，进入钦天监供职的耶稣会士有 19 人之多。1664 年（康熙三年），杨光先再上《请诛邪教状》，指明“若望借历法藏身金门，窥伺朝廷机密，若非内勾外联，谋为不轨，何故布党、为立天主堂于京省要害之地，传妖书以惑天下之人?”③。汤若望以“谋反罪”被判处绞刑，又被改判为凌迟，

① 冯天瑜．从明清之际的早期启蒙文化到近代新学．历史研究，1985（5）．

② 李之藻．请译西洋历法等书疏//明清间耶稣会士译著提要．北京：中华书局，1949：256．

③ 杨光先，著．陈占山，校注．不得已：卷上．合肥：黄山书社，2002：6．

祸及30名传教士，钦天监监正一职被杨光先所取代，各地纷纷禁教。至此，传教士觊觎体制缺口的尝试又失败了。

康熙帝亲政后，铲除了鳌拜等辅政大臣的势力，并将南怀仁等耶稣会士招入朝中。在康熙帝的见证下，南怀仁与杨光先预测正午日影所至，南怀仁胜出，杨光先当下革职。后重审历讼案，为汤若望平反并重新启用西历。在南怀仁的引导下，康熙帝对西学产生了浓厚兴趣，这又一次为传教士打开了体制缺口。后又由于耶稣会士内部关于宗教教义与儒家伦理的“礼仪之争”，康熙帝下旨禁教。传教士这次的失败较之于前两次有所不同，“礼仪之争”较之于“南京教案”最大的不同在于，南京教案是士大夫内部矛盾所致，而礼仪之争则缘于康熙帝和罗马教皇克雷芒十一世之间的权力纷争。最终，康熙帝于1720年下令“禁止可也，免得多事”，传教士觊觎体制缺口的努力再次落空。

康熙帝驾崩之前，传教士为了获得更加有利的政治环境，试图支持与雍正帝有过“帝位之争”的皇八子为储君，以期在体制内部寻求政治保护，结果事与愿违。雍正帝登基那年（1723年），教皇遣麦德乐来华，示以妥协之意，雍正帝也表示愿意放松禁教令。但传教士参与“帝位之争”一事暴露，雍正帝立即厉行禁教。禁教之势在乾隆朝愈演愈烈，西方传教士觊觎体制缺口的多次尝试最终以失败告终。

参考文献

[1] 薄树人．科学史文集．上海：上海科学技术出版社，1978.

[2] 钟鸣旦，杜鼎克．耶稣会罗马档案馆明清天主教文献．台北：利氏学社，2002.

[3] 魏特．汤若望传．杨丙辰，译．台北：商务印书馆，1960.

[4] 费赖之．在华耶稣会士列传及书目．冯承钧，译．商务印书馆，1938.

[5] 谢和耐．中国与基督教．耿昇，译．上海：上海古籍出版社，1991.

[6] 卜正民．哈佛中国史：挣扎的帝国．潘玮琳，译．北京：中信出版社，2016.

[7] 艾尔曼．科学在中国：1550—1900．原祖杰，等译．北京：中国人民大学出版社，2016.

[8] 汉森．发现的模式．邢新力，等译．北京：中国国际广播出版社，1988.

[9] 牟复礼，崔瑞德．剑桥中国明代史．张书生，等译．谢亮生，校．北京：中国社会科学出版社，1992.

[10] 利玛窦，金尼阁．利玛窦中国札记．何高济，王遵仲，李申，译．北京：中华书局，1983.

[11] 利玛窦．利玛窦全集：利玛窦中国传教史．刘俊余，王玉川，译．台北：辅仁大学出版社、光启出版社联合出版.

[12]《续修四库全书》编委会．续修四库全书．上海：上海古籍出版社，2002.

[13] 方豪．中国天主教史人物传．北京：中华书局，1988.

[14] 顾卫民．中国天主教编年史．上海：上海书店出版社，2003.

[15] 黄一农．两头蛇——明末清初的第一代天主教徒．上海：上海古籍出版社，2006.

[16] 计六奇．明季北略．魏得良，任道斌，点校．北京：中华书局，1984.

[17] 江永．数学．上海：商务印书馆，1936.

[18] 蒋良骐．东华录．北京：中华书局，1980.

[19] 李天纲．中国礼仪之争：历史、文献和意义．上海：上海古籍出版社，1998.

[20] 梁启超．中国近三百年学术史．北京：东方出版社，1996.

[21] 林泉．福建天主教史纪要．福州：福建天主教两会，2002.

[22] 罗炽．方以智评传．南京：南京大学出版社，1998.

[23] 罗光．利玛窦传．台北：台湾先知出版社，1972.

[24] 明实录．台北："中央研究院"历史语言研究所校印本，1966.

[25] 彭建方. 中华民族纪元年表. 台北：文史哲出版社，2013.

[26] 清世祖实录//清实录. 北京：中华书局，1985.

[27] 阮元. 畴人传. 上海：商务印书馆，1935.

[28] 沈云龙. 近代中国史料丛刊第六十五辑：天主教传入中国概观. 台北：文海出版社，1966.

[29] 汤若望. 汤若望奏疏. 顺治刻本. 中国科学院图书馆藏.

[30] 唐锡仁，杨文衡. 中国科学技术史. 北京：科学出版社，2000.

[31] 萧一山. 清代通史. 北京：中华书局，1985.

[32] 谢国桢. 明清之际党社运动考. 上海：上海书店出版社，2004.

[33] 徐光启集. 王重民，辑校. 北京：中华书局，1963.

[34] 徐宗泽. 明清间耶稣会士译著提要. 上海：上海书店出版社，2006.

[35] 徐宗泽. 中国天主教传教史概论. 上海：上海书店出版社，2010.

[36] 奕赓. 佳梦轩丛著. 雷大受，校点. 北京：北京古籍出版社，1994.

[37] 张铠. 庞迪我与中国. 郑州：大象出版社，2009.

[38] 张廷玉，等. 明史. 北京：中华书局，2000.

[39] 赵尔巽，等. 清史稿. 北京：中华书局，1977.

[40] 中国历史研究社. 崇祯长编. 上海：上海书店出版社，1982.

[41] 中国人民大学清史研究所编. 清史研究集：第四辑. 成都：四川人民出版社，1986.

第六章　康熙帝与西学

爱新觉罗·玄烨，清入主中原后的第二位皇帝。这位皇帝一生与西学不乏关联。据说，1661 年（顺治十八年），顺治帝病危，议立嗣皇，遂遣人询问“玛法”汤若望，在汤若望的建议下，顺治帝舍去一位年龄较长的皇子，而封一位庶出的、还不到七岁的皇子为帝位之承继者。汤若望提供给顺治帝的理由为：这位年龄较幼的皇子，在髫龄时已经出过天花，不会再受到这种病症的伤害了，而那位年龄较长的皇子，需要时时都提防着这种恐怖的病症。这位年纪较幼的皇子便是日后的康熙帝。这是一个理性的抉择，正是由于汤若望所具备的医学知识以及顺治帝对他的信任，玄烨才有机会被立为太子，这不仅是携西学来华的耶稣会士对清朝廷做的最重要贡献之一，更体现出了中学与西学之间的融合，以及康熙帝与西学的冥冥之约。1661 年时年八岁的康熙登基，随即卷入一系列的朝廷内斗，它们表面上指向汤若望等传教士引发的“历讼案”，实则直指顺治帝、多尔衮的改革政策。面对这一局面，康熙帝做出的选择为汉化与西化。对于康熙帝的选择，法国传教士白晋曾在写给法国国王路易十四的信中赞赏道：“生来就带有世界上最好的天性……所有他的爱好都是高尚的，也是一个皇帝应该具备的。”① 最终，康熙帝清除了鳌拜集团，平反了耶稣会士汤若望的历讼案，而西学在其中起到了至关重要的作用，康熙帝与西学之间生动而复杂关联的序幕也便就此拉开。

一、康熙时期的西欧科学

康熙帝在位时期（1661—1722），恰逢西欧科学开始进入“巨人”时代。西欧的科学活动开始组织化、社会化，出现了英国皇家学会、法国皇家科学院、德国柏林科学院等科研机构。科学本身逐渐成为一种职业，与教士的职业慢慢

① 白晋. 康熙帝传//清史资料：第一辑. 北京：中华书局，1980：196-197.

分离，已经形成相对稳定的近现代科学研究传统，学者们对科学的兴趣空前高涨。17 世纪乃是“天才的世纪”，出现了一批伟大的天才科学家，开辟了一个全新的世界体系，无论是“天上”还是“地上”都开始发生巨大变化，变得充满理性。康熙帝正处于这样一个西方世界开始科学革命的转折时期。这对于中国而言，亦堪称一次千载难逢的近现代科学转型之契机。

1. 西欧科学进入“巨人”时代

“巨人”时代乃指“让个人或者说个体变得更加强大”的时代，即以“人为中心”取代以“神为中心”、以理性取代神性的时代，也就是伽利略、牛顿等“科学巨匠”开创的“近现代科学时代”。17 世纪的英国逐渐成为科学发展的先锋，它的社会文化结构产生了巨大变化，重大发现的数量有了显著的增长，如表 6－1－1 所示：

表 6－1－1　　1600—1700 年英格兰重大科学发现数目表①

年份	数目	年份	数目
1601—1610 年	10	1651—1660 年	13
1611—1620 年	13	1661—1670 年	44
1621—1630 年	7	1671—1680 年	29
1631—1640 年	12	1681—1690 年	32
1641—1650 年	3	1691—1700 年	17

默顿（Robert King Merton）通过对 17 世纪英格兰出版的、唯一的科学杂志《哲学学报》进行统计发现：在 1665 年（康熙四年 ）到 1702 年（康熙四十一年），英国学者对科学的兴趣空前高涨，自然科学、生物科学、地学、人类科学（生理方面）、医学科学论文占到论文总数的 84.8%，学科兴趣指标则占到 84.7%。除此之外，在这一时期，英格兰精英阶层的兴趣也开始发生转移，在整个英格兰社会中，教士的地位每况愈下，科学家的数量却持续增长。② 著名科

① 默顿. 科学社会学：上册. 鲁旭东，等译. 北京：商务印书馆，2004：265.

② 教士的地位每况愈下，在各乡村教区里尤其如此。教士声望的这种跌落，无疑应部分归因于宗教改革的教义，这种教义认为，救世的重担应由个人而不是由教会来承担。《国民传记辞典》的数据表明，对于牧师职业的兴趣的下降几乎是连续无中断的……同教士和神学家在这个世纪里的分布情况形成对比的是科学家的分布。在这个世纪的上半叶出现了对科学的持续增长的兴趣，并在 1646—1650 年这五年期间达到了顶峰。参见：默顿. 十七世纪英格兰的科学、技术与社会. 范岱年，译. 北京：商务印书馆，2007：56-70.

学活动家、英国皇家学会第一任主席（后被查理二世任命为学会秘书）约翰·威尔金斯，其本人虽是牧师，一生主要从事神学研究，但在其著作《新行星论》中宣扬的却是哥白尼的日心说。杜宾大学的天文学教授米切·麦斯特林公开讲授的是托勒密体系，私下又教授哥白尼体系；其学生的去向有二，一是成为牧师，二是成为大学讲师，开普勒属于后者。这一现象意味着科学与宗教之间开始逐渐分离，人们各择其业。换句话说，托勒密体系暗喻着科学是宗教的婢女，科学研究是为宗教服务的，这一导向让一些学生去做了牧师，相反，哥白尼体系则暗喻着科学作为一种独立于宗教的文化开始崭露头角，其本身可以自成体系，成为一门知识，因此，另类的开普勒并没有进教堂，而是去做了大学讲师，传播另外一种文化——科学文化。随着西欧社会文化结构的变迁和西方科学的发展，逐渐出现了一批具有显著近现代科学理论特征的成果，如表 6-1-2 所示：

表 6-1-2　　近现代自然科学主要成果表

时间	作者	代表性成果
1539 年	哥白尼	天体运行论
1543 年	维萨里	人体结构
1556 年	阿格里科拉	论金属
1584 年	布鲁诺	论原因、本原和太一；论无限的宇宙和多世界
1583 年	第谷	论彗星
1600 年	吉尔伯特	论磁
1605 年	斯台文	数学札记
1609—1621 年	开普勒	新天文学；光学；哥白尼天文学纲要
1620 年	培根	新工具
1634—1637	笛卡尔	论世界；谈谈方法
1628 年	哈维	心血运动论
1632—1638 年	伽利略	关于托勒密和哥白尼两大世界体系的对话 两门新科学
1644 年	赫尔蒙特	医学精要
1648 年	帕斯卡	关于液体平衡的重要实验的报告 论液体平衡与气体物质的压力
1658—1703 年	惠更斯	钟表论；摆钟论；论光 论碰撞引起的物体运动；论离心力
1661 年	波义耳	怀疑的化学家
1665 年	胡克	显微图谱
1686—1704 年	牛顿	自然哲学的数学原理；光学

"科学革命"意味着西学已经开始急剧变化，此后，无论是西方的宗教还是科学都与此前完全不同了。就宗教而言，近现代自然科学的出现，造就了两个内涵完全不同的"上帝"，即世俗的上帝与泛神论的上帝。用爱因斯坦的话来说便是："我信仰斯宾诺莎的那个存在事物的有秩序的和谐中显示出来的上帝，而不信仰那个同人类的命运和行为有牵累的上帝。"① 就科学而言，科学研究的方法论也已经不再是一般哲学意义上的方法论，而是哥白尼、伽利略、开普勒、牛顿等开创的近现代科学方法论。科学逐渐成为一种新的文化，开始从自然哲学中脱离出来。在此基础上，伽利略和牛顿又将归纳实验与逻辑演绎两种研究方法结合在一起，开创了近现代科学研究的传统。在康熙时期，西方科学不再停留在晚明时期由利玛窦等传教士所携来的科学的水平上，而是经由伽利略、牛顿发展了的、全新的近现代自然科学了。

2. 英国皇家学会建立

17 世纪中叶，正值英国资产阶级革命时期，一批追随培根思想的科学家认为：个人的力量很难独立地抵御神学势力的进攻，需要组织起来，以科学团体的名义赢得社会的承认，以利于与阻碍科学发展的封建势力做斗争。这就逐渐拉开了建立英国皇家学会的序幕。在约翰·威尔金斯的倡导下，约翰·沃利斯（John Wallis，1616—1703）、格雷沙姆学院的天文学教授塞缪尔·福斯特（Samuel Foster，1652 年卒）和医学教授乔纳森·高达德（Jonathan Goddard，1617—1675）这四人首先在格雷沙姆学院和伦敦举行周会，并自称"哲学学院"，探讨"自然科学""人生知识"，尤其侧重于"实验科学"。1646 年，因威尔金斯和沃利斯等人应邀到牛津大学任职，他们迁到牛津大学活动。这时，更多的科学家如罗伯特·波义耳、胡克（R. Hooke）以及经济学家威廉·佩第（William Petty，1623—1687）等人进入这个团体。这些人每星期都要聚会，进行试验，谈论科学理论问题。由于交流并无固定的组织形式和规章制度，波义耳也把这种学者集会称为"无形学会"。1648 年，迁移到牛津大学活动的学者在牛津成立了一个"哲学学会"（1690 年解散），主持人为威尔金斯，"无形学会"开始分化为"牛津"和"伦敦"两支。1660 年英国国王查理二世复位时，由于任命的许多科学家都离开牛津大学，或者被解聘，格雷沙姆学院的集会活动更加频繁，伦敦重新成为英国

① 爱因斯坦. 爱因斯坦文集：第一卷. 许良英，等译. 北京：商务印书馆，1977：243.

科学活动的中心。同年11月，时为格雷沙姆学院天文学教授的克里斯托弗·雷恩（Sir Christopher Wren）在格雷沙姆学院召集了一次会议，这次会议决定成立一个新的学院，以促进物理、数学知识的增长，并于每周三下午三时集会，入会费用十先令，会费每周一先令。威尔金斯被推选为学院的主席，并拟定了一个41位会员的名单，这不仅意味着英国皇家学会开始成型，也意味着第一批以科学为业、追求“自然科学”、抵御神学势力进攻的科学共同体的出现。学会注重培根式的实验、发明和实效性研究，1663年皇家学会干事罗伯特·胡克起草学会章程的建议中就充溢着培根的影响。胡克写道：“皇家学会的任务和宗旨是增进关于自然事物的知识和一切有用的技艺、制造业、机械作业、引擎和用实验从事发明（神学、形而上学、道德政治、文法、修辞学或者逻辑，则不去插手）；是试图恢复现在失传的这类可用的技艺和发明；是考察古代或近代任何重要作家在自然界方面、数学方面和机械方面所发明的，或者记录下来的，或者实行的一切体系、理论、原理、假说、纲要、历史和实验；俾能编成一个完整而踏实的哲学体系，来解决自然界的或者技艺所引起的一切现象，并将事物原因的理智解释记录下来。”① 不久，查理国王同意成立“学院”，但是学会的会长必须替换为国王的近臣莫雷。两年后查理正式批准成立“以促进自然知识为宗旨的皇家学会”，并委任另一个近臣布隆克尔勋爵担任皇家学会的第一任会长，第一任学会秘书是约翰·威尔金斯和商人亨利·奥尔登伯格。② 学会的刊物为《哲学学报》，由学会秘书奥尔登伯格独自出版，主要用来刊登学会会员提交的论文、研究报告等科研内容。

值得注意的是，英国皇家学会的建立并非英国一国的特殊现象，而是一种全新的世界潮流，是西欧科学文化、科学活动逐渐组织化、社会化的产物。除了英国皇家学会，西欧各国均出现了类似的科研机构，如表6-1-3所示：

表6-1-3　　16—17世纪西欧各国成立的科研机构表

时间	国家	机构名称
1560年	意大利	自然秘密研究会
1630年	意大利	林琴学院

① 斯蒂芬·F. 梅森. 自然科学史. 上海外国自然科学哲学著作编译组，译. 上海：上海人民出版社，1980：121.

② 同①.

续前表

时间	国家	机构名称
1657 年	意大利	齐曼托学院
1660 年	英国	英国皇家学会
1666 年	法国	法国皇家科学院
1672 年	法国	巴黎天文台
1675 年	英国	格林尼治天文台
1700 年	德国	柏林科学院

随着英国皇家学会的成立，其会员数量迅速增加。1674 年，学会会员总数已经发展为超过 200 人。皇家学会的会员活动主要有两个方面：其一为实验论文的交流，皇家学会创办《哲学学报》，刊登重要的科学实验成就，用于学会会员之间的学术交流，但发表论文的数量每况愈下，效果并不理想，以至于理事会委托威廉·佩第起草一份宣言：任何皇家学会会员，都应该责成自己，每年至少为皇家学会提供一份关于自己或别人已做的或将做的实验的哲学论文；如无法达到，将被罚款 5 英镑。其二为实验演示，皇家学会规定每周三下午三时开始聚会，会员需要自己演示自己的实验；为了保证学会活动的顺利开展，胡克还成为专职实验员，其主要职责便是每周为学会提供三个到四个实验。

英国皇家学会的成立是对培根在《新大西岛》中描绘的所罗门宫的实践，其指导思想为培根的思想。后随科学自身的发展，培根主义的科学研究纲领逐渐式微，取而代之的是波义耳、牛顿等人的全新的科学研究方法，即将培根《新工具》中的归纳实验与笛卡尔《谈谈方法》中的逻辑演绎两种科学方法结合在一起所开创的近现代科学研究传统。英国皇家学会等科研机构的出现也意味着西欧科学逐渐社会化，科学本身逐渐成为一种职业，与教士职业慢慢分离，科学已经形成相对稳定的近现代科学研究传统。①

3. 天文学发生革命

随着大航海时代的到来，人们对天文学精确度的要求也日益提高，新的天文学理论取代托勒密天文体系成为人们关注的焦点，拉开了天文学革命的序幕。

---

① 科学的社会化转向是指自文艺复兴大翻译运动以来，经由哥白尼革命直到牛顿《自然哲学的数学原理》问世以来，科学知识体系逐渐成形，并脱离自然哲学和宗教，从一种全新的知识类型转化为一种与哲学、宗教同等的人类社会文化。

科学与宗教是西学的两个重要组成部分，科学主要指的是哥白尼革命以来的近代科学传统，最早可追溯到古希腊文明；宗教主要指的是基督教，最早起源于希伯来文明，有学者将西方文化传统并称为“两希”文化。1543年，哥白尼的《天体运行论》首次系统地提出日心地动学说，撼动了中世纪以来由托马斯·阿奎那将亚里士多德自然哲学与宗教相融合的地心说，引发了天文学革命。这一场天文学革命除了带来人类天文知识的增长，更重要的是提出了一种全新的文化格局，带来了西学整体文化生态的变革，这一新的变革无论是与传统宗教还是与新教都格格不入。西学的这一变革如歌德（Johann W. Goethe，1749—1832）所描述的：“哥白尼学说撼动人类意识之深，自古以来无一种创见、无一种发明可与伦比……如果地球不是宇宙中心，无数古人相信的事物将成为一纸空言。谁还相信伊甸的乐园、赞美诗的颂歌、宗教的故事呢？”① 又如恩格斯所说：“自然研究通过一个革命行动宣布了自己的独立……这个革命行动就是哥白尼那本不朽著作的出版，他用这本著作向自然事物方面的教会权威提出了挑战……从此自然研究便开始从神学中解放出来。”② 恩格斯所说的哥白尼的那本不朽著作便是《天体运行论》。在哥白尼之后，与托勒密天文体系不同的“哥白尼天文体系”开始出现。哥白尼《天体运行论》的出版并非一帆风顺，哥白尼本人也有所权衡，在彼时，地心说是宗教宇宙观的基础，各种复杂的权力纠葛与利益纷争使得某一种学说如果与宗教神学相悖，将会受到残酷的打击，比如“罗马教廷对异教徒的疯狂迫害。费拉拉大学一位教授曾因反对教会兜售‘赎罪券’而被活活烧死，博洛尼亚大学天文学教授阿斯柯利·齐柯曾因宣传古希腊天文学中的大地球形说而被指控为巫师，不但被革除了教授职位，而且被处以火刑”③。更何况意大利是罗马教皇的所在地，是天主教的中心，为此，哥白尼曾在书的前面写了一篇名为《给保罗三世教皇陛下的献词》的序言，主题为希望不要遭到误解和蔑视，而能对教皇亲自领导的教会历法的改革工作做出贡献。哥白尼的顾虑不仅可以看作科学较之于宗教的矛盾，也可以看作科学较之于宗教的某种妥协和退让。当然，哥白尼革命得以延续并非仅仅因为哥白尼写了一篇序言这么简单，身处高位的教皇及众多传教士想必也没有这么容易就会被一篇序言所

---

① 李兆荣. 哥白尼传. 武汉：湖北辞书出版社，1998：272.

② 马克思恩格斯选集：第1卷. 3版. 北京：人民出版社，2012：848.

③ 于祺明. 哥白尼的天文学革命与上帝. 辽东学院学报（社会科学版），2010（6）：11-16.

蒙蔽。哥白尼革命得以延续还存在其他的缘由，其中之一是在宗教改革的影响下，欧洲的历法也发生了改革，即格里高利历法改革。米得尔堡的保罗曾经让哥白尼向1512年举行的第十五届拉特兰会议提出建议，实行历法改革。而在格里高利历法改革中，哥白尼革命被当作历法工具得以幸存下来。[①] 格里高利委员会曾留意伊拉斯摩·莱茵霍尔德（Erasmus Reinhold）的普鲁士星历表，该表是从哥白尼发表的《天体运行论》中的星历表修改扩展而来的。[②] 格里高利历法改革在科学（数学）和文化（信仰）之间做了区分，强调："数学独立于物质假定，强调的是计算技术，并以此制定历法。"这说明新历法仅仅保留了数学的实用性，而抛弃了其背后的文化性，"新历法主要用于疑难解析，作为一套计算活动更加侧重于一些近似规则，而不管宇宙的特征如何"[③]。

换句话说，此时科学仅仅被看成一种工具，近现代自然科学也没有完全形成，科学此时的处境正如恩格斯所言："科学只是教会的恭顺的婢女，不得超越宗教信仰所规定的界限，因此根本就不是科学。"[④] 但是，在西欧，天文学革命并没有被宗教所遏制，相反，西学得以通过"日心说"，沿着哥白尼这一路径不断演化，并最终形成了近现代自然科学。1584年布鲁诺在英国伦敦写作出版了《论原因、本原和太一》和《论无限的宇宙和多世界》，布鲁诺继承并发展了哥白尼学说，提出了宇宙无限的观点，认为太阳也不是静止的，而是运动的，在无限的宇宙中根本不存在任何中心，这意味着西欧天文学开始从封闭走向无限。这一观点激怒了天主教会，1600年，布鲁诺为此殉难。虽然哥白尼天文学体系较之于托勒密天文学体系更加简洁，但是其本身仍然存在不少问题，比如火星的运行与哥白尼理论就存在很大的出入。虽然哥白尼提出了日心说，但是太阳并未处于任何一个行星的轨道中心，开普勒对这一问题的解决，构成了第二次天文学革命——开普勒三定律的发现。自此之后，太阳最终成为六大行星运行的力量中心，哥白尼体系得到进一步完善，这也意味着西学中的科学的又一次发展。正如卡里玛赫对哥白尼所说的："天文学家有两样法宝，你得牢牢记住：一个是数学，一个是观察。没有高深的、站在时代前列的数学理论，就无法研

---

① 艾尔曼. 科学在中国：1550—1900. 原祖杰，等译. 北京：中国人民大学出版社，2016：101.

② 同①99.

③ 同①.

④ 马克思恩格斯选集：第3卷. 3版. 北京：人民出版社，2012：761.

究好天文学。没有观测，就没有天文学。观察天象是非常苦的事，既要吸收前人的成果，又不能被已下过的结论蒙住了眼睛。”① 开普勒将数学计算和第谷的观察相融合，提出了开普勒三定律，奠定了近现代科学研究方法的基础。在布鲁诺、开普勒、伽利略、牛顿等人的推动下，科学逐渐从一种研究工具演化为一种全新的科学文化，立足于西方文化之林，并成为西学的重要方面。

因此，西欧的天文学革命的意义并非仅仅在于天文学理论或者天文研究方法的变革，而在于西方文化层面的变革，这就如同一场西方的“新文化运动”，标志着新的科学文化的诞生，同时也意味着西学自身发生的巨大变革。那么，隐藏在西欧历法改革之下的哥白尼革命又是如何与来华耶稣会士发生关联的呢？建立这一关联的人为德国天文学家克拉维乌斯。“尽管克拉维乌斯对哥白尼太阳中心说有所保留，却认可他是天文学计算上的一位权威，在格里高利改革中使用了他的数据。”② 克拉维乌斯在罗马学院编纂了一系列数学教材，其首编是欧几里得的《几何原本》，利玛窦后来在明代翻译的《几何原本》就是克拉维乌斯编纂的这个版本；在15世纪后期，几何学专家在筑城和弹道测试中越来越受到重视。③ 几何学的引进为汤若望、南怀仁等耶稣会士在明清战争中发挥重要作用奠定了基础。利玛窦等耶稣会士的天文学背景为托勒密的地心说体系，这个体系起初并没有得到克拉维乌斯和格里高利改革委员会的认同，而是受到质疑，虽然最后又重新获得肯定。这一肯定是可以理解的，因为彼时并没有一个非常完美的天文学体系能够取代托勒密体系，但是至少证明利玛窦等耶稣会士所携的天文学知识已经不能代表西方天文学的最新进展。利玛窦和克拉维乌斯去世后，受到第谷新发现的影响，哥白尼体系在西方天文学中继续发酵，但是并没有一蹴而就。第谷的新发现开始影响到推动中国西学东渐的两个重要耶稣会士，即汤若望和南怀仁。值得注意的是，第谷的新发现虽然并没有使得汤若望和南怀仁认同日心说，却被用以反驳哥白尼的日心说，并转向地球太阳中心的折中的天文学体系。

西学的这一全新变化在晚明的《崇祯历书》和清初《西洋新法历书》之中亦有体现。《崇祯历书》中移译了《天体运行论》《哥白尼天文学纲要》，着重

---

① 李兆荣．哥白尼传．武汉：湖北辞书出版社，1998：12.

② 艾尔曼．科学在中国：1550—1900．原祖杰，等译．北京：中国人民大学出版社，2016：99.

③ 同②102.

阐述了托勒密、哥白尼、第谷的天文学。但是，哥白尼的天文学革命思想并没有在中国的历法中发扬光大，形成完整的近现代科学理论研究传统。中国的历法改革大体未超过开普勒行星运动三定律的水平，具体的计算和大量天文表则都以第谷体系为基础，而此时的第谷仍旧徘徊于地心说与日心说之间。汤若望和南怀仁虽然了解到第谷的新发现，并且用以反驳日心说，但是并没有将此争论引入中国，这在一定程度上阻碍了哥白尼天文学体系以及哥白尼革命在中国的传播。当然，哥白尼天文体系自身也存在着悬而未决的问题，比如恒星视差问题：为什么观察不到因地球公转而带来的恒星岁差？再如地动抛物问题：地球上的物体为什么不会因为地球自转而被抛出地球？这在一定程度上也影响了来华传教士对哥白尼体系的接纳与传播。开普勒去世三十年后，康熙帝开始了他的治国大业，耶稣会士选择的西欧天文学理论并非纯粹的托勒密体系，而是通过第谷改良后的托勒密体系。对照西欧天文学革命来看，康熙帝时期接触到的西学主要停留在托勒密天文学体系与第谷太阳地球折中体系之间，这一类型的西学是经院哲学以来的、融入基督教神学之中的亚里士多德传统，其核心为古罗马的基督教。这个西学传统较之于源自古希腊的毕达哥拉斯—柏拉图传统，以及以古希腊自然哲学为核心的西学传统有所不同。康熙帝本人对西学的追求就如同西欧历法改革对哥白尼数学方法的肯定一样，大部分是看重其实用部分而非文化价值。

4.《自然哲学的数学原理》问世

牛顿的扛鼎之作当数《自然哲学的数学原理》。此书缘起于英国皇家学会的一次集会。1684 年 1 月，哈雷、雷恩、胡克在该次集会上讨论行星到太阳的向心力与行星到太阳距离的关系问题时，胡克声称他已经发现了平方反比关系下天体轨道运行的规律；哈雷承认他本人想这么做，但没能成功。雷恩对胡克的说法不感兴趣，并悬赏征求能解决该问题的人，悬赏物是价值 40 先令的书籍。胡克又声称：他已做出证明，但他想保密，等别人无法解决此难题时才公布自己的结果。1684 年 7 月，哈雷为此事专程去英国的剑桥大学，请教牛顿：假定行星到太阳的引力与其到太阳距离的平方成反比，那么行星描绘的该是何种曲线。牛顿的回答为椭圆，哈雷随即询问牛顿采用的计算方法，牛顿当时并未提供给哈雷，理由是没有找到，但是答应重新做一份给哈雷。事实上牛顿并没有计算过，但哈雷向他提出的这一个问题拉开了创作《自然哲学的数学原理》的序幕。

1684 年 11 月，牛顿果然完成了《论轨道物体的运动》一文，对行星椭圆运动轨迹与按距离平方反比的作用力之间的关系做了详尽的数学证明。牛顿第一次用数学的方法证明了在平方反比定律作用下，行星必做椭圆运动，并由此推导出开普勒第二、第三定律。哈雷收到此论文后立刻意识到这篇论文背后的革命性意义，于 1684 年 12 月 10 日将论文交给英国皇家学会刊登发表。随后，在哈雷的鼓励下，牛顿又运用他自己发明的微积分方法证明了“万有引力”。这个问题的解决将会让宇宙的全部奥秘展现在人类面前。在此基础上，牛顿开始系统地整理他对动力学和引力问题的研究，于 1685 年 6 月完成了《自然哲学的数学原理》第一卷的写作，1686 年 12 月又完成了第二卷，并开始着手第三卷的写作。《自然哲学的数学原理》的完成并非十分顺利，在第三卷即将问世之前，在牛顿与胡克之间出现了“平方反比定律”的科学优先权之争，这一争论使得牛顿一度放弃第三卷的写作。哈雷见此情境，立刻于 1686 年 12 月 29 日写信给牛顿，劝说他继续完成第三卷的写作。哈雷的劝说使得牛顿恢复了平静，并答应在书中提及胡克也是平方反比定律的独立发现者。1687 年 4 月 6 日，牛顿将《自然哲学的数学原理》第三卷交给了皇家学会，全书终于完成。彼时，由于皇家学会出现财政危机，不能资助此书出版，学会委员会决定让哈雷自筹资金负责具体的出版事务，最终由哈雷出资，几经波折，《自然哲学的数学原理》于 1687 年 5 月在伦敦正式问世。

《自然哲学的数学原理》的问世意味着西学研究方法的一次突破和转型，而研究方法的改变必将带来西学的变革。除了方法论意义上的革新，牛顿还从思想上进行了总结。牛顿将开普勒、伽利略和胡克等科学家的思想或原理进行汇集和综合，将他们的许多遗漏和不实之处披露了出来并给予纠正。该书有着明显的数学化特征，这些特征不仅表现在对原理的表达上，而且还表现在对命题的证明和应用上。牛顿自己也认为：他在使原理数学化的过程中创立了一门非同一般哲学的自然哲学，还阐明了一种在自然哲学中使用数学的重要的新的时尚。该书开辟了一个全新的世界体系，因为无论是“天上”还是“地上”都开始发生变化，变得充满理性。换句话说，该书的问世不仅提供了一种全新的研究方法，更创立了一种新的科学哲学观，引导出一种科学文化，开启了一场科学革命。对于同时代的年轻人，特别是对于后世来说，牛顿似乎是一个超人，一劳永逸地解决了宇宙之谜。将牛顿定律应用到彗星运动并且正确预言“哈雷彗星”回归运动的英国天文学家哈雷，甚至写下“没有凡人能比他更接近上帝”这样的话。这绝不是为了恭维，而是出于内心深处的信念。这一切意味着自牛顿以降，17 世纪后期的西学开始转变，一种全新的、被称为近现代自然科学的西学已经出现。爱因斯坦在为纪念牛顿逝世二百周年而作的《牛顿力学及其对理论物理学发展的影响》一文中写道：“在他以前和以后，都还没有人能像他那样地决定着西方的思想、研究和实践的方向。他不仅作为某些关键性方法的发明者来说是杰出的，而且他在善于运用他那时的经验材料上也是独特的，同时他还对于数学和物理学的详细证明方法有惊人的创造才能。”① 西学中的自然科学开始脱离自然哲学、宗教，成为西学中的全新的文化。

1687 年，《自然哲学的数学原理》出版。此时康熙帝三十四岁，继位已二十六年。1688 年南怀仁去世，随后法国皇家科学院院士张诚、白晋成为康熙帝的私人老师。康熙帝可谓赶上了西欧科学化的大浪潮。西学有两种类型或者说两种不同的进路。第一条路径是经院哲学以来的、融入基督教神学之中的亚里士多德传统，其以古罗马的基督教为核心，具有浓郁的宗教特征。第二条路径则源自古希腊的毕达哥拉斯—柏拉图传统，以古希腊自然哲学为核心，具有明显的科学特征。对比《崇祯历书》中移译的西学著作可发现，虽然《崇祯历书》中哥白尼、开普勒、伽利略等的著作，其整体水平不及《自然哲学的数学原理》，但是其发展进路是偏向于古希腊的自然哲学而非古罗马的基督教神学，也就是说，晚明士大夫对西学的研究和引进，为西学中的科学在中国的发展奠定了一个很好的基础，中国的西学与西方的西学之间并没有因为近现代自然科学的发展而出现质的不同。

表 6-1-4　《崇祯历书》中移译的天文学著作及其科学研究方法

译著名称	著者	科学研究方法
新编天文学初阶	第谷	实验归纳
论天界之新现象	第谷	实验归纳
新天文学仪器	第谷	实验归纳
至大论	托勒密	逻辑演绎
天体运行论	哥白尼	逻辑演绎

① 爱因斯坦. 爱因斯坦文集：第一卷. 许良英，等译. 北京：商务印书馆，1977：222.

续前表

译著名称	著者	科学研究方法
天文光学	开普勒	自然科学
新天文学	开普勒	自然科学
宇宙和谐论	开普勒	自然科学
哥白尼天文学纲要	开普勒	自然科学
星际使者	伽利略	自然科学

二、康熙帝与西学的“蜜月”

据说，得益于汤若望的建议，年幼的康熙帝被立为太子。康熙帝与鳌拜集团的斗争又为南怀仁等耶稣会士东山再起提供了可能，这也意味着西学东渐过程的再一次复兴。康熙帝遂在“权力斗争”的艰难境遇中，开始了与西学的“蜜月期”，西学也得以在权力的更迭中再次彰显。历讼案之后，钦天监监正一职重新由耶稣会士担任。南怀仁、徐日昇、闵明我等耶稣会士更是成为康熙帝的西学老师，使得康熙帝于格致穷理之学，以及天文、地理、测算、音律等科，均能通晓大义。在白晋等耶稣会士的帮助下，康熙帝引进法国耶稣会士，成立算学馆，编纂《律历渊源》，并且绘制了《皇舆全览图》。在火器的制造和操练方面也有所突破，中土的火炮技术达到一个全新的水平。

1. 康熙帝和南怀仁、徐日昇

康熙被选定为太子后，索尼、苏克萨哈、遏必隆和鳌拜被封为辅政大臣。在辅政大臣的邀请下，汤若望成为康熙帝的老师并获得了“皇帝之师”的称号。①身为辅政大臣之一的苏克萨哈虽对基督教有着极端的仇恨，但是与其他辅政大臣仍然对汤若望非常友好且屡次颂扬表彰。四位辅政大臣之所以会一反常态，主要原因有二：第一是看重汤若望所携西学中的实用技术，第二则是由于顺治帝的母亲在朝廷内很强势，她平时对汤若望十分宠惠②，汤若望是她的义父。基于上述两点，从1661年顺治帝驾崩直到1664年（康熙三年），汤若望在朝中的地位并无

① 魏特．汤若望传：第二册．杨丙辰，译．台北：商务印书馆，1960：327.

② 康熙帝的祖母孝庄文皇后在顺治帝去世后，对汤若望仍时时怀有善意、好感，慷慨地赏赐汤若望。她常把自己所做的御宴上的食物分赐汤若望。参见：魏特．汤若望传：第二册．杨丙辰，译．台北：商务印书馆，1960：328.

变动。而汤若望日后被弹劾乃至入狱，并非是由于西学中的科学成分，而是由于西学中的宗教成分，但归根结底还是“四辅政时期”权力斗争的结果。

1664 年（康熙三年），杨光先再上《请诛邪教状》，指明：“若望借历法藏身金门，窥伺朝廷机密，若非内勾外联，谋为不轨，何故布党、为立天主堂于京省要害之地，传妖书以惑天下之人?”① 矛头由新旧历法之争转为政治权力之争，直指汤若望图谋不轨、意欲叛国，将其罪名定为“谋反罪”。辅政大臣鳌拜发旨将汤若望逮捕，交礼部审讯。汤若望为孝庄文皇后的义父，孝庄文皇后可以称为康熙帝的政治导师和保护者，鳌拜此举，矛头直指孝庄文皇后。后又将李祖白等收监。南怀仁、利类思、安文思俱拿问待罪。杨光先升钦天监监正。1665 年 1 月刑部宣判，判处汤若望绞刑。随后，杨光先又以布衣入都，呈《摘谬论》《选择议》，指责新法有“十谬”并且误用《洪范》五行选择荣亲王葬期。借此契机，鳌拜势力操纵议政王大臣会议，废止由汤若望在《崇祯历书》基础上编成的《西洋新法历书》，及由摄政王多尔衮更名的《时宪历》，复用《大统历》与《回回历》，并说汤若望只进 200 年历是咒清朝短命，误用《洪范》五行选荣亲王葬期。汤若望被改判为凌迟，南怀仁判肢解。原本由耶稣会士掌管的钦天监随即被杨光先、吴明烜等反教士大夫所掌控。以鳌拜集团为代表的保守势力，一反顺治帝、多尔衮以来的亲汉路线，取得了暂时性的胜利。“历讼”风波致使以汤若望为核心的西学共同体随之瓦解，但西学东渐并未停止，随着汤若望等被平反，西学东渐再次迎来了新契机，核心人物由汤若望转为南怀仁。

随着时间的推移，鳌拜居功自傲，且联合遏必隆，擅杀与自己不合的满臣。四辅臣均为满人，因此恢复祖制、歧视汉族官员之风日盛。康熙帝亲政前夕，国家已经“学校废弛而文教日衰”，“风俗僭越而礼制日废”②。1666 年（康熙五年），鳌拜在索尼、遏必隆的支持下，强行置换镶黄旗与正白旗的土地，并再次圈地，加剧了满汉矛盾。与此同时，他们不顾康熙帝的反对，矫诏将反对者苏纳海等 3 名大臣处死。同年，在宣武门内天主教堂的汤若望、南怀仁、利类思又被杨光先驱逐，8 月 15 日，汤若望弃世。1667 年（康熙六年）6 月，索尼去世，鳌拜实际上成为首辅，独揽大权，苏克萨哈亦被孤立。1667 年，康熙帝“躬亲大政，辅臣仍行佐理”，苏克萨哈立即请求“往守先帝陵寝”，以迫使鳌

① 杨光先，著. 陈占山，校注. 不得已：卷上. 合肥：黄山书社，2002：6.

② 清圣祖实录：卷二十二//清实录. 北京：中华书局，1985.

拜辞去辅政。① 鳌拜则罗列苏克萨哈“罪状”，不顾康熙帝反对，一连七日强奏，将苏克萨哈及其子孙全部处死且没收财产。

苏克萨哈死后，鳌拜已然开始“欺君擅权”，清内部的权力斗争达到白热化阶段。在这样的背景下，康熙帝重新起用南怀仁，且命南怀仁、杨光先考究中西历法，西法密合天象，以从历法改革着手清除鳌拜势力。1667 年 12 月 26 日，皇帝令供职钦天监的中外官员杨光先、胡振钺、李光显、吴明烜、安文思、利类思、南怀仁详定天文历法。经过 27 日至 29 日一连三天测验，正午时日影均正合南怀仁等所画之界。1668 年 1 月 27 日，南怀仁奏钦天监监副吴明烜所修康熙八年历种种差错。同年，南怀仁《测验纪略》一卷在北京印行。1669 年，南怀仁推算康熙九年历。议政王等会议，南怀仁奏吴明烜推算历日差错之处。康熙帝差大学士图海等同钦天监监正马祜，测验立春、雨水、太阴、火星、木星，与南怀仁所指逐款皆符，吴明烜所称逐款不合，应将康熙九年一应历日，交与南怀仁推算。前命大臣一二十员赴观象台测验南怀仁所言，逐款皆符；吴明烜所言，逐款皆错。传问监正马祜，监副宜塔喇、胡振钺、李光显，亦言南怀仁历皆合天象。最终，杨光先职司监正，历日差错，不能修理，左祖吴明烜，应革职，交刑部从重议罪。得旨，杨光先著革职，从宽免交刑部，余依议。

南怀仁以西方天文知识成功击败鳌拜等支持的杨光先等人，在极其重要的天文历法上为康熙帝扳回一局，此事让南怀仁深得康熙帝信任，授钦天监监副职衔。但他两次上疏辞官，帝准，却仍以监副给俸。随后南怀仁与耶稣会士利类思、安文思上疏为汤若望等昭雪，同时矛头直指杨光先与鳌拜集团，称：“杨光先依附鳌拜，捏词陷人，将历代所用之《洪范》五行，称为《灭蛮经》，致李祖白等各官正法，且推历候气，茫然不知，解送仪器，虚糜钱粮，轻改神明，将吉凶颠倒，妄生事端，殃及无辜。”② 在康熙帝的允许下，南、东教堂得以大修，北京受洗 3 000 人之多。南怀仁还用西法滑车运送巨大石料过卢沟桥，以建孝陵大石牌坊，康熙帝特将其出狩所获的一只鹿赏赐南怀仁。当年冬天，康熙帝驾临耶稣会东堂住院，将御书“敬天”二字匾额赐悬天主堂中，并谕曰：“朕书敬天，即敬天主也。”此举可见康熙帝对西学的认可之心与崇敬之情。③

---

① 清圣祖实录：卷二十三//清实录. 北京：中华书局，1985.

② 崔广社. 南怀仁在华事迹考. 文献季刊，2000 (2)：205.

③ 辅仁大学天主教史料研究中心. 中国天主教史籍汇编. 台北：辅仁大学出版社，2003：525.

康熙帝与鳌拜集团的斗争为南怀仁等耶稣会士东山再起提供了可能，在“权力斗争”的艰难境遇中，康熙帝开始了与西学的“蜜月期”。南怀仁被起用后，借此机会让更多的传教士进入中土。其中，葡萄牙籍耶稣会士徐日昇，精通乐理和历法，参与编写了《律吕正义》，受到康熙帝的赏识，初入宫廷“即博帝欢，自是亘三十六年，宠眷不衰”①。1688 年，南怀仁去世后，康熙帝提名徐日昇继任为钦天监监正。徐日昇虽婉言拒绝，但举荐闵明我担任该职，并任命比利时耶稣会士安多为钦天监监副。由于闵明我受命赴俄罗斯和罗马办理交涉，长期不在北京，钦天监的工作实际上主要由徐日昇和安多负责。1679 年，南怀仁、徐日昇、闵明我成为康熙帝的西学老师，使得康熙帝能够于格致穷理之学及天文、地理、测算、音律等科，均能通晓大义。② 1688 年，康熙帝命徐日昇和法国耶稣会士张诚一起，跟随以索额图为首的中国使团远赴尼布楚与俄罗斯谈判。1689 年，在中俄双方谈判过程中，熟悉国际法和外交惯例的徐日昇和张诚担任了翻译工作，积极配合中方代表团。中俄双方于 1689 年成功签订了《中俄尼布楚条约》。康熙三十三年六月二十八日，上传徐日昇至黼座前，赐牙金扇一柄，内绘自鸣钟、楼台花树。御题七言诗云：

> 昼夜循环胜刻漏，绸缪宛转报时全。
> 阴阳不改衷肠性，万里遥来二百年。③

康熙帝还任用徐日昇参与军务。康熙三十五年二月三十日，亲征厄鲁特，六军启行，命徐日昇、张诚、安多扈从。④ 1708 年（康熙四十七年）徐日昇卒，上谕：“朕念徐日昇斋诚，远来效力岁久，渊通律历，制造咸宜，扈从惟勤，任使尽职，秉性贞朴，无间始终，夙夜殚心，忠悃日著，朕嘉许久矣。忽闻抱病，犹望医治痊可。遽尔阖逝，朕怀深为轸恻。特赐银二百两，大缎十端，以示优恤远臣之意。特谕。”⑤ 毋庸置疑，康熙帝对徐日昇的器重与赏识离不开徐日昇所掌握的西学，尤其是历法、乐理等科学知识。

自汤若望以降，耶稣会士开始担任钦天监职务，其身份已与利玛窦时期不

---

① 费赖之. 在华耶稣会士列传及书目. 冯承钧，译. 北京：中华书局，1995：382.

② 民国丛书第一编：天主教传行中国考. 上海：上海书店，1989：319.

③ 辅仁大学天主教史料研究中心. 中国天主教史籍汇编. 台北：辅仁大学出版社，2003：554.

④ 同③.

⑤ 同③559.

同，耶稣会士已成为清朝廷的官员。对于康熙帝而言，无论是汉族士大夫还是耶稣会士，由于供职于朝廷，都属于自己的臣子部下。康熙帝起用具有西学特长的耶稣会士，并且重用“洋臣”来进行权力的博弈也并不奇怪。面对杨光先等人的攻击，无论是出于自保还是传教，汤若望、南怀仁等耶稣会士肯定不能够心如止水。此时南怀仁配合康熙帝参与到与鳌拜权力集团的斗争之中，实际上是在帮助康熙帝扩展政治权力，当然，亦有借助皇权传教之目的。

2. 历法、天文和《皇舆全图》的测绘

“历讼案”风波平息后，1669 年（康熙八年）康熙帝欲授南怀仁钦天监监副，南怀仁上疏委婉辞官，康熙帝重申前旨，南怀仁上疏再辞，疏称：“臣生长极西，自幼矢志不婚不宦……犬马尚知报主，臣非木石，敢不勉力以答高深？臣一疏再疏，抗辞官职，出于至情，非敢勉强渎陈……至于历法天文，一切事务，敢不竭蹶管理，宁惮烦劳。如唐一行亦任修历法，而未尝授职……顷者恭遇我皇上面询臣艺业，如测量、剖器等制，臣少时涉猎，系臣所长，容臣按图规制各样测天仪器，节次殚心料理，以备皇上采择省览。”① 康熙帝准其所请，降旨仍以监副给俸。南怀仁在上疏中虽然拒绝了康熙帝敕封的钦天监监副一职，但是却明确表明自己愿意继续承担修历、测量以及天文仪器的制作工作。此态度为康熙帝所接受，也意味着历法、天文方面的西学东渐得到了康熙帝的认可。

1670 年（康熙九年），在南怀仁等的努力下，经过礼部奏准，广州被监禁的一众传教士得以开释，其中通晓历法的传教士闵明我等被调往北京，辅助南怀仁修治历法。9 月 8 日，他们从广州分乘五艘大船北上，张灯结彩，并大书“奉旨回堂”四个字。② 耶稣会士得以集体回京，主要是因为其历法、天文等科学知识一直受到满洲新贵的青睐。

但是，耶稣会士所掌管的钦天监对历法预测的一次失误，却引起了康熙帝和一些士人的怀疑。其实，这个失误乃是出于当时传入的西学本身，即耶稣会士所掌握的西方天文学已经不是西欧最先进的天文学了。顺治帝所用的《西洋新法历书》是在《崇祯历书》的基础上修改而成的，而《崇祯历书》所阐述的只是为第谷所折中的托勒密—哥白尼体系，即地球太阳中心（geoheliocentricity）体系。具体的计算和大量的天文表都以第谷体系为基础，大体未

① 熙朝崇正集　熙朝定案（外三种）. 韩琦，吴旻，校注. 北京：中华书局，2006：310.

② 费赖之. 在华耶稣会士列传及书目. 冯承钧，译. 北京：中华书局，1995：370.

超出开普勒行星运动三定律的水平，其本身存在很多问题，出现误差在所难免。这一点已为康熙帝所察觉，影响到他对《西洋新法历书》的态度。就在这一关键时期，汉族士人王兰生、梅瑴成、何国栋等登上了历史舞台，进而改变了西学东渐的态势，其中的标志性事件便是《律历渊源》的编撰和“算学馆”的建立。

1711年，钦天监用西法计算夏至时刻有误，与实测夏至日影不符，康熙帝认为：“西洋历，大端不误，但分刻度数之间，久而不能无差……此事有验证，非比书生作文，可以虚词塞责也。”① 为了解决这一问题，康熙帝采取了两种办法：一是就此问题询问新来北京的耶稣会士。康熙帝询问了刚到北京不久的耶稣会士杨秉义（F. Thilisch，1670—1715），他利用酌理（G. Riccioli，1598—1671）的表计算，所得结果与钦天监计算结果不同，康熙帝方得知西方已经有了新的天文表。于是，康熙帝命皇三子胤祉向新来的传教士学习，自己也开始学习新的历算知识。杨秉义和法国耶稣会士傅圣泽向康熙帝介绍了开普勒、卡西尼等人的学说，并编译了《历法问答》《七政之仪器》等天文著作以及数学著作《阿尔热巴拉新法》。② 二是让李光地、梅文鼎等汉族士大夫自主解决此问题。康熙帝破格起用李光地的学生王兰生和梅文鼎的孙子梅瑴成。王兰生撰《历律算法策》，介入编修天文历算书籍的工作之中，且称：“愚闻之律历之学，盖莫备于虞夏成周之世者也。其法本创之中国，而流于极西，西洋因立官设科，而其法益明；中土因遗经可考，而其理亦备。”③ 在后来的《律历渊源》的编撰中，王兰生起到重要作用。《律历渊源》中的《律吕正义》和《历象考成》都经其手编撰而成。由于教皇克雷芒十一世与康熙帝之间的“礼仪之争”，康熙帝逐渐偏向于第二种办法：依赖汉族士大夫。正是在王兰生等人的建议下，康熙五十二年九月二十日康熙帝给皇三子胤祉下旨：“尔等率领何国栋、梅瑴成、魏廷珍、王兰生、方苞等编撰朕御制历法、律吕、算法诸书，并制乐器，著在畅春园奏事东门内蒙养斋开局。钦此。”④ 从算学馆的治学理念以及人员构成来看，它是由汉族士大夫主导的机构，而钦天监则是由耶稣会士主

---

① 清圣祖实录：卷二百四十八//清实录．北京：中华书局，1985：456.

② 韩琦．“格物穷理院”与蒙养斋——17、18世纪中法科学交流//法国汉学：四．北京：中华书局，1999：302-324.

③ 同②.

④ 同②.

导的机构。

由肇庆知府王泮于1584年刊印的利玛窦所绘《山海舆地全图》，后由李之藻重绘，命名为《坤舆万国全图》，欧洲的地理学知识开始被引入中国。绘制世界地图的事，受到中国和西欧国家的共同关注，法国也对重新测绘世界地图产生了极大的兴趣。因此，康熙帝时期《皇舆全览图》的测绘不仅推动了西学东渐，同时促进了东学西渐。在17世纪的欧洲，法国巴黎是制图学的中心。1672年巴黎天文台成立，时任巴黎天文台台长的卡西尼在此制作了全天星图，并且打算重新绘制世界地图。卡西尼向首相柯尔伯建议，希望派遣耶稣会士到东方去进行观测，从地理科学的发展来看，包括中国在内的东方世界已经成为世界范围内天文观测、大地测量的重要部分。此时，中土面积迅速扩张，利玛窦时期绘制的地图，无论是精确性还是绘测范围都难以满足需求。在耶稣会士巴多明等的劝说下，重新绘制地图开始提上日程。

1693年，康熙帝遣法国耶稣会士白晋，以“钦差”的身份，觐见法国国王路易十四。白晋于当年7月出发，于1697年3月抵达法国。他向法国国王路易十四呈上奏折，并请求国王派船与中国建立外交关系。路易十四拒绝了白晋的请求，仅给他一批华丽的铜版画和图书，作为送给康熙帝的礼物。随后，白晋又与东印度公司取得联系，并且成功招募到10名传教士。1698年11月，白晋及其招募的10名传教士抵达广州，其中便有后来提出测绘《皇舆全览图》计划的巴多明。

康熙帝对留用的五名传教士进行了“面试”，着重考察科学与艺术等方面的才能，挑选属于“科学家和艺术家”的传教士，五人赢得了康熙帝的信任。白晋返华后，1699年，康熙帝又派洪若翰随“安菲特里特号”返回法国。1700年1月，洪若翰离开广州，并带去大量“华丽的丝织品、精美的瓷器及一些茶饼”，以赠送给路易十四。同年8月，洪若翰到达法国，并招集到8名传教士。1701年9月，洪若翰等人乘“安菲特里特号”商船抵达广州。从1687年到1773年耶稣会解散，总共有88名法国耶稣会士抵华。①

这批抵华的耶稣会士构成了1707—1718年康熙帝绘制《皇舆全览图》的核心力量。在耶稣会士的帮助下，1717年1月，测绘工作完成，由白晋汇成全国地图一张，分省地图各一张，1718年进呈康熙帝。这些地图后来被英国皇家学

---

① 李晟文. 明清时期法国耶稣会士来华初探. 世界宗教研究，1999（2）.

会会员李约瑟称为“不但是亚洲当时所有的地图中最好的一幅，而且比当时的所有欧洲地图都更好、更精确”①。《皇舆全览图》的完成意味着康熙时期的舆地科学已然有很高水平。

3. 算学馆的成立和《数理精蕴》的编译

洪若翰、白晋、刘应、张诚等法国耶稣会士肩负着法国皇家科学院的科学使命，这一行人于在华传教的同时也开始着手构建“中国科学院”。1687 年，洪若翰在一封给皇家科学院的信中写道：“向我们传授你们的智慧，为我们详细解释你们所特别需要的，为我们寄送示范，亦即你们对同一课题将会怎样研究。在科学院为我们每一位配备一名通讯员，不仅代表你们指导我们的工作，而且在我们遇到困难和疑问时可为我们提供意见。在这样的条件下，我希望‘中国科学院’会渐渐完善，会使你们非常满意。”虽然耶稣会士来华的目的并不是帮助中国成立一个独立的科研机构，但是，“中国科学院”就如同法国皇家科学院的附属机构，游离于法国耶稣会之外，并且以一种“无形学院”的形式开始传播。此为明末清初西学东渐以来的全新现象。

耶稣会士白晋曾给康熙帝写过一个报告，详细谈及他们来华的目的：因法国“天文、格物等诸学宫广集各国道理学问”，故路易十四命在华法国耶稣会士收集中国学问之“ 精美者”寄给法国“学宫”。白晋所说的“天文、格物等诸学宫”，实际上便是当时在法国巴黎成立的皇家天文台和皇家科学院等机构。②1697 年 3 月，白晋到达法国。他撰写的《康熙皇帝》一书提及康熙帝在中国建立“科学院”的打算：“这位皇帝的意图是让已在中国的耶稣会士和新来的耶稣会士在一起，在朝廷组成一个附属于法国皇家科学院的科学院。我们用满语起草了一本小册子，介绍了法国皇家科学院部分文化职能后，皇上对这些职能有了更深刻的认识。他平时就考虑编纂关于西洋各种科学和艺术的汉文书籍，并使之在国内流传。因此，皇上希望这些著作的一切论文，能从纯粹科学的最优秀的源泉即法国皇家科学院中汲取。所以康熙帝想要从法国招聘耶稣会士，在皇宫中建立科学院。”③ 1702 年 11 月，白晋在北京跟莱布尼茨通信，要他建议

---

① 李约瑟．中国科学技术史：第五卷：第 1 分册．北京：科学出版社，1975：235.

② 韩琦．康熙朝法国耶稣会士在华的科学活动．故宫博物院院刊，1998（2）：68－75.

③ 白晋．康熙皇帝．赵晨，译．哈尔滨：黑龙江人民出版社，1981：61.

派一些传教士在中国组成科学院，为传播基督教服务，并为欧洲学者提供所有能够得到的知识。同时，法国耶稣会士傅圣泽在《历法问答》中，向康熙帝介绍了法国“格物穷理院”“天文学宫”在天文学方面的最新成就。“格物穷理院”指的是皇家科学院，“天文学宫”则是指巴黎天文台。

康熙帝命在畅春园奏事东门内蒙养斋建立算学馆，此事乃是明末清初之际西学东渐的新进展。在努力成立“中国科学院”之关键时期，一方面，白晋等传教士在中国向法国、英国科学家发回大量科学报告，并且建议派遣更多精通科学和艺术的传教士来华；另一方面，一般的中国士大夫仍然对西学持漠视和不信任态度。

1672 年（康熙十一年），李光地官至文渊阁大学士。他对天文、数学等西学都十分重视并加以学习，且曾与南怀仁讨论过天体结构问题。但他对西洋历法并不精通，学习天文历法或许是为迎合康熙帝之偏好。1689 年，康熙帝到南京，先派侍卫赵昌向天主堂耶稣会士洪若翰、毕嘉询问：“南极老人星，江宁（南京）可能见否？出广东地平几度？江宁几度？”得到耶稣会士的结论后，康熙帝率一班大臣登南京观象台，李光地也在其中。其间，原本以为遵循中国历法文化便可以获得皇帝认可的李光地，却被康熙帝斥责为胡说，并被降级使用，此乃“观星台事件”。[①] 吃一堑、长一智，李光地因此更加深刻地认识到学习历法的重要性。实际上，是否精通西学已经成为康熙帝评价臣僚的重要标准之一。

当时，在所有问师的人中，凡得到梅文鼎指导者皆大有进步。李光地敏锐地意识到梅文鼎的历学才能将为康熙帝所青睐，随即建议梅文鼎“略仿赵友钦《革象新书》体例，作为简要之书，俾人人得其门户”。遵照李光地的建议，1690 年，梅文鼎开始《历学疑问》一书的写作。1693 年，李光地为《历学疑问》作序，又于 1699 年出资刻于河北大名。1702 年，康熙帝南巡，驻跸德州，旨令李光地取所刻书籍来看。李光地奏曰：他刻的那些经书和制举时文，皇帝不屑一看，现有宣城梅文鼎的《历学疑问》三卷，谨呈求圣诲。康熙帝说：“朕留心历算多年，此事朕能决其是非，将书留览再发。”没想到第二天，康熙帝召见李光地时又说：“昨所呈书甚细心，且议论亦公平，此人用力深矣，朕带回宫中仔细看阅。”一年后康熙帝发回原书，只见书中“小圈如粟米大，点如蝇脚，

① “予说：‘据书本上说，老人星见，天下太平。’上云：‘甚么相干，都是胡说。老人星在南，北京自然看不见，到这里自然看得见；若再到你们闽广，连南极星也看见，老人星那一日不在天上，如何说见则太平？’”（李光地. 榕村语录·榕村续语录. 陈祖武，点校. 北京：中华书局，1995：741-742）

批语尚用朱笔，蝇头细书，另书纸条上，恐批坏书本。又有商量者，皆以高丽纸一细方，夹边缝内以识之”。李光地复请康熙帝指出书中疵谬，康熙帝说：“了无疵谬，只是算法未备。”同年康熙帝赐《几何原本》《算法原本》二书给李光地，李光地“未能尽通，乃延梅定九至署，于公暇讨论其说”。在李光地的引荐下，1705 年，梅文鼎在德州以南临清州的运河岸迎候康熙帝，随即被召入御舟中。离别时，梅文鼎获赠康熙帝御书的“绩学参微”四字。康熙帝对李光地引荐梅文鼎之举十分满意：“历象算法，朕最关心，此学今鲜知者，如文鼎真仅见也，其人亦雅，惜乎老矣。”① 1709 年，梅文鼎的学生陈厚耀对康熙帝建议：“定步算诸书，以惠天下。”得到康熙帝认可之后，梅文鼎之孙梅瑴成奉调进京，编撰《数理精蕴》，拉开了“西学东源”的序幕。

在《数理精蕴》的基础上，康熙帝又将编撰的内容从数学扩展为天文历法、乐律，编辑了《历象考成》（在《崇祯历书》基础上编成）、《律吕正义》。此三部分共同构成了《律历渊源》。《数理精蕴》分上下两编，上编 5 卷“立纲明体”，包括《几何原本》与《算法原本》。《几何原本》内容与欧几里得《几何原本》大致相同，但著述体例差别较大，《算法原本》讨论了自然数的性质，包括自然数的公约数、公倍数、比例、等差级数、等比级数等性质，是小学算术的理论基础。下编 40 卷“分条致用”，主要包括使用算术、代数学知识，其中“对数比例”在耶稣会士波兰人穆尼阁传入对数及其用表之后，更详细地介绍了英国数学家耐普尔发明的对数法。还有 8 卷是对数表制作的三种方法和四种表（即素因数表、对数表、三角函数表、三角函数对数表），以及西洋计算尺。全书共 53 卷。②

4. 火器的制造和操练

1631 年（天聪五年），发生了吴桥兵变。孙元化的部下、辽人孔有德率部行至吴桥之时，发生叛变。1633 年，苦战登州的孔有德、耿忠明率“火炮火器俱全”的一万三千军队栖于渤海诸岛，四月携降于皇太极。汉人宁完我等奏称：“臣每虑红夷炮攻城甚妙而路运为艰，若孔、耿来降，可得船百余支，红夷六七十位，以后攻城掠地便可水陆并进。”③ 同年七月，归降八旗的孔、耿二人为前

---

① 刘钝．清初历算大师梅文鼎．自然辩证法通讯，1986（1）：52-64.

② 杜石然，等．中国科学技术史稿：下册．北京：科学出版社，1982：215.

③ 天聪朝臣工奏议//史料丛刊卷：卷中．转引自：刘凤云．清代三藩研究．北京：故宫出版社，2012：39.

锋攻陷旅顺；同月，明朝广鹿岛副将尚可喜降于后金。至此，晚明最精锐的火器部队尽归八旗。1634 年，后金定制：旧汉兵为汉军，元帅孔有德兵为天佑兵，总兵官尚可喜兵为天助兵。在明末降将的协助下，清军取得松锦大捷等一系列胜利，并最终击败明朝。在与南明的战争中，清军则以孔有德、耿忠明、尚可喜、吴三桂等人的队伍为先锋，倚仗晚明先进的火器部队攻城略地。在顺治初年，北京加紧造炮，每旗都设炮厂、火药厂，并定制前线用炮可由各省督抚奏造。实际上，历经明清火炮协同作战，孔有德、耿忠明、尚可喜、吴三桂等人的队伍已是清军中最精锐的火器部队。

1673 年（康熙十二年），云南、广东、福建三藩叛乱。若从火器技术传播的角度来看，“三藩之乱”可看作“吴桥兵变”的否定之否定，即最精锐的火器部队在脱离了晚明的控制之后，再次开始脱离清的控制。这次叛乱不仅意味着清的内乱，也注定是一场全新的火器博弈。面对这一局面，康熙帝毫不犹豫，力主武力平叛，声称：“今日撤亦反，不撤亦反，不若先发。”① 三藩队伍乃清军中有着火器传统的部队，且历经吴桥兵变等战役的磨炼，战功显赫，实力很强，仅数月战火即遍及江南及西南数省。康熙帝随即起用两次辞官但仍在钦天监供职的南怀仁，求助于西洋火器之学。

康熙十三年八月十九日，康熙帝遣内臣至南怀仁寓所传旨：“著南怀仁尽心竭力绎思制造妙法，及遇高山深水轻便之用。”② 康熙帝意识到江南多河川、西南多高山，顺治帝时期的红夷大炮适合守城，但是要去攻打江南及云贵等地，便会显得十分笨拙，故而希望南怀仁制造出能够在高山深水等严苛环境中使用的新型火炮，以应对三藩之乱。南怀仁随即制造了轻巧的木炮进呈，所谓木炮，实际是使用木模铸炮。康熙十四年，康熙帝命南怀仁到卢沟桥试炮，连放一百俱中鹄，且炮身无损。四月十九日，下令依式制造。五月二十四日，康熙帝亲临卢沟桥验收，并传旨：“南怀仁制造轻巧木炮甚佳。”③ 木炮的成功乃火器技术在中国的又一次革新，在康熙时期平息叛乱的战役中与红夷大炮相配合，充当了重要角色。

三藩之中，吴三桂势力最大，其军队很快即进入湖南，并将湖南作为根据

---

① 赵尔巽，等. 清史稿：卷二百六十九. 长春：吉林人民出版社，1995：7884.

② 张小青. 明清之际西洋火炮的输入及其影响//中国人民大学清史研究所. 清史研究集：第四辑. 成都：四川人民出版社，1986：92.

③ 熙朝崇正集　熙朝定案（外三种）. 韩琦，吴旻，校注. 北京：中华书局，2006：137.

地。他在继续往湖南北境进军时被清军阻截，两军隔江对峙。此时，江西的战略地位即刻凸显出来，康熙帝称其为：“水陆皆与楚、闽接壤，尤宜固守。”康熙帝命安亲王岳乐为定远平寇大将军，出师江西。康熙十四年十一月，岳乐上疏称：“非红衣炮不能破其营垒……广东送来红衣炮甚重，路险难致。西洋炮轻利，便于运动，乞发二十具，为攻剿之用。”十六日，康熙帝发旨：“南怀仁所造火炮，著官兵照数送至江西，转运安亲王军前。”① 1674年（康熙十三年），耿精忠叛变，由于清军在江西早有准备，合击江西，吴、耿联合的计划未能得逞。1677年，康熙帝又将南怀仁所造的红夷大炮二十具发往安亲王军中，这些新型火炮在攻克湖南的战役中起到重要作用。

康熙帝对西北的局势早有察觉，西北将领多为汉人，如果有变，将与吴三桂、耿精忠等兵分两路，对清形成夹击之势，蒙古诸部可能也会受到影响，稳定西北局势显得至关重要。因此，康熙帝软硬兼施，拉拢陕西提督王辅臣，但是王辅臣一再附而又叛，为平王辅臣的叛乱，陕西急用红夷大炮，南怀仁在二十八天中便与工匠制成二十具运去。康熙十五年，王辅臣归顺，保住陕西，清即可集中力量增援西南，整个局面将得稳定。最终，康熙帝在这场火器博弈中获胜。平定“三藩之乱”，南怀仁所造的火器起到了重要的作用。此外，康熙帝还改进了火炮的瞄准法。康熙二十年正月，南怀仁带新式炮两具，到清河试放，这种炮每具重三百余斤，可放置骡马背上行军，康熙帝看后改进了瞄准方法，将西洋炮原来所用的角度测量法改为准星照门瞄准法，并命炮手学习此法。该年八月十六日，将八旗炮手两百四十人集中于卢沟桥炮厂进行训练，并且改善了炮手的待遇，颇有成效。南怀仁赞美康熙帝所创的瞄准法“乃千古所无”。在火器技术著述方面，1682年（康熙二十一年），南怀仁进呈《神威图说》，其中有二十六种理论、四十四幅图解。此书可以看作汤若望《火攻挈要》之后，又一部系统讲解西洋造炮、用炮方法的著作。②

为了与入侵中国雅克萨的俄国人战斗，康熙帝对明末清初的过时火炮进行了升级。比如当时尚有清崇德八年所铸铜红夷炮二十三具，虽然破旧，但因年久立功，不便毁废，发给八固山收藏。有旧炮二千斤至九千斤重者十三具，俱经废毁，另铸红夷炮。随后，康熙帝命南怀仁研究制炮技术并且改进

---

① 清圣祖实录：卷五十八//清实录：第四册. 北京：中华书局，1985：751-752.

② 张小青. 明清之际西洋火炮的输入及其影响//中国人民大学清史研究所. 清史研究集：第四辑. 成都：四川人民出版社，1986：94.

红夷大炮。1686 年（康熙二十五年），命南怀仁造放三十斤弹子的平底冲天炮，1687 年又令其制造能放三斤炮弹的铜炮八十具，每具重量在一千斤以下，直至南怀仁病逝。在平定三藩之乱的火器较量中，戴梓曾创制连珠火铳。他造出来的新式铳，“形如琵琶……火药铅丸自落筒中，第二机随之并动，石激火出而铳发，凡二十八发乃重贮”①。这种铳可以称为机关枪的雏形了。戴梓还造过子母炮，康熙帝赐名为“威远将军”，并在亲征噶尔丹时使用。此时，中土火炮技术达到了一个新水平，戴梓制作的连珠火铳比西方最早的连发快枪还早了一个多世纪。

三、酷爱科学的皇帝

历讼案结束后，广州传教士得以开释，通晓历法的传教士闵明我被调往北京，辅助南怀仁修治历法。在南怀仁告欧洲耶稣会士书的影响下，法国国王路易十四又派洪若翰、张诚、白晋、李明、刘应五人抵华传教。闵明我、白晋深得康熙帝之赏识与信任。此后，由于礼仪之争，耶稣会士被遣返，康熙帝开始着眼于在中土寻求本土化科学家，于是出现了王锡阐、梅文鼎等一批通晓科学的士人。康熙帝对西学的着眼点也转向西学东源。

1. 白晋为帝赏识，随侍宫中

法国耶稣会对耶稣会士到中土执行科学院的观测任务十分支持。1687 年，法国国王路易十四派洪若翰、张诚、白晋、李明、刘应五人抵华传教，他们来华传教的心愿得以实现。在获派来华之前，他们已被法国皇家科学院任命为通讯院士。柯尔伯、卡西尼专门找洪若翰谈了传教团的科学使命，希望“神甫们在传播福音之余，利用时机在当地进行各种观察，以便使我们的科学艺术臻于完善”②。几经曲折后，在南怀仁、徐日昇的帮助下，1687 年（康熙二十六年）洪若翰等耶稣会士接到康熙帝的御旨：洪若翰等五人内有通历法者，着起送来京候用；其不用者，听其随便居住。在徐日昇的引荐以及南怀仁与殷铎泽（Prosper Intercetta，1625—1696）的斡旋下，洪若翰等耶稣会士于 1688 年 2 月 7

---

① 纪昀．阅微草堂笔记．杭州：浙江古籍出版社，2015：320.

② 李晟文．明清时期法国耶稣会士来华初探．世界宗教研究，1999（2）：51-59.

日到达北京，并得到康熙帝的召见。遗憾的是，南怀仁此时已经去世，康熙帝最终选留了张诚和白晋两名耶稣会士留在北京，其余三人则被允许在中国传教。随着西学自身的发展与演变，该五人来华时的身份较之于利玛窦、汤若望和南怀仁都有所不同，他们已是兼具耶稣会士与皇家科学院院士身份的“新传教士”。

白晋到达北京后，很快就掌握了满文。他的语言才能与科学素养使他深得康熙帝之赏识与信任，获准经常出入宫廷，用满文为皇帝讲解数学知识。① 白晋常“用满语把这些原理写出来，并在草稿中补充了欧几里德和阿基米德著作中的必要而有价值的定律和图形。除上述课程外，康熙帝还掌握了比例规的全部操作法、主要数学仪器用法、几种几何学和算术的应用法”②。

1692 年，康熙帝身患疟疾，白晋等耶稣会士呈上西药金鸡纳霜，治愈了康熙帝。康熙帝了解到耶稣会士的医学水平，命白晋、张诚在宫中建立化学实验室以研制西药。试制过程中，白晋参考法国皇家实验室主任的药典，制造了许多药丸。康熙帝又将皇城内原辅政大臣苏克萨哈的住宅赐予法国传教士修建教堂，此即著名的“北堂”。康熙帝亲赐匾额“万有真原”，并题对联：“无始无终，先作形声真主宰；宣仁宣义，幸昭拯救大权衡。”北堂的修建使法国传教士获得了一个独立于葡系传教士的传教点。③

出于对法国耶稣会士与皇家科学家的认可，康熙帝命白晋作为“钦差”返回法国，以招募更多的传教士来华。康熙帝派遣白晋前往法国的目的并非学习宗教，也并非要与法国建立外交关系，而是希望白晋把能够找到的法国耶稣会士先从印度调到他的身边，更希望把塔夏尔和李明派到他那里。“康熙帝希望聘请的是精通各门科学和艺术的耶稣会士。”白晋肩负起出使法国的重任，于 1697 年 3 月回到法国，将《康熙皇帝》呈献给路易十四，并转交了康熙帝作为礼品赠送的四十九部装帧精美的图书。④ 白晋在向法王路易十四呈上的奏折中说：康

---

① 白晋在《康熙皇帝》一书中写道：“皇上亲自向我们垂询有关西洋科学、西欧各国的风俗和传闻以及其他各种话题。我们最愿意对皇上谈起路易大王宏伟业绩的话题，同样，可以说康熙皇帝最喜欢听的也是这个话题。这样一来，皇上竟让我们坐在置放御座的坛上，而且一定要坐在御座的两旁，如此殊遇，除皇子外从未赐予过任何人。”[参见：朱静．康熙皇帝和他身边的法国．复旦学报，1994（3）；韩琦．康熙朝法国耶稣会士在华的科学活动．故宫博物院院刊，1998（2）]

② 白晋．康熙皇帝．赵晨，译．哈尔滨：黑龙江人民出版社，1981：34.

③ 李晟文．明清时期法国耶稣会士来华初探．世界宗教研究，1999（2）：51-59.

④ 冯尔康．康熙帝多方使用西士及其原因试析．安徽史学，2014（2）：13-36.

熙帝是“有高尚的人格、非凡的智慧、更具备与帝王相称的坦荡胸怀”的伟大皇帝。① 路易十四则给白晋若干画有卢浮宫、凡尔赛、圣日耳曼的铜版画以及装帧精美的图书，作为回赠康熙帝的礼物。《康熙皇帝》一书加深了路易十四对康熙帝与中国的了解。随后，白晋成功与东印度公司取得联系，成功招募到10名传教士，并于1698年3月6日在法国西部港口拉罗舍尔登上满载货物的商船“安菲特里特号”。

来华工作的传教士白晋除了将自己的科学知识带到紫禁城，还试图将自己在法国巴黎的工作环境和工作习惯一同带进宫殿。“传教士白晋一直期望康熙皇帝能够模仿巴黎，建立自己的科学院。”② 受其影响，康熙帝于1712—1713年在圆明园建蒙养斋，御用数学家就在这里从事天文学、数学工作。1713年，“康熙帝也大致按照巴黎科学院的模式成立了自己的算学馆，但是在命名上却沿用唐代算学馆的叫法，而且没有自主权，算是从事数理天文学研究的蒙养斋的一部分，只有清代文人和旗人能够被指派在里面工作。耶稣会士不会被允许进入这样一个包括皇三子允祉在内的小圈子。这一政策实施于礼仪之争之后，就决定了耶稣会士不可能过度影响宫廷的数学研究。皇帝想让他自己的人来掌握这些科技知识”③。

利玛窦之后，本土化的耶稣会士与晚来的多明我会士、方济各会士就礼仪问题出现分歧。此事传至罗马教廷，引起教廷不安。1704年（康熙四十三年），教皇克雷芒十一世命令圣学部发布禁止教徒祭祖祭孔的命令，并派遣年轻的多罗（铎罗）主教携教廷禁约于1705年抵华。面对这一局面，康熙帝“曾派白晋、沙国安至罗马谒见教皇，求一折中之法”：可以传教，但是不能干涉中土汉人祭祀等礼仪习俗。1706年在接见多罗之后，康熙帝指派白晋为代表，决定给教皇送礼物以期达成和解。在代表的委任上，康熙帝与多罗产生分歧，康熙帝指派白晋为代表，而多罗却要以其助理沙国安为代表，并以教会的权威否定白晋的“钦差”身份。这引起康熙帝强烈不满，随即取消赠予教皇的礼品，对白晋的任命也被撤销。随后，康熙帝态度强硬，将包括多罗在内的、反对中国礼仪的传教士驱逐出境。1707年（康熙四十六年），康熙帝下旨：“在中国之西洋

---

① 白晋. 康熙皇帝. 赵晨，译. 哈尔滨：黑龙江人民出版社，1981：1.

② 艾尔曼. 科学在中国：1550—1900. 原祖杰，等译. 北京：中国人民大学出版社，2016：223.

③ 同②224.

人，凡持有清汉字信票者，则准留；无信票者，均不准留。”①

2. 耶稣会士闵明我受帝之命出使俄罗斯

在西学东渐的历程中，曾出现过两个闵明我：其一为多明我会士闵明我，其二则为耶稣会士闵明我。这一重名事件发生的历史背景为1664年（康熙三年）的“历讼案”。彼时，杨光先已上《请诛邪教状》，指明“若望借历法藏身金门，窥伺朝廷机密，若非内勾外联，谋为不轨，何故布党、为立天主堂于京省要害之地，传妖书以惑天下之人”。1665年刑部宣判，判汤若望绞刑，以汤若望为核心的西学共同体随之瓦解。在历讼案爆发期间，在华传教士被押送广州囚禁，其中多明我会的一位传教士闵明我潜逃至澳门，这次潜逃对尚在羁押中的其他传教士造成了危险。为了避免他们受到牵连，意大利人 Claudio Filippo Grimaldi 借用闵明我之名，冒名顶替返回拘禁地，随即开启了这位意大利人来华传教的传奇经历。② 他乃是历史上著名的耶稣会士闵明我，1639年出生于意大利皮埃蒙特省，1658年加入耶稣会。

1669年（康熙八年），汤若望得以平反，历讼案告终。清廷“复用西洋新法”，由于南怀仁两次拒绝担任钦天监职务，康熙帝未再强求，反称“历法天文既系南怀仁料理，其钦天监监正员缺不必补授”③。南怀仁虽未担任官职，却实际掌管钦天监。掌管钦天监的南怀仁以修历为名，解救原羁押广州的西方传教士。康熙帝下旨，“内有通晓历法，起送来京，其不晓历法，即令各归各省本堂”。1672年，闵明我与恩理格（Christian Herdtricht）两人因为通晓历法，被迎送入京。④ 受南怀仁影响，闵明我坚持利玛窦的传教路线，并且以“西儒”自居。1679年，南怀仁、徐日昇、闵明我成为康熙帝的老师，教授康熙帝西学。1685年，康熙帝又命闵明我从事一些外交事务。

1685年（康熙二十四年）2月，闵明我受康熙帝委派，前往澳门迎接耶稣会士安多入京。康熙帝对闵明我此行非常重视：南怀仁、闵明我、徐日昇齐进养心殿御座前叩头谢恩，蒙皇帝赐座，天语慰问，赐御膳之时，即遣御

---

① 安双成．礼仪之争与康熙皇帝：下．历史档案，2007（2）：74-80.

② 荣振华．在华耶稣会士列传及书目补编．耿昇，译．北京：中华书局．1995：293-295.

③ 熙朝崇正集 熙朝定案（外三种）．韩琦，吴旻，校注．北京：中华书局，2006：85.

④ 同③88.

前太监翟捧银五十两赐闵明我，传旨云："今万岁赐尔做衣服，凡过山过水要保重，途中不宜太速，明日即宣谕礼部官，随尔方便行走。"① 1686 年，康熙帝委派闵明我"由欧罗巴往俄罗斯京，会商交涉事宜"②。闵明我"先把招募到的大部分传教士送到葡萄牙人的船只，然后决定自己从陆路经俄国返回中国"③。

康熙帝遣闵明我出使俄国的目的有二：其一为军事，两次雅克萨之战，清朝在局部方面是主动的，康熙帝已经放话希望两国通过谈判解决争端。此种背景下，康熙帝派闵明我出使，应与中俄谈判相关。闵明我在欧洲活动，获得罗马帝国皇帝、波兰国王的推荐，并携带"中国兵部的信函和印章"，但"他仍然无法从俄国人那里过境"④。其二为招揽人才。闵明我的此一出使目的却卓有成效，1687 年，他到达罗马，此时德国哲学家莱布尼茨为搜集有关德国汉诺威沃尔夫家族史的资料也来到罗马，两人得以在罗马会面。通过闵明我，莱布尼茨获得许多关于中国的资料，促成了他的中国研究著作《中国近事》的问世。

闵明我计划带着招募到的利国安等一批耶稣会士返回，但由于俄国与中国尚存领土争议，1689 年，俄国沙皇下令关闭耶稣会士在莫斯科的会院，禁止他们通过俄国西伯利亚前往中国，闵明我只得改从果阿、再到澳门这条人们通常使用的路线进入中国。此次，"派了年约五十的优秀数学家西塞瑞神甫同另外两人从海路前来"，以至于莱布尼茨都有些嫉妒，认为闵明我将欧洲的人才挖走了。⑤

1688 年南怀仁去世后，康熙帝提名徐日昇继任钦天监监正，徐日昇自己婉言拒绝而举荐闵明我，于是闵明我继任该职，比利时耶稣会士安多被任命为钦天监监副。彼时闵明我受命赴俄国和罗马办理交涉，长期不在北京。钦天监的工作实际上由徐日昇和安多负责。在此期间，康熙帝一直非常关注闵明我的返程，1692 年（康熙三十一年）特地派遣安多往澳门迎接，并指示：若他带来

---

① 熙朝崇正集 熙朝定案（外三种）. 韩琦，吴旻，校注. 北京：中华书局，2006：175.

② 同①341.

③ 莱布尼茨. 中国近事. 梅谦立，杨保筠，译. 郑州：大象出版社，2005：9-10.

④ 同③10.

⑤ 冯尔康. 康熙帝多方使用西士及其原因试析. 安徽史学，2014（5）.

“学天文历法要紧用人”，即带来京，“其余随便居住”。闵明我回京复命，康熙帝并没有因为他出使俄国无果予以惩罚，而是表示满意，多有赏赐。① 可见，康熙帝遣闵明我出使俄国的首要目的还是招募擅长科学的耶稣会士，这一点也可以从莱布尼茨的记述中看到。莱布尼茨在为《中国近事》写的《致读者》中说：“闵明我受皇帝的委托到欧洲招募各行专家去中国。”② “自从历史上中国派往西方的使臣从印度半岛带回那个不幸的偶像——‘佛’以来，中国人还没有过如此的壮举。”③ 康熙帝派遣闵明我等人前往欧洲招募科技人才之举值得重视，原先是传教士主动来华，现在是中方主动招募。因此，闵明我受帝命出使俄国可谓是西学东渐史上的重要一笔。此外，闵明我还一直为耶稣会士来华创造有利条件。1695 年，闵明我被任命为耶稣会副会省会长，1700 年担任北京住院院长，1702—1707 年担任中国和日本会省区的监会铎，成为在华天主教会的主要负责人。面对“礼仪之争”，闵明我率领京城传教士上奏，请求康熙帝能将“领票安居传教”通咨各省，以为凭据，得到允准：“嗣后凡领有印票、居住各省堂中修道传教者，听其照常居住，不必禁止。”④ 闵明我主张遵照中国礼仪并坚持“利玛窦路线”，为西学东渐提供了重要保障。

3. 并行的本土化科学家王锡阐、梅文鼎

较之于晚明士大夫徐光启与李之藻，清初汉族士大夫王锡阐、梅文鼎最大的不同便在于“本土化”。这里的“本土化”主要有两方面的含义：其一，王锡阐、梅文鼎是在晚明西学东渐潮流第一波之中，中国土生土长的科学家，他们两人都没有直接跟耶稣会士学习过西学，而是依靠自学，间接地通过阅读晚明士大夫所著的本土化了的西学著作而成长起来的本土科学家；其二，王、梅二人治西学的理念是要将西学本土化。若可以将王锡阐、梅文鼎称为本土化科学家，那么徐光启、李之藻则可以称为西化科学家。这两类人虽然都是具备西学知识的汉族士大夫，但是他们的治学理念及其学术成果都迥然不同。徐光启、李之藻除了其自身入教为天主教徒之外，还将儒学当作引进和推进西学发展的

① 冯尔康．康熙帝多方使用西士及其原因试析．安徽史学，2014（5）．

② 莱布尼茨．中国近事．梅谦立，杨保筠，译．郑州：大象出版社，2005：8．

③ 同②．

④ 熙朝崇正集 熙朝定案（外三种）．韩琦，吴旻，校注．北京：中华书局，2006：364－365．

手段和工具。① 而王锡阐、梅文鼎则是将科学当作推进中国本土文化发展的工具，产出的文化成果是本土化色彩浓郁的科学。

康熙帝时期，还存在着明代遗民的学术活动，这作为一条暗线影响着王锡阐、梅文鼎等本土化科学家，进而影响着西学东渐的态势。若将明末、清初汉族士人对待西学的态度做一比较，可以分为四种类型，分别是会通中西、中学本位、贬斥西学和借鉴西学。如表 6-3-1 所示：

表 6-3-1 明末、清初士大夫对待西学的态度及相关著作

时期	对待西学的态度	代表人物	与西学相关的著作
明末	会通中西	徐光启、李之藻	几何原本、泰西水法、名理探、乾坤体义
明末清初	中学本位	黄宗羲、王夫之	西历假如、思问录·外篇
	贬斥西学	王锡阐	晓庵新法、五星行度解
清初	借鉴西学	梅文鼎	度算释例、方程论、几何通解、历学疑问

纵观汉族士人对待西学的态度，其总的趋势是逐渐接纳西学而试图走向中西融合，但接纳西学的方式各有不同。

1622 年（天命七年），努尔哈赤大败辽东经略熊廷弼和辽东巡抚王化贞，夺取明辽西重镇广宁。紧接着后金连陷义州、锦州、大凌河等辽西四十余城堡，东北边境告急。京城内一些士大夫开始寻求耶稣会士的帮助，希望借西洋先进的火器技术抵御外敌。1625 年（天启五年），金尼阁身携教皇所赐 7 000 余部西书应陕西人王徵、张缠芳之邀，来到三原，半年后，住到西安城内。1627 年（天启七年）夏天，他被教会召回杭州，从事译著工作，薛凤祚对西学的研习便受到金尼阁影响。同年，陕西白水农民王二等攻入澄城，杀死知县，揭开了明末农民大起义的序幕。

崇祯帝登基后，重振纲纪，并对西学产生信任。1629 年（崇祯二年），允许徐光启开设历局，督修历法，西洋天文学开始被引入中土，涌动出西学东渐的大潮，并逐渐形成一个以明末士大夫为主的新学群体，即以信教或对天主教

① 耶稣会士熊三拔写给耶稣会总会长的一封信亦可为证："我应该补充一点，保禄（及光启）博士的想法并非是用我们的方法去修订他们的历表，而是要保持我们方法的独立性，使我们拥有回回天文学家同等的地位。"参见：石里云. 崇祯改历过程中的中西之争. 传统文化与现代文化，1996（3）：70.

友好的明末士大夫为中坚、以耶稣会士为外围的一个西学学者群。此种态势延续到清初，亦为王锡阐、梅文鼎所面对的西学东渐之文化背景。

作为明末遗民，王锡阐和梅文鼎都面临着价值取向的抉择。1628 年（崇祯元年），王锡阐生于吴江县，其平生恰逢中土大变，导致他较为复杂的价值取向与多元化的文化追求。王锡阐“生而颖异，多深湛之思，诗文峭劲有奇气，博极群书，尤精历象之学”①。“兼通中西之学，自立新法，用以测日月食，不爽秒忽。”② 1633 年（崇祯六年），梅文鼎生于安徽宣城，少时侍父及塾师罗王宾，仰观星气，辄了然于次舍运旋大意，后为清初历算大师，“千秋绝诣，自梅而光”③。王锡阐是一位布衣科学家，具有强烈的爱国自尊心。明朝灭亡那年，十六岁的王锡阐屡次求死殉国，投河未遂又绝食七日，并作《绝粮诗》五首以表为明守节，其一生都拒绝仕清。梅文鼎则与王锡阐不同，似乎并没有拘泥于晚明的殉国情结，而是积极入仕，并通过文渊阁大学士李光地的关系闻达于朝廷，其孙梅瑴成更直接参与了康熙帝蒙养斋的《律历渊源》的编修。从学识上来看，王锡阐和梅文鼎的历学思想都间接地受到徐光启等明末士大夫的西学成果之影响。如果将徐光启等人看作西学东渐的第一代，那么王锡阐和梅文鼎便是在这第一代移译西学基础之上孕育而出的第二代学者。

王锡阐和梅文鼎的历学著作从表面上看均有“西学东源”的风范，即不仅含有丰富的西学特征，同时也有着浓郁的本土化特色。王锡阐的历学思想并非像薛凤祚等人一样直接受于西师穆尼阁，而是借鉴徐光启等士大夫“会通中西”之研究成果，“从《崇祯历书》悟入，得于精思，似为胜之”④，从而打上了中土文化的烙印。梅文鼎则搜集西学历法著作自学，并且对拜洋人为师有所顾虑，经其整理和疏解过的西学著作则具有浓郁的民族色彩。然而，尽管王、梅二人均是本土化科学家，乍一看均主张“西学东源”，二者的科学思想仍然存在着显著差别。王锡阐“西学东源”思想的特点在于：他“所给数据系统的内容基本上和西方天文学的数据系统是相同的，其中如太阳近地点进动，五大行星的交点周期、

---

① 赵尔巽，等. 王锡阐传. 清史稿：卷五百六十. 北京：中华书局，1977：13937.

② 同①.

③ 刘钝. 清初历算大师梅文鼎. 自然辩证法通讯，1986（1）：52－64.

④ 尽管《晓庵新法》的数据取自《西洋新法历书》，但是它并没有沿用后者翻译西方天文学著作时所使用的天文学术语，而是采用中国传统历法术语对这些数据进行了重新命名，这在很大程度上隐去了《晓庵新法》的异域特征。参见：宁晓玉. 王锡阐与第谷体系. 自然辩证法通讯，2013（3）：81－85.

近点周期，计算地心黄经几何模型的参数，五星的距地距离，等等，都是中国传统历法所没有的"①，但是其学习西学本质上是为了维护中学，不以西学忘祖。梅文鼎"西学东源"思想的特点在于：他虽然承认西学的优越性，但是认为西学从源头上是源自中学的，只是传到了西方，被西洋人发扬光大，现在又传了回来。他将其整理和疏解的先进的西学赋予浓厚的中土文化色彩，初衷乃重在西学，强调中学是为了便于中国人领会和接受，也为自己正大光明地学习西学寻求一个依据。

4. 君临科学，不改传统范式

对于康熙帝时期的西学，胡适曾认为中国学者与西方学者之间的差距"真不可以道里计"②。其实，真正的差距不在中西学者之间，而在康熙帝对于西学的君临科学、不改传统范式的原则。

历讼案的爆发与平反表面上看是汉族士大夫与耶稣会士之间的矛盾冲突，实际上是顺治帝、多尔衮集团、以鳌拜为首的辅臣集团，以及后来的孝庄文皇后、康熙帝集团之间权力斗争在"知识型"上的体现，即权力与知识之间的纠缠。西学东渐的变迁在"知识型"上，经历了从《崇祯历法》、《西洋新法历书》、《大统历》到《律历渊源》的变迁；在社会机构上，则体现为晚明钦天监、西局、东局、清初钦天监再到算学馆的变迁。历讼案中知识与权力之间的关系如表6－3－2所示：

表6－3－2　历讼案中知识与权力之间的关系表

时期	知识型	西学机构	权力核心	历史事件
崇祯帝时期	崇祯历法	徐光启掌管的西局	崇祯帝	东西局（党派）之争
顺治帝时期	西洋新法历书	汤若望掌管的钦天监	顺治帝	汤若望归顺清

① 我们可以求得《晓庵新法》中的太阳加减差的最大值为2°3′10″……这个数据与第谷在1580年左右所定的太阳的最大中心差2°3′15″仅在秒量级上有差异，这一方面说明了两种几何模型的等价性，也说明了《晓庵新法》所用的数据基本上是第谷及其门徒所定的数据。参见：宁晓玉．王锡阐与第谷体系．自然辩证法通讯，2013（3）：81－85.

② 姚鹏，范桥．胡适讲演．北京：中国广播电视出版社，1992：37.

续前表

时期	知识型	西学机构	权力核心	历史事件
四大臣辅政时期	大统历	杨光先掌管的钦天监	鳌拜等辅臣	历讼案
康熙早年	西洋新法历书	南怀仁掌管的钦天监	孝庄文皇后、幼年康熙	铲除鳌拜集团、平反历讼案
康熙晚年	律历渊源	新成立算学馆	成年康熙	礼仪之争

可见，康熙帝时期西学东渐的变迁与权力斗争存在着密切关系。在康熙早期发生的两个历史事件，即铲除鳌拜集团和平反历讼案是同时发生的，因为平反历讼案的本质是铲除鳌拜集团，帮助康熙帝立威亲政。在康熙晚期，康熙帝成立算学馆，编修《律历渊源》，承认“西学东源”，多是出于权力斗争的需要。“古者帝王治天下，律历为先，儒者之通天人至律历而止。历以数始，数自律生……运用当代已经掌握的知识，修正古代典籍中的错误，是有为君主的重要‘文治’之一，康熙要‘成一代大典，以淑天下而范万世’。”① 康熙帝曾告诫耶稣会士：“我们这个帝国之内有三个民族，满人像我一样爱敬你们，但是汉人和蒙古人不能容你们。你们知道汤若望神甫快死的那一阵的遭遇，也知道南怀仁神甫年轻时的遭遇。你们必须经常小心会出现杨光先那种骗子。你们应以谨慎诫惧作为准则。”张诚接着写道：“总之，他告诫我们不要在我们所去的衙门里翻译任何关于我们的科学的东西，而只在我们自己家里做。”② 康熙帝告诫耶稣会士勿将科学外传，只能在自己家里做，并要求他们对汉人和蒙古人进行防范，这其实是康熙帝有意隔离耶稣会士与汉族士大夫，且进行权力博弈、为己所用；康熙帝晚年更加倚重且培养本土化的汉族士大夫，只不过因为中土为自己管辖之范围，汉族士大夫较之于耶稣会士更加方便管理罢了。1713 年，康熙帝曾说：“尔等唯知朕算术之精，却不知我学算之故。朕幼时，钦天监汉官与西洋人不睦，互相参劾，几至大辟。杨光先、汤若望于午门外九卿前当面赌测日影，奈九卿中无一知其法者。朕思己不知焉能断人之是非？因自愤而学焉。”③ 这句话可以理解为康熙帝追求西学并借以讽刺汉官“没有文化”，其重点在于“奈九卿中无一知其法者”。“对于西洋传来的学问，他（指康熙帝）似

① 席泽宗．论康熙科学政策的失误．自然科学史研究，2000（1）．

② 张诚．张诚日记．陈霞飞，译．北京：商务印书馆，1973：72．

③ 同①．

乎只想利用，只知欣赏，而从没有注意造就人才，更没有注意改变风气；梁任公曾批评康熙帝，就算他不是有心窒息民智，也不能不算他失策。据我看，这窒塞民智的罪名，康熙帝是无法逃避的。”①

康熙帝是第一个在绵延千年之中土“传统知识”背景下，具备“科学知识”特别是“数学知识”的“特殊知识分子”。康熙帝学习数学并不像一般人学习数学或者某个数学家研究数学那么简单，他开创了一种“科学皇帝”的身份，尝试将“知识”与中土的皇帝集权体制相结合，这便构成了康熙帝学习数学的另一个重要背景。康熙帝通过数学演算“测日影”这场科学实验，可以被理解为皇帝和“天”之间的一场对话，如果他能够准确预言正午日影的位置，岂不是证明了自己是最懂“天”的人吗？那么，自己贵为天子的皇帝身份的合法性就更有力地得到了证明。毋庸置疑，康熙帝学习科学文化除了个人兴趣之外，更重要的原因是维系他的皇朝对中土的统治。

四、康熙晚期的西学

康熙帝与罗马教皇之间的礼仪之争和耶稣会的没落，导致中国出现可容西学、禁止传教的局面。而中国本土士人引领“西学东渐”走向“西学东源”，则致使西学在中土传播受阻，并最终与进入“巨人”时代的西方科学发展脱轨，中国于是错过了一个近现代科学转型的机会。

1. 礼仪之争与耶稣会的没落

明末清初的礼仪之争，经历了四次大规模的争斗，分别是：沙勿略首次抵华遭到拒绝、南京教案、历讼案以及教皇克雷芒十一世与康熙帝之间的较量。从西学东渐的角度来看，礼仪之争又可以分为两个阶段，分别是：“西学东渐”范畴下的礼仪之争和“西学东源”范畴下的礼仪之争。就第一个阶段而言，礼仪之争实际上促进着“西学东渐”，礼仪之争不仅没有中断“西学东渐”，反而在每一次礼仪之争平息之后，西学都会出现一次大规模的东渐。而在第二个阶段，在康熙晚期的“西学东源”之范畴下，表面上看每一次礼仪之争都带来了本土化科学家的成长，实际上消耗着“西学东渐”的锐气，最终兴起了本土化科学家竞相论证

---

① 邵力子. 纪念王徵逝世30周年. 真理杂志，1944（2）.

“西学东源”之风，而西学在中土的传播大受阻碍。

1553 年（明嘉靖三十二年），葡萄牙人以船只遇风浪撞坏，所带货物被水浸湿为由，与广东地方政府官员进行交涉，在得到允准之后，登上澳门陆地晾晒货物，搭棚居住，后又与明朝政府交涉，以每年 500 两白银为地租银，租居澳门。到明末清初时，葡萄牙人每年向当地政府交纳的地租船税银已达 2.2 万两。① 康熙初期，仅居住于澳门的西洋人“男女老幼已有 5 600 余口”。客观上，西学东渐的“澳门之门”已经打开。② 此后，耶稣会士开始随商船抵达澳门传教，建立教堂，成立澳门天主教区。这一时期的耶稣会士可称为西学东渐过程中的先行者，由于语言不通，又不懂中国传统礼仪，并要求入教中国人改用洋名、改着洋服，传教的效果很不理想。面对完全陌生的中国文化和礼仪，葡萄牙传教士曾德昭在其所著《大中国志》中提道：“在遥远和陌生的国家传播新的宗教，语言、风俗、交流、饮食等方面的困难，都不是一般的，特别在中国传教所遇到的困难又超过所有其他地方。”③ 这从一个侧面体现出第一代耶稣会士初来乍到所面临的礼仪之争。

这一局面一直延续至 1583 年，利玛窦、罗明坚等耶稣会士抵华之后情况开始发生变化。利玛窦等耶稣会士不仅没有要求入教的中国人着洋服，反而自己穿上僧服，后来又改穿儒服，学习中国语言。“罗民坚已学会了中国人所拥有的 8 万个方块字中的 1.2 万个。统治中国的官吏们很熟悉他，因为他们知道此人正在学习他们的文字。”④ 利玛窦则不仅精通中国古籍，而且能畅通无阻地演说与辩论，深得中国士子们的钦佩。但是即便如此，耶稣会士仍然遭遇到各种抵制。

从平民百姓阶层来看，比如“有谣言传播说，欧洲人从那个人的面容看出，他的脑子里藏有一颗宝石，他们在他生时照顾他，为的是可以占有他的尸体，他死后就可以把那颗无价的宝石取出来”⑤。“为表示他们对欧洲人的蔑视，当葡萄牙人初到来时，就被叫做番鬼……教堂被称之为番塔……他们一有机会就凌辱传教士……市民已经成为外国人的公开的敌人。”⑥ 教堂成为从塔上不断投

---

① 安双成．礼仪之争与康熙皇帝：下．历史档案，2007（2）：74-80.

② 同①.

③ 同①.

④ 舒特．耶稣会士进入中国的过程．耿昇，译．西北第二民族学院学报（哲社版）.

⑤ 利玛窦，金尼阁．利玛窦中国札记．何高济，王遵仲，李申，译．北京：中华书局，1983：171.

⑥ 同⑤176.

掷石头的目标，每一块都把它的房顶当靶子。

再从士大夫阶层来看，利玛窦去世后，接替利玛窦的龙华民一改利玛窦以来的传教策略，反对教徒参与儒家的祭祖祭孔等仪式。龙华民虽遵从天主教教义，却与中国的传统儒家思想产生矛盾，逐渐出现了“耶儒之争”，并卷入东林党与浙党之间的党派之争中。以南京礼部侍郎沈淮为代表的浙党士大夫提出，来华传教“暗伤王化”，耶稣会教义“诳诱愚民”“志将移国”，要求驱逐耶稣会士。1617 年 2 月 21 日（万历四十五年一月十六日），浙党以万历帝的名义颁布了驱逐传教士出境的诏谕：“命押发远夷王丰肃等于广东，听归本国……王丰肃等立教惑众，蓄谋叵测，可递送广东抚按，督令西归。其庞迪我等，礼部曾言晓知历法，请与各官推演七政，且系向化来，亦令归还本国。”① 后酿成南京教案，此为耶稣会士遭遇的最初的礼仪之争。

1644 年，中土大变，大顺朝入主北京。中国北部传教会副总会长傅汎际和龙华民俱已趁机离开这危险地带，龙华民曾劝汤若望一同逃避，但是汤若望宁愿死守其教友，不肯他往。以汤若望为核心的第三代耶稣会士登上历史舞台。在大顺朝时期，并没有出现明显的礼仪之争，汤若望等耶稣会士没有受到严重迫害。李自成攻陷京师后，“不犯汤若望之身及其居宅”，汤若望得以“日夜往慰诸教民，不遗一人……仍外出慰问援救未死之人”②。天主教还得到一定的传播。此外，张献忠在成都时还曾遣礼部之官“往迎”耶稣会士利类思和安文思，向他们询问“泰西各国政事”，“待之以上宾之礼”。顺治元年，清入主中原，在大顺朝与清之间，汤若望做出了自己的决定，遂向清廷呈交了一份奏疏，在说明自己身份的同时，希望摄政王多尔衮可以保留“内及性命微言，外及历算、屯农、水利，一切生财之道，莫不备载”的3 000 余部西方经书，并说：“至于翻译已刻修历书板，数架充栋，诚恐仓猝挪移，必多失散。”③ 此后，汤若望被任命为清钦天监监正，直至 1661 年顺治帝驾崩。

汤若望并未预料到，随着顺治帝的驾崩，他已经成为清廷权力更迭斗争中的一颗棋子，就算在传教理念上坚定地支持利玛窦，也终究无法避免礼仪之争

---

① 李扬帆. 涌动的天下：中国世界观变迁史论：1500—1911. 北京：知识产权出版社，2012：673.

② 费赖之. 在华耶稣会士列传及书目. 冯承钧，译. 商务印书馆，1938：196.

③ 刘梦溪. 汤若望在明清鼎革之际的角色意义——为纪念这位历史人物的四百周年诞辰而作. 中国文化，1992 年秋季号.

的再次到来。于是，爆发了更为惨烈的历讼案。这一阶段的礼仪之争，局面极其复杂，除了涉及中国传统礼仪之争、满洲新贵权力之争、《大统历》与西洋历法之争，还涉及耶稣会士之间的教派之争。1647 年（顺治四年），中国教区副会长阿玛诺接到一封文件，由龙华民、毕类思、李方西、安文思签名，列汤若望 11 条罪状，申请开除其会籍。1664 年（康熙三年），杨光先上《请诛邪教状》，又将汤若望的罪名认定为“谋反罪”。此时的礼仪之争已经逐渐演化为中土权力更替中的组成部分，影响着中土政治格局的变迁。

到康熙晚期，礼仪之争演变为教皇克雷芒十一世与康熙帝之间的斗法，而耶稣会士则完全适应了中土规范，承认或不抗拒西学东源说，采取绥靖态度。例如，《周髀算经解》曾提道：“汤若望、南怀仁、安多、闵明我相继治理历法，间明算学，而度数之理渐加详备。然询其所自，皆云本中土流传。”① 可见，对于来华的耶稣会士而言，传教是首要目的，历法、算学等科学文化只是用来传教的工具，其来源对耶稣会士并不重要。西学东源说不仅符合利玛窦儒化传教的策略，还方便得到康熙帝的政治庇护，成为传教的保护伞和全新的传教工具。

康熙帝对待西学的态度，也让传统的士大夫意识到西学对仕途的重要性。1689 年“观星台事件”之后，李光地被降级使用，就是一个警示。这样，耶稣会士通过配合西学东源说规避了中土的权力斗争。但是，教皇克雷芒十一世与康熙帝之间的礼仪之争，却愈演愈烈。1704 年（康熙四十三年），教皇令圣学部发布禁止教徒祭祖祀孔的命令。为了调和礼仪之争，康熙帝“曾派白晋、沙国安至罗马谒见教皇，求一折中之法”，但教皇固执己见，我行我素，更指令方济各等派传教士抗拒清廷法令，排挤耶稣会士。这使得一些原本就排斥洋教的地方官员纷纷上疏弹劾。康熙帝终被激怒：“西洋人等小人，如何言得中国之大理？况西洋人等无一懂汉书者，说言议论，令人可笑者多……以后不必西洋人在中国行教，禁止可也，免得多事。”② 1720 年下令禁教。1723 年雍正帝登基，他原本就对耶稣会士排斥佛道两教不满，“帝位之争”中传教士支持他的政敌，更使他愤怒，于是厉行禁教。再后，1773 年，耶稣会被教皇解散，“利玛窦路线”完全终结。在中国，礼仪之争以彻底禁教而告终。

---

① 席泽宗. 论康熙科学政策的失误. 自然科学史研究，2000（1）.

② 安双成. 礼仪之争与康熙皇帝：下. 历史档案. 2007（2）：74-80.

2. 路易十四派来的传教士

历讼案平反后，钦天监再次为耶稣会士所掌管，西学东渐得以延续。因为受到康熙帝器重，南怀仁借此机会让更多的传教士进入中土。在这一时期，大量的历法、天文、舆地知识传播到中土，横跨东西方的科学活动十分活跃，西学东渐呈现出双向互动的特征，即不仅中土存在对西学的需求，与此同时，西欧比如法国等地也派遣耶稣会士到中土进行天文观测等科学活动。

受到历讼案的影响，耶稣会士亟须补充擅长科学与艺术的人才，为此，南怀仁曾建议路易十四，传教士可通过俄国领土到达中国，并写了几封信到欧洲，其中一封通过路易十四的忏悔神父拉雪兹传到了路易十四手中。1678 年，南怀仁写告欧洲耶稣会士书，致罗马耶稣会总会长、耶稣会各分会省长以及中国、日本教务巡阅使，希望能够派教士来华传教。南怀仁的呼吁和中国教区对法国传教士的渴求，对一心想在东方发展的路易十四来讲是一个千载难逢的扩张机会。鉴于南怀仁的建议，除了传统的海上之路，路易十四还尝试探索了一条全新的陆上之路，以摆脱葡萄牙保教权的约束。1680 年，南怀仁派比利时耶稣会士柏应理（Philippe Couplet）到巴黎，以获得法国的支持。柏应理在法国期间，曾与法国耶稣会士阿夫里尔（Avril）会谈，阿夫里尔从柏应理那得知海上之路存在着很大风险：乘船来华的六百名耶稣会士中，活着到达中国的不到百人。阿夫里尔就是后来参加陆上探险的耶稣会士之一。① 1686 年，阿夫里尔开始探索这条陆上之路，并于 1687 年抵达莫斯科。与此同时，1688 年康熙帝命徐日昇和法国耶稣会士张诚一起，跟随以索额图为首的中国使团远赴尼布楚与俄国谈判。从法国来的阿夫里尔与从中国来的徐日昇、张诚等耶稣会士期望实现会师且开通这条陆上之路。但是，彼时俄国与中国刚发生雅克萨之战。两次雅克萨之战，清朝在局部方面是主动的，康熙帝已经放话希望两国通过谈判解决争端，康熙二十七年就有索额图使团的第一次尼布楚之行。随后，两国协商签署《尼布楚条约》。

为了与入侵中国雅克萨的俄国人战斗，康熙帝对明末清初的过时火炮进行了升级，在雅克萨战役中，康熙帝使用的都是耶稣会士南怀仁制造的新炮，而阿夫里尔又与南怀仁所派的比利时耶稣会士柏应理有过密切的会谈，俄国此时

---

① 杜石然，韩琦. 17、18 世纪法国耶稣会士对中国科学的贡献. 科学对社会的影响，1993（3）：55－64.

自然会对前往中国的耶稣会士怀有戒备之心，如果放任耶稣会士到达中国，无异于养虎为患。除此之外，康熙帝对俄国人的印象也十分不好，他曾对耶稣会士安多等说："俄罗斯人是小心眼儿，绝不会告诉安多什么，安多也绝不可能了解到什么。"① 因此，面对耶稣会士阿夫里尔的请求，当时俄国政府引用了一条法律：任何人若不能提供身份良好的证明，不得经过西伯利亚前往中国。故他们作为法国的公民，必须从巴黎取得必要的证明。阿夫里尔派遣另外一名同行的耶稣会士返回法国，请求路易十四开具证明。为了促成这一条新的陆上之路，1688 年，路易十四分别给彼得大帝和康熙帝写了信②，在给彼得大帝的信中请求俄国给予法国耶稣会士各种方便，以到达北京。由于俄国的阻碍，阿夫里尔不得不返回巴黎，对这条陆上之路的探索以失败告终，路易十四写给康熙帝的信最终没能够送达康熙帝手中。

陆上之路的失败，意味着法国耶稣会士只能走海上之路，或许是受到了南怀仁的启发，路易十四为了避免与拥有保教权的葡萄牙人发生冲突，尽量使派出的传教团打着科学考察的旗号，而不使之以纯宗教团体的面目出现。路易十四对葡萄牙人十分顾忌，这便为西学中的科学在中国的传播提供了契机，并促进了科学在中土的传播。在路易十四的这一诉求之下，恰巧当时的法国皇家科学院也确有派人前往东方进行考察的愿望，因为东方不仅路途遥远，而且当时还不为西方所了解。由于耶稣会士在此有传教活动，于是人们把眼光投向了传教士。路易十四委派其忏悔神父拉雪兹挑选六名精通科学的耶稣会士组成传教团。与此同时，路易十四的财政总监柯尔伯急忙抓住时机，积极筹划传教士的派出。1680—1681 年，巴黎天文台台长卡西尼向首相柯尔伯建议，希望派遣耶

---

① 安双成．礼仪之争与康熙皇帝：下．历史档案，2007（2）：74-80.

② 路易十四写给康熙帝信件的内容为："至高无上的、最杰出的、最强大的、最宽宏的康熙皇帝陛下，我们是非常亲密的好朋友，愿上帝增添您的伟大，并祝未来美好。我们敬悉：陛下亟待在您的周围、在您的领土上，汇集一批精通欧洲科学的博学之士。为此，我们曾在数年前决定，为陛下派遣六位数学家——我们的臣民，为陛下展示科学的神奇瑰异，尤其是建立在我们美丽的城市巴黎的著名的皇家科学院的天文观测；但大海把我们两国分开了，由于海途遥远，航行极易发生不测，不经历千难万险和漫长的旅途难以到达贵国。因此，为使陛下满意，我们构想了这个计划，出于尊敬和友谊的考虑，我们保证派遣更多的耶稣会士数学家，和 Syri 伯爵一起经由最近的、最安全的陆路抵达陛下身边，他们可能是陛下周围的第一批到者，当 Syri 伯爵返回时，我们对陛下非凡可敬的一生会有真实的了解。祝愿上帝增添您的伟大，并祝未来幸福。"参见：杜石然，韩琦．17、18 世纪法国耶稣会士对中国科学的贡献．科学对社会的影响，1993（3）：55-64.

稣会士到东方去进行天文观测，拟订了一个详细的观测计划，并和耶稣会士洪若翰进行了商讨，内容包括在东方的不同地区包括中国进行各种观测，以取得不同地区的经纬度和磁偏角值。柯尔伯曾大力支持法国皇家科学院的成立，卡西尼又是法国皇家科学院的创始人之一，两人对耶稣会士十分器重，可见当时耶稣会士在东方世界尤其是中土的影响力，以至于卡西尼等早期科学家领袖在试图探索东方世界时也需要获得耶稣会士的帮助。在这一点上耶稣会与科学院是达成一致的，不同的地方在于，耶稣会士重在通过科学开展传教，而科学院的院士则重在科学测量，但是无论如何都促进了天文、历法、舆地等西方科学在中国的传播。

为了使传教团带上浓重的科学色彩，路易十四还于1683年1月28日颁布了一项法令（由柯尔伯副署），授予拉雪兹所挑选的六名精通天文、地理和数学的传教士“皇家科学家”的称号。1687年，路易十四派六名皇家科学家兼耶稣会士抵华传教，并携带了科学院赠送的一些可用以精确测量日、月食及其他行星运动的新仪器。在南怀仁等来华耶稣会士、法国皇家科学院和法国耶稣会的共同推动下，以“皇家科学家”为名的“第一个法国遣华传教团”抵华，这是一批具备较高科学素养的传教团体，不仅意味着西学东渐之载体发生了新的变化，也意味着西学东渐在中国进入一个新阶段。

3. 可容西学，禁传宗教

如前所述，在康熙朝前期，康熙帝并没有禁止耶稣会士传教的主张，反而是除了留任宫中的耶稣会士，其他人都随其便赴地方传教。康熙帝既然对耶稣会士向来信任和敬重，为何到后期会去禁止传教？

康熙帝对待传教士态度之转变的导火索为“礼仪之争”，这一态度转变直接影响了中国的西学东渐历程。礼仪之争发轫于传教士内部传教理念的冲突：传教士入华之初，利玛窦主张尊崇中国礼仪，而方济各、多明我两会不能容忍天主教和中国礼仪妥协，这便为康熙晚期礼仪之争的激化埋下了伏笔。早在1647年（顺治四年），中国教区副会长阿玛诺就接到一封文件，由龙华民、毕类思、李方西、安文思签名，罗列继承利玛窦路线的汤若望11条罪状，申请开除其会籍。汤若望任钦天监监正，他涉及世俗权力的行为广受耶稣会士质疑，被誉为“西来孔子”的艾儒略也不以为然。

但在清初，罗马教皇在礼仪问题上尚持折中态度。1656年（顺治十三年），教皇亚历山大七世做出了“按所叙情况，教徒不妨害根本信仰的情况下，可以自由参加中国礼仪”① 的决定，肯定了利玛窦的传教路线。

利玛窦路线有利有弊，在耶稣会士得到政治庇护的同时，也意味着很容易卷入政治权力的斗争之中；有“狐假虎威”之庇护，则必然有“伴君如伴虎”之危险。果然，在顺治帝驾崩后的康熙帝早期，耶稣会士被卷入历讼案，汤若望甚至被判凌迟，这是耶稣会士介入世俗权力的直接后果。不过，1669 年（康熙八年），罗马教皇克雷芒九世仍然宣布：1645 年和 1656 年的两次决定均有效，可视环境情况而灵活遵守。自此以后，以利安当为代表的方济各会士做出了一些妥协，在中国礼仪问题上有了较大转变。

在晚明动荡的局势之中，还有些插曲。1645 年，朱聿键在福州称帝，年号隆武，隆武帝光复明室的重要举措之一便是笼络福建地区的天主教徒。与崇祯帝不同的是，隆武帝不再仅仅是为了利用艾儒略、毕方济等耶稣会士携来的先进军事技术与天文学，而是开始接纳耶稣会士的天主教思想。除了耶稣会，隆武帝对多明我会和方济各会也采取了包容和保护的态度。到永历帝时期，王太后、马太后和王皇后在广东肇庆先后信教受洗，皇太子慈烜则是在出生三个月（永历二年，1648 年）后接受洗礼。1650 年，王太后等人决定遣卜弥格前往罗马向教皇求救，多年后无果而返，南明永历朝已被清扫灭。卜弥格是因赞同利玛窦的传教策略而受到排斥者，与后来当权的主教阎当立场相左。

1681 年（康熙二十年），时任宗座代牧的阎当主教抵华，其时，阎当所执掌的主要是福建地区的教务。此后，礼仪之争愈演愈烈。1693 年（康熙三十二年），阎当下达命令，要求在他的教区内严禁中国礼仪，并且下令摘去康熙帝赐予南怀仁的、后在各地教堂里都悬挂的“敬天”大匾额。将康熙帝所赐的大匾额移除，实际上是想要将康熙帝的权力从教堂中赶出去。

随后阎当要求罗马教廷重新审议顺治十三年的决议，1700 年（康熙三十九年），法国巴黎大学神学院裁定中国礼仪为“异端”。1704 年（康熙四十三年），教皇克雷芒十一世命令圣学部发布了禁止教徒祭祖祭孔的命令。这一命令表面上看是禁止教徒祭祖祭孔，实际上是要从康熙帝手中夺取耶稣会士在华的管辖权，并否定了耶稣会士的传教理念及利玛窦路线。1705 年（康熙四十四年），耶稣会士闵明我、安多、徐日昇、张诚等人向康熙帝报告教皇克雷芒十一世将

---

① 安双成. 礼仪之争与康熙皇帝：下. 历史档案，2007（2）：74-80.

派特使多罗主教前来中国巡视。康熙帝对多罗以礼相待，且允许多罗进京。多罗进京后，康熙帝又对他款待有加，尤其在他患病期间倍加关照。随后康熙帝对多罗进行了一系列的说服和劝导，以期缓解礼仪之争及其对耶稣会士的影响，寻求一个解决方案。同时，康熙帝还派遣龙安国和博贤士两位耶稣会士远赴罗马教廷进行陈述。可是，这两人未能抵达罗马。而多罗到达南京，即宣布“南京命令”，将中国礼仪正式裁定为异端宗教活动，予以禁止。1706 年（康熙四十五年），康熙帝下令驱逐阎当，宣称：不尊重中国礼仪的传教士将被驱逐。

康熙帝虽然命令禁教，但对耶稣会士携来的西学却持妥协之策。为了调和礼仪之争，康熙帝曾派白晋、沙国安至罗马谒见教皇，求一折中之法。但教皇克雷芒十一世极为顽固，不仅重申 1704 年法令，且增加了一道支持多罗的法令：凡违背 1704 年法令者，将受到逐出教会的严惩。康熙帝还独创了针对耶稣会士的“绿卡”政策，此乃对携西学之耶稣会士的第一个“西洋移民政策”，既为避免阎当事件再发生，也为巩固自己对耶稣会士的管理权。1706 年（康熙四十五年），康熙帝召见闵明我时下旨说：“嗣后可将住于各省之西洋人全部传来，引见于朕，朕给与伊等以信票后遣回各省。如此，该督抚等见朕所给信票，便会自然无事平安。着此普遍晓谕，随到随给。”① 1707 年（康熙四十六年），直郡王胤禔传旨：“在中国之西洋人，凡持有清汉字信票者，则准留；无信票者，均不准留。钦此。”1708 年（康熙四十七年），胤禔等转奏闵明我等人的呈文时称：“凡住各省天主堂之布教西洋人，其持有内务府钤印信票者，可以不限制其行。凡无信票者，不得阻止，但也不准久住于教堂，令速启程来京。”② 据内务府行文档所载：1707—1708 年，来京取信票、愿意获取中国永久居住权的西洋人便有 48 人之多，其身份主要为耶稣会士和方济各会士，其中耶稣会士 39 人，占到留华总人数的 80% 多；方济各会士 9 人，占到近 20%。从国籍来看，法国人最多，占到总人数的 35%；其次是西班牙人，占到总人数的 29%。

对耶稣会士的“绿卡”政策，保护的对象只限于西学中的科学，而对于其中的宗教，康熙帝于 1721 年下令彻底禁止，并公开表示：“以后不必西洋人在中国行教，禁止可也，免得多事。”③

---

① 安双成. 清初西洋传教士满文档案译本. 郑州：大象出版社，2015：311.

② 同①.

③ 黄一农. 两头蛇——明末清初的第一代天主教徒. 上海：上海古籍出版社，2015：486.

4. 近代科学转型可能的昙花一现

作为西学东渐的主要载体，耶稣会士的代际变迁影响着中土近现代科学转型。如前所述，1552 年最先来到东方传教的耶稣会士沙勿略抵华，由于语言不通、缺乏对中国礼仪等方面的了解，未能成功进入中国。受挫的传教士为了实现入华传教的目的，决心转变传教的策略，而儒化和科学无疑是最好的选择。1583 年，身穿佛袍的利玛窦进入中国。1596 年，利玛窦改穿儒生服装，自称"西儒"，以科学知识与科学实验仪器为手段，试图在中国扎根。1601 年，利玛窦终于敲开了中华帝国首都的大门，作为传教手段的西学也得以进入中土。在耶稣会士汉化的尝试下，西学逐渐融入中土文化，出现了徐光启、李之藻等主张会通的士大夫。

在康熙帝时期，中国科技得到了近现代转型的最好机会。1687 年，法国国王路易十四派洪若翰等六名耶稣会士，以"皇家科学家"的身份抵华，并携带了法国皇家科学院赠送的一些可以用来精确地测量日、月食及其他行星运动的新仪器。这使中国得以跟西欧先进的科学文化沟通，意味着中国西学东渐之载体发生了新的变化。

17 世纪是西学东渐的一个高峰期，也可视为中国近现代科学转型的重要契机。① 此时注重数学化的理念与毕达哥拉斯学派认为自然界的一切现象和规律都是由数决定并服从"数的和谐"的观念不谋而合，徐光启与利玛窦合译的《几何原本》使得明末士大夫开始了解系统化的几何知识。徐光启特别推崇《几何原本》中表现出来的形式逻辑思维方法，将其比喻为"绣鸳鸯的金针"，并且在《〈几何原本〉杂议》中推广"由数达理"的逻辑思维方法，让中土士人都掌握金针而"真能自绣鸳鸯"。李之藻帮助傅汎际翻译了中土第一部西方逻辑学著作《名理探》，书中曾提道："西云斐禄锁费亚（philosophy），乃穷理诸学之总名"，"名理乃人所赖以通贯众学之具"。所谓名理，即"络日咖"（Logic），出自亚里

---

① 关于明末这一时期的科学，1993 年陈美东有一篇总结性文章。他说，这一时期"中国科技已然是繁花似锦，西来的科技知识更是锦上添花"，"群星灿烂，成果辉煌"。他并且总结出当时科技发展的三个特点，其中的"重实践、重考察、重验证、重实测"和"相当注重数学化或定量化的描述，又是近代实验科学萌芽的标志，是中国传统科技走向近代的希望"。参见：陈美东．明季科技复兴与实学思想//赵令扬，冯锦荣．亚洲科技与文明．香港：明报出版社，1995：64－84；席泽宗．论康熙科学政策的失误．自然科学史研究，2001（1）．

士多德“引人开通明悟，辨是与非，辟诸迷谬，以归一真”。徐光启、李之藻等晚明士大夫所探索的科学文化形态与笛卡尔在《谈谈方法》中提出的数学演绎方法和还原论思想十分类似。再来看培根在其著作《新工具》中提出的与亚里士多德《工具论》不同的实验归纳方法，竺可桢将徐光启与同时代的培根相比，觉得徐氏毫不逊色。[①] 在方向和理念上，明末清初西学共同体所推动的近现代科学转型与西欧基本是同步的。

可惜的是，随着中土大变，随着满人作为统治者的新的大一统专制皇朝的建立和巩固，随着罗马教廷横蛮地禁止中国教徒祭祖祭孔，康熙帝与教皇克雷芒十一世之间的教权之争导致清廷最终禁止天主教传播，西学东渐的脚步便戛然而止了。

汉族士人试图在全盘西化和完全拒斥西学之间寻求一条既尊崇汉学又接纳西学的中间道路，即西学东源。康熙帝晚期更加倚重且培养本土化的汉族士大夫，因为懂得科学的汉族士人较之于耶稣会士更加方便管理。康熙帝君临科学的态度，外加礼仪之争导致的耶稣会士来华的中断，使中国错过了近现代科学转型的机会。

---

① 竺可桢．近代科学先驱徐光启．申报月刊，1934（3）．

参考文献

[1] 安双成. 清初西洋传教士满文档案译本. 郑州：大象出版社，2015：311.

[2] 莱布尼茨. 中国近事. 梅谦立，杨保筠，译. 郑州：大象出版社，2005.

[3] 魏特. 汤若望传. 杨丙辰，译. 台北：商务印书馆，1960.

[4] 白晋. 康熙帝传. 清史资料：第一辑. 北京：中华书局，1980.

[5] 白晋. 康熙皇帝. 赵晨，译. 哈尔滨：黑龙江人民出版社，1981.

[6] 费赖之. 在华耶稣会士列传及书目. 冯承钧，译. 北京：中华书局，1995.

[7] 荣振华. 在华耶稣会士列传及书目补编. 耿昇，译. 北京：中华书局，1995.

[8] 博西耶尔夫人. 耶稣会士张诚：路易十四派往中国的五位数学家之一. 辛岩，译. 郑州：大象出版社，2009.

[9] 默顿. 科学社会学. 鲁旭东，等译. 北京：商务印书馆，2004.

[10] 利玛窦，金尼阁. 利玛窦中国札记. 何高济，王遵仲，李申，译. 北京：中华书局，1983.

[11] 斯蒂芬 · F. 梅森. 自然科学史. 上海外国自然科学哲学著作编译组，译. 上海：上海人民出版社，1977.

[12] 韦斯特福. 牛顿传. 郭先林，等译. 北京：中国对外翻译出版公司，1999.

[13] 薄树人. 中国科学技术典籍通汇. 郑州：河南教育出版社，1998.

[14] 陈垣. 康熙与罗马使节关系文书. 影印本. 北京：北平故宫博物院，1932.

[15] 杜石然，等. 中国科学技术史稿. 北京：科学出版社，1982.

[16] 冯锦荣. 亚洲科技与文明. 香港：明报出版社，1995.

[17] 辅仁大学天主教史料研究中心. 中国天主教史籍汇编. 台北：辅仁大学出版社，2003.

[18] 高一涵. 中国内阁制度的沿革. 上海：商务印书馆，1933.

[19] 顾卫民. 基督教与近代中国社会. 上海：上海人民出版社，2010.

[20] 黄一农. 两头蛇——明末清初的第一代天主教徒. 上海：上海古籍出版社，2015.

[21] 熙朝崇正集 熙朝定案：外三种. 韩琦，吴旻，校注. 北京：中华书局，2006.

[22] 何晓明. 中国皇权史. 武汉：武汉大学出版社，2015.

[23] 雷中行. 明清的西学中源论争议. 台北：兰台出版社，2009.

[24] 李光地. 榕村语录 · 榕村续语录. 陈祖武，点校. 北京：中华书局，1995.

［25］李兆荣．哥白尼传．武汉：湖北辞书出版社，1998.

［26］梁启超．清代学术概论．夏晓虹，点校．北京：中国人民大学出版社，2004.

［27］梁启超．中国近三百年学术史．夏晓虹，陆胤，校．新校本．北京：商务印书馆，2011.

［28］马克锋．文化思潮与近代中国．北京：光明日报出版社，2004.

［29］梅文鼎．锡山友人历算书跋//绩学堂文钞．清乾隆十七年家刊本.

［30］钱穆．中国近三百年学术史．北京：商务印书馆，1997.

［31］尚智丛．传教士与西学东渐．太原：山西教育出版社，2000.

［32］王汎森．权力的毛细管作用：清代的思想、学术与心态．修订版．北京：北京大学出版社，2015.

［33］徐光启，李天经，汤若望．西洋新法历书．明崇祯清顺治间刻本．国家图书馆善本室藏.

［34］徐世昌．清儒学案・晓庵学案．北京：中国书店，1990.

［35］姚鹏，范桥．胡适讲演．北京：中国广播电视出版社，1992.

［36］永瑢，等．四库全书总目．北京：中华书局，1965.

［37］张诚．张诚日记．陈霞飞，译．北京：商务印书馆，1973.

［38］张廷玉．象纬考//皇朝文献通考．光绪八年刊本.

［39］张廷玉，等．明史．中华书局编辑部，编．“二十四史”（简体字本）．北京：中华书局．2000.

［40］赵尔巽，等．清史稿．北京：中华书局，1977.

［41］中国第一历史档案馆．康熙起居注．北京：中华书局，1984.

［42］中国人民大学清史研究所．清史研究集：第四辑．成都：四川人民出版，1986.

第七章　西学的式微

18 世纪到 19 世纪初叶，经历了康熙朝（1662—1722）最后 20 多年，雍正（1723—1735）、乾隆（1736—1795）两朝，以及嘉庆朝（1796—1820）。因受清皇朝加强专制和禁教政策的制约、影响，西学的传入与研究呈现出相应的衰退景象。汉学兴起，乾嘉学派成为学术主流，然而，中国科技却每况愈下，更谈不上转型了，西学东渐也无奈地走向了末路。

一、雍乾嘉三朝之渐趋保守

西学东渐的衰退，随着礼仪之争和禁教风浪的起伏，经历了康熙帝从“限教”到“禁教”、雍正帝严厉禁教、乾隆帝变换花样禁教的过程。罗马教宗的政策——在中国扩张天主教势力、教徒必须专一服从教宗——触犯了专制主义中央集权制的中国皇权，从而遭到严厉打击。雍正、乾隆年间，清廷持续地实行禁教政策，以传教士为中介的中西文化交流活动因此陷入低谷。嘉庆朝仍然延续这一趋势，直至在中国大地赶走最后一个传教士；西学少有人关注，中国科技基本回到自己原来的发展轨道。

1. 雍正朝：雷厉风行地禁教

1723 年，雍正帝登基，继承皇位，名副其实地执行了严厉的禁教政策。

雍正帝认为，中国有三教，即儒、释、道，儒教是治国的“大经”与“大法”，佛、道劝人为善，诫人勿作恶，把它们结合起来，就能起到“致君泽民”的作用；儒、释、道三教能够满足中国社会宗教信仰的需要，没有必要传播西方的天主教。从这种信仰出发，他认为，“中国有中国之教，西洋有西洋之教”①，“西洋之教不必行于中国，亦如中国之教岂能行于西洋？”② 他对传教士

① 王之春．清朝柔远记．赵春晨，点校．北京：中华书局，1989：65.

② 同①66.

“辟佛”、极力排斥佛教很恼火，表现出本能的反感。他认为天主教教义荒诞不经，“西洋天主化身之说，尤为诞幻。天主既司令于冥冥之中，又何必托体于人世？若云奉天主者即为天主后身，则服尧服、诵尧言者皆尧之后身乎？此则悖理谬妄之甚者也”①。而且，传教士卷入储位之争，支持了同雍正帝争夺皇位的皇子，这也是雍正帝采取禁教态度的原因之一。

雍正朝厉行禁教，主要体现在几个案件上：

福安禁教案。在明清时期，福建是天主教相当活跃的地区，且以福安为最。雍正元年，福安县令向闽浙总督觉罗满保报告，称在该县传教的多明我会士不仅没有按朝廷规定领取居住证，而且私自筹款建造教堂，发展教徒，“旦为诵经礼拜之日，便聚数百之众传教，男女混杂一处，习俗甚恶”②。觉罗满保即下令拘捕传教士，并开始在福建全省禁教。雍正元年七月二十九日上疏雍正帝，奏请全面严厉禁教。雍正帝对所奏充分肯定，指示觉罗满保“缮本具奏”③，并批示各省“遵照办理”。十二月，礼部通过了全面禁教的议案，由此兴起了全国范围的禁教活动。

1724 年 7 月，雍正帝着手全面禁教。他在北京召见了在宫中服务的传教士冯秉正、戴进贤、巴多明，发表了一通长篇训示，说明禁教的理由：一是认为传教士在中国的活动已经破坏了国家的法度。他说：“福建省某些洋人试图破坏法度，扰乱百姓，该省主管官员们向朕告了他们的状。朕必须制止混乱，此乃国家大事，朕对此负有责任。”④ 二是认为如果传教士继续在中国从事宗教活动，可能给国家安全带来威胁。他指出：“教友惟认识尔等，一旦边境有事，百姓惟尔等之命是从，虽实在不必顾虑及此，然，苟千万战艘来海岸，则祸患大矣。”⑤

根据雍正帝的谕令，各省传教士在半年内离开内地前往澳门；收回并销毁由内务府发放的“信票”；原先在京或精通天文历算或有一技之长的传教士（如监正戴进贤、监副徐懋德，共 14 位），经批准后可留居北京，但不准传教；各

① 王之春．清朝柔远记．赵春晨，点校．北京：中华书局，1989：65.

② 中国第一历史档案馆．雍正朝满文朱批奏折全译．合肥：黄山书社，1998：257－258.

③ 同②258.

④ 杜赫德．耶稣会士中国书简集：上卷．郑德弟，吕一民，沈坚，译．郑州：大象出版社，2005：726.

⑤ 同④.

地教堂全部改作他用。各省官员纷纷加码采取行动，如福安天主堂改作书院；上海老天主堂改为关帝庙；南京圣堂改为积谷仓；杭州天主堂改为天后宫；济南的两座教堂，一被改为育婴堂，一被改为义学；临清天主堂改为公所；顺德天主堂被公开售卖；等等。17 位传教士被集中送到了广州。各省教士 50 多人（其中耶稣会士 37 人），连同 5 位主教都被驱逐出境。

穆敬远案。康熙帝晚年，几位皇子为争皇位闹得不可开交。皇九子胤禟对天主教最为友善。葡萄牙传教士穆敬远曾经上疏，奏请册立胤禟为皇储，而且还跑到塞外造访年羹尧，动员他拥立胤禟。康熙帝斥责了此举。1722 年 12 月 20 日康熙帝驾崩，皇四子胤禛即位，即雍正帝。雍正帝对穆敬远卷入皇位之争十分愤怒，说他除“摇尾乞怜外，别无他技也”①。禁教开始后，穆敬远被判同胤禟充军流放到青海西宁。1627 年葡萄牙国王派麦都乐为特使出访中国时，曾计划请求雍正帝开释穆敬远。但是在使团到达北京前，穆敬远已被毒死在西宁。

苏努父子案。苏努是清太祖努尔哈赤的四世孙，在康熙朝曾任奉天将军、辽东巡抚、八旗统帅等，他的儿子中有 9 人受洗，成为虔诚的天主教徒。在雍正帝看来，他们“不遵满洲正道，崇奉西洋之教”，都是“愚昧不法之徒，背祖宗，违朝廷，甘蹈刑戮而不恤”，“不愿悛改，如此昏庸无知，与禽兽奚别?”② 雍正帝认为他们践踏了国法，冒犯了天威，“因恶苏努父子而恶天主教，因恶天主教而并恶苏努父子”③。雍正元年正月十六日，雍正帝称苏努的儿子勒什亨是“险邪小人……心无餍足，仍结党营私，庇护贝子胤禟，代为支吾巧饰，将朕所交之事颠倒错谬，以致诸事制肘，难于办理”④。以此为由，下令将他革职，充军西宁。勒什亨之弟乌尔陈为此鸣不平，雍正帝大怒，降旨将乌尔陈发配西宁。雍正二年五月十四日，雍正帝下令，革苏努贝勒爵，勒令其与在京诸子皆发配塞外右卫（今山西省右玉县），并强调：“到彼之后，若不安静自守，仍事钻营，差人往来京师，定将苏努明正国法。”⑤ 经此打击，苏努万念俱灰，1725 年 1 月 3 日死于右卫。雍正帝还不放过，认为他乃助逆之罪魁，于 1726 年将其削去宗籍，戮尸抄家。苏努的奉教子、孙、曾孙 39 人在雍

① 方豪. 中国天主教史人物传：下. 北京：中华书局，1988：56.

② 王之春. 清朝柔远记. 北京：中华书局，1989：64-66.

③ 同①52-53.

④ 清世宗实录：卷四//清实录：第三册. 北京：中华书局，1985.

⑤ 清世宗实录：卷二十//清实录：第三册. 北京：中华书局，1985.

正五年被问斩。

雍正帝厌恶天主教，对各地的反教活动持积极的支持态度。在雍正朝，传教活动受到沉重打击，但在具体执行上仍然时有松动，传教士私自进行的传教活动禁而不绝。北京有四座天主堂：从葡萄牙来华的耶稣会士主要以历法为清廷服务，居住在南堂和东堂。南堂是在明朝利玛窦建屋盖堂的基础上，顺治时汤若望主持修建的"无玷始胎圣母堂"。东堂又称"圣若瑟堂"，系1655年利类思、安文思在顺治帝赐地基础上修建的，1720年地震倒塌，1721年费隐神父重建。北堂原址在中海西畔蚕池口，1703年建院，住在北堂的法国耶稣会士主要以外语服务于清廷。因在"礼仪之争"中玩弄手法而被康熙帝下令关押的德里格于雍正帝登基大赦时获释，1725年购置了一处房产，其教堂被称为西堂，冠名"圣母圣衣堂"。西堂是唯一不属耶稣会管辖的教堂，原属教廷传信部，后归巴黎外方传教会，德天赐在时则属奥斯定会管理。在京的传教士依靠这四座教堂进行秘密的传教活动。

自此，西学东渐的进程不可避免地陷入低谷。

2. 乾隆朝：变换花样地禁教

乾隆朝，虽然禁止天主教在中国的传播，却受到各种因素的制约。乾隆帝没有雍正帝那种对天主教的厌恶情绪，他对西学中的天文学、数学、地理学等，虽然不像康熙帝那样有兴趣，但也不像雍正帝那样不太关注，他对西学中的绘画、音乐和建筑还表现出浓厚的兴趣。在禁教方式上，乾隆朝发生了与雍正朝不一样的变化，可谓是变换花样地禁教，宽严相济，时紧时松。严和紧，主要是源于对国家安全的担忧；宽和松，主要是源于对西洋技艺的喜好。

为了满足自己对西洋技艺的情趣，乾隆帝在禁教的同时，也允许有一技之长的传教士继续留在宫中或其他地方为清廷服务。乾隆帝的方针是："收其人必尽其用，安其俗不存其教。"① 当传教士因禁教压力找他求情时，他常常网开一面，对禁教政策有所松动。郎世宁常常利用乾隆帝前来欣赏他作画的机会，苦苦哀求，请求放宽禁教。乾隆帝表示："朕未尝阻拦卿等之宗教，朕唯禁旗人信奉耳。"② 此后不久，负责传教事务的内府官员海望向传教士宣旨："一般的满洲人信奉天主教是不应该的。政府不禁止天主教，也不认为天主教是虚伪的、

① 清朝文献通考：四裔. 北京：商务印书馆，1936：7471.

② 冯作民. 清康乾两帝与天主教传教史. 台北：光启出版社，1966：115.

邪恶的。传教士可自由传布天主教。”① 这样，乾隆朝的禁教时紧时松、宽严相济。在天主教能够继续传播的同时，西学东渐的某些领域继续发展，并取得了一些成果。

但是，基于清朝君主的治国理念和政治上的考虑，乾隆帝和雍正帝一样，直觉地继承和坚持了康熙帝的禁教政策。礼部做出决议，警告天主教徒放弃信仰，禁止在北京居住的传教士劝人信教，否则处以重刑。据载，“谕颁之后，北京与各省之教民一并严拿，囚禁监中者甚多”②。

1737 年（乾隆二年），北京发生“刘二事件”。北京教民刘二在教堂为弃婴施洗时被搜查的官兵抓获。刑部在给乾隆帝的奏本中称，“刘二于幼儿头部所灌之水与魔术有关”，强调应坚决取缔这种“欺骗国民之邪教”。乾隆帝在批示维持刑部对刘二的判决时指出：“天主教深得欺骗人间之妙，倘与天主教少许自由，其恶果弥足堪忧。”郎世宁请求乾隆帝放宽禁令，乾隆帝表示并未禁绝天主教，“朕唯禁旗人信奉耳”。

1746 年（乾隆十一年），云南、贵州、四川、湖广等地相继破获了白莲教准备起事的案件。福建发现有西方传教士在该省传教，信奉天主教的教民达 2 000 余人。福安有人控告西班牙多明我会士违反禁令，秘密传教。时任福建巡抚周学健坚决反教，判处 67 岁的主教斩首，另 4 名会士绞刑，教徒流放。乾隆帝支持和表扬福建地方官员的禁教行动，认为：“西洋人倡行天主教，招致男女，礼拜诵经，又以番民诱骗愚氓，设立会长，创建教堂，种种不法，挟其左道，煽惑人心，甚违风俗之害。天主教久经严禁，福建如此，或有遣散各省，亦未可知。”乾隆帝下令：“传谕各省督抚等，密饬该地方官，严加访缉。如有以天主教引诱男妇，聚众诵经者，立即差拿，分别首从，按法惩治。其西洋人，俱递解广州，勒限搭船回国，毋得容留滋事。”③ 由此，新一轮的禁教行动在全国开展起来，先后发生了 1748 年在苏州绞死耶稣会士葡萄牙人黄安多、意大利人谈方济等事件。南京、湖北、四川接连关押教士。

为了防止传教士潜入内地，清廷闭关锁国的政策强化到前所未有的程度。1748 年 5 月，乾隆帝颁布上谕，指出：“内地民人潜往外洋，例有严禁……可传

---

① 冯作民．清康乾两帝与天主教传教史．台北：光启出版社，1966：115.

② 樊国梁．燕京开教略：中篇．北京：救世堂，1905.

③ 吴旻，韩琦．欧洲所藏雍正乾隆朝天主教文献汇编．上海：上海人民出版社，2008：14.

谕喀尔吉善等，嗣后务将沿海各口私往吕宋之人及内地所有吕宋、吧黎往来踪迹，严密访查，通行禁止。并往来番舶，亦严饬属员，实力稽查，留心防范，毋致仍前疏忽。"① 就禁教的严厉程度来说，甚至超过了雍正朝。

1773 年（乾隆三十八年）7 月 21 日，教皇克雷芒十四世正式下令取缔耶稣会。命令传到中国后，耶稣会解散。

1783 年 12 月 17 日，罗马宣教部因法王的提议，派味增爵会士到北京接替耶稣会传教。1785 年 4 月，3 名味增爵会士到达北京，以北堂为住院。至此，在中国传教 200 余年的耶稣会退出历史舞台。

1784 年（乾隆四十九年），澳门方面派出三批教士潜入内地：一批十人前往直隶、山西，一批五人前往山东，一批四人去陕西、四川、湖广等地。有四名教士在前往西安的路上，在湖北襄阳被查获。乾隆帝得知后，将其与不久前在甘肃的回民起义联系起来，他说："西洋人与回人向属一教，恐其得有逆回滋事之信，故遣人赴陕，潜通消息。"为此严令各地查禁，"以期杜绝根株"，引发第二次大规模的禁教活动。

1793 年（乾隆五十八年），法国国王路易十六被群众处死，给乾隆帝的警示就是加强对民众的控制，随时消灭隐患。

虽然清政府禁教，但是教会转入地下后仍然在发展，社会底层人民逐渐成了教徒中的主要成员，传教只能在边地和农村发展。比如在四川，1750 年到 1800 年，信徒增长 10 倍，有教徒 4 万。传教士亦经常由澳门进入内地传教。

3. 嘉庆朝：严厉处置传教士

对清朝统治者而言，天主教作为一种外来宗教，其教义教规、传教方式、入教仪式等，不仅有诸多的"殊不可解"之处，而且有诸多的"谬妄之说"，甚至还有很多迷幻诡异色彩。

1804 年（嘉庆九年），发生"德天赐事件"。德天赐是乾隆年间进京的传教士。嘉庆九年，德天赐让南返澳门的教友陈若望带出一封信和一张北方地区的传教指示地图。陈若望在江西被查获，后被押回北京。清廷感到震惊：历经近百年的禁教，天主教在中华大地仍有通畅的联络和广泛的影响！为此做出严厉的处置：德天赐被押到热河圈禁，陈若望等发往伊犁。

---

① 大清十朝圣训：高宗圣训：卷二七九. 台北：文海出版社，1965.

遵照嘉庆帝的命令，清廷议立了管束传教的十条章程，北京教堂门前开始有清兵看守监视，贴出告示，明令若有中国人进教堂，官员免职，旗人加刑，其余则判徒刑；传教士的活动被严格限制，信件须经检查。

嘉庆十年大教案被西方人称为“1805 年之迫害”。粤省督抚遵循“实力稽查，绝其根株”① 的方针，严禁传教士由澳门潜入传教。

福建巡抚周学健在奏报中说，“天主教与一切教术者流，用心迥不相侔”②，“历来白莲、弥勒等教聚众不法，皆无知奸民借此煽惑，乌合之众，立即扑灭。天主教则不动声色，潜移默诱，使人心自然乐趋，以至固结不解。其意之所图，不屑近利，不务速成，包藏祸心，而秘密不露，令人堕其术中而不觉。较之奸民所造邪教，为毒更深”③。福建地方官吏对天主教的这些谴责，不仅成为当地要求严厉处置传教士的依据，而且对其后的禁教活动也产生了极为重要的影响。④

清朝统治者对传教士传教活动背后隐藏的政治目的和宗教意图有非常敏感的认识。嘉庆帝的谕令将天主教归入“邪教”，配合传教的中国人被称为“汉奸”，天主教徒被称为“匪徒”。⑤ 清代对“邪教”的认识是：“若邪教之徒，小则惑人，大则肇乱。故所谓造言乱民之行，不待教而诛者也。”⑥ 就是说，对天主教徒的处置和其他“邪教徒”一样，不必给予教育训斥就可以直接诛杀。

1807 年，北京东堂遭火灾，葡萄牙籍会士李拱辰等请求重修，嘉庆帝不准，反而趁此废东堂。

1811 年，曾任内阁译员的法籍教士南弥德及居住于西堂的教士均以“学艺未精”为名被遣送出境。西堂由此而废。

1814 年，耶稣会士贺清泰（Louis-Antoine de Poirot）在北京去世。

1819 年（嘉庆二十四年），法籍教士罗美奥因被指控有叛乱嫌疑，下狱，然后解往武昌，后虽判无罪释放，但被遣送出境。在京法籍教士至此绝迹。

嘉庆朝，基督新教一度在华登陆。由于英国、荷兰等经过宗教改革的国家

---

① 清仁宗实录：卷一百五十二//清实录：第三册．北京：中华书局，1985.

② 清中前期西洋天主教在华活动档案史料：上编：第一册：83（第 57 件）.

③ 同②120（第 75 件）.

④ 郭卫东．乾隆十一年福建教案述论．福建论坛，2004（7）.

⑤ 清仁宗实录：卷二百五十四．转引自：张力，刘鉴唐．中国教案史．成都：四川省社会科学院出版社，1987：212.

⑥ 清朝续文献通考：宗教．北京：中华书局，1991.

的对华贸易一直没什么进展，对新教也没多少实质性支持，而且清朝长期限制外来宗教发展，压制人民信教，以及天主教各派的联合抵制，新教在中国的传播并不顺利，不久终于遭禁。嘉庆朝末年，基督新教传教士来华后，也有传教士在沿海活动，散发宣教品并布道。

天主教最初曾被清朝统治者认可，得益于伴随而来的西方科技和传教士的个人魅力，希望培养出顺从的百姓则是允许传教的基础。但礼仪之争使清廷对天主教的认识发生重大变化，认为其是罗马教廷欲从精神上控制中国百姓最终达到颠覆政权目的的工具或前导。因此，清朝虽曾鼓励传教，但终至严厉禁教，是由担心其危及统治本身而决定的。

4. 恢复大一统的皇权士绅社会

康雍乾时期，清朝版图扩大并实现了大一统，以中国为世界中心的天朝上国观念根深蒂固。如雍正帝所言："自我朝入主中土，君临天下，并蒙古极边诸部落俱归版图，是中国之疆土，开拓广远，乃中国臣民之大幸。"① 他还说："我朝肇基东海之滨，统一诸国，君临天下，所承之统，尧舜以来中外一家之统也；所用之人，大小文武中外一家之人也；所行之政，礼乐征伐中外一家之政也。"② 乾隆帝则说："夫天下者，天下人之天下也，非南北中外所得而私。"③清代大一统的显著特点是控制包括边远地区在内的版图的能力切实得到加强，为中国统一多民族国家的形成和巩固打下了基础。大一统被视为"天地之常经，古今之通谊"。

杜赫德在《中华帝国通史》中说：清帝"有着绝对的权威，他受到的尊敬是一种崇拜，他的话就是至理名言，他的圣旨仿佛来自上帝的神谕，必须得到不折不扣的执行"④。他在介绍康乾盛世时写道："若说中国地大物博，风光秀丽，这一点都不夸张，单是中国的一个省份就足以成就一个巨大的王国……其他国家的物产在中国几乎都能找到，而中国的很多东西却是独此一家。"⑤

---

① 清世宗实录：卷八十六//清实录. 北京：中华书局，1985.

② 清世宗实录：卷一百三十//清实录. 北京：中华书局，1985.

③ 清高宗实录：卷一百二十五//清实录. 北京：中华书局，1985.

④ 杜赫德. 中华帝国通史：第二卷. 转引自：周宁. 世纪中国潮. 北京：学苑出版社，2004：219.

⑤ 同④382.

马嘎尔尼分析了中国人对于皇帝的迷信，以及皇权的专政及其导致的社会腐败的结果。他说："此等皇帝之尊严，世界上恐怕只有中国有之"，"圣驾到了，钟鼓之声，由远而近"，"侧耳听之，竟寂无声息，是可见东方人对于帝王所具之敬礼，直与吾西人对宗教上所具敬礼相若也"①。马嘎尔尼使团成员斯当东指出："中国人对于皇帝的崇拜真是五体投地，何等些微小事涉及皇帝都要引起大惊小怪。"②

休谟（David Hume）曾对康乾盛世下中国只注重文章、科举，而不重视科学进行批判，他说："在中国，似乎有不少可观的文化礼仪和学术成就，在许多世纪漫长的历史发展过程中，我们本应期待它们能够成熟到比它们已经达到的要更完美和完备的地步。但是中国是一个幅员广大的帝国，使用同一语言，用同一种法律治理，用同一种方式交流感情。任何导师，像孔夫子那样的先生，他们的威望和教诲很容易从这个帝国的某一个角落传播到全国各地。没有人敢于抵制流行看法的洪流，后辈也没有足够的勇气敢于对祖宗制定、世代相传、大家公认的成规提出异议。这似乎是一个非常自然的理由，能说明为什么在这个巨大帝国里科学的进步如此缓慢。"③

清朝文献中，中国与外国特别是与西洋各国的对应日益频密。清扩张并立国的过程中，既有与许多国家及民族实体打交道的经验，又有继承天朝传统君临天下的气魄。作为中国历史内在逻辑与外力影响交互作用的结果，吊诡的是，当清朝即将覆亡时，提出"合满、蒙、汉、回、藏五族完全领土为一大中华民国"这一内涵明确的"大中华""大中国"的概念的，竟是满洲统治者。④

可惜在康乾盛世，并没有形成这种现代国家关系理念，起支配地位的仍是在天下观念的基础上建立起的朝贡体制。朝贡体制在形态上成圈状结构，以中国为中心，周边是汉字圈，主要受汉文化影响。有两种主导思想支配清朝的对外关系：一是"天朝物产丰盈，无所不有"；二是"溥天之下，莫非王土；率土

---

① 马嘎尔尼．乾隆英使觐见记．北京：中华书局，1918：126.

② 斯当东．英使谒见乾隆纪实．上海：上海书店出版社，1997：334.

③ 清华大学思想文化研究所．世界名人论中国文化．武汉：湖北人民出版社，1991：367.

④ 郭成康．清代皇帝的中国观//陈桦．多元视野下的清代社会．合肥：黄山书社，2008.

之滨，莫非王臣”。在这种思想指导下，对外关系有两个基点：一是闭关锁国，自给自足；二是所有要和中国保持某种联系的国家，都必须承认中国为它们的宗主国。

继康熙帝之后，雍正帝对宗族共同体提供了更强有力的支持，号召宗族“立家庙以荐蒸尝，设家塾以课子弟，置义田以赡贫乏，修族谱以联疏远”，指示要把兴祠堂、设学校、置族产、修谱牒，作为维持、强固宗族的要务。

由保甲制与宗族制纵横交错交织起来的统治网，遍布各地。宗法族权与国家政权的结合达到高潮。因国家政权支持而得以加强的清代宗族共同体，在建立弥漫于基层社会的宗法秩序上起了重要作用。这种被加以强固的结构性社会组织，成为清政府抵御新生力量冲击和维护旧有社会秩序的有力工具。

清代进入所谓盛世，却失去了进取性，政治上、意识形态上都趋于保守，回到秦代以来流行的皇权专制。乾隆后期，国势由盛转衰，统治由强转弱，吏治腐败和豪门奢靡有增无减。这是西学终致式微、汉学转而取代的背景。

二、西洋传教士与东西文化传播

此期西洋传教士，从动机上看，自然是以传教为主旨，但从行为上看，却带着“西洋奇器”来到中国，向清朝皇帝进献欧洲物品，展现西洋才艺，修造奇巧珍玩，成为清宫里的“西洋巧匠”。他们把介绍西方科技作为在中国传教的手段。实际上，传教士所输入的西方科技对中国文化和中国人的影响，远远超出了天主教神学。在“西学东渐”和“东学西传”的过程中，传教士都发挥了重要的作用。

1. 继耶稣会士之后东来的西洋传教士

耶稣会在中国的传教活动以南怀仁的病重和去世而走完了第一阶段。

法国路易十四派遣6位有“皇家科学家”之称的传教士，在1685年3月3日踏上赴东方的路途。除一位留暹罗传教外，其余5位于1687年7月23日到达宁波，开始了天主教在中国传教的第二阶段。他们是洪若翰、张诚、白晋、李明、刘应，于1688年2月进入北京，3月25日得到康熙帝的召见。他们带来了浑天仪等30箱科学仪器作为见面礼，博得了康熙帝的欢心。

康熙帝把张诚和白晋留在身边，让他们担任科学顾问，其他几位则获准可以在中国随意传教。张诚参加了1689年《中俄尼布楚条约》的谈判和签约，并为康熙帝绘制了《皇舆全览图》。白晋因从事天文、历算而研究《易经》，1710年，康熙帝从江西征调法国传教士傅圣泽襄助白晋研究《易经》，前后六年。白晋用拉丁文著《易经要旨》，他认为《易经》不仅是中国也是世界范围内最古老的典籍；他还著有《诗经研究》。康熙帝对白晋十分器重。

同期来的李明则兼通天文、地理、博物之学，他作为杰出的观察家和卓越的作家，对中国的文化和事物有细致深刻的描述。

1692年，康熙帝颁布了对基督教的宽容敕令，并希望法国能派更多的学者特别是数学家和天文学家来华。

为传达康熙帝的请求，白晋于1697年返回法国，带去了49册汉籍。他在法国招募了马若瑟（Joseph-Henry Marie，1666—1753）、雷孝思、巴多明等10人来华，促成"安菲特里特号"首航中国。这艘船1698年3月6日从法国拉罗舍尔港启航，10月抵达广东上川岛。18世纪初又有30多位法国传教士来华。几乎每年都有法国船载运物品在中国和西方之间往返。

传教士把掌握汉语、研习中国经籍，作为他们传教必不可少的条件。

康熙年间，先后有白晋、刘应、马若瑟、雷孝思对《易经》和《书经》进行翻译和研究。

刘应曾译中国经籍多种，所著《易经概说》（1728）在宋君荣（Gaubil Antoine，1689—1759）《书经》译本后初次刊出，他还著有拉丁文《书经》译本四卷六册（现藏梵蒂冈图书馆）。他还曾以拉丁文译《礼记》之《郊特牲》《祭法》《祭义》《祭统》等篇。刘应被称为"昔日居留中国耶稣会士中之最完备的汉学家""中国历史的认识，尤其是中亚东亚历史的认识之第一人"①。

雷孝思到中国后，因精通天文、历算而被召入京师，他也曾翻译《易经》，附有研究和注疏，注疏多出自汤尚贤之手，1834—1839年在斯图亚特分两册出版，名为《中国最古典籍〈易经〉》。汤尚贤先在江西传教，因精于数学而被召入京治历。

法国传教士马若瑟至中国后，专心于"传布教务，精研汉文"。雷慕沙称："传教中国诸传教士中，于中国文学造诣最深者，当推马若瑟与宋君荣二神甫。兹二人之中国文学，非当时之同辈与其他欧洲人所能及。"马若瑟著有《经传议

① 费赖之. 在华耶稣会士列传及书目. 冯承钧，译. 北京：中华书局，1995：453-457.

论》，主张由字学通经学，共12篇，呈给康熙帝。他选译《书经》《诗经》，被赫德收入《中华帝国全志》第二册，还有《中国经学研究导言》抄本，藏巴黎法国国家图书馆。他用法文所著《书经以前之时代与中国神话之关系》，刻于宋君荣所译《书经》译文前，并转载于波蒂埃1852年版《东方圣经》。《中国古籍中之基督教主要教条之遗迹》，是明清之际耶稣会士附会儒家的重要著作，体现了这一时期西方传教士的特点。马若瑟在华37年，传教之余潜心研究，目的在于用天主教教义来附会儒家学说，证明天主在中国古已有之。他说："余作此种注疏及其他一切撰述之目的，即在使全世界人咸知，基督教与世界同样古老，中国创造象形文字和编辑经书之人，必已早知有天主。余三十年来所尽力仅在此耳。"①

法兰西人赫苍璧（Julien-Placide Herieu，1671—1748），也有《诗经选编》译本，还曾选译刘向的《列女传》，并著有《拉丁文汉文对照字汇》。

法兰西人冯秉正（Joseph-Francois-Marie-Anne de Moyriac de Mailla，1669—1748）为耶稣会士中又一饱学之士，偕同雷孝思、德玛诺神父测绘各省地图，足迹遍及河南、湖南、浙江、福建，特别是台湾及附近岛屿。有拉丁文译本《中国大地图》，还译有《易经》及《中国通史》。他深谙满文、汉文，而且熟悉中国古籍，具有中国历史、宗教、风俗等方面的知识，故能承担这样艰巨的任务。

然而，天主教在中国传教的第二阶段，显示出每况愈下的迹象。

随着礼仪之争的发生，康熙帝发出对基督教在华传教的禁令。乾隆朝对基督教传教活动基本持压制态度，只是耶稣会士具有多种实用的专业知识，还继续受到清廷的重用。乾隆帝对康熙、雍正两朝来华的传教士（如郎世宁、罗怀忠、戴进贤、徐懋德、陈善策、巴多明、殷弘绪、冯秉政、费隐、德玛诺、宋君荣、沙如玉、孙璋等），也极表器重和礼遇，并封官、颁赏、赐宴。他鼓励引进西方人才，吸收西方文明，仍不断招徕传教士来华，陆续来华的有杨自新、汪达洪、王致诚、刘松龄、傅作霖、汤执中、高慎思、安国宁、晁俊秀、金济时等。

刘松龄（Auguetin de Hallerstein，1703—1774），奥地利人，通天文、历算。1746年（乾隆十一年），接替戴进贤担任钦天监监正，达30年。他除了观测日、月食外，还要记录五大行星的出没时间。

---

① 费赖之. 在华耶稣会士列传及书目. 冯承钧，译. 北京：中华书局，1995：527.

傅作霖（Felix da Rocha，1713—1781），葡萄牙人，精通哲学、神学、天文学及历法等。1753 年（乾隆十八年），担任钦天监监副。因绘制准噶尔、厄鲁特等地的地图有功，被授二品衔。他还曾测定哈密、吐鲁番、玛纳斯、伊犁等地的纬度；1774 年（乾隆三十九年），曾赴西藏测绘地图。傅作霖在刘松龄去世后不久担任钦天监监正。

乾隆帝非常喜欢西方的奇异机械。法国传教士杨自新制造了一只自行狮，内有机械发条装置，能够行走百步；后来又制作了一狮一虎，能够自行三四十步。杨自新去世后，汪达洪继续了他的工作。为满足乾隆帝制造能够举着花盆自行走动的机械人的要求，汪达洪花了两年的时间。1770 年（乾隆三十五年），英国使节送给乾隆帝一种机械人，能自动书写“八方向化，九土来王”的文字。汪达洪将其改进，使其不仅能写汉字，还能书写满、蒙文字。

到耶稣会被解散时，先后来华的法国耶稣会士上百人，约占全部欧洲来华传教士的五分之一。

据统计，从利玛窦来华到耶稣会解散的近 200 年间，在华耶稣会士共译著西方书籍 437 种，其中宗教书籍 251 种，占总数的约 57%；地理地图、语言文字、哲学、教育等书籍 55 种，占总数的约 13%；科学技术（包括数学、天文学、生物学、医学等）书籍 131 种，占总数的约 30%。①

传教士的动机是传教，结果却传播了西方文化，这种文化特别是其中的科学技术，与中国传统文化乃是异质的。他们把西方天文学、数学、医学、文字学、地理学、制图学、火器制造、艺术、音乐等知识传入中国，大大地拓宽了中国人的视野，推动了中西文化的交融。

2. 突出代表：郎世宁、蒋友仁

在传入中国的欧洲文化中，还包括建筑学、语言学、绘画、音乐等方面的内容。

在 18 世纪，尽管当时的禁教形势愈演愈烈，然而随着一批专业画家的到来，他们的绘画活动满足了清初几位皇帝的要求，还使传教活动在禁教的风浪中维持进行。

新来的传教士画家，主要有郎世宁、王致诚、艾启蒙、潘廷璋、蒋友仁、安德义、贺清泰等。无疑，郎世宁是其中的佼佼者。蒋友仁在建筑、测绘方面

---

① 钱存训. 近世译书对中国现代化的影响. 文献，1986（2）.

有突出贡献。

郎世宁

郎世宁（1688—1766），字若瑟，意大利人。他年轻时在米兰学院学习绘画。1707 年 1 月加入耶稣会后，在热那亚接受宗教教育。1715 年 8 月抵达澳门。

来华后，经马国贤引见，由康熙帝安排在如意馆绘画，成为专业的宫廷画家。历经康熙、雍正、乾隆三朝，他在中国待了 52 年。

郎世宁在欧洲本来是一位颇有建树的艺术家，为了迁就中国皇帝的要求，他放弃油画而改习中国水墨画。他巧妙地将油画技法运用到中国画之中，开创了一种崭新的艺术风格。他的作品反映了他为中西绘画的融合做出的努力和为中西文化交流做出的卓越贡献。

康熙帝令郎世宁在皇宫里组建了一所教授西洋画的学校，并亲自挑选了七名学生。郎世宁向他们讲解了光线、物体和阴影之间的关系，近大远小的透视原理，还讲解了人体解剖学。郎世宁还请求画裸体写生，康熙帝答应了，内务府拨了四个太监作为人体模特。据说这是在中国首开画裸体之风。郎世宁还培养了一批中国油画家，在郎世宁的众多弟子中脱颖而出的有戴正、张为邦、王幼学等。①

郎世宁和中国画家花了三天三夜在宫廷创作了《木兰秋狝图》，描绘了 1722 年 8 月康熙帝带着皇子在承德附近的木兰围场打猎的情形，画面气势宏伟，构图严谨，笔法细腻，色彩鲜艳，是一幅中西合璧的佳作。

1724 年（雍正二年），开始大规模扩建皇家园林圆明园，这为郎世宁提供了发挥才能的大好机会。郎世宁为雍正帝画的几幅画《聚瑞图》（1723）、《嵩献英芝图》（1724）、《百骏图》（1728），运用西方绘画的明暗对比和透视技巧，又具有中国花鸟、山水画的特点，体现了中西绘画方法的结合。

乾隆帝非常欣赏郎世宁中西合璧的画法，他登基后，提升郎世宁为御前画家，让其可以随时出入宫廷。乾隆帝“几日往视西士作画，而乐与之言”，并“数使之绘画御容”②。就是说，乾隆帝几乎一有空闲便去如意馆观看郎世宁作画，并时常与其交谈；还让郎世宁给他画肖像。郎世宁作为宫廷画家，也未忘记他的传教士责任，经常在乾隆帝光顾时，不失时机地为耶稣会在中国传教进言。

---

① 徐家智．圆明园艺术珍品与耶稣会士郎世宁．故宫博物院院刊，1993（1）．

② 费赖之．在华耶稣会士列传及书目．冯承钧，译．北京：中华书局，1995：647．

郎世宁和中国画家合作的《乾隆雪景行乐图》，描绘了乾隆帝及其子女共度新春佳节的情景。郎世宁和唐岱、沈源合笔绘制的《圆明园图》，深得乾隆帝欢心。

1748 年（乾隆十三年），乾隆帝下旨："旨著郎世宁用宣纸画百骏手卷一卷，树石著周鲲画，人物著丁观鹏画。钦此。"由皇帝下谕让西洋画家和中国画家合笔绘画，可以看出意在调和中西画法。乾隆帝认为西洋画法的特长在于"著色精细入毫末"，而不足是"似则似矣逊古格"，即缺少中国画的韵味、格调。

1755 年，郎世宁、王致诚（Jean-Denis Attiret，1702—1768）设计并主绘，中外画家合笔完成两幅大画《万树园赐宴图》《乾隆观马术图》。合笔画常见于大型组图的绘制，常常根据宫廷画家的特长，分别承担人物、花鸟树石、亭台楼阁等的绘制，但在整体格局和空间处理以及色彩的敷用等方面，明显受到西洋绘画的影响。

1762 年，郎世宁、王致诚、艾启蒙、安德义合作绘出《乾隆平定准部回部战图》（又名《乾隆平定西域得胜图》），纪念乾隆帝平定准噶尔及回部战争的胜利。这套 16 幅组画，全景式地表现了两次战争的过程及其结局。乾隆帝给予嘉奖，并指示将底稿送往欧洲，在法国刻印成铜版画，共印制 200 多套。它们成为中西绘画交流的历史见证。

郎世宁第一个引进西方文艺复兴时期开创的明暗写实画法，并改用胶状颜料在宣纸上作画，也就是今日的胶彩画，在中国工笔画与西方古典写实主义画风的结合上进行了尝试性的探索。他用中国的笔墨、颜色、绢纸等材料，按西画透视解剖的原理作画，画出的人物肖像、静物有浓淡明暗之分，有质地立体之感，乾隆帝称之为"凹凸丹青法"。胡敬在《国朝院画录》中谈到郎世宁的绘画风格时说："世宁之画本西法，而能以中法参之，其绘花卉具生动之姿，非若彼中庸手之詹詹于绳尺者。然大致不离故习，观爱乌罕四骏，高庙（乾隆帝）仍命金廷标仿李公麟笔补图，于世宁未许其神全，而第许其形似，亦如数理之须合中西二法，义蕴方备。大圣人之衡鉴，虽小道必审察而善择两端焉。"①

郎世宁同年希尧（年羹尧的哥哥）一道，把波佐著作中有关透视学的内容译为中文，于 1729 年出版了《视学精蕴》一书，这是我国第一部系统阐述透视学原理的著作。从乾隆年间的姑苏版画如《山塘普济桥中秋夜月图》中，可以明显看到西方透视画法的影响。

---

① 许明龙. 中西文化交流先驱——从利玛窦到郎世宁. 北京：东方出版社，1993：265.

乾隆帝决定在圆明园北部修建西洋楼，任命郎世宁为奉宸苑卿，官至三品，作为总设计师，专门掌管皇家园林。郎世宁主持修建圆明园欧式宫殿。

圆明园中的西洋楼，包括谐奇趣、养雀笼、万花阵、方外观等，这些建筑具有意大利巴洛克风格，也具有中国建筑特色，是中西合璧的产物。这些宫殿使用方石、大理石和彩砖等材料，其柱、栏、梯的样式和各种装饰性雕塑都源自法国和意大利的宫殿建筑艺术，但其木质结构、红墙、琉璃瓦顶盖以及陶瓷和包金青铜装饰等又采用了中国建筑的典型元素。圆明园中的 10 个法式花园，其排列方式遵循严格的几何规则，而每个花园又有独立成章的景致，与中国美学原则暗合。

1766 年 7 月 16 日，郎世宁去世。乾隆帝特发上谕，加恩给予侍郎衔。郎世宁以宫廷画家而闻名，其实也是传教士。

蒋友仁

蒋友仁（1715—1774），字德翊，法国人，1744 年来华。蒋友仁既是天文学家，又是地理学家。

经郎世宁推荐，乾隆帝召蒋友仁入宫。蒋友仁原先在钦天监协助修历，还亲自赴伊犁等地进行测绘。他奉召参加圆明园的设计和建造，由天文学家改行做了修建圆明园的工程师。

蒋友仁与郎世宁合作，绘出西洋式宫殿的蓝图。经过多次试验，蒋友仁设计的喷泉终于成功。谐奇趣楼前建有一巨大的海棠式喷水池，一条石头雕刻的大鱼位于池中央，石鱼口中喷出的水柱可达 5 丈远，而 4 只铜羊和 10 只铜雁口中射出的稍细的水柱成弧线落入池中。

蒋友仁还负责设计海晏堂、远瀛观前的大水法，督造蓄水池等。蒋友仁在设计喷水装置时，还制造了与之配套的提水设备，使用一种特殊的水车，以机械方法将水提升至一座高处的水塔，以供给水法的用水。蒋友仁在空闲时间还设计制造了许多仪器，如反射望远镜、抽气筒等。

乾隆帝 1755 年平定准噶尔时，曾经指出："西师奏凯，大兵直抵伊犁，准噶尔诸部尽入版图。其星辰分野，日月出入，昼夜节气时刻，宜载入《时宪书》，颁赐正朔。其山川道里，应详细相度，载入《皇舆全图》，以昭中外一统之盛。"①

① 朱祖延，郭康松. 清实录类纂：科学技术卷. 武汉：武汉出版社，2005：50-51.

蒋友仁发现乾隆帝对地图有兴趣，便在乾隆帝50岁生日（1760）时，进献了一幅世界地图《坤舆全图》。乾隆帝下旨参加过这些测绘工作的蒋友仁，把有关地图汇集起来。蒋友仁以康熙朝的《皇舆全览图》为基础，把《西域图志》充实到其中，还参考了来华传教士输入的一些世界地图，于1761年编汇成《乾隆内府铜版地图》（又名《乾隆十三排地图》）。

蒋友仁作为地理学家，亲自绘制《增补坤舆全图》，又以天文学家的身份对其进行文字解说，把哥白尼的日心地动说进一步传入中国。他介绍了当时的各种天文学说，特别是哥白尼的日心地动说，而开普勒、牛顿、卡西尼、拉卡伊、勒麦等"皆主其说"。他强调："太阳于宇宙中心，而地球及其余游曜，皆旋绕太阳，以借太阳之光。"① 为了帮助人们理解和接受哥白尼的学说，他力图进行通俗的解释。哥白尼的日心地动说依据太阳系结构的本来面目描述了太阳系，把对太阳系运动的解释由以地球为中心转变为以太阳为中心。这是对神学的挑战，曾长期遭到罗马教廷的压制和打击。蒋友仁利用绘制世界地图的机会，把哥白尼的日心地动说进一步传播，功莫大焉。如张维华指出的："西士著述，对于哥白尼说之介绍，首见汤若望之历法西传，然拘禁甚多，不敢畅言。其后，南怀仁辈虽喜谈天文、地理，亦避哥白尼之说而不谈。其为较详之介绍，且敢承认其说者，则自蒋友仁始。"② 但据学者研究，黄百家可能是我国第一位完整、公开地介绍日心地动说的学者。黄百家在《宋元学案·横渠学案》中有关哥白尼学说的描述，表明"中国的天文学者们早在17世纪下半叶，就相当正确地知道了哥白尼的地动说"③。黄百家在《黄竹农家耳逆草》之"天旋篇"中对哥白尼学说有过具体介绍，比蒋友仁要早半个世纪。④

1774年10月23日，为清朝效力30年的法国神父蒋友仁突然中风去世，被安葬于北京西郊。

3. 主持天文历算的编修和边疆地图测绘

天文历算

康熙帝在法国皇家科学院建制的启发下，设立了蒙养斋算学馆，时为1713

---

① 阮元．畴人传：蒋友仁．扬州：广陵书社，2009.

② 张维华．明清之际中西关系简史．济南：齐鲁书社，1987.

③ 小川晴久．东亚地动说的形成．科学史译丛，1984（1）.

④ 徐海松．清初士人与西学．北京：东方出版社，2000：191-192.

年前后，邀请西方熟悉数学、物理、天文历法的传教士到此授课和研究。在钦天监外开设算学馆，直接负责历算诸书的编纂，目的在于争取从各方面摆脱传教士的指导，以在科学建设中实现“自立”。

算学馆是进行历算教育和编修历算诸书的临时性机构，也是西学东渐既特殊又重要的场所。在胤祉的领导下，开展了多种学术活动，目的是编出一部百科全书式的巨著《律历渊源》。由传教士纪理安、杜德美、傅圣泽、严嘉乐等，将他们带来的西方历算书籍翻译出来，内容包括对数术、对数表、解高次方程的方法等。傅圣泽、纪理安等把《数表问答》中的部分内容和插图译出。根据编书的需要，也把西学知识传授给中国学者。通过历书编纂，欧洲天文学说在中国得到进一步传播。除大量采用集体讲学形式外，还常以师傅带徒弟的方式，如严嘉乐对梅瑴成、杜德美对梅瑴成和明安图的指导。编书的过程中，也开展了一些交流和讨论。

经过多年的努力，于1721年编撰成《律历渊源》，全书100卷，包括《数理精蕴》53卷、《历象考成》42卷、《律吕正义》5卷。在西学东渐史上，这是一项具有重大意义的成果。其中，《数理精蕴》继承了中国传统数学的优秀成果，也吸收了西方传入的数学成就，流传颇广，影响很大。《历象考成》是继《崇祯历书》之后主要由中国学者编纂的一部天文历法著作，在内容上更加完善，讲述作为历法基础的天文学概念，阐述制表时常用的天文常数，解说这些常数的物理意义，列出恒星和行星的位置表，论述黄道和赤道坐标之间的变换关系。《历象考成》共42卷，总结了当时的天文历法的成果，上编《揆天察记》16卷，主要阐明天文学理论；下编《明时正度》10卷，叙述推步计算方法；附表16卷，作为运算备用。

后来，在西方传教士的参与下，钦天监又编纂了《历象考成后编》共10卷，于1742年编成。该书吸取了巴黎天文台台长比西尼的观测成果，介绍和阐述了西方天文学的不少新理论和新方法，如开普勒的椭圆轨道及等面积定律、牛顿月行理论等，“通过引进和吸收开普勒到牛顿时代西方日月理论的最新成果，将太阳位置计算的精度提高了将近20倍以上，月亮黄经计算的精度提高了4倍以上，黄纬计算精度提高了将近10倍，可以说实现了清代天文计算上的一次飞跃”①。由于引入了根据牛顿理论编纂的月离表，能更好地预测日、月食的发生，满足了中

① 石云理.《历象考成后编》中的中心差求法及其日月理论的总体精度. 中国科技史料，2003（2）.

国人的需要，这是牛顿有关月球运动的理论能够间接传入的重要原因。

传教士戴进贤1717年来到中国，1725年任钦天监监正，1731年任清廷礼部侍郎，在中国供职前后达29年。他在华期间，进行了大量的天文观测，并与俄、英、法等国科学院的许多科学家保持联系，他的观测成果也常被欧洲的天文学家引用。戴进贤还编纂了《黄道总星图》（1723）和《仪象考成》，修订了星图，介绍了伽利略、卡西尼、惠更斯等的天文发现。

在戴进贤之前，传教士引进中国的天文学观点，总体来说是以托勒密体系为主，但也不尽然。耶稣会士罗雅谷在17世纪初就介绍了伽利略学说。只是由于教会对日心地动说的反对，他在《五纬历指》卷八中只举出“加里类”（伽利略的最早译名）关于星体发光本质的论说。罗雅谷、汤若望对于伽利略在1610年运用望远镜所做的第一批天文观测记录，即在《月离历指》《交食历指》中做了转录。汤若望是第一个在中国赞扬伽利略学说的耶稣会士，他还亲自引进和仿制天文望远镜。另外，1712—1719年在宫廷服务的傅圣泽，曾试图向康熙帝引进哥白尼学说，但不是关于宇宙模型而是关于观测计算问题。

对于西方传教士输入的各种科技知识，中国士人和统治者基本上是围绕天文历法来选择和吸收有关内容的，重视程度也是视其与天文历法的关系疏密而定的。

边疆地图测绘

为了给历法提供充分的计算数据，算学馆开展了多项测量工作。康熙五十三年十月初一，康熙帝提醒胤祉，“北极高度，黄赤矩度，于历法最为紧要”①。胤祉派人到广东、云南、四川、陕西、河南、江南、浙江七省，测量北极高度及日影，以使编出的历法能建立在实测的基础上。

18世纪初，在康熙帝的主持下，聘用西方传教士完成了全国地图的测绘。地图的测绘首先是出于对边疆地理进一步了解的需要。1707年12月开始在北京附近测试。1708年7月4日，康熙帝命令法国人白晋、雷孝思、杜德美和日耳曼人费隐从长城开始测绘全国地图。葡萄牙人麦大成（Jean Fr. Cardoso）、法国人梁尚贤（Petrus v. duTartve）等传教士和中国学者何国栋等参加。此次测量对中国地图测绘史的一大贡献是：在全国统一了丈量尺度，固定了里的长度单位，

---

① 朱祖延，郭康松. 清实录类纂：科学技术卷. 武汉：武汉出版社，2005：15.

并沿用至后世。

1709 年 1 月，绘成一幅长一丈二尺的总图。1709 年 5 月 18 日，雷孝思、杜德美和费隐开始测量东北。1710 年 12 月完成地图的编绘。1711 年至 1717 年，各省地图测绘完成。经杜德美主编，集成《皇舆全图》。1707 年至 1718 年，关内 15 省和关外满、蒙以及朝鲜都测绘成图，成总图 32 帧，总称《皇舆全览图》，或《皇舆全图》《大内舆图》，共有八排。"关门塞口，海汛江防，村堡戍台，驿亭津镇，其间扼险，环卫交通，荒远不遗，纤细毕载。""核亿万里之山河，收寰宇于尺寸之中，画形胜于几席之上"，为"从来舆图所未有也"①。这套地图 1719 年的第二个刻本，经传教士费隐寄到欧洲后，唐维尔曾经在巴黎和海牙出版过，并成为杜赫德《中华帝国全志》中投影地图的范本。《皇舆全览图》是当时世界上工程最大的地图，也是最精确的地图，比例尺定为 1∶1 400 000，奠定了中国地图用三角测量的基础。按李约瑟的说法，它"不但是亚洲当时所有的地图中最好的一幅，而且比当时的所有欧洲地图都更好、更精确"②，是中国地图绘制史上的重要成果。

雍正时由何国栋保举测量人员测量河流，继承康熙时用西方传教士测绘地图的事业，编绘了十排《皇舆图》。该图除了标列我国东北、蒙古、新疆、西藏以及内地 15 省的地形和政治、军事情况外，还描绘了西伯利亚、帕米尔以西、地中海以东的中亚山川、居民等内容。

乾隆时，在平定新疆叛乱期间，派刘统勋、何国栋到伊犁、喀什等地测绘，"所有山川地名，按其疆域、方隅，考古验今，汇为一集"③，1761 年完成《皇舆西域图志》，为绘出更为完整的中国地图提供了可能。除何国栋、明安图以外，测量地图工作的实际参加者是西方传教士，如宋君荣、傅作霖、高慎思（Joseph d'Espinha，1722—1788）等，最后由蒋友仁总编，制成以亚洲大陆为主、分成两半球的中外大地图。在《皇舆全览图》基础上，补充了何国栋、明安图所绘的西藏、新疆地图和宋君荣等所搜集的有关俄、蒙的图籍，1761 年由蒋友仁负责制成铜版，称为《乾隆内府铜版地图》，又名《乾隆十三排地图》。全图地域，北至北纬 80 度的北冰洋，南至印度洋，西至波罗的海、地中海和红海，成为一幅名副其实的亚洲大陆全图。《乾隆内府铜版地图》是中外学者通力

---

① 清圣祖实录：卷二百八十三//清实录．北京：中华书局，1985.

② 李约瑟．中国科学技术史：第五卷．北京：科学出版社，1975：235.

③ 皇舆西域图志：卷首谕旨//四库全书．文渊阁影印本.

合作、中西合璧的科学成果。此后经过20年整理充实，直到1782年编定《钦定皇舆西域图志》，共52卷。蒋友仁在其他人的帮助下制作了一份木刻版和一份铜版，铜版地图名《大清一统舆图》。

4. 传教士的东学西传与马嘎尔尼使华

西学东渐的副产品之一是东学西传，即中国文明向西方传播。传教士对东学西传也发挥了重要的作用。在欧亚大陆的两大文明之间，耶稣会士不自觉地成为"文化联系的最高范例"①，对中西文化交流和沟通功不可没。

意大利学者安伯托·艾柯（Umberto Eco）认为，"马可·波罗时代以来，尤其是利玛窦时代，两种文化就在互相交流各自的秘密。中国人从耶稣会传教士那里接受了欧洲科学的很多方面，同时，传教士们又将中国文明的方方面面带回欧洲"②。

传教士所介绍的中国对欧洲的影响主要通过两种渠道：一是公开的传播物，二是书信来往。许多传教士跟欧洲学者都保持密切联系，如白晋与莱布尼茨、马若瑟与傅尔蒙和弗莱烈、巴多明与多尔图·德·梅兰、宋君荣与德·利斯勒等。③

语言文字和典籍

第一部中西合璧的字典，是1576年到达福建沿海的西班牙奥斯定会地理学家拉达根据客家土音（闽南话），用西班牙文编著的《华语韵编》。但这部字典以及后来罗明坚和利玛窦合编的《葡汉辞典》、利玛窦和郭居静合编的《西文拼音华语字典》都只是稿本，并未出版，在欧洲也未产生影响。从时间上看，罗明坚和利玛窦合编的《葡汉辞典》中的罗马字拼音系统应是中国最早的一套汉语拼音方案。

欧洲传教士在研究中国语文的同时，也开始编译中国典籍。最早的西译著作是《明心宝鉴》，由多明我会士高毋羡（Juan Cobo，？—1592）于1590年在菲律宾译成西班牙文。罗明坚是第一个翻译"四书"的西洋人，1578年，他辗转来到广东肇庆，用拉丁语试译了《大学》的部分章节和《孟子》。利玛窦曾

---

① 李约瑟. 中国科学技术史：第四卷：第2分册. 北京：科学出版社，1975：693.

② 安伯托·艾柯. 他们寻找独角兽//独角兽与龙. 在北京大学的演讲，1993.

③ 维吉尔·毕诺. 中国对法国哲学思想形成的影响. 北京：商务印书馆，2000.

把中国古籍“四书”（《论语》《孟子》《大学》《中庸》）译成拉丁文寄回意大利，时为1593年，但手稿的去向不明。据艾儒略《大西西泰利先生行迹》载：“利子尝将中国‘四书’译为西文，寄回本国。国人谈之，知中国古书，能识真原，不迷于主奴者，皆利子之力也。”①

意大利传教士卫匡国（Martinus Martini）在游历欧洲各国期间，编了《中国文法》一书，成为欧洲学者深入研究中国的入门书。1658年（顺治十五年），卫匡国用拉丁文写的第一部中国上古史《中国历史》在慕尼黑出版，共十卷，从传说时代写到西汉末年。1667年该书的法文译本在巴黎发行。

法国传教士金尼阁1626年写了一本《西儒耳目资》，首次准确地用拉丁拼音字母记录了汉字的读音，拉丁语也得以应用，从而解决了中国和欧洲在语言文字上的阻隔问题。传教士用拉丁字母来给中国字注音，实际上是用科学的手段来研究语言语音问题，其中所包含的价值跟他们所传入的其他科学所包含的价值是一致的，即用科学的精神来研究世间的一切问题，用逻辑的、系统的方法整合研究对象。

白晋著有《中法字典》《中文研究法》。② 他1694年返回法国后，曾将中国图书300卷赠送给法王路易十四。白晋用拉丁文著的《易经要旨》稿本藏在巴黎法国国家图书馆，这个图书馆的前身傅尔蒙皇家文库收藏的几千卷有关中国的图书是由马若瑟在中国收罗的，最早由傅尔蒙保存。

1728年（雍正六年），马若瑟写成《中国札记》（又称《汉语札记》《中国语言志略》）。该书研究中国文字学，既是一部语法修辞学著作，也是一部比较语言学著作，书中举证13 000余条。该书直到一个世纪后的1831年才在马六甲刊出。

1730年（雍正八年），圣彼得堡皇家研究院刊印了贝尔（Bayer）的拉丁文版《中国大观》，介绍了中国字典和方言，以及中文文法和中国文学在欧洲的进展。1732年（雍正十年），卡斯特拉纳（Fr. Carolus Horatius Castarano）编成拉、意、中字典。1733年（雍正十一年），格拉蒙纳（P. Bazilius A Glemona）编有中拉字典。1738年来华的德国传教士魏继晋（Florian Bahr）曾长期供职于清朝宫廷，他编著了《德华词典》，收字词2 200个（但这部字典直到1937年才得以出版）。

---

① 方豪．十七八世纪来华西人对我国经籍之研究//方豪六十自定稿．台北：台湾学生书局，1969：190.

② 费赖之．在华耶稣会士列传及书目．冯承钧，译．北京：中华书局，1995：124.

葡萄牙人郭纳爵（Ignatius da Costa，1599—1666）和意大利人殷铎泽合译的《大学》取名《中国的智慧》，于1662年（康熙元年）在江西建昌府刻印出版。他们还合译了《论语》。1667年（康熙六年），殷铎泽将《中庸》译成《中国政治伦理学》在广州印行，1669年在印度果阿刻印。这是“四书”的第一个译本。

“四书”的全译本，是比利时人卫方济（Franciscus Noél，1651—1729）按照直译办法译出的拉丁文译本。卫方济1687年来华后，在淮安、五河、上海、建昌、南丰等地传教。1702年他被教会派往欧洲，1711年在布拉格大学刊印了他的“四书”译本和《中国哲学》（*Philosophia Sinica*），其中系统地介绍了中国的儒家经典和古代哲学思想，是当时儒家经典较为完备的一个译本。

比利时人金尼阁曾将“五经”译成拉丁文，1626年在杭州刊印，这是中国经籍最早的译本。

1687年（康熙二十六年），比利时人柏应理等编纂的《中国哲学家孔子》在巴黎刊印，中文标题为《西文四书解》，书中包括中国经籍导论、孔子传，以及《大学》《中庸》《论语》的拉丁文译文。[①] 孔子的形象第一次传到欧洲。

奥地利人白乃心（Jean Grueber，1622—1680）撰《中华帝国杂记》，叙述在中国所见之事，收录信札4件，后附孔子传及《中庸》译文选。

乾隆时期，法国耶稣会士孙璋（Alexandre da la Charme，1695—1767）、宋君荣、钱德明对中国古籍均颇有研究。

孙璋精通满、汉文字，1733年开始译注《诗经》，并译有《礼记》。

宋君荣被誉为“耶稣会传教士学识之最鸿者”，他在神学、物理学、天文学、地理学、历史学、科学、文学诸方面都有相当的建树，特别是深入研究中国上古史，并且得出中国人未曾有过的许多见解。根据《尚书》中的《尧典》《胤征》《伊训》等章的内容，宋君荣认为，中国在尧帝时代就有专司天文的官吏，他们负责制订、颁布历法，利用星辰和太阳的位置确定四季的划分，已经使用太阳历；夏朝时已经开始观测日、月食。天文学在周代已经达到相当高的程度，后来“畴人”（精通天文历法之人）子弟分散，才传至欧洲。他著有《中国天文史略》《西辽史略》《蒙古史稿》《元史与成吉思汗本纪》《中国年代纪》，以天文学家的观点，解释了中国古代争议频仍的许多历史事件，如夏代肇

① 赵云田. 中国文化通史·清前期卷. 北京：北京师范大学出版社，2009：82.

始时间、武王伐纣等。他所译《书经》1770 年于巴黎刊印，并被波蒂埃 1852 年版《东方圣经》收录。

钱德明学识渊博，对科学、文学都有极深造诣。他居北京 42 年，精通满、汉文字，在研究中国古乐及石鼓文、方言等方面成就突出，为西方最早研究中国苗族的学者。他曾编制《满法词典》3 卷，译《孔子传》和《孔门弟子传略》（法文版），1784 年在北京出版，并译有《御制盛京赋译注》（法文，1770，巴黎）、《平定金川颂》（法文，1804，巴黎）等。《中国古今乐记》系研究中国古代乐器、乐理的著作，比中国人研究得还要深入、透彻。他还著有《中国兵法》《中国古代宗教舞蹈》《禹碑之说明》等。

法国传教士傅圣泽翻译了《诗经》，并用基督教教义附会中国旧说解释《诗经》。他又著有《道德经评注》，还协助白乃心研究《易经》。1722 年，傅圣泽到达巴黎，将在中国搜集的 3 980 种汉籍，全部捐赠给皇家图书馆，这些是巴黎法国国家图书馆数量最多、选择最精的一批中文书籍，为法国汉学研究的发展奠定了坚实的基础。

法国人韩国英（Pierre-Martial Cibot，1727—1780），是圣彼得堡皇家研究院通讯院士，最重要的著述乃是《中国古代论》，将《大学》《中庸》译为法文；另有介绍中国文化、风物者，其生物学方面的著述也颇丰。他参加了圆明园的修建工程，花了 4 年时间，设计制造了一个巨大的水力计时器，附有喷水、鸟鸣等功能。

中国古代典籍，通过意大利和法国传教士的介绍，其拉丁文和法文译本在欧洲知识界和上层社会得到流传和宣扬。

历史、地理、游记和回忆录

西方传教士以西方语言撰写、在欧洲出版的书籍多为关于中国国情的评述，在当时影响较大者有曾德昭（S. Semedo）的《大中华帝国概况》（1643）、安文思（G. de Magalhaes）的《中国现况》（1688）、李明的《中国现势新志》（1696）等。曾德昭的《大中华帝国概况》由于全面介绍了中国的风俗、历史、语言文字而引起广泛注意，成为耶稣会士安塔纳西·基尔契（A. Kircher）的《中华图志》（1667）之主要材料，后者是一本图文并茂的手册，在 1667 年于阿姆斯特丹以拉丁文出版，后被译成法文、德文，成为当时欧洲知识界了解中国的入门读物。

1654年（顺治十一年），卫匡国编绘的《中华帝国图》（8幅大型挂图）在奥格斯堡出版。1655年，荷兰地图绘制学家让·布雷奥（Joan Blaeu）编的《中国新地图册》（有地图17幅，包括1幅中国全图、15幅分省图、1幅日本列岛图，附文字说明171页）在阿姆斯特丹出版。卫匡国在前言中叙述了中国的地理位置、自然环境、城乡居民状况、手工技艺、建筑、科学、宗教、王朝纪年表、长度单位等。它是"17世纪地图绘制中最受人称羡的成就之一。它不仅使当时欧洲绘制的中国地图大大前进了一步，而且直到今天，在欧洲仍然是唯一的包括比例约为1:1500000的15幅分省的中国地图集"①。德国学者希特霍芬（F. von Richthofen，1833—1905）称卫匡国是"关于中国的地理知识之父，他编绘出版了地图集。这是我们所拥有的关于中国的最完整的地图范本"②。卫匡国《中国上古史》的完整标题是《中国历史初编十卷，从人类诞生到基督降世的远方亚洲或中华大帝国周邻记事》（1658），所根据的主要材料是《史记》。卫匡国第一个把六十四卦图介绍到欧洲，而且首先将《易经》译为*Mutationis Liber*，这个拉丁文意译名称至今仍为多种欧洲语言译本采用。

唐维尔的《中国新图册》（有地图50页、图画14幅，附历史参考地图）是一部在欧洲流行的当时最完善的中国地图集。

奥斯定会士门多萨（Juan GonzaIez de Mendoza）的《中华大帝国史》（西班牙文）在罗马出版，这是最早比较系统地介绍中国历史和地理的书，几年内分别印行了英文、法文、德文、拉丁文、意大利文等多种版本。

路易十四派往中国的法国科学家主持了对中国的调查和考察项目，涉及天文学、地理学、中国编年史学、汉学研究、自然科学和医学，以及经济、政治和社会状况。后来汇总成三部著作：

（1）《中华帝国及其所属鞑靼之地理、历史、纪年、政治与自然全志》（以下简称《中华帝国全志》）共4卷，1735年由耶稣会士杜赫德（Jean Baptiste du Halde）在巴黎刊印，翌年在海牙印行，布洛克斯译成英文版（改名为《中国通史》），传遍了整个欧洲。该书内容涉及中国地理、历史、政治、宗教、经济、民俗、物产、科技、教育、语言、文学等。第1卷为综述，记叙各省地理和历朝编年史；第2卷研究政治、经济、文化、经典和教育；第3卷介绍宗教、道

① Yorck A. Haase. Einführung zu "Novus Atlas Sinensis". Faksimile von Einleitung, Karten und Nachsatz von Reich Japonia, Suttgart, 1974.

② F. von Richthofen. China, Ergebnisse eigener Reisen. Berlin, 1877, Bd. 1, S. 656.

德、医药、博物等科目，还有文学、典籍等；第4卷介绍医学以及满、蒙、西藏、朝鲜的情况。杜赫德认为中国人所富有的智慧不是一种发明性、探索性、洞察性的智慧，以致不适于做深奥的科学研究，但中国人在其他需要伟大天才的事情上取得了成功。该书成为欧洲人据以褒贬东方文化与评议西方现实的"资料库""武器库"，被誉为中国的百科全书，对中国历史文化在欧洲的传播起了重要的作用。当时欧洲学者关于中国问题的讨论大都仰赖此书提供的材料。

(2)《耶稣会士书简集》，1702—1776年陆续印出34卷。有关中国的占9卷，包括大约144份来自中国的书信和报告，内容涉及政治制度、风俗习惯、历史地理、哲学、工商等方面，接近于一部关于中国文化的百科全书。郭弼恩主编了前8卷。杜赫德在1708年接替郭弼恩的职责，主编出版了第9～26卷。帕杜耶（Louis Patouillet）和马雷夏尔（Maréchal）在1749—1776年主编出版了第27～34卷。除了法文版，还有4种英文版、4种德文版、2种意大利文版、2种西班牙文版和1种波兰文版。欧洲许多学者都从中汲取自己所需要的资料。

(3)《北京传教士关于中国人历史、科学、艺术、习俗论丛》（又称《北京教士报告》或《中国论丛》），共15卷，1776—1891年刊印。与《耶稣会士书简集》不同，主要刊载各类专题论文，由法国东方学家编辑，介绍了中国的历史、语言文学、工艺技术、地质、矿物、化学、医学医药和动物、植物等有关情况。它事实上是一部有关中国文化的学术论文集，并成为18世纪后半叶到19世纪欧洲关于中国和中国人的首要信息来源。

1696年，李明编著的《中国现势新志》两卷本在巴黎出版，内容大多是游记，如从西安到北京的旅行及中国的气候、地理，还有对中国政治、历史、文化、语言、宗教和在华传教活动的简单介绍，并绘制了南怀仁于1669年至1674年在北京观象台上配备的天文仪器中的6件，还绘制了南京和广州之间的水系图以及从宁波到北京、从北京到绛州的行路指南。① 该书被译成英文、德文和意大利文。

冯秉正主要依据1692年由康熙帝命令译成满文的朱熹的《资治通鉴纲目》写成12卷本《中国通史》，于1777—1783年出版，对明清历史的介绍尤其详

① Nasselrath & Reinbothe. Das Neueste von China.

细。1785 年补充了第 13 卷《中国概况》，介绍清代 15 省的人文地理和地形。该书是 20 世纪之前欧洲人有关中国历史的最完备的著作，成为初期欧洲汉学家研究中国历史的必备参考。

马国贤（Matteo Ripa，1682—1745），意大利人，1710 年来华，1724 年离开，他写了一本《清廷十三年——马国贤在华回忆录》，成为欧洲汉学的奠基之作，也是当时欧洲人了解中国的主要渠道之一。

18 世纪 30 年代，法国著名人文学者弗莱雷（Nicolas Fréret）在宋君荣、冯秉正、巴多明等在华耶稣会士的帮助下，以非宗教的方法论令人信服地论证了中国历史的古老性。弗莱雷被视为法国汉学乃至欧洲汉学的重要奠基人。以弗莱雷为开端，欧洲转向了对中国历史的学术性研究。

耶稣会要求传教士报告其所传播福音之地的人情风俗和地理情况。耶稣会士寄回欧洲的报告逐渐成为欧洲人了解中国的重要来源。17 世纪前半叶的作者通常既向欧洲介绍中国文明和中华民族的优良之处，又指出中国社会的许多弊端，所述较为客观。1654 年卫匡国编绘的《中华帝国图》则已清楚地体现出礼仪之争的影响，更加热衷维护中国，以至于偶尔会将中国人的品质理想化和夸大。李明的著作格外称赞中国的历史、宗教和文化，肯定耶稣会士对中国文化和礼仪的立场，明显是礼仪之争背景下的护教著作。

自然科学、医学和工艺等

从 18 世纪初起，来华传教士因从事各种科学工作的缘故，寄回欧洲的报告有较多内容涉及科学等方面。

宋君荣的《中国天文学简史》和《中国天文学》1732 年在巴黎刊印。他介绍了有关中国年代学的原理、帝尧时代的恒星记录、仲康日食、二至晷影观测及中国古代关于黄赤交角的认识，这些知识对于欧洲学者来说非常新颖，也颇有教益。

英国科学史家李约瑟认为中国古代宇宙论可能对欧洲产生了影响。"宣夜说"认为天体漂浮于无限空间，不相信欧洲固体天球的世界模型。利玛窦等到中国之后，对这种"荒诞"的理论进行批判，其结果引起了欧洲学者的讨论。李约瑟推测，"宣夜说"可能是促成欧洲中世纪宇宙模型崩溃的因素之一，并推动近代宇宙论兴起。

法国皇家科学院驻华通讯员汤执中（Petrus d'Incarville，1706—1758）来华后为圣彼得堡科学院、英国皇家学会采集植物标本。他把记述 1721—1722 年来华所获的《中国游记》和动植物图版寄往巴黎，这些图版一度为法国自然历史博物馆收藏。1748 年，他将在北京附近采集的标本 260 种，托北京至莫斯科之间每三年一次的商队运往俄罗斯。进化论的创始人之一让-巴蒂斯特·拉马克（Jean-Baptiste Lamarck，1744—1829）曾借鉴汤执中对中国植物的研究成果。

1760 年来华的韩国英曾研究过中国的地质、矿物、化学和动植物。

欧洲第一部中医著作是 1671 年在格莱诺布尔出版的法文本《中国脉诀》，该书译自晋代名医王叔和的《脉经》。1676 年米兰出版了意大利文的脉书，十年后在纽伦堡重刊。1707 年在伦敦出版英译本。

波兰医生卜弥格在中国传教多年，他根据《脉经》等写成《中医要津》（或译《中医脉诀》），1686 年出版，被译成欧洲各种语言。他曾把荷兰东印度公司医生克勒耶整理出版的《中医示例》译成拉丁文，系统地介绍了中国古代的脉学。这部论著后来成为英国著名医学家弗洛耶研究的基础。1707—1710 年，弗洛耶的《医生之脉钟》两卷本在伦敦出版。卜弥格的《中国植物》（1656）列举了中国南方和东南亚的植物 20 种、奇异动物数种。该书和他的《中国药物标本》（1682）成为后来欧洲人经常参考或引用的名著。

钱德明对道教的行气胎息十分重视，称之为“功夫”。

1735 年在巴黎出版的《中华帝国全志》第 3 卷为中医专辑，包括《脉经》《脉诀》《本草纲目》《神农本草经》《名医必录》《医药汇录》等内容，还列举了许多中医处方。

中国的瓷器、漆器、丝绸、轿子、壁纸、折扇等工艺品传到欧洲，深受欢迎。欧洲出现了仿中国瓷而建立的制瓷业，佛罗伦萨设厂制造了蓝花软瓷，比萨瓷工制成了软质青花瓷碗，鲁昂生产了黄色而透明的软瓷器，以福建白瓷为标本。1709 年（康熙四十八年），欧洲制造硬瓷成功。1717 年（康熙五十六年），制成蓝瓷。从此，模仿中国瓷色彩和绘画的瓷器便风靡欧洲。法国路易十四时代，凡尔赛宫和特里亚纳宫中都采用中国漆器家具。1680 年（康熙十九年）后，英国家具制造商开始仿照中国漆器家具的图案和色彩制造中国式家具。

中国的绘画技巧和园林建筑风格也传入欧洲，产生很大影响。

法国画家华托（Jean Antoine Watteau）、英国山水画家柯仁（John Robert Cozen）的许多作品都具有中国画的风格。受中国服饰、陶瓷等物品上的中国画影响，西方风景画家以中国画手法创作了一些画作。中国瓷器的淡雅、丝绸的飘逸，带给人们温文尔雅的美感，也给 18 世纪的欧洲带来启发艺术新风格的灵感。“中国风格”“中国趣味”成为普遍的时尚，受到其影响的“洛可可”风格，以优美、轻巧、生动、自然为特色，延续了一个世纪之久。

1757年（乾隆二十二年），英国建筑师威廉·钱伯斯（William Chambers）从中国考察回国后，著成《中国的建筑、家具、衣饰、器物图案》并出版，他为肯特公爵设计了欧洲第一座中国式花园别墅“逑园”（Kew Garden）。这种风格的园林被称为“英中式园林”（English-Chinese Garden）。哈夫佩尼（W. Haifpenny）的《中国庙宇、穹门、庭园设施图》也出版了。德国华肯巴特河旁的费尔尼茨宫开了中国式屋顶建筑的先河。此后，德国波茨坦和荷兰、法国、瑞士等地也按中国样式修建钟楼、石桥、假山、亭榭等。

文学和哲学

1732年（雍正十年），马若瑟翻译了元曲《赵氏孤儿》，法译本取名《中国悲剧赵氏孤儿》。1734年，巴黎《法兰西时报》杂志刊登了部分内容。不久，英译本、德译本、俄译本相继问世。第二年，杜赫德的《中华帝国全志》将全剧本收录在第三卷中，该剧随着英、德、俄译本的出现而流行于欧洲。1755年（乾隆二十年），伏尔泰把《赵氏孤儿》改编成一个新的剧本，名为《中国孤儿》，在巴黎公演。

1761年（乾隆二十六年），在英国刊印了第一部英译小说《好逑传》，该书由在广州居住过多年的英国商人魏金森（James Wilkison）于1719年翻译，被评为才子书之一。《今古奇观》等中国小说的一些篇章也被译为德文、英文和法文，在欧洲一些国家流传。

德国哲学家莱布尼茨是西方第一个确认中国文化对欧洲文化发展十分有用的哲学家。他从21岁开始研究中国，非常推崇中国儒家哲学的自然神论，1687年读过在巴黎出版的孔子的论著和传记。他根据耶稣会士的著述和所提供的材料写成的《中国近事》（*Novissima Sinica*），于1697年出版。他先后和入华的法国耶稣会士闵明我、白晋、刘应、洪若翰、杜德美以及意大利耶稣会士利国安等通信。他宣称中国人的“理”和欧洲人的“神”的概念是一致的，追求中国理学崇奉的自然法则。莱布尼茨1678年正式提出的《论二进制计算》，与宋儒《伏羲六十四卦次序图》《伏羲六十四卦次序方位图》完全一致；他1714年发表的《单子论》包含了老子、孔子以及中国佛教关于“道”的观念。莱布尼茨汲取了中国道家乃至阴阳五行学说中强调“对立统一”的一面。中国哲学成为莱布尼茨开创的德国古典思辨哲学的源泉之一。在贯彻中国实践哲学的过程中，他倡导成立了柏林、维也纳、圣彼得堡的科学院，把对中国的研究列入研究项目。莱布尼茨说："今天欧洲是如此腐朽败落，正需要中国向我们输送一批传教士，教我们自然之道，就如当初我们派出耶稣会士到中国传教一样。"① 其实，中国并没有派出自己的"传教士"，中国自然之道的传输者也正是欧洲的传教士自己。他们在中西文化传播中好比两大文明之间的"摆渡者"，起了双向的作用。

1707年，莱布尼茨的高足佛朗克在哈雷创设东方神学院，设立了中国哲学专科。沃尔夫（C. Wolff）1721年讲演"中国的实践哲学"，后来融入德国古典哲学中，促进了辩证法在德国的发育。

德国文学家歌德曾接触到一些译成西文的中国文学作品，写了颇有中国情调的组诗《中德四季晨昏咏》，借写自然美景抒写文人情怀。他提出"视线所窥，永是东方"，表达了他对古老东方的向往。他曾经"对中华帝国从事最认真的研究"。他从儒家经典的译文中熟知了中国"务实的哲学家"孔子，十分欣赏和赞同孔子的观点，而被人称为"魏玛的孔子""魏玛的中国人"。歌德晚年更加受到儒家的"德"和道家的"道"的影响，对中国伦理的宁静与安定非常向往。

德国诗人席勒（J. C. E. von Schiller，1759—1805）对中国圣人孔子及其思想格外关注，他曾写了两首《孔夫子的箴言》，托孔子之名阐释自己的人生哲学和时空观。

英国哲学家乔治·贝克莱（George Berkeley，1685—1753）曾经引用孔子的话来论证欧洲的道德观。

英国学者赫德逊（C. F. Hudson）认为："18世纪的欧洲在思想上受到的压力和传统信念的崩溃，使得天主教传教士带回来的某些中国思想在欧洲具有的影响，超过了天主教传教士在中国宣传的宗教。"法国思想家孟德斯鸠（Montesquieu，1689—1755）、霍尔巴赫（Heinrich Diefrich，1723—1789）、伏尔泰（Voltaire，1694—1778）、波维尔、魁奈（Francois Quesnay，1694—1774）等通过来华耶稣会士的著译和报道，对中国的历史、思想、刑法、社会习俗、政治制度等做了深入的研究。孟德斯鸠的著作中对中国的记述和评论很多，在他为积累资料而写的笔记性著作中，有关中国的资料和议论所占比重极大。孟德斯鸠的书

① 阿·李比雄．封闭的时代一去不复返//跨文化对话：第一辑．上海：上海文化出版社，1998.

信体小说《波斯人信札》中贯穿全书的波斯贵族郁斯贝克身上，有着18世纪初旅居巴黎的中国福建莆田青年黄嘉略的影子。① 1713年，孟德斯鸠曾与其长谈，内容涉及中国的历史、语言、刑法、习俗等，事后做了详细的笔记。② 但在孟德斯鸠的笔下，中国的形象有些变形。霍尔巴赫以中国为政治和伦理道德相结合的典范，主张以德治国，提出"欧洲政府必须以中国为模范"。伏尔泰曾和法国耶稣会士傅圣泽多次晤谈，极力推崇中国文明，认为人类文明、科学和技术的发展都是从中国肇始，而且中国长期领先。他把孔子的儒家学说当作一种自然神论，认为是理性宗教的楷模。他称赞中国哲学"没有任何迷信和荒谬的传说，没有侮辱理性和曲解自然，以及被僧侣们给予了上千种不同意义的那类教条"③。伏尔泰曾说："欧洲王公和商人们发现东方，追求的只是财富，而哲学家在东方发现了一个新的精神和物质的世界。"④ 狄德罗在《百科全书》中对中国做了很高的评价："中国人以其历史的悠久，精神和艺术的先进，对哲学的爱好，以及他们的智慧而优于一切亚洲民族。"他夸奖儒教"只须以理性或真理，便可治国平天下"⑤。但狄德罗也对中国存在偏见，甚至有荒唐的丑化，当他发现中国这一实例与他的思想体系构成矛盾时，就转而贬斥中国。⑥

中国儒家的自然观、道德观和政治理想，成为法国百科全书派中的无神论者或自然神论者的有力武器，通过对中国思想和政治的赞美，来反对神权统治下的残暴的欧洲君主政治。"以儒家经典为核心的中华文明，经过传教士们不甚准确的吸收与消化后介绍到欧洲，被欧洲各国的思想文化界根据自己的国情乃至个人的理念加以吸收，18世纪欧洲的启蒙运动也受到中国文化流播的影响。"⑦ 启蒙学者从中国儒家学说特别是宋儒理气之说中汲取了泛神论乃至无神

---

① André Masson. Un Chinois inspirteur des Lettres persanes. Revue des dues mondes, 1951-05-15. 转引自：许明龙. 东传西渐——中西文化交流史散论. 北京：中国社会科学出版社，2015：150-151.

② 孟德斯鸠全集：第2卷. 巴黎：巴黎出版社，1950：927-943.

③ 何兆武，等. 中国印象——世界名人论中国文化. 桂林：广西师范大学出版社，2001：65.

④ 科奇温. 十八世纪中国与欧洲文化的接触. 北京：商务印书馆，1962：79.

⑤ 朱谦之. 中国思想对欧洲文化之影响. 上海：商务印书馆，1940：276.

⑥ 许明龙. 东传西渐——中西文化交流史散论. 北京：中国社会科学出版社，2015：208-210.

⑦ 何芳川. 古今中西之间——何芳川讲中外文化. 桂林：广西师范大学出版社，2008：136.

论的思想，为欧洲本土的泛神论和无神论哲学提供了有力的支援。当代法国汉学家谢和耐认为："发现和认识中国，对于18世纪欧洲哲学的发展，起到了决定性的作用，而正是这种哲学，为法国大革命做了思想准备。"①

18世纪早期的自然神论者马修·廷德尔（Matthew Tindal）在其著作《自创世以来就有的基督教》中，把孔子与耶稣、圣保罗相提并论，从中引出"中国孔子的话，比较合理"的结论。

中国儒家学说对法国18世纪60年代兴起的"重农学派"也产生了很大影响。"重农学派"创始人魁奈认为，自然法则是人类立法的基础和人类行为的最高准则，所有的国家都忽视了这一点，只有中国是例外。② 他非常赞赏中国的重农主义和重视农业的政策，在1756年曾鼓动法王路易十五仿效中国皇帝举行春耕"籍田"仪式。1767年（乾隆三十二年），魁奈发表《中国的专制制度》后，被誉为"欧洲的孔子"。由于对重农学派的推崇，中国一些农具（如谷筛、犁）和储藏粮食的方法，以及花草种植和嫁接技术等传到欧洲，直接影响了欧洲的农业。

英国古典经济学家亚当·斯密（Adam Smith）从魁奈那里了解到中国的重农思想和政策，并引入他的经济学研究，成为构筑古典政治经济学名著《国民财富的性质和原因的研究》的重要思想源泉。

耶稣会士对中国文化的综合评价是：中国人拥有古老的科学成就，尤其是数学和天文学；中国人拥有独立发展且历史悠久的文学和艺术，以具有象形文字特征的汉字、精确记录了几千年连续历史的编年史书、种类丰富且数量庞大的古代典籍为代表；中国教育普及，中国人对知识权威的学问的尊敬堪称举世无双；中国有高度发达的道德哲学和以此为基础的优良政治制度。③

"东学西传"使古老的中国传统对西方世界产生了很大的影响。对中国经籍的翻译、对中国文化的介绍以及中国物品的传入，在18世纪的欧洲引起了一阵"中国热"。曾有西方学者说："公元1800年以前，中国给予欧洲的比它从欧洲所获得的多得多。"④

---

① Jacques Gernet. A propos des contacts entre la Chine et l'Europe aux 17e et 18e siècles. Acta Asiatica，东京：1972：79. 转引自：许明龙. 东传西渐——中西文化交流史散论. 北京：中国社会科学出版社，2015：211.

② 魁奈经济著作选集. 北京：商务印书馆，1979：304.

③ 张国刚，吴莉苇. 中西文化关系史. 北京：高等教育出版社，2006：432.

④ 周一良. 中外文化交流史. 郑州：河南人民出版社，1987：44-45.

马嘎尔尼使华

1792 年英国政府派出以马嘎尔尼为正使、东印度公司大班斯当东为副使的使团。他们 9 月 25 日乘船离开英国，1793 年秋天到达大沽港口，8 月 16 日在通州登岸，9 月 2 日前往热河，9 月 14 日接受乾隆帝召见。英使团以补贺乾隆帝 80 寿辰为名。清廷对这个使团颇为重视。然而双方一接触，便发生了觐礼纠纷。中国官员指示马嘎尔尼觐见乾隆帝时行三跪九叩之礼，马嘎尔尼拒不下跪，希望以屈膝礼代替。清廷对马尔嘎尼一行热情接待，但回避实质性的交涉。

马嘎尔尼使团访华的动机中，商业利益的考量居次位，建立英国与中华帝国之间的主权平等关系才是最重要的。① 在热河行宫，马嘎尔尼朝见乾隆帝时，提出了一些重要的要求，主要有：第一，允许外国派人驻京办理商务；第二，在宁波、舟山、广州、天津等地自由贸易；第三，减免货物税及格外征收税；第四，允许英国人自由居住在广州等地；第五，请求允许西方传教士在各省“开堂”传教。马嘎尔尼还带来了英国国王的书信和礼物，意在请求中国开放更多口岸，减低税率，给予租界，并派公使长驻中国。

乾隆帝答复马嘎尔尼时称：“天朝物产丰盈，无所不有，原不借外夷货物以通有无。特因天朝所产茶叶、瓷器、丝斤，为西洋各国及尔国必需之物，是以加恩体恤。”② 乾隆帝在给英国国王的敕书中拒绝了英使团的全部要求，指出：“所请多与天朝体制不合，断不可行”；“若将来船至浙江、天津，欲求上岸交易，守土文武必不令其停留，立时驱逐，勿谓言之不豫”③。

马嘎尔尼没有达到预期目的，1793 年 10 月 7 日离京。1794 年 1 月到达广州，3 月从澳门回英国。

马嘎尔尼来华期间，此前两百多年里一直在中欧交往中扮演主要角色的在华耶稣会士几乎零落殆尽。

马嘎尔尼使华失败被看作欧洲“中国热”最后终结的标志。佩雷菲特写道：“马嘎尔尼使团在西方与远东的关系中是一个转折点。它既是一个终点，又是一个起点。它结束了一个世纪以来的外交与商业上的接近，它在西方人中开始了

---

① 何伟亚. 怀柔远人：马嘎尔尼使华的中英礼仪冲突. 北京：社会科学文献出版社，2015，中文版序：58-60.

② 梁廷枏. 粤海关志：卷二十三.

③ 熙朝纪政：纪英夷入贡.

对中国形象的一个修正阶段。”① 这是大英帝国向清王朝华夷秩序挑战的信号。

马嘎尔尼使团中的多位成员都写了出使笔记，斯当东汇集马嘎尔尼、使团指挥高厄、他本人以及其他成员——爱尼斯·安德逊（Aeneas Anderson）、豪尔迈斯、巴罗等的笔记和文件，写成《英使谒见乾隆纪实》。斯当东分析说：“中国的邻近小国确在各方面都比中国落后，这是他们对待外人目空一切、高傲自大的根源。在蒙古人入主中国之前，欧洲人正处在黑暗时代，马哥·孛罗彼时游到中国。当时中国文化正处在最高峰，比当时征服中国者以及同时期欧洲确实先进得多。但从此以后，中国文化即停滞不前，而欧洲文明，无论是技术知识和礼貌，都日新月异。欧洲人来到中国，他们不再像最初欧洲人写的游记上那么羡慕了。”② 使团成员与徘徊在中国沿海的那些旅行者相比，在中国停留的时间更长，接触中国社会更深入，他们描述的中国形象一扫17世纪传教士刻画出的美好与强大，体现为“中国不过是一个粗暴专制的泥足巨人”，这种负面形象成为19世纪欧洲对中国“新知识”的起点。这个新形象里的中国是一个物产丰饶，但科技、生产力、制度乃至整个国力都停滞落后的国度。

马嘎尔尼使团在返回广州的路上，在北京、天津及东南沿海做了大量调查，注意考察清朝商品、生产力、科技、军事、文化差异等方面情况，得到了中国人口和国土面积、国家收入、国库款项、军队数量、军费、沿海军事设施、士兵待遇的统计数据，主要官吏级别、数目、薪俸等信息，欧洲各国在华贸易、中国特产等情报，将中国的虚实探了个仔细。他们揭露了中国的制度、风俗、科学技术方面的落后和人民的贫穷愚昧，得出了诸如清朝政治失败、科技落后、社会贫困、军事不堪一击等结论，尤其是确认了中国的国防力量已难以跟欧洲较量，这样的强烈对比进一步激起欧洲人的征服念头和殖民意识。马嘎尔尼说：“中华帝国只是一艘破旧不堪的旧船，只是幸运地有了几位谨慎的船长才使它在近150年期间没有沉没。它那巨大的躯壳使周围的邻国见了害怕。假如来了个无能之辈掌舵，那船上的纪律与安全就都完了。”

马嘎尔尼使团在中西交往史上的分水岭性质格外突出。它促使欧洲对中国的幻想破灭，对一块有利可图而又无力抵抗的土地的占有欲不断上升。从此，欧洲人对中国文明的敬意和好感开始崩塌，抨击、批判中国成为欧洲的主旋律；

---

① 阿兰·佩雷菲特．停滞的帝国：两个世界的撞击．王国卿，等译．北京：三联书店，1993：562.

② 斯当东．英使谒见乾隆纪实．上海：上海书店出版社，1997：489-490.

中国帝王陶醉了数千年的“四夷宾服”“万国来朝”的帝国之梦再也无法做下去了，中西关系也逐渐翻开新篇。

三、本土士绅的科学活动与西学

在所谓康乾盛世，出了一大批著名的学问家，其中一些人足跨两界，在科学领域也颇有成就。本节选取了几位重要的清代学者，他们是舆地学家顾祖禹、一代儒宗钱大昕、天算大家戴震、后学中坚焦循和阮元。顾祖禹和之前介绍的王锡阐、梅文鼎主要活跃于康熙年间，钱大昕、戴震主要活跃于乾隆年间，焦循和阮元则活跃于乾隆、嘉庆年间。他们的大家风范令人钦佩，他们难能可贵的科学贡献也使人惊叹。但是，在西方科学已经传入中国，特别是到 18 世纪、19 世纪初欧洲已经开始科学革命的时代，中国的学问大家仍然恢复中国传统科学的路子，把科学当成经学的一部分，实在叫后人感慨，这里主要通过对他们科学活动的介绍，试图对他们与西学的关系提供一个透视。

1. 舆地学家顾祖禹与西学

顾祖禹（1631—1692），历史地理学家，字端五、复初，号景范，江苏无锡人，祖居无锡廊下（今属羊尖镇），生于明崇祯四年，卒于清康熙三十一年。其父顾柔谦学问渊博，遭明末亡国之变，携祖禹隐居常熟虞山，他认为明亡的原因之一是当事者“语以封疆形势，惘惘莫知，一旦出而从政，举关河天险委而去之”，因此嘱令祖禹研习史地之学，特别要关注“古今战守攻取之要”。

顾祖禹少承家学，熟谙经史，好远游。壮年时在无锡宛溪讲学，自号宛溪子。1659 年（顺治十六年）起，他专心研究二十一史和各地文献资料，多次外出实地考察各地人文地理，着手编撰系史于地、史地融汇的千古名著《读史方舆纪要》，此外尚有《古今方舆书目》《宛溪诗文遗稿》等著述。

在古代中国的舆地著述中，能将历史与地理的内容有机结合起来的，当以顾祖禹《读史方舆纪要》为典型。《读史方舆纪要》130 卷，附《舆图要览》4 卷，280 多万字。正文卷 1 至卷 9 为《历代州域形势》，按历史顺序叙述历代疆域、区划、地理沿革以及相关的史事，起自上古，终于明代，引述历代史论，评议地理形势与兴亡成败的关系。这一部分是全书的总纲。卷 10 至卷 123 按明朝北直隶、南直隶和十三布政使司的行政区域，每省先以总序叙述疆域沿革及山川险要，附以地图，顺次考述政区、城镇、山川、关隘等等，明其沿革、形势，系以历代史事。这一部分为全书的主体，内容丰富，考证精详，特别突出各地区位与军政态势的关系，从而使本书具有军事地理著作的特色。之后6卷概述全国的河流、漕运及海道。最后一卷叙述地理分野。此书的《历代州域形势》部分，1666年（康熙五年）即率先以5卷本形式刻行于世，但迟至1811年（嘉庆十六年）才刻印全书。

顾祖禹一生遵奉经世致用的著述宗旨，自言“是书以一代之方舆，发四千余年之形势，治乱兴亡，于此判焉”。为了“明地利”，使“任天下事者”明了地理沿革变化，利用山川地利，“是书以古今之方舆，衷之于史，即以古今之史，质之于方舆……苟无当于史，史之所载不尽合于方舆者，不敢滥登也，故曰‘读史方舆纪要’”。该书涉及全国经济地理的变化，如交通的变迁、城市的兴衰、漕运的增减，以及不同历史时期经济文化中心的转移，反映了我国农业生产的发展和经济文化的繁荣等多方面的内容。时人评其书为：“明形势以示控制之机宜，纪盛衰以表政事之得失……鉴远洞微，忧深虑广，诚古今之龟鉴，治平之药石也。有志于用世者，皆不可以无此篇。”江藩称：“读其书可以不出户牖而周知天下形胜，为地理学者，莫之或先焉。”① 这部著作以体大思精、资料丰富、考释详确的成就享誉学术界，它本身的某些局限与讹误以及《四库全书》对它的排斥，都不能遮掩其学术价值。同时代的彭士望、魏禧、熊开元、吴兴祚、刘继庄等人皆赞誉《读史方舆纪要》。魏禧称《读史方舆纪要》为“数千百年所绝无仅有之书”。刘继庄则说：“方舆之作，诚千古绝作。”② 时至今日，地理地貌、社会人文皆发生巨变，《读史方舆纪要》的内容虽已不能适应现代政治、经济活动的需要，但在历史地理的学术研究中，仍为不可或缺之书，是我国历史文化的宝贵财富。

为撰著《读史方舆纪要》，顾祖禹博览群史，搜集和研究历代舆地之书。坐馆当塾师的全部月收入，不过六两纹银。由于手头祖遗藏书很少，也无钱远游四方做实地考察，他只能千方百计地设法借阅、借抄。他遍考群籍，“远追《禹贡》《职方》之纪，近考《春秋》历代之文，旁及稗官野乘之说，参订百家之志”，“出入二十一史，纵横千八百国”③。他曾自写一副对联挂在坐馆的卧

---

① 江藩．汉学师承记：卷一．北京：中华书局，1983．

② 刘继庄．广阳杂记：卷二．上海：商务印书馆．

③ 梁启超．中国近三百年学术史：清代学者整理旧学之总成绩．北京：中国社会科学出版社，2008．

室——“夜眠人静后，早起鸟啼先”，这是这位塾师学者勤苦工作的真实写照。《古今方舆书目》则是他的阶段性研究成果。他对历代史地著述精细考核，“误者正之，甚者削之”，辨讹存疑，务求实确，在史地考据上取得了杰出的成就。在书中，他还对历代正史地理志和名家舆地著述一一做出总括性评述，指明其特点、成就和不足，显示出集千古舆地著述之大成的学术气魄。

1687 年（康熙二十六年），清廷纂修《大清一统志》，刑部尚书徐乾学任总裁，特聘顾祖禹入局修志，顾祖禹意有不愿，经徐乾学再三敦请才首肯。此次修志的一大收获是使顾祖禹得以读遍徐乾学家“传是楼”的丰富藏书。修志结束后，顾祖禹回到无锡潜心修订《读史方舆纪要》初稿本，直至逝世。

顾祖禹十分重视政治兴衰的地理因素，但不夸大地理因素的作用。他认为舆地图书具有全局性、战略性作用，需要事先“知之于平日”，“而经邦国、理人民，皆将于吾书有取焉”，但具体的地利应用，不能刻舟求剑地专恃舆地图书。在考察疆域政区的变化时，作者广征博引，叙述详明，不少观点“发前人所未发”，表现出可贵的创新精神。

顾祖禹研究历史地理并非为了怀古，他强调：“夫古不参之以今，则古实难用；今不考之于古，则今且安恃?”“世乱则由此而佐折冲，锄强暴；时平则以此而经邦国，理人民”，对于现实“亦必考前人之方略，审从来之要害”。书中不仅记录历代州域变迁及山川分野，而且评述各地城郭、山川、关隘等险要之地和彼此之间的地理联系，从历史上描述其军事上的价值，总结前代历次军事胜败的经验教训。顾祖禹在评价忽必烈大理之战时，做出了一个大胆的军事设想：“夫彼可以来，我何不可以往?”并指出，假若有人从丽江向北，结纳少数民族，“径上洮岷，直趋秦陇，天下之视听必且一易，以为此师从天而降也!”后来红军长征便走了这一条路。顾祖禹具有心怀天下、学贯古今、古为今用的治学境界与严谨功夫。

明末清初，实学大畅，而治学的侧重点各有不同。顾祖禹以个人之力独辟一条把握历史地理全局的学术路径，其难度之大，非一般人所敢问津。

2. 一代儒宗钱大昕与西学

钱大昕（1728—1804），字晓徵，号辛楣、竹汀，江苏嘉定（今属上海）人。曾参与编修《热河志》《续文献通考》《续通志》《大清一统志》《天球图》等。代表作为《廿二史考异》，历时近 50 年。据何元锡整理的《竹汀先生日记钞》卷三《策问》，共计43条，涉及经史、四书、小学、舆地、氏族、诗文等。

“精研古学”，“以经证经”

1749年（乾隆十四年），钱大昕入苏州府紫阳书院，1751年（乾隆十六年），告别求学生涯，离开紫阳书院。阔别38年之后，1789年（乾隆五十四年），钱大昕回来主持紫阳书院讲席，至1804年（嘉庆九年）。钱大昕肄业于紫阳书院，其后又掌教于此之历程，恰是乾嘉时期经史考证学风由兴起到确立主流地位的一种体现。

钱大昕在惠栋的熏陶下，对治经方法深有体悟，提出“以经证经”之说。乾嘉学派之形成及发皇，就是循此治经取向展开的。① 钱大昕不仅以通晓群经和博学为基础，在合理的批判精神基础上传承经学古训，而且确立了实证的立场，崇尚实学。严谨的考证方法和话语方式为考据学这门学问赢得了荣誉。

钱大昕除了经学之外还研究史学，《廿二史考异》共百卷，以读史札记形式对除《旧五代史》《明史》之外的二十二部正史的文字和史实进行了全面的考证性研究。钱大昕考史几乎发挥了他所有的特长：文字、音韵、训诂、典章制度、官制、氏族、年代、地理沿革、金石、历法、算数等。钱大昕在考史中极其精熟地运用职官、避讳、版本、校勘、目录、天文、金石等方面的知识，避免前人或时人对历史所做的非历史性的阐释。他为历史学发展为一种实证性的学科并扩大史料的范围铺平了道路，深刻地影响了后世学者。

钱大昕说：“通儒之学，必自实事求是始。”② 他认为：“学问乃千秋事，订伪规过，非以訾毁前人，实以嘉惠后学。”③ 他还强调：“诂训必依汉儒，以其去古未远，家法相承，七十子之大义犹有存者，异于后人之不知而作也。”④ 钱大昕以通经博古为士子倡，以“精研古学，实事求是”而作育一方俊彦。受业门下者，“钦其学行，乐趋函文”；两千余人中，“其为台阁、侍从，发名成业者，不胜记”⑤。

---

① 陈祖武，朱彤窗．乾嘉学派研究．北京：人民出版社，2011：313.

② 钱大昕．潜研堂文集：卢氏群书拾补序．上海：商务印书馆，1935.

③ 钱大昕．潜研堂文集：答西王庄书．上海：商务印书馆，1935.

④ 钱大昕．潜研堂文集：臧玉琳《经义杂识》序．上海：商务印书馆，1935.

⑤ 王昶．詹事府少詹事钱君墓志铭//春融堂集：卷55．上海：上海文化出版社，2013.

主张“能用西学”，反对“为西人所用”

钱大昕刻苦研究中西数学、天文学，倡导复兴古学，以与西学抗衡。

钱大昕对西方历算之学充满了兴趣。他在关注西学的同时，对中国古代数学、天文学特别是梅文鼎的学说进行了深入研究。

在对待西学的态度上，钱大昕主张“能用西学”，反对“为西人所用”①。钱大昕的西学观深受梅文鼎和何国栋的影响。梅文鼎主张糅合中西之法，坚持“西学东源”说。何国栋与耶稣会士有着严重冲突。这些都影响到钱大昕对西学的看法。钱大昕思想中有“西学东源”的影子，能够接受西法，但不盲目信从。他希望通过自己的论说来证明中法高明，取得精神上的“自立”。

钱大昕承认西学确有优长之处，所谓“西土之术，固有胜于中法者”②。他认识到在自然科学方面，西方是后来者居上，传教士东来，“因以其术夸中土而踞乎其上”③。对于西方科学技术超越中国的问题，钱大昕认为这是由中西不同的学术文化背景造成的。他说：“欧逻巴之巧，非能胜乎中土，特以父子师弟世世相授，故久而转精。而中土之善于数者，儒家辄訾为小技，舍《九章》而演《先天》，支离傅会，无益实用。畴人子弟，世其官不世其巧。问以立法之原，漫不能置对，乌得不为胜乎！”“欧逻巴之俗，能尊其古学，而中土之儒，往往轻议古人也。”④ 他认为，欧洲有研究自然科学的传统，而中国没有这样的传统，这是西方科技进步而中国科技落后的原因。

钱大昕比较清醒地认识到中国历算学是落后于西学的，主张传统士大夫把学习自然科学知识当作“儒者之一艺”。他指出：“中法之绌于欧逻巴也，由于儒者之不知数也。”为了改变这种局面，他号召士大夫学习数学、天文学等。对于西方的天算方法，钱大昕既能看到它的优点，又反对完全照搬，坚持吸收其长处，为自己所用。

钱大昕以传教士所输入的西方科技知识为参照，特别致力于发掘周秦以来的天文、历法、数学遗产。他总结历代历算家的成就，对各代重要的历算

---

① 钱大昕．潜研堂文集：与戴东原书//嘉定钱大昕全集：第九册．南京：江苏古籍出版社，1997：565.

② 同①567.

③ 钱大昕．潜研堂文集：赠谈阶平序//嘉定钱大昕全集：第九册．南京：江苏古籍出版社，1997：362.

④ 同③362-363.

学著作进行实事求是的评价。对天文、历法上的一些问题，他提出了自己的不少看法。时任钦天监监正的何宗国（翰如）经常来内阁和他讨论天文学方面的问题，此时正逢蒋友仁以地图奉进，他受命协助钦天监翻译和绘制世界地图。

钱大昕不仅在理论上阐发天算之理，而且将自己的研究成果直接用于考史，所谓“撮举其要义，纂入《考异》诸卷中”①，取得了令人瞩目的成就。他以天文历算学考史，主要表现在两个方面：一是对各史律历、天文志进行总体的考察，二是对史书中的错讹进行勘正。钱大昕深入钻研天文、历法和数学，并以其原理对历代史志书所载天算一一加以审核验证。1754 年，钱大昕撰成《三统术衍》，对《汉书·律历志》中保存的中国古代历法《三统历》进行了全面的研究，于其错谬之处刊正脱误，于其文简意奥之处疏通疑难，阐明大义。他不但解决了史书中许多悬而未决的问题，为人们阅读古籍扫除了障碍，而且受中国传统天文、历法及数学严密推理方法的影响，其在考证上更加严密，更具科学性。但他在考证经史时并没有运用西方天文、数学知识，他所用以考史的天文历算知识都是中国古代的。他还把历算学知识和金石学知识结合起来考证史实。钱大昕以精深的天文历算学修养，考证正史中天文、律历的错误，不但对历史研究，而且对天文学的研究，都做出了重要贡献。

钱大昕直接把研究天文历算当作经学研究的任务，并赋予其方法论意义，指出“自古未有不知数而为儒者”②，试图把历算之学重新纳入儒学正统的框架之中。西学的传入，刺激他彰扬中法，并试图“超胜”西法，使他更加关注传统、精研古学。他的《元史朔闰表》《三统术衍》《算经答问》等著作都是阐发中法的代表性著作。

阮元论百年学术之兴衰，推钱大昕为能兼清初以来诸学之大成者。他评价说：“盖先生天算之学所得甚深，实能兼中西之长，通古今之奥。”段玉裁认为钱大昕是一位少见的“合众艺而精之”的学者。③ 胡培翚誉之“博洽经训，尤

① 钱大昕．三统术衍·阮元序//嘉定钱大昕全集：第八册．南京：江苏古籍出版社，1997.

② 钱大昕．潜研堂文集：赠谈阶平序//嘉定钱大昕全集：第九册．南京：江苏古籍出版社，1997：362.

③ 段玉裁．潜研堂文集·序．吕友仁，校点．潜研堂，1884.

精史学，通六书、九数、天文、地舆、氏族、金石，熟于历代官制及辽、金、元国语世系……盖乾隆中一大儒也”①。江藩称赞钱大昕：“学究天人，博综群籍，自开国以来，蔚然一代儒宗也。”② 由此可见钱大昕之学术地位。钱大昕之于乾嘉时期经史考证主流地位的确立，实乃主持学术风会之人。

3. 天算大家戴震与西学

戴震（1724—1777），字东原，安徽休宁人。1762 年中举。1773 年进《四库全书》馆，担任纂修，赐同进士出身，授翰林院庶吉士。戴震是哲学家，也是考据学的集大成者，对经学、史学、音韵学、舆地学、天文学、数学等均有研究。

主持一时学术风会

戴震是活跃于乾隆中叶的一位学术大师，继惠栋之后，主持一时学术风会。戴震曾受学于江永，广交钱大昕、纪昀、王鸣盛、王昶、朱筠等。

1754 年（乾隆十九年），戴震来到京城，主动找到钱大昕和他讨论自己的学术。钱大昕对他极为欣赏，把他介绍给学界同人。戴震以其渊博的学识获得学术界的认可，声誉鹊起。

1757 年（乾隆二十二年）冬，戴震途经扬州，与惠栋相会于卢见曾府，虽不过数月，但耳濡目染，潜移默化，留下了颇深的影响。他弘扬惠栋学术，提出“故训明则古经明”的主张；继承惠栋遗愿，致力于复兴古学。

1763 年（乾隆二十八年），戴震居京城新安会馆，汪元亮、胡士震、段玉裁等追随问学。

1765 年（乾隆三十年），戴震致力于校勘《水经注》，成《水经考次》一卷。

1773 年（乾隆三十八年），戴震奉诏抵京，预修《四库全书》，根据为学所长，分任天文、算法、小学、方言、礼制诸书的辑录。

戴震一生著述多达三十余种，一百余卷，自以为“生平论述最大者，为《孟子字义疏证》一书，此正人心之要”③。

---

① 胡培翚．研六室文钞：钱竹汀先生入祀钟山书院记．光绪四年刻本．

② 江藩．国朝汉学师承记：钱大昕．北京：中华书局，1983．

③ 戴震．与段茂堂等十一札之第十札//戴震全书：第 6 册．合肥：黄山书社，1995：543．

1777年（乾隆四十二年），戴震去世，他的私淑弟子凌廷堪作《东原先生事略状》，云："先生之学，无所不通，而其所由以至道者有三：曰小学，曰测算，曰典章制度。至于《原善》《孟子字义疏证》，由古训而明义理，盖先生至道之书也……故于先生之实学诠列如左，而义理固先生晚年极精之诣，非造其境者，亦无由知其是非也。"① 这个判断应该说大体上是准确的。

"故训明则古经明"，实事求是

戴震指出："夫所谓理义，苟可以舍经而空凭胸臆，将人人凿空得之，奚有于经学之云乎哉？惟空凭胸臆之卒无当于贤人圣人之理义，然后求之古经。求之古经而遗文垂绝，今古悬隔也，然后求之故训。故训明则古经明，古经明则贤人圣人之理义明，而我心之所同然者，乃因之而明。"②

戴震把惠学与典章制度的考究及义理之学的讲求相结合，对惠栋学术做了创造性的解释，发展了惠学。他并不以诸经训诂自限，只是以之为手段，去探求"六经"蕴含的义理，通经以明道。由训诂以通义理，然后以考据来检验义理，并且把考证是否准确作为义理准确与否的最终裁定标准。

戴震曾论"经之难明，尚有若干事"，即包括天文、历法、文字、音韵、训诂、名物典制、地理、算学、乐律等方面的知识，他认为儒者对这些知识"不宜忽置不讲"③。戴震强调了文字音训、天文、宫室、衣服、地理、勾股、音律、历算等不同学科在解经中的运用。经典阐释的辅助性工具如训诂考证等学科逐渐发达起来，不仅为现代学术的诞生打下了坚实的基础，而且为引进现代西学做好了准备。

钱大昕把戴震为学的宗旨归纳为"由声音文字以求训诂，由训诂以寻义理，实事求是，不偏主一家"④。

文字音韵、训诂考证、天文历算等，只是戴震为学的工具，他的根本追求就是求之"六经"、孔孟以闻道，而闻道的途径只有一条，即故训。

戴震崛起之时，正值乾隆中叶汉学发皇。他试图以《孟子字义疏证》去开创一种通过训诂以明义理的新学风。但在戴震生前，《孟子字义疏证》罕有共

① 曹聚仁. 中国学术思想史随笔. 北京：三联书店. 1994：268.
② 戴震. 题惠定宇先生授经图//戴震全书：第6册. 合肥：黄山书社，1995：505.
③ 戴震. 与是仲明论学书//戴震全书. 第6册. 合肥：黄山书社，1995：371.
④ 钱大昕. 戴先生震传//潜研堂文集：卷39. 北京：中华书局，1983.

鸣。他逝世之后，其文字训诂、天文历算、典章制度诸学，得段玉裁、王念孙、孔广森、任大椿等弟子张大阐发，唯独其义理之学则无形萎缩。[①] 王国维认为戴震“晚年欲夺朱子之席，乃撰《孟子字义疏证》”[②]。

段玉裁评论道：“先生之治学经，盖由考核以通乎性与道，既通乎性与道矣，而考核益精，文章益盛，用则施政利民，舍则垂世立教而无弊。”[③]

把数学、天文学与小学研究融为一体

经戴震辑录校订的古籍计有：《水经注》《九章算术》《五经算术》《海岛算经》《周髀算经》《孙子算经》《张邱建算经》《夏侯阳算经》《五曹算经》《仪礼识误》《仪礼集释》《项氏家说》《蒙斋中庸讲义》《大戴礼记》《方言》等。

戴震整理出 10 部算经，名为《算经十书》。他“网罗算氏，缀辑遗经”[④]，推动了整理、校勘、注释古代天算著作工作的进一步开展。

纪昀为戴震刊刻了他早年的著作《考工记图注》并为之作序：“戴君深明古人小学，故其考证制度、字义，为汉已降诸儒所不能及。以是求之古人遗经，发明独多。《诗》三百、《尚书》二十八篇、《尔雅》等，皆有撰著……他若因嘉量论黄钟少宫，因玉人土圭、匠人为规识景，论地与天体相应、寒暑进退、昼夜永短之理，辩天子诸侯之宫、三朝三门，宗庙社稷所在，详明堂个与夹室之制，申井田沟恤之法，触事广义，俾古人制度之大，暨其礼乐之器，昭然复见于今。”[⑤] 在《考工记图注》中，戴震对经书中的有关制度、舆地、名物等专题进行考辨，不囿于经传注疏，多能旁搜广征；他利用数学知识计算和测定了《考工记》中提到的古代礼器铜钟的形状和尺寸，并且准确地计算出了铜钟的原形。更重要的是，为了方便理解和寻找，他常常绘以图画、表格，成为研究经书名物制度方面极有价值的参考书。随着《考工记图注》《句股割圜记》《屈原赋注》的先后付梓，戴震学说不胫而走。戴震与卢文弨合作，完成《大戴礼记》善本。

戴震对西方数学的传入和研究，居功至伟。他的数学著作主要有《策算》

---

① 陈祖武，朱彤窗．乾嘉学派研究．北京：人民出版社，2011：233.

② 王国维．聚珍本戴校水经注跋//观堂集林：王国维遗书．丁卯秋季校印．

③ 戴震集·段玉裁序．上海：上海古籍出版社，1980.

④ 阮元．畴人传：卷 42．扬州：广陵书社，2009.

⑤ 纪晓岚文集：第一册．石家庄：河北教育出版社，1989：159.

(一卷)、《算学初稿》(四种)、《句股割圜记》(三卷)。

《策算》刊刻于1744年，阐述欧洲传入的纳皮尔筹算的乘除法和开平方方法。戴震指出："算法虽多，乘除尽之矣。开方亦除也。平方用广，立方罕用。故《策算》专为乘除、开平方举其例，略取经、史中资于算者，辑成一卷，俾治《九章算术》者从事焉。"① 他研究数学的目的，是以天文、数学方法作为校经之助，而以考校经典作为建立自己的哲学体系之助。

《算学初稿》包括四种：(1)《准望简法》，阐述三角测量方法，应用欧洲三角学中关于角度的算法，还介绍了当时传入的各种测量仪器的原理和用法。(2)《割圜弧矢补论》，阐述弦、矢、弧、经之间的比例关系，并借助图形予以说明。(3)《句股割圜全义图》，为7幅取自第谷宇宙论的简图。(4)《方圜比例数表》，以《隋书·律历志》中所记祖冲之求得的圆周率为基础，计算出圆直径与圆周、正方形面积与以正方形边长为直径的圆的面积、圆直径及与该圆面积相同的正方形的直径、圆与方、圆直径的平方与圆分之间的关系表。

《句股割圜记》是一部三角学著作，包括三卷。戴震以勾股弧矢、割圆术为根据，推演三角学基本公式，以中法证西法，求中西算学之会通。

戴震把数学、天文学方面的知识与精湛的小学研究融为一体。他发现，没有精湛的数学造诣，就不可能理解六经之中与天文、工艺、历法有关章节的内容，因此也不能正确理解经典中的重要内容和准确含义。

与戴震同时代的江永、焦循、汪莱、李锐等，在西方数学的传入和研究方面，成果都不及戴震。阮元曾指出："九数为六艺之一。古之小学也……后世言数者，或杂以太一、三式、占候、卦气之说，由是儒林实学，下与方技同科，是可慨矣！庶常……网罗算氏，缀辑遗经，以绍前哲，用遗来学。盖自有戴氏，天下学者，乃不敢轻言算数，而其道始尊。然则戴氏之功，又岂在宣城下哉！"这是说，从江永、戴震二人开始，数学成为一门专业知识，历算成为经学研究者必须学习的知识。戴震等运用数学知识、古代文献来恢复古代遗物和古代文化的努力，为现代学科如考古学、历史学的建立铺平了道路。

4. 后学中坚焦循、阮元与西学

焦循

焦循(1763—1820)，字理堂，一字里堂，扬州府甘泉人，在嘉庆年间脱颖

---

① 戴震. 策算序//戴震全书：第5册. 合肥：黄山书社，1995：5.

而出。其学博大通达，天文数学、经史艺文、音韵训诂、性理辞章、地理方志、医药博物等，广为涉足，多所专精。著述近300卷。以《里堂学算记》《易学三书》《孟子正义》享盛名于学术界，有“通儒”之称。

焦循早年曾以大量时间研究数学，究心梅文鼎遗著，会通中西，撰写了一批富有成果的数学著作。其《里堂学算记》包括五个项目，《开元一释》与代数有关，《开方通释》则是关于开方的著作。他通过考察汉唐算书和个别数学运算，在《加减乘除释》中归纳出一系列基本运算律。他依靠数学以及语言学方面的知识，发现运算逻辑是《周易》的六十四卦和三百八十四爻。他说过：“非明九数之齐同比例，不足以知卦画之行，非明六书之假借转注，不足以知彖辞、爻辞、十翼之义。”如果上述的一些事情不能做到，就“不足以知伏羲、文王、周公、孔子之道”。焦循运用数学研究之所得，“以数之比例，求《易》之比例”①。他将《周易》卦爻的推移法则总结为旁通、相错、时行，三者的核心则在变通。

焦循力辨考据名学之非，尤其不赞成以考据来代替经学研究，亦假梳理一代经学源流，以鞭挞一时学风病痛。考据学家一切以汉儒为断，“其同一汉儒也，则以许叔重、郑康成为断，据其一说，以废众说”，所谓“宁道孔颜误，讳言服郑非”②。他认为，弥漫于乾嘉学术界的汉学之风，“述孔子而持汉人之言，唯汉是求，而不求其是，于是拘于传注，往往扞格于经文。是所述者汉儒也，非孔子也”。针对这种泥古独尊的考据学风，焦循提出了“无性灵不可以言经学”的主张，认为治经要“以己之性灵，合诸古圣之性灵，并贯通于千百家著述立言者之性灵”③。

焦循一反盲目尊信汉儒的积弊，倡导独立思考，提出“证之以实而运之于虚”的方法论，就是“博览众说，各得其意，而以我之精神气血临之”④，也即学求其是，贵在会通。

焦循对戴震的《孟子字义疏证》加以表彰，肯定戴震“生平所得力，而精魄所属，专在《孟子字义疏证》一书”⑤。

---

① 焦循．易通释：卷首自序．李一忻，点校．北京：九州出版社，2003.
② 焦循．论语通释·释据．光绪五年木犀轩刻本.
③ 焦循．雕菰楼集：卷一三．苏州文学山房，1912.
④ 焦循．里堂家训：卷下//焦循杂著九种．扬州：广陵书社，2016.
⑤ 焦循．雕菰楼集：卷七．苏州文学山房，1912.

江藩在《汉学师承记》中论焦循之学曰："声音、训诂、天文、历算，无所不精。淡于仕进，闭户著书，五经皆有撰述。"①

焦循会通汉宋，独抒心得，追求学术真理，其精神是可贵的。他学求其是、贵在会通的经学思想，是对乾嘉汉学的一个批判性总结。它标志着汉学的鼎盛局面已经结束，以会通汉宋去开创新风，正是历史的必然。②

钱穆看到了焦循思想与为学的局限，指出："里堂虽力言变通，而里堂成学格局，实仍不脱据守范围。凡其自所创通之见解，必一一纳之《语》《孟》《周易》。里堂虽自居于善述，然自今观之，与当时汉学据守诸家，仍不免五十步之与百步耳。"③

阮元

阮元（1764—1849），字伯元，号芸台、雷塘庵主，晚号颐性老人，卒谥文达，扬州府仪征人。

阮元于乾嘉之际崛起。乾隆末，阮元初入翰林院，后出任山东学政。阮元任浙江学政时，选两浙"经古之士"，"集诸生于崇文书院"；及任浙江巡抚，又设诂经精舍。阮元自述云："于督学浙江时，聚诸生于西湖孤山之麓，成《经籍籑诂》百有八卷。及抚浙，遂以昔日修书之屋五十间，选两浙诸生学古者，读书其中，题曰'诂经精舍'。精舍者，汉学生徒所居之名；诂经者，不忘旧业，且勖新知也。"④ 诂经精舍一时间成为东南地区重要的汉学人才培养基地。

嘉庆初，阮元奉调北京，倡议并主持编纂《经籍籑诂》《畴人传》《十三经校勘记》诸书。

阮元博学多识，尤长考证。他一生为学以研治经学为主，博及史学、金石、考古、方志、谱牒、舆地、天文、历法、数学、音韵、文字、目录、诗文诸学。著述多达三十余种，数以百卷计。又集《四库全书》未收诸书，主持撰写《四库未收书目提要》。嘉庆十五年，再入翰林院，兼任国史馆总纂，创编《儒林》

---

① 《汉学师承记》笺释：卷七．江藩，纂．漆永祥，笺释．上海：上海古籍出版社，2006：774－775．

② 陈祖武．清代学术源流．北京：北京师范大学出版社，2012：265．

③ 钱穆．中国近三百年学术史：下册．北京：中华书局，1986．475－476．

④ 阮元．西湖诂经精舍记//诂经精舍文集：卷三．丛书集成初编本．上海：商务印书馆．1936．

《文苑》二传，开整理当时学术史风气之先声。

阮元认为，数学是研究实学的必不可少的和关键性的学科与途径之一。他区分了邵雍在研究《易经》时所用的象数学方法和数学的差异。他为焦循的《里堂学算记》作序，指出："数为六艺之一，而广其用，则天地之纲纪，群伦之统系也。天与星辰之高远，非数无以交其灵；地域之广轮，非数无以步其极；世事之纠纷繁赜，非数无以提其要。"①

阮元指出明代空疏学风对自然科学的阻碍："自明季空谈性命，不务实学，而此业（指天文、历算、数学）遂微。"② 明清之际实学兴起，把学术研究的范围扩大到自然和社会的众多实际领域，包括天文、地理、九经、诸史、河漕、兵工、山岳、风俗、吏治、财赋、典礼、制度、文物等等。

《畴人传》全书46卷，269篇，记述自太古至清嘉庆年间天文、数学、历法等方面的专门学者275人，另有西洋天文学家、数学家和来华传教士41人。其所收集的有关人才事迹，是研究中国古代天文、历算方面的基本史料。

迄于道光初叶，阮元主持编纂的《皇清经解》，将清代前期主要经学著作汇聚起来，成为近二百年间经学成就的集萃，对乾嘉学术做了辉煌的总结。《皇清经解》的纂修，示范了一种实事求是的良好学风，对于知识界影响深远。而且，《皇清经解》集清儒经学精粹，对于学术文化成果的保存和传播，居功甚伟。

在乾嘉期间诸大师中，阮元虽然不以专学名世，但主持风会，其学术组织之功实可睥睨一代。阮元以封疆大吏而奖掖学术，一身而二任，均有建树，振兴文教，俨然一时学坛盟主。

梁启超在《清代学术概论》中称阮元为汉学"护法神"③。钱穆著《中国近三百年学术史》，称其"弁冕群材，领袖一世，实清代经学名臣最后一重镇"④。彭林认为，阮元为政为学，务求其实，会通中西，志在中学，"又是生活于从康乾盛世转向道光颓势时期的朝廷命官，他对于民族文化的深层忧虑和抵御外侮的英雄气概，表现了清代知识分子关注国家命运的经世思想，他无愧为乾嘉时期实学思想的代表人物之一"⑤。

---

① 阮元．揅经室集．北京：中华书局，1994：681.
② 阮元．畴人传：卷44//经堂文集．扬州：广陵书社，2009.
③ 梁启超．清代学术概论：十八．朱维铮，校注．北京：中华书局，2010.
④ 钱穆．中国近三百年学术史：第十章．北京：中华书局，1986.
⑤ 彭林．阮元实学思想丛论．清史研究，1999（3）.

阮元以极大的毅力对乾嘉时期的学术思想做了总结，以丰硕的研究成果奠定了作为汉学大师“最后重镇”的地位。阮元也是真正重视科技的学者，能花大功夫作《畴人传》足可证明。但他对西学东渐，亦不脱西学东源之定见，对西方传来的科技，只要与传统经典抵触，必然排斥。例如，他在为钱大昕的《地球图说》写的序言中，即劝读者对于哥白尼学说“不必喜其新而宗之”①，因为它“上下易位，动静倒置，则离经叛道不可为训”②。

四、汉学兴起与西学式微

清朝乾隆、嘉庆时期的统治，政治上实现了稳定，统一的多民族国家得以确立巩固；经济上农业、手工业和商业都获得长足发展，呈现了“国富物阜”的繁荣景象，为封建帝国奠定了较为雄厚的物质基础；文化上也大力倡导学术，书院林立，编书、校书、刻书之风甚盛，学人辈出，人才济济，“斐然比于汉唐”，终于形成了在学术思想领域居统治地位的乾嘉学派（亦称乾嘉汉学或乾嘉考据学）。乾嘉时期，是清朝由强盛到衰弱的转折点。在这个时期，汉学兴起与西学式微同步而行。

1. 清朝全盛期统治的闭锁性

清朝康熙、雍正、乾隆统治时，总体上国内处于相对和平时期，这刺激了经济社会的发展，被称为盛世。康熙中期以后，清朝国力渐趋强盛。乾隆时期，鼎盛之势达到高峰。17 世纪的中国，包括康熙前期，还具有一定的开放性，但到了 18 世纪，就变得自大、保守，排斥新事物，喜走老路子。

康乾盛世足为人所夸赞者，主要包括三个方面：国家统一的实现，社会经济的高度繁荣，学术文化的集大成趋势。但在另一方面，康熙后期推行闭关锁国政策，至雍正、乾隆时期愈演愈烈。对外实行封锁，排斥西方的宗教连同科学，防堵中西之间的交流，阻碍知识界吸收外来思想文化，束缚学人的眼界。清朝与世界先进国家的差距日益拉大。

清朝统治者在政治上专制高压，尤其在文化上厉行专制政策。康熙时期一再重申对书坊的禁令；雍正、乾隆时期严厉取缔集会、结社，禁止言论和出版

---

① 阮元序//钱大昕. 地球图说.

② 阮元. 畴人传：卷 46. 扬州：广陵书社，2009.

自由，以宋明理学独尊，科举考试专以八股取士，比前朝更严格。学界不敢过问社会问题，无法面向世界潮流，只得穷究于考据、训诂。

接二连三的文字狱令人生畏，突出的有1663年（康熙二年）的庄廷𬬻“《明史》狱”和1711年（康熙五十年）的戴名世“《南山集》狱”。雍正时期最大的一起文字狱是“吕留良文选案”。汪景祺、查嗣庭、钱名世、曾静等，皆因文字罹祸。乾隆时期有文字狱74起，几乎遍及全国。1755年（乾隆二十年），胡中藻诗中有“一把心肠论浊清”，被乾隆帝抓住借以打击鄂尔泰、张廷玉朋党。1777年（乾隆四十二年），江西宜丰举人王锡侯“《字贯》案”更为离奇荒唐！1778年（乾隆四十三年），徐述夔因《一柱楼诗》中有反清嫌疑语句，本人被戮尸，家人被处死。清代文字狱既滥且重，使得人人自危，中央集权专制和民族高压政策臻于极点。文字狱影响恶劣，形成思想牢笼，导致文化禁锢，阻碍社会进步。

钱穆在《中国近三百年学术史》中写道：“康雍以来，清廷益以高压锄反侧，文字之狱屡兴。学者乃以论政为大戒，钳口不敢吐一辞。重足叠迹，群趋于乡愿之一途。”① 他将学术史与社会史相结合，得出“乾嘉经学所由以趋于训诂考索”的结论。

清代禁毁书籍，乾隆时尤甚。据孙殿起辑《清代禁书知见录・自序》：“在于销毁之列者，将近三千余种、六七万部以上，种数几与《四库》现收书相埒。”开馆编纂《四库全书》的过程，就是一个禁书、焚书的过程。《四库全书总目》对西洋科技价值有所肯定，但对西洋神学完全拒斥，“禁传其学术”。当然，这与康熙后期因“礼仪之争”而引起的清廷西学政策的变化大有关系。1772—1790年（乾隆三十七年—乾隆五十五年），乾隆帝就《四库全书》的编纂发出了25道“圣谕”，对收录书籍的原则，评说历史事件、历史人物的准则乃至改窜典籍的要点都有详密的指示。“每进一编，（乾隆）必经亲览。宏纲巨目，悉禀天裁。定千载之是非，决百家之疑似。”② 凡不利于清朝统治的言论皆被改窜，揭露清朝恶行的书籍被查禁销毁。鲁迅指出：“单看雍正、乾隆两朝的对于中国人著作的手段，就足够令人惊心动魄。全毁、抽毁、剜去之类也且不说，最阴险的是删改了古书的内容。乾隆朝纂修的《四库全书》，是许多人颂为一代之盛业的，但他们不但捣毁了古书的格式，还修改了古人的文章；不但藏之内廷，

---

① 钱穆．中国近三百年学术史：第一章．北京：中华书局，1986：18-19.

② 四库全书总目・凡例．北京：中华书局，1965：16.

还颁之文风颇盛之处，使天下士子阅读，永不会觉得我们中国的作者里面，也曾经有过很有些骨气的人。”① 他还说：“这不能说话的毛病，在明朝是还没有这样厉害的；他们还比较地能够说些要说的话。待到满洲人以异族入侵中国，讲历史的，尤其是讲宋末的事情的人被杀害了，讲时事的自然也被杀害了。所以，到乾隆年间，人民大家便不敢用文章来说话了。所谓读书人，便只好躲起来读经，校刊古书，做些古时的文章，和当时毫无关系的文章。有些新意，也还是不行的。”②

文化专制之外，又实行闭关锁国政策。1644—1683 年（顺治元年—康熙二十二年），清朝执行了严厉的海禁政策。1684 年（康熙二十三年），宣布取消海禁，重开海外贸易，设海关，但也有限制。到 1717 年（康熙五十六年），制定了禁止通南洋的政策，但仍允许外商来华。1727 年（雍正五年）“复开洋禁”，曾允准南洋贸易，但好景不长。乾隆年间，海外政策的限制性进一步增强。1744 年制定《管理澳夷章程》，次年建立保商制，在行商制中进一步推行保甲法。1757 年，乾隆帝下令关闭江海关、浙海关、闽海关，指定外国商船只能在粤海关广州一地通商，对中国商船出洋贸易也下了许多禁令，彻底实行闭关政策。1759 年批准两广总督李侍尧提出的《防范外夷规条》，形成一整套保守的外贸管理体制，对中外贸易严格限制。海外政策发展到嘉庆年间，已是完全的闭关自守。对航海业的自我摧残和对海外贸易的阻遏是闭关锁国政策的两大后果，导致中国失去广阔的海外贸易市场，将中国与世界相隔绝，抑制了中国社会的活力。

18 世纪西方学者认为，“康乾盛世”下的中国，由于地大物博和小农经济的内敛性，整个国家缺乏对外交流开放的内动力。杜赫德认为，中国“居民们发现，在他们的生活范围内，每一件事情都方便、愉快。他们认为，他们的土地能供给他们全部的生活所需，他们没有必要与人类的其他民族进行商业往来，这种对外部世界的无知，导致他们产生了一种荒谬的认识：他们是整个世界的主人；他们居住在世界最重要的地盘上，不在中国疆域内生活的人都是野蛮蒙昧的。这种厌恶对外进行交流的心理与这个民族的稳定性结合在一起，使得他们的习俗一直保持着一致性”③。

---

① 鲁迅全集：第 6 卷. 北京：人民文学出版社，1981：143.

② 鲁迅全集：第 4 卷. 北京：人民文学出版社，1981：12.

③ 杜赫德. 中华帝国全志：第一卷. 伦敦，1738：237. 转引自：菲茨帕特里克. 中国礼仪之争——中国社会和天主教制度的比较. 世界宗教研究，1989（4）.

法国传教士李明重点批判中国科学发展的静止状态，他说："虽然四千多年来，人们建议奖励科学家，而且无数人的财富也取决于他们的才干，但是，尚未有一人在任何思辨科学上有非常的建树，哪怕只是一般的深入研究也没有。这么多世纪以来，他们平静地享受着世界上最博学者的声誉，因为他们看任何人都比他们无知。"①

耶稣会士巴多明神父试图从政治体制和科举制度中寻找原因，他说，在清朝，"天文学研究根本不是获取财富和荣誉的途径。谋取好职位的最好途径是研究经书、历史、礼法和思想，就是要学习他们所说的'文章'，也就是说文章要好，辞必达意，切合主题"②。他认为中国人安于现状，整个社会缺乏一种科学的动力，中国人"始终在开始的阶段踏步……不仅因为他们没有那种推动科学进步的敏锐的洞察力和安于现状，而且还因为他们固步自封于纯粹必不可少的东西"③。

马嘎尔尼在日记中写道："自从北方或满洲鞑靼征服以来，至少在过去150年里，他们没有改善，没有前进，或者更确切地说反而倒退了；当我们每天都在艺术和科学领域前进时，他们实际上正在成为半野蛮人。"④ 对于清代科学技术发展缓慢的原因，马嘎尔尼首先归咎于清朝统治者，他说："康熙大帝御极之日，亦颇重科学，一时西洋教士来华当差者，为数甚多，乃至大帝宾天之后，后嗣竟不能克继其大志，虽当差洋人并未辞退，而政府对于彼辈，初不重视，几有全不理会之态……而对于西洋物质上之进步，以此一概抹杀。"⑤

马嘎尔尼使团成员斯当东写道："中国广大臣民的心目中，除了皇帝而外，世界上所有其余都无足轻重。他们认为皇帝的统治普及全世界。在这样的观念之下，他们对皇帝的臣服关系是无际限的，而他们认为外国或外国人同他们的皇帝的关系和他们没有什么区别。"⑥ 他指出中国在实用科学方面的

---

① 李明．中国近事报道：1687—1692．郑州：大象出版社，2004：193.

② 朱静．洋教士看中国朝廷．上海：上海人民出版社，1995：164-165.

③ 同②163.

④ 克兰默宾．赴华使团：1793—1794年觐见乾隆皇帝使团期间马嘎尔尼勋爵的日记．伦敦：1962：236．转引自张芝联．英商通使二百周年学术讨论文集．北京：中国社会科学出版社，1996：24.

⑤ 马嘎尔尼．乾隆英使觐见记．北京：中华书局，1918：193.

⑥ 斯当东．英使谒见乾隆纪实．上海：上海书店出版社，1997：318.

落后：“中国人虽然在特定的几种手工业上的技术非常高超，但在工业上和科学上，比起西欧国家来，实在处于极落后的地位。”① “由于对内政策，或是由于一种偏见，老是固执着旧有习惯不肯放弃，或者由于对机械学的无知，而使得航海技术方面的科学无进展，这些船只在今天所见的与100年前的显然是同样的。”②

孟德斯鸠严厉谴责中国的专制政体，他说：“中国的专制主义，在祸患无穷的压力之下，虽然曾经愿意给自己带上锁链，但都徒劳无益；它用自己的锁链武装了自己，而变得更为凶暴。”③

亚当·斯密从中国的自然地理和政治地理方面，分析清王朝闭关自守政策的原因，他说：“一国四周，如果都是游牧的未开化人和贫穷的野蛮人，那么，耕作本国土地，经营国内商业，无疑可使国家致富，但要由国外贸易致富，就决不可能了。”“这个帝国是一具木乃伊……所以，它对一切外来事物都采取隔绝、窥测、阻挠的态度。它对外部世界既不了解，更不喜爱，终日沉浸在自我比较的自负之中。这是地球上一个很闭塞的民族，除了命运使得众多的民族拥挤在这块土地上之外，它依仗着山川、荒漠以及几乎没有港湾的大海，构筑起与外界完全隔绝的壁垒。要是没有这样的地理条件，它很难维持住现在这个模样。”④

康乾盛世乃是中国传统皇权专制社会的高峰，但这种沿着传统发展道路缓慢爬行所取得的成就，在全球急剧变化、人类社会迈向崭新历史发展阶段的背景下，凸显出思想保守、满足现状、限制开放、蔑视科学技术等特点，使得汇集中国传统发展特色的比较优势逐步丧失。⑤

马克思曾在英国发表的时评中说，闭关自守的中国就像一具木乃伊，一直密闭在棺材中，不与外界接触，一旦与新鲜空气接触，就立即腐烂。他指出：“一个人口几乎占人类三分之一的大帝国，不顾时势，安于现状，人为地隔绝于世并因此竭力以天朝尽善尽美的幻想自欺。这样一个帝国注定最后要在一场殊死的决斗中被打垮：在这场决斗中，陈腐世界的代表是激于道义，而最现代的

---

① 斯当东．英使谒见乾隆纪实．上海：上海书店出版社，1997：498.
② 同①225.
③ 孟德斯鸠．论法的精神：上册．北京：商务印书馆，2012：129.
④ 夏瑞春．德国思想家论中国．南京：江苏人民出版社，1995：92.
⑤ 陈锦华，等．开放与国家盛衰．北京：人民出版社，2010：236.

社会的代表却是为了获得贱买贵卖的特权——这真是任何诗人想也不敢想的一种奇异的对联式悲歌。”①

中国历史学家侯外庐分析说：“对外的闭关封锁与对内的‘钦定’封锁，相为配合，促成了所谓乾嘉时代为研古而研古的汉学，支配着当时学术界的潮流……专门汉学就是在这样钦定御纂的世界中发展起来的。”②

2. 乾嘉学派及其主要传承

何谓乾嘉学派

清代乾隆、嘉庆时期的学术，包括经史、语言文字、金石、考古、天文历算以及舆地、诗文等，被称为乾嘉学派，因其学以朴实考经证史为特征，也称朴学。

对盛行于乾嘉时代的主流学术，根据其治学特色，或称“汉学”，或称“朴学”“实学”，或称“考据学”，还有“考证学”“考核学”“名物典制之学”等称谓。

江藩说：“考据者，考历代之名物、象数、典章制度，实而有据者也。”③

清代考据学的渊源在明中叶以降诸儒，如杨慎、焦竑、陈第、方以智等。明末以来实学兴起，以朴实考经证史为方法，以经世致用为宗旨。清初顾亭林、阎百诗、胡渭等对乾嘉学术有深刻影响。考据学主要是小学的产物，是学者们自觉地利用历史上存在的文献来探讨和阐释作为经典的学术话语，试图发现它们的意义。

主要在乾隆、嘉庆两朝，迄于道光中叶的百余年间，朴学之风盛行，专事训诂考据的乾嘉学派成为学术主流，既有经济、政治、社会等因素，也有学术、文化等先后相承的内在逻辑。乾嘉学派也受到西学的相当影响。

有学者认为，乾嘉学派是因应文化高压政策而形成的；也有学者认为，它是康乾盛世的产物。政治的巩固、经济实力的增强、社会的相对安定，为乾嘉学派的形成提供了良好的社会环境。乾嘉学派的形成与乾隆帝的重视和提倡也有关系。章太炎曾从学术和政治两方面总结乾嘉学派主盟学坛的原因。梁启超又从社会经济方面予以分析，他说：“凡在社会秩序安宁、物力丰盛的时候，学问都从分析整理一路发展。乾嘉间考证学所以特别流行，也不外这种原则罢

① 马克思恩格斯选集：第1卷. 3版. 北京：人民出版社，2012：804.

② 侯外庐. 中国思想通史：第5卷. 北京：人民出版社，1957：411-412.

③ 江藩. 经解入门. 周春健，郭康松，校注. 上海：华东师范大学出版社，2010：165.

了。”余英时则从学术思想史的“内在理路”去阐释，他认为：“从思想史的观点看，我们不能把明清之际考证学的兴起解释为一种孤立的方法论的运动，他实与儒学之由‘尊德性’转入‘道问学’，有着内在的相应性。”①

如陈祖武所说：“论究乾嘉学派，不宜孤立地以某一方面的原因把问题简单化，而应当放开视野，多方联系，力求准确地把握历史合力的交会点，揭示出历史的本质。”②

乾嘉学派在经史考据方面取得了很大的成绩，其学术研究的领域和程度也广泛而精深，一批学术大师决疑纠谬、匡古开新，在经史、天文、地理、文字、训诂、音韵、典章、制度等方面的研究，集古代学术之大成，并为后来学术的发展提供契机。

乾嘉学派中的大学者

按梁启超《清代学术概论》的说法，乾嘉学派的研究范围，以“经学为中心，而衍及小学、音韵、史学、天算、水地、典章、制度、金石、校勘、辑逸等等，而引证取材，多极于两汉”③，以“无征不信”为治学的根本准则。

乾嘉学派占据学术主流，主要分为吴派、皖派、扬州派和浙东派。吴派的创始人为惠栋（1697—1758），成就突出者有沈彤（1688—1752）、江声（1721—1799）、王鸣盛、钱大昕、余萧客（1732—1778）、江藩（1761—1830）等。皖派导源于江永（1681—1762），创始人为戴震，成就突出者有段玉裁（1735—1815）、王念孙（1744—1794）、王引之（1766—1834）等。皖派实际上是以徽州地区为核心、以戴震弟子为骨干的汉学研究群体。扬州派对吴派和皖派的治学风格都有继承，主要代表有汪中（1745—1794）、焦循、阮元等。凌廷堪与焦循友善，而阮元问学于凌廷堪、焦循二人。浙东派以史治经，长于通经致用，主要代表是全祖望、章学诚。以上几派只是相对而言，他们也互有学术上的交往或师承。当时著名的学者还有很多，很难把他们划归哪一派。

侯外庐认为，“汉学是始于惠栋，而发展于戴震的”，“阮元是扮演了总结十

① 余英时．从宋明理学的发展论清代思想史//中国思想传统的现代诠释．南京：江苏人民出版社，1995．

② 陈祖武．清代学术源流．北京：北京师范大学出版社，2012：454．

③ 梁启超．清代学术概论．北京：人民出版社，2008．

八世纪汉学思潮的角色的。如果说焦循是在学说体系上清算乾嘉汉学的思想，则阮元是在汇刻编纂上结束乾嘉汉学的成绩。他是一个戴学的继承者，并且是一个在最后倡导汉学学风的人"①。

钱穆于乾嘉学派众多学者之中，独取戴震、章学诚、焦循三家予以表彰。他说："东原、实斋乃乾嘉最高两大师，里堂继起，能综汇两家之长，自树一帜，信可敬矣。"② 三家中，戴震、焦循与今日所说之科技有直接关系，可列为科技大家。

3. 汉学与西学的关联和区别

18 世纪中叶以后，汉学崛起，以其严谨的态度、实证的方法，系统考订典章文献，为学术界注入一股清新的风气。

乾嘉汉学是在清初批判理学的思潮中发展起来的。称其为"汉学"，是因为崇尚汉代儒者重小学训诂与名物考辨的学术意识和方法，借此把清代学术与宋代学术区分开来，同时揭示它与汉代学术的关系。

汉学兴起与西学传入在时间上几乎同时。以天文学、数学为代表的西方科学的传入，对当时的部分中国士大夫产生了很大的影响。西学与汉学有什么关联呢？

20 世纪 80 年代，历史学家朱维铮曾将汉学与西学并列，从整体上提出两者间的历史关系问题，实开此问题研究的新局面。他认为王学藐视宋以来的礼教传统，其异端的气质创造了一种文化氛围，使得近代意义上的西学在中国立足，汉学与西学在性质、结构、方法、心态等方面存在内在的关联。

清代的经学家讳言西学对经学的影响，对其间关系难以找到直接的文本依据，只能从经学家的学术经历、具体观念等因素的"细微处"入手。当时接触到西学的一些士大夫，在学术交往中各持己见，但相互影响，西学的作用是在这一过程中呈现出来的。

明清之际接纳西学的方式表明，中国士人对于天主教之学术是有很大保留的，却颇注意西来之学"其分有门，其修有渐，其诣有归"，甚至还试图去发现其中"格物穷理之大原本"。这种问题意识表明，伴随中西重开沟通之局，学术之会通即同步进行，而中国士人主要根据"格物、致知、诚意、正心、修身、齐家、治国、平天下"的架构来接引西学。乾嘉时期学者对于西学的态度表现

① 侯外庐. 中国思想通史：第 5 卷. 北京：人民出版社，1957：629.

② 钱穆. 中国近三百年学术史：下册. 北京：商务印书馆，1997：475.

为，当面临价值或态度温和问题时，对西学当采取这样一种策略："西土之术固有胜于中法者，习其术可也，习其术而为其所愚弄不可也。"

有关清代初中期汉学与西学关系的研究，主要集中在几个问题的讨论上：西学与汉学的交流范围、程度和性质；两者之间的文化互动导致了什么结果，如何评价。

有研究认为，从汉学与西学的发展方向、学术范围、学术风格、学术方法等方面可寻找乾嘉汉学与西学二者的共同点，具体分析乾嘉汉学的兴起演变与西学的关系。就学术范围来说，清代汉学家对天文历算的兴趣显然是受西学直接影响的结果。以汉学相标榜的经学研究表现出的"广义历史学"的特点与早期传教士的有关工作极其相似，二者存在"相互诱发"的关系。在学术方法上，西方传教士带来的以实证为基础的归纳推理方法，成为乾嘉汉学的重要方法特征。可以说，清代学者是用西洋学术方法治中国传统之学。①

有研究指出，西学对皖派朴学的形成具有直接影响，主要表现为两者在方法上都注重归纳和演绎，治学目的在于"裨益民生"，治学领域更是直接相关。②

20世纪90年代中期后，探讨的问题主要集中在：西学对经学的渗透在学术范围、知识结构、方法论上是如何体现的，汉学家如何自觉不自觉地使用西学改造自己的思想和观念，在价值体系上经学是否受到西学的冲击。

李天纲从乾嘉汉学的两个流派——吴派和皖派与西学的不同关系入手，揭示皖派对西学态度开明、受惠很深的事实，认为当时中国学者在接受天文历算等的同时，也对其背后的学术思想体系予以某种认可，修正了自己对历史和宇宙的认识，进而对清代儒学的整体价值和知识体系也产生了一定的影响。如哥白尼"地心说"的传入促成了儒学"天道更新"观念的转换，这正是清代思想学术的核心变化所在。李天纲认为，西学更为广泛地成为学者加以利用的工具和资源，如以西学解《易经》《春秋》，用西方近代天文学推断古代星象，把基督教宇宙观纳入传统中学范畴之中，表明西学中的哲学和神学对明清经学产生了根本性的重要影响。③ 他强调戴震等汉学家的思想不同于传统儒学的

① 马勇. 乾嘉汉学与西学的内在关联//东西方文化道路的交融与选择. 成都：四川人民出版社，1993.

② 朱昌荣. 皖派朴学述论//清史论丛，2005.

③ 李天纲. 清代儒学与"西学"、《孟子字义疏证》与《天主实义》//学术集林：第二卷. 上海：上海远东出版社，1994.

时代特色，着力论证西学如何成为乾嘉汉学所体现新意的关键历史因素。清代汉学以精密的知识考证形成了自己的特色，学术形态鲜明，这显然与西学的关系极大。

萧萐夫认为明清西学的传入极大地改变了中国传统思想面貌，使得明清之际出现了中国近代哲学的启蒙。他说："明清之际的自然科学研究热潮和中西科学文化的早期交流，使这一时期启蒙哲学的理论创造从内容到方法都具有新的特色。"①

陈卫平认为，西方"由数达理"思维方法在明清的传播，为中国人提供了具有近代意义的思维方法，但尚不足以动摇经学方法，最终仍沦为经学考据的工具。②

冯契指出："一般来说，一种外来文化输入像中国这样有悠久传统的国家，需要通过特定的社会文化机制，使之由外来变为内在，才能逐步与本土的传统文化相会通。这种特定'机制'指什么？主要包括两方面：一是要有某种社会力量，作为会通文化的主体；二是要找到外来文化与本土文化相结合的生长点，加以培植、灌溉。"③

清初到清中期中国正统士人对待西学的态度表现为一条曲线，从盲目地全面排斥转为有选择性地局部限制，一方面，在面对中西势能逆转的严峻现实面前，客观地承认"夷狄"并非一切都不如中国，至少在"技能"方面值得借鉴，进而给予西方科技以"钦定"的、合法的生存地位；另一方面，则严格限定对西学认可的范围：对于"实逾前古"的科技不妨加以吸收，对于违背中国纲常名教的宗教神学则坚决加以摒弃，以维护中国文化意识的系统稳定性。

尽管西方已处强势地位，但西人对"学"之论辩，仍要面对西学如何易被接受的问题，因此，对"学"之阐述，尽量借用中国士人所熟悉的符号和言说方式，这正类似于耶稣会士的用心。于是将"格致之学"在中国本土的知识架构中进行安置，突出"格物致知"为"修身、齐家、治国、平天下"的初级功夫，也成为论述的中心。④

---

① 萧萐夫．中国启蒙哲学的坎坷道路．中国社会科学，1983（1）．

② 陈卫平．论明清之际"由数达理"的思维方法——从一个侧面看明清之际思想的性质．哲学研究，1989（7）．

③ 冯契．序//陈卫平．第一页与胚胎——明清之际的中西文化比较．上海：上海人民出版社，1992：3．

④ 章清．"采西学"：学科次第之论辩及其意义．历史研究，2007（3）：107－128．

来华传教士传播西方知识时，往往从西学的整体出发，并不囿于“格致”层面；侧重“格致之学”，未尝不是因应本土的需要。西学对中国传统学术的影响，多体现在天文、历法、地理以及数学等方面，并再次唤起学者们对中国古代这些学术的兴趣。如徐宗泽所说：“西土所著之书，在我国学术界上，其影响不限于局部，而为整体者也。”①

就“实学”而言，西方所强调的“实学”更是一种能带来物质文明的“实学”，中国古代所强调的“实学”更像是空疏之学。②

西方传教士传入中华的不仅仅是一些有形的科学，也传入了一些观念和方法，在很大程度上改变了传统士大夫对科学以及世界的认识。一些中国士大夫对西方科学采取了认同的态度，他们从西方科学那里所获得的学术训练，使他们成功地避开了宋明理学中非科学的一面，也为近代中国接受西学留下了合理空间。

关于中西学术文化，许多学者曾做过比较。莱布尼茨就中西两种文化剖析说，欧洲文化长于精算和思辨，而在实践方面不如中国文化。胡适曾经指出，17 世纪是人类历史进入新学术的时代，中西的知识领袖在科学精神和方法方面非常相像，但不同之处是：西方科学家运用自然材料，中国学者运用书本、文字、文献证据。因此，欧洲人产生了一种新科学和一个新世界，中国人却产生了 300 年的科学的书本学问。③ 他在《“证”与“据”之别》的札记中认为，“据”乃是“据经典之言明其说也”；“证”者，根据事实法理，以演绎、归纳之法得出结论，“吾国旧伦理，但有据无证。证者，乃科学的方法，虽在欧美，亦为近代新产儿”④。胡适在做题为“考据方法的来历”的演讲时认为，中国近 300 年思想学问皆趋于精密化，这是西士所传之学影响的结果。钱穆也指出：“第一，中西双方的思想习惯的确有不同。东方人好向内看，而西方人好向外看……因此太抽象的偏于逻辑的思想与理论，在中国不甚发展，中国人常爱在活动的直接的亲身经验里去领悟。第二，西方人的上帝是逻辑的，中国人的上

---

① 徐宗泽．明清间耶稣会士译著提要．北京：中华书局，1989：4.

② 陈义海．明清之际：异质文化交流的一种范式．南京：江苏教育出版社，2007：218.

③ 胡适．中国哲学里的科学精神与方法//胡适学术文集：中国哲学史．北京：中华书局，1991：571.

④ 胡适留学日记．海口：海南出版社，1994：167.

帝则是比较情感的，可谓接近于经验的。中国人的兴趣，对于绝对的、抽象的、逻辑的、一般的理性方面比较淡，而对于活的、直接而具体的、经验的个别情感方面则比较浓……若用西方眼光来看中国……中国思想好像一片模糊，尚未走上条理分明的境界……一边只是破碎分离，一边只是完整凝一，这是中西的大分别所在。”① 戴逸分析中西学术的差异时说：前者的着眼点在收集、保存前人已经撰写的书籍，用力于“汇编”；后者的着眼点则是综合过去的知识成果，加以阐述发挥，因此用力于“撰写”。②

西方传教士为了在中国这个迥异于欧洲的、具有深厚文化底蕴的国度传播福音，努力寻找其中相近、相通、相契、相容的方面，并指望以此为切入点，为天主教在中国立足寻求文化上的依托，“竭力把基督教酵母注入整体的中国文化”③。结果并没有很多中国人皈依基督教，却使中国人通过中西文化的比较而选择了现代文明，同时也激发了民族自尊心。

此期，中国对西学的总体态度是“节取其技能，禁传其学术”，即便是技能方面的吸纳也深受皇帝兴趣的左右，往往局限于皇帝周围的一个小圈子里，未能形成风气和潮流并推广到全社会。

不管西方传教士传入的是何等性质的文化，其精要都体现了西方文化意蕴。重要的不是输入哪个科学家的知识体系或哪门具体的学科，重要的是他们带来一种全新的、有异于原有思想的新“元素”，他们在很大程度上改变了中国传统士大夫对学术、对世界的认识。有学者认为，“西学负载的大量新知识为探求经世实学的明清学人开阔了视野，树立了标杆，并激励知识界倡导务实的学风”，“西方科学重实证、讲逻辑的思维方法可补中国传统学术之缺失”④。也就是说，西学对中国传统学术的影响，主要体现在促使学者们以科学的态度和严谨的方法，对数千年文化遗产进行系统的考订和整理。

4. 在传统典籍中寻找西学源头

明清之际，面对传教士传来的西方科学，一些具有强烈民族感情的知识分子，为图匡复汉学、光复华夏文化，提出“西学东源”说，认为西学都可以在

① 钱穆. 中国文化史导论. 北京：商务印书馆，1998：214-219.

② 戴逸. 乾隆帝及其时代. 北京：中国人民大学出版社，1992：394.

③ 方豪. 方豪六十自定稿. 台北：台湾学生书局，1969：185.

④ 徐海松. 清初士人与西学. 北京：东方出版社，2000：51.

中国古代典籍中找到源头。例如，断言西方天文学和数学是中国古代“《周髀》盖天之学”传入西方后发展起来的。黄宗羲“尝言勾股之术乃周公、商高之遗而后人失之，使西人得以窃其传”①。陈荩谟认为，“《九章》参伍错综，周无穷之变，而勾股尤奇奥，其法肇见《周髀》，周公受之商高”，“《周髀》者，勾股之经；《法义》者，勾股之疏、传也”。他引用《周髀算经》卷首周公与商高的答对，把徐光启、利玛窦合译的《测量法义》归于《周髀算经》，认为后者是勾股之经，前者不过是疏、传罢了，其目的在于“使学者溯矩度之本其来有，自以证泰西立法之可据焉”②。

康熙帝对“西学东源”说的最早表述是：“论者以古法今法之不同，深不知历原出自中国，传及于极西，西人守之不失，测量不已，岁岁增修，所以得其差分之疏密，非有他术也。”康熙帝谕直隶总督赵弘燮，称：“夫算法之理，皆出自《易经》。即西洋算法亦善，原系中国算法。”③ 康熙帝谕大学士李光地：“尔曾以易数与众讲论乎？算法与易数相吻合。”又说：“朕凡阅诸书，必考其实，曾将算法与《朱子全书》对校过。”④ 在《周易折中》以康熙帝口吻写就的凡例中称：“朕讲学之外，于历象九章之奥，游心有年，焕然知其不出《易》道。”

王锡阐断言：“《天问》曰：‘圜则九重，孰营度之？’则七政异天之说，古必有之。近代既亡其书，西说遂为创论。余审日月之视差，察五星之顺逆，见其实然。益知西说原本中学，非臆撰也。”⑤“夫新法之戾于旧法者，其不善如此；其稍善者，又悉本于旧法如彼。”⑥ 他采纳欧洲天文学的一些成果和计算方法，却仍保持传统天文学的基本模式，所谓“取西历之材质，归大统之型范”⑦。

梅文鼎是“西学东源”说的集大成者。梅文鼎的“西学东源”说在1692年完成、刊刻于1699年的《历学疑问》中已有表现。⑧ 他说：“窃疑为《周髀》遗术，流入西方者。”⑨ 他认为西方天文学中的地球寒热五代说即源于中国《周

① 全祖望．鲒埼亭集：梨洲先生神道碑文．
② 陈荩谟．度测：卷上．上海：上海古籍出版社，1996．
③ 清圣祖实录：卷二百四十五//清实录．北京：中华书局，1985：431．
④ 清圣祖实录：卷二百五十一//清实录．北京：中华书局，1985：490．
⑤ 阮元．畴人传：王锡阐．扬州：广陵书社，2009．
⑥ 阮元．畴人传．扬州：广陵书社，2009：439．
⑦ 王锡阐．晓庵新法：自序．北京：中华书局，1985：4．
⑧ 刘钝．清初历算大师梅文鼎．自然辩证法通讯，1986（1）．
⑨ 梅文鼎．浑盖通宪图说订补．

髀算经》的七衡六间说，“浑盖通宪（浑盖仪的原理）即古盖天法”，“简平仪亦盖天器，而八线割圆（三角学）亦古所有”。西方数学之几何也源于中国勾股，“几何即勾股论”。全祖望指出：“梅征君文鼎本《周髀》言历，世惊以为不传之秘。”① 他论证中法西传的途径和原因，凭借《尚书·尧典》尧命羲仲、羲叔、和仲、和叔“分宅四方”的传说推断，东、南、北皆因地理、气候条件的阻隔而使中国历法难以到达，唯有西方无碍，故和仲可以一路西行一路传授，并为西方杰出人士所接纳。梅文鼎主张“深入西法之堂奥，而规其缺漏”，“技取其长，而理唯其是”②。他还具有中西学会通融合的思想，认为：“且夫数者所以合理也，历者所以顺天也。法有可采何论东西，理所当明何分新旧，在善学者知其所以异，又知其怪同，去中西之见，以平心观理，则弧三角之详明，郭图之简括，皆足以资探讨而启深思。务集众长以观其会通，毋拘名相而取其精粹。”③

禁教时期的历算之学，在“西学东源”的钦定结论指引下，变成了“知识考古”，汉学家们热衷于整理古历算之学，热衷于用中国古书的材料证明钦定的“西学东源”说。

随着《算经十书》等的发现，自明末以来就有的“中法原居西法先”的观点似乎得到更有力的证据支持。“西学东源”“中优于西”的认识在当时成为牢不可破的定论。天朝大国无所不有、无所不包的自大心理，使鄙弃西学之风显得合理，西学因而式微也就不奇怪了。

从乾隆时辑《永乐大典》到修《四库全书》，随着《算经十书》与宋元以来天算学著作如李冶《测圆海镜》、朱世杰《四元玉鉴》等的发现、整理与刊布，以钱大昕、戴震、焦循、汪莱、李锐等为代表的历算学家，在中国传统历算学著述中找到了与西方学者著述中相同的命题，对这些著作用纯考据的方式进行校勘、注释和演算，取得了相当的成就。但是，就中国历算学界的整体情形来看，显现出与西方数学家分道扬镳、渐行渐远之势。④ 戴震在撰写《四库全书》天文历算类书的提要时，全盘接受了“西学东源”说，例如寒暖五带说

---

① 全祖望. 梨洲先生神道碑文//鲒埼亭文集选注. 济南：齐鲁书社，1982：107.

② 梅文鼎序//王锡阐. 晓庵新法. 北京：中华书局，1985.

③ 梅文鼎. 堑堵测量：卷二. 兼济堂刻本，乾隆二十六年.

④ 漆永祥. 从《汉学师承记》看西学对乾嘉考据学的影响//黄爱平，黄兴涛. 西学与清代文化. 北京：中华书局，2008：313-314.

来自《周髀》七衡、七重天球说来自《楚辞·天问》、亚里士多德的四元素说来自佛经、数学方法就是“天元术”等等。他甚至认为西方科学的名词概念也源自中国：“中土测天用‘句股’，今西人易名‘三角八线’，其‘三角’即‘句股’，‘八线’即‘缀术’。然而‘三角’之法穷，必以‘句股’御之，用知‘句股’者，法之尽备，名之至当也。”① 钱大昕说：“祖冲之《缀术》，中土失其传，而契丹得之。大石林牙之西，其法流转天方，欧逻巴最后得之，因以其术夸中土而踞乎其上。”②《四库全书总目》评《周髀算经》时说：“西法出于《周髀》……特后来测验增修，愈推愈密耳。《明史·历志》谓尧时宅西居昧谷，畴人子弟散入遐方，因而传为西学者，固有由矣。”阮元则说：“西人亦未始不暗袭我中土之成说成法，而改易其名色耳。”③ 在《畴人传》的凡例中肯定“西方实窃于中国”。

梅文鼎之孙梅瑴成是《数理精蕴》的主要编纂者，他认为“周末畴人子弟失官分散，嗣经秦火，中原之典既有缺佚，而海外之支流反得其真”，他在《周髀经解》中称：“我朝定鼎以来，远人慕化，至者渐多，有汤若望、南怀仁、安多、闵明我，相继以治理历法，间明算学，而度数之理，渐加详备。然询其所自，皆云本中土所流传。”把《周髀经解》放在《数理精蕴》上编“立纲明体”之首，意在表明中古中国的算学著作为西学之源，西法基于《周髀》之上，后者是最基本的“体”。梅瑴成在促进乾嘉学派研究历算方面，功劳甚于其祖梅文鼎。由于《数理精蕴》属于御制，“西学东源”说至此具有了官方指导思想的地位。

18 世纪至 19 世纪初，中国的数学家从研究西方代数学“借根方”出发，重新阐释传统数学。“西学东源”说的提出，使学者们感到中国传统学术的精义值得宣扬，乾嘉学派的历算研究有了新的价值。这种对传统数学的重新研究，融入了当时传入的西方数学。“西学东源”说在某种程度上似乎挽回了民族自尊心，并为乾嘉时期宋元数学的复兴起了推动作用，但它是建立在穿凿附会的解说和无视事实的自我陶醉基础上的。“西学东源”说在清代的负面作用是，它培养了对传统科学的盲目推崇，却不能清醒地认识到当时中国科学的现状及其与欧洲科学的差距，延缓了中国科学发展的进程。④“西学东源”说若极端化，必

---

① 戴震．与是仲明论学书//戴震全书：第 6 册．合肥：黄山书社，1995.
② 钱大昕．赠谈阶平序//潜研堂集．上海：上海古籍出版社，1989：377.
③ 阮元．续畴人传序．扬州：广陵书社，2009.
④ 何芳川．中外文化交流史．北京：国际文化出版公司，2008：109.

定阻碍中国向西方学习先进科学技术。实际上，“西学东源”说超出历算领域，波及有清一代整个学术界和思想界，居官方意识形态之地位，已成为封闭排外的重要口实。1739 年的《明史 · 历志》、1789 年的《四库全书总目》均沿袭此说，乾嘉学者如戴震、钱大昕、阮元等无不宗述，此说主导中国思想界竟至晚清，遗留于文化意识中的残骸则绵延更久。基于这种西学“实窃我中国古圣之余绪”的思想，虽有人用它来作为可以吸收西学的依据，即所谓“礼失而求诸野”，但另一些人则把它作为反对吸收西学的理由，既然西学是从中国所窃，还有必要学习西学、反客为主吗？

乾嘉时期，实验方法之实证精神变成了训诂考古，“由数达理”之思维方法演变为经学家兼治天文历算的时风。醉心汉学者埋头考据，学术界对于西学传入缺乏必要的方法和知识准备，士大夫在理解后来传入的西学方面存在相当的困难，对于西学的学科体系和知识体系存在严重的认识误区。

西方传教士传入的西方科学虽然“启蒙”了一部分中国人，但并没有撼动“华夏中心主义”。“西学东源”说在这个时期的流行，用一种具有中国特色的方式表明：西学东渐已经走到了末路。

参考文献

[1] 科奇温. 十八世纪中国与欧洲文化的接触. 朱杰勤，译. 北京：商务印书馆，1962.

[2] 夏瑞春. 德国思想家论中国. 陈爱政，等译. 南京：江苏人民出版社，1995.

[3] 孟德斯鸠. 论法的精神. 张雁深，译. 北京：商务印书馆，2012.

[4] 魁奈经济著作选集. 吴斐丹，张草纫，选译. 北京：商务印书馆，1979.

[5] 李明. 中国近事报道：1687—1692. 郭强，龙云，李伟，译. 郑州：大象出版社，2004.

[6] 阿兰·佩雷菲特. 停滞的帝国. 王国卿，等译. 北京：三联书店，1993.

[7] 维吉尔·毕诺. 中国对法国哲学思想形成的影响. 北京：商务印书馆，2000.

[8] 克兰默宾. 赴华使团. 1793—1794 年觐见乾隆皇帝使团期间马嘎尔尼勋爵的日记. 伦敦：1962.

[9] 李约瑟. 中国科学技术史. 北京：科学出版社，1975.

[10] 马嘎尔尼. 乾隆英使觐见记. 刘半农，译. 北京：中华书局，1918.

[11] 斯当东. 英使谒见乾隆纪实. 叶笃义，译. 上海：上海书店出版社，1997.

[12] 汤因比. 历史研究. 上海：上海人民出版社，1997.

[13] 曹聚仁. 中国学术思想史随笔. 北京：三联书店，1994.

[14] 陈桦. 多元视野下的清代社会. 合肥：黄山书社，2008.

[15] 陈锦华，等. 开放与国家盛衰. 北京：人民出版社，2010.

[16] 陈卫平. 第一页与胚胎——明清之际的中西文化比较. 上海：上海人民出版社，1992.

[17] 陈文和. 嘉定钱大昕全集. 南京：江苏古籍出版社，1997.

[18] 陈义海. 明清之际：异质文化交流的一种范式. 南京：江苏教育出版社，2007.

[19] 陈祖武，朱彤窗. 乾嘉学派研究. 北京：人民出版社，2011.

[20] 陈祖武. 清代学术源流. 北京：北京师范大学出版社，2012.

[21] 戴逸. 乾隆帝及其时代. 北京：中国人民大学出版社，1992.

[22] 戴震. 戴震集. 上海：上海古籍出版社，1980.

[23] 冯作民. 清康乾两帝与天主教传教史. 台北：台湾光启出版社，1966.

［24］清朝文献通考．北京：商务印书馆，1936．

［25］何芳川．古今中西之间——何芳川讲中外文化．桂林：广西师范大学出版社，2008．

［26］何芳川．中外文化交流史．北京：国际文化出版公司，2008．

［27］何兆武，等．中国印象——世界名人论中国文化．桂林：广西师范大学出版社．2001．

［28］侯外庐．中国思想通史：第5卷．北京：人民出版社，1957．

［29］胡适．胡适留学日记．海口：海南出版社，1994．

［30］胡适．胡适学术文集：中国哲学史．北京：中华书局，1991．

［31］黄爱平，黄兴涛．西学与清代文化．北京：中华书局，2008．

［32］纪昀．纪晓岚文集：第一册．石家庄：河北教育出版社，1989．

［33］鲁迅．鲁迅全集：第6卷．北京：人民文学出版社，1981．

［34］钱大昕．潜研堂集．上海：上海古籍出版社，1989．

［35］钱大昕．潜研堂文集．北京：商务印书馆，1935．

［36］钱穆．中国近三百年学术史．北京：中华书局，1986．

［37］钱穆．中国文化史导论．北京：商务印书馆，1998．

［38］清华大学思想文化研究所．世界名人论中国文化．武汉：湖北人民出版社，1991．

［39］清圣祖实录．北京：中华书局，1985．

［40］清世宗实录．北京：中华书局，1985．

［41］全祖望．鲒埼亭文集选注．济南：齐鲁书社，1982．

［42］阮元．揅经室集．北京：中华书局，1994．

［43］王之春．清朝柔远记．北京：中华书局，1989．

［44］吴旻，韩琦．欧洲所藏雍正乾隆朝天主教文献汇编．上海：上海人民出版社，2008．

［45］徐海松．清初士人与西学．北京：东方出版社，2000．

［46］许明龙．东传西渐——中西文化交流史散论．北京：中国社会科学出版社，2015．

［47］永瑢，等．四库全书总目：凡例．北京：中华书局，1965．

［48］张国刚，吴莉苇．中西文化关系史．北京：高等教育出版社，2006．

［49］张力，刘鉴唐．中国教案史．成都：四川社会科学院出版社，1987．

［50］张芝联．英商通使二百周年学术讨论文集．北京：中国社会科学出版社，1996．

［51］章学诚．章学诚遗书：卷九．北京：文物出版社，1985．

［52］赵云田. 中国文化通史：清前期卷. 北京：北京师范大学出版社，2009.
［53］中国第一历史档案馆. 雍正朝满文朱批奏折全译. 合肥：黄山书社，1998.
［54］周宁. 世纪中国潮. 北京：学苑出版社，2004.
［55］朱静. 洋教士看中国朝廷. 上海：上海人民出版社，1995.

第八章　对外封闭和文化专制

利玛窦与徐光启等先贤历经艰辛为中国引进西方科学技术，并未使中国成功实现第一波科技转型。反思失败背后的原因，主要是明清中国的对外封闭和文化专制，两者均阻碍了中西文化交流。耶稣会士和西学自海上而来，但明清时期的海洋政策并没有敞开怀抱，而且到康乾盛世之时海禁反而愈演愈烈。其根源是，作为一种持续两千年的悠久社会体制，中国皇权统治兼具封闭和专制的典型特征。西方科学文化终究难以突破皇权统治的打压，在日益严重的文化抵制和文化专制面前，西方科技和西方宗教文化一道败下阵来，终致式微。

一、海禁政策、朝贡体制与科技传播

论及明清的对外封闭，就不可不提及其具体表现之一——海禁政策。而论及明清的海禁政策，就不可不提及与其息息相关的朝贡体制。费正清与邓嗣禹称之为朝贡系统（亦译为体系）——“tributary system”①，李云泉称之为朝贡制度②。不仅如此，海禁政策和朝贡体制还直接与对外交往相关，属于中国外交事业的前身：“在历代所撰正史及《明实录》《清实录》中，朝贡几乎就是中外官方交往的同义词。”③ 总体而言，海洋政策可以分为四个阶段：第一阶段为明初的海禁时期，第二阶段为明末的民间海外贸易时期，第三阶段为清初的海禁时期，第四阶段为清中叶开海贸易时期。无论是片帆不得入海，还是有限度地弛禁，都

---

① J. K. Fairbank，S. Y. Teng. On The Ch'ing Tributary System. Harvard Journal of Asiatic Studies，1941，Vol. 6，No. 2：135.

② 李云泉. 朝贡制度史论——中国古代对外关系体制研究. 北京：新华出版社，2004：1.

③ 同②1-2.

反映出对外封闭的基本特征。明清时期的海洋政策及其对外封闭的基本特征，在科学技术层面造成严重的不利后果，意味着对科技传播渠道的限制与封闭。

1. 朝贡体制下的明代海禁政策

明清时期均曾施行的海禁政策是人们抨击其闭关锁国的直接原因之一。但海禁政策不能被孤立地看作愚昧短视之举，而是与朝贡体制息息相关的具体举措，二者共同构成中央王朝的对外政策。与之相对应的是，明清时期的中亚地区已经不能为中西交通提供陆上大通道。“随着蒙古帝国的崩溃，中亚的局面变得非常混乱，1340 年以后，北部的商路实际上已被关闭。此后，大部分商品都汇集到此前受控于穆斯林商人的南部的海路，沿海路运往各地。”① 航海成为东西方贸易的主要方式，海洋政策的任何变动都会牵一发而动全身。从明初开始到清朝中叶的近五个世纪里，虽然中国呈现出对外封闭的总体特征，但是海禁政策并非一成不变，与之配套的相关制度措施也各不相同，明清两朝之间以及各朝不同时段之间都有差异，需要进行仔细梳理和历史审视。

朱元璋定鼎南京以后，海禁政策便作为国策被强调和执行。1371 年（洪武四年）令：“仍禁濒海民不得私出海。”② 1381 年又令：“禁濒海民私通海外诸国。”③ 屡次重申该政策的原因是多方面的：当时主要矛盾在于退守草原的北元政权，沿海地区分布着张士诚与方国珍的残余势力，日本与中国的关系自元朝以来便一向紧张。包括但不限于上述方面的形势让明朝立国伊始就关上了民间海外贸易的大门，与海外的文化等其他方面交流也在受限范围之内。

在民间海外贸易被严厉打击的同时，官方的朝贡贸易得到保留。“是洪武帝第一次把贸易系统和进贡体制结合了起来。这种新制度的实质是消极的，因为它的基础是禁止一切贸易的禁令，只有那种明显地置于朝贡体制内的贸易除外。”④ 朝贡贸易具有显著的朝贡体系特征，即高度重视维护中国宗主国地位的

---

① 斯塔夫里阿诺斯. 全球通史：从史前史到 21 世纪. 吴象婴，梁赤民，董书慧，等译. 第 7 版修订版. 北京：北京大学出版社，2006：354.

② 明太祖实录：卷七十//明实录. 台北：“中央研究院”历史语言研究所校印本，1962：1300.

③ 明太祖实录：卷一百三十九//明实录. 台北：“中央研究院”历史语言研究所校印本，1962：2197.

④ 牟复礼，崔瑞德. 剑桥中国明代史. 张书生，等译. 谢亮生，校. 北京：中国社会科学出版社，1992：185.

政治意义，轻视乃至无视国际贸易中蕴含的经济价值。正因为如此，民间海外贸易因不具备政治意义，反而被视为潜藏着私通外国的政治危险性，无法产生类似于贸易、传教与传播科技三者共路线同对象的效果。

即使是被官方允许的朝贡贸易，也受到市舶司的管理与限制。“海外诸国入贡，许附载方物与中国贸易。因设市舶司，置提举官以领之，所以通夷情，抑奸商，俾法禁有所施，因以消其衅隙也。”① 洪武朝曾在太仓黄渡设立市舶司，后来又废除，改设于宁波、泉州和广州，分别承担日本、琉球、南洋与西洋几个方向的朝贡贸易管理职责。通过市舶司的勘合验证，外国来华船队方可售出携带的私货，并前往南京或北京递交贡品。后来，利玛窦1600—1601年进京也采用了进贡方物的办法，虽历经艰险但最终依靠自鸣钟等远西奇器得到万历帝的欢心，开启了明末清初天主教在中国传教第二阶段的发展时期。鄂本笃自陆路而来，采取了同样的朝贡方式。“所带玉石等货物值银三千两，马十三匹。但因回教徒强借，并须宴请商队，最后乃一贫如洗。”② 他最后贫病交加，病逝于肃州，无法实现进贡愿望。

起初，基于朝贡体制与重农抑商的双重导向，明朝对于进贡船队采取免税政策。明成祖对此曾宣称：“商税者，国家抑逐末之民，岂以为利？今夷人慕义远来，乃侵其利，所得几何，而亏辱大体多矣。”③ 对于“夷人”而言，只要完成朝贡贸易就是稳赚不赔的，贸易需求和利益驱动促使更多、更频繁、更大规模的外国船队来朝。对于明朝而言，国力强盛时足以应付入不敷出的局面，一旦衰弱就会不堪承受沉重的负担。因此，明初不计经济成本的郑和下西洋虽轰轰烈烈，使中国的影响力扩大，但也很快成为绝响。另外，明朝对不同国家前来朝贡的时间期限、船队规模等具体事项都进行规定，试图将之限于可以控制的范围内，但收效并不理想，下文所述日本即为典型的反面案例。

至正德年间，朝贡贸易的免税政策被“抽分”制度所取代。《明会典》载弘治朝即有抽分的规定，但是三个市舶司并无实例留存，直到正德年间才确有其事。④ 抽分的比例高时达十分抽三，后稳定在十分抽二，可以理解为20%的税率。抽

---

① 张廷玉，等．明史（2）：卷八十一志第五十七．中华书局编辑部，编．“二十四史”（简体字本）．北京：中华书局，2000：1322.

② 方豪．中国天主教史人物传：上．北京：中华书局，1988：164.

③ 同①1322.

④ 陈尚胜．明代市舶司制度与海外贸易．中国社会经济史研究，1987（1）：48.

分制度有效地增加了财政收入，如广东等地甚至出现了以抽分所得代支地方官员俸禄的现象。即使如此，朝贡贸易仍然属于为海禁政策与朝贡体制服务的贸易方式，并不是正常的海外贸易。宋元时期也设有市舶司，但带有鼓励海外贸易、增加国家税收的导向。然而明代的市舶司“已从互市舶变为贡舶的专管机构”①，既不能促进海外贸易的发展，也难以增进中外文化交流。

明朝与日本关系的变动，是海禁政策与市舶司制度调整的一大直接原因。“从明代市舶司的变迁沿革过程看到：沿海局势稳定，市舶司则得到维持；沿海局势紧张，市舶司则被停罢。”② 表面上看，市舶司制度的调整是沿海局势变化的结果，海禁政策的调整是中日关系变动的结果。1523 年（嘉靖二年），两波日本朝贡使臣先后抵达宁波，市舶司太监接受后来者贿赂，违反先来后到的规则而置先来者于不顾，先来者不满，遂劫掠地方，酿成重大冲突事件。事后，兵科给事中夏言上疏：“倭夷应否通贡绝约事宜，乞下廷臣集议。”③于是罢设市舶司，中日关系陷于中断紧张之中，随后倭寇侵扰沿海地区的警讯四起。

事实上，中日关系变动背后的重要原因是贸易需求的满足与否。两波日本朝贡使臣本身既为利益所驱动，也是朝贡贸易无法满足贸易真实需求的矛盾体现。明初规定：“惟日本叛服不常，故独限其期为十年，人数为二百，舟为二艘，以金叶勘合表文为验，以防伪侵轶。”④ 这种配额显然是不够的，日本方面只能通过民间海外贸易和倭寇侵扰劫掠两种渠道谋求解决矛盾。前文述及传统华夷观念转变时曾提及徐光启的《海防迂说》，其中对中日朝贡贸易不合时宜的情形认识非常到位：“三年一贡，限其人船，所易货物，岂能供一国之用！”⑤ 只有采取正常交易方式的互市才能真正克服朝贡贸易带来的诸多不必要矛盾。此外，华夷秩序下的中外关系难有针对性可言，很容易发生全盘否定的状况。欧洲人被视为远西夷人，被不分青红皂白地看待。利玛窦首次前

① 李金明．明代海外贸易史．北京：中国社会科学出版社，1990：74.

② 陈尚胜．论明代市舶司制度的演变．文史哲，1986（2）：56.

③ 明世宗实录：卷三十三//明实录．台北：“中央研究院”历史语言研究所校印本，1962：859.

④ 张廷玉，等．明史（2）：卷八十一志第五十七．中华书局编辑部，编．“二十四史”（简体字本）．北京：中华书局，2000：1322.

⑤ 徐光启．海防迂说//徐光启集：卷一．王重民，辑校．北京：中华书局，2014：37.

往南京和首次前往北京均不同程度地受到中日紧张局势的负面影响，传教计划颇受挫折。

2. 民间海外贸易与明末弛禁

在海禁政策和市舶司制度的管控之下，铤而走险从事民间海外贸易者仍不乏其人。到了明代中期，愈演愈烈的民间海外贸易已呈不可阻遏的发展态势，爆发了一系列的事件，导致海禁政策逐渐松动，使得明末转为弛禁，为科学技术的东渐提供了难得的宽松环境和历史机遇。李金明的《明代海外贸易史》做过这种区分："一是明代前期（1368—1566 年），为朝贡贸易时期；二是明代后期（1567—1644 年），为私人海外贸易时期。"① 按照这种看法，朝贡贸易持续于洪武朝至嘉靖朝，私人海外贸易则持续于隆庆朝至崇祯朝。当然，并不是说二者互相排斥，而是你中有我、我中有你，划分的标准在于何者占据主流。值得玩味的是，朝贡贸易时期郑和下西洋没有做到的事情，私人海外贸易时期的西洋传教士和部分中国士人却做到了。

引进红夷大炮之前，明朝从葡萄牙人那里获得佛朗机炮就很有可能与私人海外贸易有关。正德十四年六月，宁王朱宸濠在南昌发动叛乱，借口武宗荒淫无道而欲夺取皇位，时任南赣巡抚兼都察院右副都御使的王守仁指挥平定了叛乱。"宸濠舟胶浅，仓卒易舟遁，王冕所部兵追执之。士实、养正及降贼按察使杨璋等皆就擒。南康、九江亦下。凡三十五日而贼平。"② 叛乱伊始，致仕在家的原刑部尚书林俊当即派遣仆人，携带锡制佛郎机炮与火药方赶往王守仁驻地。王守仁曾为此而写作《书佛郎机遗事》，其中叙述："见素林公闻宁濠之变，即夜使人范锡为佛郎机铳，并抄火药方，手书勉予竭忠讨贼。时六月毒暑，人多道暍死。公遣两仆裹粮，从间道冒暑昼夜行三千余里以遗予，至则濠已就擒七日。予发书，为之感激涕下。盖濠之擒以七月二十六，距其始事六月十四仅月有十九日耳。"并作诗一首。③

---

① 李金明．明代海外贸易史．北京：中国社会科学出版社，1990：1.

② 张廷玉，等．明史（4）：卷一百九十五列传第八十三．中华书局编辑部，编．"二十四史"（简体字本）．北京：中华书局，2000：3440.

③ 其诗曰："佛郎机，谁所为？截取比干肠，裹以鸱夷皮。苌弘之血衅不足，睢阳之怒恨有遗。老臣忠愤寄所泄，震惊百里贼胆披。徒请尚方剑，空闻鲁阳挥。段公笏板不在兹。佛郎机，谁所为？"（王阳明全集：卷二十四 外集六．吴光，等编校．上海：上海古籍出版社，2011：1014）

葡萄牙人与明朝政府的第一次官方接触就在两年之前，即1517年（正德十二年），在如此短的时间内，身在福建莆田老家的林俊便已获得佛朗机炮的制作技术和火药配方似乎是不可能的。对此有两种解释："一是由顾应祥或其他海防相关的官员处取得；二是与朱宸濠相同，取自海外贸易通路。"① 既然官方制佛郎机炮已在嘉靖年间，那么最有可能的原因就是后者，民间海外贸易促进了佛朗机炮相关技术的传播。林俊所在的福建因地处东南沿海的地理区位优势，和广东、浙江等省一样，很早就开始与日本人、东南亚人、葡萄牙人等海外各国商人开展频繁的民间海外贸易活动。

嘉靖中叶朱纨（1494—1549）的悲剧就是民间海外贸易时代海禁政策违背大势所趋的典型案例。他于1547年（嘉靖二十六年）就任浙江巡抚，提督浙、闽海防军务，严格执行海禁政策。次年派兵攻打民间海外贸易中心——双屿港，并摧毁了它。"革渡船，严保甲，搜捕奸民。闽人资衣食于海，骤失重利，虽士大夫家亦不便也，欲沮坏之。"其举动无疑触犯了福建海商们的根本利益，于是招致猛烈攻击，处处被迫害。朱纨明白，"纵天子不欲死我，闽、浙人必杀我"，最终服药自杀。"自纨死，罢巡视大臣不设，中外摇手不敢言海禁事……未几，海寇大作，毒东南者十余年。"② 海禁政策既不能满足经济贸易需求，又陷入表面施行、实际难行的尴尬境地。除了朱纨这种牺牲品外，其直接后果是从事走私的东南海商不断坐大，沿海地区的海防也愈发废弛。

此种背景下，从事民间海外贸易的中国商人与日本人相互联合，倭寇之乱情势汹汹。究其原因，仍在于明朝方面对日本官方一贯的朝贡贸易方式本就有致命缺陷。假如像朱纨那样严格贯彻海禁政策，就会切断所剩唯一的民间海外贸易渠道。经济手段无法使用的时候，政治、军事等其他手段自然会上场。东南沿海地区深受倭寇之扰，绵延数十年，祸害甚广。徐光启及其家族就曾深受其害，也对他关注军事产生了重要影响："臣生长海滨，习闻倭警，中怀愤激，时览兵传。"③ 对于朱纨的结局，他也有评论："冤则冤矣。海上实情实事，果未得其要领；当时处置，果未尽合事宜也。此如瘾疽已成，宜和解消导之法，

① 周维强. 佛郎机铳在中国. 北京：社会科学文献出版社，2013：31.

② 张廷玉，等. 明史（4）：卷二百五列传第九十三. 中华书局编辑部，编. "二十四史"（简体字本）. 北京：中华书局，2000：3599-3601.

③ 徐光启. 敷陈末议以殄凶酋疏//徐光启集：卷三. 王重民，辑校. 北京：中华书局，2014：97.

有勇医者愤而割去之，去与不去，皆不免为患耳。"① 可谓一语中的。

倭寇之扰标志性的事件就是"嘉靖倭患"。1552年（嘉靖三十一年），"漳、泉海贼勾引倭奴万余人，驾船千余艘，自浙江舟山、象山等处登岸，流劫台、温、宁、绍间，攻陷城寨，杀虏居民无数"②。次年的规模更大："海贼汪直纠漳、广群盗，勾集各枭倭夷，大举入寇。连舰百余艘，蔽海而至。南自台、宁、嘉、湖以及苏、松，至于淮北滨海，数千里同时告警。"③ 虽然对"嘉靖倭患"的起因、性质、成员等没有统一观点，但是这与海外贸易息息相关，标志着依靠海禁政策的官方朝贡贸易已经难以为继。

平定倭患的艰难引发了对海禁的反思，弛禁的主张在明世宗驾崩后迎来了转机。最终具有标志性的转折点是1567年（隆庆元年）开放海禁的"隆庆开关"，民间海外贸易获得了合法性地位。1566年（嘉靖四十五年），在原先走私贸易的主要港口之一——漳州月港设置海澄县，寓"海疆澄靖"之意。次年，"福建巡抚都御史涂泽民请开海禁，准贩东西二洋……而特严禁贩倭奴者"④，民间海外贸易被纳入官方管理渠道。这就是徐光启所谓的"和解消导之法"，也是从"朝贡贸易时期"转变为"私人海外贸易时期"的正式标志，后虽稍有反复，但民间海外贸易还是迅速发展起来。除了货物交换以外，思想文化的交流也处于扩大的势头之中。因此才可以说科学搭乘了传教的便车，而传教则搭乘了贸易的便车。结合贸易、传教和科技移植三者的关系来说，贸易路线是传教路线，也是科技移植路线；贸易对象是传教对象，也是科技移植对象。如果没有民间对外贸易的发展和明末的弛禁，科学技术的东来就无从谈起。

3. 清代海禁政策的变与不变

到了清代，朝贡体制与其他许多国家制度一样，也被新统治者继承下来。甚至可以说，清以少数民族入主中原，实现了从朝贡方到被朝贡方的转变。

---

① 徐光启．海防迂说//徐光启集：卷一．王重民，辑校．北京：中华书局，2014：38.

② 明世宗实录：卷三百八十四//明实录．台北："中央研究院"历史语言研究所校印本，1962：6789.

③ 明世宗实录：卷三百九十六//明实录．台北："中央研究院"历史语言研究所校印本，1962：6971.

④ 张燮．东西洋考．北京：中华书局，1981：131－132.

明代的海禁政策既得到延续，也有所改变。由于反清势力的长期存在，占据台湾与福建沿海部分地区的明郑政权更是持续至 1683 年（康熙二十二年，此时距 1644 年清军入关已近 40 年），军事因素在制定国家政策时被优先考虑。因此，随着军事因素的涨落，海禁政策既曾经被强化，后来也被有限度地废除。与明代相比，清代的海禁政策出现了新的现象：与贸易紧密相关的海禁和追求政治意义的朝贡逐渐分离。无论这种分离是否成立或程度如何，清代的社会在总体上仍然是对外封闭的，晚明西学东渐的盛事已不可能再发生。

清军入关相当突然和迅速，但其完全征服中国却历经几十年的大小战争。在严峻的国防形势下，清初强化了海禁政策，使之达到了几乎空前绝后的地步。海禁令前后五次：顺治十二年（1655）、十三年（1656），康熙四年（1665）、十一年（1672）、十四年（1675）。迁海令前后三次：顺治十八年（1661），康熙十一年（1672）、十七年（1678）。[①] 以顺治十二年海禁令为例："兵部议覆浙闽总督屯泰疏，言沿海省分应立严禁，无许片帆入海，违者立置重典。从之。"[②] 迁海令则将沿海居民强制内迁，远离海洋。具体而言，海禁政策的内容是多方面的，如禁止移民出洋、限制移民返华、禁止向海外出口战略军需物品、对外国商人进行限制、对民船建造规模和出入进行限制等。[③] 既不支持传统的朝贡贸易，亦严厉打击民间海外贸易，这也可以从侧面解释为何晚明颇为兴盛的中国士人与耶稣会士交游之风至清初就鲜有了。

台湾平定后，沿海紧张局势方真正趋于稳定，开海被提上日程。至 1685 年（康熙二十四年），江苏、浙江、福建、广东四省都设有海关进行通商，被称为"四口通商"。1757 年（乾隆二十二年），规定通商口岸仅限于广州，被称为"一口通商"。因此，清代在 1842 年之前的海外贸易史大体可分为三个阶段：第一阶段为 1644—1655 年的朝贡贸易时期，第二阶段为 1656—约 1685 年的海禁时期，第三阶段为约 1685—1842 年的开海贸易时期。其中开海贸易时期又以 1757 年为分界，之前属"四口通商"时期，之后属"一口通商"时期。[④] 然而

---

① 李云泉. 朝贡制度史论——中国古代对外关系体制研究. 北京：新华出版社，2004：138.

② 清世祖实录：卷九十二//清实录：第三册. 北京：中华书局，1985：724.

③ 何新华. 陆权与清代"海禁"政策. 东南亚研究，2012（1）：107-109.

④ 祁美琴. 对清代朝贡体制地位的再认识. 中国边疆史地研究，2006（1）：50-51.

第一阶段时，周边诸国除朝鲜在明末亡时即臣服于清军铁骑之下外，仅琉球于1651年始称臣纳贡，余者均在1655年之后。① 此时明朝残余势力的抗清斗争如火如荼，东南及华南的沿海地区都尚未被清军有效控制，界定该阶段为朝贡贸易时期的实际意义并不大。

与明末自1567年起的弛禁时期相比，虽然清代的开海贸易时期也设有口岸与管理机构，但是明末继承自市舶司制度，清代则实行中国颇具开创性的海关制度，两者的意义大不一样。对照天主教士在中国传教诸时期和西学东渐三部曲，传教与西学东渐的第一阶段、第二阶段前半段均属明末的弛禁时期，第二阶段的后半段大致属于清初的海禁时期，第三阶段则属于开海贸易时期。因此，无论是传教还是西学东渐，其得以开启事业和初步发展都可受益于沿海较为开放的大环境，其在清初与皇帝的“蜜月期”仍基本停留在个人层面，海禁作为政策背景是不利于传教和西学东渐扩大成果的。

同样是或禁或弛的政策调整，何以清代的效果不如晚明？要解释这个问题，首先应明确清代海禁政策的范畴与实质。“与明朝相比，清朝在朝贡关系方面的变化主要体现在两个方面：一是将西洋诸国从朝贡范围内逐渐剔除……这种变化的原因，一方面在于清政府更加重视朝贡的政治依附关系，将朝贡与通市予以区分，明确藩属关系与通商关系的差异……清代海关口岸贸易发展的事实，从一个方面证明朝贡贸易不可能在清代对外贸易中占据主导地位。”② 西方国家从朝贡之国变成互市之国，朝贡体制仅限于近邻而不再重视“远夷”，朝贡贸易也不再是海外贸易的主要内容。这都说明海禁与朝贡逐渐分离，经济领域不再与政治领域混为一谈，有其趋于务实的一面。

那么为何务实的策略反而招致负面的结果呢？可以从陆权与海权方面来理解。“清代政府实行的海禁政策和战略的性质，实际上只是中国传统陆权政策的一部分，是一种通过限制与海洋社会的交往，采取在某种程度上与海洋隔绝的措施以强化陆权的战略。”③ 海禁政策是重陆权轻海权战略导向的自然延伸，将

---

① 据清代主要朝贡国贡、封时间一览表，朝鲜的始贡与受封时间为1637年，琉球分别为1651年和1654年，安南为1660年和1666年，暹罗为1664年和1673年，苏禄为1726年，南掌为1730年和1795年，缅甸为1750年和1790年。参见：李云泉．朝贡制度史论——中国古代对外关系体制研究．北京：新华出版社，2004：137.

② 祁美琴．对清代朝贡体制地位的再认识．中国边疆史地研究，2006（1）：49.

③ 何新华．陆权与清代“海禁”政策．东南亚研究，2012（1）：109.

开放口岸通商限定于局部地区甚至不断压缩它也是出于同样的考虑。有研究称：“清朝在处理涉外事务时在实际上已经摒弃了明朝二祖在海外世界扮演‘天下共主’的理想，而专注于自身的边疆稳定和安全，使她的封贡体系具有周邻性和边疆防御体系的突出特征。”① 此处所谓封贡体系，即册封纳贡体系。这个具有内向性的帝国打造了幅员极其辽阔的陆地疆域，远远超过了明代，并为民国和新中国所大致继承。

不可避免地，对海洋的相对忽视也成为在中国延续的历史传统，这既是国力窘迫的表现，也透露着相对忽视海洋传统造成的无奈。近代以来中外贸易冲突和战争的根源，不是中国与英国的矛盾和较量，而是西方近代工业经济社会与中国自给自足的农业经济社会这两种不同的生产力和社会秩序的交流与对抗，是皇朝专制的东方帝国与欧洲自由资本主义世界相遇后的必然冲突。这是清朝的时代悲剧。② 按照这种逻辑来说，清代对于海洋和海外贸易的种种政策所显示的对外封闭基本特征，是西学东渐逐渐中断并无法在中国催生科技转型的主要原因之一。

4. 大航海时代的海禁

不可否认，明清海洋政策的调整已显示出相当能顺应时势的务实倾向。从明初的海禁与朝贡贸易时期到明末的民间海外贸易时期，再到清初的海禁时期，最后到清中叶的开海贸易时期，其背后确实都有着对现实基本态势和国家整体利益的考量。但是，既然科学技术的西学东渐是从海上而来，海洋连接着并不毗邻的中西双方，那么必须在全球视野下考察明清的海洋政策，并与同时代的西方国家进行对比，以更全面地观其得失。此外，海洋政策与朝贡体制的渐趋疏离也说明，海禁与否并不仅仅与朝贡直接挂钩。为了能够得到相关且合理的结论，可以尝试将海禁与朝贡统一于对外政策的领域内。这样一来，无论是片帆不得入海，还是有限度地弛禁，都反映出对外封闭的基本特征。

伴随着葡萄牙人主导远东贸易的开始，中国人的商船却绝迹于马六甲海峡以西，东西方贸易的航路被迫拱手让出。“这些葡萄牙人收购中国的丝织品、木刻品、瓷器、漆器和黄金；同时，作为回报，他们又推销东印度群岛的肉豆蔻

① 陈尚胜．试论清朝前期封贡体系的基本特征．清史研究，2010（2）：91.

② 祁美琴．对清代朝贡体制地位的再认识．中国边疆史地研究，2006（1）：55.

干皮、帝汶岛的檀香、爪哇岛的药材和染料以及印度的肉桂、胡椒和生姜。欧洲的货物一样也没卷入……这些葡萄牙人充当着纯粹是亚洲内部贸易的运货人和中间人。"① 此时欧洲还不具备倾销工业产品的科技水平和实力，但是仍可垄断数个大洋间的贸易航线，从而获取可观的利润。葡萄牙人能够有效占领和统治的殖民地很少，大多以重要港口城市作为据点，连接起远东各个国家和地区，如此就已经使他们赚得盆满钵盈。

17 世纪时欧洲所发生的一件意义深远的大事是，三十年战争（1618—1648）结束后签订《威斯特伐利亚和约》（1648）。该和约不仅仅是对漫长战争后果的清算，更是构建全新国际秩序的象征。以教会为标志的时代走向结束，科学和世俗精神得以发展。哈布斯堡家族为构建统一的神圣罗马帝国而做出的努力被无情地宣告失败。"在 1648 年以前存在一种连贯的帝国史；此后德意志历史就是一批大邦国的特别史，而帝国史只成为无足轻重的部分。"② 相反，和约促进了现代国际关系和外交模式的形成。"此后，单一主权国家被认为是国际政治的基本单元，人们根据外交实践中普遍接受的原则处理国家之间的关系。"③ 以中央帝国为中心、区分华夷、讲求朝贡的中国天下观与强调单一主权与独立自主的西方原则相比，在外交领域愈发显得格格不入。

1648 年后，葡萄牙和西班牙的世界主导权开始发生改变。"荷兰人、英国人和法国人在西方实现内部团结后向外扩展。"④ 由于世界主导权在很大程度上是基于对海洋尤其是对世界重要贸易航线的控制，因此 17 世纪以后并不是 15 世纪以来所开启的大航海时代的结束，而是某种程度上的延续和强化。荷兰人以东印度公司（1602）经略远东，占据了原为葡萄牙人占据的东印度群岛，曾染指澎湖和台湾；法国人也以东印度公司（1664）在印度设立了一些殖民据点；英国人则后来居上，早早成立东印度公司（1600），在资产阶级革命后开始谋求亚洲利益。这三个新兴殖民帝国与老牌殖民帝国之间以及这三个新兴殖民帝国之间都为了世界主导权而不断斗争。

---

① 斯塔夫里阿诺斯. 全球通史：从史前史到 21 世纪. 吴象婴，梁赤民，董书慧，等译. 第 7 版修订版. 北京：北京大学出版社，2006：363.

② 马克斯·布劳巴赫，等. 德意志史：第二卷上册. 陆世澄，王昭仁，译. 高年生，校. 北京：商务印书馆，1998：289.

③ 同①354.

④ 同②294.

延续和强化大航海时代的国家是英国，它也是这一时期最后的赢家。直到七年战争（1756—1763）后签订了《巴黎和约》（1763），英国的殖民霸权开始树立。亚洲方面，英国人基本将法国的殖民势力限定在弱小可控的范围内，印度各地区陆续成为英国殖民地。“英国人一旦在德里安顿下来，就完全走上通往世界帝国和世界首位的道路。正是由于幅员辽阔、人口稠密的次大陆所提供的这块无与伦比的根据地，英国人才能在19世纪扩张到南亚其余地区，然后远远地扩张到东亚。”① 正在此时，中国却已由四口通商缩小为一口通商。不到百年的时间里，英国人就用坚船利炮粉碎了中国海洋政策的限定，以战胜国的姿态使清政府在五口通商的条约上签了字。

再以英国为例，17世纪时英国的科学已经开始作为一种社会体制而存在和发展，并与其他社会体制进行有效互动。科学社会学家默顿对17世纪英格兰的科学、技术与社会的考察是经典案例：“可以尝试性地认为，社会经济需要相当可观地影响了十七世纪英格兰科学家研究课题的选择，粗略地讲，差不多百分之三十到六十的当时的研究，似乎直接或间接地受到了这种影响。”② 中国的西学东渐虽然也在17世纪经历了上半叶的见效阶段和下半叶的活跃阶段，本应属于最有可能实现科技转型的时候，但好景不长，西方科学技术的输入渐趋式微，西学东源等本土主义思潮在官方的扶持下大行其道，建立新的科技体制已绝无可能。

与欧洲主要殖民帝国相互比较之后，回过头来看明清时期的海洋政策及其对外封闭的基本特征，更可知大航海时代的海禁所带来的危害：首先，它以巩固统治为根本目的，以海洋政策的对外封闭辅助达成该目的；其次，它限制民间航海力量与海外的交往，使中国人的商船无法到达更多更远的地方③；再次，它偏重政治利益而往往忽视经济利益，错失了许多增加税收和改善民生的绝妙机会；最后，它偏重陆权而往往忽视海权，终由海上落败蒙受千百年来从未有过的奇耻大辱。上述几个方面既反映出制定海洋政策的指导思想，也是海洋政策带来的负面影响。不仅如此，更严重的是科学技术层面的不利后果。对外封

---

① 斯塔夫里阿诺斯．全球通史：从史前史到21世纪．吴象婴，梁赤民，董书慧，等译．第7版修订版．北京：北京大学出版社，2006：440.

② 默顿．十七世纪英格兰的科学、技术与社会．范岱年，等译．北京：商务印书馆，2000：259.

③ 范金民．明清海洋政策对民间海洋事业的阻碍．学术月刊，2006（3）：138.

闭意味着科技传播渠道的限制与封闭，航海作为当时全球国家之间最重要的交通方式，也未能发挥多少传播渠道的效用。

二、皇权统治与西学东渐的是是非非

耶稣会上层的传教策略，其终极梦想就是用宗教力量教化中国的最高权力——皇权，然后自上而下地实现天主教东传的目标。在这个过程中，耶稣会士虽然直接接触到明清之际的多位皇帝，但只能自觉或被迫隐藏自己的目标，而以所谓西方的“奇技淫巧”作为敲门砖。西学东渐的成败竟全然取决于皇权统治的需要，甚至系于皇帝的一念之差。

1. 从明至清皇权统治的强化

在皇权统治的明清社会，想要推广西学就离不开皇权的支持。耶稣会的上层传教策略恰恰以此为导向，千方百计寻求使中国自上而下皈依天主教的可能性。科学知识的移植传播同样如此，其效果和皇权支持与否有莫大的关系。从晚明至清初，经过数代传教士的不懈努力，他们与中国皇帝的距离可以说越来越近，交往也越来越密切，但这对于西学东渐来说并不是完全正面的。事实上，西洋传教士与中国皇帝之间的互动情形是复杂的，不可一概而论。无论是对于西学东渐还是对于天主教东传而言，靠近皇权都是高收益与高风险并存的。在探析皇权与西学的是是非非之前，需要对明清皇权统治的嬗替和强化趋势进行概述，以作为开展后续讨论的基本背景。

伴随着明初国家的建立和制度的草创，皇权统治的基础与前朝相比得到了进一步夯实和强化。朱元璋在胡惟庸案后废除了传承千年的宰相制度，六部转为直接对皇帝负责。后世内阁制度逐渐演变为宰相制度的弱化版替代品，起起落落之下只能偶尔类比昔日宰相。万历中叶王世贞曾评论内阁说：“论道之体，创尊仁、宣，迨景及宪，大权始集，今视之，赫然真相矣。”① 基于抑制阁（相）权、彰显皇权的根本目的，内阁制度与宰相制度相比被施加了许多难以突破的限定。内阁与司礼监、内阁成员、内阁与六部等方面均易滋生重重矛盾，遑论内阁与皇权之间的必然冲突。崇祯时入阁的徐光启就是一例：“光启雅负经

---

① 王世贞．弇山堂别集．魏连科，点校．北京：中华书局，1985：833.

济才，有志用世。及柄用，年已老，值周延儒、温体仁专政，不能有所建白。”① 明史之中唯有严嵩、张居正等极少数内阁首辅掌权相当于宰相，甚至有过之而无不及，但均属于少数现象。

大体而言，明代的皇权统治从前期诸帝到后期诸帝呈现变弱趋势。前者如明太祖和明成祖，后者如明穆宗和明神宗。“皇帝在处理帝国事务中不再起积极的作用。官员们只希望皇帝成为他们道德和才智的典范，因此，作为人世间的最高权威，他在争端中的仲裁被视为决定性的和不容置疑的。这种做出决断的方式很少提供对于问题的合理解决办法……皇帝为了保持他的绝对权威，避免使自己卷入提请他注意的问题。他逐渐变得更加与外界隔绝，他的权力表现出一种消极的特征。”② 国家制度定型以后发生了这种转变，大官僚集团与宦官集团等政治势力足以维持中央行政的日常运转，所谓的“万历怠政”就是相应案例。

经历鼎革之变后，清代的皇权统治在前期诸帝在位期间得以大大强化。清崛起于东北一隅，后金初建时尚未完全效仿中原王朝的政治体制，皇权作为绝对权力的巩固离不开多位君主的努力。皇太极继位后，废除了努尔哈赤时期确立的三大贝勒与其共坐南向、共同理政的制度；顺治帝登基时年纪尚幼，多尔衮作为摄政王掌握权力，直至多尔衮死后皇帝才能亲自掌权；康熙帝的亲政也是在铲除鳌拜等辅政大臣之后才实现，并平反杨光先教案，追悼吊唁或重新起用汤若望、南怀仁等耶稣会士。

与明代不同的是，清初行政中枢机构经历的变动情况要复杂得多。试举议政王大臣会议、内三院（内阁）、南书房、军机处等为例。议政王大臣会议的雏形出现于努尔哈赤 1616 年创立后金前后，与八旗制度息息相关。“太祖始创八旗，每旗设总管大臣一，佐管大臣二。又置理政听讼大臣五人，号为议政五大臣。扎尔固齐十人，号为理事十大臣。”③ 许多重要的决定都出自该会议，如效仿明制设立六部。“议政王大臣会议在六部之上，权倾部议。他们的议论可以否定部议，但是这个会议的权势还是没有超过皇帝。”④ 在一定的时期内，议政王

---

① 张廷玉，等．明史（5）：卷二百五十一列传第一百三十九．中华书局编辑部，编．“二十四史”（简体字本）．北京：中华书局，2000：4341．

② 牟复礼，崔瑞德．剑桥中国明代史．张书生，等译．谢亮生，校．北京：中国社会科学出版社，1992：554．

③ 赵尔巽，等．清史稿：卷一百四十四 志一百十九．北京：中华书局，1977：4205．

④ 孙琰．清初议政王大臣会议的形成及其作用．社会科学辑刊，1986（4）：65．

大臣会议发挥着中枢机构的作用，加强了皇权的政治基础。但是这种权力分享与皇权加强终究是相悖的，自康熙朝开始便被削弱而渐渐沦为虚设，直至乾隆末年被正式裁撤。

内三院是指内国史院、内秘书院、内弘文院等，其前身是文馆。“天聪二年，建文馆，命儒臣分直。十年，更名内三院，曰国史，曰秘书，曰弘文……十五年，更名内阁，别置翰林院官，以大学士分兼。殿阁曰中和殿、保和殿、文华殿、武英殿、文渊阁、东阁，诸大学士仍兼尚书，学士亦如之。十八年，复三院旧制。康熙九年，仍别置翰林院，改三院为内阁，置满汉大学士四人。”① 可见三者的持续时间分别为文馆（1628—1636）、内三院（1636—1658，1661—1670）、内阁（1658—1661，1670 之后）。至为关键的改制是顺治十五年（1658）仿明制改内三院为内阁②，而康熙初年的恢复旧制之举是康熙帝尚未亲政时的政策反复。但内三院（内阁）的票拟权并非明代决断机务的表达，而只是皇权意志的传达和日常政务的处理，因此无法企及晚明内阁的权威。

南书房是康熙帝亲政后加强皇权的产物，在康熙朝一度成为中枢机构。通过选用翰林官入值内廷，原本为便利皇帝学习汉族文化，因关系密切而逐渐参与国事，发挥辅佐皇权的作用。有观点认为：“（南书房）实际上是皇帝的私人秘书班子，是中枢机构中的核心，也是清王朝的心脏。”③ 到了雍正帝执政时，有过之而无不及的表现是军机处的置立，军机处成为新的中枢机构。对于内三院（内阁）、南书房与军机处三者权力关系的此消彼长，《清史稿·职官志》曾总结：“康熙时，改内阁，分其职设翰林院。雍正时，青海告警，复分其职，设军机处，议者谓与内三院无异。顾南书房翰林虽典内廷书诏，而军国机要综归内阁，犹为重寄。至本章归内阁，大政由枢臣承旨，权任渐轻矣。”④ 虽然几大

---

① 赵尔巽，等. 清史稿：卷一百十四 志八十九. 北京：中华书局，1977：3268.

② 据《清世祖实录》谕吏部文：“本朝设内三院，有满汉大学士、学士、侍读学士等官。今斟酌往制，除去内三院秘书、弘文、国史名色大学士，改加殿阁大学士，仍为正五品，照旧例兼衔。设立翰林院，设掌院学士一员，正五品，照旧例兼衔。除掌印外其余学士，亦正五品。以上见任各官，俱照本品，改衔供职。以后升授衔品，俱照新例。内三院旧印俱销毁，照例给印。”参见：清世祖实录：卷一百十九//清实录：第三册. 北京：中华书局，1985：924.

③ 冯元魁. 清朝的议政大臣制. 上海师范大学学报，1987（1）：109.

④ 同①3269.

机构的权责不一，但根本宗旨都在于强化皇权统治。

从明至清皇权得到加强不仅仅体现在中枢机构的更替，也体现在其他诸多措施的多管齐下。以文书诏敕的相关制度为例，清代在文书的用印、抬头、避讳等多方面均有更新举措，又以大量全面的密奏进行政务处理决策。如此种种，都促使得出这样的结论："清朝专制皇权较明朝，甚至以前任何朝代都大大加强了，皇权对政治社会的干预和控制比以往任何一个时期都要强大和严密。"① 接下来的问题是，耶稣会士和西学东渐遭遇不断强化的皇权统治，究竟会发生怎么样的碰撞，留下什么样的启示或教训。

2. 万历的一念之差与西学东渐的成败

晚明皇权与西学的接触极具偶然性与戏剧性，西学东渐的成败竟全然系于万历帝的一念之差。但是这种偶然性和戏剧性的背后又包含着一定的必然性和合理性，耶稣会士在试图接近皇权的曲折历程中已经做了相当充分的准备和铺垫。从利玛窦北上十五年（1595—1610）的挫折和成功中即可看出，北上三部曲的前两次都没有达成目标，最后一次方才实现，终得开启会通与传教的黄金时期。但是，其间每一次的结果都比原住地更靠近权力中心，即韶州—南昌（原拟去南京）、南昌—南京（原拟去北京）、南京—北京。北上十五年就是与皇权逐步接触的十五年，其间利玛窦第二次进京时，他仅仅缺乏一个得见天颜的契机而已。至于北上过程中如何与皇权逐步接触，可以由明代皇权的政治基础说起。

前文所述内阁所代表的大官僚集团仅是明代皇权政治基础的重要一环，此外还有藩王集团、勋戚集团和宦官集团等数种政治势力。② 其一为藩王集团。宗藩封爵从亲王开始，依次为郡王、镇国将军、辅国将军、奉国将军、镇国中尉、辅国中尉、奉国中尉。以朱元璋诸子为例，洪武三年、十一年、二十四年三次封藩，自次子秦王朱樉至二十五子伊王朱㰘，加上从孙靖江王朱守谦，总计封藩二十五位。藩王原拥有较大兵权，镇守地方尤其是北部边境，实现皇权在地方的延伸。但是实际情况的发展很快违背了初衷，其中最有名的就是后来发动靖难之役的四子燕王朱棣。他夺位后削弱了藩王的实权，但亲王就藩之后，经

① 高翔. 略论清朝中央权力分配体制——对内阁、军机处和皇权关系的再认识. 中国史研究，1997（4）：151.

② 李渡. 试论明代皇权的政治基础. 史学集刊，1993（4）：12-15.

过数代子嗣繁衍仍会形成庞大的地方宗藩势力。百年之后，藩王集团成员数量惊人、经济实力雄厚、政治地位崇高。徐光启曾作《处置宗禄查核边饷议》（约1605），提出分配田地解决宗禄的建议。① 利玛窦在南昌城内交往的建安王和乐安王也是宁藩郡王，为传教士未来与更多显赫人物交往并接近皇权积累了必要经验。

其二为勋戚集团，主要指两类：因军功等捍卫皇权之资历而受爵者和因与皇家联姻而受爵者。其他尚有因皇帝一时宠信而赏赐封爵者，也属于依附皇权的产物。明史上较大规模的封爵发生于明太祖、明成祖、明英宗、明世宗四朝。② 明代的勋戚集团与藩王集团一样，在明初都受到了极大的冲击。朱元璋晚年以胡惟庸案等大量清洗开国功臣。土木堡之变中随着明英宗被俘，也有许多随驾勋戚身死。但勋戚仍然是重要的政治势力，比较著名的有魏国公徐氏、定国公徐氏、黔国公沐氏、成国公朱氏、英国公张氏、诚意伯刘氏等勋戚家族。

其三为宦官集团。朱元璋意识到宦官之祸的可能，立训不得让其干政。但其后诸帝渐渐转变政策，宣德时又专门令文官教授太监读书写字，后来司礼监还拥有“批红权”，可与内阁分庭抗礼。宦官干政成为可能：“多通文墨，晓古今，逞其智巧，逢君作奸。数传之后，势成积重，始于王振，卒于魏忠贤。”③ 权宦倚仗皇权而行弄权之事，皇权也依靠宦官集团巩固统治。

无巧不成书，利玛窦与万历帝直接接触之前恰与大官僚集团、藩王集团、勋戚集团和宦官集团均有交往。四者之中，大官僚集团是利玛窦最早交往也是交往最密切的对象。例如，1595 年帮助利玛窦从韶州北上的时任兵部侍郎佘立，是利玛窦当时所接触的级别最高的朝廷大员。此前从 1583 年利玛窦从澳门初至肇庆算起为筚路蓝缕的华南十二年，此后直至 1610 年利玛窦病逝为北上十五年。佘立助利玛窦开启了北上三部曲，帮助他走向 1601—1610 年会通与传教的黄金时期，打开了天主教东传和西学东渐的新局面。此后以利玛窦为首的耶稣会士持续贯彻这种自上而下的上层传教策略。利玛窦初次尝试进京之所以成行，

---

① 徐光启. 处置宗禄查核边饷议//徐光启集：卷一. 王重民，辑校. 北京：中华书局，2014：13-16.

② 张廷玉，等. 明史（3）：卷一百五表第六. 中华书局编辑部，编. “二十四史”（简体字本）. 北京：中华书局，2000：1981.

③ 张廷玉，等. 明史（6）：卷三百四列传第一百九十二. 中华书局编辑部，编. “二十四史”（简体字本）. 北京：中华书局，2000：5199-5200.

乃是因为时任南京礼部尚书王忠铭的带领，再度进京也得益于所结交留都官员的正确建议和帮助。同时，利玛窦也有意识地去拜访官员、勋戚等各界名流，建立良好的人际关系。

对于一直渴望在中国广传福音和西方文化的利玛窦等人来说，上至皇帝阁老、下至地方官员的权力阶层都是传教和传播西学最好的护身符和通行证。藩王集团中，最早与利玛窦交往的是南昌城内的建安王与乐安王。他们是宁王朱权后裔，属于正德朝朱宸濠之乱后仍然得以保留世袭的少数宁藩郡王，在藩王系统中级别仅次于亲王。利玛窦还因建安王而作《交友论》。勋戚集团中，《利玛窦中国札记》提及，在南京与利玛窦交往的魏国公徐弘基，曾请他去国公府的花园——瞻园参观。① 丰城侯李环也时常与利玛窦来往："他经常邀请利玛窦神父参加各种聚会和宴会，他的友谊成为教团安全的保障。整个京城都归他管辖。"② 与上流社会的交往实实在在地发挥了护身符和通行证的作用。

宦官集团险些致传教士于死地，利玛窦对太监也无甚好感。他记录了万历帝派遣税监四处收税所招致的民怨："宦官们作为一个等级，既无知识又残暴不堪，毫无羞耻与怜悯之心，骄横异常而且穷凶极恶。由于这些阴阳人当道，又由于他们的贪得无厌把他们变成了野蛮人，所以不到几个月的工夫，整个帝国就陷入一片混乱。"③ 传教士与宦官打交道也不少，最早是1598年利玛窦初次进京时，原计划通过宦官引见入宫。但贪婪的太监却以为传教士擅长变水银为真银的炼金类法术，结果大失所望撒手不管，初次进京遂实际宣告失败。在南京时，他还与南京守备太监有过来往，《利玛窦中国札记》注为曾经叱咤风云的冯保，然而其时冯保早已去世，其人名有待考证。

就连极具偶然性与戏剧性的皇权与西学的接触，也几乎完全依托于宦官的反衬。1600年5月18日，利玛窦再度出发进京，一行人随行、受惠于某个太

① 《利玛窦中国札记》中，译者记为魏国公徐弘基和丰城侯李环。据《明史·功臣世表一》载，徐弘基1595年（万历二十三年）袭爵，时间吻合。参见：张廷玉，等. 明史（3）：卷一百五表第六. 中华书局编辑部，编. "二十四史"（简体字本）. 北京：中华书局，2000：1982。据《明史·功臣世表二》，李环1573年（万历元年）袭爵，二十年八月领右府，九月提督操江，二十九年卒，时间、经历亦吻合。参见：张廷玉，等. 明史（3）：卷一百六表第七. 中华书局编辑部，编. "二十四史"（简体字本）. 北京：中华书局，2000：2078－2079.

② 利玛窦，金尼阁. 利玛窦中国札记. 何高济，王遵仲，李申，译. 桂林：广西师范大学出版社，2001：251.

③ 同②260.

监，但该太监遇到更厉害的山东临清税监马堂后就对一行人弃之如敝屣了。马堂见财起意，企图占有耶稣会士进贡给皇帝的方物。万历帝先是想要按惯例交给礼部处理，马堂争取到由自己来处理此次朝贡。后来皇帝要求禀明贡品，马堂趁机将其全权接管。之后马堂再次请求旨意，但因没有得到回复而想侵吞财物，并拘禁了利玛窦等人长达六个月之久。就在山穷水尽的时候，万历帝却突然想起了这件事，下旨召传教士进京。“神父们始终未弄明白这事是如何发生的，这次意外的召唤是经过了六个月的间隔后才来到的，而在此他们并没有呈递任何新的请愿书。他们相信是手里掌握着皇帝们的心灵的上帝以他自己神秘的方式造成了这场突然的变化，以便拯救这些灵魂。”① 对于这次意外之喜，利玛窦只能将之付诸上帝的恩典。但从实际的情形来看，传教士与皇权的接触并不突然，而是一步步积累终于水到渠成的。

3. 耶稣会的政治参与及其影响

历尽千辛万苦的利玛窦终于进入神秘的东方皇宫，并依靠皇权获得了传教与传播西学的护身符和通行证，去世后也得到御旨赐葬。但事实上，他自始至终都没有见过万历帝本人，进宫所见亦不过是空空的龙椅。相比较而言，清初的耶稣会士自汤若望以来，与数任皇帝的关系更为密切，以天文学家、画家等各种身份服务于宫廷之中。也是从他们开始，传教士直接参与了与皇权相关的政治生活，在一些朝堂事件中可以发现他们的身影。兹以汤若望在顺治朝的部分政治活动为例，概述清初耶稣会士的政治参与状况，同时说明其后果或影响。无论是对于西学东渐还是对于天主教东传而言，靠近皇权都是高收益与高风险并存的。

持续甚久的杨光先教案（康熙历狱）就是这一特征的生动体现。明清之际西方天文学经耶稣会士之手传入中国后，之所以引发了层出不穷的中西天文学之争，很大程度上是因为天文学在古代中国的特殊性。在天人感应、天人合一等思想的主导下，与“天”有关的天文学受到历代统治者的重视，均设有相应的官僚机构。司天官员将所观测的天象上报，解读它们的预兆，以期趋吉避凶。因此，具备高度政治性的古代中国天文学不是科学而是礼学，西方天文学此时也被纳入其中。“天文仍然还是服务于皇权政治和日常伦理生活的‘礼学’，中

---

① 利玛窦，金尼阁．利玛窦中国札记．何高济，王遵仲，李申，译．桂林：广西师范大学出版社，2001：281.

国天文学仍然没有加入西方科学革命的洪流。科学意义上的中国天文学直到皇权政治解体、新文化运动之后才有可能兴起。”① 传教士们所卷入的不仅仅是一场知识争议，也是一场波诡云谲的政治争议。

古代中国天文学的高度政治性也可以作为解释本轮西学东渐为何难以为继的一种答案。中西双方参与其中的目的不但不一致，而且都不单纯，即并非基于科学知识本身的需求或动力。“盖教士以传教为目的，而输入学术，不过其接近社会之一种方法；中国政府以改良历书为目的，而学习西算及他种科学，不过偶然附及之余事。”② 明清朝廷的“改良历书”，实则是为了巩固皇权统治而引进西方天文学。因此，经历1644年的动乱之后，汤若望将《崇祯历书》改头换面，变成《西洋新法历书》献给新朝统治者，成功地使朝廷下令于次年（1645年，顺治二年）起采用新历，更名为《时宪历》。明朝修成却不得施行的《崇祯历书》在改朝换代之后反而获得了新生，背后的重要动机是清朝欲借此彰显革故鼎新的新朝气象，为根基未稳的皇权赢得更多的合法性。

凭借西方天文学创造的贡献，汤若望从清朝统治者那里获得了前所未有的丰厚政治回报。1644年，汤若望开始被任命领导钦天监事务，开创了西洋传教士领导钦天监的历史，也象征着西方天文学在传入中国后终于占据了主流地位。此后汤若望不断被加官晋爵，顺治八年初为太常寺少卿、掌钦天监印务，顺治十年已敕锡通玄教师、加太常寺卿、管钦天监监正事，康熙元年为敕锡通微教师、光禄大夫、通政使司通政使、掌钦天监印务。③ 对于传教士而言，成为享受一品待遇的官员，这在晚明是不可想象的。1629年（崇祯二年），徐光启等人力主新开历局，龙华民、邓玉函、汤若望、罗雅谷等耶稣会士均参与修历工作，但他们没有政治地位可言。五年后修成的《崇祯历书》，结果在钦天监内部争论不休和明末风雨飘摇局面的双重制约下也没有得到正式施行。传教士参与引进西方天文学的工作在晚明并未得到相应的回报。

这种高度政治性的负面影响也是非常明显的，主要体现为讲究政治而不讲究学术。引进的西方天文学被继续用于解释天人感应、受命于天等学说，

---

① 吴国盛．科学与礼学：希腊与中国的天文学．北京大学学报（哲学社会科学版），2015（4）：140．

② 陈润成，李欣荣．张荫麟全集．北京：清华大学出版社，2013：739．

③ 黄一农曾考证汤若望在明清两代所获晋授或敕封的职衔，参见：黄一农．耶稣会士汤若望在华恩荣考．中国文化，1992（7）：160-170．

满足了统治需要之后就丧失了继续引进或发展的强大动力。因此，中国的天文学此后又渐渐陷于停滞，与西方天文学的突飞猛进形成鲜明对比。“一方面，在中国的耶稣会士，特别是1656年以后的南怀仁，失去了对欧洲最新科学技术发展的跟踪；另一方面，正如耶稣会士没有向中国人介绍最终取代了第谷的太阳地球中心说的哥白尼宇宙观一样，他们也没有跟上……步伐。”① 天文学停滞局面的形成，引发了多重消极后果：一方面，保守主义得以抬头，给了“西学东源”说鼓吹的机会；另一方面，在中国的耶稣会天文学家所能做的事情极其有限，政治地位自然随之降低。

除此之外，汤若望也在与杨光先的争议中运用过政治手段。“耶稣会士还成功地指控杨光先在启动不久的《明史》修撰工程中密谋反抗朝廷。这次指控针对的是杨光先一篇反基督教论文的序言，文中使用的一个与明朝相关的措辞暴露了杨光先对清朝的不忠，他为此向刑部供认了自己的过失。”② 虽然这些可能只是耶稣会士应对攻击的自保之举，但是指控杨光先谋反的文字狱手段更像政敌之间无所不用其极的斗争。后来，汤若望所领导的钦天监为顺治帝夭折的儿子荣亲王挑选葬期，引发了“择日之争”③，最终导致礼部尚书、侍郎等官员多人被革职处理，也是杨光先教案的导火线之一。

类似的案例还体现在1652年（顺治九年）汤若望参与阻止达赖喇嘛进京一事。“在达赖喇嘛到来前，汤若望递交了一份有关太阳黑子（另一普遍现象）出现的奏折，称这些黑子的出现意在警告朝廷，达赖喇嘛遮蔽了皇帝的光辉。”④ 达赖喇嘛进京前，汉人大学士洪承畴、陈之遴等上奏说：“臣等阅钦天监奏云：昨太白星与日争光，流星入紫微宫。窃思日者人君之象，太白敢于争明；紫微宫者人君之位，流星敢于突入。上天垂象，诚宜警惕。且今年南方苦旱，北方苦涝，岁饥寇警，处处入告。宗社重大，非圣躬远幸之时。”⑤ 其中所说“钦天监奏”，显然与汤若望有密切关联。而汤若望之所以这么做，主要应是为了遏制其他宗教的影响力。“康熙三年前后的边疆冲突直接诱发了康熙历狱的发生，汤

---

① 艾尔曼．科学在中国：1550—1900．原祖杰，等译．北京：中国人民大学出版社，2016：124.

② 同①168.

③ 黄一农．择日之争与“康熙历狱”．“清华”学报（新竹），1991（2）：247-280.

④ 同①171.

⑤ 清世祖实录：卷六十八//清实录：第三册．北京：中华书局，1985：540.

若望与辅政大臣因五世达赖喇嘛进京朝觐所产生的政治恩怨是引发康熙历狱的重要原因。”① 科学、宗教与政治等多个领域在类似的事例中复杂地交织在一起，以汤若望为首的耶稣会士也是清初政治舞台的参与者之一。

4. 与同时期西方君权变化相比较

从利玛窦开始，许多来华耶稣会士或远或近地周旋于皇帝身旁，汤若望更是达到了官衔和地位的巅峰。但是在皇权统治的中国社会，他们的种种经历很像一场场奇妙的历险和危险的游戏。这不禁使人想到，为何耶稣会士在中国会轻易受皇权左右？中西碰撞的情形下很容易联系到同时期西方的君权。为了从皇权的角度来解释上述问题，首先要对16—18世纪西方的君权做一番了解。通过与西方君权变化相比较，可以突出中国皇权的差异性与特殊性，把握当时中西各自政治氛围的基本特征。由于欧洲并不像中国那样是一个统一的国家，因此这只能是对林立诸邦的简要概述。同时，以此作为皇权统治与西学东渐之间是是非非的总结。

由于中世纪的宗教势力凌驾于欧洲其他势力之上，西方的君权从一开始就不像中国的皇权那样具有绝对权威。对于16世纪以来的欧洲而言，首先要面对的问题是如何破除教会的强大影响，因此最先爆发的运动是宗教改革而非政治改革。当然，即使在深受宗教影响的基本背景下，此时君主制政体仍然是各个国家的主流。“至于国体，16世纪和17世纪欧洲君主政体仍被视为上帝赋予的统治形式而完全占压倒优势。这样诸侯赢得了时代的舆论。当他们在反对各等级的斗争中一步一步地进展到专制主义时，时代普遍的思想是有利于他们的。”② 同样是君主制政体，在欧洲和中国的表现却大不相同。

除了教会力量可以影响欧洲君权以外，社会中层力量也开始要求分享统治权力。“16世纪和17世纪大多数欧洲国家的诸侯和等级都为行使国内权力而激烈斗争。这里出现时代的另一个主要现象：行使权力的合法性问题。在各自的组织形式（帝国等级会议、邦议会、市议会）中，在组织上已确立的中间力量（贵族、市民、其他等级）根据习惯法提出了参与统治的要求，或按传统行使权

① 马伟华. 五世达赖喇嘛进京朝觐与康熙历狱的发生. 郑州大学学报（哲学社会科学版），2016（1）：114.

② 马克斯·布劳巴赫，等. 德意志史：第二卷上册. 陆世澄，王昭仁，译. 高年生，校. 北京：商务印书馆，1998：158.

力——相反，君主始终否认或者只是有限地承认这种要求，并且竭力削弱等级，限制其活动范围。”① 这可以视为西方君权相对较弱的另一种重要表现，只是不同的国家的结果也不一样，英国、波兰、瑞士、匈牙利等国家的君权就此被限制，西班牙、法国、奥地利、普鲁士等国家的君权则获得了胜利。后来新兴的资产阶级也通过类似的方式提出权力要求，有的直接扫除君权，将主要统治权力握在了自己的手上。

无独有偶，利玛窦笔下的晚明与这种西方政体有某些相似之处。“虽然我们已经说过中国的政府形式是君主制，但从前面所述应该已很明显，而且下面还要说得更清楚，它还在一定程度上是贵族政体。虽然所有由大臣制定的法规必须经皇帝在呈交给他的奏折上加以书面批准，但是如没有与大臣磋商或考虑他们的意见，皇帝本人对国家大事就不能做出最后的决定。”② 内阁所代表的官僚集团对行政事务的处理具有相当大的决定权，保证了国家机器的有效运转。“皇帝可以处罚任何官僚或一群官僚，可是他极难提拔一个亲信或者令之任要职，他可以在现行法令之中批准例外情事，可是他没有权力推行新法影响到全国。”③ 明朝中后期的隆庆、万历、天启等多位皇帝皆有疏于理政之名，也没有使局面完全走向崩溃。内阁、司礼监等部门曾出现多位擅权之人，亦从侧面反映晚明皇权并没有集所有权力于一身，而是对外分享了统治权。

皇权相对较弱的局面在明初是难以想象的，也是逐渐转变的结果。正如前文所述，明代的皇权统治从前期诸帝到后期诸帝呈现变弱趋势。有的观点将转变发生的原因归于明代中期的正德与嘉靖两个皇帝。“尽管正德和嘉靖两个皇帝以不同的方式尽力维护他们的君权，像专制君主那样进行统治，但结果都失败了。每一个都不得不以消极的方式来维护他的权力。分享特殊利益的官员们能够把皇帝的政策引向他们自己的目的，而不顾皇帝的愿望。”④ 只有最后的崇祯帝获得了重振乾纲的评价，但是并未产生正面效应。“帝茫无主宰，而好作聪明，果于诛杀，使正人无一能任事，惟奸人能阿帝意而日促其一线仅存之命，

---

① 马克斯·布劳巴赫，等. 德意志史：第二卷上册. 陆世澄，王昭仁，译. 高年生，校. 北京：商务印书馆，1998：157.

② 利玛窦，金尼阁. 利玛窦中国札记. 何高济，王遵仲，李申，译. 桂林：广西师范大学出版社，2001：35.

③ 黄仁宇. 中国大历史. 北京：三联书店，1997：216.

④ 牟复礼，崔瑞德. 剑桥中国明代史. 张书生，等译. 谢亮生，校. 北京：中国社会科学出版社，1992：552.

所谓‘君非亡国之君’者如此。”① 不管怎么说，晚明皇权不振的局面至少使许多事物免受绝对权力的吞噬。

到了18世纪，欧洲出现了启蒙运动的新思想潮流，在促进自然科学发展、推动人类精神生活的同时，也在政治层面与盛行的专制主义潮流相结合。“新思想如此广泛地传播，通常是在统治集团的同意下，甚至是在其引导下实现的；统治集团表示接受由启蒙运动学者所宣布的理想。于是出现了专制主义和启蒙运动的同盟，普鲁士的弗里德里希和奥地利的约瑟夫都堪称为这一同盟的伟大榜样。”② 西方的君权在新思想的刺激下达到更高的发展水平，德意志等国家后来更是将君主政体与资本主义有效地结合在一起，步入世界列强的行列。

即使如后起之秀俄国，彼得一世也于1697年乔装亲自访问西欧，回国后力主学习先进科学技术，推行国家改革，使俄国一跃成为强国。事实上，康熙帝早在几十年前就已具备相当高的科学素养。他曾向传教士学习天文学、数学、解剖学、地理学、化学、物理学等西方科学知识，有着对科学的浓厚兴趣和广泛实践。“圣祖尝言当历法争议未已，己所未学，不能定是非，乃发愤研讨，卒能深造密微，穷极其阃奥。为天下主，虚己励学如是。呜呼，圣矣!”③ 可惜的是，无论皇帝本人对科学是否感兴趣，都未能在中国建立新的科技体制。

究其原因，在于西方科学文化的枝芽，难以嫁接入东方以皇权统治为突出特征的体制土壤之中。徐宗泽曾经把天主教东传得以维系的原因归为科学：“天主教之传入中国，直至十九世纪之中叶，其根基本来不甚巩固，就是中国之传教，惟以朝廷之好恶为转移。自明末以迄嘉道，教士得以驻居中国传教，缕缕不绝者，惟恃学术为工具。”④ 他的总结虽不无道理，因为对于西方而言，维系传教确实有赖于学术，但也有不合理之处，就是对于中国而言，传教与传播科学都取决于皇权统治之需要与否。从这个角度来说，康熙帝只是皇权统治的代表，所做重大决策仍以巩固统治为根本目标，其个人因素无法扭转作为整体的体制。

---

① 孟森. 明史讲义. 北京：中华书局，2009：273.

② 马克斯·布劳巴赫，等. 德意志史：第二卷上册. 陆世澄，王昭仁，译. 高年生，校. 北京：商务印书馆，1998：427.

③ 赵尔巽，等. 清史稿：卷二百七十二 列传五十九. 北京：中华书局，1977：10025.

④ 徐宗泽. 中国天主教传教史概论. 北京：商务印书馆，2015：225.

三、对西方宗教和文化的抵制

传教与传播科技的过程伴随着对西方宗教和文化的抵制，其社会层面的背景，就是保守的社会与封闭的心态。抵制科技既与反教、教案等密切相关，又是抵制西方宗教和文化的另一种表现。抵制宗教与抵制科技的合流，既是应对中西文化冲突时的某种自然选择，也是科技移植与超胜会通实现的极大障碍。

1. 保守的社会与封闭的心态

在论述对西方宗教和文化抵制的主题之前，首先需要交代其社会层面的背景——同时作为产生抵制的部分根源，即保守的社会与封闭的心态。由此产生对西方宗教和文化的抵制，突出事例便是因中国人反教而屡次发生的教案。按照徐宗泽的观点，教案的发生完全在于耶稣会士的传教工作受到了不必要的抵制："不见谅于一般民众，猜疑丛生，因猜疑而仇恨，而仇教……故教案者实为民教之不幸事件，而吾天主教固清洁自守，而不知已被人嫁祸而蒙其害矣。"① 天主教"清洁自守"与被"嫁祸"的形象究竟能否成立仍需另当别论，但从明清至近代中国民众的"猜疑"和"仇教"却确有其事。无论是上层统治者还是普通百姓，都身处保守的社会而持有封闭的心态。如此一来，抵制西方宗教和文化是在所难免的，通过引进和交流以实现科技转型的昙花一现也是在所难免的。

将明清之际中国社会的特点归纳为保守，其理论依据和类似说法有很多。这里试举两例，其一为海外中国史研究中的"内卷化"（involution）概念②，主要用于描述诸如中国等古代农业文明发展长期停滞不前，无法突破进入资本主义社会的历史现象。例如，曾为李约瑟撰写《中国科学技术史》之农业分册的白馥兰（Francesca Bray），在评价中国的水稻农业时便言："不是靠节省劳动力设备的发展，而是靠着持续增加的劳动投入（一种通常被称为'内卷'的发展轨道）。这样一种生产模式既支持又需要人口增长。"③ 陷入内卷化的状况以后，

---

① 徐宗泽．中国天主教传教史概论．北京：商务印书馆，2015：191.

② 关于"involution"的中译名，通常译为"内卷化"，亦译为"过密化"，参见：庞元正．当代西方社会发展理论新词典．长春：吉林人民出版社，2001：137.

③ 白馥兰．技术与性别：晚期帝制中国的权力经纬．江湄，邓京力，译．南京：江苏人民出版社，2006：24.

农业发展依赖于劳动力增长而不是劳动效率的提高，农业生产工具也很难实现革命性突破。内卷社会意味着：不仅科学技术的变革不能发生，而且更广泛的社会转型也不能发生。

其二是伊懋可（Mark Elvin）所言的“高水平平衡陷阱”（high-level equilibrium trap）。[①] 它同样旨在描述中国文明长达数个世纪的相对停滞，并通过相对停滞来说明为何近代资本主义会首先出现在西方，而中国从19世纪中叶开始的历史则充满因落后带来的屈辱。对“高水平平衡陷阱”的断代也非常有意思，可以横跨上千年。“从6世纪隋朝重新统一中国，到16世纪西方人开始由海上侵入中国，这1 000年是中国的政治、社会和文化空前稳定的时期。然而，似乎有悖常理的是，这种稳定既是好事，又是坏事……说它是坏事，是因为中国是如此成功和舒适，以致它虽未完全停滞不前，但却相应地保持不变。”[②] 这种“高水平平衡陷阱”或者“内卷化”的现象对于西学东渐而言究竟是好事还是坏事？答案应该是后者。

从统治阶层的利益视角来看，“高水平平衡陷阱”或者“内卷化”的现象意味着封闭保守的社会，封闭保守的社会意味着封闭保守的统治。陆上的长城与海上的海禁都是封闭保守的象征。“在心态上，这一条边墙分隔胡汉，汉人世界自我设限，是内敛的，而不是开展的；是封闭的，而不是出击的……明代中国对于海上，官方的基本心态也是防御与封闭的。”[③] 他们对外来新鲜事物的需求并不大，甚至欲拒之于千里之外，尤其是可能威胁固有统治秩序的新鲜外来事物。他们对内则竭力维持小农生产模式和儒家价值观，乃至不惜采取愚民式的政策举措。

历算之学由于密切关涉政治，更不能脱离朝廷的掌控，以避免任何危险因素的产生。对待西学也是这样，完全被官方主导的翻译引进工作可能就背离了知识传播与交流的初衷。“清廷的翻译工作是为了把此项技术研究从外国宗教组织手中转移到本国的文人与宫廷学者手中，而不是要对民间公开。”[④] 这形成了

---

① Mark Elvin. The Pattern of the Chinese Past. Stanford：Stanford University Press，1973.

② 斯塔夫里阿诺斯．全球通史：从史前史到21世纪．吴象婴，梁赤民，董书慧，等译．第7版修订版．北京：北京大学出版社，2006：211.

③ 许倬云．万古江河：中国历史文化的转折与开展．上海：上海文艺出版社，2006：210-212.

④ 艾尔曼．科学在中国：1550—1900．原祖杰，等译．北京：中国人民大学出版社，2016：214.

官方对西方科学知识的垄断，封闭的心态展现得淋漓尽致，也与晚明士人自发进行的翻译行为形成了鲜明的对比。

普通百姓也往往有相同的封闭心态，并不可避免地受到统治阶层的影响。利玛窦在最先开始传教的广东地区就深切体会到了民众对外国人的怀疑和反感，乃至对天主教的直接抵制。“中国人害怕并且不信任一切外国人。他们的猜疑似乎是固有的，他们的反感越来越强，在严禁与外人有任何交往的若干世纪之后，已经成为一种习惯。所有中国人尤其是普通百姓所共有的这种恶感，在广东省的居民中间来得特别明显。”① 罗明坚和利玛窦1583年刚刚获得肇庆的长期居留许可并准备建造教堂时，就在当地引发了不小的反对风波，百姓纷纷传言这些外国人会像澳门的葡萄牙人一样赖着不走。这使得工程被迫延期和改变计划，所幸矛盾最终得到妥善解决。民众的封闭和猜疑是与天主教东传史相伴随的，此后传教士在广东和其他地方遇到的抵制案例亦不在少数。

利玛窦笔下还有许多对当时中国人封闭心态的描述：“中国人不允许外国人在他们国境内自由居住，如果他还打算离开或者与外部世界有联系的话。不管什么情况，他们都不允许外国人深入这个国家的腹地。我从未听说过有这样的法律，但是似乎十分明显，这种习惯是许多世代以来对外国根深蒂固的恐惧和不信任所形成的。”② 自然地理的相对隔绝，朝贡与海禁等相关对外政策，男耕女织与安土重迁的传统，均有助于这种习惯的巩固。受制于中国人“许多世代以来对外国根深蒂固的恐惧和不信任”，沙勿略和鄂本笃等耶稣会士来华的先驱甚至付出了生命的代价。利玛窦在入华的很长时间里，所采取的多种举措包括对觐见万历帝的孜孜以求，可以说都是为了突破“中国人不允许外国人在他们国境内自由居住”的首要障碍。

总而言之，西方宗教和文化对于明清中国的统治阶层与普通百姓而言并没有多少吸引力。“为数众多的有文化的官僚统治着无数农民，两个集团都不是深切地关心一种外国宗教的争端和教义。在裁决者的作用因超越认识的原因而由国家首领承担的时代，真主和耶和华是没有多少余地的。”③ 保守的社会和封闭

---

① 利玛窦，金尼阁．利玛窦中国札记．何高济，王遵仲，李申，译．桂林：广西师范大学出版社，2001：121.

② 同①44.

③ 牟复礼，崔瑞德．剑桥中国明代史．张书生，等译．谢亮生，校．北京：中国社会科学出版社，1992：608.

的心态更决定了西方宗教和文化被引入中国后的前途，整体上极易引发抵制的心理与行为。接下来将聚焦于抵制的突出表现，即因中国人反教而屡次发生的教案。至于同样由耶稣会士引进的科学技术，既是减轻教案不良影响、促进传教事业的工具，也是反教和抵制的牺牲品。

2. 耶稣会士入华后引发的反教风波

关于反教这一概念，首先应与教案区分开来。教案原多被应用于19世纪中叶以后即清末以来的时间范围，以新教为主要代表的基督教势力在中国所引发的中西冲突事件。明末清初的反教与之相比存在时间范围、宗教派别的差别，文明碰撞的激烈程度和侵略性不那么强。但既为冲突，就不能全部等同于反教或教案，只是往往与后两者有关联。较为合理的逻辑是将反教视为抵制西方宗教和文化的典型表现之一，将教案视为抵制西方宗教和文化的恶性后果之一。抵制西方科学技术既与反教、教案等密切相关，又是抵制西方宗教和文化的另一种表现。耶稣会士入华后引发的种种反教风波，可细分为反教事例、反教主体、反教对象、反教方式等具体内容，反映出全面抵制、持续抵制的显著特点。

从反教事例来看，晚明以南京教案最为严重，此外有福建教案等小教案与小规模冲突。清初以杨光先教案（康熙历狱）最为严重，另有雍正、乾隆诸朝在禁教政策推行之下引发的多起教案。对于南京教案和杨光先教案，前面已有多处提及。以二者相互比较，清初的教案在数量、规模、程度等多个方面都超过了晚明的教案。但论及两者最大的差异，恐怕仍在于晚明有一批以徐光启为首的坚定认同西方科学与宗教的奉教士人。他们会以作《辨学章疏》等实际行动支持耶稣会士，对案中的声援和事后的处理发挥不可替代的作用。相反，清初士人鲜有敢于违抗皇帝之禁教旨意者，积极执行政策者倒是不少。“雍正不喜西士，又不热心科学，故无求于西士；间有官绅与西士善者，亦胆怯如鼠，不敢出而保护，各省天主教中亦无有品高位重之教友，如明末之三柱石，出而维护教士。故此时之教难，有严重之性质。”① 情势愈演愈烈之下，至乾隆朝更酿成多起流血教案。

从反教主体来看，虽然上至皇帝、下至平民均曾参与其中，也包括佛教徒

① 徐宗泽．中国天主教传教史概论．北京：商务印书馆，2015：174.

等唯恐天主教坐大的潜在对手，但是真正的反教主力来自朝廷和士绅两方。南京教案的急先锋沈㴶就是典型代表，沈氏以留都高官身份串通北京中枢大佬和南京地方势力，掀起首次大规模冲突。“南京教案开创的中央政府、地方势力和民间士绅联合反教的模式，也成了后来教案史研究中所谓‘官绅民一体化’的反教模式的一个首出案例。”① 后世研究者对教案反教模式“官绅民一体化”的说法出自南京教案，也恰恰说明了反教主体的“官绅民一体化”。正如晚明时形成了引进、运用红夷大炮的关系网，核心是奉教传教者，外围是友好对待天主教者。反教主体也会在反教过程中结成关系网，核心是沈㴶等坚决反教者，外围是他们的师友、同僚、同乡等。除官绅民之外，拥有最高裁决权的皇帝更容易成为最大的反教主体。比如说，对天主教态度曾发生转变的康熙帝，晚年下旨禁教，使得天主教东传迅速陷于萎缩和式微，无疑是发挥决定性作用的反教主体。

从反教对象来看，因当时传入中国的以天主教为主，故所反之教就是天主教，且主要是指活跃的耶稣会士。由于初时中国入教者尚不多，因此还不存在打击教徒的行为。对于传教士也往往不会赶尽杀绝，通行的做法是将其遣返至广州或澳门。但一旦朝廷风向转变，颁布禁教政策，耶稣会士与中国教徒就会被严厉打击，甚至没有生命安全可言。雍正初年苏努家族一案就是悲剧例子，苏努贵为努尔哈赤四世孙，在康熙朝任职高位，全家多为天主教徒。但在雍正帝执政时案发，家破人亡。“苏努一家获罪之原因，虽系助允祀谋继立事，然此苟非借端，亦不过原因之一，而奉教亦系其中之一原因也。”② 耶稣会士也时常有被抓捕并处死者，徐宗泽在记述雍正、乾隆朝禁教时，就曾介绍了福州、苏州等地传教士殒命事例。1773—1814 年耶稣会被取消，仍有天主教其他教派的传教士不顾禁令潜入中国秘密传教。他们是反教的直接对象，嘉庆、道光等朝继续执行的禁教政策使不少传教士丧命异域。

从反教方式来看，大致有言论、政令（旨意）、刑罚等多种贯彻手段。以《圣朝破邪集》为例，公文类言论有沈㴶《参远夷疏》（凡三）、《发遣远夷回奏疏》，吴尔成《会审王丰肃等犯案（并移咨）》《会审钟明礼等犯案》，徐从治《会审钟鸣仁等犯案》等；私人性言论有黄廷师《驱夷直言》、魏濬《利说荒唐

① 邹振环．明末南京教案在中国教案史研究中的“范式”意义——以南京教案的反教与“破邪”模式为中心．史学月刊，2012（8）：126.

② 徐宗泽．中国天主教传教史概论．北京：商务印书馆，2015：173.

惑世》、戴起凤《天学剖疑》、林启陆《诛夷论略》等；政令有施邦曜《福建巡海道告示》、徐世荫《提刑按察司告示》、吴起龙《福州府告示》等。① 至于刑罚手段，则往往根据奏疏要求或政令规定予以判定执行。前面述及乾隆朝福州、苏州等地传教士殒命事例，均为地方官员先行抓捕，获得北京旨意后才对传教士处以极刑。由此可见，言论反教最为随意，官绅民均可自由发表看法；政令或旨意的反教存在地方官员的自行决定现象，但更多地取决于中枢对弛教禁教的规定和地方对相应政策的理解；刑罚的裁判权则几乎完全在于中枢，但操作执行多由地方进行。

综合反教的事例、主体、对象和方式等不同角度，可知其作为抵制西方宗教和文化的典型表现之一，显著特点至少有全面抵制和持续抵制两种。全面抵制体现于反教主体、反教对象和反教方式。反教主体呈现"官绅民一体化"；反教对象既包括耶稣会士，也包括中国教徒；反教方式多种多样，多管齐下。再比如说，反教与反科学合流："异教秘器，称天测象，又足以动士大夫好怪耽奇之听。于此不竭力扫除，为虺不摧，为蛇奈何?"② 反教运动的抵制内容，包括天主教的教、人、学等全部方面。

再说持续抵制，体现于层出不穷的反教事例之中。且抵制不在于一时，无论是曾经传教成功之地还是曾经反教之地，都不影响当地人民对天主教的怀疑或者抵制。明末时，天主教东传的范围已颇广，遍布全国大多数省，但是在最早开拓的岭南地区却遭遇了失败。"圣教最早传入之肇庆、韶州、南雄，因本地官绅之反对，不能恢复传教，重建圣堂。"③ 可以说，即使传教士们成功地打开了某个地区的局面，开始传教和吸收教徒的过程，但并不意味着当地的天主教发展肯定会蒸蒸日上。抱有反对和抵制想法的还是大有人在，仍有可能发生反复。

3. 抵制宗教与抵制科技合流

反教与反科学的合流已经被提及，为的是论证对西方宗教和文化的全面抵制。事实上，抵制宗教与抵制科技的合流，既是中国文化应对中西文化冲突时的某种自然选择，也是科技移植与超胜会通实现的极大障碍。当然，对于抵制

---

① 夏瑰琦．圣朝破邪集．香港：建道神学院，1996：39-42.

② 陈懿典．南宫署牍序//夏瑰琦．圣朝破邪集．香港：建道神学院，1996：53.

③ 徐宗泽．中国天主教传教史概论．北京：商务印书馆，2015：146.

主体而言，抵制科技往往是抵制宗教中全面抵制特点之下的附带对象，就好比把“西学之输入”视为耶稣会士“传教之附带事业”①。接下来将会把目光由抵制宗教转移至抵制科技，它作为探析第一波科技转型失败原因的主题之一，还存在许多亟待解释清楚的问题。就像反教的事例、主体、对象和方式等不同角度，抵制科技的详细情形究竟如何？其重点对象是什么？其理由或者说动机是什么？其后果如何？诸如此类，倘若得以明确回应，就可澄清对西方宗教和文化抵制的另一核心，并为分析抵制背后的中西文化差异确立必要基础。

首先是抵制的对象，以天文学、数学等为最，即首当其冲的是历算之学，也包括地理学等其他西方科学技术，同样体现了科技方面全面抵制的特点。“今西夷所以耸动中国、骄语公卿者，惟是历法。然中国之历法，自有一定之论，不待西夷言之也。”② 利玛窦绘制的世界地图和携带的自鸣钟等也遭到批判。魏濬在《利说荒唐惑世》中说：“所著舆地全图，及洸洋窅渺，直欺人以其目之所不能见，足之所不能至，无可按验耳。真所谓画工之画鬼魅也……即见玛窦所制测验之器，谓之自鸣钟者，极其精巧，此自是人力所能，如古鸡鸣枕之类耳……但其法简于壶漏耳。”③ 值得一提的是，《利说荒唐惑世》的言论尚能由中国传统地理学、天文学知识等立足点出发，并非为了反驳而反驳。

如果能以学术探讨的方式判定西学，那么最后产生的结果应该是接受或不接受，虚心学习或保留争议，而不会是内在的抵制或傲慢的拒斥。因故步自封或狂妄自大而对西学横加指责者不在少数，令人哭笑不得。对西方宗教和科技的全面抵制本不可取，尤其是科技具有一定的实际应用功能，有益于日常生产和生活。“彼理虽未必妙，人虽未必贤，而制器步天可济民用，子又何以辟之?”但抵制者往往坚决反对将西方宗教与科技区别开来，而是一并抵制，许大受所撰《圣朝佐辟》之第九“辟夷技不足尚夷货不足贪夷占不足信”就旨在驳斥这种观点。然而他并没有为自己的观点给出有理有据的证明，反而抛出贻笑大方的谬论：“夷又有伪书曰《几可源本》（即《几何原本》），几何者，盖笑天地间之无几何耳!”④ 其言论是无法按科学的标准来衡量的，只能理解为对西方宗教和文化的全面抵制。

---

① 陈润成，李欣荣．张荫麟全集．北京：清华大学出版社，2013：714.
② 谢宫花．历法论//夏瑰琦．圣朝破邪集．香港：建道神学院，1996：305.
③ 魏濬．利说荒唐惑世//夏瑰琦．圣朝破邪集．香港：建道神学院，1996：183-185.
④ 许大受．圣朝佐辟//夏瑰琦．圣朝破邪集．香港：建道神学院，1996：223-225.

其次是抵制的动机，可以分为多类理由。但以最富有代表性的抵制天文与数学为例，很大程度上是因为天文学所具有的政治性。张广湉所作《辟邪摘要略议》论天主教五点不可从理由，第五点就是攻击传播天文学违反禁令。“‘国中首重天教，推算历数之学，为优为最，不同中国明经取士之科，否则非天主之教诫矣。’不知私习天文，伪造历日，是我太祖成令之所禁……势必斥毁孔孟之经传，断灭尧舜之道统，废经济而尚观占，坏祖宗之宪章，可耶？嗟夫！何物妖夷，敢以彼国末技之夷风，乱我国天府之禁令！”[①]“私习天文”的罪过直接在于违背“太祖成令之所禁”“乱我国天府之禁令”，根本在于“斥毁孔孟之经传”和“断灭尧舜之道统”。所以，因“首重天教”而将“推算历数之学”置于“为优为最”地位的做法是不可取的，天主教也是不可从的，从中亦可说明抵制宗教与抵制科技的合流。

古代中国天文学所具有的高度政治性在论述耶稣会的政治参与及其影响时已有所提及，这里是想以此说明意识形态已内化为许多士人或知识分子的普通观念。前面所引对天文学的攻击：“异教秘器，称天测象，又足以动士大夫好怪耽奇之听。”“何物妖夷，敢以彼国末技之夷风，乱我国天府之禁令！”他们的出发点都是天文学的高度政治性。“历法的重要性首先并且也是最为要紧地体现在政治上，而其对于农业节气的影响还是次要的。”[②]一旦西方天文学被认定为违背禁令，就有可能被认为是威胁社会稳定和统治秩序的危险因素。而一旦被认为是政治上的危险因素，就有可能引发朝廷对危险因素和危险分子毫不犹豫的剪除。这一方面展现出抵制者们对西学既高明且致命的攻击方式，另一方面也反映了古代中国社会不利于近代科学发展的政治环境。

最后是抵制的后果，直接相关的就是与其他不利条件共同构成导致首轮科技转型昙花一现的原因。抵制宗教与抵制科技的合流所显示出的全面抵制特点，恰与徐光启学习西方整体思想体系形成鲜明对比。徐光启在《泰西水法序》中认为，天主教是西学得以衍生的源泉，其顺序是从“格物穷理”到“象数之学”，再到“有形有质之物”与“有度有数之事”。[③]如果与全面抵制相对应，

---

① 张广湉．辟邪摘要略议//夏瑰琦．圣朝破邪集．香港：建道神学院，1996：277.

② 艾尔曼．科学在中国：1550—1900．原祖杰，等译．北京：中国人民大学出版社，2016：82.

③ 徐光启．泰西水法序//徐光启集：卷二．王重民，辑校．北京：中华书局．2014：66.

那么徐光启的态度与做法堪称全面学习。两者均为全面的一边倒，也难怪会有观点将它们均视为极端，而以梅文鼎等人为持不偏不倚的最佳立场。“例如王锡阐和梅文鼎等人在深入研究中外科学知识的基础上，有批判地去伪存真，因此能够青出于蓝，取得超过前人的成就。”① 但事实上真的如此吗？王锡阐和梅文鼎等人所持西学东源的立场值得斟酌。

抵制西方宗教与文化者不可能与徐光启等人结盟，反而可能与王锡阐和梅文鼎等人取得某些一致。在天文学方面，抵制的思潮有助于保守主义的抬头，给西学东源说以鼓吹的机会。“耶稣会士对于早期现代欧洲医学、天文学、数学、第谷体系及早期现代代数的有限介绍，坚定了明清学者恢复古代中国的医学和数学的决心。”② 这也与传教士引进天文学的部分缺陷脱不开关系，抵制者所指责的对象并不完美，只是尚不能超越抵制对象。同时，在西学东源说不值得提倡的前提下，可以把目光转向全面抵制与全面学习所共同指向的对象——包括西方宗教、科技等在内的西方文化，关注西方文化与中国文化的差异，寻找抵制背后的深层文化根源。

4．抵制背后的中西文化差异与冲突

如果将抵制归结为中西文化差异与冲突引发的后果，那么首先需要澄清所谓文化差异与冲突的内涵。中西文化差异一方面是文化交流的基础，另一方面也是双方发生文化冲突的根源。一般而言，异质文化之间的差异，就容易引发或大或小的文化冲突，如清末的教案就常以前者作为原因来解释。这里既要表明抵制西方宗教与文化的根源，又不能把全面抵制、持续抵制进一步夸大为完全抵制、始终抵制，那样也就没有探讨第一波科技转型之可能的必要了。至于抵制背后的中西文化差异与冲突究竟如何，尚须连接起从抵制思想到文化差异与冲突的线索，再详述文化差异与冲突的具体表现。总之，中西文化差异与冲突是抵制西方宗教与文化的根本原因。

这里的文化冲突是文化侵略吗？答案应当是否定的。例如，有学者就认为清初诸帝的禁教政策是反文化侵略的正义之举。“显然这不能单纯用‘中西文化冲突’加以解释，而是具有严肃的文化侵略和反侵略的性质。康熙帝的限教、

① 杜石然，等．中国科学技术史稿．北京：北京大学出版社，2012：353．

② 艾尔曼．科学在中国：1550—1900．原祖杰，等译．北京：中国人民大学出版社，2016：313．

雍正帝的禁教都是正义的、爱国的行动。”① 殊不知，文化侵略的前提是西方文化应对中国文化构成优势地位，而不可能以弱凌强。明清之际西方的经济、军事、科技等领域尚未如19世纪时形成绝对优势，文化领域亦如此。此外，范礼安、利玛窦等早期传教士所奉行的“文化适应政策”也与文化侵略相去甚远。即使此时产生误解、隔阂乃至粗暴举动，也不能代表绝大部分传教士的想法，更不可能轻易推行思想文化的改造与征服。文化的差异、冲突、侵略等不同层次，相关而不相同，以文化侵略概括明清之际的中西文化冲突过于片面。相反，文化差异与冲突可以统领之。

再者，以爱国作为是否属于文化侵略的衡量标准也站不住脚。说康熙帝、雍正帝爱国，难道徐光启、李之藻、杨廷筠、孙元化等人不爱国吗？徐光启力主引进红夷大炮正是因为希望借此实现“富国必以本业，强国必以正兵”的崇高理想，学习其他西学知识也基本上是为了补充和繁荣中国的思想文化。只是，文化引进或交流和文化侵略有相似的缺点，就是易陷于片面的理解。徐光启曾在言及西洋诸国时一连用了许多褒义词：“大小相恤”、“上下相安”、“路不拾遗”、“夜不闭户”及“久安长治”等。② 他们的文化引进与交流虽不是文化冲突，但既未完全占据主流，也难免存在对西方的想象夸大之词。此外需要指出的是，文化侵略产生的主要作用是负面的，是限教和禁教等矛盾激化的后果；文化引进与交流产生的主要作用却是正面的，是传教和传播科学等的成果。

对于抵制西方宗教与文化和中西文化差异与冲突之间的联系，前人的研究已多有提及。如对文化侵略观点的补充修正：“反洋教既有反对外国势力借‘传教’进行侵略（包括文化侵略）的一面，又有以中国的传统文化排斥和抵制基督教文化以及与之相连带的西方世俗文化的一面。”③ 再如对诸多抵制谬论的理性反思：“虽多于意气，少于说理，然而耶儒之辩，从一个方面反映了中西文化的冲突，客观上最早具有了中西文化比较的历史作用。”④ 由此可见，中国文化与西方文化的差异为抵制言论的形成提供了思想资源。历代的抵制主体试图以抵制宗教、抵制科技等方式拒斥西方文化传入中国，表现为不同形式的文化冲

---

① 李伟. 反洋教斗争与中西文化冲突. 山东师范大学学报（社会科学版），1994（3）：69.

② 徐光启. 辨学章疏//徐光启集：卷九. 王重民，辑校. 北京：中华书局，2014：432.

③ 董丛林. “教案”概念的近代渊源与今用问题. 史学月刊，2012（8）：95.

④ 夏瑰琦. 维护道统 拒斥西学——评《破邪集》. 浙江学刊，1995（1）：56.

突，从而谋求捍卫中国的文化传统。

在抵制西方宗教与文化的过程中，不少中西文化差异被直接搬进抵制言论之中，作为攻击耶稣会士的武器。试举几个文化差异与冲突的例子。皇权（皇帝）与教权（教宗）的冲突：中国的皇权至高无上，不可能接受教宗的干预。一夫多妻制与一夫一妻制的冲突：部分中国士人就是因为纳妾问题而迟迟未入天主教。信仰（宗教、民间）多样化与一神教的冲突：具体差异包括中国的祭孔、礼佛、修道等，也包括不同的创世说、哲学观等。祭祀祖先与不祭祀祖先的冲突：中国以血缘和礼法为基础的宗族制度讲究慎终追远。以华夏为中心的天下观和非华夏中心的世界观之间的冲突：天朝上国的心态一直存在，不能接受"夷狄"与自己平起平坐乃至居高临下。讲究忠孝仁义的传统伦理道德与崇拜上帝的教条之间的冲突：对于小家要以孝事父母，对于国家要以忠事君上，而非以诚心诚意事上帝。科技方面典型的如私习天文和政治禁令的冲突：士人掌握过多的天文学知识容易造成意识形态的失控。

王锡阐和梅文鼎等人所持的西学东源说，就是表面为中西文化交流与融合、实则为中西文化差异和冲突的观念，也是抵制西方宗教与文化的一种间接表现。

《四库全书总目》中有对《二十五言》等的评价："大旨多剽窃释氏，而文词尤拙。盖西方之教，惟有佛书，欧逻巴人取其意而变幻之，犹未能甚离其本。厥后既入中国，习见儒书，则因缘假借，以文其说，乃渐至蔓衍支离，不可究诘，自以为超出三教上矣。附存其目，庶可知彼教之初，所见不过如是也。"① "剽窃释氏"是说天主教抄袭佛教，只不过"取其意而变幻之"。"因缘假借以文其说"则是说天主教又借助儒家思想进行传教。"所见不过如是也"的评价轻蔑地把天主教置于没有原创思想、只能抄袭借鉴佛儒思想的不堪水平。这种行为使得天主教思想与中国传统思想同源同宗，看似消弭了中西文化差异，实际则是故意抹去差异，以达到矮化并抵制天主教的目的。

四、文化专制与科技守拙

文化专制既与抵制西方宗教和文化相关，也与皇权统治相关。它同样导致了科技守拙的状况，是第一波科技转型失败的原因之一。从明至清均存在文化

---

① 永瑢，等. 四库全书总目：卷一二五. 北京：中华书局，1965：1080.

专制现象，负面作用是造成思想文化领域不够活跃、不够自由、不够创新。但是明代数百年间的文化态势大体上由严厉而渐趋宽松，为科学技术的西学东渐提供了比较良好的氛围。南方地区尤其是江南地区繁荣的经济为繁荣的文化提供了必要的物质条件，对文化严厉专制的反弹也出现于此。传教士们的中国社交圈就起源和集中于南方地区的士人，具有相当显著的地域性，在此可以发掘出文化、地域与西学丰富而微妙的联系。但是清代强化了文化专制政策，在大部分时段里都保持着高压的态势。康乾盛世造就的登峰造极的清代文化专制使得中西文化交流的社会环境走向恶化。如果以西学东源的全新视角来论述清代文化专制，一方面是从西学东源看文化专制，可以认为就是专制对象的转变，即以中学“专制”西学；另一方面是从文化专制看西学东源，可以认为西学既处于官方管控下，就只能遵循规定乃至钦定的路径，从而与科技发展的规律背道而驰。

1. 渐趋宽松的明代文化态势

作为君主专制的应有之义，文化专制与其他领域的手段一样，都被运用于钳制士人和民众的思想，以服务于政治上的最终目标。基于维护统治的需要，明初在强化皇权统治的背景下推行了多种文化专制的相关政策。但任何政策都不可能是一成不变的，社会形势的变化使它们出现了松动和调整。随着明代的皇权统治从前期诸帝到后期诸帝呈现变弱趋势，文化专制大体上也由严厉而渐趋宽松，为科学技术的西学东渐提供了比较良好的氛围。不过要强调的是，无论是明代还是清代都一直存在文化专制现象，其向来的基本态势是思想文化领域的欠活跃、欠自由、欠创新。了解明代文化专制的发展趋势，既可以明确压抑与宽松文化环境之于西学传播的截然不同效果，也将与清代文化专制的情况构成链条和对比。

就整体趋势而言，从明初到明末近三百年间的文化态势呈渐趋宽松之势。出身于底层贫民的明太祖朱元璋，凭借农民起义夺得天下后立即转变了态度。主张“民贵君轻”的孟子思想被视为对皇权的某种威胁，但又不能轻易否定孟子作为儒家“亚圣”的关键地位，于是朱元璋命人对《孟子》进行修改删减。“有些传播所谓的‘犯上作乱’的话语都经删削。总起来说，大约有 85 段被删掉，只留下了 170 节。皇帝禁止学校或考场用那些删除的段落考试士子。”[①] 这

① 牟复礼，崔瑞德. 剑桥中国明代史. 张书生，等译. 谢亮生，校. 北京：中国社会科学出版社，1992：190.

样做的结果是推出了删减版的《孟子节文》，成为一种略有折中的文化专制工具。明成祖朱棣也有类似的措施，如编修《永乐大典》的浩大工程。“它们形成了士人阶级的理智观和文化观，同时又为帝国政府奠定了意识形态的原理。”①这些强迫性的专制手段被初期的帝王们用于展现和维护皇权的至高无上，并为明代前期文化氛围的稳定保守和晚明的猛烈反弹构建了基础。

科举考试制度被沿用为明代选拔人才的首要方式，但该制度也进一步沦为文化专制的工具。1397 年（洪武三十年）春闱，因考中的 52 名进士全为南方人，朱元璋处理了士子和考官，重新选取北方人。此后明朝历代的科举取士规则虽有微调，但一直遵循划分南北榜的强制性原则。② 出台这种措施既是为了安定北方地区的民心，也是为了避免南方籍尤其是江南籍的官员形成垄断优势。此外，也正是自此开始出现了“八股”的死板套路。“明朝以八股取士，一般士子，除了永乐帝钦定的《性理大全》外，几乎一书不读。学术界本身，本来就像贫血症的人，衰弱得可怜。”③ 统治者当然乐于借此同时达成多重效果：提供上升通道，补充官僚人才，提倡知识学习，表达皇权意志，垄断意识形态，钳制思想文化，等等。然而这对于文化发展而言是非常致命的，任何与“八股取士”不相干或相违背的文化活动都不被提倡，造成了思想文化领域单一化与同质化的不良局面。

仅就科技领域来说，对科学技术的研究也不被官方所鼓励。宋应星在他的中国古代科技史巨作《天工开物》自序中不无悲愤地说：“丐大业文人，弃掷案头！此书于功名进取毫不相关也。时崇祯丁丑孟夏月，奉新宋应星书于‘家食之问堂’。”④ 末了落款时他还要特意声明是在“家食之问堂”，旨在强调“家食”与食朝廷俸禄、食君王赏赐的根本差异。由此可以联想，明清时期的科举制埋没了多少中国古代的科学家，大多数人还是向着科举考试金榜题名的人生目标努力，钻研“奇技淫巧”根本得不到功名利禄。

所谓文化专制远远不止上述这些内容，如《孟子节文》和《永乐大典》之

---

① 牟复礼，崔瑞德. 剑桥中国明代史. 张书生，等译. 谢亮生，校. 北京：中国社会科学出版社，1992：246.

② 张廷玉，等. 明史（2）：卷七十志第四十六. 中华书局编辑部，编. “二十四史”（简体字本）. 北京：中华书局，2000：1134.

③ 梁启超. 中国近三百年学术史. 夏晓虹，陆胤，校. 新校本. 北京：商务印书馆，2011：3.

④ 宋应星. 天工开物. 钟广言，注释. 香港：中华书局香港分局，1978：4.

类的文章典籍还有很多，科举制度的“八股取士”也只是其中的最典型代表。但我们可以由此概括地描述明代前期的文化氛围：“在王阳明以前，儒家思想囿于朱子之学；在万历文风改变以前，明代的文学与艺术、书法，都是四平八稳的作风。”① 文化氛围与政治措施、社会心态一样，都呈现出封闭的特征，压抑了对科技的探究。“文化专制的强化，更是对自然科学的严厉虐杀。朱元璋不仅提倡尊孔读经，而且压制科学技术的研究。”② 文化专制的弊端远不止此，终于导致晚明思想文化领域的反弹和相对活跃。

随着阳明心学的诞生、斗争与解禁，明代中后期的意识形态终于突破了程朱理学的固有范式，这甚至可以说是有明一代思想文化领域的最大事件。也正是由于阳明心学所代表的模式，有的观点就以此总结出晚明文化专制的渐趋宽松。“明代思想，尤其社会思潮，其具有历史意义的部分，不在正统的领域，而是在从正统中反出来的另类思想风气。到了16世纪，寻求个人主体性的思潮，遂在文化与学术领域发为巨大的能量。”③ 思想学术方面，王守仁之后又出现了李贽、何心隐、方以智等另类的思想家，或令人耳目一新或惊世骇俗；文学艺术方面，涌现了袁氏三兄弟所代表的公安派等文学流派，《西游记》、《金瓶梅》、“三言”、“二拍”等文学作品；绘画、园林等其他诸多方面也异彩纷呈，为后人留下了不少传世作品。

总体来说，晚明时文化渐趋宽松是毋庸置疑的。“明代晚期的文化现象，当然也不拘一格，虽不全然会有上述反传统、重个性、重自由这一系列，但这一风气仍弥漫于思想、文学与艺术领域，当是对于传统权威及礼教规范诸种压力的反弹，也是在反弹过程中的反思。”④ 在渐趋宽松的新形势下，远渡重洋的利玛窦恰逢其会。耶稣会士借助于思想文化领域的相对宽松，一手传播天主教，一手传播西方科技，为晚明的文化注入了迥然不同的新鲜血液，写下了浓墨重彩的一笔。

2. 文化、地域与西学

在留居北京之前，利玛窦已经在士人和地方官员的圈子里积累了良好的声

---

① 许倬云．万古江河：中国历史文化的转折与开展．上海：上海文艺出版社，2006：214.

② 陈梧桐．论朱元璋的封建文化专制．学术月刊，1980（4）：12.

③ 同①245.

④ 同①249.

誉。肇庆、韶州、南昌、南京等传教点之中，堪称文化中心城市的是江西省府南昌和明朝留都南京。同时，以上也可以归结为以江南为代表，包括江西、岭南在内的广阔南方地区。得益于经济重心的南移和海外贸易的刺激，晚明时南方地区的经济发展水平总体上比北方地方更为发达。经济的繁荣为文化的繁荣提供了必要的物质条件，对文化严厉专制的反弹也出现在这里。科学技术的西学东渐同样如此，传教士们的中国社交圈就起源和集中于南方地区的士人，具有相当显著的地域性，在此可以发掘出文化、地域与西学丰富而微妙的联系，也为我们呈现出一幅背离文化专制的精彩画卷。

江西和岭南的范围一直较为明确，而有关江南的地理范围，却是历来争议不断的问题，例如苏、松、常、镇、宁、杭、嘉、湖与太仓等八府一州的说法。① 倘若从明朝的行政区划来看，利玛窦的传教点分别属于两京十三省之中的广东、江西和南直隶。南直隶的南部区域，即今之皖南、苏南与上海，加上浙江大部，均可视为江南之地域。闻名天下的城市（府）如苏州、松江（上海）、应天（南京）、杭州、绍兴等皆属于此，共同构成了全国经济和文化最发达的富庶之地。“南方，尤其江南，大小城镇密布，水陆交通路线联系城镇为一个密集的网络……相应地，南方的教育质量及教育普及程度，都超过当时的北方的水平。民间思想的多元与活泼，也是南方显著可见。”② 这种文化繁荣的图景自然与经济生产和商品贸易密切相关。

依托高水平的农业基础，江南地区以纺织业（包括丝织业和棉纺织业）为典型的“工业化”进程已然来临。自 16 世纪中叶发展至 1850 年，甚至存在“过度工业化”的现象：“在江南的大部分地区，工业的地位已与农业不相上下，在经济最发达的江南东部，甚至可能已经超过农业。正因如此，所以用西欧的标准来看，此时江南的农村可能已经‘过度工业化’了。”③ 巨量的产出除销售于国内市场之外，就是为了满足海外市场的需求。产量丰富、物美价廉的丝绸、瓷器等中国产品从江南到岭南的沿海港口入海，经葡萄牙人、西班牙人、荷兰人等出口到世界各地。为此中国长期处于贸易顺差之中，每年都有大量的白银

---

① 李伯重. 简论“江南地区”的界定. 中国社会经济史研究，1991（1）：100-107.

② 许倬云. 万古江河：中国历史文化的转折与开展. 上海：上海文艺出版社，2006：242-243.

③ 李伯重. 江南的早期工业化（1550—1850 年）. 北京：社会科学文献出版社，2000：31.

流入中国，悄然纳入全球化的贸易体系，也保证了南方地区的欣欣向荣。

文化领域的欣欣向荣也随之而来，可以通过各领域的举例做一番鸟瞰。思想方面，最早也是最大的转折点可追溯到出生于绍兴余姚（今属宁波）的心学集大成者王守仁。其学说于1584年（万历十二年）正式解禁，利玛窦来华恰逢王学兴盛的潮流。文学方面，“三言”作者冯梦龙是苏州长洲人，“二拍”作者凌濛初是湖州乌程人，文坛领袖王世贞是太仓人，钱谦益是苏州常熟人。戏剧方面，人们追求高雅的精神生活，华丽婉转、细腻飘逸的昆曲流行于江南。来自江西临川、长期任职于浙直地区、最后弃官归家的汤显祖于1598年（万历二十六年）写下了传世作品《牡丹亭》；如上节所述，江南的绘画、园林艺术等其他诸多方面也异彩纷呈；不仅如此，搅动晚明局势的东林党、复社等结社营党之举也植根于江南士人群体，深厚的人才资源中涌现出许多科举中榜者与拥有高官显爵者。1397年的科场案和南北榜就从反面印证了这一点。

考察利玛窦的中国社交圈，也会发现其中江南士人所占比例甚高。西学东渐起步阶段对耶稣会士影响最深的浪荡公子——瞿太素（汝夔），就出生于苏州常熟的官宦之家，其子瞿式穀曾前往杭州杨廷筠处邀请传教士至常熟开教，其侄瞿式耜则是另一位著名的中国天主教徒①；与传教士建立良好关系的两任肇庆知府王泮和郑一麟均是浙江绍兴人，郑一麟还曾于1585年邀请罗明坚前往绍兴开教；在江西，南昌的学界领袖与王学大师——章潢，也曾与利玛窦友好对话甚至予以接纳，盛行的王学提供了宽松包容的思想学术氛围。在天主教东传的初始时期，如果没有上述中国士人与地方官员的重要帮助，传教工作可能会有受挫中断的风险。不过反而言之，这些人物的接替或同时出现，恰恰说明并不是绝对偶然的巧合，而是南方文化渐趋宽松的整体氛围所孕育的成果。

再以“圣教三柱石”为例，徐光启是松江府上海县人，杨廷筠和李之藻都是杭州府仁和县人。他们又以天主教和西学为媒介，辐射影响关系较近的亲友、同乡、同年、师生等。由徐光启和李之藻领衔组成的引进、运用与发展红夷大炮技术的“核心—半外围—外围”关系网，核心是徐光启、李之藻、孙元化等人，孙元化就是苏州府嘉定县人。关系网的半外围和外围成员有赖于发动全国教友和朝廷官员，但核心成员仍集中来自江南地区。关于信教人数的统计——

---

① 方豪．中国天主教史人物传：上．北京：中华书局，1988：274-283.

“一六六四年全国教务情形”，也支持地域性的说法。1664 年，全国信教人数约为11.4 万，浙江省与江南省（即明之南直隶）就有约 6 万，所占逾半。① 经过晚明几十年的传教，江南地区与外来异质文化的交融广度和深度冠绝全国。

联想到彭慕兰（Kenneth Pomeranz）著名的“大分流”之说，就是以 18 世纪江南地区与英格兰相比为主而进行论证的。“江南当然不是一个独立的国家，但在 18 世纪，其人口超过除俄国以外的任何一个欧洲国家，就其在自己所处的更大社会中的经济职能来说，江南——而不是整个中国——是英格兰（或者英格兰加上尼德兰）的一个合理的比较对象。”② 他的结论是 1750 年的江南和英格兰仍有许多相似之处，“大分流”至少应在此之后。“迟至 1750 年，欧亚大陆的许多地区在农业、商业和原始工业（即为市场而不是为家庭使用的手工制造业）的发展中仍存在着一些令人吃惊的相似之处。因而，19 世纪只在西欧出现的进一步的巨大发展再一次成为一种有待解释的断裂。”③ 但是早在两个世纪之前，江南地区的发达经济和文化已经在与西方文明深入交流。暂且不论资本主义是否能够发生于此，但是大分流之前的 17 世纪至少在科学上原有机会合流，也就是说，变局之中科技转型的可能性在一定程度上还是存在的。

3. 登峰造极的清代文化专制

甲申之变中吴三桂的归顺把东北关外的满人推向了北京紫禁城的宝座，如何以少数人统治文化更为发达的广大汉族人，采取何种文化政策，成为新朝当政者在千头万绪中必须解决的重大问题。他们继承明朝的各项基本制度，加以调整和巩固，想通过多种手段克服满汉民族差异与矛盾。同样在强化皇权统治的宗旨下，清代强化了文化专制政策，与前朝相比甚至达到了登峰造极的境地。剃发易服等文化改造措施曾激起民族冲突，原先就存在的文字狱等恐怖手段也被经常使用。文化政策的整体趋势并未由严厉渐趋宽松，而是在大部分时段里都保持着高压的态势。登峰造极的清代文化专制使得中西文化交流的社会环境走向恶化，最终断绝了第一波科技转型的可能。

清代初叶和中叶的文化专制状况，主要集中于顺治、康熙、雍正、乾隆等

---

① 徐宗泽．中国天主教传教史概论．北京：商务印书馆，2015：162-164.

② 彭慕兰．大分流：欧洲、中国及现代世界经济的发展．史建云，译．南京：江苏人民出版社，2008：2.

③ 同②8.

朝。梁启超曾将此时对于汉族士人的文化政策分为四个不同时期：（1）顺治元年至十年（1644—1653）的利用政策；（2）顺治十一年至康熙十年（1654—1671）的高压政策；（3）康熙十一年之后至康熙朝结束（1672—1722）的怀柔政策；（4）雍正与乾隆两朝（1723—1795）严厉的文化专制政策。① 如果说康熙帝尚不至于全然以文化专制驯服士人，那么雍正与乾隆二帝则真正将文化专制变本加厉，深深影响了当时的思想领域。王汎森认为，影响清代学术、思想与生态的四股力量之一即“因为异族统治者的不安全感所带来的政治压力”②。归根结底，清代统治者加强文化专制的动机出于两个方面：君主与臣民之间的政治原因和满汉之间的民族原因。

清代文化专制之举当首推剃发易服令。甫一入关，清军所受抵抗并不剧烈，因而得以迅速越过黄河与长江，占领中原大部分地区。但是1645年剃发易服令的颁布，就迅速激起了汉族人民的反抗。“这一现象为蒙元进入中国时所未有，究其性质，剃发改服直接触动了文化认同，不仅仅是民族间的冲突了。”③ 汉族向来注重文化认同而甚于民族认同，头发与服装等虽只是外在之装饰，但却被视为文化的重要标志。一旦剃发易服，那么就不仅是“亡国”而且是“亡天下”。这种以专制手段改变文化的釜底抽薪之举，被认为远比仅仅改朝换代更为严重。有鉴于文化灭亡危机，顾炎武等明朝遗老发出了“天下兴亡，匹夫有责”的呐喊。

文字狱现象起源于明代，但盛行于清代，造成了极其恶劣的文化影响。“有清一代，文字狱案此起彼伏、绵延不绝，几与爱新觉罗氏王朝的历史相始终，案狱数量之多、规模之大、牵连之广、杀戮之血腥，均称空前。”④ 据统计，康熙朝的文字狱有11案，雍正朝的文字狱增至25案，乾隆朝的文字狱高达135案，数量之剧增确实堪称登峰造极。举例来说，康熙朝的文字狱以庄廷鑨“《明史》案”和戴名世“《南山集》案”为最，雍正朝的文字狱以年羹尧“夕乾朝

① 梁启超．中国近三百年学术史．夏晓虹，陆胤，校．新校本．北京：商务印书馆，2011：17.

② 王汎森．权力的毛细管作用：清代的思想、学术与心态．修订版．北京：北京大学出版社，2015：3.

③ 许倬云．万古江河：中国历史文化的转折与开展．上海：上海文艺出版社，2006：272.

④ 张兵，张毓洲．清代文字狱的整体状况与清人的载述．西北师大学报（社会科学版），2008（6）：62.

惕案”（附案为汪景祺“《西征随笔》案”和钱名世“名教罪人案”）和吕留良、曾静案为最，乾隆朝以徐述夔“《一柱楼诗》案”和胡中藻案为最。这些文字狱虽然本身目的不一，影响也很复杂，但是其最主要之负面效应在于以恐怖镇压的政治手段达到思想文化领域的绝对禁锢。

除此之外，再以禁书之禁毁小说为代表事例，展现文化专制的加强。与文字狱现象类似，禁毁小说在明代也有先例可查，但大多属于个案，清全面强化了这一手段。“有明一代并未形成禁毁小说的文化政策。清朝定鼎以后，为收拾人心，对思想文化的控制日益加强，而禁毁小说也成为其文化专制政策的一部分。所禁小说范围由‘淫词’扩大到‘不经’，并制定律条以科断刑罚。”① 小说是民众日常生活的文学反映，是一面体现社会风俗人心的镜子。如果说文字狱的对象是中层的士人和官员，那么禁毁小说的对象就是底层的民众和文人，显示出统治者对底层民众思想动态的管控意图。

严厉的文化专制政策也是乾嘉汉学注重考据学风形成的一大原因。这已经是自清代以来研究学术史者的共识，汉学家们对历史的专注是对现实的逃避。梁启超在梳理清代学术变迁与政治影响时就说：“凡当主权者喜欢干涉人民思想的时代，学者的聪明才力，只有全部用去注释古典……雍乾学者专务注释古典，也许是被这种环境所构成。”② 钱穆在同名著作《中国近三百年学术史》中也表达了相近的观点：“满清最狡险，入室操戈，深知中华学术深浅而自以利害为之择，从我者尊，逆我者贱，治学者皆不敢以天下治乱为心，而相率逃于故纸丛碎中。”③ 如此情境中，即使汉学传承西学的部分科学方法和实证精神，又如何能摆脱强权的逼迫，遑论演化出近代的科学。

封闭的社会与心态也在文化专制中体现出来，并且与稳固之中央集权息息相关。“在清代政权相对强势时，以高度的政治压力介入文化领域，使得文化呈现‘去政治化’的现象，但是在内外动荡时，文化领域又开始‘政治化’了。”④ 至于内外动荡时的“去政治化”，则是清代中后期的现象了。自顺治朝

---

① 石昌渝．清代小说禁毁述略．上海师范大学学报（哲学社会科学版），2010（1）：65.

② 梁启超．中国近三百年学术史．夏晓虹，陆胤，校．新校本．北京：商务印书馆，2011：25.

③ 钱穆．中国近三百年学术史．北京：商务印书馆，1997：3.

④ 王汎森．权力的毛细管作用：清代的思想、学术与心态．修订版．北京：北京大学出版社，2015：16.

至乾隆朝，清致力于开疆拓土，打造出前所未有的统一多民族帝国。与之对应，皇权得以施加的政治权威也达到巅峰，文化领域的专制登峰造极，是为政治化之最强，但士人的噤若寒蝉也就是“去政治化”；当清末西方列强叩开国门肆意妄为时，皇权得以施加的政治权威就大打折扣，文化领域的专制便成有心无力的强弩之末，是为政治化之衰弱，但士人的穷则思变也就是“政治化”。

4. 西学东源与文化专制

清代的文化专制似乎与西学传播并无直接关系，因其对象主要是汉族士人及其思想学术。即使说存在关系，也只有宗教领域的禁教政策与天主教相关。然而顾名思义，可以推断出严厉的文化专制不利于西学传播的结论，只是笼统的论断并没有太大的意义。另外，西学东源说也往往被解释为中国统治者与士人捍卫“夷夏之防”的理论工具，多限于传统华夷观念应对外来文化冲击的本土化和保守化之举。但是，这里尝试以西学东源的全新视角来论述登峰造极的清代文化专制。从西学东源看文化专制，可以认为就是专制对象的转变，是以中学“专制”西学；从文化专制看西学东源，可以认为西学既处于官方管控下，就只能遵循规定乃至钦定的路径，从而背离自身发展的规律。

考察西学东源说法提出的来龙去脉，首先需尊重捍卫“夷夏之防”的说法。它最早由王锡阐、黄宗羲等具有明朝遗民心态之人提出，后为康熙帝亲自提倡，并被梅文鼎、阮元等人积极应和，于是成为流行天下的西学观。捍卫“夷夏之防”的说法可以解释为何明朝遗民与清朝君臣对西学东源有着一致的认同。同时，西学东源也是缓解清初西学尴尬境地的有效途径。“历法等领域内‘用夷变夏’的现实日益成为一个令清朝君臣头痛的问题。在这种情况下，康熙提倡‘西学东源’说，不失为一个巧妙的解脱办法。”① 它所意味的定性行为既维护了华夏中心的固有心态，也没有完全封闭使用西学的大门。

专制手段的威力体现为意识形态在各领域的全面侵入，文化专制就是如此。时代较早的官修《明史》就已经奉西学东源为历算之定论，《明史·历志》载：“瓯罗巴在回回西，其风俗相类，而好奇喜新竞胜之习过之。故其历法与回回同源，而世世增修，遂非回回所及，亦其好胜之俗为之也。羲、和既失其守，古籍之可见者，仅有《周髀》。而西人浑盖通宪之器，寒热五带之说，地圆之理，

---

① 江晓原. 试论清代“西学中源”说. 自然科学史研究，1988 (2)：107.

正方之法，皆不能出《周髀》范围，亦可知其源流之所自矣。夫旁搜采以续千百年之坠绪，亦礼失求野之意也，故备论之。”① 采用西学被说成是“礼失求诸野”，西学的来源被说成是欧洲（瓯罗巴）—阿拉伯（回回）—中国（《周髀算经》）的线索，此后的西学东源说法也都使用几乎相同的模式。

浩繁的《四库全书》作为清代最大的文化工程，也贯彻了自康熙帝与梅文鼎以来的西学东源说。《四库全书总目》对《测量法义》、《测量异同》与《勾股义》的评价中有：“序引《周髀》者，所以明立法之所自来，而西术之本于此者，亦隐然可见。其言李冶广勾股法为《测圆海镜》，已不知作者之意。又谓欲说其义而未遑，则是未解立天元一法，而谬为是饰说也。古立天元一法，即西借根方法。是时西人之来亦有年矣，而于冶之书犹不得其解，可以断借根方法必出于其后也。”② 对《浑盖通宪图说》的评价也有：“梅文鼎尝作《订补》一卷。其说曰：浑盖之器，以盖天之法代浑天之用，其制见于《元史》扎玛鲁鼎所用仪器中。窃疑为《周髀》遗术，流入西方。”③ 这里西学东源的依据，同样是构建西方天文学与中国古代《周髀算经》《测圆海镜》等著作的源流关系。

阮元所作《畴人传》也以西学东源为基本宗旨之一。他在凡例中就宣称：“西法实窃取于中国，前人论之已详。地圆之说，本乎曾子。九重之论，见于《楚辞》。凡彼所谓至精极妙者，皆如借根方之本为东来法，特譒译算书时不肯质言之耳。近来工算之士，每据今人之密而追咎古人，见西术之精而薄视中法，不亦异乎？是编网罗今古，善善从长，融会中西，归于一是。”④ “窃取于中国”、“追咎古人”与“薄视中法”等说法，把古代中国社会传统的自大和封闭心态暴露无遗。贯穿古今与融会中西谈何容易，“网罗今古，善善从长”和“融会中西，归于一是”实际上沦为可笑的自大之言。

上述《明史》与《四库全书》等，本就应归为文化专制的产物。因为《明史》以美化清朝、丑化明朝为一大特色，所以作为史料的真实性一直为人所诟病。明史研究中奉《明实录》为可信度最高的文献：“若《明实录》，为明代史

---

① 张廷玉，等．明史（1）：卷三十一志第七．中华书局编辑部，编．“二十四史”（简体字本）．北京：中华书局，2000：367.

② 永瑢，等．四库全书总目：卷一〇六 子部天文算法类一．北京：中华书局，1965：896.

③ 同②.

④ 阮元，等．畴人传汇编：畴人传凡例．彭卫国，王原华，点校．扬州：广陵书社，2009：4.

事最为可信之书。”但《明史》在典章制度等方面记载的完备性仍值得肯定：“然《明史》要为有明一代国史，典章文物，一代制度，悉备于是。”①《明史·历志》也属于对典章制度等方面的记载，只是作为总结语的西学东源说使其蒙上了原本不必要的阴影。这里就可以发现，强加的西学东源说并不是为了丑化明朝，而是为了丑化西学，是以中学“专制”西学的结果。

耶稣会士与中国士人合作引进的西方历算著作虽被列于《四库全书总目》之中，但却成为御定历算著作的陪衬。1714年（康熙五十三年）编成的《律历渊源》，包括《历象考成》（42卷）、《数理精蕴》（53卷）和《律吕正义》（5卷）三部，共计100卷。它被称赞为“集中西之大同”，“洵乎大圣人之制作”。西学不仅源于中学，而且为《律历渊源》等中学提供了补充来源。西学作为文化专制的对象，也就成了任由中学打扮和索取的对象。至于阮元的《畴人传》，代表了对官方文化政策的迎合，也是西学东源说被成功倡导的体现。西学理所当然地被中学所“专制”，这应该是康熙帝非常乐意看到的景象。然而他们不会想到，被“专制”的西学已是面目全非的西学，面目全非的西学不会如同它在原生之西方那样自由而迅猛地发展，因此也不能为中国带来西方那样的近代科学革命。

---

① 谢国桢．清开国史料考．北京：北京出版社，2014：91-92.

参考文献

［1］马克斯·布劳巴赫，等. 德意志史：第二卷上册. 陆世澄，王昭仁，译. 高年生，校. 北京：商务印书馆，1998.

［2］谢和耐. 中国文化与基督教的冲撞. 于硕，等译. 徐重光，校. 沈阳：辽宁人民出版社，1989.

［3］艾尔曼. 科学在中国：1550—1900. 原祖杰，等译. 北京：中国人民大学出版社，2016.

［4］白馥兰. 技术与性别：晚期帝制中国的权力经纬. 江湄，邓京力，译. 南京：江苏人民出版社，2006.

［5］陈润成，李欣荣. 张荫麟全集. 北京：清华大学出版社，2013.

［6］默顿. 十七世纪英格兰的科学、技术与社会. 范岱年，等译. 北京：商务印书馆，2000.

［7］牟复礼，崔瑞德. 剑桥中国明代史. 张书生，等译. 谢亮生，校. 北京：中国社会科学出版社，1992.

［8］彭慕兰. 大分流：欧洲、中国及现代世界经济的发展. 史建云，译. 南京：江苏人民出版社，2008.

［9］斯塔夫里阿诺斯. 全球通史：从史前史到 21 世纪. 吴象婴，梁赤民，董书慧，等译. 第 7 版修订版. 北京：北京大学出版社，2006.

［10］永瑢，等. 四库全书总目. 北京：中华书局，1965.

［11］张廷玉，等. 明史. 中华书局编辑部，编. “二十四史”（简体字本）. 北京：中华书局，2000.

［12］利玛窦，金尼阁. 利玛窦中国札记. 何高济，王遵仲，李申，译. 桂林：广西师范大学出版社，2001.

［13］李约瑟. 中国科学技术史：第二卷　科学思想史. 北京：科学出版社，1990.

［14］杜石然，等. 中国科学技术史稿. 北京：北京大学出版社，2012.

［15］方豪. 中国天主教史人物传：上. 北京：中华书局，1988.

［16］高一涵. 中国内阁制度的沿革. 上海：商务印书馆，1933.

［17］葛兆光. 中国思想史：第 2 卷：七世纪至十九世纪中国的知识、思想与信仰. 上海：复旦大学出版社，2000.

［18］顾卫民. 基督教与近代中国社会. 上海：上海人民出版社，2010.

［19］何晓明．中国皇权史．武汉：武汉大学出版社，2015.

［20］黄仁宇．中国大历史．北京：三联书店，1997.

［21］雷中行．明清的西学中源论争议．台北：兰台出版社，2009.

［22］李伯重．江南的早期工业化（1550—1850 年）．北京：社会科学文献出版社，2000.

［23］李金明．明代海外贸易史．北京：中国社会科学出版社，1990.

［24］李云泉．朝贡制度史论——中国古代对外关系体制研究．北京：新华出版社，2004.

［25］梁启超．清代学术概论．夏晓虹，点校．北京：中国人民大学出版社，2004.

［26］梁启超．中国近三百年学术史．夏晓虹，陆胤，校．新校本．北京：商务印书馆，2011.

［27］林仁川．明末清初私人海上贸易．上海：华东师范大学出版社，1987.

［28］刘大椿，吴向红．新学苦旅：科学·社会·文化的大撞击．南昌：江西高校出版社，1995.

［29］马克锋．文化思潮与近代中国．北京：光明日报出版社，2004.

［30］孟森．明史讲义．北京：中华书局，2009.

［31］明世宗实录//明实录．台北："中央研究院"历史语言研究所校印本，1962.

［32］明太祖实录//明实录．台北："中央研究院"历史语言研究所校印本，1962.

［33］庞元正．当代西方社会发展理论新词典．长春：吉林人民出版社，2001.

［34］钱穆．中国近三百年学术史．北京：商务印书馆，1997.

［35］阮元，等．畴人传汇编．彭卫国，王原华，点校．扬州：广陵书社，2009.

［36］北平故宫博物院文献馆．清代文字狱档．增订本．上海：上海书店出版社，2011.

［37］尚智丛．传教士与西学东渐．太原：山西教育出版社，2000.

［38］清世祖实录//清实录：第三册．北京：中华书局，1985.

［39］宋应星．天工开物．钟广言，注释．香港：中华书局香港分局，1978.

［40］孙尚扬，钟鸣旦．一八四〇年前的中国基督教．北京：学苑出版社，2004.

［41］王汎森．权力的毛细管作用：清代的思想、学术与心态．修订版．北京：北京大学出版社，2015.

［42］王其榘．明代内阁制度史．北京：中华书局，1989.

［43］王日根．明清海疆政策与中国社会发展．福州：福建人民出版社，2006.

［44］王世贞．弇山堂别集．魏连科，点校．北京：中华书局，1985.

［45］王守仁．王阳明全集．吴光，等编校．上海：上海古籍出版社，2011.

［46］夏瑰琦．圣朝破邪集．香港：建道神学院，1996.

[47] 徐光启. 徐光启集. 王重民，辑校. 北京：中华书局，2014.

[48] 徐宗泽. 中国天主教传教史概论. 北京：商务印书馆，2015.

[49] 许倬云. 万古江河：中国历史文化的转折与开展. 上海：上海文艺出版社，2006.

[50] 张燮. 东西洋考. 北京：中华书局，1981.

[51] 赵尔巽，等. 清史稿. 北京：中华书局，1977.

[52] 周维强. 佛郎机铳在中国. 北京：社会科学文献出版社，2013.

尾声：1840年中西科技的悬殊对比

自1583年利玛窦等耶稣会士进入中国内地，到鸦片战争前夕（1840）的250多年间，随着天主教和近代科学技术传入中国，中西文化经历了一次史无前例的碰撞。一方面，中国人惊异于西方的“奇器淫巧”，正如利玛窦所记录的：“很多人被我们寓所中的大小钟表所吸引，有些人则惊叹精美的油画和印刷品，还有的人对各式各样的天文仪器和世界地图以及从欧洲带来的各种手工艺品着迷。我们的书籍也令他们惊讶不已……他们看过这些东西，又听神父们介绍了西方的科学，这要比他们的科学精深得多。从此，他们渐渐改变了对我们西方、对我们的读书人以及对这些与他们大不相同的西方人的看法。”① 另一方面，在西方人面前打开了一个神秘富裕的东方新世界，亦如利玛窦所报告的：“这片幅员辽阔的土地，不仅像我们欧洲那样由东到西，而且由南到北也是一样，都物产丰富，没有国家能与之相匹敌……只要是生活所需，这里应有尽有，且极为丰富，无论是吃的、穿的，还是耕地和奢侈品。也可以说，只要欧洲有的，这里全有。”② 但是，也正如本书所详述的，17世纪一度出现的移植和会通局面，历经康乾盛世的专制思想回潮，不仅禁绝天主教，而且用“西学东源”说消解了西学东渐的第一波。到了19世纪初期，与经过科学革命、工业革命，逐步进入现代社会的西方国家相比，中西科技的差距已然悬殊。

一、19世纪初西方的变革态势

始于17世纪的科学革命，经过18世纪突飞猛进的发展，到19世纪上半叶

---

① 利玛窦．耶稣会与天主教进入中国史．文铮，译．梅欧金，校．北京：商务印书馆，2014：135－136.

② 同①9.

时不仅在已有的科学领域引发了深刻的变化，并迅速扩展至许多新的领域，而且科学从主要是个人的兴趣爱好，逐渐发展成为一种社会职业和集体事业。同样，发轫于18世纪下半叶的技术革命此时也已率先在英国完成，为英国继西班牙之后成为"日不落帝国"奠定了强有力的生产力基础；伴随着科学革命和技术革命，思想、政治和经济领域也发生了深刻的变革。

1. 科学革命和思想革命

科学革命中的"革命""意味着持续性的打破，与过去割断联系的新秩序的建立，它是一条明显的裂缝，一边是旧的、熟悉的东西，另一边是新的、生疏的东西"①，是新"范式"取代旧"范式"的过程。科学革命使人们的世界观发生了根本的转变，它比农业革命带来的影响更为深远，因为借助科学方法，科学本身具有很强的"再生能力"，可以创造更多未知的可能。

17—18世纪的一系列科学家，如牛顿在物理学和数学、波义耳在化学、维萨里和哈维在生理学等科学领域做出了卓越的贡献，开创了近代科学的历史进程。从18世纪到19世纪初，科学家对自然的研究不断深入，从而在物理学、天文学、化学、生物学等领域有了新的科学发现，促进了古典科学的全面发展。在经典物理学领域，以牛顿力学为代表的经典力学等到了新的进展，发展出了拉格朗日（Joseph Lagrange）力学（1788）和哈密顿（William Rowan Hamilton）力学（1833）。同时，物理学也开辟了新的研究领域，如热力学和电学。法国物理学家卡诺（Nicolas Léonard Sadi Carnot）在《论火的动力》（1824）中提出了卡诺热机和卡诺循环概念及"卡诺定理"，开辟了热力学这一新领域，从而成为现代科学的一部分。法国物理学家库伦（Charles Augustin de Coulomb）于1785年发现的"库伦定律"使电学研究进入了定量阶段；德国物理学家欧姆（Georg Simon Ohm）在《直流电路的数学研究》（1827）中明确了电路分析中电压、电流和电阻之间的关系，创立了"欧姆定律"；英国物理学家法拉第（Michael Faraday）在丹麦物理学家汉斯·克里斯蒂安·奥斯特（Hans Christian Oersted）所发现的电磁（1821）的基础之上发现了电磁感应效应（1831）。从此，电学成为物理学的一个重要分支。

这一时期，天文学领域的发展主要体现在两个方面：一方面，在牛顿力学

---

① I. 伯纳德·科恩. 科学革命史——对科学中发生革命的历史思考. 杨爱华，等译. 北京：军事科学出版社，1992：5.

的基础上，用分析的方法研究太阳系的运行规律；另一方面，也发现了一些新的天文现象和天体。前者以法国天文学家和数学家拉普拉斯（Pierre-Simon Laplace）为代表，他不仅在《宇宙体系论》（1796）中提出了宇宙演化的“星云假说”，而且在《天体力学》（1799—1825）中系统总结了自牛顿以来的“天体力学”，论证了太阳系的稳定性，从而成为经典天体力学的代表性著作。后者如英国天文学家赫舍尔（William Herschel），他利用自制的望远镜在1781年发现了天王星。

这一时期，化学领域有了突破性的进展，以拉瓦锡为代表的化学家们完成了化学领域的革命。这一革命首先得益于发现了新的气体，如英国物理学家和化学家卡文迪许（Henry Cavendish）于1766年发现了氢气，瑞典化学家舍勒（Carl Wilhelm Scheele）和英国化学家普利斯特利（Joseph Priestley）在1771—1774年先后发现了氧气。科学领域的革命仅有科学事实的发现是不够的，必须要有观念和思维范式的彻底转变。在化学领域，这一转变是由法国化学家拉瓦锡完成的。他在《化学命名法》（1787）和《化学纲要》（1789）中对实验室里越来越多的化学现象进行了系统的命名和理论化，详尽地论述了氧化学说，阐释了化学反应过程中的“物质守恒定律”，从而开启了近代化学领域的新纪元。

此时，生物学领域以布丰和拉马克为代表，已经逐渐发展出了“进化论”思想。法国博物学家布丰（Georges-Louis Leclerc de Buffon）在其历时50年写出的《自然史》中表达了他的进化论思想。他认为自然界的所有事物基本上都是连续分布的，并不存在明显的间断性。法国博物学家拉马克是进化论的伟大先驱，他在《动物学哲学》（1809）中系统地阐述了他的进化论思想，提出了“用进废退”与“获得性遗传”两个法则，并认为这既是生物产生变异的原因，又是适应环境的过程。这一进化思想为达尔文在《物种起源》（1859）中系统地提出生物进化论提供了思想基础。

近现代科学的发展，不仅使人们用“理性”为自然立法，从而深刻改变了人们对自然的看法，而且启蒙着人们，影响着人们以“理性”为宗教、政治和社会立法，从而掀起了思想领域中的一场启蒙运动。

自然观方面，正如牛顿在《自然哲学的数学原理》中所期待的那样：“我期望其余的自然现象能由力学的原理用同类的论证导出。”①“牛顿力学”的成功，

---

① 牛顿．自然哲学的数学原理．赵振江，译．北京：商务印书馆，2006：“作者的序言”．

使人们认为可以从力学原理中获得对自然界各种现象的理解，所有涉及的物理学问题都能归结为不变的引力和斥力，以至于诸如赫姆霍兹（Hermann von Helmholtz）这样的物理学家都认为"整个自然科学的最终目的——溶解在力学之中"①。这种认识被恩格斯归纳为对"机械运动的狂热"。这种科学观便是哲学中所说的机械自然观。总体来说，它大致可以概括为四个方面：第一，人与自然相分离。自然开始成了人类"拷问"的对象。第二，自然界的数学设计。认为科学的任务不是寻求最终的目的论解释，而是对运动做出数学的描述；机械模型可以说明包括人在内的一切自然物。第三，物理世界的还原论说明。物质世界可以还原为完全同一的微粒，不是由质料和形式所构成的。第四，自然界与机器的类比。自然界不再是一个有机体，而是一架机器，它既没有理智也没有生命，更不能自我运动。机械自然观随着牛顿力学的建立而最终确立。②虽有哲学家尝试超越机械自然观，如康德③，但机械自然观在18世纪到19世纪上半叶的统治地位从未动摇。

按照康德的说法，"启蒙运动就是人类脱离自己所加之于自己的不成熟状态。不成熟状态就是不经别人的引导，就对运用自己的理智无能为力"④。启蒙运动高扬理性的旗帜，把理性从哲学的思辨领域扩展至宗教、政治、社会等领域，试图用理性批判、裁决和重构一切。总体来说，在宗教领域，反对教会权威，用人的理性代替神的意志。在康德看来，宗教领域的不成熟状态是"一切之中最有害的而又是最可耻的一种"⑤。在政治领域，要消灭封建专制主义和各种不平等，建立新体制，实现人的权利、自由和平等。在知识领域，认为科学知识是真实和有用的，倡导科学研究和科学教育。正如恩格斯所言，"他们不承认任何外界的权威，不管这种权威是什么样的。宗教、自然观、社会、国家制度，一切都受到了最无情的批判；一切都必须在理性的法庭面前为自己的存在

---

① 佛里德里希·赫尔·内克. 原子时代的先驱者. 徐新民，译. 北京：科学技术文献出版社，1981：8.

② 吴国盛. 科学的历程. 第二版. 北京：北京大学出版社，2002：239－240；罗宾·柯林武德. 自然的观念. 吴国盛，柯映红，译. 北京：华夏出版社，1999；艾伦·G. 狄博斯. 文艺复兴时期的人与自然. 周雁翎，译. 上海：复旦大学出版社，2000.

③ 邓晓芒. 论康德对机械论自然观的超越. 华中科技大学学报，2017（1）：1-7.

④ 康德. 历史理性批判文集. 何兆武，译. 北京：商务印书馆，1996：22.

⑤ 同④30.

作辩护或者放弃存在的权利”①。

2. 技术革新和工业革命

工业革命，或者说产业革命，起始于18世纪60年代，于19世纪30年代率先在英国完成，并逐渐扩散至欧洲大陆国家和北美地区。工业革命的范围很广，内容很丰富，可大致归纳为以下三点：第一，以机器——快速、规则、准确而且不知疲倦——代替人的技能和努力；第二，用没有生命力的动力资源代替有生命力的动力资源，特别是引进了能够将热转化为功的发动机，从而为人类开辟了一个全新的并且几乎是无限的能源供应渠道；第三，大量使用新的并且更加丰富的原材料，特别是用矿物资源替代了植物或者动物资源。② 工业革命，像新石器时代的农业革命那样，改变了历史的发展方向，使人类从农业文明进入了工业文明。建立在技术革新基础之上的工业革命，包括纺织机械技术、蒸汽动力技术、冶金采（煤）矿技术、交通运输技术和航海技术等方面。

英国的工业革命首先在其传统手工业——纺织业领域获得了突破。1733年，曾多次改善纺织技术的英国人约翰·凯（John Kay）发明了飞梭并申请了专利。这种安装在滑槽里带有小轮的梭子能在装有弹簧的滑槽两端快速地穿梭往复，这样就大大地提高了纺纱的效率，因而只需一个织工就能快速地织出宽阔的布。1765年，既是纺织工又是木工的英国人詹姆斯·哈格里夫斯（James Hargreaves）发明了一种可以用一个纺轮带动8根竖直纱锭的新纺纱机，后来扩展成80根。他以女儿的名字称这种纺纱机为“珍妮纺纱机”（Spinning Jenny）。1799年，塞缪尔·克朗普顿（Samuel Crompton）将阿克赖特的水力纺纱机与哈格里夫斯的“珍妮纺纱机”结合起来，发明了一种新型的走锭纺纱机。这种混合的纺纱机被称为“骡机”（Spinning Mule），经过改进后，可以装400根纱锭，极大地提高了纺纱业生产力低下的局面。

蒸汽机是工业革命最具有代表性的、影响最为深远的发明。蒸汽作为动力虽然早已有之，然而作为工厂工作的动力来源，却是从17世纪末开始的。在1698年，托马斯·塞维利（Thomas Savery）曾发明了一种用于矿井抽水的蒸汽机，然而由于蒸汽压限制，却不能将水提很高。第一个在商业中获得成功的蒸

---

① 马克思恩格斯选集：第3卷．3版．北京：人民出版社，2012：391.

② 哈巴库克，波斯坦．剑桥欧洲经济史：第六卷．王春法，等译．北京：经济科学出版社，2002：259.

汽机是英国工程师纽可门（Thomas Newcomen）在1712年发明的“纽可门蒸汽机”。然而，这种蒸汽机只能用于矿山抽水，不能满足更广泛的需要。于是，改造“纽可门蒸汽机”，使之满足工厂生产需要的使命就落在了戴维·瓦特（James von Breda Watt）身上。瓦特具有很强的动手能力，从1763年开始一直在研究如何提高“纽可门蒸汽机”的效率，终于在1765年想出了在气缸之后再加一个冷凝器的主意。这种想法表明瓦特的改进工作取得了关键性的进展。1781年，瓦特的雇员威廉·默多克（William Murdoch）发明了一种称为“太阳与行星”的曲柄齿轮传动系统，并以瓦特的名义成功申请了专利。1782年，他进一步设计出了双向汽缸，使热效率增加了一倍。1794年，瓦特与其合作者博尔顿（Matthew Boulton）合作组建了专门制造蒸汽机的公司，使蒸汽机得以普及开来。瓦特对蒸汽机的改进，改变了资本主义社会的生产方式，进而影响了整个世界的面貌和格局。

在冶炼方面，1709年，阿布拉罕·达比一世（Abraham Darby I）发明了焦炭炼钢法，其子达比二世（Abraham Darby II）将之用于工业生产中，以替代煤来炼钢。1740年，钟表匠本杰明·亨茨曼（Benjamin Huntsman）发明了坩埚炼钢技术，这种方法使欧洲第一次炼得了液态钢水。此项发明的关键是制造出一种可耐1 600℃高温的耐火材料，以制作坩埚。从此，各种优质钢，例如工具钢均采用坩埚法冶炼。1760年，工程师斯密顿发明了用水驱动的鼓风机，从而提高了炼铁的效率。1784年，工程师亨利·科特（Henry Cort）发明了搅拌法。他使用搅炼炉在铁熔化后将其搅拌成团，冷却后锻压成熟铁。这种方法进一步提高了炼铁的效率。1786年以后，蒸汽机的制造带来了冶铁业的繁荣，英国对法战争的军火需要扩大了冶铁业。此后，工业革命开始进入以冶铁和机器制造为主的阶段 。1824年议会取消部分机器的出口禁令后，更刺激了机器生产。1828年，J. B. 尼尔森发明用鼓风炉把热空气吹进熔铁炉的新法，完成冶铁技术的改革。冶炼技术和采矿技术的进步，大幅提高了钢铁的产能，钢铁产量从1770年的5万吨增长到1800年的13万吨，进而增长到1861年的380万吨。[①] 从此，人类不仅进入了蒸汽时代，而且迈进了钢铁时代。

纺织技术、蒸汽机技术、采矿和冶铁技术的巨大进步，在客观上要求提高运输能力和发明新的运输工具。开凿运河是一条途径，1830年，英国的运河里

---

① 斯塔夫里阿诺斯. 全球通史：从史前史到21世纪. 董书慧，王昶，徐正源，译. 第7版. 北京：北京大学出版社，2005：491.

程达到了 2 500 英里。此外，发明一种新的运输工具，也成为当时的重要需求。1807 年，美国工程师罗伯特·富尔顿（Robert Fulton）发明了以蒸汽机作为动力的“克莱蒙特号”（Clermont）蒸汽船，并在美国哈德逊河上试航，获得成功。蒸汽船从此正式进入商用，成为人们一种基本的出行工具。英国工程师理查·特里维西克（Richard Trevithick）曾在 1804 年制造了第一辆蒸汽火车，但在商业上并不成功。第一辆在商业上获得成功的是乔治·史蒂芬生（George Stephenson）在 1829 年制造的“火箭号”（Rocket）蒸汽火车。

3. 殖民扩张和社会转型

科学技术的迅猛发展，启蒙运动对欧洲国民智慧的开启，促使西方社会转型。机器大生产在经济上催生了工业资本主义，殖民扩张带来了现代化和全球化；政治上资产阶级推翻了封建专制主义，但资本主义的基本矛盾又激发起波澜壮阔的工人运动。

近代历史意义上的殖民扩张始于地理大发现。大致从 1500 年开始，大西洋沿岸商业资本主义较为发达的葡萄牙、西班牙、荷兰、英国、法国等国，为获取财富，占领土地，接踵进行海外殖民扩张。用英国殖民地时期政治家莱佛士（Sir Thomas Stamford Bingley Raffles）的话来说，这个时期展示出的是“一幅背信弃义、贿赂、残杀和卑鄙行为的绝妙图画”①。马克思曾对这一时期的殖民扩张概括道：“美洲金银产地的发现，土著居民的被剿灭、被奴役和被埋葬于矿井，对东印度开始进行的征服和掠夺，非洲变成商业性地猎获黑人的场所：这一切标志着资本主义生产时代的曙光。”② 这个时代的殖民扩张虽也采用贸易手段，但最主要的特征无疑是以暴力为基础的赤裸裸的掠夺。

在率先进行并完成工业革命的英国，大机器生产极大地提高了劳动生产率，商品也源源不断地产出。充分利用这种经济上的优势，英国不仅打败了法国、荷兰等竞争对手，确立了自己的海上霸权和商业霸权，而且以廉价商品为重炮，尝试打开一些古老帝国如印度和中国的大门。成立于 1600 年的英国东印度公司（British East India Company），起初仅有商业贸易功能，到后来，尤其在工业革

① 莱佛士. 爪哇史. 转引自：马克思恩格斯全集：第 23 卷. 北京：人民出版社，1972：820.

② 马克思恩格斯全集：第 23 卷. 北京：人民出版社，1972：819.

命时，逐渐发展成为集经济、政治、军事为一体的英国侵略和殖民印度的大本营。随着越来越多的传教士来到中国，欧洲人在了解中国历史、艺术、哲学、政治、风俗习惯和地质地貌等情况以后，对中国文化的钦佩在18世纪末逐渐消退，取而代之的是对中国自然资源和市场的兴趣。① 1793年，英国政府为打开中国国门，以为乾隆帝祝寿的名义，派马嘎尔尼等人来到北京。或许由于马嘎尔尼拒绝叩头这种宫廷礼仪的原因，该使团最终没有完成使命。马嘎尔尼使团出访中国，表明当时世界上最为先进的工业资本主义国家对守旧的中国这一巨大市场的虎视眈眈之心，“中国拒绝对世界开放，而英国人则不管别人愿意与否想让世界对所有的交流开放”②。这一次对话的失败，激发英国在半个世纪以后以鸦片和坚船利炮撞开中国的大门。

对于资本主义的迅速发展，列宁曾评价道：“从手工工场向工厂过渡，标志着技术的根本变革，这一变革推翻了几百年积累起来的工匠手艺，随着这个技术变革而来的必然是：社会生产关系的最剧烈的破坏，各个生产参加者集团之间的彻底分裂，与传统的完全决裂，资本主义一切阴暗面的加剧和扩大，以及资本主义使劳动大量社会化。”③ 随着工业机械化的发展和工厂制度的形成，资本主义进入新的历史阶段，即工业资本主义。

从18世纪下半叶到19世纪初，英国遭受着政治、军事和经济的动荡。英国相继参与了七年战争（1756—1763）、美国独立战争（1775—1783）、拿破仑战争（1803—1815）和英美战争（1812—1815）等，战争促进了国内机器大工业的急剧发展和工厂制度的确立。同时，也促使资产阶级加剧剥削和压迫工人阶级，两者之间的矛盾越来越激化。工人们为保全他们的工作，勇敢斗争，例如1811年爆发了毁坏机器的“卢德运动”（Luddite Movement）。

---

① 1776年到1814年，在巴黎先后出版了由法国耶稣会士布莱提叶（Gabriel Bretier）、法国匈奴突厥史专家德经（Joseph de Guignes）和著名东方学家萨西（Antoine Isaac Sylvestre de Sacy）先后主编的16卷本的《北京传教士关于中国历史、科学、艺术、风俗、习惯等的回忆录》（简称“《中国回忆录》”）（*Mémoires Concernant L'histoire Naturelle de L'empire Chinois*）。在这套书的第11卷中，几乎仅收录了商人可能会感兴趣的资源。参见：斯塔夫里阿诺斯．全球通史：从史前史到21世纪：下册．董书慧，王昶，徐正源，译．第7版．北京：北京大学出版社，2005：466-467.

② 阿兰·佩雷菲特．停滞的帝国：两个世界的撞击．王国卿，等译．北京：三联书店，1993：“小引”：20.

③ 列宁全集：第3卷．北京：人民出版社，1984：415.

卢德运动后来虽然失败了，但工人阶级开始觉醒，开始谋划有组织的起义运动。在 1830—1831 年，里昂有3万多名工人。他们除了被迫出卖自己的劳动力外，一无所有，深受制造商和小作坊主的双重剥削，处境最为艰难。在这种情况下，1831 年和 1834 年，法国里昂工人组织了两次群众性的武装暴动。虽然暴动最终失败了，但它意味着工人阶级开始意识到并利用革命的手段来争取自己的合法权益，揭开了世界工人运动的新篇章。几乎在同一时期，英国爆发了规模宏大的宪章运动（1836—1848），德国爆发了西里西亚纺织工人起义（1844），与里昂工人起义一起，它们被称为欧洲三大工人运动，表明无产阶级开始登上历史舞台。

这一时期，出生于 1818 年的马克思，已完成博士论文的写作（1841），开始着手深入研究哲学、政治经济学和社会主义，并陆续撰写了《1844 年经济学哲学手稿》《共产党宣言》等著作。

4. 科学教育和科学共同体

在中世纪欧洲，教会大学（或学院）除了教授宗教和神学知识，也会教授自然科学知识，如数学和天文学。1599 年，为了规范耶稣会教育，耶稣会官方制定了《培养准则》（*Ratio atque Institutio Studiorum Societatis Iesu*，通常缩写为 *Ratio Studiorum*）。在《培养准则》中，虽然传统的神学、哲学、希腊文和拉丁语等处于绝对的主导地位，但自然科学由于“可以为神学提供智能的准备和在对宗教真理的完美理解与实践应用方面提供帮助”①，因而拥有一定的地位。实际上，在耶稣会的教育过程中，科学知识也都处处得以体现，例如，“数学教授准则”是这样规定的：

> （1）他应该在 1 个小时的课堂中花 45 分钟的时间来向物理专业的学生解释欧几里得元素。在此两个月后，待他们对这个科目有所了解后，他应该增加一些学生喜闻乐见的地理学、天文学或其他内容。这种新增的内容可以和欧几里得数学一起上。
>
> （2）每个月，或者至少每俩月，他应该让一位学生当着哲学和神学学生的面解决一道著名的数学难题。此后，他想的话，也可以让大家讨论一

---

① The Jesuit Ratio Studiorum of 1599. Washington, D. C.: Conference of Major Superiors of Jesuits, 1970: 40.

下这个问题的答案。

(3) 一个月一次，一般是在周六，上课时间应该用于复习这个月所完成的课程。①

这种科学教育主要由教会大学承担的局面一直延续到18世纪。其问题在于，即便开设物理学课程，仍把它当成亚里士多德意义上的科学，强调自然哲学（当时自然科学的统称）是一门理论的科学，而非实践的科学。因此，课堂上的物理学是一门因果性和演绎性的科学，它的目的是构建严格的因果链，用关于自然界的无可怀疑的基本原理，来解释观察到的自然现象。所以，在18世纪初，培根意义上的实验哲学在高等学校仍没有立足之地，学生们很少有机会亲眼见到实验和演示。②

从18世纪到19世纪上半叶，欧洲的科学教育经历了从教会大学向世俗大学的转变过程。与此同时，科学共同体在欧洲也经历了从无到有、从英国向欧洲其他国家逐渐扩展的过程。

18世纪中后叶，科学教育的地位才逐渐在教会大学，尤其在世俗大学得到提升，许多学校设立了物理学、化学、医学、实验农学等教席。

19世纪三四十年代，自然科学已经在英国、德国、意大利、法国、俄国等国全面发展；工业革命在英国也已基本完成，英国的科学技术和工业均在国际上处于领先地位。但是，英国古典主义教育模式此时仍然占据着讲台，科学教育与社会发展仍然严重脱节。一些有识之士开始强调科学知识和科学教育的重要性，并对古典教育进行了批评："英国社会、政治和工业领域的变化是如此之大，几乎应该称之为'革命'了。但学校和大学却很少跟得上这种新的发展。"③ 后来，英国哲学家斯宾塞（Herbert Spencer）在《什么知识最有价值》（1859）一文中，对科学教育的目的和作用进行了详尽的阐述，他认为：一致的答案就是科学。这是从所有各方面得来的结论。为了直接保全自己或是维护生命和健康，最重要的知识是科学。为了间接自我保全，即我们所谓的维持生计，

① The Jesuit Ratio Studiorum of 1599. Washington, D. C.: Conference of Major Superiors of Jesuits, 1970: 46.

② 罗伊·波特. 剑桥科学史：第4卷 18世纪的科学. 方在庆，译. 郑州：大象出版社，2010：45.

③ Stanley James Curtis, Myrtle E. A. Boultwood. An Introductory History of English Education since 1800. London: University Tutorial Press, 1960: 131.

有最大价值的知识是科学。为了正当地完成父母的职责，正确指导的是科学。为了解释过去和现在的国家生活，使每个公民能合理地调节他的行为所必需的不可缺少的钥匙是科学。同样，为了各种艺术的完美创作和最高欣赏所需要的准备也是科学。而为了智慧、道德、宗教训练的目的，最有效的学习还是科学。"① 他认为，教育是为生活做准备的，而科学教育则是幸福生活所必需的。随着诸多哲学家和自然科学家对科学教育的推广，在 19 世纪后半叶，科学教育开始在欧洲和美洲大范围地进入课堂，成为教育必不可少的一部分。

"为增进自然知识"的英国皇家学会（Royal Society）1662 年正式宣告成立后，在法国巴黎、德国柏林、俄国圣彼得堡等地相继建立科学院。19 世纪初，欧洲的学术共同体已经形成，它们共同促进自然科学在欧洲的发展。19 世纪中叶，欧洲各国学术活动各自为政的现象已经不复存在，学术交流的国际壁垒也已经被打破。②

二、中西科技的差距

随着清朝闭关和禁教政策的施行，以及耶稣会在欧洲被取缔，西学东渐逐渐式微。中国科学的近代化之路，因此而停滞了一个多世纪之久。18 世纪的西方已经在自然科学的天文学、数学、物理学、生物学等诸多领域全面发展，而此时的中国科学却流行一种以乾嘉汉学（考据学）为代表的古典学术路径。考据学固然方法严谨，成果卓著，但以文本和历史为研究对象，且主观设定"西学东源"的目标。由此，中国的自然科学只好无奈地与近现代科学发展渐行渐远。科学革命君临全球，科学技术不进则退。在此期间，中西科技之间的差距越拉越大了。

1. 数学和天文、历法

在数学方面，16、17 世纪，包含算术、初等代数、平面几何、立体几何和

---

① 赫伯特·斯宾塞. 科学教育思想与教育论选读. 北京师联教育科学研究所，编译. 北京：中国环境科学出版社，2005：144；Herbert Spencer. Education：Intellectural，Moral and Physical. New York：Hurst & Company，1920：90.

② W. C. 丹皮尔. 科学史及其与哲学和宗教的关系. 李珩，译. 北京：商务印书馆，1997：390－391.

平面三角等内容的初等数学已经基本确立。从18世纪到19世纪初，由于工业革命的推动和在物理学、天文学领域的应用日益增加，数学得到了更进一步的发展。在初等数学的基础上，又有了级数展开式、变分学、椭圆函数论等新的领域的开拓。例如，在牛顿和莱布尼茨发明的微积分的基础上，瑞士数学家欧拉（Leonhard Euler）对微积分的基础进行多方面的探求，在几何学和代数拓扑学等领域也成就卓著。法国数学家柯西（Augustin Cauchy）定义了一系列的微积分学准则，并在1823年提出弹性体平衡和运动的一般方程理论。此时，在几何学，方程式论、最小二乘法等领域都取得了显著的成就；在19世纪30年代，俄国数学家罗巴切夫斯基（Nikolai Lobachevsky）建立了非欧几何学。

天文学领域，18世纪到19世纪初有了新发展，不仅进一步验证了“日心说”的正确性，而且发现了新的天体，促进了天体物理学的诞生。在牛顿力学的基础上，法国天文学家拉普拉斯出版了《天体力学》（1799—1825）五卷本，这部集各家之大成的巨著，是经典天体力学的代表性作品。其中，他利用数学方法证明了行星的轨道大小只有周期性变化，这就是著名的拉普拉斯定理；他又在《宇宙系统论》（1796）中提出了太阳系起源的“星云假说”，开始科学地探究宇宙的起源。这一假说很好地解释了太阳系的旋转方向问题。此时，借助于望远镜，在天文观测方面取得了重要发现。英国天文学家布拉德雷（James Bradley）不仅观测到了恒星位移现象，表明地球在运动，而且发现了光行差。然而他并未发现可以彻底证明“日心说”的恒星周年视差，后来，1837年德裔俄国天文学家斯特鲁维（Friedrich Georg Wilhelm von Struve）获得这一发现。英国天文学家赫舍尔借助于自己制作的巨大反射式望远镜，于1781年发现了天王星。

明末清初，借助西方传教士的帮助，我国数学家、天文学家一方面积极地翻译或编撰一些西方数学、天文学经典著作，如《几何原本》（1607）、《同文算指》（1613）、《崇祯历书》（1634）、《数理精蕴》（1713—1722）等；另一方面在吸收西方数学和天文学知识的基础上，对数学和天文学进行研究，收获颇丰，如梅文鼎的《历学疑问》《弧三角举要》和王锡阐的《晓庵新法》等。

在康熙朝之后，偶有西学传入或中国学者的研究成果，如德国传教士戴进贤的《历象考成后编》（1742）、道士李明彻的《圜天图说》（1819）、盛百二的《尚书释天》、徐朝俊（徐光启的后人）的《高厚蒙求》（1800）等。

但是，乾嘉时期，中国在数学和天文学领域，没有像西方那样走一种依靠数学抽象思维和观测实验结合的近代科学路径，而是大规模地恢复、整理、校勘古代数学和天文学遗产。《畴人传》《续畴人传》《四库全书》等为其中最为著名者。

《畴人传》是我国第一部天文学家、数学家集体传记。它是由阮元在1797—1799 年任浙江巡抚时所发起并主持的，主要由李锐编撰。畴人是指中国古代那些专门负责天文历算之学，且父子世代相传为业的人，即天文学家和数学家。该著作包含了 275 位清嘉庆以前的数学家和天文学家（附录 41 位西方科技人物）的生平事迹与著作概要，后多加续编。这是中国第一部有关数学史和天文学史的通史性著作。这部著作不仅追求科学性，而且尤其突出了对“西学东源”说的提倡。[①]《畴人传》出版以后，湮没已久的宋元时代的杨辉、宋世杰等的著作被重新发现，数学家罗士琳又编撰了《续畴人传》（1840）。由戴震参与编撰的《四库全书》收录了 58 部有关数学和天文学的著作。然而，编者如戴震等“乾嘉汉学”的代表人物，并没有认识到中西数学之间的不同和差距，对于耶稣会士带进来的著作，不是横加删节就是冷言相讥，仿佛在利用“西学东源”说来克服国人数学知识落后于西方而造成的心理失衡。[②]

在历法使用方面，完成于明朝末年的《崇祯历书》在清兵入关之后，被传教士略作整理，改为《西洋新法历书》印行。据此而施行了《时宪历》，以替代由元代郭守敬等科学家创制的《授时历》。此后，在雍正、乾隆年间，戴进贤利用其钦天监监正身份，向中国传入了当时欧洲较新的天文学成就，如开普勒关于行星的椭圆运行规律，并与乾隆时的庄亲王允禄一起修正了《历象考成》，遂编译为《历象考成后编》（1742）。这是对《时宪历》的修订和完善，一直使用至 1911 年，是为清朝使用的历法（农历）。而当时西方使用的已是公历，中国也于 1912 年民国成立时采用。通常说的公历，是经意大利医生兼哲学家阿洛伊修斯 · 里利乌斯（Aloysius Lilius）在儒略历的基础上修改的，在 1582 年由罗马教宗格里高利十三世颁布并实行的格里历（Calendarium Gregorianum）。与据哥白尼日心说而制定的格里历相比，《时宪历》所据的是较早的第谷体系，其精确性远逊于格里历。

---

① 阮元，罗士琳，华世芳，等．畴人传合编校注．冯立昇，邓亮，张俊峰，校注．郑州：中州古籍出版社，2012.

② 艾尔曼．科学在中国：1550—1900．原祖杰，等译．北京：中国人民大学出版社，2016：333；郭书春．中国科学技术史：数学卷．北京：科学出版社，2010：690-691.

总体来说，自雍正以后中西数学和天文学之间的差距越来越大。受西学东渐中断和“乾嘉汉学”的影响，雍正以后的科学氛围十分保守，近代数学、天文学成果鲜有传入中国者，即便传入，也未能得到研究和普及。演示哥白尼太阳系的仪器，如“七政仪”和“浑天合七政仪”，以及蒋友仁等制作的《坤舆全图》，都曾作为贡品献给乾隆帝，但只是深埋宫中，难与普通人见面。更有甚者，西学成果还常被轻率拒斥，例如钱大昕对蒋友仁的《坤舆全图》进行润色后，以《地球图说》为名出版，阮元却斥其观点“上下易位，动静倒置，则离经畔道不可为训”①。

尤为令人纠结的是，西学东渐以来，既没有改变数学的竖行书写方式，更没有吸收西方数学的数字化和符号化，因此极难普及和传播。例如，李善兰与英国传教士伟烈亚力（Alexander Wylie）合作翻译的《代微积拾级》，不采用西方的符号系统，以至于“微分”“积分”等都用汉字另行创造符号，客观上加大了中国数学近代化的难度。②

近代科学的发展是与其数学化分不开的，在某种程度上二者相互规定、相互影响，如海德格尔所言：“现代科学的基本特征是数学因素。按上面所说，这并不意味着现代科学是用数学进行工作的，而倒是在某种程度上探讨了，狭义上讲的数学只有根据现代科学才得以发生作用。”③ 二者的融合，形成了近代科学的数学化。④ 而在当时中国，数学和自然科学却没有发生这样的结合，更没有形成科学的数学化，故难有中国科学的近现代化。⑤

2. 生物学（博物学）和医学

现代生物学诞生于19世纪初。在此之前，包括植物学和动物学等在内的生

① 阮元，罗士琳，华世芳，等. 畴人传合编校注. 冯立昇，邓亮，张俊峰，校注. 郑州：中州古籍出版社，2012：419.

② 罗密士. 代微积拾级. 伟烈亚力，李善兰，译. 上海：墨海书馆，1859：序.

③ 海德格尔. 海德格尔选集：下. 上海：三联书店，1996：856.

④ 胡塞尔. 欧洲科学的危机与超越论的现象学. 王炳文，译. 北京：商务印书馆，2009；陈嘉映. 论近代科学的自然化. 华东师范大学学报（哲学社会科学版），2005（6）；Maynard Thompson. 科学中的数学化. 陈以鸿，译. 自然杂志，1983（6）；吴国盛. 世界的图景化：现代数理实验科学的形而上学基础. 科学与社会，2016（1）.

⑤ 李约瑟. 中国科学技术史：第三卷　数学. 《中国科学技术史》翻译小组，译. 北京：科学出版社，1978：333-383.

物学研究主要是在博物学这一范畴之下开展的。1800 年，“生物学”这个词出现于一份不起眼的德国医学文献的一个注释中。两年后，德国博物学家戈特弗里德·特雷维纳努斯（Gottfried Reinhold Treviranus，1776—1837）和拉马克分别独立地在他们的著作中又使用了这个词（biology），这样引起了人们的关注。在 1820 年，这个词在英语世界开始流行。一般来讲，博物学（植物学、动物学等）是把注意力集中在物种的外在形象和地理分布上，并探究不同的植物和动物之间可能存在的关系。其主要目的，是为了对生命体和矿物质进行更完全的计数以及更精确和更实用的分类。而现代生物学则关注生物体行使功能的过程，比如呼吸、世代传递和感受力等生命功能，这些过程合起来所产生的结果很可能就是生命本身。①

18 世纪到 19 世纪初，以林奈、布丰、拉马克为代表，西方生物学领域发展出了“进化论”思想。林奈（Carl von Linné）是瑞典的植物学家，在《自然系统》（1735）和《瑞典动物志》（1746）中对生物进行了人为的命名和分类，并且在客观上推动了进化思想的成长。布丰是法国博物学家，其进化思想深深地影响了拉马克和达尔文。他历时 50 年写出了《自然史》这一鸿篇巨制，该书不仅以优美的文笔和精美的插图向公众介绍了自然知识，而且表达了进化论思想。他不同意林奈的人为分类法，在他看来自然界的所有事物基本上都是连续分布的，并不存在明显的间断性。法国博物学家拉马克是进化论的先驱，他在《动物学哲学》（1809）中系统地阐述了他的进化论思想，提出了用进废退与获得性遗传两个法则，并认为这既是生物产生变异的原因，又是适应环境的过程。虽然拉马克的进化论思想现在已被修正和取代，但不可否认的是，它为达尔文在《物种起源》（1859）中系统地提出生物进化论提供了思想基础。

18 世纪到 19 世纪初是现代医学发展的重要阶段。其一，医学教育逐步普及，内科医师、外科医师和药剂师等接受专业医学教育的人越来越多；其二，生理学、病理学和治疗法作为 18 世纪医学领域的三大支柱有了新的发展，医学知识也越来越丰富。生理学方面，德国植物学家施莱登（Matthias Jakob Schleiden）于 1838 年用显微镜观察植物时发现植物是由细胞构成的；德国动物学家施旺（Theodor Schwann）1839 年观察动物细胞时发现动物细胞也存在着细胞核。他们二人共同建立了细胞学说。病理学方面，意大利医学家莫尔加尼（Giovanni Bat-

① 威廉·科尔曼. 19 世纪的生物学和人学. 严晴燕，译. 上海：复旦大学出版社，2000：1-17.

tista Morgagni）最早在《疾病的位置与病因》（1761）一书中系统地记载和阐述了许多疾病的器官病理变化，认为每一种疾病都与一定的器官损害有关，有它独特的病变部位。这标志着器官病理学（Organ Pathology）的形成。治疗学方面，英国医生卡伦（William Cullen）除了继承希波克拉底医学派所使用的放血疗法、泻剂和催吐剂等，还认为治疗学是一门微妙的艺术，它不仅仅意味着治愈疾病，还包括理解它们的远因（remote causes），并采取行动来对它们加以预防。①

18世纪到19世纪初，中国生物学和医学如其他自然科学一样发展缓慢，且受西学东渐的影响很小。此时，生物学领域的主要成就有赵学敏的10卷本《本草纲目拾遗》（1765）和吴其濬的《植物名实图考》（1848）。中医则主要按照自己的轨迹运行，在温病学和人痘接种领域有较大发展。明代以前，关于传染病的认识没有超越《伤寒论》的范围。到了明清时期，许多医学家在实践中，逐渐形成了温病学说。叶天士（1667—1746）是温病学的创始人，著有《温热论》（1777），从理论上概括了外感温病的发病途径和传播，提出了"温邪上受，首先犯肺，逆传心包"的说法，并将病变过程分为卫、气、营、血四个阶段。此外，还提出了察舌、验齿、辨别斑疹和白疹的诊断方法。吴瑭（1758—1836）著有《温病条辨》（1798），总结了前人的成就。王士雄（1808—1867）著有《温热经纬》（1852），使温病学说达到成熟阶段。

传染病学方面，人痘接种法是一项重要的发明。16世纪中叶，中国已盛行人痘接种术，成功预防了天花的发生。清代俞茂鲲的《痘科金镜赋集解》（1727）对人痘接种法有所记载。张璐的《张氏医通》（1695）则记载了痘衣、痘浆、旱苗等法。这些接种法，后来传到欧洲各地。但是，1796年，英国人爱德华·詹纳（Edward Jenner）发明了牛痘接种法，这种方法比人痘接种法更为安全。医生皮尔逊在1805年将这种方法传到中国，逐渐取代了我国发明的人痘接种法。还有一些传染病，如性病等，虽然在中国和西方很久以来都没有根除的疗法，但西方却沿着现代医学的道路，发展出了一些比中医有效的治疗方法。休·基朗（Hugh Gillan）是1793年随马嘎尔尼来华的英国医生。在访问中国期间，他发现各种形式的性病在中国普遍存在，并得知陪同他们南下广州的四位中国官员，即时任天津道道员的乔人杰（1740—1804）、通州协副将王文雄（1749—1800）、两广总督觉罗长麟（1748—1811）和南昌府的一位武将也染有

---

① 威廉·F. 拜纳姆. 19世纪医学科学史. 曹珍芬，译. 上海：复旦大学出版社，2000：23-25.

此病。但苦于没有良方，他们一直遭受性病的折磨和困扰。基朗医生用针给他们注射了一些药物，就痊愈了。① 此时已有许多事实证明，近现代西方医学的确比传统中医在一些疾病治疗上更为有效。

引人注目的是，受乾嘉考据学的影响，以吴谦、王清任等为代表，对传统医学的整理、辩护或质疑开始流行起来。在尊经复古这一医学潮流中，率先提出重新评估古代医学典籍的领导者是徐大椿（1693—1771）。徐大椿作为一名儒医，著有《难经经释》（1727）、《医学源流论》（1757）等著作，是中医传统派的代表人物。② 他对金元以后的医学采取排斥态度，主张回到如《黄帝内经》和《伤寒杂病论》等早期医典中去。这一时期，对医书的编撰或修订，则以《医部全录》（1726）、《御纂医宗金鉴》（1742）、《医林改错》（1830）为代表。《医部全录》共520卷，分类记录了自《黄帝内经》至清初的120余种医学文献，门类非常清晰，是中国古代中医类书之冠。《御纂医宗金鉴》是由乾隆帝下诏编撰，太医吴谦主编的，全书共90卷，是18世纪重要的医学丛书，也成为当时医学教育的重要读本。清代名医王清任的《医林改错》，修正了人们对人体解剖和生理以及一些具体疾病的认识，曾绘有《亲见改正脏腑图》。③ 其思想可贵之处在于强调了解人体内脏对于医生治病的重要性，即把医学上的问题与人体解剖联系起来。

此时，中医主要还是沿着传统医学这一道路在缓慢发展，始终未走上近现代医学的道路：一方面，从医生的职业化与医学教育和研究来看，少有专业的医生，更没有专业的医学学校和医学协会等机构；另一方面，生物学、生理解剖学、化学等领域的落后阻碍了医学的发展，外科手术和现代制药技术等也没有及时发展起来。英国医生休·基朗把自己的观察概括为："作为科学和职业来说，医学水平在中国非常之低，在他们那里确实很难说已成一门科学。"④

3. 地理学和地质科学

18世纪是从古代地理学向近代地理学的转变时期。19世纪上半叶，现代地

---

① 乔治·马戛尔尼，约翰·巴罗．马戛尔尼使团使华观感．何高济，何毓宁，译．北京：商务印书馆，2013：88-93.

② A. W. 恒慕义．清代名人传略：中．中国人民大学《清代名人传略》翻译组，译．西宁：青海人民出版社，1990：57-59.

③ 王清任．医林改错．李占永，岳雪莲，校注．北京：中国中医药出版社，1995.

④ 同①79.

理学才逐渐摆脱古代地理学半科学、半文学的状态，开始吸收近代自然科学的成果，形成了一套自己的话语体系和科学范式。在西方古代地理学开始走向近代化的过程当中，有两位代表性的奠基人物，即亚历山大·冯·洪堡（Alexander von Humboldt，1769—1859）和卡尔·李特尔（Carl Ritter，1779—1859）。洪堡是德国著名自然科学家，在地理学和地质学领域成就很大。年轻时通过对南美洲的探险考察，著有《新大陆热带区旅行自述》30卷，对其探险做了理论性的概括和总结。晚年时，著有《宇宙》15卷，是他一生观察和研究的总结。他解决了地理学发展中的三个重要问题：第一，把地球作为一个统一的整体，而人类是自然界的一部分；第二，主要探讨不同种类相互关联的现象的差异性，而这些现象共同存在于地球空间的区域或部分中；第三，研究特定的自然要素如植物、动物、土壤等时，首先应注意其同周围环境的关系。[1] 洪堡对地理学做出了很大贡献，是自然地理学和植物地理学的奠基人。卡尔·李特尔对地理学的贡献主要在于对区域地理的开创性见解，主张利用因果联系研究地理和人类，在19卷本的《地球学》中所提出的区域概念对地理学影响很大。

此时，地质学逐渐成为一门科学，尤其是1790年到1830年这段时间是地质学发展的重要时期，被称为“地质学的英雄时代”。这个时期，一方面，人们在考察岩层顺序和岩层所包含的矿物、化石等方面做了许多细致的研究；另一方面，“水成论”和“火成论”之争与“灾变说”和“均变论”之争促进了现代地质学的发展。地质学中的“水火之争”，一方以德国科学家维尔纳（Abraham G. Werner）为代表，强调形成岩石过程中的水的作用，认为地球最初是一片海洋，所有的岩层都是在海水中通过结晶、化学沉淀和机械沉积而形成的；另一方以苏格兰科学家赫顿（James Hutton）为代表，强调火的作用，在《地质学理论》（1795）中系统论述了火成论思想，认为地球内部火热的熔岩是造成地质变化的主要动力。后来，“水火之争”逐渐演变成了“灾变说”和“均变论”之争。“灾变说”（Catastrophism）的支持者，如法国博物学家乔治·居维叶（Georges Cuvier），认为地球历史上曾发生过多次大的灾难，是灾难导致了旧物种的灭绝和新物种的再创造；英国地理学家查理斯·莱尔（Charles Lyell）在其《地质学原理》（1830—1833）中提出了“均变论”（Uniformitarianism），认为一

---

① 杨吾扬. 地理学思想简史. 北京：高等教育出版社，1989：46.

切过去所发生的地质作用都和现在正在进行的作用方式相同，所以研究现在正在进行的地质作用，就可以明了过去的地球历史。

17世纪，随着传教士进入中国，中国的地理学、地质学实践逐渐被欧洲的近现代科学范式所取代。罗明坚和利玛窦携地图刚进入中国之时，就吸引了国人的关注，国人不仅开始翻译地图，而且开始制作新的地图。西学东渐给中国人带来了全新的地理学知识，如投影法、经纬度绘图法、世界五大洲与五带分布等新技术和新理念。在这些新技术和新理念的指导下，中国地理学也有了新发展，如清康熙和雍正年间经过实地测量，分别绘制了《皇舆全览图》（1717—1718）和《乾隆内府铜版地图》（又称《乾隆十三排地图》，1760—1762），完成了清朝的国土测量和地图绘制。

但在雍正以后，随着西学东渐变成西学东源，西学的影响走向式微。这一时期，中国的地理学和地质学并没有脱离半文学、半科学的状态，没有像西方那样逐渐进入近代化历程，发展成一个相对独立的研究领域。这一时期中国的地理学主要是在“乾嘉汉学”的影响之下，进行地理学著作的校勘和考证工作。清代学者主要对《禹贡》、《山海经》、《水经注》、“二十四史”地理志进行了校勘和注释。其中胡渭广泛搜集了历代地理学著作和地方志等资料，对《禹贡》进行了考释和注解，著有《禹贡锥指》（20卷），是一部关于《禹贡》的集大成之作。毕沅、郝懿行等对《山海经》进行了考证，分别著有《山海经新校正》（18卷）和《山海经笺疏》（18卷）。《山海经》在流传的过程中产生了许多错误①，因此成了清朝许多学者校正的对象，如全祖望的《全校水经注》（40卷）、赵一清的《水经注释》（40卷）、戴震的《戴氏水经注》。关于“二十四史”地理志的校释有很多，如全祖望的《汉书地理志稽疑》（6卷）。在考证方面，著作很多，如张庚的《通鉴纲目释地纠谬》（6卷）、陈懋令（1759—?）的《六朝地理考》、陈撰的《六朝水道疏》、沈钦韩（1775—1831）的《释地理》（8卷）等。

近现代地理学和地质学正是起步于18世纪末到19世纪中叶这一段时间，因此中西之间的差距主要不在于地理学和地质学知识方面，而在于研究地理和地质的方法。西方学者通过实地考察和研究，进而提出了科学理论或假说。我国士人比较局限于对地理学和地质学文本的研究，而没有针对大自然本身，这便在方法论上一开始就落后于西方了。

---

① 唐锡仁，杨文衡. 中国科学技术史：地学卷. 北京：科学出版社，2000：471.

4. 冶金、煤炭和造船技术

冶金、煤炭和造船技术的发展是工业革命的重要部分。工业革命以来，中国在这些领域逐渐落后了。

18 世纪中叶，即工业革命之前，中国冶铁业的生产规模和技术水平与当时的英、法等国相比并不逊色，是大体相当的。明清时期生铁产量已经达数十万吨，炼铁竖炉有高达 9 米的，已用焦炭做燃料、萤石做熔剂，佛山铁厂还采用了装料机械（“机车”）代替人力加料。① 可是到了近代，中国的冶金技术和煤炭技术未能实现从传统向现代的转变。

船只，按照动力的不同，通常可以分为人力船、帆船、轮帆船、轮船和驳船。在近代工业革命之前，一般大型船只以帆船为主。长久以来，我国的帆船在结构和风力利用方面具有独特的优点，造船技术在元、明（前期）达到顶峰，郑和宝船便是当时造船技术的结晶，领先于世界诸国。② 可是在明朝后期，由于受长期海禁政策的打击，我国的造船技术呈现出衰退的趋势。而西方却在船舶性能、帆装和航海技术等方面有了长足进步，如逐渐大型化，装有火炮、大铳、鸟枪等武器。到 18 世纪时，西方创造了集横帆船和纵帆船之所长的全装备帆船；19 世纪初，西方在多桅纵帆船的基础上创制了在任何季风至微风下都能快速行驶的飞剪式帆船，航速可达 20 余节。③ 尤其在 1807 年，富尔顿发明蒸汽轮船以后，以蒸汽机作为动力的轮船在西方迅速普及开来。这种轮船不仅克服了帆船必须候风的低效率运输的缺点，而且由于使用机器动力，大大降低了船员们的劳动强度，在船舶发展史上代表着一种新的生产力。

可以说，在鸦片战争之前，中国的航海业长期停滞，在造船的技术上，已

---

① 华觉明，等．世界冶金发展史．北京：科学技术文献出版社，1985：634-635．关于中国冶金开始落后的时间点，学者有不同的观点，如华觉明认为在 18 世纪中叶，即工业革命以后，中国的冶金业开始落后西方；杜石然认为直到明末以前，我国的冶金技术在采矿、冶铁、制钢、铸造、锻造和锌的冶炼等方面一直处于世界先进行列。参见：杜石然，等．中国科学技术史稿．修订版．北京：北京大学出版社，2012：303．

② 席龙飞，杨熺，唐锡仁．中国科学技术史：交通卷．北京：科学出版社，2004：202-212；席龙飞，何国卫．试论郑和宝船．武汉理工大学学报（交通科学与工程版），1983（3）．

③ 辛元欧．试论西洋帆船之发展．船史研究，1993（6）：42-45．转引自：席龙飞，杨熺，唐锡仁．中国科学技术史：交通卷．北京：科学出版社，2004：225-226．

经远落后于西方。在马嘎尔尼率英国使团访问中国时，“英船航速之快，且又是在中国人所不熟悉的海面上航行，这让朝廷大为吃惊”①。除了中国船慢于英国舰船，使团成员还观察到“中国帆船很不结实。由于船只吃水太浅，无法抵御台风的袭击……航海技术是陈旧过时的……中国船只的构造根本不适应航海”②。英国人在中国获得的经验，包括对中国战船的观察，促使他们擦亮了眼睛，获得了自信。离开中国之际，马嘎尔尼已经对中英之间即将发生的战争做了预想，他认为：“如果中国禁止英国人贸易或给他们造成重大的损失，那么只需几艘三桅战舰就能摧毁其海岸舰队，并制止他们从海南岛至北直隶湾的航运。”③ 中英之间造船技术的差距，特别是清朝统治者对先进技术的漠不关心，是导致鸦片战争中国失败的关键因素。

5. 兵器、火炮和军事技术

从世界历史的视角来考察兵器、火炮和军事技术可知，它们经历了起源于中国，经阿拉伯国家传入欧洲，迅速发展后又于明末清初时经传教士引入中国的轮回。但接下来的一个多世纪，中国并没有赶上这趟军事变革的大潮。

18 世纪到 19 世纪初，在工业革命、资本主义和科学革命的多重影响之下，英国等欧洲国家的火炮性能和军事技术有了突破。但此时，清王朝严禁民间染指火炮，中西之间关于兵器、火药和军事技术的差距变得悬殊。简单地说，“英军已处于初步发展的火器时代，而清军仍处于冷热兵器混用的时代”④。

西方国家在火器技术的理论方面硕果累累，如萨恩·雷米的《炮术便览》(1697)、罗宾斯的《炮术新原理》(1742)、斯特鲁恩的《炮兵学理》(1760)、泰佩尔霍夫的《论炮弹的飞行——假定空气阻力与速度的平方成正比》(1781)、《炮兵论文》(1784)、《实验火器的初速、射程、压力的比较》(1785) 等。⑤ 在火药方面，英国的火药制造业已经居于世界的领先地位，不仅采用了物理和化学方法，以及蒸汽机作为动力带动转鼓式装置、水压式机械碾磨火药等先进技

① 阿兰·佩雷菲特. 停滞的帝国：两个世界的撞击. 王国卿，等译. 北京：三联书店，2013：59.

② 同①57-58.

③ 同①401.

④ 茅海建. 天朝的崩溃. 北京：三联书店，1995：33.

⑤ 王兆春. 中国火器史. 北京：军事科学出版社，1991：290.

术，而且改良了火药配方。在军用枪方面，英军已经使用了当时比较先进的两种前装滑膛枪，即伯克（Baker）式燧发枪和布伦士威克（Brunswick）式击发枪。在大炮领域，17 世纪炮的生产技术进步非常大，以至于后来两个世纪里，炮的射程、威力以及炮的型号基本上没有大的变化。18 世纪以来，改进的地方主要在于大炮的机动性、编制的改良、战术和射击技术等。[①] 例如，普鲁士弗里德里希二世和法国格里博瓦尔将军曾致力于提高火炮的机动性和推动火炮的标准化，火炮的发展迅速提高了法国的战斗力，“炮兵在拿破仑战争中是起决定性作用的，是战斗中杀伤敌人的主要兵种”[②]。随后，英、法等国经多次试验，统一了火炮口径，使火炮各部分的金属重量比例更为恰当；还出现了用来测定炮弹初速的弹道摆。19 世纪初，英国采用了榴霰弹，并用空炸引信保证榴霰弹适时爆炸，提高了火炮威力。枪支和大炮等军事技术领域的革新，大大地促进了步兵和炮兵的发展，进而使军事得以现代化。

诚如坦普尔所言，“火药第一次引起西方社会关注是在公元 12 世纪末期。那时，火药已经经历了很长的发展阶段，枪炮技术也已臻于完善。在西方听说火药之前，火药及其应用在中国就已经发展到基本成熟的阶段”[③]。但是，中国虽发明并最早使用火药和火炮，西方国家却后来居上，实现了反超。火器研制先进之国的桂冠已属西方。[④] 虽然在后金和清朝初年，由于争夺政权和平定叛乱的需要，火器制造的势头一度高升，但到 1697 年（康熙三十六年）平定噶尔丹之后，火器制造出现了转折，尤其在雍正以后，火器事业再度滑坡，直到完全落后于西方。[⑤]

利玛窦刚入中国时，就曾对中国的火药有过观察，“火药并不大量用于战争，在战争中他们很少使用火枪，石炮和火炮使用得就更少，几乎所有火药都用来制造焰火，在他们每年的各种节日里都大量燃放焰火，我们见了都感到惊奇”[⑥]。在西方迅速崛起的接下来的 200 多年里，中国的军事技术几乎原地踏步。1793 年

---

① T. N. 杜普伊. 武器和战争的演变. 李志兴，等译. 北京：军事科学出版社，1985：128-129.

② 同①201.

③ 罗伯特·K. G. 坦普尔. 中国：发明与发现的国度——中国科学技术史精华. 陈养正，等译. 南昌：21 世纪出版社，1995：457.

④ 王兆春. 中国火器史. 北京：军事科学出版社，1991：277.

⑤ 同④250-285.

⑥ 利玛窦. 耶稣会与天主教进入中国史. 文铮，译. 梅欧金，校，北京：商务印书馆，2014：14.

马嘎尔尼率使团来访中国时就曾经有过深刻的体会。当他们告诉满洲贵族，欧洲人已经放弃了弓箭，而只用枪打仗时，贵族们显得十分吃惊。① 同年 11 月，使团目睹了在镇江举行的一次军事演习，对中英之间的军事差距有了更直观的认识。这场演习本来有些震慑使团的意图，但却一览无余地暴露了清朝在军事方面的落后。他们以嘲讽和挖苦的口吻记录道："兵士的装备如何呢？是弓和箭、戟、矛、剑，还有几枝火枪。他们戴的头盔从远处看像金属那样闪闪发光，然而人们怀疑它们是用涂了漆的皮革，甚至是用经过烧煮的纸板制成的。五颜六色的制服、衣冠不整的形象丝毫没有一点尚武气派，软垫靴和短裙甚至给士兵们添上了女性的色彩。"② 他们认为清朝的士兵完全是做摆设用的，毫无实战能力。中西之间的军事，仅在火器一项，鸦片战争之时，已有 200 年左右的差距。与英国大炮相比，虽然样式差不多，但中国的大炮铁质差、铸炮工艺落后、炮车和瞄准器具不全或不完善、炮弹种类少和质量差、射程近、射击速度慢、射击范围小、射击精度差，并且缺少更新和管理维护。③ 中英之间兵器、火炮和军事技术的差距，被小斯当东（Sir George Thomas Staunton，1781—1859）目睹了。1793 年，年仅 12 岁的小斯当东随其父参加马嘎尔尼使团对中国访问，并习得了汉语。1816 年，作为副使，他又随阿美士德（William Pitt Amherst）来访中国。多次在中国的经历，使其不仅了解到中国专制统治的弊端之所在，而且清醒地认识到，中国尤其在军事方面已经远远落后于英国。因此在面对中国的禁烟运动，以及中英之间的各种贸易纠纷时，小斯当东坚决认为不能采取权宜之计，而要对清开战。④

总之，经过 18 世纪到 19 世纪初的变迁，中西之间科学技术的差距越来越大，难怪马嘎尔尼 1793 年率使团访问中国后直截了当地说："至于科学，中国肯定远远落后于欧洲。"⑤

---

① 阿兰·佩雷菲特．停滞的帝国：两个世界的撞击．王国卿，等译．北京：三联书店，1993：277.

② 同①404-405.

③ 茅海建．天朝的崩溃．北京：三联书店，1995：34-37.

④ 阿兰·佩雷菲特．停滞的帝国：两个世界的撞击．王国卿，等译．北京：三联书店，2013：455-456；游博清，黄一农．天朝与远人——小斯当东与中英关系：1793—1840．"中央研究院"近代史研究所集刊，2010（69）.

⑤ 乔治·马戛尔尼，约翰·巴罗．马戛尔尼使团使华观感．何高济，何毓宁，译．北京：商务印书馆，2013：61.

三、师夷长技是唯一选择

19 世纪之初，中西已成截然不同的两个世界：一个是已经完成资产阶级革命，通过科学革命和工业革命的洗礼，正在进行全球经济扩展和殖民扩张的西方世界；另一个是历经康乾盛世的表面繁荣，奉行闭关锁国政策，官吏贪污腐化，技术停滞不前，国力日渐衰落的晚清王朝。停滞的中国在西方世界面前，已经褪去了原有的文化光环和优越感。法国政治家和学者佩雷菲特在《停滞的帝国》中，对于中西之间的关系曾巧妙比喻道："孩子们在自动电梯上逆向而上。要是停下来，他们便下来了。要是往上走，他们就停在原处。只有几级一跨地往上爬的人才能慢慢地向上升。在人类漫长的队列中，各个国家也是这样：静止不动的国家向下退，不紧不慢地前进的国家停滞不前，只有那些紧跑的国家才会前进。"①

反思和梳理自耶稣会士来中国传教，一直到 1840 年鸦片战争之前中西在数学、天文学、历法、生物学和医学、地理学和地质学、冶金、煤炭和造船技术、兵器、火炮和军事技术等领域科技发展的态势，不得不承认中西在科技领域的巨大差距，以及科技的落差与中国的政治体制、移植西学的复杂机制、抱残守缺的心态之间的密切关系。之后鸦片战争的失败，终于迫使有志之士发出了"师夷长技以制夷"的呼声。

1. 政治社会领域的落差

西方科技创新力首先得益于西方国家在政治社会领域的改革。相对宽松和自由的政治环境，为科学家的自由探索提供了最起码的保障。在 17 世纪下半叶，中国巩固了大一统的皇朝专制，英国却通过光荣革命率先走向资本主义，两国的科技发展有些许会通，但很快就分道扬镳。

1644 年，对于当时号称天下第一文明之国的中国和自认为是当时世界第一强国的英国来说，都是具有转折性意义的一年。这一年，清人主中原，占领北京，建立了新皇朝；英国则在奥利弗·克伦威尔（Oliver Cromwell）领导下，进行着限制封建王权和争取自由的革命，并最终把国王查理一世送上了断头台。1689 年，又是具有转折性意义的一年。这一年，光荣革命的胜利和《权利法

---

① 阿兰·佩雷菲特. 停滞的帝国：两个世界的撞击. 王国卿，等译. 北京：三联书店，1993：621.

案》的实施，使英国成功实行君主立宪制度，走上了资本主义的发展道路；而在中国，康熙大帝收复台湾，却回归大一统的皇朝专制的老路。

李约瑟在评论西方近代科学革命时写道："西方现代科学的崛起是和两件事联系在一起的：第一件是改革运动，第二件是资本主义的兴起。很难把它们再分开，确定何者为主；它们肯定是相辅相成的。资产阶级取得国家领导权，近代科学也就同时崛起。……我认为，如果把中国、印度和西方之间的差别，充分加以分析，最终将表明当时确实是社会性质在决定近代科学的兴起与否。"① 历史地看，资产阶级在17—18世纪是一股进步的力量，他们确实在发动科学革命方面起到了重要作用。②

然而，与欧洲在17—18世纪发生的资产阶级革命所带来的开放的、自由的科学氛围相比，中国的封建统治不仅没有"放权""还权"于民，而且专制集权更加严酷，成为现代科技在中国发展的最大障碍。与欧洲资产阶级革命之前的封建制度不同的是，中国实行的是皇朝至上的官绅制度。③ 清入主中国后，皇权不断集中，尤其在康熙、雍正、乾隆时期，通过设立南书房、军机处等机构，君主专制走向一个顶峰。在这种政治背景之下，中国的科学转型在很大程度上必然与皇帝的需要、能力、喜好和脾气密切相关。④ "明清中国是君主专制，皇帝一句话，远远超过知识分子十本书。皇帝的需要，往往决定受众的需要；统治者的好恶，往往决定西学传播的进程和路线。顺治帝相信西学，汤若望便得宠，西学传播便顺利。顺治死后，讨厌西学的鳌拜当政，汤若望便被关入大牢，西学传播便受挫折。康熙亲政，扳倒鳌拜，西学又受重视。康熙爱好数学，《数理精蕴》才得以编成。乾隆欣赏西洋建筑，圆明园内才有西洋楼。"⑤

在君主专制的体制下，君主是西学东渐能否成功，以及近现代科学能否在中国生长的关键。这是因为君主的好坏，以及对科学的态度，不仅会直接影响传教政策、传播内容，而且还严格控制科学信息的传播途径。⑥ 换句话说，在中国，君主完全控制着科学。以李约瑟常常引用的《天工开物》为例，它在明崇

---

① 李约瑟. 李约瑟文集. 潘吉星，主编. 沈阳：辽宁科学技术出版社，1986：7-8.

② 同①8.

③ 同①56-57.

④ 席宗泽. 论康熙科学政策的失误. 自然科学史研究，2000（1）：18-29.

⑤ 熊月之. 西学东渐与晚清社会. 上海：上海人民出版社，1994：59.

⑥ 罗伊·波特. 剑桥科学史：第4卷 18世纪的科学. 方在庆，译. 郑州：大象出版社，2010：602.

祯十年（1637）刊印，效果很好，却在7年以后，即1644年后不见了，只有在日本才能找到它的完整版本。① 这是什么原因呢？无论是李约瑟所认为的"可能是因为《天工开物》中涉及了铸币、制盐以及武器制造等方面的内容，而这些都是被政府垄断的"②，还是史景迁所说，是因为"宋应星在序言中提出了满洲南部和吉林地区是蛮荒落后之地这样所谓'大不敬'的言论，尽管这些言论只是轻描淡写地一带而过"③，归根结底都是中国君主专制制度对知识的控制和垄断之故。

虽然顺治帝、康熙帝都很喜欢科学，但是他们对科学知识强烈控制的欲望，造成西方科学知识不可能在中国普及，尤其涉及天文学、占星术这些在皇帝看来可以窥测"天机"的学问时，更是紧抓不误。"这些满族皇帝一般都把这些耶稣会士科学家和技术人员限制在王宫之内，由内务府管理，并派包衣和太监们进行监视。所以，尽管在制图法、数学、天文学、军备、测绘学以及医药学等领域出版了一些重要的而且是相当杰出的著作，但影响都不大。这是因为那些颇有天赋的耶稣会士科学家都被局限在与宫廷有关的研究工作上，他们的工作场所也被限定在北京内城之中，他们的研究成果最大的传播范围也仅限于王宫之内，所以对普通知识分子没有产生多少影响。"④

西学东渐以来，由传教士传入中国的许多科学知识，对普通知识分子和民众却没有产生什么深刻影响。其中缘由，首属已经落后的中国皇权专制制度。历史告诉我们，欧洲对政治制度的改革，促进了近现代科学的发展；中国对专制皇权的固守，则阻碍了近现代科学在中国的传播和发展。

2. 在中国本土移植西学的复杂机制

西学移植于中国本土，是一个比植物移植更为复杂的问题，起码需要考虑到以下几个方面："移植"的目的和手段，中国有没有适宜西学存活和传播的土壤，以及中国人对西学的复杂心理等诸多方面。

---

① 史景迁．中国纵横：一个汉学家的学术探究之旅．夏俊霞，等译．上海：上海远东出版社，2005：181.

② 李约瑟：中国科学技术史：第四卷 物理学及相关技术．鲍国宝，等译．北京：科学出版社，1999：184.

③ 同①.

④ 同①182.

利玛窦等人采用“学术传教”的策略，并没有改变传教士向中国移植西学的宗教本质。艾尔曼认为：“耶稣会到中国来不是为了推动科学前沿或者改进欧洲式的天文设备。他们寻求的是将中国变成一个天主教国家。”① 因此，“耶稣会士的主要兴趣在于将科学作为达到宗教目的的一种手段”②，而并不是为了传播科学知识，帮助中国实现科学技术近代化。为什么要借助于科学知识来传教呢？在英国科技史家李约瑟看来，传教士的脑海中或许存在着这样一个逻辑，即只有基督教才能发展出这样的科学，要想学习西方科学，则需要信仰基督教。正因为如此，耶稣会士把文艺复兴时期的自然科学坚持说是“西学”，然而中国人包括皇帝更情愿用“新”来代替“西”字。李约瑟认为，传教士强调近代科学与基督教的必然联系是不对的，一个特殊的历史情况的发生，并不能证明某种伴生关系是必然要发生的；在耶稣会士入华传教后期，这种狭隘的观念阻滞了近代科学在中国的发展。③ 例如，1710 年传教士傅圣泽等人要用德拉伊尔的新星表，但监察神父却不允许这样做，因为他害怕这样会“使人感到是在非难我们前辈费力建立起来的理论，予人以重新斥责吾教的可乘之机”④。

在此宗教目的之下的科学知识的传播往往很受限制。1616 年天主教教廷禁止传授太阳中心说以及相关的科学知识，这极大地妨碍了耶稣会士改善自己的科学知识状况，及时地跟上当时科学发展的步伐。宗教禁忌导致耶稣会士没能引入当时欧洲较为先进的天文仪器、精确的计时工具以及解析几何和微积分等科学成果。由于罗马教皇对异端的打压和迫害，即便引进了某些先进的科学知识，也未必能在中国很好地利用和传播，如哥白尼理论。其实 1634 年完成的《崇祯历书》就曾引用哥白尼的《天体运行论》，全文译出了八章，译出了哥白尼发表的二十七项观测记录中的十七项，并承认哥白尼是四大天文学家之一⑤；

---

① 艾尔曼. 科学在中国：1550—1900. 原祖杰，等译. 北京：中国人民大学出版社，2016：125.

② 罗伊·波特. 剑桥科学史：第 4 卷 18 世纪的科学. 方在庆，译. 郑州：大象出版社，2010：600.

③ Joseph Needham. Science and Civilization in China，Volume 3：Mathematics and the Sciences of the Heavens and the Earth. Cambridge：Cambridge University Press：448-450.

④ 李约瑟. 中国科学技术史：第四卷 天学. 北京：科学出版社，1975：676. 这里的第 4 卷，实为英文原著第 3 卷的一部分。

⑤ 席文，严敦杰，薄树人，王健民，陈久金，陈美东. 日心地动说在中国——纪念哥白尼诞生五百周年纪念. 中国科学，1973（3）.

但却隐瞒了哥白尼的日心说，致使《崇祯历书》并未采用先进的“日心说”，而是采用了“地心日心说”折中的方案，即第谷的宇宙体系。汉学家艾尔曼认为：“如果在钦天监工作的耶稣会士能够将哥白尼体系及时介绍到中国，中国的数理天文学发展就会是另一番景象。”①

西学能否成功地移植于中国，受政治影响，即政权更迭、皇帝喜好等等的影响比较大。利玛窦来华以来，中国历经明、清王朝嬗替，万历、泰昌、天启、崇祯、顺治、康熙、雍正、乾隆、嘉庆、道光等十几位皇帝在位，他们对西学的态度直接左右西学在中国的传播。总体来说，明末清初时期，政治社会环境比较有利于传教士和中国的知识分子通过引入各种科学仪器、翻译科学书籍等方法将西学传入和移植到中国。但自康熙末年以来，政治氛围日趋保守。由于礼仪之争和教案时有发生，康熙帝实行禁教政策，并在雍正帝、乾隆帝时得以延续，直至鸦片战争。实行禁教的一个多世纪，传教士像秘密会社成员那样，多住在穷乡僻壤，只能偷偷摸摸地传教，数量实际上减少了许多②，与禁教之前西学传播的盛况不能相提并论了。

再则，移植西学牵涉到儒学和西方科学的复杂关系，以及中国知识分子对西学的矛盾态度。儒学和西方科学本来没什么联系，然而，自耶稣会士踏进中国进行传教和传播科学以来，二者的联系却发生了。儒学究竟是促进了西学在中国的传播呢，还是延缓了它呢？中国传统知识分子对科学是何态度呢？李约瑟在分析儒学与科学的矛盾关系时说：“一方面它助长了科学的萌芽，一方面又使之受到损害。因为就前一方面来说，儒家思想基本上是重理性的，反对任何迷信以至超自然的宗教……就后一方面来说，儒家思想把注意力倾注于人类社会生活，而无视非人类的现象，只研究‘事’（affairs），而不研究‘物’（things）。”③ 实际上，除了虔敬的天主教徒以及卓有见地的士人徐光启等，多数中国士大夫对西方科学是将信将疑的，甚至是激烈批判的。传教士与中国传统的知识分子在西方科学上的态度对立，例如，南怀仁和杨光先关于中西历法

---

① 艾尔曼．科学在中国：1550—1900．原祖杰，等译．北京：中国人民大学出版社，2016：118.

② 费正清．剑桥中国晚清史 1800—1911：上卷．中国社会科学院历史研究所编译室，译．北京：中国社会科学出版社，1985：587-588.

③ 李约瑟．中国科学技术史：第二卷　科学思想史．何兆武，译．北京：北京科学出版社．上海：上海古籍出版社，1990：12.

孰优孰劣的争论，是一点也不奇怪的。然而，随着西方科学的先进性越来越得以展示，国人不得不予承认时，儒学主流又开始倡导和论证“西学东源”一说了。一位传教士曾经对受儒家熏陶的知识分子评论道：“在中国文人主要从儒家学到的温文尔雅的外表下面，几乎只有狡诈、愚昧、野蛮、粗野、傲慢和对任何外国事物的根深蒂固的仇恨。”①

总体上来说，耶稣会士虽然凭借着各种自鸣钟、大西洋琴、天文望远镜等“远西奇器”和阿基米德数学、第谷天文理论等自然科学知识，赢得了不少中国本土学者、官员甚至是皇帝的喜欢，使他们可以与明清时期的官员平等地交流，并被委以改革历法和掌管钦天监的重任，但耶稣会士给广大中国士人留下的印象只停留在表面，除天文学之类的专门知识，欧洲人对中国文明的影响是微不足道的。

3．抱残守缺的落后心态

中国文化历来有尊重传统、推崇古代的理念，往往以与“祖制”“定制”“祖训”“体制”不合等名义断然扼杀或阻止新事物的产生或传播。17 世纪以来，这种厚古薄今、抱残守缺的做法也延续到了如何对待现代科学这一问题上。

在面对西方科学知识时，这种抱残守缺的心态导致了一种民族自我中心主义偏见，促使中国的统治者和士人对中国以外的发展漠不关心。在将近两百年的时间里，北京一直住有耶稣会士，他们中的一些人如利玛窦、汤若望和南怀仁等是学者，与清朝统治阶层有密切的联系，但中国的上层精英对西方的知识与科学几乎没有兴趣。例如在 1792—1793 年，英王特使马嘎尔尼率领一个 500 人的庞大代表团访问中国，要求开放更多的港口进行贸易。他带来了 600 箱礼物送给乾隆帝。英国人想把他们最新的发明介绍给中国，如蒸汽机、棉纺机、织布机，并猜想准会让中国人感到惊奇和高兴。但让英国人大失所望的是，清朝人对此不感兴趣。在他们看来，这些洋人的东西，不过是些无用的奇技淫巧罢了。乾隆帝在对乔治三世的答复中不仅以“至尔国王表内恳请派一尔国之人住居天朝，照管尔国买卖一节，此则与天朝体制不合，断不可行”② 的理由，断然拒绝了英使的通商等请求，而且以傲慢的、抱残守缺的心态表示对于英使

① 费正清．剑桥中国晚清史 1800—1911：上卷．中国社会科学院历史研究所编译室，译．北京：中国社会科学出版社，1985：608.

② 王先谦．正续东华录：乾隆第一百十八卷．北京：撷华书局．1887：5；斯当东．英使谒见乾隆纪实．叶笃义，译．北京：商务印书馆，1963：559.

带来的礼物并不感兴趣，“天朝物产丰盈，无所不有，原不借外夷货物以通有无”①。乾隆帝的这封回信将大清皇朝因循守旧、高傲自大的心态表达得淋漓尽致。对科学礼物的轻视也使英使团大失所望，他们认为完全高估了清朝统治者对科学礼物价值的理解，并且担心这样做也许会刺激和伤害骄傲自大的清朝。②到了 1816 年，英国使团再次访问中国时，便不带科学仪器了。

皇朝统治者和士大夫抱残守缺的心态有时也会做出妥协，或者是有选择地接受西方科学，或者指出西方科学原本来自中国，以强调西学的“东源”属性。

前者主要出现在明末清初时期，朝廷对西方传教士传入的科学有选择地加以接受，例如对数学和天文学特别重视。“数学和天文学在那时是尤其重要的，之所以这样，是因为准确的日历和精确地对日蚀和月蚀的计算对中国朝廷的威望来说是至关重要的。朝廷把持着最终批准所有这样的计算的权力。因此，耶稣会士会挑选一些在这些领域具有独特技能的传教士。这些传教士在耶稣会学院作为新生或者学者都已经出类拔萃了。”③ 中国自古以来就有“君权天授”的说法，皇帝也自称天子，皇帝的政治命运和老百姓的生老病死似乎都和“天意”紧密相连。因此作为天子，皇帝有责任建立一套合理的（或起码看上去是真实的）、梳理天文现象的天文体系，制定一套完善的日历。“无论是汉人朝廷还是非汉人朝廷，要想平定天下，就要在技术上通晓天体的变化，除了定期出现的日、月食外，还要了解不定期出现的新的星体、日晕现象、流星和陨石等。如果帝国官员未能预测天象以及地震、灾荒等自然灾害，就会被看作皇帝无德的征兆。”④

后者即自康熙帝起强调的“西学东源”说。“西学东源”肇始于黄宗羲、方以智和王夫之等明末知识分子。康熙帝在《三角形推算法论》中对“西学东

---

① 王先谦．正续东华录：乾隆第一百十八卷．北京：撷华书局．1887：6-7；斯当东．英使谒见乾隆纪实．叶笃义，译．北京：商务印书馆，1963：560.

② Sir John Barrow. Travels in China, Containing Descriptions, Observations, And Comparison, Made and Collected in The Course of a Short Residence at The Imperial Palace of Yuen-Min-Yuen. London: T. Cadell and W. Davies, 1804: 343.

③ Jonathan D. Spence. The Dream of Catholic China, Review of Journey to the East: The Jesuit Mission to China, 1579 - 1724. by Liam Matthew Brockey, June 28, 2007. (http://www.nybooks.com/articles/2007/06/28/the-dream-of-catholic-china/)

④ 艾尔曼．科学在中国：1550—1900．原祖杰，等译．北京：中国人民大学出版社，2016：81.

源”进行了详细论述，认为“历原出自中国，传及于极西，西人守之不失，测量不已，岁岁增修，所以得其差分之疏密，非有他术也”①。这里明确指出西历是中土流传过去的。他关于数学方面的说法更受人注意，一条经常被引用的史料是 1711 年（康熙五十年）与赵弘燮论数，称：“即西洋算法亦善，原系中国算法，彼称为阿尔朱巴尔。阿尔朱巴尔者，传自东方之谓也。”② 康熙帝的这一说法，得到数学家梅文鼎的热烈响应。乾嘉学派兴盛时，其重要人物如阮元、戴震等都大力宣扬“西学东源”说。阮元是此说推波助澜的代表人物。1799 年他编成《畴人传》，其中多次论述“西学东源”，如“然元尝博观史志，综览天文算术家言，而知新法亦集合古今之长而为之，非彼西人所能独创也。如地为圆体，则《曾子》十篇中已言之。太阳高卑，与《考灵曜》‘地有四游’之说合。蒙气有差，即姜岌‘地有游气’之论。诸曜异天，即郄萌‘不附天体’之说。凡此之等，安知非出于中国，如借根方之本为东来法乎！”③ “西学东源”之说，借西方科学与中国典籍中的某些相通之处，便称中国文化是西方科学的源头，实是抱残守缺、贬低西方科学的讨巧手法。

4. 痛定思变：“师夷长技以制夷”

对于中国来说，1840 年鸦片战争是一个划时代的历史事件。对于英国来说，它没有听从拿破仑关于发动与中国的战争是十分糟糕的事情的忠告④，而是在这一年悍然开战。当时已是世界霸主的英国锐不可当，凭着坚船利炮，在封锁珠江口以后，一直北上，直到天津大沽口，清军则节节败退。如前文所述，此时清军的武器和战船根本无法与英军对抗，一触即溃，伤亡惨重。

英国入侵中国，并非偶然。在经济方面，18 世纪下半叶，美国独立战争爆发，英国丧失了美国这一大的市场，它需要从其他地方得到弥补。此后，英国的殖民方向开始转变，中国这一巨大市场对英国具有极大的诱惑力，先后两次派使团来中国足可证明。另外，在军事层面，经过滑铁卢战役战胜拿破仑之后，

---

① 康熙. 三角形推算法论. 摛藻堂影印《四库全书荟要》本.

② 清实录：第六册. 北京：中华书局，1985：431.

③ 阮元，罗士琳，华世芳，等. 畴人传合编校注. 冯立昇，邓亮，张俊峰，校注. 郑州：中州古籍出版社，2012：406.

④ 阿兰·佩雷菲特. 停滞的帝国：两个世界的撞击. 王国卿，等译. 北京：三联书店，1993：595-596.

英国已确立了其在世界的霸权地位。

此时英国对中国已是相当了解。在西方传教士向中国传播基督教和输入科学知识的同时，也将包括政治制度、科学技术、风俗人情、地理地貌等在内的中国基本国情和中国文化传入西方。在16世纪以前，欧洲虽然已经接触到中国的丝绸、火药与磁针，但对中国的认识却是模糊的，不知道中国在什么地方。[①] 18世纪之后，西方对中国的了解已今非昔比，远甚于中国对西方的了解。一方面，传教士翻译的中国书籍，以及书写的信件和游记见闻，是了解中国的第一手资料。例如，在18世纪就出现了"三大巨著"：《耶稣会士通信集》[②]、《中华帝国全志》和《中国杂纂》等。另一方面，17—18世纪时已经有一些中国人来到欧洲。此时，到过法国的中国人将近40人，这些人在接受基督教教义、学习法国的科学技术的同时，也向法国传播中国知识和技术。例如，高类思和杨德望受到法国国王和王后的接见，得到大臣的周到安排和科学院院士的指导。[③] 中国的著作和去往欧洲的中国人，不仅加深了西方对中国的了解，而且深刻地影响了伏尔泰、孟德斯鸠、达尔文等人文与科学巨擘，不断刺激着西方对中国这一东方文明古国的好奇心和对中国广大市场的野心。反观此时的中国，雍正之后严格采取禁教政策，封闭了了解西方的窗口，西学东渐几乎中断。等到鸦片战争打响的时候，清朝道光帝还在不断地问臣子关于英吉利的情况："究竟该国地方周围几许？所属国共有若干？其最为强大、不受该国统束者共有若干？英吉利至回疆各部有无旱路可通？平素有无往来？俄罗斯是否接壤？有无贸易相

---

① 阎宗临. 十七、十八世纪中国与欧洲的关系//阎宗临史学文集. 太原：山西古籍出版社，1998：3.

② 《耶稣会士通信集》是欧洲旅居中国和东印度传教士的书信和报告集，由巴黎耶稣会总会长哥比安（Charles Le Gobien，1653—1708）创办，1702—1776年共刊出34卷，其中16—26卷收载由中国寄来的信。1843年在巴黎重新出版，名为《耶稣会士中国通信集1689—1781年》（*Lettres édifiantes et curieuses：écrites de* 1689 *à* 1781 *par des missionnaires jésuites de Pékin et des provinces de Chine*，*Edition du Panthéon littéraire*），记载了康熙、雍正、乾隆年间的白晋、马若瑟、宋君荣、冯秉正、沙守信、傅圣泽等众多法国耶稣会士的通信，对中国不同于自己家乡的哲学宗教、历史地理、民风习俗、物产工艺、伦理道德等都有描述和研究，这些对中国社会的纪实描写成为当时欧洲人了解中国乃至东方的第一手资料和主要参考文献。

③ 荣振华. 乾隆年代京畿两民游法参观工业记. 震旦杂志，1949：158-159. 转引自：许明龙. 中西文化交流先驱. 北京：东方出版社，1993：354-355.

通?”① 与清初顺治帝和康熙帝相比，道光帝对西方和科学简直是无知。

1793 年的马嘎尔尼使团和 1816 年的阿美士德使团不仅由于“三叩九拜”的礼仪、中国拒绝接受英国使团精心准备的礼物等问题闹得很不愉快，而且中国拒绝了对方的通商请求。正如艾尔曼所评论的：“英国越来越为一个问题感到焦虑，那就是，仅仅通过外交手段，是否足以使自己与中国这一世界上最重要的市场建立联系?”② 英国人深信亚当·斯密在《国民财富的性质和原因的研究》中提出的自由贸易模式。因而，既然通过正常的外交途径无法与中国建立经济联系③，那么通过推销鸦片、发动战争等非正当手段也就成了英国的选择。

以孔子思想为代表的中国传统文化曾在西方广泛流传，并得到高度评价。但从 18 世纪后半叶开始，中国已不再是西方仰慕甚至模仿的对象④，包括英国在内的欧洲国家对中国的态度发生了向排斥方向的转变⑤。德国历史学家和哲学家赫尔德（Johann Gottfried Herder，1744—1803）在《关于人类历史的哲学思想》（1784—1791）中，尖锐地批判孔子道：“对我来说，孔子是个伟大的名字，尽管我马上得承认它是一副枷锁，它不仅仅套在了孔子自己的头上，而且他怀着最美好的愿望，通过他的政治道德说教，把这副枷锁永远地强加给了那些愚昧迷信的下层民众和中国的整个国家机构。在这副枷锁束缚之下，中国人以及世界上受孔子思想教育的其他民族仿佛一直停留在幼儿期，因为这种道德学说

---

① 王之春. 清朝柔远记. 赵春晨，点校. 北京：中华书局，1989：215.

② 艾尔曼. 中国近代科学的文化史. 王红霞，等译. 上海：上海古籍出版社，2009：93-94.

③ 阿兰·佩雷菲特. 停滞的帝国：两个世界的撞击. 王国卿，等译. 北京：三联书店，1993：568.

④ François Quesnay. Le Despotisme de la Chine，Paris：N. p.，1767。英译本参照 Lewis A. Maverick. China a model for Europe. San Antonio，Texas：Paul Anderson Company，1946.

⑤ 艾田蒲. 中国之欧洲——西方对中国的仰慕到排斥：下卷. 许钧，钱林森，译. 桂林：广西师范大学出版社，2008：282-290；Adolf Reichwein. China and Europe：Intellectual and Artistic Contacts in the Eighteenth Century. J. C. Powell（translated），New York：Alfred A. Knopf，1925：149-153；利奇温. 十八世纪中国与欧洲文化的接触. 朱杰勤，译. 北京：商务印书馆，1962：129-132；许明龙. 欧洲十八世纪“中国热”. 北京：外语教学与研究出版社，2007：215-238；阿兰·佩雷菲特. 停滞的帝国：两个世界的撞击. 王国卿，等译. 北京：三联书店，1993：559-568.

呆板机械，永远禁锢着人们的思想，使其不能自由地发展，使得专制帝国中产生不出第二个孔子。”① 此时，欧洲更多地关注自由平等理念、现代科技发展，以及全球性的经济利益。停滞的中国，仅靠传统文化的魅力显然已经无法吸引欧洲目光，并为西方所敬重。

英国得以入侵中国，与清朝腐朽的政治、落后的科技、陈旧的军事设备等不无关系。在“康乾盛世”华丽的外表之下，已经潜藏着危机。乾隆时期虽然处于清朝鼎盛时期，却也惴惴不安。马嘎尔尼所率的英使团在北京逗留时就曾详细描述和珅及太监的腐朽：“他既有权欲，又贪污成性，他已逐渐在首都和外省建立起忠于他的一个庞大关系网。这些做法腐蚀了公共事业，激起了百姓的不满。”② 在和珅的影响之下，乾隆时期的太监虽未有明朝太监那么大的权力，但通过阿谀奉承、陪同主子寻欢作乐等获取一定的权力和声望。政治腐败从中堂这样的高层官员一直到基层，腐蚀着清王朝的肌体。曾经护送马嘎尔尼使团到广州的天津道道员乔人杰，曾对马嘎尔尼谈起过一起官员利用赈济救灾来贪污的案件。当时皇帝传旨发放 10 万两银子赈灾，第一位官员扣下了 2 万，第二位扣了 1 万，第三位又扣了五千，以此类推，最后只剩下 2 万两给了灾民。③

如此背景之下，鸦片战争自然不可避免，中国自然会输。④ 鸦片战争给中华民族带来了伤痛，开启了中国近代社会屈辱的历史；同时，也使中国开始从“沉睡”状态“苏醒”，从“停滞”状态逐渐开始主动向西方学习。有识之士认识到了中西之间的巨大差距，激发了向西方学习的决心。魏源在《海国图志》（1841）序言中就为何写该书谈道：“为以夷攻夷而作，为以夷款夷而作，为师夷长技以制夷而作。”⑤ 可以说，“师夷长技以制夷”奠定了中国此后一百年的基调，即主动向西方学习科学技术和一切先进知识，以求中华民族终能屹立于世界民族之林。

---

① 何兆武，等. 中国印象——世界名人论中国文化. 桂林：广西师范大学出版社，2001：141.

② 阿兰·佩雷菲特. 停滞的帝国：两个世界的撞击. 王国卿，等译. 北京：三联书店，1993：298.

③ 同②353.

④ Barry Edward O'Meara. Napoleon in Exile：Or，A Voice from St. Helena. The Opinions and Reflections of Napoleon on the Most. Vol. 1. Philadelphia：H. C. Carey and I. Lea，1822：304-305.

⑤ 魏源. 海国图志. 长沙：岳麓书社，1998：海国图志原序 1.

参考文献

[1] The Jesuit Ratio Studiorum of 1599. Washington, D. C.: Conference of Major Superiors of Jesuits, 1970.

[2] Sir John Barrow. Travels in China, Containing Descriptions, Observations, And Comparison, Made and Collected in The Course of a Short Residence at The Imperial Palace of Yuen-Min-Yuen. London: T. Cadell and W. Davies, 1804.

[3] Lewis A. Maverick. China a Model for Europe. San Antonio, Texas: Paul Anderson Company, 1946.

[4] Joseph Needham. Science and Civilization in China: Volume 3. Taipei: Caves Books, Ltd., 1986.

[5] Joseph Needham. Science and Civilization in China, Volume 4: Physics and Physical Technology, Part 2, Mechanical Engineering. Cambridge: Cambridge University Press, 1965.

[6] 费正清. 剑桥中国晚清史 1800—1911：上卷. 中国社会科学院历史研究所编译室，译. 北京：中国社会科学出版社，1985.

[7] 海德格尔. 海德格尔选集：下. 上海：三联书店，1996.

[8] 胡塞尔. 欧洲科学的危机与超越论的现象学. 王炳文，译. 北京：商务印书馆，2009.

[9] 康德. 历史理性批判文集. 何兆武，译. 北京：商务印书馆，1996.

[10] 利奇温. 十八世纪中国与欧洲文化的接触. 朱杰勤，译. 北京：商务印书馆，1962.

[11] 艾田蒲. 中国之欧洲——西方对中国的仰慕到排斥：下卷. 许钧，钱林森，译. 桂林：广西师范大学出版社，2008.

[12] 杜赫德. 耶稣会士中国书简集. 耿昇，等译. 郑州：大象出版社，2005.

[13] 蓝莉. 请中国作证：杜赫德的《中华帝国全志》. 许明龙，译. 北京：商务印书馆，2014.

[14] 阿兰·佩雷菲特. 停滞的帝国：两个世界的撞击. 王国卿，等译. 北京：三联书店，2013.

[15] 艾尔曼. 科学在中国：1550—1900. 原祖杰，等译. 北京：中国人民大学出版社，2016.

[16] 艾尔曼. 中国近代科学的文化史. 王红霞，等译. 上海：上海古籍出版

社，2009.

［17］何伟亚．怀柔远人：马嘎尔尼使华的中英礼仪冲突．邓常春，译．北京：社会科学文献出版社，2002.

［18］贾雷德·戴蒙德．枪炮、病菌与钢铁．谢延光，译．上海：上海译文出版社，2000.

［19］罗伊·波特．剑桥科学史：第4卷　18世纪的科学．方在庆，译．郑州：大象出版社，2010.

［20］史景迁．中国纵横：一个汉学家的学术探究之旅．夏俊霞，等译．上海：上海远东出版社，2005.

［21］蒋良骐．东华录．北京：中华书局，1980.

［22］李善兰．代微积分拾级．上海：墨海书馆，1859.

［23］阮元，罗士琳，华世芳，等．畴人传合编校注．冯立昇，邓亮，张俊峰，校注．郑州：中州古籍出版社，2012.

［24］王清任．医林改错．李占永，岳雪莲，校注．北京：中国中医药出版社，1995.

［25］王先谦．正续东华录：乾隆第一百十八卷．北京：撷华书局，1887.

［26］魏源．海国图志．长沙：岳麓书社，1998.

［27］利玛窦．耶稣会与天主教进入中国史．文铮，译．梅欧金，校．北京：商务印书馆，2014.

［28］赫·斯宾塞．科学教育思想与《教育论》选读．北京师联教育科学研究所，编译．北京：中国环境科学出版社，2005.

［29］李约瑟．大滴定：东西方的科学与社会．范庭玉，译．台北：帕米尔书店，1984.

［30］李约瑟．李约瑟文集．潘吉星，主编．沈阳：辽宁科学技术出版社，1986.

［31］李约瑟．中国科学技术史：第二卷　科学思想史．何兆武，译．北京：科学出版社．上海：上海古籍出版社，1990.

［32］李约瑟．中国科学技术史：第三卷　数学．《中国科学技术史》翻译小组，译．北京：科学出版社，1978.

［33］李约瑟．中国科学技术史：第四卷　天学．北京：科学出版社，1975.

［34］罗宾·柯林武德．自然的观念．吴国盛，柯映红，译．北京：华夏出版社，1999.

［35］乔治·马戛尔尼，约翰·巴罗．马戛尔尼使团使华观感．何高济，何毓宁，译．北京：商务印书馆，2013.

［36］斯当东．英使谒见乾隆纪实．叶笃义，译．北京：商务印书馆，1963.

［37］杜石然，等．中国科学技术史稿．修订版．北京：北京大学出版社，2012.

[38] 洪业. 洪业论学集. 北京：中华书局，1981.
[39] 梁启超. 中国近三百年学术史. 北京：东方出版社，1996.
[40] 中国科学技术史：数学卷. 北京：科学出版社，2010.
[41] 中国科学技术史：医学卷. 北京：科学出版社，1998.
[42] 中国科学技术史：地学卷. 北京：科学出版社，2000.
[43] 中国科学技术史·交通卷. 北京：科学出版社，2004.
[44] 中国科学技术史：科学思想史卷. 北京：科学出版社，2001.
[45] 茅海建. 天朝的崩溃：鸦片战争再研究. 北京：三联书店，2005.
[46] 阎宗临. 中西交通史. 桂林：广西师范大学出版社，2007.
[47] 阎宗临. 阎宗临史学文集. 太原：山西古籍出版社，1998.

索　引

一、人名索引

A

B

C

D

E

F

G

H

J

K

L

N

O

P

Q

R

S

T

W

X

X

Y

Z

二、术语索引

C

D

E

F

G

H

K

L

M

N

O

P

Q

R

S

T

W

X

Y

Z

后　记

笔者对中国近现代科技转型问题的研究兴趣，当可追溯到20多年前。在20世纪90年代，笔者曾主持两本相关著作的写作。一本是笔者和吴向红博士合作的《新学苦旅：科学·社会·文化的大撞击》（江西高校出版社1995年版），另一本是笔者主编的《中国科技体制的转型之路》（山东科学技术出版社1995年版）。这两本书虽比较粗糙简略，却使人对明末清初、清末民初以及当代的科技演变、体制转型，增添了更多的关注、更深的省思。

笔者对这一问题的研究梦寐萦怀，至今不曾放弃。非常欣慰，2016年，笔者受命主持中国人民大学重大规划项目“中国近现代科技转型的历史轨迹与哲学反思”（16XNLG02），终于有机会集中精力延续对该问题的求索。本书乃成果之第一卷，名之曰：《西学东渐》。

中国近现代社会的巨大变革，离不开对西方科技的学习和引进，这一过程也始终伴随着对中国传统科技文化的检讨和继承。就近现代中国文化转型问题的研究而言，自清末民初以降，著述颇丰且不乏深刻洞见，当下研究则已呈多元化态势。但是，对于中国近现代科技转型问题的研究则相对比较匮乏，至今仍处于某种零散状态，系统的梳理以及对所暴露问题的哲学反思则尤显不足。

西学东渐数百年，科技的传播、移植与重构不仅没有结束，反而历久弥新。在当今中国，科学技术已经从器物层面上升为一种制度和一种精神气质。在此时代背景下，中华科技文明正站在人文文化与科学文化融合的十字路口，迫切需要从科技哲学和科技史的层面加以观照。认真审视中国近现代科技和教育体制转型的历史轨迹，客观讲述和评价近几个世纪来的那些人和事，并通过哲学反思妥加审度，不但是绕不过去的任务，而且是常令人动情和扼腕的痛。

这是一个极富挑战性的课题，但是，单打独斗于笔者是捉襟见肘，不可能顺利完成的。好在笔者组织的团队非常棒，对于一些基本问题，能形成共同的理念和愿景；在操作层面，又具有很强的互补性。团队成员既包括相关研究领域的教授，也有生气勃勃、初出茅庐的博士生。在充分酝酿的基础上，团队对笔者提出的提纲、思路和撰写要求达成了共识，并按照分工如期提交了初稿。在此基础上，由笔者主持对初稿进行了打磨、加工和处理。历经审读、规范处理和反复修改，不惧自我否定甚至推倒重来，方才推出一部自认为尚可站住脚的书稿。直接参与本书初稿写作和修改的同人如下：

导　言　（刘大椿）

第一章　1583 年的中国科学技术（刘永谋、兰立山）

第二章　耶稣会士背后的欧洲科学与技术（王伯鲁、赵绪涛）

第三章　西方科技缘何东传（雷环捷）

第四章　利玛窦和徐光启（雷环捷）

第五章　西学在动乱中的机遇（王玮）

第六章　康熙帝与西学（王玮）

第七章　西学的式微（林坚）

第八章　对外封闭和文化专制（雷环捷）

尾　声　1840 年中西科技的悬殊对比（赵俊海）

索　引　（樊姗姗）

两年多的著述，的确是一次难忘的历练。可以说，写作的过程也是一个学习和研讨的过程、一个纠错和精益求精的过程。写作团队对这段历史中的人和事、是与非有了新的认识，并且感到特别荣幸能够参与到它们的重构之中来，这也许是本课题最大的收获了。为了保证书稿的水准，笔者个人前后两次对全书进行统稿，或删削，或增补，或润色，细审材料，酌定观点，调整结构和内容，唯望减少错误，使书稿更臻成熟。本书是团队合作的成果，捉刀者众，但观点和内容最后都是由笔者定夺的，其中错误当然也由笔者负责。

本课题立项得到中国人民大学科研处的大力支持和关照，本书付梓有赖于中国人民大学出版社杨宗元编审和责编张杰、李文等同志的辛勤劳动，在此一并表达由衷的感谢。

尽管有一个不错的团队，笔者也应算尽力了，无奈我们对于历史著述都是半途出家，虽情有所钟，恐力有不逮，距离当初设定的细节可靠、立论谨慎、风格一致的目标毕竟太远，疏漏和不当之处必定很多，本书只能不揣冒昧呈现在诸君面前，尚祈方家和读者不吝指教。

刘大椿

戊戌春于人大宜园

图书在版编目（CIP）数据

西学东渐/刘大椿等著. ——北京：中国人民大学出版社，2018.10
（中国近现代科技转型的历史轨迹与哲学反思. 第一卷）
ISBN 978-7-300-26325-0

Ⅰ.①西… Ⅱ.①刘… Ⅲ.①西方国家-科学技术-传播-中国-近代 Ⅳ.①N092

中国版本图书馆 CIP 数据核字（2018）第 232120 号

中国近现代科技转型的历史轨迹与哲学反思　第一卷
西学东渐
刘大椿　等　著
Xixue Dongjian

出版发行	中国人民大学出版社		
社　　址	北京中关村大街 31 号	**邮政编码**	100080
电　　话	010－62511242（总编室）		010－62511770（质管部）
	010－82501766（邮购部）		010－62514148（门市部）
	010－62515195（发行公司）		010－62515275（盗版举报）
网　　址	http://www.crup.com.cn http://www.ttrnet.com（人大教研网）		
经　　销	新华书店		
印　　刷	北京联兴盛业印刷股份有限公司		
规　　格	170 mm×240 mm　16 开本	**版　　次**	2018 年 10 月第 1 版
印　　张	35.75 插页 3	**印　　次**	2018 年 10 月第 1 次印刷
字　　数	595 000	**定　　价**	118.00 元

CIRCVLVS ARCTICVS.

AMERICA SIVE INDIA NOVA. Ao 1492. a Christophoro Colombo nomine regis Castellæ primum detecta.

Noua Francia

Chilaga

Florida.

Calicuas

Hispania Noua.

Caribana.

CIRCVLVS AEQVINOCTIALIS

MAR DEL ZVR

Peru.

TROPICVS CAPRICORNI.

EL MAR PACIFICO

Chile.

CIRCVLVS ANTARCTICVS.